DIN-Taschenbuch 69/3

Jetzt diesen Titel zusätzlich als E-Book downloaden und 70 % sparen!

Als Käufer dieses Buchtitels haben Sie Anspruch auf ein besonderes Kombi-Angebot: Sie können den Titel zusätzlich zum Ihnen vorliegenden gedruckten Exemplar für nur 30 % des Normalpreises als E-Book beziehen.

Der BESONDERE VORTEIL: Im E-Book recherchieren Sie in Sekundenschnelle die gewünschten Themen und Textpassagen. Denn die E-Book-Variante ist mit einer komfortablen Volltextsuche ausgestattet!

Deshalb: Zögern Sie nicht. Laden Sie sich am besten gleich Ihre persönliche E-Book-Ausgabe dieses Titels herunter.

In 3 einfachen Schritten zum E-Book:

❶ Rufen Sie die Website **www.beuth.de/e-book** auf.

❷ Geben Sie hier Ihren persönlichen, nur einmal verwendbaren E-Book-Code ein:

2636133F28A6379

❸ Klicken Sie das „Download-Feld" an und gehen dann weiter zum Warenkorb. Führen Sie den normalen Bestellprozess aus.

Hinweis: Der E-Book-Code wurde individuell für Sie als Erwerber dieses Buches erzeugt und darf nicht an Dritte weitergegeben werden. Mit Zurückziehung dieses Buches wird auch der damit verbundene E-Book-Code für den Download ungültig.

DIN-Taschenbuch 69/3

Für das Fachgebiet Bauwesen bestehen folgende DIN-Taschenbücher:

TAB	Titel
5	Beton- und Stahlbeton-Fertigteile. Normen
33/1	Baustoffe – Gesteinskörnungen, Platten und Fliesen
33/2	Baustoffe – Putz, Mörtel, Mauersteine und Ziegel
33/3	Baustoffe – Bauglas
35/1	Schallschutz 1 – Anforderungen, Nachweise, Berechnungsverfahren. Normen
35/2	Schallschutz 2 – Bauakustische Prüfungen. Normen
36	Erd- und Grundbau. Normen
38	Bauplanung. Normen
39	Ausbau. Normen
69/1	Stahlbau 1 – Bemessung und Konstruktion – Grundlagen Teil 1
69/2	Stahlbau 2 – Bemessung und Konstruktion – Grundlagen Teil 2
69/3	Stahlbau 3 – Bemessung und Konstruktion – Ingenieurbau
110	Wohnungsbau. Normen, Richtlinien
113/1	Erkundung und Untersuchung des Baugrunds Teil 1. Normen
113/2	Erkundung und Untersuchung des Baugrunds Teil 2. Normen
114	Kosten im Hochbau, Flächen, Rauminhalte. Normen
120	Brandschutzmaßnahmen. Normen
129	Bauwerksabdichtungen, Dachabdichtungen, Feuchteschutz. Normen
132	Holzschutz
134/1	Sporthallen und Sportplätze; Anforderungen. Normen
134/2	Sporthallen und Sportplätze; Prüfverfahren. Normen
158/1	Wärmeschutz 1 – Bauwerksplanung: Wärmeschutz, Wärmebedarf. Normen
158/2	Wärmeschutz 2 – Heizenergiebedarf von Gebäuden und energetische Bewertung heiz- und raumlufttechnischer Anlagen. Normen
158/3	Wärmeschutz 3 – Energieanforderungen und Nutzungsgrade von Heizungsanlagen in Gebäuden und Norm-Heizlast. Normen
199	Barrierefreies Planen und Bauen. Normen
240	Türen und Türzubehör. Normen
253	Einbruchschutz. Normen
289	Schwingungsfragen im Bauwesen. Normen
300/1	Brandschutz – Grundlagen, Klassifizierungen und klassifizierte Bauprodukte
300/2	Brandschutz – Beurteilung des Brandverhaltens von Baustoffen. Normen
300/3	Brandschutz – Beurteilung der Feuerwiderstandsfähigkeit von Bauteilen. Normen
300/4	Brandschutz – Feuer- und Rauchschutzabschlüsse; Prüfnormen
300/5	Brandschutz – Bemessung nach Eurocode
300/6	Brandschutz – Brandschutztechnische Planung und Auslegung bei Sonderbauten
358/1	Gesteinskörnungen, Wasserbausteine, Gleisschotter, Füller – Produktnormen
358/2	Gesteinskörnungen, Wasserbausteine, Gleisschotter, Füller – Prüfmethoden
409	Erhaltung des kulturellen Erbes
464	Verkehrswegebauarbeiten – Hydraulische Bindemittel und vorwiegend mineralisch Baustoffe. Normen
465	Verkehrswegebauarbeiten – Anwendungsregeln, vorwiegend mineralische Bauteile, andere Baustoffe und Bauteile. Normen
471/1	Fenster und Türen. Anforderungen und Klassifizierungen. Normen
471/2	Fenster und Türen. Prüfungen und Berechnungen. Normen

DIN-Taschenbücher sind auch im Abonnement vollständig erhältlich.
Für Auskünfte und Bestellungen wählen Sie bitte im Beuth Verlag Tel.: 030 2601-2260.

DIN-Taschenbuch 69/3

Stahlbau 3

Bemessung und Konstruktion

Ingenieurbau

9. Auflage
Stand der abgedruckten Normen: April 2016

Herausgeber: DIN Deutsches Institut für Normung e.V.

© 2016 Beuth Verlag GmbH
Berlin · Wien · Zürich
Am DIN-Platz
Burggrafenstraße 6
10787 Berlin

Telefon: +49 30 2601-0
Telefax: +49 30 2601-1260
Internet: www.beuth.de
E-Mail: kundenservice@beuth.de

Das Werk einschließlich aller seiner Teile ist urheberrechtlich geschützt. Jede Verwertung außerhalb der Grenzen des Urheberrechts ist ohne schriftliche Zustimmung des Verlages unzulässig und strafbar. Das gilt insbesondere für Vervielfältigungen, Übersetzungen, Mikroverfilmungen und die Einspeicherung in elektronische Systeme.

© für DIN-Normen   DIN Deutsches Institut für Normung e.V., Berlin.

Die im Werk enthaltenen Inhalte wurden von Verfasser und Verlag sorgfältig erarbeitet und geprüft. Eine Gewährleistung für die Richtigkeit des Inhalts wird gleichwohl nicht übernommen. Der Verlag haftet nur für Schäden, die auf Vorsatz oder grobe Fahrlässigkeit seitens des Verlages zurückzuführen sind. Im Übrigen ist die Haftung ausgeschlossen.

Satz: B & B Fachübersetzergesellschaft mbH, Berlin
Druck: Drukarnia Skleniarz, Kraków

Gedruckt auf säurefreiem, alterungsbeständigem Papier nach DIN EN ISO 9706

ISBN   978-3-410-26361-6
ISBN (E-Book)   978-3-410-26362-3

Vorwort

Seit 1972 kommt der DIN-Normenausschuss Bauwesen (NABau) im DIN Deutsches Institut für Normung e.V. mit der Zusammenfassung seiner Arbeitsergebnisse, den DIN-Normen im Bauwesen, den Wünschen einer großen Anzahl von Fachleuten in Praxis und Ausbildung nach, die für Ihre Arbeit die Normen bestimmter Gebiete des Bauwesens jeweils in einem DIN-Taschenbuch handlich und übersichtlich zusammengestellt benutzen wollen.

Für die Bereiche Berechnung, Konstruktion und Ausführung liegen zurzeit die folgenden DIN-Taschenbücher vor:

- Erd- und Grundbau (DIN-Taschenbuch 36 und DIN-Taschenbuch 113)
- Stahlhochbau (DIN-Taschenbuch 69, Teile 1 bis 3)

Diese zum Teil schon in mehrfach wiederholter Auflage vorliegenden DIN-Taschenbücher haben in der Fachwelt großes Interesse gefunden.

Mit der bauaufsichtlichen Einführung der Eurocodes wurde auch eine Neustrukturierung des DIN-Taschenbuches 69 erforderlich. Das Taschenbuch wird in drei Teile untergliedert, wovon zwei Teile die Grundlagennormen des Stahlbaus beinhalten und ein dritter Teil den Ingenieurbau behandelt. Das DIN-Taschenbuch 144 „Stahlbau, Ingenieurbau" wird somit zurückgezogen und geht in dem dritten Band von DIN-Taschenbuch 69 auf.

Die vorliegende 13. Auflage des DIN-Taschenbuch 69 enthält die wichtigsten zurzeit gültigen Fachnormen für den Stahlhochbau. Dem Praktiker sind hiermit die wichtigsten einschlägigen Regeln an die Hand gegeben.

Berlin, im April 2016
DIN-Normenausschuss Bauwesen im DIN
Deutsches Institut für Normung e.V.
Dipl.-Ing. Susan Kempa

Inhalt

	Seite
Hinweise zur Nutzung von DIN-Taschenbüchern	VIII
DIN-Nummernverzeichnis	XI
Verzeichnis abgedruckter Normen (nach steigenden DIN-Nummern geordnet)	XIII
Abgedruckte Normen (nach steigenden DIN-Nummern geordnet)	1
Verzeichnis der für das Fachgebiet Bauleistungen bestehende DIN-Taschenbücher	473
Service-Angebote des Beuth Verlags	474
Stichwortverzeichnis	475

Maßgebend für das Anwenden jeder in diesem DIN-Taschenbuch abgedruckten Norm ist deren Fassung mit dem neuesten Ausgabedatum. Sie können sich auch über den aktuellen Stand unter der Telefon-Nr.: 030 2601-2260 oder im Internet unter www.beuth.de informieren.

Hinweise zur Nutzung von DIN-Taschenbüchern

Was sind DIN-Normen?

DIN Deutsches Institut für Normung e.V. erarbeitet Normen und Standards als Dienstleistung für Wirtschaft, Staat und Gesellschaft. Die Hauptaufgabe von DIN besteht darin, gemeinsam mit Vertretern der interessierten Kreise konsensbasierte Normen markt- und zeitgerecht zu erarbeiten. Hierfür bringen rund 26 000 Experten ihr Fachwissen in die Normungsarbeit ein. Aufgrund eines Vertrages mit der Bundesregierung ist DIN als die nationale Normungsorganisation und als Vertreter deutscher Interessen in den europäischen und internationalen Normungsorganisationen anerkannt. Heute ist die Normungsarbeit von DIN zu fast 90 Prozent international ausgerichtet.

DIN-Normen können nationale Normen, Europäische Normen oder Internationale Normen sein. Welchen Ursprung und damit welchen Wirkungsbereich eine DIN-Norm hat, ist aus deren Bezeichnung zu ersehen:

DIN (plus Zählnummer, z. B. DIN 4701)

Hier handelt es sich um eine nationale Norm, die ausschließlich oder überwiegend nationale Bedeutung hat oder als Vorstufe zu einem internationalen Dokument veröffentlicht wird (Entwürfe zu DIN-Normen werden zusätzlich mit einem „E" gekennzeichnet, Vornormen mit einem „SPEC"). Die Zählnummer hat keine klassifizierende Bedeutung.

Bei nationalen Normen mit Sicherheitsfestlegungen aus dem Bereich der Elektrotechnik ist neben der Zählnummer des Dokumentes auch die VDE-Klassifikation angegeben (z. B. DIN VDE 0100).

DIN EN (plus Zählnummer, z. B. DIN EN 71)

Hier handelt es sich um die deutsche Ausgabe einer Europäischen Norm, die unverändert von allen Mitgliedern der europäischen Normungsorganisationen CEN/CENELEC/ETSI übernommen wurde.

Bei Europäischen Normen der Elektrotechnik ist der Ursprung der Norm aus der Zählnummer ersichtlich: von CENELEC erarbeitete Normen haben Zählnummern zwischen 50000 und 59999, von CENELEC übernommene Normen, die in der IEC erarbeitet wurden, haben Zählnummern zwischen 60000 und 69999, Europäische Normen des ETSI haben Zählnummern im Bereich 300000.

DIN EN ISO (plus Zählnummer, z. B. DIN EN ISO 306)

Hier handelt es sich um die deutsche Ausgabe einer Europäischen Norm, die mit einer Internationalen Norm identisch ist und die unverändert von allen Mitgliedern der europäischen Normungsorganisationen CEN/CENELEC/ETSI übernommen wurde.

DIN ISO, DIN IEC oder DIN ISO/IEC (plus Zählnummer, z. B. DIN ISO 720)

Hier handelt es sich um die unveränderte Übernahme einer Internationalen Norm in das Deutsche Normenwerk.

Weitere Ergebnisse der Normungsarbeit können sein:

DIN SPEC (Vornorm) (plus Zählnummer, z. B. DIN SPEC 1201)

Hier handelt es sich um das Ergebnis einer Normungsarbeit, das wegen bestimmter Vorbehalte zum Inhalt oder wegen des gegenüber einer Norm abweichenden Aufstellungsverfahrens von DIN nicht als Norm herausgegeben wird. An DIN SPEC (Vornorm) knüpft sich die Erwartung, dass sie zum geeigneten Zeitpunkt und ggf. nach notwendigen Veränderungen nach dem üblichen Verfahren in eine Norm überführt oder ersatzlos zurückgezogen werden.

Beiblatt: DIN (plus Zählnummer) Beiblatt (plus Zählnummer), z. B. DIN 2137-6 Beiblatt 1 Beiblätter enthalten nur Informationen zu einer DIN-Norm (Erläuterungen, Beispiele, Anmerkungen, Anwendungshilfsmittel u. Ä.), jedoch keine über die Bezugsnorm hinausgehenden genormten Festlegungen. Das Wort Beiblatt mit Zählnummer erscheint zusätzlich im Nummernfeld zu der Nummer der Bezugsnorm.

Was sind DIN-Taschenbücher?

Ein besonders einfacher und preisgünstiger Zugang zu den DIN-Normen führt über die DIN-Taschenbücher. Sie enthalten die jeweils für ein bestimmtes Fach- oder Anwendungsgebiet relevanten Normen im Originaltext.

Die Dokumente sind in der Regel als Originaltextfassungen abgedruckt, verkleinert auf das Format A5.

(+ Zusatz für Variante VOB/STLB-Bau-Taschenbücher)

(+ Zusatz für Variante DIN-DVS-Taschenbücher)

(+ Zusatz für Variante DIN-VDE-Taschenbücher)

Was muss ich beachten?

DIN-Normen stehen jedermann zur Anwendung frei. Das heißt, man kann sie anwenden, muss es aber nicht. DIN-Normen werden verbindlich durch Bezugnahme, z. B. in einem Vertrag zwischen privaten Parteien oder in Gesetzen und Verordnungen.

Der Vorteil der einzelvertraglich vereinbarten Verbindlichkeit von Normen liegt darin, dass sich Rechtsstreitigkeiten von vornherein vermeiden lassen, weil die Normen eindeutige Festlegungen sind. Die Bezugnahme in Gesetzen und Verordnungen entlastet den Staat und die Bürger von rechtlichen Detailregelungen.

DIN-Taschenbücher geben den Stand der Normung zum Zeitpunkt ihres Erscheinens wieder. Die Angabe zum Stand der abgedruckten Normen und anderer Regeln des Taschenbuchs finden Sie auf S. III. Maßgebend für das Anwenden jeder in einem DIN-Taschenbuch abgedruckten Norm ist deren Fassung mit dem neuesten Ausgabedatum. Den aktuellen Stand zu allen DIN-Normen können Sie im Webshop des Beuth Verlags unter www.beuth.de abfragen.

Wie sind DIN-Taschenbücher aufgebaut?

DIN-Taschenbücher enthalten die im Abschnitt „Verzeichnis abgedruckter Normen" jeweils aufgeführten Dokumente in ihrer Originalfassung. Ein DIN-Nummernverzeichnis sowie ein Stichwortverzeichnis am Ende des Buches erleichtern die Orientierung.

Abkürzungsverzeichnis

Die in den Dokumentnummern der Normen verwendeten Abkürzungen bedeuten:

A	Änderung von Europäischen oder Deutschen Normen
Bbl	Beiblatt
Ber	Berichtigung
DIN	Deutsche Norm
DIN CEN/TS	Technische Spezifikation von CEN als Deutsche Vornorm
DIN CEN ISO/TS	Technische Spezifikation von CEN/ISO als Deutsche Vornorm
DIN EN	Deutsche Norm auf der Basis einer Europäischen Norm

DIN EN ISO	Deutsche Norm auf der Grundlage einer Europäischen Norm, die auf einer Internationalen Norm der ISO beruht
DIN IEC	Deutsche Norm auf der Grundlage einer Internationalen Norm der IEC
DIN ISO	Deutsche Norm, in die eine Internationale Norm der ISO unverändert übernommen wurde
DIN SPEC	Öffentlich zugängliches Dokument, das Festlegungen für Regelungsgegenstände materieller und immaterieller Art oder Erkenntnisse, Daten usw. aus Normungs- oder Forschungsvorhaben enthält und welches durch temporär zusammengestellte Gremien unter Beratung von DIN und seiner Arbeitsgremien oder im Rahmen von CEN-Workshops ohne zwingende Einbeziehung aller interessierten Kreise entwickelt wird ANMERKUNG: Je nach Verfahren wird zwischen DIN SPEC (Vornorm), DIN SPEC (CWA), DIN SPEC (PAS) und DIN SPEC (Fachbericht) unterschieden.
DIN SPEC (CWA)	CEN/CENELEC-Vereinbarung, die innerhalb offener CEN/CENELEC-Workshops entwickelt wird und den Konsens zwischen den registrierten Personen und Organisationen widerspiegelt, die für ihren Inhalt verantwortlich sind
DIN SPEC (Fachbericht)	Ergebnis eines DIN-Arbeitsgremiums oder die Übernahme eines europäischen oder internationalen Arbeitsergebnisses
DIN SPEC (PAS)	Öffentlich verfügbare Spezifikation, die Produkte, Systeme oder Dienstleistungen beschreibt, indem sie Merkmale definiert und Anforderungen festlegt
DIN VDE	Deutsche Norm, die zugleich VDE-Bestimmung oder VDE-Leitlinie ist
DVS	DVS-Richtlinie oder DVS-Merkblatt
E	Entwurf
EN ISO	Europäische Norm (EN), in die eine Internationale Norm (ISO-Norm) unverändert übernommen wurde und deren Deutsche Fassung den Status einer Deutschen Norm erhalten hat
ENV	Europäische Vornorm, deren Deutsche Fassung den Status einer Deutschen Vornorm erhalten hat
ISO/TR	Technischer Bericht (ISO Technical Report)
VDI	VDI-Richtlinie

DIN-Nummernverzeichnis

Hierin bedeuten:
- ●   Neu aufgenommen gegenüber der 8. Auflage des DIN-Taschenbuches 69/3
- ☐   Geändert gegenüber der 8. Auflage des DIN-Taschenbuches 69/3
- ○   Zur abgedruckten Norm besteht ein Norm-Entwurf
- (en)   Von dieser Norm gibt es auch eine von DIN herausgegebene englische Übersetzung

Dokument	Seite	Dokument	Seite
DIN EN 1993-3-1 ● (en)	1	DIN EN 1993-4-1/NA (en)	302
DIN EN 1993-3-1/NA ● (en)	94	DIN EN 1993-5 (en)	310
DIN EN 1993-3-2 (en)	140	DIN EN 1993-5/NA (en)	404
DIN EN 1993-3-2/NA (en)	174	DIN EN 1993-6 (en)	416
DIN EN 1993-4-1 (en)	184	DIN EN 1993-6/NA (en)	463

Verzeichnis abgedruckter Normen
(nach steigenden DIN-Nummern geordnet)

Dokument	Ausgabe	Titel	Seite
DIN EN 1993-3-1	2010-12	Eurocode 3: Bemessung und Konstruktion von Stahlbauten – Teil 3-1: Türme, Maste und Schornsteine – Türme und Maste; Deutsche Fassung EN 1993-3-1:2006 + AC:2009	1
DIN EN 1993-3-1/NA	2015-11	Nationaler Anhang – National festgelegte Parameter – Eurocode 3: Bemessung und Konstruktion von Stahlbauten – Teil 3-1: Türme, Maste und Schornsteine – Türme und Maste	94
DIN EN 1993-3-2	2010-12	Eurocode 3: Bemessung und Konstruktion von Stahlbauten – Teil 3-2: Türme, Maste und Schornsteine – Schornsteine; Deutsche Fassung EN 1993-3-2:2006	140
DIN EN 1993-3-2/NA	2010-12	Nationaler Anhang – National festgelegte Parameter – Eurocode 3: Bemessung und Konstruktion von Stahlbauten – Teil 3-2: Türme, Maste und Schornsteine – Schornsteine	174
DIN EN 1993-4-1	2010-12	Eurocode 3: Bemessung und Konstruktion von Stahlbauten – Teil 4-1: Silos; Deutsche Fassung EN 1993-4-1:2007 + AC:2009	184
DIN EN 1993-4-1/NA	2010-12	Nationaler Anhang – National festgelegte Parameter – Eurocode 3: Bemessung und Konstruktion von Stahlbauten – Teil 4-1: Silos, Tankbauwerke und Rohrleitungen – Silos	302
DIN EN 1993-5	2010-12	Eurocode 3: Bemessung und Konstruktion von Stahlbauten – Teil 5: Pfähle und Spundwände; Deutsche Fassung EN 1993-5:2007 + AC:2009	310
DIN EN 1993-5/NA	2010-12	Nationaler Anhang – National festgelegte Parameter – Eurocode 3: Bemessung und Konstruktion von Stahlbauten – Teil 5: Pfähle und Spundwände	404
DIN EN 1993-6	2010-12	Eurocode 3: Bemessung und Konstruktion von Stahlbauten – Teil 6: Kranbahnen; Deutsche Fassung EN 1993–6:2007 + AC:2009	416
DIN EN 1993-6/NA	2010-12	Nationaler Anhang – National festgelegte Parameter – Eurocode 3: Bemessung und Konstruktion von Stahlbauten – Teil 6: Kranbahnen	463

Dezember 2010

DIN EN 1993-3-1

ICS 91.010.30; 91.060.40

Ersatz für
DIN EN 1993-3-1:2007-02 und
DIN EN 1993-3-1
Berichtigung 1:2009-09;
teilweiser Ersatz für
DIN V 4131:2008-09

**Eurocode 3: Bemessung und Konstruktion von Stahlbauten –
Teil 3-1: Türme, Maste und Schornsteine –
Türme und Maste;
Deutsche Fassung EN 1993-3-1:2006 + AC:2009**

Eurocode 3: Design of steel structures –
Part 3-1: Towers, masts and chimneys –
Towers and masts;
German version EN 1993-3-1:2006 + AC:2009

Eurocode 3: Calcul des structures en acier –
Partie 3-1: Tours, mâts et cheminées –
Pylônes et mâts haubannés;
Version allemande EN 1993-3-1:2006 + AC:2009

Gesamtumfang 93 Seiten

Normenausschuss Bauwesen (NABau) im DIN

Nationales Vorwort

Dieses Dokument (EN 1993-3-1:2006 + AC:2009) wurde vom Technischen Komitee CEN/TC 250 „Eurocodes für den konstruktiven Ingenieurbau" erarbeitet, dessen Sekretariat vom BSI (Vereinigtes Königreich) gehalten wird.

Die Arbeiten auf nationaler Ebene wurden durch die Experten des NABau-Spiegelausschusses NA 005-08-18 AA „Türme und Maste" begleitet.

Diese Europäische Norm wurde vom CEN am 09. Januar 2006 angenommen.

Die Norm ist Bestandteil einer Reihe von Einwirkungs- und Bemessungsnormen, deren Anwendung nur im Paket sinnvoll ist. Dieser Tatsache wird durch das Leitpapier L der Kommission der Europäischen Gemeinschaft für die Anwendung der Eurocodes Rechnung getragen, indem Übergangsfristen für die verbindliche Umsetzung der Eurocodes in den Mitgliedsstaaten vorgesehen sind. Die Übergangsfristen sind im Vorwort dieser Norm angegeben.

Die Anwendung dieser Norm gilt in Deutschland in Verbindung mit dem Nationalen Anhang.

Es wird auf die Möglichkeit hingewiesen, dass einige Texte dieses Dokuments Patentrechte berühren können. Das DIN [und/oder die DKE] sind nicht dafür verantwortlich, einige oder alle diesbezüglichen Patentrechte zu identifizieren.

Der Beginn und das Ende des hinzugefügten oder geänderten Textes wird im Text durch die Textmarkierungen ▶ ◀ angezeigt.

Änderungen

Gegenüber DIN V ENV 1993-3-1:2002-05 und DIN V ENV 1993-3-1 Berichtigung 1:2002-11 wurden folgende Änderungen vorgenommen:

a) die Stellungnahmen der nationalen Normungsinstitute wurden eingearbeitet;
b) der Vornormcharakter wurde aufgehoben;
c) der Text wurde vollständig überarbeitet;
d) die Berichtigung wurde eingearbeitet.

Gegenüber DIN EN 1993-3-1:2007-02, DIN EN 1993-3-1 Berichtigung 1:2009-09 und DIN V 4131:2008-09 wurden folgende Änderungen vorgenommen:

a) auf europäisches Bemessungskonzept umgestellt;
b) Ersatzvermerke korrigiert;
c) Vorgänger-Norm mit der Berichtigung 1 konsolidiert;
d) redaktionelle Änderungen durchgeführt.

Frühere Ausgaben

DIN V 4131: 1969-03, 1991-11, 2008-09
DIN V ENV 1993-3-1: 2002-05
DIN V ENV 1993-3-1 Berichtigung 1: 2002-11
DIN EN 1993-3-1: 2007-02
DIN EN 1993-3-1 Berichtigung 1: 2009-09

EUROPÄISCHE NORM
EUROPEAN STANDARD
NORME EUROPÉENNE

EN 1993-3-1

Oktober 2006

+AC

Juli 2009

ICS 91.010.30; 91.080.10

Ersatz für ENV 1993-3-1:1997

Deutsche Fassung

Eurocode 3: Bemessung und Konstruktion von Stahlbauten — Teil 3-1: Türme, Maste und Schornsteine — Türme und Maste

Eurocode 3: Design of steel structures —
Part 3-1: Towers, masts and chimneys —
Towers and masts

Eurocode 3: Calcul des structures en acier —
Partie 3-1: Tours, mâts et cheminées —
Pylônes et mâts haubannés

Diese Europäische Norm wurde vom CEN am 09. Januar 2006 angenommen.

Die Berichtigung tritt am 1. Juli 2009 in Kraft und wurde in EN 1993-3-1:2006 eingearbeitet.

Die CEN-Mitglieder sind gehalten, die CEN/CENELEC-Geschäftsordnung zu erfüllen, in der die Bedingungen festgelegt sind, unter denen dieser Europäischen Norm ohne jede Änderung der Status einer nationalen Norm zu geben ist. Auf dem letzten Stand befindliche Listen dieser nationalen Normen mit ihren bibliographischen Angaben sind beim Management-Zentrum des CEN oder bei jedem CEN-Mitglied auf Anfrage erhältlich.

Diese Europäische Norm besteht in drei offiziellen Fassungen (Deutsch, Englisch, Französisch). Eine Fassung in einer anderen Sprache, die von einem CEN-Mitglied in eigener Verantwortung durch Übersetzung in seine Landessprache gemacht und dem Management-Zentrum mitgeteilt worden ist, hat den gleichen Status wie die offiziellen Fassungen.

CEN-Mitglieder sind die nationalen Normungsinstitute von Belgien, Bulgarien, Dänemark, Deutschland, Estland, Finnland, Frankreich, Griechenland, Irland, Island, Italien, Lettland, Litauen, Luxemburg, Malta, den Niederlanden, Norwegen, Österreich, Polen, Portugal, Rumänien, Schweden, der Schweiz, der Slowakei, Slowenien, Spanien, der Tschechischen Republik, Ungarn, dem Vereinigten Königreich und Zypern.

EUROPÄISCHES KOMITEE FÜR NORMUNG
EUROPEAN COMMITTEE FOR STANDARDIZATION
COMITÉ EUROPÉEN DE NORMALISATION

Management-Zentrum: Avenue Marnix 17, B-1000 Brüssel

© 2009 CEN Alle Rechte der Verwertung, gleich in welcher Form und in welchem Verfahren, sind weltweit den nationalen Mitgliedern von CEN vorbehalten.

Ref. Nr. EN 1993-3-1:2006 + AC:2009 D

Inhalt

Seite

Vorwort 6
Hintergrund des Eurocode-Programms 6
Status und Gültigkeitsbereich der Eurocodes 7
Nationale Fassungen der Eurocodes 8
Verbindung zwischen den Eurocodes und den harmonisierten Technischen Spezifikationen für Bauprodukte (EN und ETA) 8
Besondere Hinweise zu EN 1993-3-1 und EN 1993-3-2 8
Nationaler Anhang zu EN 1993-3-1 9

1   Allgemeines 10
1.1   Anwendungsbereich 10
1.1.1 Anwendungsbereich von Eurocode 3 10
1.1.2 Anwendungsbereich von Eurocode 3 — Teil 3.1 10
1.2   Normative Verweisungen 10
1.3   Annahmen 11
1.4   Unterscheidung nach Grundsätzen und Anwendungsregeln 11
1.5   Begriffe 11
1.6   Formelzeichen 13
1.7   Definition der Bauteilachsen 14

2   Grundlagen für die Tragwerksplanung 15
2.1   Anforderungen 15
2.1.1 Grundlegende Anforderungen 15
2.1.2 Sicherheitsklassen 15
2.2   Grundsätzliches zur Bemessung mit Grenzzuständen 15
2.3   Einwirkungen und Umgebungseinflüsse 15
2.3.1 Windeinwirkungen 15
2.3.2 Eislasten 15
2.3.3 Temperatureinwirkungen 15
2.3.4 Eigengewicht 15
2.3.5 Vorspannung in Abspannseilen 16
2.3.6 Veränderliche Lasten 16
2.3.7 Andere Einwirkungen 16
2.3.8 Lastverteilung 16
2.4   Nachweise im Grenzzustand der Tragfähigkeit 17
2.5   Versuchsgestützte Bemessung 17
2.6   Dauerhaftigkeit 17

3   Werkstoffe 17
3.1   Baustahl 17
3.2   Verbindungsmittel 17
3.3   Abspannseile und Anschlussstücke 17

4   Dauerhaftigkeit 17
4.1   Korrosionsschutz 17
4.2   Abspannseile 18

5   Tragwerksberechnung 18
5.1   Berechnungsmodelle zur Bestimmung von Schnittgrößen 18
5.2   Berechnungsmodelle für Verbindungen 19
5.2.1 Grundlagen 19
5.2.2 Tragwerke aus Dreieckselementen (Gelenkfachwerke) 19
5.2.3 Tragwerke ohne Fachwerkwirkung (Balkentragwerke) 19

Seite

5.2.4 Fachwerke mit Berücksichtigung der Balkenwirkung zur Vermeidung kinematischer Ketten 19

6 Grenzzustände der Tragfähigkeit 19
6.1 Allgemeines 19
6.2 Beanspruchbarkeit von Querschnitten 20
6.2.1 Klassifizierung der Querschnitte 20
6.2.2 Bauteile von Gittermasten und Gittertürmen 20
6.2.3 Abspannseile und Zubehör 20
6.3 Beanspruchbarkeit von Bauteilen 20
6.3.1 Druckbeanspruchte Bauteile 20
6.4 Verbindungen 21
6.4.1 Allgemeines 21
6.4.2 Zugbeanspruchte Schrauben in Kopfplattenverbindungen (Flanschverbindungen) 21
6.4.3 Ankerschrauben 23
6.4.4 Schweißverbindungen 23
6.5 Sonderverbindungen für Maste 23
6.5.1 Anschluss des Mastfußes 23
6.5.2 Anschlüsse der Abspannseile 24

7 Grenzzustände der Gebrauchstauglichkeit 25
7.1 Grundlagen 25
7.2 Auslenkungen und Verdrehungen 25
7.2.1 Anforderungen 25
7.2.2 Festlegung von Grenzwerten 25
7.3 Schwingungen 25

8 Versuchsgestützte Bemessung 26

9 Ermüdung 26
9.1 Allgemeines 26
9.2 Ermüdungsbelastung 26
9.2.1 Schwingungen in Windrichtung 26
9.2.2 Wirbelerregte Querschwingungen 27
9.2.3 Dynamische Antwort einzelner Bauteile 27
9.3 Ermüdungsfestigkeit 27
9.4 Nachweis 28
9.5 Teilsicherheitsbeiwerte für den Ermüdungsnachweis 28
9.6 Ermüdung von Abspannseilen 28

Anhang A (normativ) Zuverlässigkeitsdifferenzierung und Teilsicherheitsbeiwerte für
Einwirkungen 29
A.1 Zuverlässigkeitsdifferenzierung für Türme und Maste 29
A.2 Teilsicherheitsbeiwerte für Einwirkungen 29

Anhang B (informativ) Berechnungsannahmen für Windeinwirkungen 31
B.1 Allgemeines 31
B.1.1 Anwendungsbereich dieses Anhangs 31
B.1.2 Formelzeichen 31
B.2 Windkraft 32
B.2.1 Allgemeines 32
B.2.2 Windkraftbeiwerte für Bauteile 35
B.2.3 Windkraftbeiwerte für langgestreckte Außenanbauten 40
B.2.4 Windkraftbeiwerte für einzelne kompakte Außenanbauten 42
B.2.5 Windkraftbeiwerte für Abspannseile 42
B.2.6 Windkraftbeiwerte bei Vereisung 43
B.2.7 Anleitung für Spezialfälle 43
B.3 Tragwerksreaktion von Gittermasten 47
B.3.1 Bedingungen für die Anwendung statischer Verfahren 47
B.3.2 Statische Ersatzlast-Methode 47
B.3.3 Spektralmethode 52

3

Seite

B.3.4 Wirbelerregte Schwingungen quer zur Windrichtung 52
B.4 Dynamische Antwort von abgespannten Masten 52
B.4.1 Allgemeines 52
B.4.2 Bedingungen für statische Methoden 52
B.4.3 Statische Ersatzlast-Methode 54
B.4.4 Spektralverfahren 61
B.4.5 Wirbelerregte Querschwingungen 61
B.4.6 Seilschwingungen 62

Anhang C (informativ) Eislast und kombinierte Einwirkung aus Eis und Wind 63
C.1 Allgemeines 63
C.2 Eislast 63
C.3 Eisgewicht 64
C.4 Wind und Eis 64
C.5 Asymmetrische Eislast 65
C.6 Kombinationen von Eis und Wind 65

Anhang D (normativ) Seile, Dämpfer, Isolatoren, Außenanbauten und Zusatzeinrichtungen 66
D.1 Seile 66
D.1.1 Stahlseile und stählerne Zugglieder 66
D.1.2 Nichtmetallische Seile 66
D.2 Dämpfer 66
D.2.1 Dämpfer für das Tragwerk 66
D.2.2 Seildämpfer 66
D.3 Isolatoren 67
D.4 Außenanbauten und Zusatzeinrichtungen 68
D.4.1 Steigleitern, Bühnen usw. 68
D.4.2 Blitzschutz 68
D.4.3 Flugsicherung 68
D.4.4 Schutz gegen Vandalismus 68

Anhang E (informativ) Seilbruch 69
E.1 Einleitung 69
E.2 Vereinfachtes Berechnungsmodell 69
E.3 Konservative Vorgehensweise 71
E.4 Berechnung für den Zustand nach einem Seilbruch 72

Anhang F (informativ) Ausführung 73
F.1 Allgemeines 73
F.2 Schraubverbindungen 73
F.3 Schweißverbindungen 73
F.4 Toleranzen 73
F.4.1 Allgemeines 73
F.4.2 Ausführungstoleranzen 73
F.4.3 Beschränkungen für die Vorspannung 74
F.5 Vorstrecken der Seile 74

Anhang G (informativ) Knicken druckbeanspruchter Bauteile in Türmen und Masten 75
G.1 Beanspruchbarkeit von Druckstäben auf Biegeknicken 75
G.2 Beiwert k für den effektiven Schlankheitsgrad 76

Anhang H (informativ) Knicklängen und Schlankheiten von druckbeanspruchten Bauteilen 81
H.1 Allgemeines 81
H.2 Bauteile in Eckstielen 81
H.3 Füllstäbe 82
H.3.1 Allgemeines 82
H.3.2 Einfaches Fachwerk 82
H.3.3 Kreuzweise Ausfachung 84
H.3.4 Kreuzweise Ausfachung mit Zuggliedern 84
H.3.5 Kreuzweise Ausfachung mit sekundären Füllstäben 84

4

Seite

H.3.6 Kreuzweise Ausfachung mit im Kreuzungspunkt unterbrochenen Füllstäben und
durchgehenden horizontalen Füllstäben 84
H.3.7 Kreuzweise Ausfachung mit diagonalen Eckstreben 85
H.3.8 Diagonalstäbe von K-Fachwerken 85
H.3.9 Horizontale Füllstäbe in einer Fachwerkwand mit horizontaler Ausfachungsebene 85
H.3.10 Horizontale Füllstäbe ohne horizontale Ausfachungsebene 88
H.3.11 K-Fachwerke mit Abknickungen 88
H.3.12 Portalrahmenfachwerk 89
H.3.13 Mehrfach vergitterte Fachwerke 89
H.4 Sekundäre Füllstäbe 90
H.5 Schalentragwerke 91

Vorwort

Dieses Dokument (EN 1993-3-1:2006 + AC:2009) wurde vom Technischen Komitee CEN/TC 250 „Eurocodes für den konstruktiven Ingenieurbau" erarbeitet, dessen Sekretariat vom BSI gehalten wird. CEN/TC 250 ist verantwortlich für alle Eurocode-Teile.

Diese Europäische Norm muss den Status einer nationalen Norm erhalten, entweder durch Veröffentlichung eines identischen Textes oder durch Anerkennung bis April 2007, und etwaige entgegenstehende nationale Normen müssen bis März 2010 zurückgezogen werden.

Dieses Dokument ersetzt ENV 1993-3-1:1997.

Entsprechend der CEN/CENELEC-Geschäftsordnung sind die nationalen Normungsinstitute der folgenden Länder gehalten, diese Europäische Norm zu übernehmen: Belgien, Dänemark, Deutschland, Estland, Finnland, Frankreich, Griechenland, Irland, Island, Italien, Lettland, Litauen, Luxemburg, Malta, Niederlande, Norwegen, Österreich, Polen, Portugal, Rumänien, Schweden, Schweiz, Slowakei, Slowenien, Spanien, Tschechische Republik, Ungarn, Vereinigtes Königreich und Zypern.

Hintergrund des Eurocode-Programms

1975 beschloss die Kommission der Europäischen Gemeinschaften, für das Bauwesen ein Programm auf der Grundlage des Artikels 95 der Römischen Verträge durchzuführen. Das Ziel des Programms war die Beseitigung technischer Handelshemmnisse und die Harmonisierung technischer Normen.

Im Rahmen dieses Programms leitete die Kommission die Bearbeitung von harmonisierten technischen Regelwerken für die Tragwerksplanung von Bauwerken ein, die im ersten Schritt als Alternative zu den in den Mitgliedsländern geltenden Regeln dienen und sie schließlich ersetzen sollten.

15 Jahre lang leitete die Kommission mit Hilfe eines Steuerkomitees mit Repräsentanten der Mitgliedsländer die Entwicklung des Eurocode-Programms, das zu der ersten Eurocode-Generation in den 80er Jahren führte.

Im Jahre 1989 entschieden sich die Kommission und die Mitgliedsländer der Europäischen Union und der EFTA, die Entwicklung und Veröffentlichung der Eurocodes über eine Reihe von Mandaten an CEN zu übertragen, damit diese den Status von Europäischen Normen (EN) erhielten. Grundlage war eine Vereinbarung[1] zwischen der Kommission und CEN. Dieser Schritt verknüpft die Eurocodes de facto mit den Regelungen der Ratsrichtlinien und Kommissionsentscheidungen, die die Europäischen Normen behandeln (z. B. die Ratsrichtlinie 89/106/EWG zu Bauprodukten, die Bauproduktenrichtlinie, die Ratsrichtlinien 93/37/EWG, 92/50/EWG und 89/440/EWG zur Vergabe öffentlicher Aufträge und Dienstleistungen und die entsprechenden EFTA-Richtlinien, die zur Einrichtung des Binnenmarktes eingeleitet wurden).

Das Eurocode-Programm umfasst die folgenden Normen, die in der Regel aus mehreren Teilen bestehen:

EN 1990, *Eurocode 0: Grundlagen der Tragwerksplanung;*

EN 1991, *Eurocode 1: Einwirkung auf Tragwerke;*

EN 1992, *Eurocode 2: Bemessung und Konstruktion von Stahlbetonbauten;*

---

1) Vereinbarung zwischen der Kommission der Europäischen Gemeinschaft und dem Europäischen Komitee für Normung (CEN) zur Bearbeitung der Eurocodes für die Tragwerksplanung von Hochbauten und Ingenieurbauwerken (BC/CEN/03/89).

EN 1993, Eurocode 3: Bemessung und Konstruktion von Stahlbauten;

EN 1994, Eurocode 4: Bemessung und Konstruktion von Stahl-Beton-Verbundbauten;

EN 1995, Eurocode 5: Bemessung und Konstruktion von Holzbauten;

EN 1996, Eurocode 6: Bemessung und Konstruktion von Mauerwerksbauten;

EN 1997, Eurocode 7: Entwurf, Berechnung und Bemessung in der Geotechnik;

EN 1998, Eurocode 8: Auslegung von Bauwerken gegen Erdbeben;

EN 1999, Eurocode 9: Bemessung und Konstruktion von Aluminiumkonstruktionen.

Die Europäischen Normen berücksichtigen die Verantwortlichkeit der Bauaufsichtsorgane in den Mitgliedsländern und haben deren Recht zur nationalen Festlegung sicherheitsbezogener Werte berücksichtigt, so dass diese Werte von Land zu Land unterschiedlich bleiben können.

Status und Gültigkeitsbereich der Eurocodes

Die Mitgliedsländer der EU und von EFTA betrachten die Eurocodes als Bezugsdokumente für folgende Zwecke:

— als Mittel zum Nachweis der Übereinstimmung der Hoch- und Ingenieurbauten mit den wesentlichen Anforderungen der Richtlinie 89/106/EWG, besonders mit der wesentlichen Anforderung Nr 1: Mechanischer Festigkeit und Standsicherheit und der wesentlichen Anforderung Nr 2: Brandschutz;

— als Grundlage für die Spezifizierung von Verträgen für die Ausführung von Bauwerken und dazu erforderlichen Ingenieurleistungen;

— als Rahmenbedingung für die Herstellung harmonisierter, technischer Spezifikationen für Bauprodukte (EN und ETA).

Die Eurocodes haben, da sie sich auf Bauwerke beziehen, eine direkte Verbindung zu den Grundlagendokumenten[2], auf die in Artikel 12 der Bauproduktenrichtlinie hingewiesen wird, wenn sie auch anderer Art sind als die harmonisierten Produktnormen[3]. Daher sind die technischen Gesichtspunkte, die sich aus den Eurocodes ergeben, von den Technischen Komitees von CEN und den Arbeitsgruppen von EOTA, die an Produktnormen arbeiten, zu beachten, damit diese Produktnormen mit den Eurocodes vollständig kompatibel sind.

---

2) Entsprechend Artikel 3.3 der Bauproduktenrichtlinie sind die wesentlichen Angaben in Grundlagendokumenten zu konkretisieren, um damit die notwendigen Verbindungen zwischen den wesentlichen Anforderungen und den Mandaten für die Erstellung harmonisierter Europäischer Normen und Richtlinien für die Europäische Zulassungen selbst zu schaffen.

3) Nach Artikel 12 der Bauproduktenrichtlinie hat das Grundlagendokument
   a) die wesentliche Anforderung zu konkretisieren, indem die Begriffe und, soweit erforderlich, die technische Grundlage für Klassen und Anforderungshöhen vereinheitlicht werden,
   b) die Methode zur Verbindung dieser Klasse oder Anforderungshöhen mit technischen Spezifikationen anzugeben, z. B. rechnerische oder Testverfahren, Entwurfsregeln,
   c) als Bezugsdokument für die Erstellung harmonisierter Normen oder Richtlinien für Europäische Technische Zulassungen zu dienen.

   Die Eurocodes spielen de facto eine ähnliche Rolle für die wesentliche Anforderung Nr 1 und einen Teil der wesentlichen Anforderung Nr 2.

Die Eurocodes liefern Regelungen für den Entwurf, die Berechnung und Bemessung von kompletten Tragwerken und Baukomponenten, die sich für die tägliche Anwendung eignen. Sie gehen auf traditionelle Bauweisen und Aspekte innovativer Anwendungen ein, liefern aber keine vollständigen Regelungen für ungewöhnliche Baulösungen und Entwurfsbedingungen, wofür Spezialistenbeiträge erforderlich sein können.

Nationale Fassungen der Eurocodes

Die nationale Fassung eines Eurocodes enthält den vollständigen Text des Eurocodes (einschließlich aller Anhänge), so wie von CEN veröffentlicht, mit möglicherweise einer nationalen Titelseite und einem nationalen Vorwort sowie einem Nationalen Anhang (informativ).

Der Nationale Anhang (informativ) darf nur Hinweise zu den Parametern geben, die im Eurocode für nationale Entscheidungen offen gelassen wurden. Diese national festzulegenden Parameter (NDP) gelten für die Tragwerksplanung von Hochbauten und Ingenieurbauten in dem Land, in dem sie erstellt werden. Sie umfassen:

— Zahlenwerte für γ-Faktoren und/oder Klassen, wo die Eurocodes Alternativen eröffnen;

— Zahlenwerte, wo die Eurocodes nur Symbole angeben;

— landesspezifische, geographische und klimatische Daten, die nur für ein Mitgliedsland gelten, z. B. Schneekarten;

— Vorgehensweise, wenn die Eurocodes mehrere zur Wahl anbieten;

— Verweise zur Anwendung des Eurocodes, soweit diese ergänzen und nicht widersprechen.

Verbindung zwischen den Eurocodes und den harmonisierten Technischen Spezifikationen für Bauprodukte (EN und ETA)

Die harmonisierten Technischen Spezifikationen für Bauprodukte und die technischen Regelungen für die Tragwerksplanung[4] müssen konsistent sein. Insbesondere sollten die Hinweise, die mit den CE-Zeichen an den Bauprodukten verbunden sind und die die Eurocodes in Bezug nehmen, klar erkennen lassen, welche national festzulegenden Parameter (NDP) zugrunde liegen.

Besondere Hinweise zu EN 1993-3-1 und EN 1993-3-2

EN 1993-3 gehört zu den sechs Teilen des Eurocode 3, *Bemessung und Konstruktion von Stahlbauten*, und liefert Grundsätze und Anwendungsregeln für die Tragfähigkeit, Gebrauchstauglichkeit und Dauerhaftigkeit der Stahltragwerke von Türmen, Masten und Schornsteinen. Türme und Maste werden in Teil 3-1 behandelt, Stahlschornsteine in Teil 3-2.

Die Regeln in EN 1993-3 gelten ergänzend zu den Grundregeln in EN 1993-1.

Es ist vorgesehen, dass EN 1993-3 zusammen mit EN 1990, *Grundlagen der Tragwerksplanung*, EN 1991, *Einwirkungen auf Tragwerke*, und den Teilen 1 von EN 1992 bis EN 1998 angewendet wird, soweit diese auf Stahltragwerke oder Stahlkomponenten von Türmen, Masten und Schornsteinen Bezug nehmen.

Regelungen in diesen Normen werden nicht wiederholt.

---

[4] Siehe Artikel 3.3 und Art. 12 der Bauproduktenrichtlinie, ebenso wie 4.2, 4.3.1, 4.3.2 und 5.2 des Grundlagendokumentes Nr 1.

Die Anwendung von EN 1993-3 ist gedacht für:

— Komitees zur Erstellung von Spezifikationen für Bauprodukte, Normen für Prüfverfahren sowie Normen für die Bauausführung;

— Auftraggeber (z. B. zur Formulierung spezieller Anforderungen);

— Tragwerksplaner und Bauausführende;

— zuständige Behörden.

Die Zahlenwerte für γ-Faktoren und andere Parameter, die die Zuverlässigkeit festlegen, gelten als Empfehlungen, mit denen ein akzeptables Zuverlässigkeitsniveau erreicht werden soll. Bei ihrer Festlegung wurde vorausgesetzt, dass ein angemessenes Niveau der Ausführungsqualität und Qualitätsprüfung vorhanden ist.

Der Anhang B von EN 1993-3-1 ergänzt die Regelungen von EN 1991-1-4 in Bezug auf Windeinwirkungen auf Gittermaste und abgespannte Maste oder abgespannte Schornsteine.

Zu Masten von Überlandleitungen sind alle Regelungen zu Windbelastungen und Eislasten, Lastkombinationen, Sicherheitsfragen und allen besonderen Anforderungen (z. B. für Leitungen, Isolatoren, Freiräume usw.) in der CENELEC-Norm EN 50341 zu finden, auf die für die Bemessung dieser Tragwerke Bezug genommen werden kann.

Bei Anwendung der in diesem Teil angegebenen Festigkeitsanforderungen an Stahlbauteile darf davon ausgegangen werden, dass diese die Anforderungen der EN 50341 an Maste von Überlandleitungen erfüllen und als Alternativen zu den Regelungen in EN 50341 gelten können.

Der Teil 3-2 wurde zusammen mit dem technischen Komitee CEN/TC 297, *Freistehende Schornsteine*, ausgearbeitet.

Für Tragwerke oder Teile davon, die im Zusammenhang mit einem abgestimmten experimentellen Untersuchungsprogramm bemessen werden, ist die Anwendung besonderer Teilsicherheitsbeiwerte vorgesehen.

Nationaler Anhang zu EN 1993-3-1

Diese Norm enthält alternative Methoden, Zahlenangaben und Empfehlungen in Verbindung mit Anmerkungen, die darauf hinweisen, wo nationale Festlegungen getroffen werden können. EN 1993-3-1 wird bei der nationalen Einführung einen Nationalen Anhang enthalten, der alle national festzulegenden Parameter enthält, die für die Bemessung und Konstruktion von Stahlbauten im jeweiligen Land erforderlich sind.

Nationale Festlegungen sind bei folgenden Regelungen vorgesehen:

— 2.1.1(3)P	— 5.2.4(1)	— B.2.1.1(5)	— 🅰🅲 D.1.1(2) 🅰🅲
— 2.3.1(1)	— 6.1(1)	— B.2.3(1)	— D.1.2(2)
— 2.3.2(1)	— 6.3.1(1)	— 🅰🅲 gestrichener Text 🅰🅲	— D.3(6) (zweimal)
— 2.3.6(2)	— 6.4.1(1)		— D.4.1(1)
— 2.3.7(1)	— 6.4.2(2)	— B.3.2.2.6(4)	— D.4.2(3)
— 2.3.7(4)	— 6.5.1(1)	— B.3.3(1)	— D.4.3(1)
— 2.5(1)	— 7.1(1)	— B.3.3(2)	— D.4.4(1)
— 2.6(1)	— 9.5(1)	— B.4.3.2.2(2)	— F.4.2.1(1)
— 4.1(1)	— A.1(1)	— B.4.3.2.3(1)	— F.4.2.2(2)
— 4.2(1)	— A.2(1)P (zweimal)	— B.4.3.2.8.1(4)	— G.1(3)
— 5.1(6)	— B.1.1(1)	— C.2(1)	— H.2(5)
		— C.6.(1)	— H.2(7)

1 Allgemeines

1.1 Anwendungsbereich

1.1.1 Anwendungsbereich von Eurocode 3

Siehe EN 1993-1-1, 1.1.1.

1.1.2 Anwendungsbereich von Eurocode 3 — Teil 3.1

(1) EN 1993-3-1 regelt die Bemessung und Konstruktion von Gittermasten und abgespannten Masten und ähnlicher Konstruktionen, die prismatische, zylindrische oder andere sperrige Elemente tragen. ⌐AC⌐ Regelungen für freistehende und abgespannte zylindrische und kegelförmige Türme ⌐AC⌐ und Schornsteine sind in EN 1993-3-2 enthalten. Regelungen für die Seile von abgespannten Tragwerken einschließlich abgespannten Schornsteinen finden sich in EN 1993-1-11 mit Ergänzungen in diesem Normenteil.

(2) Die Regeln in diesem Teil von EN 1993 gelten in Ergänzung zu denen in EN 1993-1.

(3) Soweit die Anwendbarkeit einer Regelung aus praktischen Gründen oder aufgrund von Vereinfachungen eingeschränkt ist, werden deren Anwendungsgrenzen definiert und erläutert.

(4) Dieser Teil enthält keine Vorschriften für die Bemessung von Lichtmasten mit polygonalem oder kreisförmigem Querschnitt, die in EN 40 behandelt werden. Gittermaste mit polygonalem Gesamtquerschnitt werden in diesem Normenteil nicht behandelt. Für Maste mit aus Blechen geformten polygonalen Querschnitten dürfen die angegebenen Lastansätze verwendet werden. Hinweise zur Festigkeit solcher Maste können EN 40 entnommen werden.

(5) Dieser Teil enthält keine besonderen Vorschriften für die Bemessung im Hinblick auf Erdbeben; diese sind in EN 1998-3 enthalten.

(6) Besondere Maßnahmen zur Begrenzung von Unfallfolgen werden in diesem Normenteil nicht behandelt. Zum Brandwiderstand wird auf EN 1993-1-2 verwiesen.

(7) Zur Herstellung und Montage von Türmen und Masten aus Stahl wird auf EN 1090 verwiesen.

ANMERKUNG Fertigung und Montage werden bis zu einem gewissen Maße behandelt, um die erforderliche Qualität der eingesetzten Werkstoffe und Bauprodukte und die Ausführungsqualität auf der Baustelle festlegen zu können, so dass die den Bemessungsregeln zugrunde liegenden Annahmen eingehalten sind.

1.2 Normative Verweisungen

Die folgenden zitierten Dokumente sind für die Anwendung dieses Dokuments erforderlich. Bei datierten Verweisungen gilt nur die in Bezug genommene Ausgabe. Bei undatierten Verweisungen gilt die letzte Ausgabe des in Bezug genommenen Dokuments (einschließlich aller Änderungen).

EN 40, *Lichtmaste*

EN 365, *Persönliche Schutzausrüstung zum Schutz gegen Absturz — Allgemeine Anforderungen an Gebrauchsanleitungen, Wartung, regelmäßige Überprüfung, Instandsetzung, Kennzeichnung und Verpackung*

EN 795, *Schutz gegen Absturz — Anschlageinrichtungen — Anforderungen und Prüfverfahren*

EN 1090, *Ausführung von Stahltragwerken und Aluminiumtragwerken*

EN ISO 1461, *Durch Feuerverzinken auf Stahl aufgebrachte Zinküberzüge (Stückverzinken — Anforderungen und Prüfungen*

EN ISO 12944, *Beschichtungsstoffe — Korrosionsschutz von Stahlbauten durch Beschichtungssysteme*

EN ISO 14713, *Schutz von Eisen- und Stahlkonstruktionen vor Korrosion — Zink- und Aluminiumüberzüge — Leitfäden*

ISO 12494, *Atmospheric icing of structures*

1.3 Annahmen

(1) Siehe EN 1993-1-1, 1.3.

1.4 Unterscheidung nach Grundsätzen und Anwendungsregeln

(1) Siehe EN 1993-1-1, 1.4.

1.5 Begriffe

(1) In dieser EN 1993-3-1 gelten die allgemeinen Begriffe nach EN 1990, 1.5.

(2) Zusätzlich zu EN 1993-1 gelten für die Anwendung in diesem Teil 3-1 folgende Begriffe:

1.5.1
Tragwerksberechnung
Bestimmung der Schnittgrößen in einem Tragwerk, die mit der entsprechenden Kombination von Einwirkungen im Gleichgewicht stehen

1.5.2
Turm
freistehende, als Kragarm tragende Stahlgitterkonstruktion mit dreieckiger, quadratischer oder rechteckiger Querschnittsform oder freistehender Mast mit kreisförmigem oder polygonalem Vollwandquerschnitt

1.5.3
abgespannter Mast
Stahlgitterkonstruktion mit dreieckiger, quadratischer oder rechteckiger Querschnittsform oder zylindrische Stahlkonstruktion, die durch in verschiedenen Höhen angeordnete und am Boden oder einem anderen Bauwerk verankerte Seile gehalten wird

1.5.4
Schaft
vertikales Stahltragwerk eines Mastes

1.5.5
Eckstiele
Gurtstäbe
Stahlbauteile, die die wesentlichen lastabtragenden Komponenten des Tragwerks darstellen

1.5.6
primäre Füllstäbe
außer den Eckstielen notwendige Bauteile zur Abtragung von Lasten

1.5.7
sekundäre Füllstäbe
Bauteile zur Verringerung der Knicklänge anderer Bauteile

DIN EN 1993-3-1:2010-12
EN 1993-3-1:2006 + AC:2009 (D)

1.5.8
Winkel mit einem Öffnungswinkel von 60°
modifizierte, gleichschenklige, warmgewalzte Winkelprofile mit ursprünglich 90°-Öffnungswinkel, bei denen die Enden der Flansche um 15° gebogen sind, so dass sich zwischen den äußeren Flanschenden und der Symmetrieachse ein Winkel vom 30° ergibt (siehe Bild 1.1)

1.5.9
Windwiderstand
Widerstand, den ein Bauteil eines Turmes oder abgespannten Mastes mit Anbauteilen der Windströmung entgegensetzt; der Widerstand wird aus dem Produkt des aerodynamischen Kraftbeiwertes und der Projektionsfläche, gegebenenfalls unter Berücksichtigung von Eisansatz, berechnet

1.5.10
langgestreckte Außenanbauten
nicht zur Tragkonstruktion gehörenden Anbauteile, die sich über mehrere Module erstrecken, z. B. Wellenleitern, Leitungen, Steigleitern, Rohre

1.5.11
einzelne Außenanbauten
nicht zur Tragkonstruktion gehörenden Anbauteile, die auf wenige Module konzentriert sind, z. B. Parabolreflektoren, Antennen, Beleuchtungsmittel, Plattformen, Geländer, Isolatoren usw.

1.5.12
Projektionsfläche
angenommene Schattenfläche des betrachteten Bauteils, die sich durch Parallelprojektion auf die Ansichtsfläche des Tragwerks in Windrichtung ergibt, gegebenenfalls unter Berücksichtigung von Eislast; bei nicht auf eine Ansichtsfläche senkrechter Windanströmung wird eine Bezugsansichtsfläche als Projektionsfläche angesetzt [AC] (siehe Anhang B) [AC]

1.5.13
Modul (eines Turmes oder Mastes)
Abschnitt eines Turmes oder abgespannten Mastes; dieser wird zur Ermittlung der Projektionsfläche und des Windwiderstandes über die vertikale Erstreckung in Module unterteilt; Module werden in der Regel, jedoch nicht notwendigerweise, zwischen den Stößen von Eckstielen und primären Füllstäben angenommen

1.5.14
Segment
Abschnitt
Abschnitt eines Turmes oder abgespannten Mastes, der mehrere Module umfasst, die annähernd oder exakt baugleich sind und zur Ermittlung des Windwiderstandes herangezogen werden

1.5.15
Abspannseil
ein ausschließlich als Zugglied wirkendes Bauteil, das an beiden Enden verankert ist, um eine horizontale Lagerung des Mastes in verschiedenen Höhen zu erreichen; das untere Ende des Abspannseiles ist am Boden oder einem vorhandenen Bauwerk verankert und erlaubt üblicherweise das Vorspannen des Seiles

ANMERKUNG 1   Die Begriffe „Pardune" und „Abspannseil" sind im Allgemeinen austauschbar; in dieser Norm wird ausschließlich der Begriff „Abspannseil" verwendet.

ANMERKUNG 2   Anhang D enthält besondere Definitionen zu Abspannseilen sowie Hinweise zu Montage und Zubehörteilen.

1.5.16
Schwingungsdämpfer
Vorrichtung zur Erhöhung der Bauwerksdämpfung, wodurch die Bauwerksreaktion oder Seilreaktion begrenzt wird

1.6 Formelzeichen

(1) In Ergänzung zu EN 1993-1-1 werden folgende Formelzeichen verwendet:

Lateinische Großbuchstaben

D_b Durchmesser des Kreises durch die Lochachsen für die Schrauben;

D_i Durchmesser des Eckstiels;

G Böenreaktionsfaktor;

M Biegemoment;

N Zugkraft, Lastspielzahl;

N_i Lastspielzahl;

N_b Normalkraft;

T Bemessungsnutzungsdauer des Tragwerks, gemessen in Jahren.

Lateinische Kleinbuchstaben

b Schenkellänge eines Winkelprofils;

$c_e(z)$ aerodynamischer Beiwert;

$c_s c_d$ Strukturfaktor;

e Exzentrizitäten;

h Schenkellänge eines Winkelprofils;

k_p Faktor zur Berücksichtigung von Abstützkräften;

k_σ Beulwert;

m Wöhlerlinienneigung;

n Schraubenanzahl;

r_1 Radius des konvexen Auflagerteils;

r_2 Radius des konkaven Auflagerteils;

t Dicke.

Griechische Großbuchstaben

ϕ Neigung der Achse des Mastes am Mastfuß;

$\Delta\sigma_E$ Spannungsschwingbreite.

Griechische Kleinbuchstaben

β_A Beiwert zur Berücksichtigung der wirksamen Fläche;

γ_M Teilsicherheitsbeiwert;

δ_s logarithmisches Dekrement der Strukturdämpfung;

ε Beiwert in Abhängigkeit von f_y;

$\overline{\lambda}$ Schlankheitsgrad;

$\overline{\lambda}_p$ Beulschlankheitsgrad;

$\overline{\lambda}_{p,1}$ Beulschlankheitsgrad für Winkelschenkel Nr. 1;

$\overline{\lambda}_{p,2}$ Beulschlankheitsgrad für Winkelschenkel Nr. 2;

ρ Abminderungsbeiwert.

(2) Weitere Formelzeichen werden im Text definiert.

1.7 Definition der Bauteilachsen

(1) Es gilt die Definition der Bauteilachsen entsprechend Bild 1.1.

ANMERKUNG Hierdurch wird die durch unterschiedliche Definitionen für warmgewalzte und kaltgeformte Winkelprofile hervorgerufene Verwechslungsgefahr vermieden.

(2) Für mehrteilige Bauteile gilt die Definition der Bauteilachsen nach EN 1993-1-1, Bild 6.9.

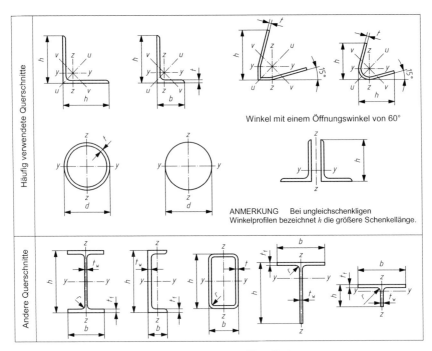

Bild 1.1 — Abmessungen und Bauteilachsen

2 Grundlagen für die Tragwerksplanung

2.1 Anforderungen

2.1.1 Grundlegende Anforderungen

(1)P Für die Tragwerksplanung von Türmen und abgespannten Masten gelten die Grundlagen in EN 1990.

(2) In der Regel sind die Bestimmungen für Stahlbauten nach EN 1993-1-1 anzuwenden.

(3)P Zusätzlich sind abgespannte Masten mit hoher Sicherheitsklasse (siehe 2.1.2) bezüglich ihrer Standfestigkeit für Ausfall eines Abspannseiles zu bemessen.

ANMERKUNG Der Nationale Anhang darf Hinweise zum Ausfall eines Abspannseiles geben. Die Anwendung der Regelungen in Anhang E wird empfohlen.

2.1.2 Sicherheitsklassen

(1) Es dürfen verschiedene Sicherheitsklassen für Nachweise im Grenzzustand der Tragfähigkeit von Türmen und Masten in Abhängigkeit der Versagensfolgen angenommen werden.

ANMERKUNG Anhang A gibt Hinweise zur Definition verschiedener Sicherheitsklassen.

2.2 Grundsätzliches zur Bemessung mit Grenzzuständen

(1) Siehe EN 1993-1-1, 2.2.

2.3 Einwirkungen und Umgebungseinflüsse

2.3.1 Windeinwirkungen

(1) Windeinwirkungen sind in der Regel EN 1991-1-4 zu entnehmen.

ANMERKUNG Der Nationale Anhang darf Hinweise zur Erweiterung von EN 1991-1-4 für Türme und Maste geben. Die Anwendung der zusätzlichen Regelungen in Anhang B wird empfohlen.

2.3.2 Eislasten

(1) Eislasten sind in der Regel sowohl hinsichtlich des erhöhten Eigengewichts als bezüglich ihrer Auswirkungen auf die Windeinwirkungen zu berücksichtigen.

ANMERKUNG Der Nationale Anhang darf Hinweise zu Eislasten, Eisdicken, Eisdichten und Eisverteilungen sowie Lastfallkombinationen und Kombinationsbeiwerte [AC] für Wind- und Eiseinwirkungen auf Türme und Maste [AC] geben. Es wird die Anwendung von Anhang C empfohlen.

2.3.3 Temperatureinwirkungen

(1) Temperatureinwirkungen sind in der Regel entsprechend EN 1991-1-5 zu ermitteln.

2.3.4 Eigengewicht

(1) Das Eigengewicht ist in der Regel entsprechend EN 1991-1-1 zu ermitteln.

(2) Das Eigengewicht von Abspannseilen ist in der Regel entsprechend EN 1993-1-11 zu ermitteln.

2.3.5 Vorspannung in Abspannseilen

(1) Die Vorspannung in Abspannseilen ist in der Regel als ständige Last anzunehmen, wenn keine klimatischen Lasten einwirken, siehe EN 1993-1-11.

(2) In der Regel sind Nachstellmöglichkeiten für Abspannseile vorzusehen. Geschieht dies nicht, so ist in der Regel bei der Bemessung die Spanne möglicher Vorspannkräfte in den Abspannseilen zu berücksichtigen, siehe EN 1993-1-11.

2.3.6 Veränderliche Lasten

(1) Bauteile mit einer Neigung gegenüber der Horizontalen $\leq 30°$ sind in der Regel für eine Mannlast zu bemessen; die Mannlast darf als vertikale Einzellast von 1 kN angenommen werden.

(2) In der Regel sind auf Plattformen und Geländern veränderliche Last zu berücksichtigen.

ANMERKUNG 1 Der Nationale Anhang darf Hinweise zu veränderlichen Lasten auf Plattformen und Geländern geben. Es werden folgende charakteristische veränderliche Lasten empfohlen:

— veränderliche Lasten auf Plattformen: 2,0 kN/m^2;   (2.1a)

— horizontale Lasten auf Geländer: 0,5 kN/m.   (2.1b)

ANMERKUNG 2 Es darf angenommen werden, dass diese Lasten nicht gleichzeitig mit anderen klimatischen Lasten wirken.

2.3.7 Andere Einwirkungen

(1) Zu außergewöhnlichen Einwirkungen und Anpralllasten siehe EN 1991-1-7.

ANMERKUNG Der Nationale Anhang kann Hinweise zur Auswahl außergewöhnlicher Einwirkungen geben.

(2) Einwirkungen während der Montage sind in der Regel unter Beachtung des Montageablaufs zu berücksichtigen. Die entsprechenden Lastfallkombinationen und Abminderungsbeiwerte können EN 1991-1-6 entnommen werden.

ANMERKUNG Die begrenzte Dauer vorübergehender Bemessungssituationen darf berücksichtigt werden.

(3) Falls notwendig, sind ungleichmäßige Setzungen der Fundamente nachzuweisen. Dies gilt insbesondere für Gittermaste, bei denen die Eckstiele auf Einzelfundamenten stehen, sowie für abgespannte Maste, bei denen ungleichmäßige Setzungen zwischen dem Mastschaftfundament und den Seilverankerungen auftreten können.

(4) Einwirkungen aus der Halterung und Verankerung von Ausrüstungen zum Schutz gegen Absturz dürfen mit Bezug auf EN 795 ermittelt werden. Erfordert der Schutz gegen Absturz die Verwendung von Arbeitsbühnen-Systemen oder mobilen Auffangsystemen, sollten entsprechende Anschlagpunkte vorgesehen werden, siehe EN 365.

ANMERKUNG Der Nationale Anhang darf weitere Hinweise geben.

2.3.8 Lastverteilung

(1) Es sind sowohl Einflüsse aus über die Bauteillänge verteilten Lasten als auch Einflüsse aus Belastungen, die sich infolge von Wind- und Eigenlasten auf an das betrachtete Bauteil angeschlossene andere Bauteile ergeben, zu berücksichtigen.

2.4 Nachweise im Grenzzustand der Tragfähigkeit

(1) Zu Bemessungswerten von Einwirkung und Kombinationsbeiwerten siehe EN 1990.

ANMERKUNG   Zu Teilsicherheitsbeiwerten im Grenzzustand der Tragfähigkeit siehe Anhang A.

(2) Die Teilsicherheitsbeiwerte für Eigenlasten und Vorspannung der Abspannseile sind in der Regel entsprechend EN 1993-1-11 anzusetzen.

2.5 Versuchsgestützte Bemessung

(1) Die allgemeinen Anforderungen entsprechend EN 1990 sind in der Regel unter Beachtung der besonderen Anforderungen in EN 1993-3-1, Abschnitt 8 zu erfüllen.

ANMERKUNG   Der Nationale Anhang darf weitere Hinweise zu Tragwerken oder Bauteilen geben, für die ein abgestimmtes Versuchsprogramm mit Großproben durchgeführt wird, siehe 6.1.

2.6 Dauerhaftigkeit

(1) Dauerhaftigkeit wird in der Regel durch den Nachweis gegen Ermüdung (siehe Abschnitt 9) und geeigneten Korrosionsschutz (siehe Abschnitt 4) gewährleistet.

ANMERKUNG   Der Nationale Anhang darf weitere Hinweise zur Bemessungsnutzungsdauer eines Tragwerkes geben. Es wird eine Bemessungsnutzungsdauer von 30 Jahren vorgeschlagen.

3 Werkstoffe

3.1 Baustahl

(1) Zu Anforderungen und Eigenschaften von Baustahl siehe EN 1993-1-1 und EN 1993-1-3.

(2) Zu Zähigkeitsanforderungen siehe EN 1993-1-10.

3.2 Verbindungsmittel

(1) Zu Anforderungen und Eigenschaften von Schrauben und Schweißwerkstoffen siehe EN 1993-1-8.

3.3 Abspannseile und Anschlussstücke

(1) Zu Anforderungen und Eigenschaften von Seilen, Litzen, Drähten und Anschlussstücken siehe EN 1993-1-11.

ANMERKUNG   Siehe auch Anhang D.

4 Dauerhaftigkeit

4.1 Korrosionsschutz

(1) Abhängig von dem Standort, der Nutzungsdauer und der Bauwerksunterhaltung sind in der Regel geeignete Korrosionsschutzmaßnahmen vorzusehen.

ANMERKUNG 1   Der Nationale Anhang darf weitere Hinweise geben.

ANMERKUNG 2   Siehe auch:

— EN ISO 1461 zu Zinküberzügen,

— EN ISO 14713 zu Spritzverzinkung,

— EN ISO 12944 zu Beschichtungen.

4.2 Abspannseile

(1)   Zu Korrosionsschutz von Abspannseilen siehe EN 1993-1-11.

ANMERKUNG   Der Nationale Anhang darf weitere Hinweise geben. Die folgenden Maßnahmen werden empfohlen:

Abhängig von Korrosionsangriff sollten Seile aus verzinkten Stahldrähten einen zusätzlichen Korrosionsschutz erhalten, z. B. Fett oder eine Beschichtung. Diese Schutzschicht soll verträglich mit dem bei der Herstellung des Seils verwendeten Korrosionsschutz sein.

Als alternative Schutzmaßnahme können Stahlseile mit Durchmessern bis 20 mm mit einer Polypropylen-Imprägnierung geschützt werden. Sie brauchen dann keine weitere Schutzmaßnahme, außer wenn der Überzug bei der Montage oder Nutzung verletzt wird. Besondere Sorgfalt ist bei der Gestaltung der Seilendstücke hinsichtlich Korrosionsschutz erforderlich. Seile mit Mantel, der nicht imprägniert ist, sollten wegen der Möglichkeit versteckter Korrosion nicht benutzt werden.

Blitzschlag kann den Polypropylenüberzug lokal beschädigen.

5 Tragwerksberechnung

5.1 Berechnungsmodelle zur Bestimmung von Schnittgrößen

(1)   Die Schnittgrößen sind in der Regel mit einer elastischen Tragwerksberechnung zu ermitteln.

(2)   Zur elastischen Tragwerksberechnung siehe EN 1993-1-1.

(3)   Bei der Tragwerksberechnung dürfen die Querschnittseigenschaften des Bruttoquerschnitts angesetzt werden.

(4)   Bei der Tragwerksberechnung sollten die Verformungskennwerte der Fundamente berücksichtigt werden.

(5)   Entstehen aus der Tragwerksverformung nicht mehr vernachlässigbare Einflüsse (z. B. für Türme mit hohen Kopflasten), sind Verfahren der Theorie II. Ordnung anzuwenden, siehe EN 1993-1-1.

ANMERKUNG 1   Gittermaste dürfen zunächst ohne Verformungseinfluss (Theorie I. Ordnung) berechnet werden.

ANMERKUNG 2   Bei Masten und abgespannten Schornsteinen sollten die Verformungen beim Gleichgewicht berücksichtigt werden (Theorie II. Ordnung).

ANMERKUNG 3   Zum Knicken der gesamten symmetrischen Mastkonstruktionen siehe B.4.3.2.6.

(6)   Bei der Tragwerksberechnung des gesamten Mastes oder des abgespannten Schornsteins sollte das nichtlineare Verhalten der Abspannseile berücksichtigt werden, siehe EN 1993-1-11.

ANMERKUNG   Der Nationale Anhang darf weitere Hinweise geben.

5.2 Berechnungsmodelle für Verbindungen

5.2.1 Grundlagen

(1) Das Verhalten der Verbindungen sollte bei der Tragwerksberechnung und den lokalen Nachweisen berücksichtigt werden.

ANMERKUNG Berechnungsverfahren für Verbindungen sind in EN 1993-1-8 geregelt.

5.2.2 Tragwerke aus Dreieckselementen (Gelenkfachwerke)

(1) Bei Gelenkfachwerken darf angenommen werden, dass sich in den Anschlüssen der Bauteile keine Biegemomente bilden. Das statische Modell darf deshalb von Gelenkverbindungen ausgehen.

(2) Die Verbindungen sollten die Bedingungen für gelenkige Anschlüsse erfüllen:

— entweder nach EN 1993-1-8, 5.2.2.2 oder

— nach EN 1993-1-8, 5.2.3.2.

5.2.3 Tragwerke ohne Fachwerkwirkung (Balkentragwerke)

(1) Bei Balkentragwerken sollte die elastische Berechnung von voller Kontinuität der Biegelinie ausgehen, wenn die Verbindungen die Bedingung für starre Verbindungen nach EN 1993-1-8, 5.2.2.3 erfüllen.

5.2.4 Fachwerke mit Berücksichtigung der Balkenwirkung zur Vermeidung kinematischer Ketten

(1) Die elastische Tragwerksberechnung sollte von einer zuverlässigen Vorhersage des Momenten-Rotations-Verhaltens oder Kraft-Verschiebungs-Verhaltens der eingesetzten Verbindungen ausgehen.

ANMERKUNG Der Nationale Anhang darf weitere Hinweise geben.

6 Grenzzustände der Tragfähigkeit

6.1 Allgemeines

(1) Es gelten für die verschiedenen Grenzzustände folgende Teilsicherheitsbeiwerte γ_M:

— Plastizieren der Querschnitte: γ_{M0}

— Stabilitätsversagen der Bauteile: γ_{M1}

— Bruchversagen des Nettoquerschnitts (an Schraubenlöchern): γ_{M2}

— Bruch der Verbindung: siehe 6.4

— Beanspruchbarkeit der Seile und Seilköpfe: γ_{Mg}, siehe EN 1993-1-11

— Beanspruchbarkeit der Isolatoren: γ_{Mi}

ANMERKUNG 1   Der nationale Anhang darf Hinweise zu den Teilsicherheitsbeiwerte γ_M geben. Die folgenden Zahlenwerte werden empfohlen;

$\gamma_{M0} = 1,00$

$\gamma_{M1} = 1,00$

$\gamma_{M2} = 1,25$

$\gamma_{Mg} = 2,00$

$\gamma_{Mi} = 2,50$

ANMERKUNG 2   Der Teilsicherheitsbeiwert γ_{Mg} bezieht sich auf das Seil einschließlich Seilkopf (oder anderer Endverankerung). Die zugehörigen Bolzen, Verbinder und Bleche sind passend zu den Seilen und Seilköpfen zu bemessen und können einen höheren Teilsicherheitsbeiwert γ_{Mg} erfordern, siehe EN 1993-1-11.

ANMERKUNG 3   Liegen die Ergebnisse von Großversuchen zu dem Bautyp oder einem ähnlichen Bautyp vor, kann je nach Ergebnis der Teilsicherheitsbeiwert γ_M reduziert sein.

6.2   Beanspruchbarkeit von Querschnitten

6.2.1   Klassifizierung der Querschnitte

(1)   Bei Türmen und Masten gelten die Querschnittsklassen nach EN 1993-1-1, 5.5.2.

ANMERKUNG   Die c/t-Verhältnisse von Winkelprofilen nach EN 1993-1-1, Tabelle 5.2 dürfen mit den Werten $(h-2t)/t$ anstelle von h/t gebildet werden.

6.2.2   Bauteile von Gittermasten und Gittertürmen

(1)   Bei mit einem Schenkel angeschlossenen Winkelstäben gelten die Regelungen in EN 1993-1-8, 3.10.3 bei Schraubverbindungen oder EN 1993-1-8, 4.13 bei Schweißverbindungen.

6.2.3   Abspannseile und Zubehör

(1)   Zu Abspannseilen und Zubehör siehe EN 1993-1-11 und Anhang D.

6.3   Beanspruchbarkeit von Bauteilen

6.3.1   Druckbeanspruchte Bauteile

(1)   Druckbeanspruchte Bauteile in Gittermasten und -türmen sind in der Regel nach einer der beiden folgenden Verfahren zu bemessen:

a)   Verfahren in Anhang G und Anhang H;

b)   Verfahren in EN 1993-1-1 unter Berücksichtigung der Exzentrizitäten.

ANMERKUNG 1   Das Verfahren in EN 1993-1-1, Anhang B, B.1.2 (2)B kann für die Stabilitätsnachweise von Bauteilen in Gittermasten und -türmen konservativ sein.

ANMERKUNG 2   Der Nationale Anhang darf ein Verfahren festlegen.

(2)   Der wirksame Querschnitt von Bauteilen sollte nach EN 1993-1-5, 4.3 berechnet werden.

ANMERKUNG 1   Bei Winkelstäben darf der Abminderungsbeiwert ρ mit dem Schlankheitsgrad $\overline{\lambda}_\text{p}$ aufbauend auf der vorhandenen Breite $\overline{b}$ des gedrückten Winkelschenkels wie folgt berechnet werden:

a) bei gleichschenkligen Winkeln:

$$\overline{\lambda}_\text{p} = \frac{\overline{b}/t}{28{,}4\,\varepsilon\sqrt{k_\sigma}} = \frac{(h-2t)/t}{28{,}4\,\varepsilon\sqrt{k_\sigma}}$$

b) bei ungleichschenkligen Winkeln:

$$\overline{\lambda}_{\text{p},1} = \frac{\overline{b}/t}{28{,}4\,\varepsilon\sqrt{k_\sigma}} = \frac{(h-2t)/t}{28{,}4\,\varepsilon\sqrt{k_\sigma}} \quad \text{und}$$

$$\overline{\lambda}_{\text{p},2} = \frac{\overline{b}/t}{28{,}4\,\varepsilon\sqrt{k_\sigma}} = \frac{(b-2t)/t}{28{,}4\,\varepsilon\sqrt{k_\sigma}}$$

ANMERKUNG 2   Bei mit nur einem Schenkel angeschlossenen Winkeln bezieht sich der Abminderungsbeiwert ρ nur auf den angeschlossenen Schenkel.

ANMERKUNG 3   Zu k_σ siehe EN 1993-1-5. Für einen Winkelschenkel unter Druck gilt $k_\sigma = 0{,}43$.

(3)   Drillknicken und Biegedrillknicken sollten wie folgt ebenfalls nachgewiesen werden:

a) Drillknicken von gleichschenkligen Winkel wird durch den Beulnachweis nach (2) erfasst;

b) bei ungleichschenkligen Winken und anderen Querschnitten siehe EN 1993-1-1, 6.3.1.4 und EN 1993-1-3.

(4)   Zu kaltgeformten dünnwandigen Bauteile, siehe EN 1993-1-3.

6.4 Verbindungen

6.4.1 Allgemeines

(1)   Zu Verbindungen siehe EN 1993-1-8.

ANMERKUNG   Die Teilsicherheitsbeiwerte für Verbindungen in Türmen und Masten dürfen im Nationalen Anhang angegeben sein. Die Zahlenwerte in EN 1993-1-8, Tabelle 2.1 werden empfohlen.

(2)   Alle Schrauben sind in der Regel gegen Lockern zu sichern.

6.4.2 Zugbeanspruchte Schrauben in Kopfplattenverbindungen (Flanschverbindungen)

(1)   Können bei Flanschverbindungen Zugkräfte auftreten, sollten die Schrauben vorgespannt sein.

(2)   Der kleinste zulässige Schraubendurchmesser ist in der Regel 12 mm.

ANMERKUNG Der Nationale Anhang darf weitere Hinweise zu geschraubten Flanschverbindungen von Rundhohlprofilen oder zylindrischen Schalen geben. AC) gestrichener Text (AC

Bei der Bestimmung der Flanschdicke ist Folgendes zu beachten:

a) die Scherbeanspruchbarkeit der Verbindung des Flansches mit dem Hohlprofil;

b) die Beanspruchbarkeit des Flansches in dem Kreis, der durch die Schraubenlöcher geht, im Hinblick auf Biegung und Schub. Das Biegemoment (M) darf mit

$$M = N\,(D_b - D_i)/2$$

angesetzt werden.

Dabei ist

N die Zugkraft im Hohlprofilstab;

D_b der Durchmesser des Kreises durch die Schraubenlöcher;

D_i der Durchmesser des Hohlprofils.

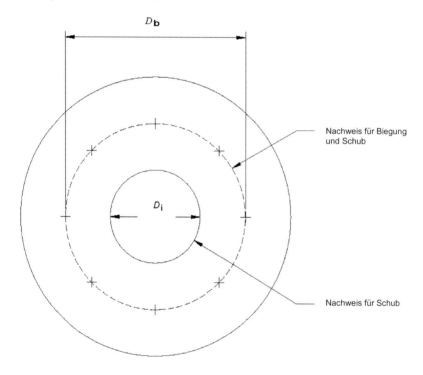

Bild 6.1 — Geschraubte Flanschverbindung

Die Zugkraft N_b in einer Schraube ist

$$N_b = \frac{Nk_p}{n}$$

Dabei ist

n die Anzahl der Schrauben;

k_p der Faktor zu Berücksichtigung von Abstützkräften, anzusetzen mit

k_p = 1,2 bei vorgespannten Schrauben;

k_p = 1,8 bei nicht vorgespannten Schrauben.

Alle Schrauben sollten gegen Ermüdung vorgespannt sein, siehe EN 1993-1-8.

6.4.3 Ankerschrauben

(1) Bei Ermüdungsbelastung sind die Ankerschrauben in der Regel vorzuspannen; in diesem Fall gelten die Werkstoffanforderungen in EN 1993-1-8.

ANMERKUNG   Zur Wahl der Vorspannung siehe auch Regeln zu Hebelwirkungen, Spannungsniveau usw. in EN 1993-1-8.

6.4.4 Schweißverbindungen

(1) Siehe EN 1993-1-8.

ANMERKUNG   Zur Ausführung siehe EN 1090.

6.5 Sonderverbindungen für Maste

6.5.1 Anschluss des Mastfußes

(1) Die Bestimmung der Lagerpressung in dem Kugelgelenk sollte entsprechend den Berechnungsvorschriften für Kalottenlager in EN 1337-6 erfolgen.

ANMERKUNG   Der Nationale Anhang kann Hinweise zu Exzentrizitäten und Grenzwerte der Hertz'schen Pressung geben.

Für den Nachweis, dass sich die Druckzone bei dem erwarteten Verdrehwinkel am Mastfuß (siehe Bild 6.2) in den Grenzen der Auflagerfläche befindet, und um die Biegemomente aus den Exzentrizitäten für die Bemessung des Lagers und des Querschnitts des Mastfußes zu ermitteln, wird die folgende Vorgehensweise empfohlen:

Bei Kugellagern sollte angenommen werden, dass sich der Kontaktpunkt in Richtung der möglichen Neigung der Mastachse durch Rollen über die Lageroberfläche bewegt.

Die Exzentrizitäten e_u und e_o (siehe Bild 6.2) sind dann:

$$e_u = r_1 \times \sin \psi_1 \qquad (6.1a)$$

$$e_o = r_2 (\sin \psi_1 - \sin \phi) \qquad (6.1b)$$

Dabei ist

r_1 der Radius des konvexen Lagerteils;

r_2 der Radius des konkaven Lagerteils;

$r_2 > r_1$

ϕ der Drehwinkel der Mastachse am Fuß;

mit

$$\psi_1 = \frac{r_2 \phi}{r_2 - r_1}$$ (6.2a)

$$\psi_2 = \psi_1 - \phi$$ (6.2b)

Bei ebener Fläche ($r_2 = \infty$) gilt $e_o = r_1 \phi \cos \phi$.

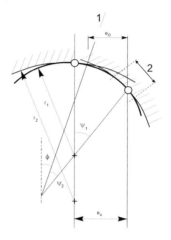

Legende
1   Mastachse
2   Druckfläche

Bild 6.2 — Exzentrizität infolge Mastdrehung am Fuß

(2)   Vorrichtungen zur Verhinderung der Verdrehung des Mastes am Mastfuß um seine Mastachse sollten so konstruiert sein, dass Verdrehungen um die horizontale Achse nicht behindert werden.

(3)   Bei eingespanntem Mastfuß sind in der Regel die möglichen Setzungen des Mastfundamentes und der Fundamente der Seilverankerungen bei der Berechnung zu berücksichtigen.

6.5.2 Anschlüsse der Abspannseile

(1)   Die Anschlüsse der Abspannseile an den Mast und die Seilfundamente sollten Verdrehungen der Seilenden in vertikaler und horizontaler Richtung erlauben, siehe EN 1993-1-11.

Bei der Bemessung und konstruktiven Durchbildung ist in der Regel zu berücksichtigen, dass die Seile sich bei Zugbelastung um die Längsachse verdrehen können.

ANMERKUNG   Bei Bolzenverbindungen kann die Verdrehfreiheit durch eine „kugelförmige" Ausbildung der Löcher in dem Anschlussblech erreicht werden. In Ausnahmefällen können auch „Kugellager" angewendet werden.

(2)   Alle Bolzen sind in der Regel gegen Herausfallen zu sichern, z. B. durch Muttern mit Splint.

(3)   Sowohl das Anschlussblech am Mast als auch am Fundament ist in der Regel für die seitlichen Kräfte zu dimensionieren, die durch Wind senkrecht zur Seilebene entstehen.

(4) Schweißverbindungen sollten für Sichtprüfungen und zerstörungsfreie Prüfungen zugänglich sein.

7 Grenzzustände der Gebrauchstauglichkeit

7.1 Grundlagen

(1) Die folgenden Grenzzustände der Gebrauchstauglichkeit können maßgebend sein:

— Auslenkungen und Verdrehungen, die die Nutzung einschränken, z. B. die Funktion von Antennen oder anderen Einrichtungen;

— Schwingungen, Bewegungen oder Schiefstellungen, die die Signalübertragung stören;

— Verformungen, Auslenkungen, Schwingungen oder Schiefstellungen, die Schäden an nicht tragenden Bauteilen verursachen.

ANMERKUNG Der Nationale Anhang darf hinweise zu Begrenzungen und zugehörigen γ_M-Werten geben. Der Wert $\gamma_M = 1,0$ wird empfohlen.

7.2 Auslenkungen und Verdrehungen

7.2.1 Anforderungen

(1) Die maximalen Auslenkungen und Verdrehungen sind in der Regel für die charakteristische Lastkombination auf das Tragwerk und die Anbauten zu bestimmen.

(2) Die Auslenkungen und Verdrehungen von Masten und abgespannten Schornsteinen sollten, soweit notwendig, nach Theorie II. Ordnung (siehe EN 1993-1-1) und unter Berücksichtigung dynamischer Wirkungen berechnet werden.

7.2.2 Festlegung von Grenzwerten

(1) Die Grenzwerte sollten zusammen mit dem Lastfall für den Nachweis festgelegt werden.

ANMERKUNG Bei abgespannten Masten siehe Anhang B.

(2) Bei Funk- und Flutlichtmasten sollten die Grenzwerte für die horizontale Auslenkung und Verdrehung der Mastspitze beachtet werden. Bei Richtantennen beziehen sich die Anforderungen auf den Anschlusspunkt der Richtantenne.

7.3 Schwingungen

(1) Türme und Maste sollten zu folgenden Schwingungen untersucht werden:

— böenerregte Schwingungen (die Schwingungen in Windrichtung erzeugen);

— wirbelerregte Schwingungen bei Türmen und Masten mit prismatischen, zylindrischen oder anderen Anbauten oder mit Umhüllungen (die Schwingungen quer zur Windrichtung erzeugen);

— Galloping-Schwingungen (der Abspannseile);

— Regen-Wind-induzierte Schwingungen.

ANMERKUNG 1 Zu dynamischen Effekten siehe Anhang B, sowie EN 1991-1-4 und EN 1993-3-2, Anhang B.

ANMERKUNG 2 Schwingungen können schnell zu Ermüdungsschäden führen, siehe Abschnitt 9.

(2) Wenn bei Gittermasten und -türmen und abgespannten Schornsteinen die Gefahr von Windschwingungen vorhergesagt wird und nicht von vornherein schwingungsreduzierende Maßnahmen im Entwurf getroffen werden, sollte Vorsorge für den möglichen späteren Einbau von Dämpfungsmaßnahmen getroffen werden.

ANMERKUNG Siehe EN 1993-3-2, Anhang B.

8 Versuchsgestützte Bemessung

(1) Die Regelungen für die versuchsgestützte Bemessung in EN 1990 sind in der Regel zu beachten.

(2) Wenn die Werte für das logarithmische Dekrement der Dämpfung δ_s in EN 1991-1-4 für die Anwendung auf Gittertürme und Maste, die aus zylindrischen Elementen bestehen oder solche Elemente tragen, ungeeignet erscheinen, können Versuche durchgeführt werden, um diese Werte zu bestimmen.

ANMERKUNG [AC) EN 1993-3-2, Anhang D (AC] enthält Hinweise zur Bestimmung von δ_s.

(3) Insbesondere bei abgespannten Masten können höhere Schwingungsmoden als die Grundschwingung maßgebend sein, so dass bei der Bestimmung des logarithmischen Dekrements der Dämpfung darauf zu achten ist.

(4) Es ist in der Regel darauf zu achten, dass die Schwingfrequenzen von den Belastungsbedingungen abhängig sind, z. B. bei ruhigem Wetter, bei Wind oder unter Eisbelastung.

9 Ermüdung

9.1 Allgemeines

(1) Für die Ermüdungsnachweise gelten die Regeln in EN 1993-1-9.

(2) Die Wirkung möglicher sekundärer Biegemomente auf die Ermüdungsbeanspruchung, die gegebenenfalls bei den Tragfähigkeitsnachweisen nicht berücksichtigt wurden, ist in der Regel zu beachten.

9.2 Ermüdungsbelastung

9.2.1 Schwingungen in Windrichtung

(1) [AC) Eine Ermüdungsbelastung infolge von böenerregten Schwingungen in Windrichtung (ohne wirbelerregte Querschwingungen) braucht bei Gittermasten nicht ermittelt zu werden.

ANMERKUNG Vorausgesetzt, dass die Kerbfalldetails höher als 71 N/mm² eingestuft sind, darf bei abgespannten Masten die Nutzungsdauer dieser Konstruktionen, die böenerregten Schwingungen in Windrichtung (ohne wirbelerregte Querschwingungen) ausgesetzt sind, mit 50 Jahren oder größer angenommen werden. (AC]

(2) In allen anderen Fällen sollten Ermüdungsnachweise für die gewählten Konstruktionsdetails geführt werden.

ANMERKUNG   Zu Ermüdungsnachweisen für Schwingungen in Windrichtung siehe EN 1991-1-4. Die folgende vereinfachte Vorgehensweise darf angewendet werden:

a) Der Spannungs-Zeit-Verlauf infolge von Windböen wird ermittelt, indem die jährliche Einwirkungsdauer verschiedener mittlerer Windgeschwindigkeiten aus unterschiedlichen Richtungen aus meteorologischen Aufzeichnungen für den Bauwerksstandort bestimmt wird. Die Spannungsschwankungen um die Mittelwerte dürfen dann als normalverteilt mit einer Standardabweichung angenommen werden, die dem $G/4$-fachen der Spannung infolge der mittleren Windgeschwindigkeit entspricht. Der Böenreaktionsfaktor G ist wie folgt definiert:

$$G = c_e(z)\, c_s c_d - 1$$

Dabei ist

$\quad c_e(z)$ der aerodynamische Beiwert, siehe EN 1991-4;

$\quad c_s c_d$ der Strukturbeiwert, siehe EN 1991-4.

Siehe auch Anhang B.

b) Die Spannungsschwingbreite $\Delta\sigma_{Si}$ darf als der 1,1-fache Wert der Differenz zwischen der Spitzenspannung (mit Böenreaktionsfaktor) und der mittleren Spannung (aufgrund des 10-min-Mittels der Windgeschwindigkeit) angesetzt werden. Die schadensäquivalente Anzahl N_i der Schwingspiele wird mit:

$$N_i = 10^5\, T/50 \qquad\qquad\qquad\qquad\qquad\qquad\qquad\qquad\qquad\qquad (9.1)$$

angenommen.

Dabei ist

$\quad T$ der Bemessungswert der Nutzungsdauer in Jahren.

9.2.2 Wirbelerregte Querschwingungen

(1) Die Ermüdungsbelastung von Türmen und abgespannten Masten, die aus tragenden oder nicht tragenden zylindrischen oder ähnlichen Elementen bestehen, wird aus der Maximalamplitude der maßgebenden Schwingform und der Anzahl der Schwingspiele ermittelt.

ANMERKUNG   Zu Ermüdungsbelastungen siehe EN 1991-1-4, Anhang E.

9.2.3 Dynamische Antwort einzelner Bauteile

(1) Schlanke einzelne Bauteile der Tragwerks müssen in der Regel im Hinblick auf Querwindschwingungen nachgewiesen werden.

ANMERKUNG   Zu Ermüdungseinwirkungen siehe EN 1991-1-4, Anhang E. Die Begrenzungen der Schlankheit nach H.2(1) und H.3.1(3) reichen im Allgemeinen aus, um solche Schwingungserregungen zu vermeiden. Die Erhöhung der Dämpfung (durch Reibung oder zusätzliche Dämpfer) ist eine Möglichkeit, solche Schwingungen zu unterdrücken, wenn sie unter Betrieb auftreten.

9.3 Ermüdungsfestigkeit

(1) In der Regel ist für typische Details von Türmen, Schornsteinen und Masten auf die Ermüdungsfestigkeiten in EN 1993-1-9 Bezug zu nehmen.

DIN EN 1993-3-1:2010-12
EN 1993-3-1:2006 + AC:2009 (D)

9.4 Nachweis

(1) Der Ermüdungsnachweis ist in der Regel nach EN 1993-1-9, 8(2) wie folgt zu führen:

$$\Delta\sigma_{E2} = \lambda\Delta\sigma_E \qquad (9.2)$$

Dabei ist

λ der Schadenäquivalenzbeiwert, um $\Delta\sigma_E$ auf $N_c = 2 \times 10^6$ Schwingspiele umzurechnen;

$\Delta\sigma_E$ die Spannungsschwingbreite zugehörig zu N Schwingspielen (siehe 9.2), gegebenenfalls unter Berücksichtigung von Spannungskonzentrationsfaktoren.

(2) Der Schadenäquivalenzfaktor λ darf wie folgt ermittelt werden:

$$\lambda = \left(\frac{N}{2\times 10^6}\right)^{\frac{1}{m}} \qquad (9.3)$$

Dabei ist m die Neigung der Wöhlerlinie.

9.5 Teilsicherheitsbeiwerte für den Ermüdungsnachweis

(1) Die Teilsicherheitsbeiwerte für den Ermüdungsnachweis sind in der Regel nach EN 1993-1-9, 3(6), 3.6(7) und 6.2(1) zu wählen.

ANMERKUNG   Der Nationale Anhang darf Zahlenwerte für γ_{Ff} und γ_{Mf} vorgeben. Es wird der Wert γ_{Ff} = 1,00 empfohlen. Zu den γ_{Mf}-Werten siehe EN 1993-1-9, Tabelle 3.1.

9.6 Ermüdung von Abspannseilen

(1) Die Ermüdungsnachweise für Abspannseile sollten nach EN 1993-1-11 durchgeführt werden.

Anhang A
(normativ)

Zuverlässigkeitsdifferenzierung und Teilsicherheitsbeiwerte für Einwirkungen

ANMERKUNG Da dieser Anhang sich mit Zuverlässigkeitsdifferenzierung und Teilsicherheitsbeiwerten für Einwirkungen auf Türme und Maste befasst, wird erwartet, dass er in EN 1990, Anhang A überführt wird.

A.1 Zuverlässigkeitsdifferenzierung für Türme und Maste

(1) Zuverlässigkeitsdifferenzierungen können bei Türmen und Masten durch die Anwendung von Zuverlässigkeitsklassen erfolgen.

ANMERKUNG Der Nationale Anhang darf Zuverlässigkeitsklassen angeben, in denen die Folgen des Tragwerksversagens berücksichtigt werden. Die Klassen in Tabelle A.1 werden empfohlen.

Tabelle A.1 — Zuverlässigkeitsdifferenzierungen für Türme und Maste

Zuverlässigkeitsklasse	
3	Türme und Maste, die an städtischen Standorten errichtet werden oder dort, wo ihr Versagen zu Verletzten oder Toten führen kann; Türme und Maste für wichtige zentrale Telekommunikationsanlagen; andere bedeutende Bauwerke, bei denen die Versagensfolgen sehr hoch sein können.
2	Alle Türme und Maste, die nicht zu Klasse 1 oder 3 gehören.
1	Türme und Maste, die auf unbewohntem offenen Gelände stehen; Türme und Maste, durch deren Versagen wahrscheinlich keine Verletzungen entstehen.

A.2 Teilsicherheitsbeiwerte für Einwirkungen

(1)P Die Teilsicherheitsbeiwerte für die Einwirkungen hängen von der Zuverlässigkeitsklasse des Turms oder Mastes ab.

ANMERKUNG 1 Bei der Wahl der Teilsicherheitsbeiwerte für ständige Lasten γ_G und für Verkehrslasten γ_Q kann der dominierende Einfluss der Windeinwirkung in der Bemessung berücksichtigt werden.

ANMERKUNG 2 Der Nationale Anhang kann Zahlenwerte für γ_G und γ_Q angeben. Für die in Tabelle A.1 empfohlenen Zuverlässigkeitsklassen werden die Werte in Tabelle A.2 für γ_G und γ_Q empfohlen.

Tabelle A.2 — Teilsicherheitsbeiwerte für ständige Lasten und Verkehrslasten

Wirkung der Einwirkung	Zuverlässigkeitsklasse, siehe Anmerkung zu 2.1.2	Ständige Lasten	Verkehrslasten (Q_s)
ungünstig	3	1,2	1,6
	2	1,1	1,4
	1	1,0	1,2
günstig	alle Zuverlässigkeitsklassen	1,0	0,0
Außergewöhnliche Situationen		1,0	1,0

ANMERKUNG 3   Der Nationale Anhang darf Hinweise zur Verwendung von dynamischen Berechnungsmethoden für Windlasten angeben, siehe Anhang B.

Anhang B
(informativ)

Berechnungsannahmen für Windeinwirkungen

ANMERKUNG Da sich dieser Anhang mit ergänzenden Regeln zu Windeinwirkungen auf Gittermaste, abgespannte Maste und abgespannte Schornsteine sowie mit deren dynamischer Antwort befasst, wird erwartet, dass dieser später in die EN 1991-1-4 überführt wird.

B.1 Allgemeines

B.1.1 Anwendungsbereich dieses Anhangs

(1) Dieser Anhang enthält ergänzende Angaben zu Windeinwirkungen auf Türme und abgespannte Maste in folgenden Punkten:

— Windkräfte, siehe B.2;

— Tragwerksreaktion von Gittermasten, siehe B.3;

— Tragwerksreaktion von abgespannten Masten, siehe B.4.

ANMERKUNG Dieser Anhang nimmt für Eislasten auf ISO 12494 Bezug. Der Nationale Anhang darf weitere Hinweise bereitstellen.

B.1.2 Formelzeichen

(1) Ergänzend zu den in EN 1993-1-1 und EN 1991-1-4 angegebenen werden die folgenden wichtigsten Formelzeichen in diesem Anhang verwendet:

i Anordnung der feldweisen Belastung;

K Beiwert;

L projizierte Länge, Sehnenlänge;

N Anzahl;

Q Parameter;

S Schnittgröße in einem Bauteil (z. B. Längskraft, Querkraft oder Biegemoment);

T Torsionsmoment;

α Neigung eines Abspannseils gegen die Horizontale;

β Parameter;

η Abschattungsfaktor;

θ Winkel des Windeinfalls, bezogen auf die Flächennormale; Neigung;

τ Konstante;

ψ Winkel des Windeinfalls, bezogen auf die Längsachse;

ω Abstandsverhältnis;

k_s Skalierungsfaktor.

(2) Ergänzend zu den in EN 1993-1-1 angegebenen werden die folgenden Indizes in diesem Anhang verwendet:

A Element der Außenanbauten;

C Kragarm;

c Bauteil mit kreisförmigem Querschnitt;

e effektiv;

F Außenfläche;

f kantige Bauteile;

G Abspannseil;

H Masthöhe;

L Länge;

M ausschließlich bezogen auf den Mast;

m Mast; gemittelt;

n Einzelfachwerk;

PL feldweise Belastung;

p Belastungsfeld;

q Schub;

S Bauwerk;

sup überkritisch;

T Turm, total;

W in Windrichtung;

w mit Wind;

x quer zur Windrichtung;

Z in vertikaler Richtung;

z Höhe z über Grund;

θ Winkel des Windeinfalls.

B.2 Windkraft

B.2.1 Allgemeines

B.2.1.1 Silhouetten

(1) Für die Berechnung der Windkräfte sollte das Tragwerk in eine Reihe von Abschnitten mit mehreren identischen oder nahezu identischen Modulen aufgeteilt werden, siehe Bild B.2.1. Die Angriffsfläche für die Winddrücke sollten die Projektionsflächen senkrecht zur Windrichtung unter Außerachtlassung von Flächen parallel zur Windrichtung und im Windschatten (z. B. bei Verbänden) umfassen.

(2) Die Anzahl der Abschnitte sollte ausreichend sein, um die Windbelastung für die Berechnung des Gesamtsystems korrekt abzubilden.

(3) Die auf einen Abschnitt oder ein Bauteil wirkende Windkraft ist nach EN 1991-1-4, 5.3(2) zu bestimmen.

(4) Bei der Berechnung der Windkraft mit Eisansatz sind um die Eisschicht vergrößerte Projektionsflächen der tragenden Bauteile und der Außenanbauten anzusetzen.

(5) Bei Anwendung der in diesem Anhang angegebenen Berechnungsmethode ist die maximale Windkraft innerhalb eines Winkels ± 30° zur nominellen Windrichtung anzusetzen, um die maximale Windlast in Windrichtung zu bestimmen.

ANMERKUNG Der Nationale Anhang darf weitere Hinweise zu Windkanalversuchen geben.

B.2.1.2 Verfahren

(1) Das in B.2.1.3 angegebenem Verfahren dient der Bestimmung der Windkräfte auf quadratische oder gleichseitige dreieckförmige Gittermaste.

ANMERKUNG 1 Das in B.2.7 angegebene Verfahren ist nur anwendbar:

a) auf Tragwerke mit rechteckigem Querschnitt oder

b) für den Nachweis bestehender Bauwerke, bei denen die Anordnung von Anbauten und Antennen genau bekannt ist.

ANMERKUNG 2 Das in B.2.7 angegebene Verfahren kann zu geringeren Windkräften führen als das Verfahren in B.2.1.3, wenn K_A in B.2.3 und B.2.4 als 1,0 angenommen wird.

B.2.1.3 Gesamter Windkraftbeiwert

(1) Der gesamte Windkraftbeiwert $\sum c_f$ in Windrichtung eines Bauwerksegmentes ist wie folgt anzusetzen:

$$\sum c_f = c_{f,S} + c_{f,A} \tag{B.1}$$

Dabei ist

$c_{f,S}$ der Windkraftbeiwert ohne Anbauten, ermittelt nach B.2.2 unter Verwendung des Völligkeitsgrades φ für das Bauwerk ohne Anbauten;

$c_{f,A}$ der Windkraftbeiwert für die Außenanbauten, ermittelt nach B.2.3 und B.2.4.

(2) Wenn die Projektionsflächen der Außenanbauten nicht mehr als 10 % der Bauteilprojektionsflächen ausmachen, dann können sie der Projektionsfläche der tragende Bauteile zugeschlagen werden und die gesamte Windkraft nach B.2.2 bestimmt werden.

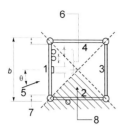

ANMERKUNG   Die Ansichtsfläche 1 gilt als Windangriffsfläche für $-45° \leq \theta \leq 45°$

a) Gittermast mit quadratischem Querschnitt

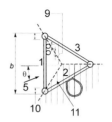

ANMERKUNG   Die Ansichtsfläche 1 gilt als Windangriffsfläche für $-60° \leq \theta \leq 60°$. Eine externe Leiter sollte als individuelles Objekt behandelt werden.

b) Gittermast mit dreieckigem Querschnitt

c) Mastabschnitt

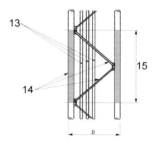

d) Einzelnes Modul

Legende

1 Ansichtsfläche 1
2 Ansichtsfläche 2
3 Ansichtsfläche 3
4 Ansichtsfläche 4
5 Wind
6 Außenanbauten (Projektion senkrecht zur Ansichtsfläche 1)
7 Eckstiel (Projektion senkrecht zur Ansichtsfläche)
8 Der Ansichtsfläche 2 zugeordnete Außenanbauten
9 Außenanbauten inklusive Sprossenleitern, Schützbügel usw. (Projektion senkrecht zur Ansichtsfläche)
10 Eckstiel (Projektion senkrecht zur Ansichtsfläche)
11 Der Ansichtsfläche 2 zugeordnete Außenanbauten
12 Mastabschnitt
13 Außenanbauten in der Projektionsfläche A_A
14 Tragende Bauteile in der Projektionsfläche A_S
15 Höhe des Moduls (h)

Bild B.2.1 — Für die Ermittlung des Völligkeitsgrades φ anzusetzende Projektionsfläche eines Moduls

B.2.2 Windkraftbeiwerte für Bauteile

B.2.2.1 Allgemeines

(1) Für Gittermaste mit quadratischem oder gleichseitigem, dreieckigem Querschnitt, die gleiche Ansichtsflächen auf jeder Seite besitzen, ist der Gesamtwindkraftbeiwert [AC] $c_{f,S}$ [AC] der tragenden Bauteile eines Abschnitts in Windrichtung folgendermaßen anzusetzen:

$$[AC]\ c_{f,S} = K_\theta \cdot c_{f,S,0} \cdot \frac{A_S}{\sum A}\ [AC] \tag{B.2}$$

Dabei ist

$c_{f,S,0}$ der Gesamtwindkraftbeiwert für den Abschnitt j ohne Berücksichtigung von Endeffekten nach B.2.2.2;

K_θ der Windrichtungsbeiwert;

[AC] A_S die Gesamtfläche als Projektion senkrecht zur Fläche der tragenden Bauteile, einschließlich jener Außenanbauten, die als tragende Bauteile behandelt werden, der betrachten Fläche innerhalb der Höhe eines Abschnitts auf dem betreffenden Niveau (siehe Bild B.2.1), einschließlich Vereisung, sofern zutreffend;

$\sum A$ A_{ref} nach EN 1991-1-4, 5.3(2); es kann jeder angenommene Wert angesetzt werden (zum Beispiel Eins), solange A_{ref} als derselbe Wert angesetzt wird. [AC]

(2) Der Windrichtungsbeiwert K_θ darf folgendermaßen angesetzt werden:

$$K_\theta = 1{,}0 + K_1 K_2 \sin^2 2\theta \text{ für quadratische Gittermaste} \tag{B.3a}$$

$$K_\theta = \frac{A_c + A_{c,sup}}{A_S} + \frac{A_f}{A_S}\left(1 - 0{,}1 \sin^2 1{,}5\,\theta\right) \text{ für dreieckige Gittermaste} \tag{B.3b}$$

Dabei ist

$$K_1 = \frac{0{,}55 A_f}{A_S} + \frac{0{,}8\left(A_c + A_{c,sup}\right)}{A_S} \tag{B.3c}$$

$K_2 = 0{,}2$ für $0 \leq \varphi \leq 0{,}2$ und $0{,}8 \leq \varphi \leq 1{,}0$ (B.3d)

$= \varphi$ für $0{,}2 < \varphi \leq 0{,}5$ (B.3e)

$= 1 - \varphi$ für $0{,}5 < \varphi < 0{,}8$ (B.3f)

θ Winkel des Windeinfalls (im Grundriss) senkrecht zur Ansichtsfläche 1;

φ Völligkeitsgrad, siehe EN 1991-1-4, 7.11(2);

A_f gesamte Projektionsfläche von kantigen Bauteilen in der Ansichtfläche senkrecht auf die Ansichtsfläche;

A_c gesamte Projektionsfläche senkrecht auf die Ansichtsfläche von Bauteilen mit kreisförmigem Querschnitt in der Ansichtsfläche, die einer unterkritischen Umströmung ausgesetzt sind;

$A_{c,sup}$ gesamte Projektionsfläche senkrecht auf die Ansichtfläche von Bauteilen mit kreisförmigem Querschnitt in der Ansichtsfläche, die einer überkritischen Umströmung ausgesetzt sind;

h Höhe des betrachteten Abschnitts;

b gesamte Abschnittsbreite wie in Bild B.2.1.

ANMERKUNG $A_S = A_f + A_c + A_{c,sup}$

(3) Für übliche θ-Werte dürfen die K_θ-Werte Bild B.2.2 entnommen werden.

(4) Für Bauteile mit kreisförmigem Querschnitt darf unterkritische Umströmung angenommen werden, wenn die Reynoldszahl bei $Re \leq 4 \times 10^5$ liegt; bei größeren Werten von Re darf überkritische Umströmung angenommen werden, sofern kein Eisansatz vorliegt.

(5) Der Wert für Re sollte mit EN 1991-1-4, 7.9.1(1) bestimmt werden.

(6) Wird für einzelne oder alle Bauteile angenommen, dass die Reynoldszahl im überkritischen Bereich liegt, ist nachzuweisen, dass bei geringer Windgeschwindigkeit, bei der $Re < 4 \times 10^5$ ist, keine größeren Lasten auftreten.

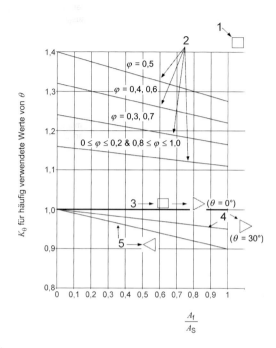

Legende

1 Wind
2 Quadratische Gittermaste, Wind in der Diagonalen ($\theta = 45°$)
3 Quadratische und dreieckige Gittermaste mit Wind auf eine Ansichtsfläche
4 Dreieckige Gittermaste mit Wind parallel zu einer Ansichtsfläche
5 Dreieckige Gittermaste mit Wind auf eine Ecke ($\theta = 180°$)

Zu Formelzeichen siehe B.2.2.1

Bild B.2.2 — Windrichtungsbeiwert K_θ

DIN EN 1993-3-1:2010-12
EN 1993-3-1:2006 + AC:2009 (D)

B.2.2.2 Gesamtkraftbeiwerte

(1) Werte für Gesamtkraftbeiwerte $c_{f,S,0}$, die für Gittermaste mit quadratischem oder gleichseitigem Dreieckquerschnitt, zusammengesetzt aus Bauteilen mit kantigen und kreisförmigen Profilen, gelten, sind folgendermaßen anzusetzen:

$$c_{f,S,0,j} = c_{f,0,f} \frac{A_f}{A_S} + c_{f,0,c} \frac{A_c}{A_S} + c_{f,0,c,sup} \frac{A_{c,sup}}{A_S} \tag{B.4}$$

Dabei ist

$c_{f,0,f}$, $c_{f,0,c}$ und $c_{f,0,c,sup}$ die Kraftbeiwerte für Abschnitte, die aus Bauteilen mit kantigen, unterkritischen kreisförmigen bzw. überkritischen kreisförmigen Profilen zusammengesetzt sind, gemäß:

$$c_{f,0,f} = 1{,}76\, C_1\, [1 - C_2\, \varphi + \varphi^2] \tag{B.5a}$$

$$c_{f,0,c} = C_1\, (1 - C_2\, \varphi) + (C_1 + 0{,}875)\, \varphi^2 \tag{B.5b}$$

$$c_{f,0,c,sup} = 1{,}9 - \sqrt{\{(1-\varphi)(2{,}8 - 1{,}14\, C_1 + \varphi)\}} \tag{B.5c}$$

mit:

C_1 = 2,25 für quadratische Gittermaste

1,9 für dreieckige Gittermaste

C_2 = 1,5 für quadratische Gittermaste

1,4 für dreieckige Gittermaste

wobei:

φ, A_S, A_f, A_c, $A_{c,sup}$ in B.2.2.1 angegeben sind.

(2) Bei Windkraftberechnungen darf für kreisförmige Bauteile im überkritischen Zustand konservativ ein unterkritischer Zustand angenommen werden.

(3) Näherungswerte für diese Kraftbeiwerte dürfen Bild B.2.3 entnommen werden.

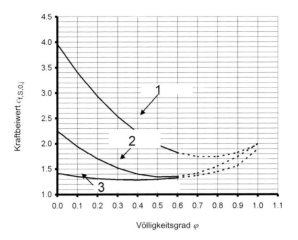

a) Quadratische Gittermaste

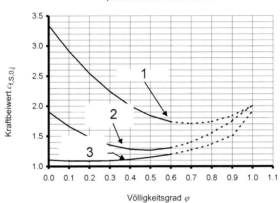

b) Dreieckige Gittermaste

Legende
1 kantig
2 kreisförmig (unterkritisch)
3 kreisförmig (überkritisch)

ANMERKUNG Bei Gittermasten mit $\varphi > 0{,}6$ ist die Möglichkeit des Auftretens wirbelerregter Querschwingungen zu berücksichtigen, siehe EN 1991-1-4.

Bild B.2.3 — Gesamtkraftbeiwerte $c_{f,S,0}$ für quadratische und dreieckige Gittermaste

B.2.3 Windkraftbeiwerte für langgestreckte Außenanbauten

(1) Die Windkraftbeiwerte $c_{f,A}$ von langgestreckten Außenanbauteilen (einschließlich Wellenleitern, Antennenkabeln usw.) sind in Windrichtung innerhalb der Höhe eines Moduls folgendermaßen anzusetzen:

$$\text{\tiny AC)} \; c_{f,A} = K_A \cdot c_{f,A,0} \cdot \sin^2 \psi \cdot \frac{A_A}{\sum A} \; \text{\tiny (AC} \tag{B.6}$$

Dabei ist

$c_{f,A,0}$ der Gesamtkraftbeiwert für ein Anbauteil unter Berücksichtigung seiner effektiven Reynoldszahl; Werte für übliche Einzelbauteile sind in Tabelle B.2.1 angegeben und dürfen nach B.2.7.2 für Teile, die aus Fachwerkwänden zusammengesetzt sind, ermittelt werden;

K_A der Abminderungsbeiwert zur Berücksichtigung der Abschattung des Bauteils durch das Bauwerk selbst: Näherungswerte für K_A sind in Tabelle B.2.2 angegeben, außer für kreisförmige Profile im superkritischen Strömungszustand und für Außenanbauten, für die nicht die Einschränkungen in B.2.3 (2) gelten; für diesen Fall gilt $K_A = 1,0$;

AC) A_A die Fläche des bei Betrachtung in Windrichtung sichtbaren Teils, einschließlich Vereisung, sofern zutreffend. Bei Zylindern mit Wendeln sollte der Wert von A_A auf der Gesamtbreite einschließlich der zweifachen Wendelbreite basieren;

$\sum A$ siehe B.2.2.1(1). (AC

ANMERKUNG   Wenn A_A größer als A_S ist, ist der Abminderungsbeiwert eher bei $c_{f,S,0}$ zu berücksichtigen als bei $c_{f,A}$. In diesen Fällen gilt:

$c_{f,S} = K_\theta \, c_{f,S,0} \, K_A$

$c_{f,A} = c_{f,A,0} \sin^2 \psi$

Dabei ist

ψ der Winkel des Windeinfalls bezogen auf die Längsachse jedes geradlinigen Bauteils.

(2) K_A ist als 1,0 anzusetzen, wenn die Außenanbauten keine der folgenden Bedingungen erfüllen:

a) die gesamte Projektionsfläche der Außenanbauten neben der betrachteten Ansichtsfläche des Tragwerks ist kleiner als die Projektionsfläche der Bauteile in dieser Ansichtsfläche (siehe Bild B.2.1);

b) die gesamte Projektionsfläche jedes einzelnen internen oder externen Außenanbauteils senkrecht auf die Ansichtsfläche des Bauwerks ist kleiner als die halbe Bruttoansichtsfläche des Moduls (siehe Bild B.2.1);

c) keines der Außenanbauteile geht mehr als 10 % über die Breite der gesamten Ansichtsfläche des Bauwerks auf dieser Höhe hinaus.

Tabelle B.2.1 — Typische Kraftbeiwerte, $c_{f,A,0}$ und [AC] $c_{f,G,0}$, [AC] für einzelne Bauteile

Bauteiltyp	Effektive Reynoldszahl Re (siehe EN 1991-1-4) (siehe Anmerkung 1)	Kraft-(Druck-)beiwert $c_{f,A,0}$ oder [AC] $c_{f,G,0}$ [AC]	
		eisfrei	vereist
(a) Kantige Profile und Bleche	alle Werte	2,0	2,0
(b) Kreisförmige Profile und glatte Drähte	$\leq 2 \times 10^5$	1,2	1,2
	4×10^5	0,6	1,0
	$> 10 \times 10^5$	0,7	1,0
(c) Dünne Spiralseile, z. B. Aluminiumtragseile mit Stahlkern, vollverschlossene Spiralseile, Stahlspiralseile mit mehr als sieben Drähten	eisfrei: $\leq 6 \times 10^4$ $\geq 10^5$	1,2 0,9	
	vereist: $\leq 1 \times 10^5$ $\geq 2 \times 10^5$		1,25 1,0
(d) Dicke Spiralseile, z. B. kleine Rundlitzenseile, Stahllitzenbündel, Spiralseile mit nur sieben Drähten (1 × 7)	eisfrei: $\leq 4 \times 10^4$ $> 4 \times 10^4$	1,3 1,1	
	vereist: $\leq 1 \times 10^5$ $\geq 2 \times 10^5$		1,25 1,0
(e) Zylinder mit Wendeln mit einer Höhe bis zu $0,12D$ (siehe Anmerkung 2)	alle Werte	1,2	1,2

ANMERKUNG 1 $c_{f,A,0}$ für Zwischenwerte von Re sind mittels linearer Interpolation zu bestimmen.

ANMERKUNG 2 Diese Werte basieren auf der Gesamtbreite, in der die zweifache Wendelbreite berücksichtigt ist.

ANMERKUNG 3 Die Werte für vereiste Bauteile sind für Glatteis von Bedeutung; besondere Sorgfalt gilt bei Raueis (siehe ISO 12494).

ANMERKUNG 4 Diese Werte dürfen im Nationalen Anhang verändert werden.

(3) Wenn von Bedeutung, ist die Torsionskraft T_{AW} unter Verwendung des passenden Beiwerts und des maßgeblichen Hebelarms zu berechnen, der in Windkanaluntersuchungen zu bestimmen ist.

Tabelle B.2.2 — Abminderungsbeiwert, K_A, für zusätzliche Außenanbauten

Position zusätzlicher Außenanbauten	Abminderungsbeiwert K_A	
	Viereckiger Querschnitt (quadratisch oder rechteckig)	Dreieckiger Querschnitt
Innerhalb des Querschnitts	0,8	0,8
Außerhalb des Querschnitts	0,8	0,8

ANMERKUNG   Diese Werte können im Nationalen Anhang geändert werden.

B.2.4 Windkraftbeiwerte für einzelne kompakte Außenanbauten

(1)   Für alle einzelnen Außenanbauten, wie z. B. Parabolantennen, ist der Gesamtwindkraftbeiwert $c_{f,A}$ in Windrichtung folgendermaßen anzusetzen:

$$c_{f,A} = c_{f,A,0} K_A \qquad (B.7)$$

Dabei ist

$c_{f,A,0}$ der Kraftbeiwert für ein Anbauteil für die betrachtete Windrichtung und Windgeschwindigkeit; er ist mit Hilfe von Windkanalversuchen zu ermitteln, die üblicherweise vom Hersteller durchgeführt werden;

K_A wie in B.2.3.definiert.

(2)   Die zugehörigen Beiwerte für seitliche Windkräfte $c_{f,Ax}$ und $c_{1,A,z}$ sind wie $c_{f,A}$ zu berechnen, wobei die jeweilige Richtung orthogonal zur mittleren Windrichtung anzunehmen ist. $c_{f,A,0}$ ist der jeweils anzusetzende Kraftbeiwert für Quertrieb und Auftrieb.

(3)   Die zugehörige Torsionskraft T_{AW} ist unter Ansatz des zutreffenden Kraftbeiwertes zu berechnen, der in Windkanalversuchen in Verbindung mit dem relevanten Hebelarm eine derartige Torsion ermittelt wurde.

B.2.5 Windkraftbeiwerte für Abspannseile

(1)   Der Windkraftbeiwerte $c_{f,G}$ senkrecht zu den Abspannseilen, bezogen auf die Ebene, die durch das Seil und den Wind gebildet wird, ist wie folgt anzusetzen:

$$c_{f,G} = c_{f,G,0} \sin^2 \psi \qquad (B.8)$$

Dabei ist

[AC] $c_{f,G,0}$ [AC]   der Reynoldszahl-abhängige Gesamtkraftbeiwert; Werte dafür sind in Tabelle B.2.1 sowohl ohne als auch mit Eisansatz angegeben;

ψ der Winkel des Windeinfalls zur Sehne.

ANMERKUNG   Der Windwiderstand der Isolatoren der Abspannseile ist, wenn relevant, zu berücksichtigen, indem sie entweder als individuelle Bauteile betrachtet werden und die passenden Windkräfte berücksichtigt werden, oder ihre Wirkung in $c_{f,G}$ „verschmiert" wird.

B.2.6 Windkraftbeiwerte bei Vereisung

(1) Bei der Ermittlung des Windwiderstandes eines Bauwerks und der Außenanbauten bei Eisansatz ist jedes Bauteil, Anbauteil und Abspannseil als allseitig mit Eis bedeckt anzusetzen, und zwar mit einer Eisdicke nach Anhang C.

(2) Falls die Spaltbreiten zwischen Elementen im eisfreien Zustand kleiner als 75 mm sind, sollte angenommen werden, dass diese Spalten durch Eisansatz geschlossen werden.

(3) Kraftbeiwerte von einzelnen Bauteilen sollten Tabelle B.2.1 entnommen werden.

(4) Ein nicht symmetrischer Eisansatz, bei dem einige Abspannseile vereist und andere eisfrei sind, ist zu berücksichtigen (siehe Anhang C).

B.2.7 Anleitung für Spezialfälle

B.2.7.1 Gesamtwindkraftbeiwert

(1) Der Gesamtwindkraftbeiwert c_f in Windrichtung für die Höhe eines Moduls eines Gittermastes mit quadratischem oder dreieckigem Grundriss oder eines Gittermastes mit rechteckigem Grundriss mit unterschiedlichen Seitenlängen kann wie unter (2) beschrieben bestimmt werden:

ANMERKUNG   Für die Bemessung von Gittermasten mit quadratischem oder gleichseitig dreieckeckigem Grundriss ist das Verfahren nach B.2.1.3 zu verwenden.

(2) Der Gesamtwindkraftbeiwert c_f für ein Modul in Windrichtung kann folgendermaßen bestimmt werden:

Für quadratische und rechteckige Gittermaste:

$$c_\mathrm{f} = c_\mathrm{1e} \cos^2 \theta_1 + c_\mathrm{2e} \sin^2 \theta_1 \qquad (B.9)$$

Für dreieckige Gittermaste:

$$c_\mathrm{f} = c_\mathrm{1e} \cos^2\left(\frac{3\theta_1}{4}\right) + c_\mathrm{2e} \sin^2\left(\frac{3\theta_1}{4}\right) \qquad (B.10)$$

Dabei ist

c_1e der effektive Windkraftbeiwert:

— für quadratische und rechteckige Gittermaste:

$$c_\mathrm{1e} = (c_1 + \eta_1\, c_3)\, K_{\theta 1}$$

— für dreieckige Gittermaste:

$$c_\mathrm{1e} = \left\{c_1 + \frac{\eta_1}{2}(c_2 + c_3)\right\} K_{\theta 1}$$

c_2e der effektive Windkraftbeiwert:

— für quadratische und rechteckige Gittermaste:

$$c_\mathrm{2e} = (c_2 + \eta_2\, c_4)\, K_{\theta 2}$$

— für dreieckige Gittermaste:

$$c_{2e} = \left\{c_2 + \frac{\eta_2}{2}(c_1 + c_3)\right\} K_{\theta 2}$$

c_1 bis c_4 sind Windkraftbeiwerte:

$$c_1 = c_{f,S1} A_{S1}/\Sigma A + c_{f,A1} A_{A1}/\Sigma A;$$
$$c_2 = c_{f,S2} A_{S2}/\Sigma A + c_{f,A2} A_{A2}/\Sigma A;$$
$$c_3 = c_{f,S3} A_{S3}/\Sigma A + c_{f,A3} A_{A3}/\Sigma A;$$
$$c_4 = c_{f,S4} A_{S4}/\Sigma A + c_{f,A4} A_{A4}/\Sigma A;$$

A_{S1} bis A_{S4} Projektionsflächen der Elemente auf die Ansichtsflächen 1 bis 4, die wie tragende Bauteile innerhalb desselben Moduls, gegebenenfalls einschließlich Vereisung, betrachtet werden (siehe Bild B.2.1);

A_{A1} bis A_{A4} Projektionsflächen der Elemente auf die Ansichtsflächen 1 bis 4, die wie zusätzliche Bauteile innerhalb desselben Moduls, gegebenenfalls einschließlich Vereisung, betrachtet werden (siehe Bild B.2.1);

$c_{f,S1}$ bis $c_{f,S4}$ Kraftbeiwerte der Elemente, die wie tragende Bauteile betrachtet werden, für die Ansichtsflächen 1 bis 4; die Kraftbeiwerte dürfen nach B.2.7.2 ermittelt werden;

$c_{f,A1}$ bis $c_{f,A4}$ Windkraftbeiwerte für Außenanbauten, die nicht als tragende Bauteile betrachtet werden, für die Ansichtsflächen 1, 2, 3 bzw. 4; die Windkraftbeiwerte werden nach B.2.3 oder B.2.4 ermittelt; K_A = 1,0 in allen Fällen;

🅐🅒 ΣA als A_{ref} nach EN 1991-1-4, 5.3(2) anzusetzen; es kann jeder angenommen Wert angesetzt werden (zum Beispiel Eins), solange A_{ref} als derselbe Wert angesetzt wird. 🅐🅒

η_1 und η_2 effektive Abschattungsbeiwerte für die Ansichtsfläche 1 bzw. 2, einschließlich der tragenden Bauteile und Anbauteile; η_1 und η_2 sind wie folgt anzusetzen:

— für quadratische Gittermaste: η_e

— für dreieckige Gittermaste: 0,67 η_e

— für rechteckige Gittermaste: $\eta_e + 0{,}15(\omega - 1)(\varphi - 0{,}1)$ jedoch nicht größer als 1,0

η_e $= \eta_f (A_f + 0{,}83 A_c + 2{,}1 A_{c,\text{sup}} + A_A)/(A_S + A_A)$ jedoch nicht größer als 1,0;

η_f $= (1 - \varphi)^{1{,}89}$ siehe auch Bild B.2.4;

Dabei ist

$A_f, A_c, A_{c,\text{sup}}$ wie in B.2.2.1 angegeben; sie sind für die Ansichtsflächen 1 und 2 anwendbar;

$A_S = A_f + A_c + A_{c,\text{sup}}$ (siehe B.2.2.1(2))

A_A die Projektionsfläche der Anbauteile, die nicht wie tragende Bauteile betrachtet werden; sie ist für die Ansichtsflächen 1, 2, 3 und 4 anwendbar;

φ	der Völligkeitsgrad für die Ansichtsflächen 1 und 2 nach B.2.2, jedoch einschließlich tragender Bauteile und Anbauteile (siehe Bild B.2.2).

Folglich

$$\varphi = \frac{A_S + A_A}{h_b}$$

ω	Abstandsverhältnis, entspricht dem Abstand zwischen der betrachteten und der parallel dazu liegenden Ansichtsfläche, dividiert durch die Breite der betrachteten Fachwerkwand in Höhe des Schwerpunktes des Moduls, jedoch nicht kleiner als 1,0;
$K_{\theta 1}$ und $K_{\theta 2}$	nach B.2.2.1 zu bestimmen; anwendbar auf die Ansichtsflächen 1 und 2 unter Verwendung von $(A_S + A_A) A_f$ und φ, wie in diesem Abschnitt definiert;
θ_1	Windanströmwinkel (im Grundriss) zur Normalen auf Ansichtsfläche 1.

(3) Bei Gittermasten mit $\varphi > 0{,}6$ ist zu berücksichtigen, dass Schwingungsantworten quer zur Windrichtung infolge von Wirbelanregung möglich sind, siehe EN 1991-1-4.

(4) Der Gesamtkraftbeiwert c_{fx} eines Moduls für den Quertrieb ist wie unter (2) zu bestimmen, jedoch für eine Windrichtung senkrecht zur mittleren Windrichtung im Grundriss.

(5) Der Gesamtkraftbeiwert Σc_f eines Moduls mit polygonförmigem Grundriss (mit mehr als vier Ansichtsflächen) in Windrichtung ist anhand von maßstäblichen Windkanalmessungen in Übereinstimmung mit EN 1991-1-4, 1.5 zu bestimmen.

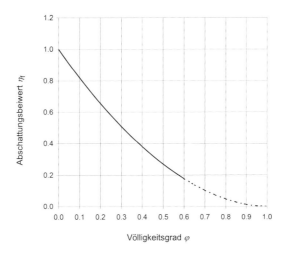

Bild B.2.4 — Abschattungsbeiwert η_f für aus kantigen Bauteilen zusammengesetzte einzelne Tragwerke

B.2.7.2 Windkraftbeiwerte für einzelne Tragwerke

(1) Werte für Windkraftbeiwerte c_f für einzelne Tragwerke, die aus Bauteilen mit sowohl kantigen als auch kreisförmigen Querschnitten bestehen, sind zu bestimmen mit:

$$c_f = c_{f,f} \frac{A_f}{A_S} + c_{f,c} \frac{A_c}{A_S} + c_{f,c,sup} \frac{A_{c,sup}}{A_S} \qquad (B.11)$$

Dabei ist

$c_{f,f}$, $c_{f,c}$ und $c_{f,c,sup}$ der Kraftbeiwerte für Bauteile mit kantigen, unterkritisch kreisförmigen bzw. überkritisch kreisförmigen Querschnitten unter Verwendung von:

$c_{f,f}$ der Kraftbeiwert für einzelne Tragwerke, anzusetzen mit:

$1{,}58 + 1{,}05\,(0{,}6 - \varphi)^{1{,}8}$ für $\varphi \leq 0{,}6$;

$1{,}58 + 2{,}625\,(\varphi - 0{,}6)^2$ für $\varphi > 0{,}6$;

A_f, A_c, $A_{c,sup}$, A_S und φ sind in B.2.7.1 definiert.

$c_{f,c} \quad = (0{,}6 + 0{,}4\varphi^2)\,c_{f,f}$

$c_{f,c,sup} \quad = (0{,}33 + 0{,}62\varphi^{5/3})\,c_{f,f}$

(2) Näherungswerte für diese Kraftbeiwerte sind in Bild B.2.5 angegeben.

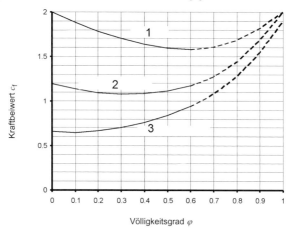

Legende
1 Kantige Profile
2 Kreisförmige Profile (unterkritisch)
3 Kreisförmige Profile (überkritisch)

ANMERKUNG Bei Gittermasten mit $\varphi > 0{,}6$ siehe B.2.7.1(3).

Bild B.2.5 — Kraftbeiwert c_f für einzelne Tragwerke

DIN EN 1993-3-1:2010-12
EN 1993-3-1:2006 + AC:2009 (D)

B.3 Tragwerksreaktion von Gittermasten

B.3.1 Bedingungen für die Anwendung statischer Verfahren

(1) Das statische Ersatzlastverfahren, siehe B.3.2, ist üblicherweise anzuwenden, wenn die Bedingungen in B.3.1(3) erfüllt sind. Wenn nicht, sind aufwändigere Verfahren wie z. B. das Spektralverfahren, siehe B.3.3, anzuwenden. Ein Fachgutachten ist notwendig.

(2) Die statische Ersatzlast-Methode berücksichtigt eine gewisse dynamische Überhöhung der Bauwerksantwort, die typisch für die Mehrzahl der nach dieser Vorschrift gebauten Gittermaste ist. Die Kontrolle für die Anwendbarkeit des statischen Verfahrens nach Gleichung (B.12) ist nur als Anleitung zu betrachten. Die dynamische Vergrößerung nimmt im Allgemeinen mit zunehmender Höhe der Modulen eines Mastes zu, insbesondere wenn er viele Außenanbauten hat oder wenn er eine konkave bzw. gevoutete Bauform aufweist (Eiffelturm-Form). In solchen Fällen sollte bei Anwendung der statischen Vorgehensweisen auf Gittermaste, bei denen diese Einflüsse stärker ausgeprägt sind als bei herkömmlichen Bauweisen, mit Vorsicht vorgegangen werden.

(3) Die statische Ersatzlast-Methode darf angewendet werden, falls:

$$\frac{7\,m_T}{\rho_s c_{f,T} A_T \sqrt{d_B r_o}} \left(\frac{5}{6} - \frac{h_T}{h}\right)^2 < 1 \qquad (B.12)$$

Dabei ist

$c_{f,T} A_T$ die Summe der Windkräfte (einschließlich Außenanbauteile) der einzelnen Module, beginnend von der Mastspitze, so dass $c_{f,T} A_T$ gerade kleiner ist als ein Drittel der Gesamtsumme Σc_f für den gesamten Mast (in m²);

ρ_s die Dichte des Werkstoffes der Mastkonstruktion (in kg/m³);

m_T die Gesamtmasse der Module im Bereich von $c_{f,T}$ (in kg);

h die Masthöhe (in m);

h_T die Gesamthöhe der Module im Bereich von $c_{f,T}$, jedoch nicht größer als $h/3$ (in m);

r_o die Volumen-/Widerstandskonstante, anzusetzen mit 0,001 m;

d_B die Tiefe in Windrichtung, anzusetzen mit:

— Basisbreite d für rechtwinklige Gittermaste (in m);

— 0,75 × Basisbreite für dreigurtige Maste (in m).

B.3.2 Statische Ersatzlast-Methode

B.3.2.1 Allgemeines

(1) Bei symmetrischen Masten, die mit Gurtstäben mit dreieckigen Ausfachungen konstruiert sind, mit oder ohne Außenanbauten, für die [AC] die Windkraft [AC] nach [AC] B.2 [AC] berechnet worden ist, ist die maximale Schnittkraft im Bauteil nach B.3.2.2.1 bis B.3.2.2.5 zu bestimmen. Bei unsymmetrischen Masten, die mit Gurtstäben mit dreieckigen Ausfachungen konstruiert sind und Außenanbauten aufweisen, oder bei Masten, für die [AC] die Windkraft [AC] nach B.2.7 berechnet worden ist, ist die maximale Schnittkraft im Bauteil nach B.3.2.2.6 zu bestimmen.

DIN EN 1993-3-1:2010-12
EN 1993-3-1:2006 + AC:2009 (D)

ANMERKUNG Bei symmetrischen, dreieckigen und quadratischen Masten sind die Windlasten quer zur Windrichtung nicht maßgebend für die Bemessung und dürfen folglich vernachlässigt werden. Bei unsymmetrischen Gittermasten sind diese Lasten zu berücksichtigen.

B.3.2.2 Windbelastung

B.3.2.2.1 Allgemeines

(1) Die maximale Windlast auf den Gittermast in Windrichtung ist nach EN 1991-1-4, 5.3 zu bestimmen unter Verwendung der in diesem Anhang in B.2 angegebenen Windkraftbeiwerte.

(2) Die mittlere Windlast in Windrichtung auf den Gittermast $F_{m,W}(z)$ ist in der Regel folgendermaßen anzusetzen:

$$F_{m,W}(z) = \frac{q_p}{1+7I_v(z_e)} \sum c_f A_{ref} \qquad (B.14a)$$

(3) Die äquivalente Böenwindlast in Windrichtung auf den Gittermast $F_{T,W}(z)$ ist in der Regel zu ermitteln aus:

$$F_{T,W}(z) = F_{m,W}(z)\left[1+\left(1+0{,}2(z_m/h)^2\right)\frac{[1+7I_v(z_e)]c_s c_d - 1}{c_o(z_m)}\right] \qquad (B.14b)$$

Dabei ist

I_v die Intensität der Turbulenzen nach EN 1991-1-4;

$c_s c_d$ der Strukturbeiwert nach EN 1991-1-4, 6.3;

z_m die Höhe der Schnittfläche über Grund, für die die Beanspruchung ermittelt wird;

h die Gesamthöhe des Gittermasts;

$c_o(z_m)$ der orographische Faktor nach EN 1991-1-4.

B.3.2.2.2 Lasten zur Berechnung der Kräfte in den Bauteilen oder in den Fundamenten

(1) Die maximale Kraft S_{max} in einem Bauteil oder in dem Fundament ist gemäß (B.14b) mittels $F_{m,W}$ zu bestimmen und um einen Faktor zu erhöhen:

$$S_{max} = S_{m,W}\left[1+\left(1+0{,}2(z_m/h)^2\right)\frac{[1+7I_v(z_e)]c_s c_d - 1}{c_o(z_m)}\right] \qquad (B.15)$$

Dabei ist

$S_{m,W}$ die Kraft im Bauteil oder im Fundament aus der mittleren Windlast $F_{m,W}$;

$c_0(z_m)$ siehe B.3.2.2.1(3).

B.3.2.2.3 Lasten zur Berechnung der Querkräfte

(1) Die zur Berechnung der Füllstabkräfte verwendete Belastung ist in Abhängigkeit von der Ausführung des Mastes anzusetzen.

ANMERKUNG   Querkräfte im Fundament sind nach B.3.2.2.2 zu bestimmen.

(2) Bei Gittermasten, bei denen die Neigung der Eckstiel derart ist, dass sie sich projiziert oberhalb der Mastspitze schneiden (siehe Bild 3.1a)), ist die maximale Beanspruchung in der Ausfachung oder die Querkraft auf einem gegebenen Niveau nach B.3.2.2.2 zu ermitteln.

ANMERKUNG   Kräfte in Füllstäben an Knoten, an denen sich die Neigung der Eckstiele ändert, können aus Anteilen der Eckstielkräfte und der Querkraft bestehen.

(3) Bei Gittermasten, bei denen die Neigung der Eckstiele des betrachteten Gefaches derart ist, dass sie sich projiziert unterhalb der Mastspitze schneiden (siehe Bild B.3.1b)), sind zwei Berechnungen mit ungleichmäßigen Feldbelastungen durchzuführen, mit

a) der mittleren Windlast, $F_{m,W}(z)$ unterhalb des Schnittpunktes und einer statischen Ersatzlast $F_{T,W}(z)$ für die Böenwindlast oberhalb des Schnittpunktes,

b) der mittleren Windlast, $F_{m,W}(z)$ oberhalb des Schnittpunktes und einer statischen Ersatzlast $F_{T,W}(z)$ für die Böenwindlast unterhalb des Schnittpunktes.

(4) Existiert mehr als ein Schnittpunkt, dann sind zwei Lastfälle mit ungleichmäßiger Feldbelastung für jedes Modul zu berechnen, siehe Bild B.3.1c).

ANMERKUNG   Für Füllstäbe über dem höchsten Schnittpunkt darf das Verfahren nach B.3.2.2.3(2) verwendet werden.

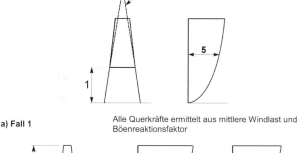

a) Fall 1   Alle Querkräfte ermittelt aus mittlere Windlast und Böenreaktionsfaktor

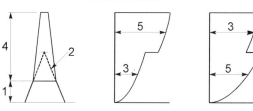

b) Fall 2   Feldweise Belastung für Modul „A"

Bild B.3.1 — Feldweise ungleichmäßige Belastung

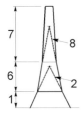 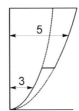

	Feldweise Belastung für Modul „A":	Feldweise Belastung für Modul „B":
c) Fall 3	Feldweise 1 ———	Feldweise 1 ———
	Feldweise 2 – – – –	Feldweise 2 – – – –

Legende

1 Modul „A"
2 Verlängerung der Eckstiele des Moduls „A"
3 Mittelwert
4 oberhalb Modul „A" liegende Fachwerkfelder wie Fall 1 zu behandeln
5 „Böenlast"
6 Modul „B"
7 oberhalb Modul „B" liegende Fachwerkfelder wie Fall 1 zu behandeln
8 Verlängerung der Eckstiele des Moduls „B"

Bild B.3.1 — Feldweise ungleichmäßige Belastung *(fortgesetzt)*

B.3.2.2.4 Belastung von Abspannseilen

(1) Die maximale Windlast $F_{c/Gw}(z)$ auf Seile in Windrichtung ist wie folgt anzusetzen:

$$F_{c/Gw}(z) = \frac{q_p(z)}{1+7I_v(z)} \sum c_{f,G} \cdot A_G \cdot \left[1 + \frac{[1+7I_v(z)]c_s c_d - 1}{c_o(z)}\right] \tag{B.16}$$

Dabei ist:

$q_p(z)$ der Spitzenstaudruck in effektiver Höhe z in m des Seils über Grund, ermittelt nach EN 1991-1-4;

$\Sigma c_{f,G}$ der Gesamtwindkraftbeiwert des Seils in Windrichtung, ermittelt nach B.2.

B.3.2.2.5 Belastung zur Bestimmung von Durchbiegungen und Verdrehungen

(1) Verformungen und Verdrehungen brauchen in der Regel nur den Anforderungen für die Gebrauchstauglichkeit zu genügen. Die Gebrauchstauglichkeitskriterien sind vom Kunden in der Bauausschreibung festzulegen (siehe 7.2.2).

B.3.2.2.6 Windbelastung für nicht symmetrische Gittermaste und Türme oder Türme mit komplexen Anbauten

(1) Bei nicht symmetrischen Gittermasten oder Türmen, die große, nicht symmetrisch angeordnete Außenanbauten und/oder Seile bzw. Leitungen aufweisen, die nicht vernachlässigbare Torsionsbelastungen und Belastungen quer zur Windrichtung einleiten, müssen die Gesamtkräfte infolge der Windlasten für die kombinierte Einwirkung von Wind auf einzelne Teile, und zwar in Windrichtung und quer zur Windrichtung berücksichtigt werden.

DIN EN 1993-3-1:2010-12
EN 1993-3-1:2006 + AC:2009 (D)

(2) Die schwankenden Beanspruchungen, die durch laterale Turbulenz verursacht werden, sollten zusammen mit den Beanspruchungen aus Windlasten in Windrichtung berücksichtigt werden.

(3) Zur Ermittlung der Gesamtbelastung in solchen Fällen ist die mittlere Windlast in Windrichtung unabhängig vom schwankenden Anteil zu betrachten. Dazu ist der Mast unter Belastung der mittleren Windlast $F_{m,W}(z)$ in Windrichtung, wie nach B.3.2.2.1(1) ermittelt, zu untersuchen.

ANMERKUNG Falls Abspannungen vorhanden sind, ist die mittlere Last $F_{m,CW}(z)$ auf die Abspannungen zu berücksichtigen (siehe B.3.2.2.4).

(4) Folgende einzelne Beanspruchungen sind zu berechnen:

a) die mittlere Beanspruchung $S_{m,TW}$ infolge Windlast, ermittelt aus der mittleren Windlast $F_{m,TW}(z)$;

b) die Beanspruchung $S_{1,TW}$ im Bauteil infolge schwankender Windlasten in Windrichtung, ermittelt anhand:

$$S_{1,TW} = S_{m,TW} \frac{[1+7I_v(z)]c_s c_d - 1}{c_o(z_m)} \left(1 + 0{,}2(z_m/h)^2\right) \qquad (B.17)$$

c) schwankende laterale Windbeanspruchungen $S_{1,TX}$ infolge Turbulenz quer zur Windrichtung, die wie folgt angesetzt werden sollten, falls keine anderen Angaben vorliegen:

$$S_{1,TX} = K_X \left(\frac{\sum c_X}{\sum c_f}\right) S_{1,TW} \qquad (B.18)$$

Dabei ist

K_X der Beiwert zur Berücksichtigung der lateralen Turbulenz;

Σc_X der Kraftbeiwert für den Quertrieb des Bauwerks (und aller vorhandener Außenbauten) für das betrachtete Modul;

⟨AC⟩ $\sum c_f$ siehe B.2.1.3(1). ⟨AC⟩

ANMERKUNG 1 Der Wert für K_X darf im Nationalen Anhang angegeben werden. Der Wert K_X = 1,0 wird empfohlen.

ANMERKUNG 2 Die laterale Turbulenz bedeutet auch für symmetrisch ausgebildete Gittermaste schwankende Windlasten quer zur Windrichtung; jedoch ist die Auswirkung dieser Lasten normalerweise nicht relevant für die maßgebend beanspruchten Bauteile, außer für Ermüdung.

(5) Die Gesamtbeanspruchung eines jeden Bauteils infolge von Wind ΣS_T ist wie folgt anzusetzen:

$$\Sigma S_T = S_{m,TW} + S_{m,cw}\sqrt{S_{1,TW}^2 + S_{1,TX}^2 + S_{cables}^2} \qquad (B.20)$$

⟨AC⟩ Dabei ist

$S_{m,cw}$ die mittlere Beanspruchung der Kabel, ermittelt aus der Lastkomponente in (B.16);

S_{cables} die schwankende Beanspruchung der Kabel, ermittelt aus der Schwankungskomponente in (B.16). ⟨AC⟩

DIN EN 1993-3-1:2010-12
EN 1993-3-1:2006 + AC:2009 (D)

B.3.3 Spektralmethode

(1) Wird die Bauwerksantwort auf Kräfte in Windrichtung mittels der Spektralmethode berechnet, sollten die meteorologischen Daten nach EN 1991-1-4 angesetzt werden und die Windkraftbeiwerte nach B.2. Zusätzlich sollten — falls genauere Angaben fehlen — die in EN 1991-1-4, Anhang B definierten Parameter angesetzt werden.

ANMERKUNG   Der Nationale Anhang darf weitere Hinweise liefern.

(2) Laterale Turbulenz führt zu wechselnden Beanspruchungen, die zusammen mit den Beanspruchungen in Windrichtung zu betrachten sind. Die zutreffenden Parameter sollten entsprechend denen für Windwirkungen in Windrichtung gewählt werden.

ANMERKUNG   Der Nationale Anhang darf weitere Hinweise liefern.

B.3.4 Wirbelerregte Schwingungen quer zur Windrichtung

(1) Falls Gittermaste große zylindrische Körper tragen oder sich durch starken Eisansatz derart zusetzen können, dass wirbelerregte Querschwingungen möglich sind, so sind diese nach EN 1991-1-4 zu berechnen.

B.4 Dynamische Antwort von abgespannten Masten

B.4.1 Allgemeines

(1) Die maximalen Kräfte für die Bemessung von Mastbauteilen und -fundamenten sind unter Berücksichtigung der Bauwerksantwort auf die Turbulenz des natürlichen Windes zu berechnen.

(2) Diese Kräfte sollten die Auswirkungen auf eine äquivalente, statische Belastung durch einen Wind, der mit der mittleren 10-Minuten-Windgeschwindigkeit und nur aus der Windrichtung weht, und die schwankenden Lastanteile infolge Böen in Windrichtung und, wenn maßgebend, quer zur Windrichtung erfassen.

B.4.2 Bedingungen für statische Methoden

(1) Im Allgemeinen können statische Methoden zur Ermittlung der maximalen Beanspruchungen der Bauteile eines Mastes verwendet werden (siehe B.4.3). Nur bei Masten, die zu ausgeprägten dynamischen Reaktionen neigen, ist es notwendig, dynamische Antwortberechnungen durchzuführen (siehe B.4.4).

(2) Die Bemessung größerer Maste, deren Versagen sehr schwere Folgen hätte (siehe 2.3), sollte immer mit dynamischen Anwort-Berechnungen überprüft werden.

(3) Das folgende Kriterium ist zu erfüllen, damit statische Methoden angewendet werden können:

a) der Kragarm oberhalb des obersten Anschlussniveaus der Abspannseile hat eine Gesamtlänge, die nicht größer als die Hälfte des Abstandes zwischen den obersten beiden Anschlussniveaus;

b) Der Parameter β_s ist < 1 wenn:

$$\beta_s = \frac{4\left(\dfrac{E_m I_m}{L_S^2}\right)}{\left(\dfrac{1}{N}\sum_{i=1}^{N} K_{Gi} H_{Gi}\right)} < 1 \qquad (B.21a)$$

mit:

$$K_{Gi} = 0.5 N_i A_{Gi} E_{Gi} \cos^2 \alpha_{Gi} / L_{Gi} \qquad (B.21b)$$

Dabei ist

N die Anzahl der Abspannanschlussniveaus;

A_{Gi} die Querschnittsfläche des Seils auf Anschlussniveau i;

E_{Gi} der Elastizitätsmodul des Seils auf Anschlussniveau i;

L_{Gi} die Länge des Seils auf Anschlussniveau i;

N_i Anzahl der Seile auf Anschlussniveau i;

H_{Gi} Höhe des Anschlussniveaus über dem Mastfuß;

α_{Gi} Winkel der Sehne der Seile auf Anschlussniveau i mit der Horizontalen;

E_m Elastizitätsmodul des Mastes;

I_m durchschnittliches Trägheitsmoment des Mastes;

L_s durchschnittliche Spannweite des Mastes zwischen den Anschlussniveaus.

c)   Der Parameter Q ist < 1 wenn:

$$Q = \frac{1}{30} \sqrt[3]{\frac{H V_H}{D_o}} \sqrt{\frac{m_o}{HR}} \qquad (B.21c)$$

Dabei ist

m_o die durchschnittliche Masse je Längeneinheit des Mastes einschließlich Anbauten in kg/m;

D_o die durchschnittliche Breite der Ansichtsfläche des Mastes in m;

V_H die mittlere Windgeschwindigkeit V_e auf Höhe der Mastspitze in m/s;

[AC] R der durchschnittliche Gesamtwert des Produkts aus dem Windkraftbeiwert c_f und der Bezugsfläche $\sum A$ nach B.2.2.1(1); [AC]

H die Höhe des Mastes einschließlich des Kragarms, falls vorhanden, in m.

(4) Falls eines der Kriterien in (3) nicht erfüllt ist, ist die Spektralmethode wie folgt (siehe B.4.4) anzuwenden.

DIN EN 1993-3-1:2010-12
EN 1993-3-1:2006 + AC:2009 (D)

B.4.3 Statische Ersatzlast-Methode

B.4.3.1 Allgemeines

(1) Um die dynamische Antwort von Masten auf Windbelastung zu berücksichtigen, muss der Mast für eine Reihe von statischen Windlastfällen mit ungleichmäßigen Feldbelastungen untersucht werden; dies geschieht auf der Grundlage der mittleren Windlast, die um zusätzliche Feldbelastungen vergrößert wird. Diese Vorgehensweise erfordert für jede betrachtete Windrichtung zahlreiche statische Windberechnungen, wobei die Ergebnisse kombiniert werden müssen, um die Maximalantwort zu bestimmen.

(2) Bei Masten mit symmetrischem Querschnitt mit dreieckiger Ausfachung, sowohl ohne Außenanbauten als auch mit symmetrisch zur betrachteten Windrichtung angeordneten Außenanbauten, die vermutlich nicht dynamisch anfällig (siehe B.4.7) sind, sind die maximalen Kräfte nach B.4.3.2 zu ermitteln.

(3) Bei Masten mit Außenanbauten, die nicht symmetrisch zur betrachteten Windrichtung angeordnet sind, sind die zusätzlichen Kräfte infolge von Windwirkungen quer zur Windrichtung nach B.4.3.2.8 zu ermitteln.

B.4.3.2 Zu berücksichtigende Lastfälle

B.4.3.2.1 Mittlere Windbelastung

(1) Die Windlast $F_{m,W}$ auf den Mastschaft in Windrichtung infolge der mittleren Windgeschwindigkeit ist wie folgt anzusetzen:

$$F_{m,W}(z) = \frac{q_p(z)}{1 + 7I_v(z)} \sum c_W(z) A_{ref}$$ (B.22)

Dabei ist

$c_W(z)$ der Gesamtwindkraftbeiwert des Bauwerks (und aller vorhandenen Außenanbauten) über das betrachtete Segment in Windrichtung in Höhe z in m über Grund innerhalb des betrachteten Gefaches, ermittelt nach B.2.1.3.

(2) Diese Lasten sollten in der Mitte der Ansichtsflächen des jeweiligen Abschnittes (einschließlich vorhandener Außenanbauten) wirkend angesetzt werden.

(3) Die Windbelastung $F_{GW}(z)$ auf Abspannseile infolge der mittleren Windgeschwindigkeit ist in der Seil-Wind-Ebene normal zum Abspannseil wie folgt anzusetzen:

$$F_{GW}(z) = \frac{q_p(z)}{1 + 7I_v(z)} c_{f,G}(z) A$$ (B.23)

Dabei ist

$c_{f,G}(z)$ der Windwiderstandsbeiwert des betrachteten Abspannseils, ermittelt nach B.2.

(4) Wenn eine gleichförmige Streckenbelastung verwendet wird, sollte $q_p(z)$ auf der Windgeschwindigkeit in 2/3 der Höhe des jeweiligen Seilanschlusses am Mast basieren.

(5) Die Beanspruchung S_m infolge des mittleren Windes ist für jedes Bauteil des Mastes durch eine nichtlineare statische Berechnung unter der mittleren Belastung $F_{m,W}$ und F_{GW} zu ermitteln.

DIN EN 1993-3-1:2010-12
EN 1993-3-1:2006 + AC:2009 (D)

B.4.3.2.2 Zusätzliche Feldbelastungen

(1) Zusätzlich zu der mittleren Belastung nach B.4.3.2.1 sind nacheinander verschiedene zusätzliche Feldbelastungen wie folgt anzusetzen:

— in jedem Feld des Mastschaftes zwischen benachbarten Abspannebenen (und in dem Feld zwischen Mastfuß und der ersten Abspannebene);

— gegebenenfalls über dem Kragarm;

— von Mittelpunkt zu Mittelpunkt benachbarter ‚Felder';

— vom Mastfuß bis zur Mitte der ersten Abspannebene;

— von der Mitte des Feldes zwischen der vorletzten und der obersten Abspannebene, falls darüber kein auskragender Teil vorhanden ist, ansonsten gegebenenfalls einschließlich des Kragteils.

(2) Diese sind in Bild B.4.1 dargestellt. Die feldweise Belastung ist wie folgt zu berechnen:

$$\boxed{\text{AC}}\ F_{\text{PW}}(z) = 2k_s \frac{q_p(z)}{1+7I_v(z)} \frac{I_v(z)}{c_o(z)} \sum c_W(z) A_{\text{ref}}\ \boxed{\text{AC}}$$ (B.24)

Dabei ist

$c_W(z)$ nach B.4.3.2.1;

k_s ⒶⒸ der Skalierungsfaktor, der die Wahrscheinlichkeit des Auftretens definiert; ⒶⒸ

$I_v(z)$ die Turbulenzintensität nach EN 1991-1-4, 4.4 in Abhängigkeit von der Geländekategorie;

$c_o(z)$ der Orographie-Beiwert nach EN 1991-1-4.

ANMERKUNG 1   Der Skalierungsfaktor k_s berücksichtigt multi-modale Antworten des abgespannten Mastes.

ANMERKUNG 2   Der Wert für k_s darf im Nationalen Anhang angegeben werden. Der Wert k_s = 3,5 wird empfohlen.

ANMERKUNG 3   Zur Vereinfachung dürfen konstante feldweise Belastungen verwendet werden, indem als Bezugshöhe z das obere Ende der feldweisen Belastung zur Ermittlung von $I_v(z)$ und $q_p(z)$ benutzt wird.

DIN EN 1993-3-1:2010-12
EN 1993-3-1:2006 + AC:2009 (D)

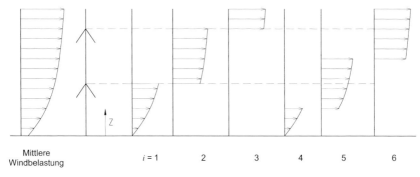

Bild B.4.1 — Ansatz der feldweisen zusätzlichen Belastung

(3) Diese feldweisen zusätzlichen Belastungen sind rechnerisch auf den unter mittlerer Windlast nach B.4.3.2.1 in seiner Gleichgewichtslage befindlichen Mast aufzubringen.

(4) Für Maste mit einer Höhe bis zu 50 m braucht nur der Fall mit einer den ganzen Mast einhüllenden zusätzlichen Belastung berücksichtigt zu werden.

ANMERKUNG 1   In diesen Fällen ist die Querkraftausfachung in jedem Feld für die maximale Querkraft (und die zugehörige Torsion) in dem Feld zu bemessen.

ANMERKUNG 2   In diesen Fällen sind die Stiele und die Anschlüsse in den Feldern für die maximale (und minimale) Belastung des Stiels in diesem Feld zu bemessen.

ANMERKUNG 3   Falls in diesen Fällen der Mast einen Kragarm besitzt, dann sind

(i) mittlere Windbelastungen plus zusätzliche feldweise Belastung auf den Kragarm und mittlere Windbelastung auf den Mast und

(ii) mittlere Windbelastung auf den Kragarm und mittlere Windbelastung plus zusätzliche feldweise Belastung auf den Mast

zu berücksichtigen.

B.4.3.2.3   Belastung der Abspannseile

(1) Für jeden Lastfall mit zusätzlichen Feldbelastungen auf den Mastschaft (nach B.4.3.2.2) sind zusätzliche feldweise Belastungen ⒶⒸ $F_{PG}(z)$ ⒶⒸ innerhalb derselben Grenzen aufzubringen, siehe Bild B.4.2. Diese zusätzlichen feldweisen Belastungen sind in der Regel in der Seil-Wind-Ebene normal auf jedes Abspannseil wie folgt anzusetzen:

$$\text{ⒶⒸ } F_{PG}(z) = 2k_s \frac{q_p(z)}{1+7I_v(z)} \frac{I_v(z)}{c_o(z)} c_{f,G}(z) \, A \text{ ⒶⒸ} \tag{B.25}$$

DIN EN 1993-3-1:2010-12
EN 1993-3-1:2006 + AC:2009 (D)

Dabei ist

k_s der Skalierungsfaktor;

[AC] $c_{f,G}(z)$ [AC] der Windkraftbeiwert des Abspannseils in der Ebene, die aus Windrichtung und Abspannseil gebildet wird, bestimmt nach B.2.

ANMERKUNG 1   Der Skalierungsfaktor k_s berücksichtigt multi-modale Antworten abgespannter Maste.

ANMERKUNG 2   Der Wert für k_s darf im Nationalen Anhang angegeben werden. Der Wert k_s = 3,5 wird empfohlen.

(2)   Vereinfachend darf eine einheitliche Belastung der betrachteten Abspannseile über die gesamte Höhe durch Multiplikation der oben genannten Windlast mit dem Verhältnis z_p/z_G angegeben werden:

Dabei ist

z_p die „Höhe" des Felds des betrachteten Abspannseils;

z_G die Höhe des Seilanschlusses am Mast.

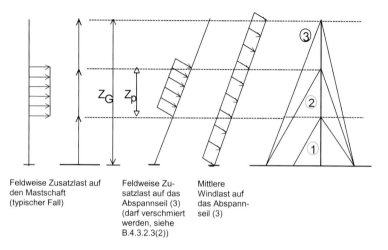

| Feldweise Zusatzlast auf den Mastschaft (typischer Fall) | Feldweise Zusatzlast auf das Abspannseil (3) (darf verschmiert werden, siehe B.4.3.2.3(2)) | Mittlere Windlast auf das Abspannseil (3) |

Bild B.4.2 — Feldweise Zusatzlast auf den Abspannseilen

B.4.3.2.4 Bestimmung der Bauwerksantwort unter feldweiser Zusatzlast

(1) Die Beanspruchung S_{PLi} der Bauteile des Mastschaftes und der Abspannseile, die man für jede der nacheinander aufgebrachten zusätzlichen Feldbelastungen erhält, ist zu berechnen.

(2) Dazu wird die Differenz zwischen der kombinierten Beanspruchung aus feldweiser Zusatzlast und mittlere Belastung und der Beanspruchung nur aus der mittleren Belastung berechnet.

(3) Diese Beanspruchungen sind dann als Wurzel des quadratischen Mittelwertes zu kombinieren:

$$S_p = \sqrt{\sum_{i=1}^{N} S_{PLi}^2}$$ (B.26)

Dabei ist

S_{PLi} die Beanspruchung (Antwort) aufgrund des i-ten Lastfalls;

N die Gesamtzahl der erforderlichen Lastfälle;

S_p die Gesamtbeanspruchung infolge zusätzlicher Feldbelastungen.

B.4.3.2.5 Auswirkung der Windlast auf das gesamte Bauwerk

(1) Die Auswirkung S_{TM} der Windlast auf die Bauteile des gesamten Mastes ist folgendermaßen zu ermitteln:

$$S_{TM} = S_M \pm S_p$$ (B.27)

Dabei ist

S_M die mittlere Beanspruchung, ermittelt nach B.4.3.2.1;

S_p die schwankende Beanspruchung, ermittelt nach B.4.3.2.4 mit variablen Vorzeichen, um die ungünstigste Auswirkung zu ermitteln.

(2) Zur Berechnung der Gesamtkraft in der Schubausfachung in einem Feld des Mastschaftes nach (1) ist als Mindestwert innerhalb dieses Feldes als der höchste berechnete Wert im Viertelspunkt des Feldes zwischen benachbarten Abspannebenen (oder dem Mastfuß) anzusetzen. In diesem Zusammenhang bezieht sich die Feldlänge auf den Abstand zwischen benachbarten Abspannebenen oder zwischen dem Mastfuß und der untersten Abspannebene (siehe Bild B.4.3).

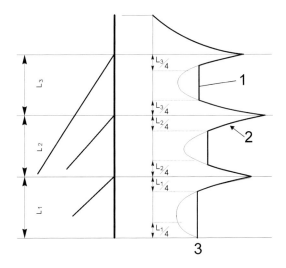

Legende
1 im Feld zu verwendender Mindestwert
2 siehe Anmerkung
3 Kraft für die Schubausfachungen

ANMERKUNG Einhüllende der Kräfte in Ausfachungsstäben, die aus der zusätzlichen feldweisen Belastung entsteht (gezeigt sind Absolutwerte).

Bild B.4.3 — Mindestkräfte in den Schubausfachungen des Mastschaftes

B.4.3.2.6 Zu berücksichtigende Windrichtungen

(1) Für jedes Bauteil des Mastes ist die Windrichtung zu berücksichtigen, die zu der ungünstigsten Überlagerung der Beanspruchungen führt. Das bedeutet in der Praxis, dass mehrere Windrichtungen zu untersuchen sind.

DIN EN 1993-3-1:2010-12
EN 1993-3-1:2006 + AC:2009 (D)

(2) Falls der Mast nahezu symmetrisch in Geometrie und Belastung ist, sollten bei in drei Richtungen abgespannten dreieckigen Masten mindestens drei Windrichtungen untersucht werden, d. h. die Richtungen 90°, 60° und 30° zu einer Fachwerkwand. Bei einem Mast mit quadratischem Querschnitt, der in vier Richtungen abgespannt ist, sollten mindestens zwei Richtungen betrachtet werden: nämlich die Richtungen 90° und 45° zu einer Fachwerkwand. Beispiele sind in Bild B.4.4 dargestellt.

ANMERKUNG Zur Berücksichtigung des Knickens symmetrischer Maste (siehe 5.1(5)) ist ein lateraler Beanspruchungseffekt (z. B. als Windkraft quer zur Windrichtung in Höhe von 2 % der Windkraft in Windrichtung oder mit einer Windrichtung um 2° gegenüber der angenommen Windrichtung gedreht) anzunehmen, indem eine Betrachtung nach Theorie II. Ordnung durchgeführt wird.

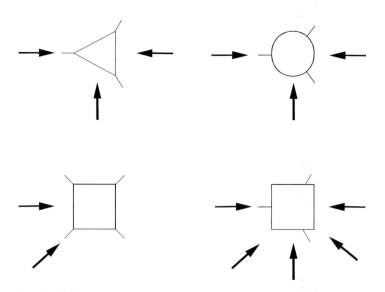

(gilt analog für in vier Richtungen abgespannte kreiszylindrische Maste)

Bild B.4.4 — Typische zu berücksichtigende Windrichtungen

B.4.3.2.7 Belastung zur Berechnung der Verformungen und Verdrehungen

(1) Verformungen brauchen in der Regel nur den Gebrauchstauglichkeitsanforderungen zu genügen. Die Gebrauchstauglichkeitskriterien sind vom Kunden in der Projektausschreibung zu definieren (siehe 7.2.2).

B.4.3.2.8 Windbelastung für nicht symmetrische Maste oder Maste mit komplexen Anbauten

B.4.3.2.8.1 Allgemeines

(1) Bei nicht symmetrischen Masten oder Masten, die große, nicht symmetrisch angeordnete Außenanbauten und/oder Seile enthalten, die Torsionslasten und Windlasten quer zur Windrichtung hervorrufen, müssen die Gesamtkräfte infolge der Windlasten für die kombinierte Einwirkung von Wind auf einzelne Teile, gegebenenfalls in Windrichtung und quer zur Windrichtung, berücksichtigt werden.

DIN EN 1993-3-1:2010-12
EN 1993-3-1:2006 + AC:2009 (D)

(2) Die schwankenden Beanspruchungen, die durch Turbulenz quer zur Windrichtung verursacht werden, sind in Verbindung mit den Windlasten in Windrichtung zu berücksichtigen.

(3) Das Vorgehen zur Trennung der mittleren Windlast in Windrichtung von den schwankenden Anteilen sollte analog zum Vorgehen bei Gittermasten nach B.3.2.2.1 erfolgen. Bei abgespannten Masten erfordert dies jedoch eine Reihe von quer zur Windrichtung aufzubringenden zusätzlichen feldweisen Belastungen, die in gleicher Weise wie für Windlasten in Windrichtung nach B.4.3.2.2 angesetzt werden.

(4) Die Gesamtbeanspruchung ist wie folgt anzusetzen:

$$S_{TM} = S_M \pm \sqrt{S_{PW}^2 + K_X^2 S_{PX}^2} \qquad (B.28)$$

Dabei ist

S_{PW} die Beanspruchung infolge von zusätzlichen feldweisen Belastungen in Windrichtung;

S_{PX} die Beanspruchung infolge von zusätzlichen feldweisen Belastungen quer zur Windrichtung;

K_X der Beiwert zur Berücksichtigung der Turbulenzintensität quer zur Windrichtung.

ANMERKUNG 1   Der Wert für K_X darf im Nationalen Anhang angegeben sein. Empfohlen wird ein Wert von K_X = 1,0.

ANMERKUNG 2   Turbulenz quer zur Windrichtung verursacht auch bei symmetrisch ausgebildeten Gittermasten schwankende Windlasten quer zur Windrichtung; jedoch ist die Auswirkung dieser Lasten nicht relevant für die maßgeblich beanspruchten Bauteile.

(5) Alternativ zur expliziten Berechnung der Turbulenzeinflüsse quer zur Windrichtung nach B.4.3.2.8.1(4) können die Extrembeanspruchungen S_{TM} in Windrichtung nach B.4.3.2.5(1) zur Berücksichtigung der Einflüsse aus Turbulenz quer zur Windrichtung um 10 % erhöht werden.

B.4.4 Spektralverfahren

(1) Die Berechnung der Antwort mittels der Spektralmethode dient zur Ermittlung des Resonanzanteils der Antwort.

(2) Der Hintergrundanteil darf bestimmt werden, indem die statische Vorgehensweise [AC] (siehe B.4.3.2) angewendet wird. Für k_s sollte k_s = 2,95 angesetzt werden [AC].

(3) Es sollten die in EN 1991-1-4 definierten meteorologischen Daten angesetzt und der Windwiderstand nach B.2 ermittelt werden. Weiterhin sollten die in EN 1991-1-4, Anhang B definierten Parameter verwendet werden, falls keine genaueren Angaben vorliegen.

(4) Turbulenz quer zur Windrichtung bewirkt schwankende Beanspruchungen, die in Überlagerung mit Windlasten in Windrichtung berücksichtigt werden sollten. Zutreffende Parameter sollten entsprechend dem für Windwirkungen in Windrichtungen angesetzt werden.

(5) Die Antwort sollte für alle Schwingungsformen, die Eigenfrequenzen von weniger als 2 Hz aufweisen, berechnet werden.

B.4.5 Wirbelerregte Querschwingungen

(1) Falls abgespannte Maste große zylindrische Körper tragen oder sich Gitterstrukturen durch starken Eisansatz derart zusetzen können, dass wirbelerregte Querschwingungen möglich sind, so sind diese nach EN 1991-1-4 zu berechnen.

B.4.6 Seilschwingungen

(1) Die Abspannseile des Mastes sollten für hochfrequente, wirbelerregte Querschwingungen und Galloping, insbesondere wenn sich an den Abspannseilen Eisansatz gebildet hat, wie folgt nachgewiesen werden:

a) Wirbelerregung

Abspannseile können bei niedrigen Windgeschwindigkeiten Resonanzschwingungen mit kleiner Amplitude vollführen, die durch Wirbelablösung mit hohen Frequenzen verursacht werden.

Da eine Anregung höherer Schwingungsformen auftreten kann, können allgemeine Regeln nicht festgelegt werden. Jedoch treten solche Schwingungen erfahrungsgemäß dann auf, wenn die Vorspannkräfte in den Abspannseilen bei Windstille mehr als 10 % der Bruchlast überschreiten.

b) Galloping (einschließlich Regen-Wind-induzierter Schwingungen)

Abspannseile können Galloping-Schwingungen vollführen, wenn sie mit Eis oder dickem Schmierfett bedeckt sind. Eis- oder Schmiermittelansatz kann eine aerodynamische Form erzeugen, die Instabilitäten hervorruft. Dies führt zu Schwingungen mit großen Amplituden bei kleinen Frequenzen. Das Auftreten ähnlicher Schwingungen bei Regen ist bekannt.

Auch hier können keine allgemein gültigen Regeln angegeben werden, da das Auftreten von Galloping-Schwingungen stark von der Eisbildung oder vom Schmierfettprofil abhängt. Im Allgemeinen tritt Galloping bei Seilen mit großen Durchmessern auf und ist relativ unempfindlich gegenüber Vorspannung, siehe EN 1993-1-11, 8.3.

(2) Falls Schwingungen beobachtet werden, sind Schwingungsdämpfer oder Spoiler anzuordnen, um die Spannungsspiele auf das geforderte Maß zu beschränken, siehe D.2.

(3) Ermüdungsnachweise der Seilverankerungen sind durchzuführen, wenn derartige Schwingungen aufgetreten sind und keine Gegenmaßnahmen getroffen wurden. In solchen Fällen sollte der Rat von Experten gesucht werden.

DIN EN 1993-3-1:2010-12
EN 1993-3-1:2006 + AC:2009 (D)

Anhang C
(informativ)

Eislast und kombinierte Einwirkung aus Eis und Wind

ANMERKUNG   Da dieser Anhang sich mit Eislasten und kombinierten Einwirkungen aus Eis und Wind auf Türme und Maste befasst, wird erwartet, dass er in die EN 1991 — Einwirkungen auf Bauwerke überführt wird.

C.1 Allgemeines

(1)   Der Eisansatz an Türmen und Masten kann an bestimmten Standorten erheblich sein. Bei gleichzeitiger Windwirkung kann der infolge des Eisansatzes vergrößerter Windwiderstand bemessungsrelevant sein.

(2)   Das Ausmaß des Eisansatzes an Bauwerken hängt ebenso wie die Dichte, die Verteilung und die Form des Eisansatzes an Türmen und Masten im Wesentlichen von den lokalen meteorologischen Verhältnissen und der Topographie sowie der Form des Bauwerks selbst ab.

(3)   Man unterscheidet bei Eisansatz je nach Entstehungsart:

— Raueis (Vereisung infolge von Luftfeuchte);

— Eisregen (Vereisung infolge von Niederschlag; sich ablagerndes Eis aus herabrinnendem Wasser).

(4)   Dies kann zu unterschiedlichen Erscheinungsformen von Eisansatz führen, wie weiches Raueis, hartes Raueis, Nassschnee oder glasiges Eis, mit jeweils unterschiedlichen physikalischen Eigenschaften wie Dichte, Adhäsion, Kohäsion, Farbe und Form. Die Dichte kann z. B. zwischen 200 kg/m^3 und 900 kg/m^3 liegen; die Form des Eisansatzes kann von konzentrischem (glasigem Eis oder Nassschnee) bis stark exzentrischem Eisansatz auf der windzugewandten Seite bei weichem oder hartem Raueis variieren.

(5)   Für die ingenieurmäßige Bemessung wird in der Regel angenommen, dass alle Bauteile eines Mastes oder Turmes mit einer Eisschicht einer bestimmten Dicke überzogen sind; aus der Dicke und der angenommenen Dichte können das Gewicht sowie der Windwiderstand berechnet werden. Diese Vorgehensweise kann in Gegenden gerechtfertigt sein, in denen der Eisansatz in Form von glasigem Eis oder Nassschnee bemessungsrelevant ist. Bei Raueis entspricht eine an allen Teilen des Mastes oder Turms gleich dicke Eisschicht jedoch nicht der Realität. Dennoch kann in Gegenden, wo der Eisansatz durch Luftfeuchte in Form von Raueis relativ selten ist, die Berechnung des Eisgewichtes und des Windwiderstands mit einem überall gleichförmigen Eisansatz praktikabel und zweckmäßig sein, sofern konservative Werte angenommen werden.

(6)   Es gibt auch Gegenden in Europa, in denen extrem starke Vereisung auftreten kann; für diese Gegenden sollte die Eislast durch Experten für Eislasten abgeschätzt werden. Die Angaben sollten das Gewicht, den Ort, die Form usw. der Eislast am betrachteten Bauwerk umfassen; es sollte auch eine zutreffende Kombination von Eis und Wind genau spezifiziert werden.

(7)   Die folgenden Abschnitte geben eine allgemeine Beschreibung, wie Eislasten und Eis in Kombination mit Wind auf Türme und Maste zu behandeln sind.

C.2 Eislast

(1)   Die Prinzipien für charakteristische Eislast einschließlich der Dichte und anderer Parameter wird in ISO 12494 angegeben. In ISO 12494 beruht die Eislast auf Eisklassen für Raueis und glasiges Eis, aber es wird weder die wirkliche Eisklasse für die Lage noch die Eisdichte angegeben.

DIN EN 1993-3-1:2010-12
EN 1993-3-1:2006 + AC:2009 (D)

ANMERKUNG Der Nationale Anhang darf weitere Hinweise geben.

(2) Es ist zu berücksichtigen, dass der Eisansatz auf Türmen und Masten asymmetrisch erfolgen kann. Asymmetrischer Eisansatz ist bei solchen Masten von besonderer Bedeutung, bei denen der Eisansatz an den verschiedenen Abspannseilen stark unterschiedlich sein kann und dadurch Biegeeffekte im Mastschaft hervorgerufen werden können. Asymmetrische Vereisung von Abspannseilen kann sowohl durch aufgrund der Windrichtung asymmetrisches Entstehen der Eisschicht als auch durch ungleichmäßiges Abfallen des Eises von Abspannseilen verursacht werden.

C.3 Eisgewicht

(1) Bei der Abschätzung des Gewichts des Eises auf Gittermasten oder Rohrmasten kann in der Regel angenommen werden, dass alle Bauteile, Steigleiterteile, Außenanbauten usw. mit einer Eisschicht überzogen sind, die über die gesamte Bauteiloberfläche die gleiche Dicke aufweist, siehe Bild C.1.

Bild C.1 — Bauteile mit Eisansatz

C.4 Wind und Eis

(1) In Gegenden, in denen Vereisung auftreten kann, ist für Türme und Maste häufig die Kombination von Vereisung und Wind bemessungsrelevant. Der aufgrund von Eisansatz an den einzelnen Bauteilen vergrößerte Windwiderstand kann dann zu einer maßgebenden Beanspruchung führen, selbst wenn die angesetzten Windgeschwindigkeiten kleiner als die maximalen charakteristischen Werte sind.

(2) Der Windwiderstand eines Turmes oder Mastes mit Eisansatz darf nach Anhang B abgeschätzt werden, wobei die durch den Eisansatz vergrößerten Bauteilquerschnitte zu berücksichtigen sind. Falls die Spalten zwischen einzelnen Bauteilen schmal sind (kleiner als etwa 75 mm), dann sollte angenommen werden, dass diese sich mit Eis zusetzen. Für Raueis ist die Abschätzung des Windwiderstandes weit komplizierter und eine vollständig mit Eisansatz belegte Mastansicht sollte in die Betrachtung einbezogen werden; zu Hinweisen siehe ISO 12494.

(3) Bei kombiniertem Auftreten von Eisansatz und Wind ist der charakteristische Staudruck in den Zeiträumen, in denen Vereisung auftreten kann, geringer als der auf die gesamte Lebensdauer bezogene charakteristische Staudruck. Dies darf durch Multiplikation des charakteristischen Staudrucks nach EN 1991-1-4 mit einem Faktor k berücksichtigt werden. Der Faktor k ist in ISO 12494 gegeben und hängt ab von der Eislastklasse.

C.5 Asymmetrische Eislast

(1) Asymmetrischer Eisansatz an einem Mast sollte bei der Bemessung berücksichtigt werden, indem die Eislast auf den Mastschaft und auf alle Abspannseile rechnerisch aufgebracht wird, abgesehen von:

— ![AC] der Abspannung bzw. den Abspannungen in einem Seil der obersten Abspannebene ![AC]

und als getrennter Fall:

— ![AC] der Abspannung bzw. den Abspannungen in zwei Seilen der obersten Abspannebene. ![AC]

C.6 Kombinationen von Eis und Wind

(1) Sowohl für asymmetrische als auch für symmetrische Vereisung sollten zwei Lastfallkombinationen mit Wind berücksichtigt werden. Die Lasten sind nach 2.3 anzusetzen, und es sollten die beiden folgenden Kombinationen untersucht werden:

— für die Leiteinwirkung Vereisung und Begleiteinwirkung Wind:

$$\gamma_G\, G_k + \gamma_{ice}\, Q_{k,ice} + \gamma_W\, k\, \psi_W\, Q_{k,w} \qquad (C.1)$$

— für die Leiteinwirkung Wind und Begleiteinwirkung Vereisung:

$$\gamma_G\, G_k + \gamma_W\, k\, Q_{k,w} + \gamma_{ice}\, \psi_{ice}\, Q_{k,ice} \qquad (C.2)$$

wobei k in C.4(3) definiert ist.

ANMERKUNG Der Nationale Anhang darf weitere Informationen zu Kombinationsfaktoren geben. Die Kombinationsbeiwerte werden wie folgt empfohlen:

$$\psi_W = 0{,}5 \qquad (C.3a)$$

$$\psi_{ice} = 0{,}5 \qquad (C.3b)$$

![AC] (2) ![AC] Die Teilsicherheitsbeiwerte für Eigengewicht γ_G, für Eislast γ_{ice} und für Windlast γ_W sind in Anhang A angegeben.

Anhang D
(normativ)

Seile, Dämpfer, Isolatoren, Außenanbauten und Zusatzeinrichtungen

D.1 Seile

D.1.1 Stahlseile und stählerne Zugglieder

(1) Zu Stahlseilen und stählernen Zuggliedern siehe EN 1993-1-11.

(2) Es ist in der Regel metallisches Füllmaterial für Seile in Antennen zu verwenden.

ANMERKUNG   Der Nationale Anhang darf weitere Hinweise geben.

D.1.2 Nichtmetallische Seile

(1) Auch andere Werkstoffe als Stahl dürfen eingesetzt werden, wenn der Wert des Elastizitätsmoduls ausreichend hoch ist und geeignete Maßnahmen zur Vermeidung hochfrequenter Schwingungen eingesetzt werden.

ANMERKUNG   Bei der Wahl synthetischer Werkstoffe können der geringe Elastizitätsmodul und die geringe Steifigkeit eine höhere Vorspannung verlangen. Damit sind höhere Schwingfrequenzen möglich. Die Seilenden werden gegen Eindringen von Feuchtigkeit versiegelt, um elektrische Entladungen zu vermeiden. Die Teilsicherheitsbeiwerte für nichtmetallische Seile können höher liegen als bei Stahlseilen.

(2) Nichtmetallische Seile sollten den entsprechenden technischen Spezifikationen entsprechen.

ANMERKUNG   Der Nationale Anhang darf weitere Hinweise geben.

D.2 Dämpfer

D.2.1 Dämpfer für das Tragwerk

(1) Treten in Türmen oder Masten unter Wind Schwingungen auf, sollten diese, wenn notwendig, durch den Einbau von Dämpfern reduziert werden.

ANMERKUNG   Siehe EN 1993-3-2, Anhang B und Anhang A.

D.2.2 Seildämpfer

D.2.2.1 Allgemeines

(1) Um mögliche Seilschwingungen unter Wind zu unterdrücken, sollte eine der folgenden Vorgehensweisen verfolgt werden:

a) Liegt die Vorspannung bei über 10 % der Bruchfestigkeit der Seile, sind in der Regel Seildämpfer zu installieren.

b) Sind die Seildämpfer nicht abgestimmt, sollten die Seile in den ersten Nutzungsjahren auf mögliche exzessive Frequenzen und Schwingungsamplituden hin beobachtet werden. Bei Auftreten solcher Schwingungen sollten die Dämpfer nach a) abgestimmt werden.

ANMERKUNG   Zu Schwingungen siehe Anhang B.

D.2.2.2 Dämpfer zur Reduzierung der Wirbelerregung

(1)   Geeignete Dämpfer sind dort einzubauen, wo nicht akzeptable wirbelerregte Schwingungen vorhergesagt werden können oder beobachtet wurden. Die Dämpfer sollten den entsprechenden technischen Spezifikationen entsprechend. Das Frequenzband der zu dämpfenden Schwingungen sollte darin festgelegt sein.

D.2.2.3 Dämpfer zur Verhinderung von Galloping (inklusive Regen-Wind-induzierter Schwingungen)

(1)   Galloping und Regen-Wind-induzierte Schwingungen können durch Kopplung von Abspannseilen in den Punkten maximaler Amplituden durch Kopplungsseile abgestellt werden. Die Anschlüsse der Kopplungsseile an die Abspannseile sind für Starkwindbedingungen nachzuweisen.

ANMERKUNG   Auch hängende Ketten können zur Abstellung von Galloping eingesetzt werden, wenn die Ketten über den maßgebenden Frequenzbereich wirksam sind.

D.3 Isolatoren

(1)   Die Isolatoren sind entsprechend den elektrischen und mechanischen Anforderungen auszuwählen.

(2)   Die charakteristischen Werte oder Bemessungswerte der Tragfähigkeiten sind den technischen Spezifikationen zu entnehmen.

(3)   Die Isolatoren und ihre Anschlüsse sind in der Regel so zu bemessen, dass auch bei Ausfall der elektrischen Eigenschaften die Maststabilität eingehalten wird. Dies kann z. B. durch Isolatoren mit ausreichender Bruchsicherheit (fail safe) oder durch Parallelanordnung von Isolatoren (damage tolerant) erreicht werden.

(4)   Entladungsvorkehrungen sind in der Regel so vorzusehen, dass keine Entladungsbögen auf den Isolatoroberflächen in der Nähe der Stahlanschlüsse auftreten.

(5)   Werden Isolatoren am Mastfuß eingesetzt, sind in der Regel Pressenansatzpunkte für den Austausch der Einheiten vorzusehen.

(6)   Mechanische Belastungs- und Entlastungsversuche der keramischen Komponenten der Isolatoren (im Rahmen von mechanischen Tests oder bei der Montage) sollen nach den maßgebenden technischen Spezifikationen durchgeführt werden.

ANMERKUNG 1   Der Nationale Anhang darf weitere Hinweise geben. Soweit keine weiteren Angaben zu Belastungs- und Entlastungsversuchen vorliegen, wird empfohlen, diese in Stufen von 5 % der erwarteten Kräfte in 1-Minuten-Schritten durchzuführen, so dass jede Belastung oder Entlastung nicht weniger als 20 Minuten in Anspruch nimmt.

ANMERKUNG 2   Zu elektrischen Eigenschaften siehe Nationalen Anhang.

D.4 Außenanbauten und Zusatzeinrichtungen

D.4.1 Steigleitern, Bühnen usw.

(1) Steigleitern, Bühnen, Sicherheitsgeländer und andere Außenanbauten sollten die entsprechenden technischen Spezifikationen erfüllen.

ANMERKUNG Der Nationale Anhang kann weitere Hinweise geben.

D.4.2 Blitzschutz

(1) Türme, Maste und Seile sollten als Blitzschutzmaßnahme vollständig geerdet sein. Dies kann durch eine Metallbandage um den Mastfuß erfolgen, die mit Metallblechen und Stäben im Boden verbunden ist. Seilverankerungen sind ähnlich zu schützen.

(2) Das Erdungssystem sollte vor der Stahlbaumontage verlegt sein, so dass entsprechend den Montageschritten geerdet werden kann.

(3) Bei allen Anschlüssen mit elektrischer Leitung brauchen keine weiteren Kurzschlüsse verlegt zu werden.

ANMERKUNG Der Nationale Anhang darf weitere Hinweise geben.

D.4.3 Flugsicherung

(1) Wo notwendig, sollten Einrichtungen für die Flugsicherung angebracht werden.

ANMERKUNG Der Nationale Anhang darf weitere Hinweise geben.

D.4.4 Schutz gegen Vandalismus

(1) Geeignete Schutzmaßnahmen gegen Zutritt nicht autorisierter Personen sind in der Regel vorzusehen.

ANMERKUNG Der Nationale Anhang darf weitere Hinweise geben.

Anhang E
(informativ)

Seilbruch

E.1 Einleitung

(1) Der Bruch von Seilen ist ein außergewöhnliches Ereignis. Zu Teilsicherheitsbeiwerten siehe Anhang A.

(2) Die exakte Berechnung der dynamischen Reaktionen eines abgespannten Mastes, die durch einen plötzlichen Seilbruch verursacht werden, ist sehr aufwändig, weil eine Vielzahl von unterschiedlichen Einflussfaktoren auf das Verhalten des Mastes unmittelbar nach dem Versagen mit Unsicherheiten behaftet ist, wie zum Beispiel der genaue Ablauf des Seilbruchs, die Dämpfung der übrigen Abspannseile und des Mastschaftes, die Schwingungen der Abspannseile und des Mastes usw. Daher darf das in E.2 angegebene vereinfachte Berechnungsmodell angewendet werden. Eine konservative Vorgehensweise ist in E.3 angegeben.

E.2 Vereinfachtes Berechnungsmodell

(1) Bei der vereinfachten Berechnung eines abgespannten Mastes für einen Seilbruch sollten die dynamischen Kräfte als äquivalent zu einer statischen Kraft angenommen werden, die in Höhe der Abspannebene, in der das Auftreten des Seilbruchs angenommen, auf den Mast einwirkt.

(2) Bei der unten beschriebenen Berechnung dieser statischen Ersatzkraft $F_{h,dyn,Sd}$ wird angenommen, dass:

— der Seilbruch einem einfachen Durchtrennen des Seils entspricht;

— die vor dem Auftreten des Risses in Seil 1 gespeicherte Energie (siehe Bild E.1) vernachlässigt wird;

— die Dämpfung nicht berücksichtigt wird;

— die Windlast vernachlässigt wird, wenn die quasi-statische Kraft berechnet wird.

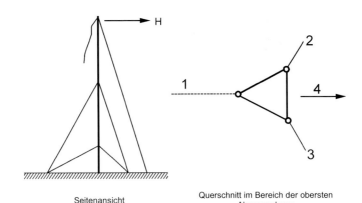

| Seitenansicht | Querschnitt im Bereich der obersten Abspannebene |

Legende

1 Seil 1
2 Seil 2
3 Seil 3
4 Auslenkung

Bild E.1 — Seilbruch

(3) Bei einer gegebenen Auslenkung u wirken die Seile 2 und 3 mit einer Kraft $F_{h,Sd}$ auf den Mastschaft. Dieser Zusammenhang wird als Kurve 1 in Bild E.2 wiedergegeben. Darin ist erkennbar, dass $F_{h,Sd}$ wegen des Schlaffwerdens der Seile mit zunehmender Auslenkung abnimmt.

(4) Bei Vernachlässigung der Seite in der betrachteten Abspannebene kann für das Mastsystem die Beziehung zwischen einer äußeren Horizontalkraft und der Auslenkung am Knoten in gleicher Weise aufgetragen werden. Kurve 2 in Bild E.2 zeigt diesen Zusammenhang. Im Schnittpunkt der beiden Kurven 1 und 2 sind die beiden Kräfte gleich groß, d. h., es herrscht ein statisches Gleichgewicht. Die auf den Mast einwirkende Kraft ist $F_{h,stat,Sd}$.

(5) Im Augenblick des Seilbruchs ist in den Seilen 2 und 3 potentielle Energie gespeichert. Bei beginnender Verformung des Mastes wird diese Energie teilweise in Form von kinetischer Energie freigesetzt.

(6) Bei Erreichen der Maximalauslenkung wird die kinetische Energie null, da die Energie aus den Seilen 2 und 3 auf den Mast in Form von elastischer Dehnungsenergie im Schaft und in den Seilen übertragen worden ist. Dämpfung ist dabei nicht berücksichtigt worden.

(7) Der Energieverlust der Seile 2 und 3 sollte als gleich der Fläche A2 unter der Kurve 1 in Bild E.2 angenommen werden.

(8) Die Auslenkung, die sich bei gleich großen Flächen A1 und A2 ergibt, sollte als die dynamische Auslenkung u_{dyn} betrachtet werden.

(9) Die zu dieser dynamischen Auslenkung zugehörige dynamische Kraft ist $F_{h,dyn,Sd}$. Der Stoßfaktor Φ darf wie folgt bestimmt werden:

$$\Phi = \frac{F_{h,dyn,Sd}}{F_{h,stat,Sd}} \tag{E.1}$$

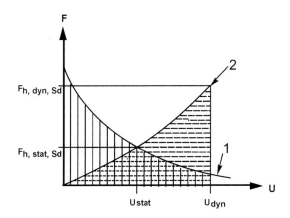

Legende

1 Kurve 1: Seile 2 und 3
2 Kurve 2: Mast ohne Seile 1, 2 und 3

    Fläche A1 unter Kurve 2

    Fläche A2 unter Kurve 1

Bild E.2 — Kraft-Verformungs-Diagramm

(10) Die oben beschriebene Vorgehensweise für die Berechnung eines Mastes unmittelbar nach einem möglichen Seilbruch gilt für Maste, die in 3 Richtungen abgespannt sind. Für Maste, die in 4 (oder mehr) Richtungen abgespannt sind, ist eine ähnliche Vorgehensweise nach dem gleichen Prinzip anzuwenden.

(11) Die dynamische Kraft, die durch einen Seilbruch entsteht, sollte nicht mit klimatischen Lasten kombiniert werden, wenn dazu Übereinstimmung zwischen Tragwerksplaner, Kunde und der zuständigen Aufsichtsbehörde besteht.

E.3 Konservative Vorgehensweise

(1) Die durch einen Seilbruch verursachten dynamischen Kräfte im Mastschaft und in den Abspannseilen können mit der folgenden statischen Berechnung konservativ abgeschätzt werden.

(2) Die Horizontalkomponente der vor dem Seilbruch wirkenden Seilkraft sollte als Zusatzlast auf den Mast ohne Seilbruch wirkend angesetzt werden.

ANMERKUNG   Dies entspricht der Vorspannung, wenn keine klimatischen Lasten einwirken.

(3) Die resultierenden Seilkräfte sollten bei Masten mit nur zwei Abspannebenen oder, falls die Berechnung für die höchstgelegene Abspannebene durchgeführt wird, mit dem Faktor 1,3 multipliziert werden.

E.4 Berechnung für den Zustand nach einem Seilbruch

(1) Zusätzlich zum oben in E.2 und E.3 beschriebenen Verfahren sollte der Mast unmittelbar nach einem Seilbruch in der Lage sein, für einen begrenzten Zeitraum die Windlasten aufzunehmen, bis eine provisorische Abspannung angeordnet werden kann.

(2) Falls keine weitergehenden Anforderungen gestellt werden, sollte der Mast ohne das gebrochene Abspannseil in der Lage sein, einer reduzierten statischen Windlast ohne Berücksichtigung von zusätzlichen feldweisen Belastungen zu widerstehen. Diese reduzierte Windlast sollte mit 50 % der charakteristischen mittleren Windlast in ungünstigster Richtung wirkend angenommen werden.

Anhang F
(informativ)

Ausführung

F.1 Allgemeines

(1) Türme und Maste sind in der Regel nach EN 1090-2 herzustellen und zu errichten.

F.2 Schraubverbindungen

(1) Alle geschraubten Bauteile an Türmen und Masten sind in der Regel mit passenden Maßnahmen auszustatten, um Lösen der Muttern im Betrieb zu verhindern.

(2) Schraubenlöcher in Bauteilen sind in der Regel zu bohren, wenn Ermüdung nicht vernachlässigt werden kann.

(3) Passschrauben, vorgespannte reibfeste Schraubverbindungen oder Schrauben mit geringeren Toleranzen für die Schraubenlöcher als in [AC] EN 1090-2 (AC) angegeben können eingesetzt werden, wenn Verschiebungen kritisch sind [AC] (siehe F.4.2) (AC).

F.3 Schweißverbindungen

(1) Die Qualität der Schweißnähte, die für die Auswahl der entsprechenden Ermüdungsklasse eines Bauteildetails angenommen wird, siehe 9.3, ist in der Regel auf den Werkszeichnungen darzustellen.

F.4 Toleranzen

F.4.1 Allgemeines

(1) Die in EN 1090-2 angegebenen Toleranzen sind in der Regel bei der Fertigung zu erfüllen.

(2) Geringere Toleranzen sind in der Regel zu verwenden, wenn die in EN 1090-2 angegebenen Toleranzen nicht die Anforderungen an die Funktion des Bauwerks erfüllen.

F.4.2 Ausführungstoleranzen

F.4.2.1 Gittermaste

(1) Die maximale Verschiebung der Mastspitze ist in der Regel anzugeben.

ANMERKUNG Der Nationale Anhand kann weitere Hinweise geben. Es wird empfohlen, dass die maximale Verschiebung der Mastspitze nicht größer als $1/_{500}$ der Masthöhe ist.

(2) Die abschließende Ausrichtung ist bei ruhigen Wetterbedingungen unter Berücksichtigung der Temperatureffekte durchzuführen.

DIN EN 1993-3-1:2010-12
EN 1993-3-1:2006 + AC:2009 (D)

F.4.2.2 Abgespannte Maste

(1) Die Empfindlichkeit der endgültigen Ausrichtung des Bauwerks und der Seilvorspannung auf veränderliche Windgeschwindigkeiten sollte beim Entwurf festgestellt werden.

ANMERKUNG Wenn solche Untersuchungen für Windgeschwindigkeiten über 5 m/s durchgeführt werden sollen, dienen sie zur Kompensation von Windeffekten. Dabei müssen auch Temperatureffekte berücksichtigt werden.

(2) Die endgültige Ausrichtung und die Vorspannung der Seile erfolgen normalerweise von der untersten Abspannebene aufwärts.

ANMERKUNG Der Nationale Anhang darf Toleranzen vorgeben. Die folgenden Werte werden empfohlen:

a) Die endgültige Lage der Mastachse sollte sich in einem Kegel mit Spitze am Mastfuß und einem Radius von $1/_{1\,500}$ der Höhe über dem Mastfuß befinden.

b) Die Horizontalkomponente der Resultierenden aller Seilkräfte auf einem Abspannniveau sollte 5 % der Horizontalkomponente der mittleren Vorspannung eines Seiles nicht überschreiten. Die Vorspannung eines Seiles sollte um nicht mehr als 10 % vom Bemessungswert abweichen, siehe EN 1993-1-11.

c) Die maximale Verformung des Mastes zwischen zwei Abspannniveaus sollte $L/1\,000$ sein, wobei L der Abstand zwischen zwei Abspannebenen ist.

d) Nach der Montage ist die Toleranz für die Ausrichtung von 3 aufeinander folgenden Seilanschlüssen am Mast $(L_1 + L_2)/2\,000$, wobei L_1 und L_2 die Längen der aufeinander folgenden Mastfelder sind.

F.4.3 Beschränkungen für die Vorspannung

(1) Nach der Montage sind die Abspannseile entsprechend den Vorgaben der Berechnung vorzuspannen, wobei die wirkliche Temperatur an der Baustelle zu berücksichtigen ist, siehe EN 1993-1-11.

(2) Um Seilschwingungen zu vermeiden, sind bei der Vorspannung ruhige Wetterbedingungen zu wählen, so dass die Vorspannung unter 10 % der Bruchlast liegt.

ANMERKUNG 1 Für kurze Maste kann der Prozentsatz überschritten werden.

ANMERKUNG 2 Niedrigere Vorspannungen können zu Galloping-Schwingungen der Seile führen.

F.5 Vorstrecken der Seile

(1) Um ein wirklich elastisches Verhalten zu erzielen, sollten Seile möglichst vor der Ablängung vorgereckt werden. Dies kann im Lieferwerk oder bei Vorliegen geeigneter Einrichtungen auf der Baustelle erfolgen, siehe EN 1993-1-11.

ANMERKUNG Die Notwendigkeit eines Vorreckens hängt von dem geplanten Programm für das Nachspannen der Seile, dem Seiltyp und den Abmessungen und der Empfindlichkeit auf Verformungen ab.

(2) Vorrecken sollte durch zyklisches Belasten des Seiles zwischen 10 % und 50 % der Bruchlast stattfinden. Die Zyklenanzahl sollte mindestens 10 sein. Beim Vorrecken sollte das Seil nicht um eine Rolle geführt werden.

Anhang G
(informativ)

Knicken druckbeanspruchter Bauteile in Türmen und Masten

G.1 Beanspruchbarkeit von Druckstäben auf Biegeknicken

(1) Der Bemessungswert der Beanspruchbarkeit eines Druckstabes in einem Fachwerkturm oder Mast auf Biegeknicken ist in der Regel nach EN 1993-1-1 wie folgt zu bestimmen:

$$N_{b,Rd} = \frac{\chi A f_y}{\gamma_{M1}} \quad \text{für Querschnitte der Klasse 1, 2 oder 3} \tag{G.1a}$$

$$N_{b,Rd} = \frac{\chi A_{eff} f_y}{\gamma_{M1}} \quad \text{für Querschnitte der Klasse 4} \tag{G.1b}$$

Hierbei ist χ der Abminderungsbeiwert in Abhängigkeit von der maßgebenden Knicklinie nach EN 1993-1-1, 6.3.1.2.

(2) Bei gleichförmigen Bauteilen mit konstanter Normalkraft sind der Abminderungsbeiwert χ und der Faktor Φ zur Ermittlung von χ in der Regel mit dem effektiven Schlankheitsgrad $\bar{\lambda}_{eff}$ (anstelle des Schlankheitsgrades $\bar{\lambda}$) zu bestimmen, wobei gilt:

$$\bar{\lambda}_{eff} = k \bar{\lambda} \tag{G.2}$$

Dabei ist

k der Beiwert für den effektiven Schlankheitsgrad nach G.2 und

$$\bar{\lambda} = \frac{\lambda}{\lambda_1} \; ;$$

λ_1 definiert in EN 1993-1-1;

λ der Schlankheitsgrad für den maßgebenden Knickfall, siehe Anhang H.

ANMERKUNG Der effektive Schlankheitsgrad berücksichtigt die Lagerungsbedingungen des Druckstabes.

(3) Bei einzelnen Winkelprofilen, die nicht an beiden Bauteilenden biegesteif angeschlossen sind (bei geschraubten Anschlüssen müssen dazu mindestens zwei Schrauben vorhanden sein), ist der Bemessungswert der Beanspruchbarkeit auf Biegeknicken nach G.1(1) in der Regel mit einem Beiwert η abzumindern.

ANMERKUNG Der Abminderungsbeiwert η darf im Nationalen Anhang festgelegt werden. Es werden folgende Werte empfohlen:

$\eta = 0{,}8$ bei einzelnen Winkelprofilen, die an beiden Bauteilenden mit nur einer Schraube befestigt sind;

$\eta = 0{,}9$ bei einzelnen Winkelprofilen, die an einem Bauteilende mit nur einer Schraube befestigt und an dem anderen Bauteilende durchlaufen oder biegesteif befestigt sind.

DIN EN 1993-3-1:2010-12
EN 1993-3-1:2006 + AC:2009 (D)

G.2 Beiwert k für den effektiven Schlankheitsgrad

(1) Zur Bestimmung des effektiven Schlankheitsgrades eines druckbeanspruchten Bauteils darf der Beiwert k abhängig von der konstruktiven Ausbildung wie folgt bestimmt werden:

a) Gurtstäbe

   k ist Tabelle G.1 zu entnehmen.

b) Diagonale Füllstäbe

   k ist unter Berücksichtigung der Füllstabanordnung (siehe Bild H.1) und der Anschlüsse der Füllstäbe an die Gurtstäbe zu bestimmen. Liegen keine weiteren Informationen vor, so ist in der Regel der Beiwert k der Tabelle G.2 zu entnehmen.

c) Horizontale Füllstäbe

   Bei horizontalen Füllstäben von K-Fachwerken ohne horizontale Ausfachungsebene (siehe H.3.10), die über ihre Länge je zur Hälfte druckbeansprucht und zugbeansprucht sind, ist der Beiwert k nach Tabelle G.2 für Knicken aus der Fachwerkebene mit einem Korrekturbeiwert k_1 nach Tabelle G.3 zu multiplizieren. Der Korrekturbeiwert k_1 ist abhängig vom Verhältnis der Druckbeanspruchung N_t zur Zugbeanspruchung N_c.

Tabelle G.1 — Beiwert k für den effektiven Schlankheitsgrad von Gurtstäben

Symmetrische Ausfachung				Unsymmetrische Ausfachung			
Querschnitt	⌐ (3)	─┼─ ● ○		Querschnitt	⌐ (3)	─┼─ ● ○	
Achse	v-v	y-y		Achse	v-v	y-y	y-y
Fall (a) Primäre Ausfachung an beiden Enden	$0{,}8 + \dfrac{\bar{\lambda}}{10}$ jedoch $\geq 0{,}9$ und $\leq 1{,}0$	$1{,}0$ (1)		Nicht durchgehendes oberes Ende mit Horizontalstäben	$1{,}2\left(0{,}8 + \dfrac{\bar{\lambda}}{10}\right)$ jedoch $\geq 1{,}08$ und $\leq 1{,}2$ bezogen auf L_2 (2)	$1{,}2\left(0{,}8 + \dfrac{\bar{\lambda}}{10}\right)$ jedoch $\geq 1{,}08$ und $\leq 1{,}2$ bezogen auf L_1	$1{,}0$ bezogen auf L_1 (1)
asymmetrisch **Fall (b)** symmetrisch Primäre Ausfachung an einem Ende und sekundäre Ausfachung am anderen Ende	$0{,}8 + \dfrac{\bar{\lambda}}{10}$ jedoch $\geq 0{,}9$ und $\leq 1{,}0$	$1{,}0$ (1)		**Fall (d)** Primäre Ausfachung an beiden Enden	$0{,}8 + \dfrac{\bar{\lambda}}{10}$ jedoch $\geq 0{,}9$ und $\leq 1{,}0$ bezogen auf L_2 (2)	$0{,}8 + \dfrac{\bar{\lambda}}{10}$ jedoch $\geq 0{,}9$ und $\leq 1{,}0$ bezogen auf L_1	$1{,}0$ bezogen auf L_1 (1)
Fall (c) Sekundäre Ausfachung an beiden Enden	$0{,}8 + \dfrac{\bar{\lambda}}{10}$ jedoch $\geq 0{,}9$ und $\leq 1{,}0$	$1{,}0$		**Fall (e)** Primäre Ausfachung an beiden Enden			
ANMERKUNG 1	Es darf ein durch weitergehende Untersuchungen belegter Abminderungsfaktor verwendet werden.						
ANMERKUNG 2	Nur maßgebend, wenn ein stark ungleichschenkliges Winkelprofil verwendet wird.						
ANMERKUNG 3	Die angegebenen Werte gelten nur für 90°-Winkelprofile.						

Tabelle G.2 — Beiwert k für den effektiven Schlankheitsgrad von Füllstäben
(a) Winkelprofile mit Ein- und Zweischraubenverbindungen

Art der Einspannung	Beispiele	Achse	k
nicht durchlaufend an beiden Enden (d. h. Einschraubenverbindungen an beiden Bauteilenden)		v-v	$0{,}7 + \dfrac{0{,}35}{\overline{\lambda}_v}$
		y-y	$0{,}7 + \dfrac{0{,}58}{\overline{\lambda}_y}$
		z-z	$0{,}7 + \dfrac{0{,}58}{\overline{\lambda}_z}$
durchlaufend an einem Ende (d. h. Einschraubenverbindung an einem Ende und durchlaufend oder Zweischraubenverbindung am anderen Bauteilende)		v-v	$0{,}7 + \dfrac{0{,}35}{\overline{\lambda}_v}$
		y-y	$0{,}7 + \dfrac{0{,}40}{\overline{\lambda}_y}$
		z-z	$0{,}7 + \dfrac{0{,}40}{\overline{\lambda}_z}$
durchlaufend an beiden Enden (d. h. Zweischraubenverbindungen oder durchlaufend an beiden Bauteilenden bzw. Zweischraubenverbindung an einem und durchlaufend am anderen Bauteilende)		v-v	$0{,}7 + \dfrac{0{,}35}{\overline{\lambda}_v}$
		y-y	$0{,}7 + \dfrac{0{,}40}{\overline{\lambda}_y}$
		z-z	$0{,}7 + \dfrac{0{,}40}{\overline{\lambda}_z}$
ANMERKUNG 1 Die oben angegebenen Beispiele dienen der Erläuterung und spiegeln nicht notwendigerweise praktische Anwendungen wider.			
ANMERKUNG 2 Es werden nur Anschlüsse an Winkelprofile dargestellt; der Beiwert k darf auch bei Anschlüssen an Hohlprofile oder Vollquerschnitte mit angeschweißten Knotenblechen angewendet werden.			

Tabelle G.2 — Beiwert K für den effektiven Schlankheitsgrad von Füllstäben
(b) Hohlprofile und Zugstangen

Typ	Achse	$k^{(3)(5)}$
Einschraubenverbindung	in Fachwerkebene	$0{,}95^{(2)}$
Einschraubenverbindung	aus der Fachwerkebene	$0{,}95^{(2)}$
Zweischraubenverbindung / geschweißte Rohre mit Anschlussblech	in Fachwerkebene	0,85
Zweischraubenverbindung / geschweißte Rohre mit Anschlussblech	aus der Fachwerkebene	$0{,}95^{(2)}$
geschweißte Rohre$^{(1)}$ und Stangen mit geschweißten Knotenblechen	in Fachwerkebene	0,70
geschweißte Rohre$^{(1)}$ und Stangen mit geschweißten Knotenblechen	aus der Fachwerkebene	0,85
direkt verschweißte Rohre und Stangen	in Fachwerkebene	0,70
direkt verschweißte Rohre und Stangen	aus der Fachwerkebene	0,70
gebogene und geschweißte Stangen	in Fachwerkebene	0,85
gebogene und geschweißte Stangen	aus der Fachwerkebene	0,85

(Zeile links: Eckstiel aus Hohlprofilen oder Stangen)

ANMERKUNG 1 Die K-Werte gelten auch für vorgespannte Zweischraubenverbindungen.

ANMERKUNG 2 Die Abminderung darf nur auf die wirkliche Bauteillänge bezogen werden, mindestens jedoch auf den Abstand zwischen den Endschrauben.

ANMERKUNG 3 Sind die Bedingungen am Bauteilende unterschiedlich, ist in der Regel ein gemittelter k-Wert zu bestimmen.

ANMERKUNG 4 Die oben angegebenen Beispiele dienen der Erläuterung und spiegeln nicht notwendigerweise praktische Anwendungen wider.

ANMERKUNG 5 Die k-Werte gelten für Füllstäbe mit gleichen Anschlüssen an den Bauteilenden. Bei Bauteilen mit zwischenliegenden sekundären Füllstäben können höhere k-Werte auftreten; es ist daher in der Regel $k = 1{,}0$ anzunehmen, es sei denn, kleinere Werte werden durch Versuche bestätigt.

Tabelle G.3 — **Korrekturbeiwert (k_1) für horizontale Füllstäbe von K Fachwerken ohne horizontale Aussteifungsebene**

Verhältnis $\dfrac{N_t}{N_c}$	Korrekturbeiwert k_1
0,0	0,73
0,2	0,67
0,4	0,62
0,6	0,57
0,8	0,53
1,0	0,50
Für negative $\dfrac{N_t}{N_c}$-Verhältnisse (d. h., wenn beide Bauteile druckbeansprucht sind) gilt $k_1 = 1{,}0$.	

DIN EN 1993-3-1:2010-12
EN 1993-3-1:2006 + AC:2009 (D)

Anhang H
(informativ)

Knicklängen und Schlankheiten von druckbeanspruchten Bauteilen

H.1 Allgemeines

(1) Dieser Anhang enthält Hinweise zur Bestimmung von Knicklängen und der Schlankheiten von druckbeanspruchten Bauteilen in Türmen und Masten.

H.2 Bauteile in Eckstielen

(1) Die Schlankheit von Bauteile in Eckstielen sollte im Allgemeinen den Wert $\lambda = 120$ nicht übersteigen.

(2) Bei der Verwendung von einteiligen Winkelprofilen, Hohlprofilen oder Vollprofilen als druckbeanspruchte Eckstützen, die in zwei orthogonalen Ebenen, bei dreieckigen Gittermasten in 60° zueinander liegenden Ebenen, symmetrisch ausgefacht sind, ist die Schlankheit in der Regel mit der Systemlänge, d. h. dem Abstand der Knoten, zu bestimmen.

(3) Ist die Ausfachung in zwei orthogonalen Ebenen, bei dreieckigen Gittermasten in 60° zueinander liegenden Ebenen versetzt, ist die Systemlänge in der Regel mit dem Abstand der Knoten anzusetzen. Im Fall (d) in Tabelle G.1 ist die Schlankheit in der Regel nach Gleichung (H.1a) bzw. (H.1b) zu bestimmen:

$$\lambda = \frac{L_1}{i_{yy}} \text{ oder } \lambda = \frac{L_2}{i_{vv}} \text{ bei Winkelprofilen} \qquad (H.1a)$$

$$\lambda = \frac{L_1}{i_{yy}} \text{ bei Hohlprofilen} \qquad (H.1b)$$

ANMERKUNG Im Vergleich zu einer genaueren Berücksichtigung der tatsächlichen Lagerungsbedingungen kann die Verwendung der Schlankheit $\lambda = \frac{L_2}{i_{vv}}$ zu konservativen Ergebnissen führen.

(4) Eckstiele können als mehrteilige Bauteile aus zwei über Eck gestellten oder parallelen Schenkel an Schenkel angeordneten Winkelprofilen ausgeführt werden.

(5) Mehrteilige Bauteile, die aus zwei Schenkel an Schenkel parallel angeordneten Winkelprofilen bestehen (und somit einen T-Querschnitt bilden), dürfen einen geringen Schenkelabstand haben und in gewissen Abständen mit Schrauben und Futtern verbunden sein. Diese Bauteile sind in der Regel gegen Biegeknicken um beide Achsen nach EN 1993-1-1, 6.4.4 nachzuweisen. Der maximale Abstand zwischen den Bindeblechen ist in EN 1993-1-1, 6.4.4 geregelt.

ANMERKUNG Der Nationale Anhang darf Hinweise zur Vorgehensweise geben, wenn die Abstände zwischen den Schrauben größer sind als in EN 1993-1-1, 6.4.4 angegeben.

(6) Ist der Spalt zwischen den Winkelprofilen größer als 1,5 t (mit t = Schenkeldicke), so darf bei Schraubverbindungen mit Futter in der Regel nicht von einer vollen Verbundwirkung ausgegangen werden; in diesem Fall sind die Querschnittseigenschaften in der Regel für die tatsächliche Konfiguration oder nur für einen Spalt von 1,5 t zu bestimmen und der kleinere Wert ist zu bestimmen. Werden geschraubte Bindebleche verwendet, so darf in der Regel auch bei großen Spalten von voller Verbundwirkung ausgegangen werden, siehe EN 1993-1-1, 6.4.4.

81

(7) Bindebleche sollen eine Relativverschiebung der beiden Winkelprofile verhindern; bei Verwendung von Schraubenverbindungen der Kategorie A oder B nach EN 1993-1-8, 3.4 sind die Lochdurchmesser in der Regel zu reduzieren.

ANMERKUNG 1   Die in (5) bis (7) angegebenen Regeln gelten auch für mehrteilige Bauteile, die als Füllstäbe eingesetzt werden.

ANMERKUNG 2   Der Nationale Anhang darf weitergehende Hinweise geben.

H.3 Füllstäbe

H.3.1 Allgemeines

(1) Die nachfolgende Regelungen gelten für die in Bild H.1 dargestellten typischen primären Füllstabanordnungen. Sekundäre Füllstäbe können zur Unterteilung der primären Füllstäbe oder der Eckstiele verwendet werden; Beispiele hierzu sind in der Bildern H.1 (IA, IIA, IIIA, IVA) und H.2 dargestellt.

(2) Bei Füllstäben ist die Schlankheit λ in der Regel wie folgt zu bestimmen:

$$\lambda = \frac{L_{di}}{i_{vv}} \text{ bei Winkelprofilen} \qquad (H.2a)$$

$$\lambda = \frac{L_{di}}{i_{yy}} \text{ bei Hohlprofilen} \qquad (H.2b)$$

wobei L_{di} entsprechend Bild H.1 definiert ist.

ANMERKUNG   Im Vergleich zu einer genaueren Berücksichtigung der tatsächlichen Lagerungsbedingungen kann die Schlankheit $\lambda = \frac{L_{di}}{i_{vv}}$ konservativ sein.

(3) Die Schlankheit von primären Füllstäben sollte im Allgemeinen den Wert $\lambda = 180$ und vom sekundären Füllstäben den Wert $\lambda = 250$ nicht überschreiten. Bei einer mehrfachen Vergitterung (siehe Bild H.1(V)) sollte die Gesamtbauteilschlankheit kleiner als $\lambda = 350$ sein.

ANMERKUNG   Die Verwendung von Bauteilen mit größeren Schlankheiten kann zu Schwingungen und Schadensanfälligkeit gegenüber Biegung infolge lokaler Lasteinwirkung führen.

H.3.2 Einfaches Fachwerk

(1) Bei geringen Lasten und relativ kurzen Bauteillängen kann ein einfaches Fachwerk verwendet werden (siehe Bild H.1(I)).

Typische Anordnungen primärer Füllstäbe		
parallel oder verjüngend	üblicherweise verjüngend	üblicherweise parallel
		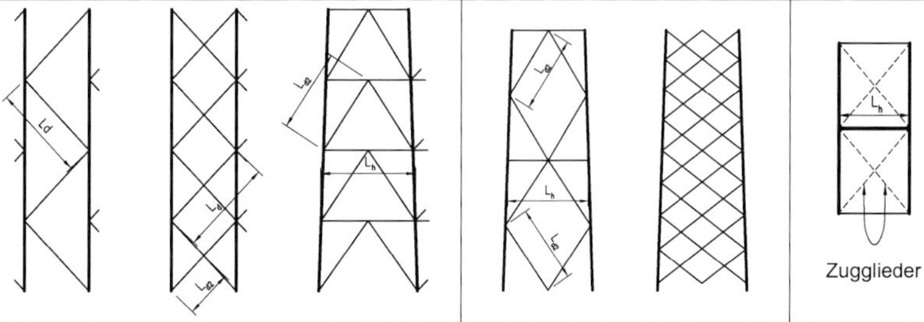 Zugglieder
I	II	III	IV	V	VI
einfaches Fachwerk	kreuzweise Ausfachung	K-Fachwerk	kreuzweise Ausfachung mit im Kreuzungspunkt unterbrochenen diagonalen Füllstäben und durchgehenden horizontalen Füllstäben und	mehrfache Vergitterung	kreuzweise Ausfachung mit Zuggliedern
$L_{di} = L_d$	$L_{di} = L_{d2}$	$L_{di} = L_{d2}$	$L_{di} = L_{d2}$		

Typische Anordnungen sekundärer Füllstäbe (siehe auch Bild H.2)				ANMERKUNG Die Zugglieder in Anordnung IV werden so bemessen, dass die gesamte Querkraft über Zugkräfte abgetragen wird z. B.
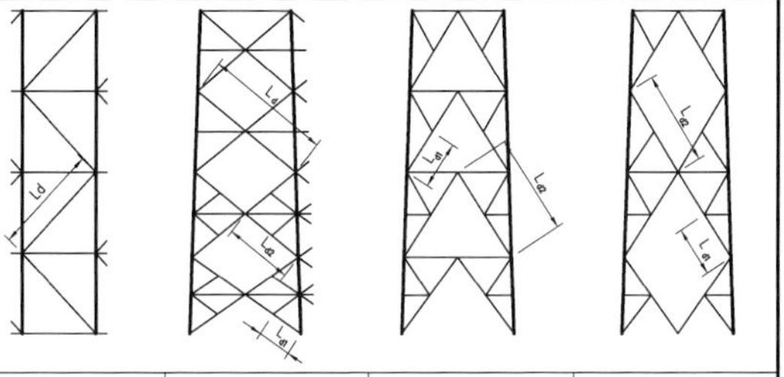				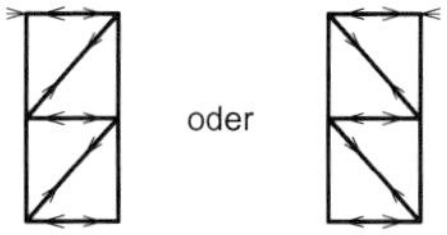 oder
IA	IIA	IIIA	IVA	
[AC] einfaches Fachwerk [AC]	kreuzweise Ausfachung		kreuzweise Ausfachung mit sekundären Bauteilen	
	$L_{di} = L_{d1}$	$L_{di} = L_{d1}$ $L_{di} = L_{d2}$ aus der Ebene	$L_{di} = L_{d1}$	

Bild H.1 — Typische Anordnungen von Füllstäben

H.3.3 Kreuzweise Ausfachung

(1) Wenn die Druck- und Zugkraft zweier sich kreuzender und durchgehender Bauteile betragsmäßig gleich sind (siehe Bild H.1(II)), darf der Kreuzungspunkt sowohl in der Fachwerkebene als auch senkrecht zur Fachwerkebene als gehalten und die Knicklänge für Knicken um die schwache Achse mit L_{d2} angenommen werden.

(2) Wenn die Druck- und Zugkraft zweier sich kreuzender und durchgehender Bauteile betragsmäßig nicht gleich sind, sind die Bauteile in der Regel für die größtmögliche Druckkraft zu bemessen. Zusätzlich ist in der Regel nachzuweisen, dass die Summe der Tragfähigkeiten beider Bauteile gegenüber Knicken mindestens so groß ist wie die Summe der Normalkräfte in beiden Bauteilen. Bei der Berechnung der Tragfähigkeit gegenüber Knicken ist in der Regel als Systemlänge L_d und als Trägheitsradius der für Knicken senkrecht zur Ausfachungsebene zu verwenden. Die Schlankheit darf wie folgt bestimmt werden:

$$\lambda = \frac{L_d}{i_{yy}} \text{ oder } \frac{L_d}{i_{zz}} \text{ bei Winkelprofilen} \tag{H.3a}$$

$$\lambda = \frac{L_d}{i_{yy}} \text{ bei Hohlprofilen oder Vollprofilen} \tag{H.3b}$$

ANMERKUNG Ist eines der Bauteile nicht durchgehend, darf der Kreuzungspunkt nur dann als senkrecht zur Fachwerkebene als gehalten betrachtet werden, wenn durch die konstruktive Ausbildung des Anschlusses im Kreuzungspunkt sichergestellt ist, dass die effektive Steifigkeit beider Bauteile für Verformungen aus der Fachwerkebene erhalten bleibt und beide Bauteile eine ähnliche Längssteifigkeit aufweisen.

H.3.4 Kreuzweise Ausfachung mit Zuggliedern

(1) Jedes der beiden diagonalen Zugglieder sowie die Horizontalstäbe sind in der Regel für die Abtragung der gesamten Querkraft zu bemessen (siehe Bild H.1(VI)).

ANMERKUNG Das Tragverhalten von Zuggliedsystemen ist abhängig von der Art des Einbaus, Nachstellvorgängen oder relativen Verformungen. Es sind Vorkehrungen zur Aufbringung einer Vorspannung sowie zur Sicherstellung einer gegenseitigen Stützung im Kreuzungspunkt notwendig, um Verformungen zu minimieren.

H.3.5 Kreuzweise Ausfachung mit sekundären Füllstäben

(1) Werden sekundäre Füllstäbe zur Aussteifung der Gurtstäbe eingefügt (siehe Bild H.1(IIA und IVA) und Bild H.2(a)), ist die Knicklänge in der Regel mit L_{d1} anzusetzen.

(2) In der Regel ist auch Knicken aus der Fachwerkebene sowohl mit der Knicklänge L_{d2} als auch für die Summe der Normalkräfte mit der Knicklänge L_d nachzuweisen, siehe H.3.3.

H.3.6 Kreuzweise Ausfachung mit im Kreuzungspunkt unterbrochenen Füllstäben und durchgehenden horizontalen Füllstäben

(1) In der Regel muss der horizontale Stab senkrecht zur Fachwerkebene eine ausreichende Steifigkeit aufweisen, um für Lastfälle eine Stützung zu bewirken, bei denen die Druckkraft in der einen Diagonale betragsmäßig größer als die Zugkraft in der anderen Diagonale ist oder beide Bauteile als Druckstab wirken, siehe Bild H.1(IV).

(2) Das oben genannte Kriterium darf als erfüllt angesehen werden, wenn der Horizontalstab für die Summe der Horizontalkomponenten der Kräfte in den Diagonalen nachgewiesen wird, wobei als Knicklänge für Knicken aus der Fachwerkebene die gesamte Bauteillänge anzusetzen ist.

ANMERKUNG Zusätzliche Biegespannungen in Eckstreben infolge von senkrecht zum Fachwerk einwirkenden lokalen Lasten (z. B. Wind) sind gegebenenfalls zu berücksichtigen.

H.3.7 Kreuzweise Ausfachung mit diagonalen Eckstreben

(1) Bei kreuzweisen Ausfachungen darf zur Reduzierung der Knicklänge senkrecht zur Fachwerkebene eine diagonale Eckstrebe angeordnet werden (siehe Bild H.2(b)). Es darf wie in H.3.3 vorgegangen werden, um eine ausreichende Stützwirkung nachzuweisen.

(2) In diesem Fall sind in der Regel folgende fünf Nachweise gegen Knicken zu führen:

— Knicknachweis um die schwache Achse mit der Länge L_{d1} für die maximale Last;

— Knicknachweis für Knicken rechtwinklig zu Fachwerkebene mit der Länge L_{d2} für die maximale Last;

— Knicknachweis für die beiden Diagonalstäbe der kreuzweisen Ausfachung für Knicken aus der Fachwerkebene mit der Länge L_{d3} für die Summe der Lasten in den beiden Stäben;

— Knicknachweis für die zwei durch die diagonale Eckstrebe verbundenen Diagonalstäbe (je eine Diagonale in zwei benachbarten Fachwerkwänden) für Knicken aus der Fachwerkebene mit der Länge L_{d4} für die Summe der Lasten in den beiden Stäben;

ANMERKUNG   In diesem Fall ist in der Regel die gesamte Tragfähigkeit aus der Summe der Tragfähigkeiten der beiden Druckstäbe gegen Knicken zu bestimmen (siehe H.3.3(2)).

— Knicknachweis für vier Diagonalstäbe (jedes Bauteil der kreuzweisen Ausfachung in zwei benachbarten Fachwerkwänden) für Knicken aus der jeweiligen Fachwerkebene mit der Länge L_d für die Summe der Lasten in allen vier Bauteilen.

H.3.8 Diagonalstäbe von K-Fachwerken

(1) Werden keine sekundären Füllstäbe angeordnet (siehe Bild H.1(III)), darf die Länge L_{d2} als Knicklänge für Knicken um die schwache Achse angesetzt werden.

(2) Werden sekundäre Füllstäbe in den Fachwerkwänden angeordnet, jedoch keine Ausfachung mit Walmstäben (siehe Bild H.1(IIIA)), darf die Länge L_{d2} als Knicklänge für Knicken senkrecht zur betrachteten Fachwerkebene angesetzt werden. Die Schlankheit berechnet sich damit in der Regel wie folgt:

$$\lambda = \frac{L_{d2}}{i_{yy}} \text{ oder } \frac{L_{d2}}{i_{zz}} \tag{H.4}$$

(3) Werden sekundäre Füllstäbe in den Fachwerkwänden und zusätzlich Walmstäbe angeordnet (siehe Bild H.2(c)), ist in der Regel die Knicklänge für den Nachweis gegen Knicken aus der Fachwerkebene mit den durch die Walmstäbe gegebenen Bauteillängen L_{d4} zu führen. Die Schlankheit berechnet sich damit in der Regel wie folgt:

$$\lambda = \frac{L_{d4}}{i_{yy}} \text{ oder } \frac{L_{d4}}{i_{zz}} \text{ für alle Querschnittstypen} \tag{H.5}$$

H.3.9 Horizontale Füllstäbe in einer Fachwerkwand mit horizontaler Ausfachungsebene

(1) Wird die Länge der horizontalen Füllstäbe in einer Fachwerkwand zu groß, kann eine horizontale Ausfachungsebene angeordnet werden, um die Stabilität senkrecht zur Fachwerkebene zu erhöhen.

(2) Die Systemlänge eines horizontalen Füllstabes ist in der Regel für Knicken aus der Fachwerkebene als Abstand zwischen den Schnittpunkten in der horizontalen Ausfachungsebene und für Knicken in der Fachwerkebene als Abstand zwischen den Abstützungen in der Fachwerkebene anzusetzen.

DIN EN 1993-3-1:2010-12
EN 1993-3-1:2006 + AC:2009 (D)

(3) Bei Bauteilen aus einteiligen Winkelprofilen ist in der Regel auf den korrekten Ansatz der maßgebenden Querschnittsachsen zu achten. In der Regel ist die schwache Hauptachse v–v zu betrachten, wenn keine geeignete Abstützung durch Fachwerkstäbe in oder im Bereich der Mitte der Systemlänge vorhanden ist. Anderenfalls sind in der Regel Knicknachweise sowohl für die schwache Hauptachse v–v mit der Systemlänge zwischen den Abstützungen als Knicklänge als auch Nachweise für Knicken aus der Fachwerkebene um die entsprechende Achse mit der gesamten Länge als Knicklänge zu führen.

ANMERKUNG   Im Vergleich zu einer genaueren Betrachtung mit Berücksichtigung der tatsächlichen Lagerungsbedingungen kann dieses Vorgehen zu konservativen Ergebnissen führen.

(4) Ist die horizontale Ausfachungsebene nicht nur aus Dreiecken zusammengesetzt, sind in der Regel zusätzliche Biegebeanspruchungen der Eckstiele zu berücksichtigen, die infolge senkrecht zur Fachwerkebene einwirkender lokaler Lasten (z. B. Wind) auftreten können, siehe Bild H.3.

(5) Zur Vermeidung von Knicken bei Ausfachungen, die nicht nur aus Dreiecken zusammengesetzt sind, ist in der Regel

— die horizontale Ausfachungsebene so zu bemessen, dass eine konzentrierte horizontale Einzellast der Größe $p \times H$, die in Bauteilmitte aufgebracht wird, aufgenommen werden kann; p ist hierbei der prozentuale Anteil der maximalen Druckkraft H in Fachwerkebene (siehe H.4);

— nachzuweisen, dass die maximale Verformung des horizontalen Fachwerkebene unter dieser Last den Wert $L/500$ nicht überschreitet.

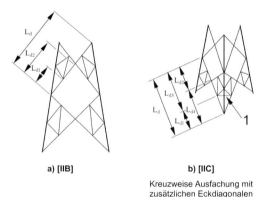

a) [IIB]   b) [IIC]

Kreuzweise Ausfachung mit zusätzlichen Eckdiagonalen

Bild H.2 – Sekundäre Ausfachungen

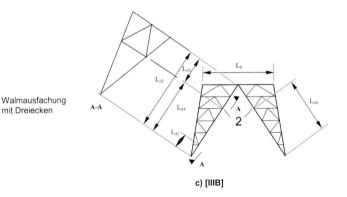

Walmausfachung mit Dreiecken

c) [IIIB]

Legende
1 Eckstrebe (von untergeordneter Bedeutung, falls beide Füllstäbe druckbeansprucht sind)
2 Walmausfachung

Bild H.2 — Sekundäre Ausfachungen *(fortgesetzt)*

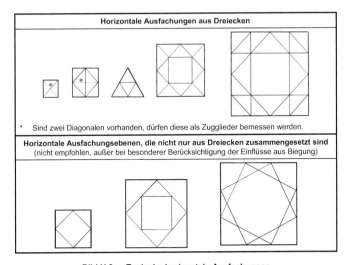

Bild H.3 — Typische horizontale Ausfachungen

H.3.10 Horizontale Füllstäbe ohne horizontale Ausfachungsebene

(1) Bei kleinen Basisbreiten von Türmen und Masten darf gegebenenfalls auf horizontale Ausfachungsebenen verzichtet werden, wenn die entsprechenden Nachweise geführt werden.

(2) Die Schlankheit für Knicken aus der Fachwerkebene ist in der Regel mit der Länge L_h (siehe Bild H.4(a)) und dem entsprechenden Trägheitsradius zu ermitteln. Für Bauteile aus einteiligen Winkelprofilen ist jedoch in der Regel der Trägheitsradius bezogen auf die schwache Hauptachse v-v und die Länge L_{h2} zu verwenden, sofern innerhalb der Systemlänge keine Abstützung durch sekundäre Füllstäbe gegeben ist; anderenfalls ist in der Regel die Länge L_{h1} anzusetzen, siehe Bild H.4(b).

ANMERKUNG Im Vergleich zu einer genaueren Betrachtung mit Berücksichtigung der tatsächlichen Lagerungsbedingungen kann dieses Vorgehen zu konservativen Ergebnissen führen.

(3) Um Knicken des horizontalen Füllstabes zu vermeiden, ist in der Regel die Bedingung in H.3.9(5) einzuhalten.

ANMERKUNG Zusätzliche Biegespannungen in Eckstreben infolge von senkrecht zum Fachwerk einwirkenden lokalen Lasten (z. B. Wind) sind gegebenenfalls zu berücksichtigen.

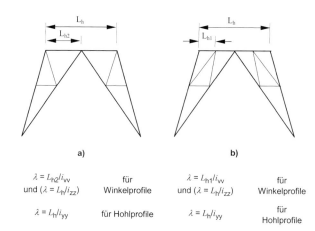

a)

b)

$\lambda = L_{h2}/i_{vv}$ für $\lambda = L_{h1}/i_{vv}$ für
und ($\lambda = L_h/i_{zz}$)   Winkelprofile   und ($\lambda = L_h/i_{zz}$)   Winkelprofile

$\lambda = L_h/i_{yy}$ für Hohlprofile $\lambda = L_h/i_{yy}$ für Hohlprofile

Bild H.4 — Horizontalstäbe beim K-Fachwerk ohne horizontale Ausfachungsebene

H.3.11 K-Fachwerke mit Abknickungen

(1) Bei Türmen mit großer Basisbreite kann eine Abknickung der Diagonalen vorgenommen werden (siehe Bild H.5), die zu einer Reduzierung der Länge und der Abmessungen der redundanten Bauteile führt. Da diese Maßnahme hohe Beanspruchungen in den Bauteilen verursacht, die in der Abknickung aufeinandertreffen, ist in der Regel am Verbindungspunkt eine Abstützung senkrecht zur Fachwerkwand anzuordnen. Diagonalen und Horizontalstäbe sind in der Regel wie beim K-Fachwerk zu bemessen, wobei die Systemlängen der Diagonalen auf den Abstand zum Abknickpunkt bezogen werden.

DIN EN 1993-3-1:2010-12
EN 1993-3-1:2006 + AC:2009 (D)

H.3.12 Portalrahmenfachwerk

(1) Mit einem horizontalen Füllstab am Abknickpunkt kann das Tragsystem in einen Portalrahmen überführt werden, siehe Bild H.6. Da dies zu einem Verlust der Gelenkwirkung im K-Fachwerk führt, sind in der Regel für diesen Fall besondere Nachweise zu führen, um die Einflüsse aus Gründungssetzungen und Auflagerverschiebungen zu berücksichtigen.

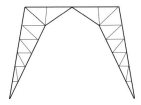

Bild H.5 — K-Fachwerk mit Kopfbändern

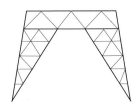

Bild H.6 — Portalrahmenfachwerk

H.3.13 Mehrfach vergitterte Fachwerke

(1) Bei einem mehrfach vergitterten Fachwerk sind in der Regel die durchgehenden Füllstäbe, die an allen Knoten verbunden sind, als sekundäre Füllstäbe (siehe H.4) mit einer Systemlänge von Eckstiel zu Eckstiel und einem entsprechenden Trägheitsradius i_{yy} oder i_{zz} (siehe Bild H.7) zu bemessen. Für die Stabilität des Moduls gilt in der Regel für die Schlankheit $\lambda = \dfrac{L}{i_{yy}} < 350$. Bei Bauteilen aus einteiligen Winkelprofilen gilt in der Regel die Grenze: $\dfrac{i_{yy}}{i_{vv}} > 1{,}50$, wobei i_{yy} der Trägheitsradius für die parallel zur Gitterebene liegende Querschnittsachse ist.

(2) Der Stabilitätsnachweis des in Bild H.7 dargestellten Bauteils A-B ist in der Regel mit der mit der Knicklänge L_0 berechneten Schlankheit zu führen:

$$\lambda = \dfrac{L_0}{i_{vv}} \text{ bei Winkelprofilen} \qquad \text{(H.6a)}$$

$$\lambda = \dfrac{L_0}{i_{yy}} \text{ bei Hohlprofilen und Vollprofilen} \qquad \text{(H.6b)}$$

89

ANMERKUNG Im Vergleich zu einer genaueren Betrachtung mit Berücksichtigung der tatsächlichen Lagerungsbedingungen kann die Verwendung der Schlankheit $\lambda = \frac{L_0}{i_{vv}}$ zu konservativen Ergebnissen führen.

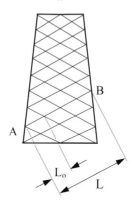

Bild H.7 — Mehrfach vergittertes Fachwerk

H.4 Sekundäre Füllstäbe

(1) Zur Berücksichtigung von Imperfektionen in Eckstielen sowie zur Bemessung sekundärer Füllstäbe ist in der Regel eine fiktive Abtriebskraft anzusetzen, die am Knotenpunkt des Anschlusses des sekundären Füllstabes senkrecht zum gestützten Eckstiel (oder zu einem Gurtstab, falls es sich nicht um einen Eckstiel handelt) angreift. Die Bemessung eines sekundären Füllstabes wird in der Regel unter Ansatz dieser Abtriebskraft in Abhängigkeit von der Schlankheit des gestützten Eckstiels nach (2) und (3) durchgeführt.

(2) Die nacheinander an jedem Knoten in der Fachwerkebene anzusetzende Abtriebskraft, ausgedrückt als prozentualer Anteil p der Normalkraft im Eckstiel, darf für verschiedene Schlankheiten des Eckstiels wie folgt angenommen werden:

$p = 1{,}41$ für $\lambda < 30$ \hfill (H.7a)

$p = \frac{(40 + \lambda)}{50}$ für $30 \leq \lambda \leq 135$ \hfill (H.7b)

$p = 3{,}5$ für $\lambda > 135$ \hfill (H.7c)

(3) Ist in einem Modul mehr als ein zwischenliegender Knoten vorhanden, ist in der Regel für das sekundäre Füllstabsystem ein separater Nachweis mit 2,5 % der Normalkraft des Eckstiels zu führen, die gleichmäßig auf alle zwischenliegenden Knoten verteilt wird. Diese fiktiven Abtriebskräfte werden in der Regel gleichzeitig und gleichgerichtet rechtwinklig zum Gurtstab und in der Fachwerkebene angesetzt.

(4) In beiden Fällen (2) und (3) sind die Schnittkräfte innerhalb der dreieckförmigen Ausfachung in der Regel mittels linear-elastischer Berechnung zu ermitteln.

DIN EN 1993-3-1:2010-12
EN 1993-3-1:2006 + AC:2009 (D)

(5) Für die Bemessung der primären Füllstäbe sind in der Regel die aus dieser fiktiven Abtriebskraft resultierenden Schnittkräfte generell zu den Primärschnittkräften aus der Berechnung des Gesamtsystems zu addieren. Ausgenommen sind freistehende Gittermaste konventioneller Bauart; hier brauchen die Schnittkräfte infolge der fiktiven Abtriebskräfte nicht zu den Primärschnittkräften addiert zu werden, AC) wenn diese kleiner sind als die fiktiven Abtriebskräfte (AC) und das primäre Füllstabsystem für die fiktiven Abtriebskräfte nachgewiesen wird. Bei abgespannten Masten sind die Schnittkräfte aus den fiktiven Abtriebkräften in der Regel immer zu den Primärschnittkräften zu addieren.

(6) Erfolgt die Bemessung wie in (1) bis (5) beschrieben unter Berücksichtigung der fiktiven Abtriebskräfte, darf angenommen werden, dass die Steifigkeit der Ausfachung ausreichend ist.

(7) Der oben genannte Wert der fiktiven Abtriebskraft kann unzureichend sein, wenn das Hauptbauteil exzentrisch belastet oder der Winkel zwischen der Hauptdiagonalen eines K-Fachwerkes und dem Eckstiel kleiner als 25° ist. In diesem Fall ist in der Regel ein genauerer Wert anzusetzen, mit dem das Moment infolge der Exzentrizität sowie sekundäre Biegespannungen aus Eckstielverformungen berücksichtigt werden.

(8) Liegt die Knickrichtung nicht in der Fachwerkebene, sind in der Regel die Werte nach den Gleichungen (H.7a), (H.7b) und (H.7c) durch den Faktor $\sqrt{2}$ zu dividieren.

H.5 Schalentragwerke

(1) Zur Tragfähigkeit und Stabilität von Schalentragwerken siehe EN 1993-1-6.

ANMERKUNG Siehe auch EN 1993-3-2.

November 2015

DIN EN 1993-3-1/NA

ICS 91.010.30; 91.060.40

Mit DIN EN 1993-3-1:2010-12
Ersatz für
die 2011-06 zurückgezogene
Vornorm
DIN V 4131:2008-09

**Nationaler Anhang –
National festgelegte Parameter –
Eurocode 3: Bemessung und Konstruktion von Stahlbauten –
Teil 3-1: Türme, Maste und Schornsteine – Türme und Maste**

National Annex –
Nationally determined parameters –
Eurocode 3: Design of steel structures –
Part 3-1: Towers, masts and chimneys – Towers and masts

Annexe Nationale –
Paramètres déterminés au plan national –
Eurocode 3: Calcul des structures en acier –
Partie 3-1: Tours, mâts et cheminées – Tours et mâts haubannés

Gesamtumfang 46 Seiten

DIN-Normenausschuss Bauwesen (NABau)

Inhalt

Seite

Vorwort 4

NA.1 Anwendungsbereich 5

NA.2 Nationale Festlegungen zur Anwendung von DIN EN 1993-3-1:2010-12 5
NA.2.1 Allgemeines 5

NA.2.2 Nationale Festlegungen 6
NCI Anhang NA.B (normativ) Berechnungsannahmen für Windwirkungen 12
NCI NA.B.1 Allgemeines 12
NCI NA.B.1.1 Anwendungsbereich 12
NCI NA.B.1.2 Symbole und Indizes 12
NCI NA.B.2 Windkraftbeiwert 13
NCI NA.B.2.1 Allgemeines 13
NCI NA.B.2.2 Bezugsfläche 14
NCI NA.B.2.3 Bestimmung des Windkraftbeiwerts 14
NCI NA.B.3 Böenreaktion von Gittertürmen 23
NCI NA.B.3.1 Bedingungen für die Anwendung statischer Verfahren 23
NCI NA.B.3.2 Statisches Ersatzlastverfahren 23
NCI NA.B.3.3 Wirbelerregte Schwingungen quer zur Windrichtung 25
NCI NA.B.4 Dynamische Antwort abgespannter Masten 25
NCI NA.B.4.1 Allgemeines 25
NCI NA.B.4.2 Bedingungen für statische Verfahren 25
NCI NA.B.4.3 Statische Ersatzlast-Verfahren 27
NCI NA.B.4.4 Spektralverfahren 30
NCI NA.B.4.5 Wirbelerregte Querschwingungen 30
NCI NA.B.4.6 Seilschwingungen 32
NCI NA.B.4.7 Eigenfrequenz freistehender Türme 33
NCI NA.B.4.8 Eigenfrequenz für Kragarme abgespannter Masten 33

NCI Anhang NA.C (normativ) Eislast und kombinierte Einwirkungen aus Eis und Wind 35
NCI NA.C.1 Allgemeines 35
NCI NA.C.2 Eislast 35
NCI NA.C.3 Eisgewicht 36
NCI NA.C.4 Wind und Eis 36

NCI Anhang NA.F (normativ) Ausführung und Zustandsüberwachung 37
NCI NA.F.1 Ausführung 37
NCI NA.F.2 Zustandsüberwachung 38
NCI NA.F.3 Hauptprüfung 38

NCI Anhang NA.I (normativ) Zusätzliche technische Regelungen 39
NCI NA.I.1 Absturz von Personen in Sicherungsgeschirre 39
NCI NA.I.2 Hinweise zur Berechnung von Fachwerken 39
NCI NA.I.3 Schraubenverbindungen 39
NCI NA.I.4 Mindestdicke 39
NCI NA.I.5 Querschnittsaussteifungen 39
NCI NA.I.6 Drahtseilklemmen 40
NCI NA.I.7 Bolzen 40
NCI NA.I.8 Isolatoren und Schutzarmaturen 40
NCI NA.I.8.1 Allgemeines 40
NCI NA.I.8.2 Keramikisolatoren 40
NCI NA.I.8.3 Sicherheiten und Stückprüfungen von Druckbeanspruchten Keramikisolatoren 41
NCI NA.I.8.4 Andere Isolatoren 41

NCI	NA.I.9 Gründungen 41
NCI	NA.I.9.1 Betonfundamente 41
NCI	NA.I.9.2 Verankerung 41
NCI	NA.I.9.3 Hilfsanker 42
NCI	NA.I.10 Korrosionsschutz 42
NCI	NA.I.10.1 Allgemeines 42
NCI	NA.I.10.2 Beschichtungen und Überzüge 42
NCI	NA.I.11 Blitzschutz und Erdungsanlagen 43
NCI	NA.I.12 Montagehilfen 44
NCI	NA.I.13 Einrichtungen zum Begehen und Besichtigen des Bauwerks, Absturzsicherungen 44
NCI	NA.I.13.1 Allgemeines 44
NCI	NA.I.13.2 Steigleitern 44
NCI	NA.I.13.3 Sicherheitseinrichtungen an Arbeitsbühnen und Laufstegen 44
NCI	NA.I.13.4 Befahreinrichtungen für Abspannseile 45
NCI	NA.I.14 Öffnungen in Hohlmasten 45
NCI	Literaturhinweise 46

DIN EN 1993-3-1/NA:2015-11

Vorwort

Dieses Dokument wurde vom NA 005-08-05 AA „Türme, Maste und Schornsteine (SpA zu CEN/TC 250/SC 3)" erstellt.

Dieses Dokument bildet den Nationalen Anhang zu DIN EN 1993-3-1:2010-12, *Eurocode 3: Bemessung und Konstruktion von Stahlbauten — Teil 3-1: Türme, Maste und Schornsteine — Türme und Maste.*

Die Europäische Norm EN 1993-3-1 räumt die Möglichkeit ein, eine Reihe von sicherheitsrelevanten Parametern national festzulegen. Diese national festzulegenden Parameter (en: Nationally determined parameters, NDP) umfassen alternative Nachweisverfahren und Angaben einzelner Werte sowie die Wahl von Klassen aus gegebenen Klassifizierungssystemen. Die entsprechenden Textstellen sind in der Europäischen Norm durch Hinweise auf die Möglichkeit nationaler Festlegungen gekennzeichnet. Eine Liste dieser Textstellen befindet sich im Unterabschnitt NA.2.1. Darüber hinaus enthält dieser Nationale Anhang ergänzende nicht widersprechende Angaben zur Anwendung von DIN EN 1993-3-1:2010-12 (en: non-contradictory complementary information, NCI).

Dieser Nationale Anhang ist Bestandteil von DIN EN 1993-3-1:2010-12.

DIN EN 1993-3-1:2010-12 und dieser Nationale Anhang DIN EN 1993-3-1/NA sind vorgesehen als Ersatz für DIN V 4131:2008-09.

Es wird auf die Möglichkeit hingewiesen, dass einige Elemente dieses Dokuments Patentrechte berühren können. Das DIN [und/oder die DKE] sind nicht dafür verantwortlich, einige oder alle diesbezüglichen Patentrechte zu identifizieren.

Änderungen

Gegenüber DIN V 4131:2008-09 wurden folgende Änderungen vorgenommen:

a) Nationale Festlegungen zu DIN EN 1993-3-1:2010-12 für die Bemessung und Konstruktion von Türmen und Masten aufgenommen.

Frühere Ausgaben

DIN 4131: 1969-03, 1991-11
DIN V 4131: 2008-09

DIN EN 1993-3-1/NA:2015-11

NA.1 Anwendungsbereich

Dieser Nationale Anhang enthält nationale Festlegungen für die Bemessung und Konstruktion von Gittertürmen und abgespannten Masten und ähnlichen Konstruktionen, die prismatische, zylindrische oder andere sperrige Elemente tragen, die bei der Anwendung von DIN EN 1993-3-1:2010-12 in Deutschland zu berücksichtigen sind.

Dieser Nationale Anhang gilt nur in Verbindung mit DIN EN 1993-3-1:2010-12.

NA.2 Nationale Festlegungen zur Anwendung von DIN EN 1993-3-1:2010-12

NA.2.1 Allgemeines

DIN EN 1993-3-1:2010-12 weist an den folgenden Textstellen die Möglichkeit nationaler Festlegungen aus (NDP, en: Nationally determined parameters).

— 2.1.1(3)P	— 5.2.4(1)	— B.2.1.1(5)	— D.1.1(2)
— 2.3.1(1)	— 6.1(1)	— B.2.3(1)	— D.1.2(2)
— 2.3.2(1)	— 6.3.1(1)	— B.3.2.2.6(4)	— D.3(6) (zweimal)
— 2.3.6(2)	— 6.4.1(1)	— B.3.3(1)	— D.4.1(1)
— 2.3.7(1)	— 6.4.2(2)	— B.3.3(2)	— D.4.2(3)
— 2.3.7(4)	— 6.5.1(1)	— B.4.3.2.2(2)	— D.4.3(1)
— 2.5(1)	— 7.1(1)	— B.4.3.2.3(1)	— D.4.4(1)
— 2.6(1)	— 9.5(1)	— B.4.3.2.8.1(4)	— F.4.2.1(1)
— 4.1(1)	— A.1(1)	— C.2(1)	— F.4.2.2(2)
— 4.2(1)	— A.2(1)P (zweimal)	— C.6.(1)	— G.1(3)
— 5.1(6)	— B.1.1(1)		— H.2(5)
			— H.2(7)

Darüber hinaus enthält NA.2.2 ergänzende nicht widersprechende Angaben zur Anwendung von DIN EN 1993-3-1:2010-12. Diese sind durch ein vorangestelltes „NCI" gekennzeichnet.

— 1.2
— 9.1
— Anhang B
— Anhang C
— Anhang F
— Anhang G
— Anhang H

— Anhang NA.B
— Anhang NA.C
— Anhang NA.F
— Anhang NA.D
— Literaturhinweise

NA.2.2 Nationale Festlegungen

Die nachfolgende Nummerierung entspricht der Nummerierung von DIN EN 1993-3-1:2010-12 bzw. ergänzt diese.

NCI zu 1.2 Normative Verweisungen

NA DIN 18799-1, *Ortsfeste Steigleitern an baulichen Anlagen — Teil 1: Steigleitern mit Seitenholmen, sicherheitstechnische Anforderungen und Prüfungen*

NA DIN 18799-2, *Ortsfeste Steigleitern an baulichen Anlagen — Teil 2: Steigleitern mit Mittelholm, sicherheitstechnische Anforderungen und Prüfungen*

NA DIN 50978, *Prüfung metallischer Überzüge; Haftvermögen von durch Feuerverzinken hergestellten Überzügen*

NA DIN 55928-8, *Korrosionsschutz von Stahlbauten durch Beschichtungen und Überzüge — Teil 8: Korrosionsschutz von tragenden dünnwandigen Bauteilen*

NA DIN EN 1090-2, *Ausführung von Stahltragwerken und Aluminiumtragwerken — Teil 2: Technische Regeln für die Ausführung von Stahltragwerken*

NA DIN EN 1991-1-4:2010-12, *Eurocode 1: Einwirkungen auf Tragwerke — Teil 1-4: Allgemeine Einwirkungen, Windlasten; Deutsche Fassung EN 1991-1-4:2005 + A1:2010 + AC:2010*

NA DIN EN 1993-1-1, *Eurocode 3: Bemessung und Konstruktion von Stahlbauten — Teil 1-1: Allgemeine Bemessungsregeln und Regeln für den Hochbau*

NA DIN EN 1993-1-6, *Eurocode 3: Bemessung und Konstruktion von Stahlbauten — Teil 1-6: Festigkeit und Stabilität von Schalen*

NA DIN EN 1993-1-9, *Eurocode 3: Bemessung und Konstruktion von Stahlbauten — Teil 1-9: Ermüdung*

NA DIN EN 1993-1-11:2010-12, *Eurocode 3: Bemessung und Konstruktion von Stahlbauten — Teil 1-11: Bemessung und Konstruktion von Tragwerken mit Zuggliedern aus Stahl; Deutsche Fassung EN 1993-1-11:2006 + AC:2009*

NA DIN EN 1993-3-1:2010-12, *Eurocode 3: Bemessung und Konstruktion von Stahlbauten — Teil 3-1: Türme, Maste und Schornsteine — Türme und Maste; Deutsche Fassung EN 1993-3-1:2006 + AC:2009*

NA DIN EN 10264-1, *Stahldraht und Drahterzeugnisse — Stahldraht für Seile — Teil 1: Allgemeine Anforderungen*

NA DIN EN 10264-3, *Stahldraht und Drahterzeugnisse — Stahldraht für Seile — Teil 3: Runder und profilierter Draht aus unlegiertem Stahl für hohe Beanspruchungen*

NA DIN EN 13411-5, *Endverbindungen für Drahtseile aus Stahldraht — Sicherheit — Teil 5: Drahtseilklemmen mit U-förmigem Klemmbügel*

NA DIN EN 60060-1 (VDE 0432-1), *Hochspannungs-Prüftechnik — Teil 1: Allgemeine Begriffe und Prüfbedingungen*

NA DIN EN 60060-2 (VDE 0432-2), *Hochspannungs-Prüftechnik — Teil 2: Messsysteme*

NA DIN EN 62305 (alle Teile), *Blitzschutz*

NA   DIN EN ISO 1461, *Durch Feuerverzinken auf Stahl aufgebrachte Zinküberzüge (Stückverzinken) — Anforderungen und Prüfungen*

NA   DIN EN ISO 2063, *Thermisches Spritzen — Metallische und andere anorganische Schichten — Zink, Aluminium und ihre Legierungen*

NA   DIN EN ISO 2178, *Nichtmagnetische Überzüge auf magnetischen Grundmetallen — Messen der Schichtdicke — Magnetverfahren*

NA   DIN EN ISO 10684, *Verbindungselemente — Feuerverzinkung*

NA   DIN EN ISO 12944 (alle Teile), *Beschichtungsstoffe — Korrosionsschutz von Stahlbauten durch Beschichtungssysteme*

NA   DIN EN ISO 14122-3, *Sicherheit von Maschinen — Ortsfeste Zugänge zu maschinellen Anlagen — Teil 3: Treppen, Treppenleitern und Geländer*

NDP zu 2.1.1(3)P

Der Anhang E aus DIN EN 1993-3-1:2010-12 gilt nicht. Plötzlicher Seilausfall ist nur bei Zuverlässigkeitsklasse 3 zu untersuchen.

Die Berechnung eines plötzlichen Seilausfalls darf entweder durch eine genaue dynamische Untersuchung oder durch Anwendung des nachstehenden konservativen Näherungsverfahrens durchgeführt werden. Bei der Untersuchung des plötzlichen Seilausfalls ist von einem gleichzeitig wirkenden Windgeschwindigkeitsdrucks in Höhe von 50 % des charakteristischen, mittleren Geschwindigkeitsdrucks ohne Berücksichtigung feldweiser Belastung auszugehen.

Die durch einen plötzlichen Seilausfall verursachten dynamischen Kräfte im Mastschaft und in den Abspannseilen können mit der folgenden Annahme konservativ abgeschätzt werden:

Die Horizontalkomponente der vor dem Seilausfall wirkenden, stützenden Seilkraft ist dabei in umgekehrter Richtung als Zusatzlast auf den Mast ohne das ausgefallene Seil wirkend anzusetzen.

Die hieraus resultierenden restlichen Seilkräfte müssen bei Masten mit nur zwei Abspannebenen oder bei einem Seilausfall in der höchsten Abspannebene mit dem Faktor 1,3 multipliziert werden.

NDP zu 2.3.1(1)

Es gelten die Regelungen des Anhanges NA.B.

NDP zu 2.3.2(1)

Für die Ermittlung von Eislasten, Eisdicken, Eisdichten und Eisverteilungen sowie Lastfallkombinationen und Kombinationsbeiwerte für Einwirkungen auf Türme und Maste gilt Anhang NA.C dieses Dokumentes.

NDP zu 2.3.6(2)

Es gelten die Empfehlungen.

Anstelle der vertikalen Verkehrslast von 2 kN/m^2 ist auf Plattformen mit einer vertikalen Einzellast von 3 kN an ungünstigster Stelle zu rechnen, wenn dies ungünstiger ist als die vorgenannte Flächenlast.

NDP zu 2.3.7(1)

Es werden keine weiteren Hinweise gegeben.

DIN EN 1993-3-1/NA:2015-11

NDP zu 2.3.7(4)

Zusätzlich sind DIN 18799-1 und DIN 18799-2 sowie NA.I.1 des Anhang NA.I anzuwenden.

NDP zu 2.5(1)

Zusätzlich ist NA.I.8.3 im Anhang NA.I zu beachten.

NDP zu 2.6(1)

Die Entwurfslebensdauer ist zwischen dem Bauherren und dem Planer abzustimmen. Wenn keine Vereinbarung getroffen wird, ist eine Entwurfslebensdauer von 50 Jahren anzusetzen.

NDP zu 4.1(1)

Siehe Anhang NA.I.

NDP zu 4.2(1)

Die gegebenen Empfehlungen gelten nicht. Dafür sind folgende Festlegungen einzuhalten.

Die Hohlräume der Seile müssen beim Verseilen mit geeigneten korrosionsschützenden Medien verfüllt werden. Werden Seile beschichtet, sind das Verfüllmaterial und die Beschichtung aufeinander abzustimmen. Verfüllmaterial und Beschichtung müssen säurefrei, elastisch, temperatur- und UV-beständig sein.

Die Verwendung heller Beschichtungen ist vorzuziehen, um eventuelle Korrosionserscheinungen leichter erkennen zu können und um die Temperaturbeanspruchung der Seile möglichst klein zu halten.

Wenn bei Rundlitzenseilen säurefreies Fett zum Füllen der Hohlräume verwendet wird, entfällt die Beschichtung. Da die Gefahr besteht, dass das Fett ausgewaschen wird, sind solche Seile besonders sorgsam zu warten und gegebenenfalls nachzufetten.

NDP zu 5.1(6)

Hinweise und Beispiele zur rechnerischen Erfassung des nichtlinearen Tragverhaltens sind zum Beispiel zu entnehmen:

— Peil, U.: „Bauen mit Seilen". In Stahlbau-Kalender 2000, Ernst & Sohn, Berlin. 689-755.

— Peil, U.: „Maste und Türme". In Stahlbau-Kalender 2004, Ernst & Sohn, Berlin. 493-602.

NDP zu 5.2.4(1)

Es werden keine weiteren Hinweise gegeben.

NDP zu 6.1(1)

Es gelten die folgenden Teilsicherheitsbeiwerte:

$\gamma_{M0} = 1{,}00$,

$\gamma_{M1} = 1{,}00$, (Bei Schalenbeulen siehe DIN EN 1993-3-2)

$\gamma_{M2} = 1{,}25$,

$\gamma_{Mg} = 1{,}50 \cdot \gamma_R$; γ_R siehe EN 1993-1-11,

$\gamma_{Mi} = 2{,}50$.

NDP zu 6.3.1(1)

Ein Verfahren wird nicht festgelegt.

NDP zu 6.4.1(1)

Es gelten die Empfehlungen.

NDP zu 6.4.2(2)

Es gilt die Empfehlung. Ergänzend dazu gilt, dass ermüdungsbeanspruchte Kopfplattenverbindungen mit hochfesten, voll vorgespannten Schrauben auszuführen sind, wenn nicht die Ermüdungssicherheit und die Gebrauchstauglichkeit durch Nachweise belegt werden.

NDP zu 6.5.1(1)

Es gilt die Empfehlung. Als Grenzwerte für die Hertzsche Pressung sind die Werte nach Tabelle NA.1 anzunehmen:

Tabelle NA.1 — Charakteristische Werte der Hertzschen Pressung von Stahllagern

	Werkstoff	$\sigma_{H,k}$ in N/mm^2
1	S235, S275	800
2	S355, S420, S460	1 000
3	C35+N, C45+N	950

NDP zu 7.1(1)

Es gilt die Empfehlung.

NCI zu 9.1

Ein stählerner Schornstein oder ein Antennentragwerk darf als vorwiegend ruhend beansprucht angesehen werden, wenn

a) die Spannungsschwingbreite der Längsspannungen $\Delta\sigma$ kleiner ist als 15 N/mm² und

b) die Spannungsschwingbreite der Schubspannungen $\Delta\tau$ kleiner ist als 26 N/mm² und

c) das Tragwerk in der Erdbebenzone 0 nach DIN EN 1998-1 NA steht und

d) keine Stoßlasten berücksichtigt werden müssen.

NDP zu 9.5(1)

Es gelten die Empfehlungen.

NDP zu A.1(1)

(1) In der Regel ist die Zuverlässigkeitsklasse 2 anzuwenden.

(2) Zuverlässigkeitsklasse 3 ist in den nach DIN EN 1993-3-1:2010-12, Tabelle A.1 vorgesehenen Fällen anzuwenden.

(3) Maste der Zuverlässigkeitsklasse 3 dürfen in Zuverlässigkeitsklasse 2 eingestuft werden, wenn eine jährliche Inspektion nach Anhang NA.F durchgeführt wird, die auch eine Untersuchung der Seilanschlüsse auf Ermüdungsschäden mit einschließt. Abweichungen sind mit der zuständigen Genehmigungsbehörde abzustimmen.

NDP zu A.2(1)P (zweimal)

Es gilt die hier angegebene Tabelle NA.A.2.

Tabelle NA.A.2 — Teilsicherheitsbeiwerte γ_G und γ_Q für Einwirkungen

Art der Einwirkung	Zuverlässigkeitsklasse, siehe Anmerkung zu 2.1.2	Wirkung der Einwirkung	
		ungünstig	günstig
ständige oder vorübergehende Bemessungssituation			
ständige Lasten	alle Zuverlässigkeitsklassen	1,3	1,0
veränderliche Lasten	alle Zuverlässigkeitsklassen	1,5	0,0
Vorspannung	alle Zuverlässigkeitsklassen	1,0	
außergewöhnliche Bemessungssituation			
ständige Lasten	alle Zuverlässigkeitsklassen	1,0	1,0
veränderliche Lasten	alle Zuverlässigkeitsklassen	1,0	0,0
Vorspannung	alle Zuverlässigkeitsklassen	1,0	

NCI zu Anhang B

Statt Anhang B von DIN EN 1993-3-1:2010-12 gilt Anhang NA.B dieses Nationalen Anhanges.

NCI zu Anhang C

Statt Anhang C von DIN EN 1993-3-1:2010-12 gilt Anhang NA.C dieses Nationalen Anhanges.

NDP zu D.1.1(2)

Es werden keine weiteren Hinweise gegeben.

NDP zu D.1.2(2)

Es werden keine weiteren Hinweise gegeben.

NDP zu D.3(6) (zweimal)

Zu ANMERKUNG 1: Es werden keine weiteren Hinweise gegeben. Es gilt die Empfehlung.

Zu ANMERKUNG 2: Zu elektrischen Eigenschaften siehe DIN EN 60060-1 (VDE 0432-1) und DIN EN 60060-2 (VDE 0432-2).

NDP zu D.4.1(1)

Einrichtungen zum Begehen und Besichtigen des Bauwerks, Absturzsicherungen

Allgemeines

Antennentragwerke von mehr als 20 m Höhe, die zu Inspektions-, Betriebs- oder sonstigen Zwecken bestiegen werden, sind mit Steigleitern oder Steigeisengängen, erforderlichenfalls auch mit Absturzsicherungen, Ruhe- und Arbeitsbühnen sowie mit Laufstegen auszurüsten.

Befahreinrichtungen für Abspannseile

Ein direktes Befahren der Abspannseile sollte vermieden werden. Vorzugsweise sind unabhängige Befahreinrichtungen zu verwenden. Hierfür sind entsprechende Anschlagkonstruktionen vorzusehen.

NDP zu D.4.2(3)

Siehe Anhang NA.I.

NDP zu D.4.3(1)

Maßnahmen zur Flugsicherung sind im Luftverkehrsgesetz (LuftVG) geregelt; sie werden im Einzelfall von der DFS — Deutsche Flugsicherung — festgelegt und sind Bestandteil der Baugenehmigung. Maßnahmen sind z. B.

a) Flugwarnanstrich als Tageskennzeichnung;

b) Flughindernisbefeuerung als Nachtkennzeichnung;

c) Seilmarker an Abspannseilen.

Seilmarker müssen Inspektionen des innen liegenden Seiles zulassen.

NDP zu D.4.4(1)

Es werden keine weiteren Hinweise gegeben.

NCI zu Anhang F

Statt Anhang F von DIN EN 1993-3-1:2010-12 gilt Anhang NA.F dieses Nationalen Anhanges.

NCI Anhang NA.B
(normativ)

Berechnungsannahmen für Windwirkungen

NCI NA.B.1 Allgemeines

(1) Die Windlasten sind nach DIN EN 1991-1-4 in Verbindung mit diesem Anhang zu bestimmen.

(2) Die Windprofile nach DIN EN 1991-1-4/NA dürfen für Höhen z bis 400 m verwendet werden.

NCI NA.B.1.1 Anwendungsbereich

(1) Dieser Anhang enthält ergänzende Angaben zu Windeinwirkungen auf Türme und abgespannte Maste in folgenden Punkten:

— Windkräfte, siehe NA.B.2;

— Böenreaktion von Gittertürmen, siehe NA.B.3;

— Böenreaktion von abgespannten Masten, siehe NA.B.4.

(2) Die Windkraftbeiwerte für Kreisquerschnitte, die nicht Bestandteil des Fachwerks sind (z. B. Aufsatzrohre),sind in DIN EN 1991-1-4 festgelegt.

(3) Die Schnittgrößen für das Tragwerk sind im Allgemeinen nach der Elastizitätstheorie II. Ordnung zu berechnen. Vorverformungen des Gesamtsystems (Lotabweichungen, Vorkrümmungen) müssen nicht berücksichtigt werden.

NCI NA.B.1.2 Symbole und Indizes

(1) Ergänzend zu den in DIN EN 1993-1-1 und DIN EN 1991-1-4 angegebenen Formelzeichen werden die folgenden wichtigsten Formelzeichen in diesem Anhang verwendet:

i Anordnung der feldweisen Belastung;
K Beiwert;
L projizierte Länge oder Sehnenlänge;
N Anzahl der Abspannebenen;
n Anzahl der Tragwerksabschnitte;
Q Parameter;
S Schnittgröße in einem Bauteil (z. B. Längskraft, Querkraft oder Biegemoment);
T Torsionsmoment;
α Neigung eines Abspannseils gegen die Horizontale;
β Parameter;
θ Winkel des Windeinfalls bezogen auf die Flächennormale oder Neigung,
τ Konstante;
ψ Winkel des Windeinfalls bezogen auf die Längsachse des langgestreckten Anbauteils;
k_s Skalierungsfaktor.

(3) Ergänzend zu den in DIN EN 1993-1-1 angegebenen Indizes werden die folgenden Indizes in diesem Anhang verwendet:

A Element der Anbauten;

C Kragarm;

c Bauteil mit kreisförmigem Querschnitt;

e effektiv;

F Außenfläche;

f kantige Bauteile;

G Abspannseil;

H Bauwerkshöhe;

L Länge;

M ausschließlich bezogen auf den Mast;

m Mast oder Mittelwert;

PL feldweise Belastung;

p belastetes Feld;

q Schub;

S Bauwerk;

sup überkritisch;

T Turm oder Gesamtwert (Total-);

W in Windrichtung;

w mit Wind;

X quer zur Windrichtung;

Z in vertikaler Richtung;

z Höhe z über Grund;

0 Winkel des Windeinfalls.

NCI NA.B.2 Windkraftbeiwert

NCI NA.B.2.1 Allgemeines

(1) Die auf einen Abschnitt oder ein Bauteil wirkende Windkraft ist nach DIN EN 1991-1-4:2010-12, 5.3 (2) in Verbindung mit dem Nationalen Anhang von DIN EN 1991-1-4 und diesem Anhang NA.B zu bestimmen.

(2) Bei der Berechnung der Windkraft mit Eisansatz sind die um die Eisschicht vergrößerten Projektionsflächen anzusetzen.

NCI NA.B.2.2 Bezugsfläche

(1) Die Bezugsflächen sind für jede Ansichtsseite nach Bild NA.B.1a) und NA.B.1b) getrennt zu bestimmen.

(2) Die Bezugsfläche A_S für die Ermittlung der Windkräfte auf den Mastschaft ist die Projektionsfläche der dem Wind zugewandten Ansichtsseite ohne Anbauten (siehe Bild NA.B.1). Die Projektionsachse steht normal auf der Ansichtsseite.

(3) Die Bezugsfläche A_A für die Ermittlung der Windkräfte auf Anbauten ist die Projektionsfläche der dem Wind zugewandten Ansichtsseite. Anbauten innerhalb des Mastschaftes sind wie in Bild NA.B.1a und NA.B.1b dargestellt, den jeweiligen Ansichtsseiten zuzuordnen. Die Projektionsachse steht normal auf der Ansichtsseite.

NCI NA.B.2.3 Bestimmung des Windkraftbeiwerts

NCI NA.B.2.3.1 Allgemeines

(1) Bei Tragwerken mit quadratischem und gleichseitig dreieckförmigem Grundriss wird der Gesamtwindkraftbeiwert in Windrichtung (Widerstandsbeiwert) durch Überlagerung der Windkräfte an tragenden Bauteilen und Anbauten bestimmt:

$$c_f = c_{f,S} + \sum c_{f,A} \qquad (NA.B.1)$$

Dabei ist

c_f der Gesamtwindkraftbeiwert innerhalb der Höhe eines Abschnitts (siehe Bild NA.B.1);

$c_{f,S}$ der Windkraftbeiwert für tragende Bauteile, ermittelt nach Gleichung (NA.B.2) unter Verwendung des Völligkeitsgrades φ (siehe NA.B.2.3.2.1) für das Bauwerk ohne Anbauten;

$c_{f,A}$ der Windkraftbeiwert für ein Anbauteil, ermittelt nach Gleichung (NA.B.6) oder (NA.B.7) Bei Vorhandensein mehrerer Anbauteile sind die Kraftbeiwerte zu addieren.

(2) Bei Tragwerken mit rechteckigem oder dreieckigem Grundriss und unterschiedlichen Seitenlängen sowie für Bauwerke mit großen Anbauten wird empfohlen, die Windkraftbeiwerte mit Hilfe von Windkanaluntersuchungen zu ermitteln.

(3) Wenn die Projektionsflächen der Anbauten nicht mehr als 10 % der Bauteilprojektionsflächen ausmachen, dürfen sie der Projektionsfläche der tragende Bauteile zugeschlagen und die gesamte Windkraft darf nach NA.B.2.3.2 bestimmt werden.

(4) Windkraftbeiwerte dürfen auch in Windkanalversuchen bestimmt werden. Die Windkanalversuche sind unter Beachtung des WtG-Merkblattes „Windkanalversuche in der Gebäudeaerodynamik" der Windtechnologischen Gesellschaft e. V. [1] durchzuführen.

(5) Der Gesamtwindwiderstand darf auf den Wert $2{,}1 \cdot A_u$ beschränkt werden. Zur Definition von A_u siehe NA.B.2.3.2.1

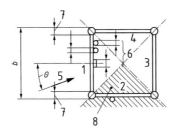
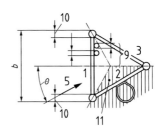

ANMERKUNG Die Ansichtsseite 1 gilt als Windangriffsfläche für $-45° \leq \theta \leq 45°$.

ANMERKUNG Die Ansichtsseite 1 gilt als Windangriffsfläche für $-60° \leq \theta \leq 60°$. Eine externe Leiter sollte als individuelles Objekt behandelt werden.

a) Fachwerkstrukturen mit quadratischem Querschnitt

b) Fachwerkstrukturen mit dreieckigem Querschnitt

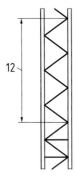
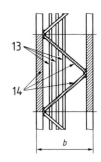

Schaftabschnitt

Detail eines Schaftabschnitts

Legende

1 Ansichtsseite 1
2 Ansichtsseite 2
3 Ansichtsseite 3
4 Ansichtsseite 4
5 Wind
6 Anbauten (Projektion rechtwinklig zur Ansichtsseite 1)
7 Eckstiel (Projektion rechtwinklig zur Ansichtsseite)
8 Anbauten innerhalb der schraffierten Fläche werden der Ansichtsseite 2 zugeordnet
9 Anbauten inklusive Sprossenleitern, Rückenschutz usw. (Projektion rechtwinklig zur Ansichtsseite)
10 Eckstiel (Projektion rechtwinklig zur Ansichtsseite)
11 Anbauten innerhalb der schraffierten Fläche werden der Ansichtsseite 2 zugeordnet
12 Abschnitt des Schaftes
13 Anbauten mit der Bezugsfläche A_A
14 Teile des Schaftes mit der Bezugsfläche A_S

Bild NA.B.1 — Definition der Ansichtsseite

NCI NA.B.2.3.2 Windkraftbeiwerte für den Schaft

NCI NA.B.2.3.2.1 Allgemeines

(1) Für Fachwerkmaste und Fachwerktürme mit quadratischem oder gleichseitigem dreieckförmigen Querschnitt, die gleiche Bezugsflächen A_S auf jeder Seite besitzen, ist der Windkraftbeiwert $c_{f,S}$ des Schaftes eines Abschnitts in Windrichtung folgendermaßen zu bestimmen:

$$c_{f,S} = c_{f,S,0}\, K_\theta \qquad \text{(NA.B.2)}$$

Dabei ist

$c_{f,S,0}$ der Kraftbeiwert für den Abschnitt j ohne Berücksichtigung von Endeffekten nach NA.B.2.3.2.2;

K_θ der Windrichtungsbeiwert.

(2) Der Windrichtungsbeiwert K_θ ist wie folgt anzusetzen:

$$K_\theta = 1{,}0 + K_1\, K_2 \sin^2(2\theta) \quad \text{für Fachwerkstrukturen mit quadratischem Querschnitt} \qquad \text{(NA.B.3a)}$$

$$K_\theta = \frac{A_c + A_{c,sup}}{A_S} + \frac{A_f}{A_S}\left(1 - 0{,}1\sin^2(1{,}5\,\theta)\right) \quad \text{für Fachwerkstrukturen mit dreieckigem Querschnitt} \qquad \text{(NA.B.3b)}$$

Dabei ist

$$K_1 = \frac{0{,}55\, A_f}{A_S} + \frac{0{,}8\,(A_c + A_{c,sup})}{A_S} \qquad \text{(NA.B.3c)}$$

$K_2 = 0{,}2$ für $0 \le \varphi \le 0{,}2$ und $0{,}8 \le \varphi \le 1{,}0$ (NA.B.3d)

$ = \varphi$ für $0{,}2 < \varphi \le 0{,}5$ (NA.B.3e)

$ = 1 - \varphi$ für $0{,}5 < \varphi < 0{,}8$ (NA.B.3f)

θ Windrichtungswinkel, bezogen auf die Flächennormale der Ansichtsseite 1, siehe Bild NA.B.1a) oder NA.B.1b);

φ Völligkeitsgrad $\varphi = \dfrac{A_S}{A_u}$; Bei NA.B.2.3.1 (3) gilt sinngemäß $\varphi = \dfrac{A_S + A_A}{A_u}$

A_S die Bezugsfläche des Schaftes nach NA.B.2.2 (2);

A_u die Bruttoansichtsseite $A_u = b\,h$;

A_f die Bezugsfläche der kantigen Bauteile;

A_c die Bezugsfläche der Bauteile mit kreisförmigem Querschnitt, die einer unterkritischen Umströmung ausgesetzt sind;

$A_{c,sup}$ die Bezugsfläche der Bauteile mit kreisförmigem Querschnitt, die einer überkritischen Umströmung ausgesetzt sind;

h Höhe des betrachteten Abschnitts;

b Abschnittsbreite nach Bild NA.B.1.

Ohne Vereisung und ohne Anbauten im Sinne von NA.B.2.3.1 (3) gilt: $A_S = A_f + A_c + A_{c,sup}$

(3) Für übliche Windrichtungswinkel kann K_θ Bild NA.B.2 entnommen werden.

(4) Der Wert für Re ist nach DIN EN 1991-1-4:2010-12, 7.9.1 (1) zu bestimmen.

(5) Wird für einzelne oder alle Bauteile angenommen, dass die Reynoldszahl im überkritischen Bereich liegt, ist nachzuweisen, dass bei geringer Windgeschwindigkeit, bei der $Re < 4 \times 10^5$ ist, keine größeren Lasten auftreten.

(6) Für Bauteile mit kreisförmigem Querschnitt darf unterkritische Umströmung angenommen werden, wenn die Reynoldszahl bei $Re \leq 4 \times 10^5$ liegt; bei größeren Werten von Re darf überkritische Umströmung angenommen werden, sofern kein Eisansatz vorliegt.

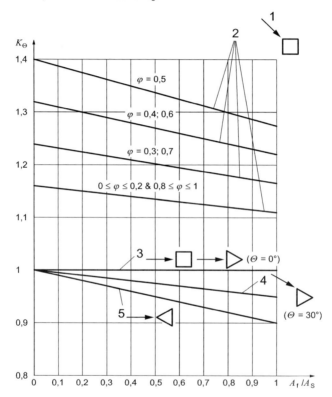

Legende
1 Wind
2 Fachwerkstrukturen mit quadratischem Querschnitt, Wind in der Diagonalen ($\theta = 45°$)
3 Fachwerkstrukturen mit quadratischem oder dreieckigem Querschnitt mit Wind auf eine Ansichtsseite
4 Fachwerkstrukturen mit gleichseitig dreieckigem Querschnitt mit Wind parallel zu einer Ansichtsseite
5 dreieckige Fachwerkstrukturen mit gleichseitig dreieckigem Querschnitt mit Wind auf eine Ecke ($\theta = 180°$)

Bild NA.B.2 — Windrichtungsbeiwert K_θ

NCI NA.B.2.3.2.2 Kraftbeiwerte

(1) Für Fachwerkstrukturen, die aus Bauteilen mit kantigen und kreisförmigen Profilen zusammengesetzt sind, ist der Kraftbeiwert folgendermaßen anzusetzen:

$$c_{f,S,0} = c_{f,0,f} \frac{A_f}{A_S} + c_{f,0,c} \frac{A_c}{A_S} + c_{f,0,c,sup} \frac{A_{c,sup}}{A_S} \quad \text{(NA.B.4)}$$

Dabei sind

$c_{f,0,f}$, $c_{f,0,c}$ und $c_{f,0,c,sup}$ die Kraftbeiwerte für Abschnitte, die aus Bauteilen mit kantigen Profilen, kreisförmigen Profilen in unterkritischer Strömung bzw. kreisförmigen Profilen in überkritischer Strömung zusammengesetzt sind, gemäß:

$$c_{f,0,f} = 1{,}76\, C_1\, [1 - C_2\, \varphi + \varphi^2] \quad \text{(NA.B.5a)}$$

$$c_{f,0,c} = C_1\, (1 - C_2\, \varphi) + (C_1 + 0{,}875)\, \varphi^2 \quad \text{(NA.B.5b)}$$

$$c_{f,0,c,sup} = 1{,}9 - \sqrt{(1-\varphi)(2{,}8 - 1{,}14\, C_1 + \varphi)} \quad \text{(NA.B.5c)}$$

mit:

C_1 = 2,25 für Fachwerkstrukturen mit quadratischem Querschnitt

1,9 für Fachwerkstrukturen mit dreieckigem Querschnitt

C_2 = 1,5 für Fachwerkstrukturen mit quadratischem Querschnitt

1,4 für Fachwerkstrukturen mit dreieckigem Querschnitt

zu bestimmen.

wobei:

φ, A_S, A_f, A_c, $A_{c,sup}$ in NA.B.2.3.2.1 angegeben sind.

(2) Für kreisförmige Profile als Bestandteil des Schaftes gilt Tabelle NA.B.1.

(3) Die Kraftbeiwerte $c_{f,0}$ dürfen ebenso Bild NA.B.3 entnommen werden.

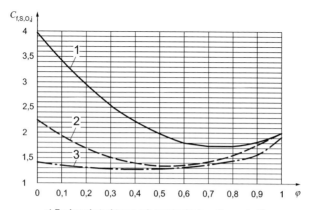

a) Fachwerkstrukturen mit quadratischem Querschnitt

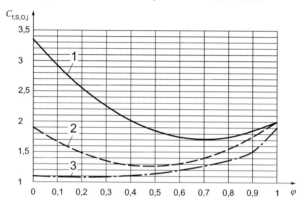

b) Fachwerkstrukturen mit dreieckigem Querschnitt

Legende

1 kantig
2 kreisförmig (unterkritische Strömung)
3 kreisförmig (überkritische Strömung)

ANMERKUNG Bei Fachwerkstrukturen mit $\varphi > 0{,}6$ ist die Möglichkeit des Auftretens wirbelerregter Querschwingungen für den gesamten Schaft zu berücksichtigen, siehe DIN EN 1991-1-4.

Bild NA.B.3 — Kraftbeiwerte $c_{f,S,0}$ für Fachwerkstrukturen mit quadratischem oder dreieckigem Querschnitt

NCI   NA.B.2.3.3   Windkraftbeiwerte für langgestreckte Anbauten

(1) Die Windkraftbeiwerte $c_{f,A}$ von langgestreckten Anbauteilen, wie z. B. Steigleitern, Kabeltrassen und Kabelschächten einschließlich Wellenleitern, Antennenkabeln usw., sind innerhalb der Höhe eines Abschnitts folgendermaßen anzusetzen:

$$c_{f,A} = c_{f,A,0}\, K_A \sin^2 \psi \cdot \frac{A_A}{A_S} \qquad \text{(NA.B.6)}$$

Dabei ist

$c_{f,A,0}$ der Kraftbeiwert für ein Anbauteil unter Berücksichtigung seiner Reynoldszahl; Werte für übliche alleinstehende Einzelbauteile sind in Tabelle NA.B.1 angegeben;

K_A der Abminderungsbeiwert zur Berücksichtigung der Abschattung des Anbauteils durch den Schaft, hier ist $K_A = 0{,}8$. Ansonsten gilt:

$K_A = 1{,}0$ für Schafte aus kreisförmigen Profilen in überkritischer Strömung;

$K_A = 1{,}0$ wenn das Anbauteil um mehr als 10 % über die Gesamtbreite b des Schaftes hinaus ragt;

$K_A = 1{,}0$ wenn die Summe der Bezugsfläche aller Anbauten, die der betrachteten Ansichtsseite des Schafts zugeordnet sind, größer ist als die Bezugsfläche AS des Schafts dieser Ansichtsseite;

$K_A = 1{,}0$ wenn die Bezugsfläche eines einzelnen Anbauteils, das einer beliebigen Ansichtsseite des Tragwerks zugeordnet ist, größer ist als die halbe Bruttoansichtsseite Au des Schafts der betrachteten Ansichtsseite.

ψ Winkel zwischen der Windrichtung und der Längsachse des Anbauteils, gemessen in der Ebene Windrichtung-Längsachse; $\psi \leq 90°$

A_A die Projektionsfläche des bei Betrachtung in Windrichtung θ sichtbaren Teils, einschließlich Vereisung, sofern zutreffend. Bei Zylindern mit Wendeln sollte der Wert A_A auf der Gesamtbreite einschließlich der zweifachen Wendelbreite basieren;

A_S siehe NA.B.2.3.2.1 (2).

ANMERKUNG   Wenn A_A größer als A_S ist, ist der Abminderungsbeiwert eher bei $c_{f,S,0}$ zu berücksichtigen als bei $c_{f,A}$. In diesen Fällen gilt:

$c_{f,S} = K_\theta\, c_{f,S,0}\, K_A$

$c_{f,A} = c_{f,A,0} \sin^2 \psi$

(2) Wenn von Bedeutung, ist die Torsionskraft T_{AW} unter Verwendung des passenden Beiwerts und des maßgeblichen Hebelarms zu berechnen, der in Windkanaluntersuchungen zu bestimmen ist.

Tabelle NA.B.1 — Typische Kraftbeiwerte, $c_{f,A,0}$ und $c_{f,G,0}$, für einzelne Bauteile

Bauteiltyp	Reynoldszahl Re (siehe DIN EN 1991-1-4)	Kraftbeiwert $c_{f,A,0}$ oder $c_{f,G,0}$	
		eisfrei	vereist
(a) Kantige Profile und Bleche	alle Werte	2,0	2,0
(b) Kreisförmige Profile und glatte Drähte	$\leq 2 \times 10^5$	1,2	1,2
	4×10^5	0,6	1,0
	$> 10 \times 10^5$	0,7	1,0
(c) Dünne Spiralseile, z. B. Aluminiumtragseile mit Stahlkern, vollverschlossene Spiralseile, Stahlspiralseile mit mehr als sieben Drähten	$\leq 6 \times 10^4$	1,2	–
	$\geq 10^5$	0,9	–
	$\leq 1 \times 10^5$	–	1,25
	$\geq 2 \times 10^5$	–	1,0
(d) Dicke Spiralseile, z. B. kleine Rundlitzenseile, Stahllitzenbündel, Spiralseile mit nur sieben Drähten (1 × 7)	$\leq 4 \times 10^4$	1,3	–
	$> 4 \times 10^4$	1,1	–
	$\leq 1 \times 10^5$	–	1,25
	$\geq 2 \times 10^5$	–	1,0
(e) Zylinder mit Wendeln mit einer Höhe bis zu $0,12D$	alle Werte	1,2	1,2

Es bedeutet:
D Durchmesser des Zylinders

Für Zwischenwerte von Re darf $c_{f,A,0}$ linear interpoliert werden.

Werte in Zeile (e) basieren auf der Gesamtbreite, in der die zweifache Wendelbreite berücksichtigt ist.

Die Werte für vereiste Bauteile gelten für Klar- oder Glatteis; bei Raueis sind besondere Überlegungen erforderlich (siehe ISO 12494).

Weitere Kraftbeiwerte und die zugehörigen Bezugsflächen dürfen DIN EN 1991-1-4 entnommen werden. Vereisung ist hierbei zu berücksichtigen, sofern zutreffend.

NCI NA.B.2.3.4 Windkraftbeiwerte für einzelne kompakte Anbauten

(1) Für alle einzelnen kompakten Anbauten, wie z. B. Parabolantennen, ist der Windkraftbeiwert $c_{f,A}$ in Windrichtung folgendermaßen anzusetzen:

$$c_{f,A} = c_{f,A,0}\, K_A\, \frac{A_A}{A_S} \tag{NA.B.7}$$

Dabei ist

$c_{f,A,0}$ der Kraftbeiwert für ein Anbauteil für die betrachtete Windrichtung und Windgeschwindigkeit; er ist mit Hilfe von Windkanalversuchen zu ermitteln, die üblicherweise vom Hersteller durchgeführt werden;

K_A wie in NA.B.2.3.3 definiert;

A_A die verwendete Bezugsfläche, auf die sich der vom Hersteller ermittelte Kraftbeiwert $c_{f,A,0}$ bezieht;

A_S siehe NA.B.2.3.2.1(2).

Für die Bestimmung des Abminderungsbeiwertes zur Berücksichtigung der Abschattung K_A ist stets die nach Abschnitt NA.B.2.2 definierte Bezugsfläche zu verwenden.

(2) Die Windkraftbeiwerte für Quertrieb und Auftrieb, $c_{f,A,x}$ und $c_{f,A,z}$, sind analog zu $c_{f,A}$ zu ermitteln; falls keine Windkraftbeiwerte für Quertrieb und Auftrieb vorliegen, ist hierzu $c_{f,A}$ zu verwenden, wobei die jeweilige Richtung orthogonal zur mittleren Windrichtung anzunehmen ist.

(3) Wenn von Bedeutung, ist die Torsionskraft T_{AW} unter Verwendung des passenden Beiwerts und des maßgeblichen Hebelarms zu berechnen, der ggf. in Windkanaluntersuchungen zu bestimmen ist.

NCI   NA.B.2.3.5   Windbelastung für nicht symmetrische Türme und Maste oder Türme und Maste mit komplexen Anbauten

(1) Bei nicht symmetrischen Türmen und Masten oder Türmen und Masten, die große, nicht symmetrisch angeordnete Anbauten und/oder Seile enthalten, die Torsionslasten und Windlasten quer zur Windrichtung hervorrufen, müssen die Gesamtkräfte infolge der Windlasten für die kombinierte Einwirkung von Wind auf einzelne Teile, gegebenenfalls in Windrichtung und quer zur Windrichtung, berücksichtigt werden.

(2) Turbulenz quer zur Windrichtung verursacht auch bei symmetrisch ausgebildeten Fachwerkstrukturen schwankende Windlasten quer zur Windrichtung; jedoch ist die Auswirkung dieser Lasten nicht relevant für die maßgeblich beanspruchten Bauteile, außer für Ermüdung.

NCI   NA.B.2.3.6   Windkraftbeiwerte für Abspannseile

(1) Der Windkraftbeiwert $c_{f,G}$ rechtwinklig zu den Abspannseilen, bezogen auf die Ebene, die durch das Seil und den Wind gebildet wird, ist wie folgt anzusetzen:

$$c_{f,G} = c_{f,G,0} \sin^2 \psi \qquad \text{(NA.B.8)}$$

Dabei ist

$c_{f,G,0}$ der Reynoldszahl-abhängige Kraftbeiwert; Werte dafür sind in Tabelle NA.B.1 sowohl ohne als auch mit Eisansatz angegeben;

ψ der Winkel des Windeinfalls zur Sehne.

Der Windwiderstand der Isolatoren der Abspannseile ist ggf. zu berücksichtigen.

NCI   NA.B.2.3.7   Windkraftbeiwerte bei Vereisung

(1) Bei der Ermittlung des Windwiderstandes eines Bauwerks und der Anbauten bei Eisansatz ist jedes Bauteil, Anbauteil und Abspannseil als allseitig mit Eis bedeckt anzusetzen.

(2) Falls die Spaltbreiten zwischen Elementen im eisfreien Zustand kleiner als 75 mm sind, ist anzunehmen, dass diese Spalten durch Eisansatz geschlossen werden.

(3) Kraftbeiwerte von einzelnen Bauteilen sind Tabelle NA.B.1 zu entnehmen.

(4) Ein nicht symmetrischer Eisansatz, bei dem einige Abspannseile vereist und andere eisfrei sind, ist zu berücksichtigen (siehe Anhang NA.C).

(5) Die durch den Eisansatz vergrößerte Windangriffsfläche ist zu berücksichtigen.

(6) Die Kraftbeiwerte $c_{f,0,f}$, $c_{f,0,c}$ und $c_{f,0,c,sup}$ für vereiste Fachwerkstrukturen dürfen gemäß NA.B.2.3.2.2 bestimmt werden, wobei diese im Falle der Vereisung mit dem Faktor

1,0 für Fachwerkstrukturen mit quadratischem oder dreieckigem Querschnitt mit kantigen Bauteilen

1,0 für dreieckige und quadratische Fachwerkstrukturen mit kreisförmigen Bauteilen bei $Re \le 2 \times 10^5$

1,6 für dreieckige und quadratische Fachwerkstrukturen mit kreisförmigen Bauteilen bei $Re = 4 \times 10^5$

1,4 für dreieckige und quadratische Fachwerkstrukturen mit kreisförmigen Bauteilen bei $Re \ge 10 \times 10^5$

zu multiplizieren sind. Für Zwischenwerte von Re darf linear interpoliert werden.

NCI NA.B.3 Böenreaktion von Gittertürmen

NCI NA.B.3.1 Bedingungen für die Anwendung statischer Verfahren

(1) Das statische Ersatzlastverfahren, siehe NA.B.3.2, darf angewendet werden, wenn die Bedingungen in NA.B.3.1(3) erfüllt sind, ansonsten sind genauere Verfahren wie z. B. das Spektralverfahren, ausgehend von DIN EN 1991-1-4, anzuwenden.

(2) Das statische Ersatzlastverfahren berücksichtigt eine dynamische Überhöhung der Bauwerksantwort.

(3) Das statische Ersatzlastverfahren darf angewendet werden, wenn die Bedingung in (NA.B.12) erfüllt ist.

$$\frac{7 m_T}{\rho_s c_{f,T} A_T \sqrt{d_B \tau_0}} \left(\frac{5}{6} - \frac{h_T}{H} \right)^2 < 1 \quad \text{(NA.B.12)}$$

Dabei ist

$c_{f,T} A_T$ die Summe des Windwiderstandes (einschließlich Außenanbauteile) der einzelnen Abschnitte, beginnend von der Turmspitze, so dass $c_{f,T} A_T$ gerade kleiner ist als ein Drittel von $\Sigma c_{f,T} A_T$ für den gesamten Mast (in m²);

ρ_s die Dichte des Werkstoffes der Konstruktion (in kg/m³);

m_T die Gesamtmasse der Abschnitte im Bereich von $c_{f,T}$ (in kg);

H die Turmhöhe (in m);

h_T die Höhe der Abschnitte im Bereich von $c_{f,T}$, jedoch nicht größer als $H/3$ (in m);

τ_0 die Volumen-/Widerstandskonstante, anzusetzen mit 0,001 m;

d_B die Tiefe in Windrichtung, anzusetzen mit:

— Seitenlänge des Grundrisses des Schaftfußes für quadratische Gittertürme (in m);

— 0,75 × Seitenlänge des Grundrisses des Schaftfußes für dreigurtige Türme (in m).

NCI NA.B.3.2 Statisches Ersatzlastverfahren

NCI NA.B.3.2.1 Allgemeines

(1) Bei symmetrischen Türmen, die mit Gurtstäben mit dreieckigen Ausfachungen konstruiert sind, mit oder ohne Anbauten, für die die Windkraft nach NA.B.2 berechnet worden ist, ist die maximale Schnittkraft im Bauteil nach NA.B.3.2.2.1 bis NA.B.3.2.2.3 zu bestimmen.

DIN EN 1993-3-1/NA:2015-11

Bei symmetrischen, dreieckigen und quadratischen Türmen sind die Windlasten quer zur Windrichtung nicht maßgebend für die Bemessung und dürfen folglich vernachlässigt werden. Bei unsymmetrischen Gittertürmen sind diese Lasten zu berücksichtigen.

NCI NA.B.3.2.2 Windkraft

NCI NA.B.3.2.2.1 Allgemeines

(1) Die maximale Windkraft auf den Gitterturm in Windrichtung ist nach DIN EN 1991-1-4:2010-12, 5.3 zu bestimmen unter Verwendung der in diesem Anhang in NA.B.2 angegebenen Windkraftbeiwerte.

(2) Der Einfluss böenerregter Schwingungen darf bei freistehenden Türmen mit einer statischen Ersatzlast erfasst werden. Die statische Ersatzlast ist bei Türmen mit konstanten Eckstielneigungen nach Bild NA.B.4 Lastfall 1 anzusetzen.

(3) Bei Türmen mit veränderlicher Eckstielneigung können durch örtlich begrenzte Böen ungünstigere Beanspruchungen als unter Volllast auftreten. Diese werden durch die Lastfälle i = 2 bis n nach Bild NA.B.4 erfasst.

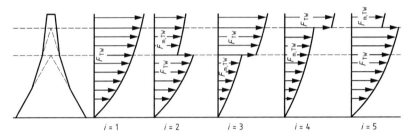

$i = 1 \qquad i = 2 \qquad i = 3 \qquad i = 4 \qquad i = 5$

Bild NA.B.4 — Lastfälle für Gittertürme

(4) Die mittlere Windlast in Windrichtung auf den Gitterturm $F_{m,W}(z)$ ist in der Regel folgendermaßen anzusetzen:

$$F_{m,TW}(z) = q_m(z) \cdot c_f \cdot A_S \qquad\qquad (NA.B.13a)$$

(5) Die äquivalente Böenwindkraft in Windrichtung auf den Gitterturm $F_{TW}(z)$ ist in der Regel zu ermitteln aus:

$$F_{TW}(z) = q_p(z) \cdot c_f \cdot A_S \cdot c_s c_d \qquad\qquad (NA.B.13b)$$

Dabei ist

$q_m(z)$ mittlerer Geschwindigkeitsdruck in der Höhe z über Grund, $q_m(z) = \frac{\rho}{2} \cdot v_m^2(z)$;

$q_p(z)$ Böengeschwindigkeitsdruck in der Höhe z über Grund nach DIN EN 1991-1-4;

$c_s c_d$ der Strukturbeiwert nach DIN EN 1991-1-4:2010-12, 6.3; Die Bezugshöhe zur Bestimmung des Strukturbeiwertes darf zu $z_s = 0{,}6 \, h$ angesetzt werden, wobei h die Gesamthöhe des Gitterturmes ist.

DIN EN 1993-3-1/NA:2015-11

(6) Für die Bemessung der Eckstiele ist die Beanspruchung S in einem Bauteil mit einem Faktor zu erhöhen.

$$S_{max}(z_m) = S(z_m) \cdot \left[1 + 0{,}1 \cdot (z_m/h)^2\right]$$ (NA.B.13d)

Dabei ist

z_m die Höhe der Schnittfläche über Grund, für die die Beanspruchung ermittelt wird;

h die Gesamthöhe des Gitterturms.

(7) Die laterale Turbulenz bedeutet auch für symmetrisch ausgebildete Gittertürme schwankende Windlasten quer zur Windrichtung; jedoch ist die Auswirkung dieser Lasten üblicherweise nicht relevant für die maßgebend beanspruchten Bauteile, außer für Ermüdung.

NCI NA.B.3.2.2.2 Belastung von Seilen, die vom Turm gestützt werden

(1) Die maximale Windkraft $F_{c/Gw}(z)$ auf Seile in Windrichtung ist wie folgt anzusetzen:

$$F_{c/GW}(z) = q_p(z) \cdot c_{f,G} \cdot A_G \cdot c_s c_d$$ (NA.B.14a)

Dabei ist

$c_{f,G}$ der Windkraftbeiwert des Seils in Windrichtung, ermittelt nach NA.B.2.3.6;

A_G die Ansichtsseite des Seils;

$c_s c_d$ der Strukturbeiwert nach DIN EN 1991-1-4.

NCI NA.B.3.2.2.3 Belastung zur Bestimmung von Durchbiegungen und Verdrehungen

(1) Verformungen und Verdrehungen brauchen in der Regel nur den Anforderungen für die Gebrauchstauglichkeit zu genügen. Die Gebrauchstauglichkeitskriterien sind vom Kunden in der Bauausschreibung festzulegen (siehe DIN EN 1993-3-1:2010-12, 7.2.2).

NCI NA.B.3.3 Wirbelerregte Schwingungen quer zur Windrichtung

(1) Falls Gittertürme große zylindrische Körper tragen oder sich durch starken Eisansatz derart zusetzen können, dass wirbelerregte Querschwingungen möglich sind, so sind diese nach DIN EN 1991-1-4 zu berechnen.

NCI NA.B.4 Dynamische Antwort abgespannter Masten

NCI NA.B.4.1 Allgemeines

(1) Die maximalen Kräfte für die Bemessung von Mastbauteilen und -fundamenten sind unter Berücksichtigung der Bauwerksantwort auf die Turbulenz des natürlichen Windes zu berechnen.

(2) Diese Kräfte sollten die Auswirkungen auf eine äquivalente, statische Belastung durch einen Wind, der mit der mittleren 10-Minuten-Windgeschwindigkeit und nur aus der Windrichtung weht, und die schwankenden Lastanteile infolge Böen in Windrichtung und wenn maßgebend quer zur Windrichtung, erfassen.

NCI NA.B.4.2 Bedingungen für statische Verfahren

(1) Im Allgemeinen können statische Verfahren zur Ermittlung der maximalen Beanspruchungen der Bauteile eines Mastes verwendet werden (siehe NA.B.4.3). Nur bei Masten, die zu ausgeprägten dynamischen Reaktionen neigen, ist es notwendig, dynamische Antwortberechnungen durchzuführen (siehe NA.B.4.4).

25

(2) Die Bemessung von Masten, deren Versagen sehr schwere Folgen hätte (Zuverlässigkeitsklasse 3), sollte immer mit dynamischen Antwort-Berechnungen überprüft werden.

(3) Die folgenden Kriterien sind zu erfüllen, damit statische Verfahren angewendet werden können:

a) für den Parameter β_s gilt:

$$\beta_s = \frac{4\left(\dfrac{E_m I_m}{L_s^2}\right)}{\left(\dfrac{1}{N}\sum_{i=1}^{N} K_{Gi} H_{Gi}\right)} \leq 1 \qquad (NA.B.18a)$$

mit:

$$K_{Gi} = 0{,}5 N_i A_{Gi} E_{Gi} \cos^2\alpha_{Gi} / L_{Gi} \qquad (NA.B.18b)$$

Dabei ist

- N die Anzahl der Abspannebenen;
- A_{Gi} die Querschnittsfläche des Seils auf Abspannebene i;
- E_{Gi} der Elastizitätsmodul des Seils auf Abspannebene i;
- L_{Gi} die Länge des Seils auf Abspannebene i;
- N_i Anzahl der Seile auf Abspannebene i;
- H_{Gi} Höhe der Abspannebene i über dem Mastfuß;
- α_{Gi} Winkel der Sehne der Seile auf Abspannebene i mit der Horizontalen;
- E_m Elastizitätsmodul des Mastes;
- I_m durchschnittliches Trägheitsmoment des Mastes;
- L_s durchschnittliche Spannweite des Mastes zwischen den Abspannebenen.

b) für den Parameter Q gilt:

$$Q = \frac{1}{30}\sqrt[3]{\frac{HV_H}{D_o}}\sqrt{\frac{m_o}{HR}} \leq 1 \qquad (NA.B.18c)$$

Dabei ist

- m_o die durchschnittliche Masse je Längeneinheit des Mastes einschließlich Anbauten in kg/m;
- D_o die durchschnittliche Breite der Ansichtsseite des Mastes in m;
- V_H die mittlere Windgeschwindigkeit V_e auf Höhe der Mastspitze in m/s;
- H die Höhe des Mastes einschließlich des Kragarms, falls vorhanden, in m.
- R der durchschnittliche Wert des Produkts aus dem Gesamtwindkraftbeiwert c_f und der Bezugsfläche A_S nach NA.B.2.3.2.1 (2) in m²/m;

(4) Falls eines der Kriterien in (3) nicht erfüllt ist, ist das Spektralverfahren (siehe NA.B.4.4) anzuwenden.

DIN EN 1993-3-1/NA:2015-11

NCI   NA.B.4.3   Statische Ersatzlast-Verfahren

NCI   NA.B.4.3.1   Allgemeines

(1) Um die dynamische Antwort von Masten auf Windbelastung zu berücksichtigen, muss der Mast für eine Reihe von statischen Windlastfällen mit ungleichmäßigen Feldbelastungen untersucht werden; dies geschieht auf der Grundlage der mittleren Windlast, die um zusätzliche Feldbelastungen vergrößert wird. Diese Vorgehensweise erfordert für jede betrachtete Windrichtung zahlreiche statische Windberechnungen, wobei die Ergebnisse kombiniert werden müssen, um die Maximalantwort zu bestimmen.

(2) Bei Masten mit symmetrischem Querschnitt mit dreieckiger Ausfachung, sowohl ohne Anbauten als auch mit symmetrisch zur betrachteten Windrichtung angeordneten Anbauten, die vermutlich nicht dynamisch anfällig sind, sind die maximalen Kräfte nach NA.B.4.3.2 zu ermitteln.

NCI   NA.B.4.3.2   Zu berücksichtigende Lastfälle

NCI   NA.B.4.3.2.1   Mittlere Windbelastung

(1) Die Windlast $F_{m,W}$ auf den Mastschaft in Windrichtung infolge der mittleren Windgeschwindigkeit ist wie folgt anzusetzen:

$$F_{m,W}(z) = q_m(z) \cdot c_f(z) \cdot A_S(z) \qquad \text{(NA.B.19)}$$

Dabei ist

$c_f(z)$ der Gesamtwindkraftbeiwert des Bauwerks über das betrachtete Segment in Windrichtung in Höhe z in m über Grund innerhalb des betrachteten Abschnitts, ermittelt nach NA.B.2.3.

(2) Diese Lasten sollten in der Mitte der Ansichtsseite des jeweiligen Abschnittes (einschließlich vorhandener Anbauten) wirkend angesetzt werden.

(3) Die Windbelastung $F_{m,WG}(z)$ auf Abspannseile infolge der mittleren Windgeschwindigkeit ist in der Seil-Wind-Ebene normal zum Abspannseil wie folgt anzusetzen:

$$F_{m,WG}(z) = q_m(z) \cdot c_{f,G}(z) \cdot A_G \qquad \text{(NA.B.20)}$$

Dabei ist

$c_{f,G}(z)$ der Windwiderstandsbeiwert des betrachteten Abspannseils, ermittelt nach NA.B.2.3.6;

A_G die Ansichtsseite des Seils.

(4) Es darf eine konstante Streckenbelastung verwendet, wenn $q_m(z)$ auf der Windgeschwindigkeit in 2/3 der Höhe des jeweiligen Seilanschlusses am Mast basiert.

(5) Die Beanspruchung S_m infolge des mittleren Windes ist für jedes Bauteil des Mastes durch eine nichtlineare statische Berechnung unter der mittleren Belastung $F_{m,W}$ und F_{GW} zu ermitteln.

NCI   NA.B.4.3.2.2   abschnittsweise Böenwindlasten

(1) Zusätzlich zu der mittleren Belastung nach NA.B.4.3.2.1 sind nacheinander verschiedene zusätzliche Lastfälle mit den abschnittsweisen Böenwindlasten wie folgt anzusetzen:

— in jedem Feld des Mastschaftes zwischen benachbarten Abspannebenen (und in dem Feld zwischen Mastfuß und der ersten Abspannebene);

— gegebenenfalls über dem Kragarm;

— von Mittelpunkt zu Mittelpunkt benachbarter „Felder";

— von der Mitte des Feldes zwischen der vorletzten und der obersten Abspannebene, falls darüber kein auskragender Teil vorhanden ist, ansonsten gegebenenfalls einschließlich des Kragteils.

(2) Diese Lastfälle $i \geq 2$ sind in Bild NA.B.5 dargestellt. Die feldweise Belastung ist wie folgt zu berechnen:

$$F_w(z) = q_p(z)\, c_f(z)\, A_S(z) \qquad \text{(NA.B.21)}$$

für die Böenwindlast auf dem Kragarm im Lastfall $i = 5$ gilt:

$$F_{w,c_s c_d}(z) = q_p(z)\, c_f(z)\, A_S(z)\, c_s c_d \qquad \text{(NA.B.22)}$$

Dabei ist

$c_f(z)$ nach NA.B.4.3.2.1;

$c_s c_d$ Strukturbeiwert nach DIN EN 1991-1-4:2010-12. Als Bezugshöhe z_s ist die Höhe bis zur obersten Abspannebene zuzüglich dem 0,6-fachen der Kragarmlänge anzusetzen.

Zur Vereinfachung dürfen konstante feldweise Belastungen verwendet werden, indem als Bezugshöhe z das obere Ende der feldweisen Belastung zur Ermittlung von $I_v(z)$ und $q_p(z)$ benutzt wird.

Die Berechnung der für den Strukturbeiwert $c_s c_d$ erforderlichen Eigenfrequenz n_1 des Kragarmes kann näherungsweise nach Abschnitt NA.B.4.8 erfolgen.

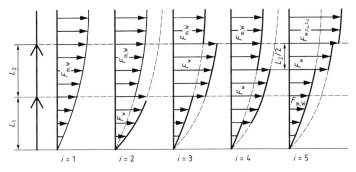

Bild NA.B.5 — Ansatz der feldweisen Belastung

(3) Für Maste mit einer Höhe bis zu 50 m braucht nur der Fall mit einer den ganzen Mast einhüllenden Böenwindlast berücksichtigt zu werden.

In diesen Fällen ist die Querkraftausfachung in jedem Feld für die maximale Querkraft (und die zugehörige Torsion) in dem Feld zu bemessen.

In diesen Fällen sind die Stiele und die Anschlüsse in den Feldern für die maximale (und minimale) Belastung des Stiels in diesem Feld zu bemessen.

Falls in diesen Fällen der Mast einen Kragarm besitzt, dann sind

(i) Böenwindlast auf den Kragarm und mittlere Windbelastung auf den Mast und

(ii) mittlere Windbelastung auf den Kragarm und Böenwindlast auf den Mast zu berücksichtigen.

NCI NA.B.4.3.2.3 Beanspruchung der Abspannseile

(1) Die Abspannseile dürfen für alle Lastfälle *i* nur mit der mittleren Windlast beaufschlagt werden. Diese darf konstant über die Seillänge angenommen werden. Hierbei ist die mittlere Windgeschwindigkeit in 2/3 der Höhe der Abspannebene zu verwenden.

(2) Für die Bemessung der Abspannseile und der Anschlusskonstruktion sind die Beanspruchungen wie folgt zu bestimmen:

$$S_d = S_\gamma - S_0 + 1{,}3 \cdot S_0 = S_\gamma + 0{,}3 \cdot S_0 \quad\quad\quad (NA.B.24)$$

Mit S_γ: Beanspruchung infolge äußerer Last und Vorspannung;

S_0: Beanspruchung nur infolge Vorspannung und Eigengewicht.

NCI NA.B.4.3.2.4 Bestimmung der Bauwerksbeanspruchung

Zur Bestimmung der Beanspruchung unter Böenbelastung sind die Schnittgrößen S aus den Lastfällen nach Bild NA.B.5 wie folgt zu bestimmen.

$$S = S_m \pm S_P \quad\quad\quad (NA.B.25)$$

Mit S_m: Schnittkräfte unter mittlerer Windlast (Lastfall 1);

S_P: Schnittkräfte infolge der fluktuierenden Windlastanteile.

$$S_P = \sqrt{\sum_{i=2}^{N}(S_i - S_m)^2} \quad\quad\quad (NA.B.26)$$

Dabei sind:

S_i Beanspruchungen aus den Lastfällen $i > 1$ nach Bild NA.B.5;

N Gesamtzahl der erforderlichen Lastfälle.

Für die Bemessung ist mindestens der Größtwert der in den äußeren Viertelspunkten des betrachteten Feldes zwischen zwei Abspannebenen wirkenden Querkräfte anzusetzen.

NCI NA.B.4.3.2.5 Zu berücksichtigende Windrichtungen

(1) Für jedes Bauteil des Mastes ist die Windrichtung zu berücksichtigen, die zu der ungünstigsten Überlagerung der Beanspruchungen führt. Das bedeutet in der Praxis, dass mehrere Windrichtungen zu untersuchen sind.

(2) Falls der Mast nahezu symmetrisch in Geometrie und Belastung ist, sollten bei in drei Richtungen abgespannten dreieckigen Masten mindestens drei Windrichtungen untersucht werden, d. h. die Richtungen 90°, 60° und 30° zu einer Fachwerkwand. Bei einem Mast mit quadratischem Querschnitt, der in vier Richtungen abgespannt ist, sollten mindestens zwei Richtungen betrachtet werden: nämlich die Richtungen 90° und 45° zu einer Fachwerkwand. Beispiele sind in Bild NA.B.6 dargestellt.

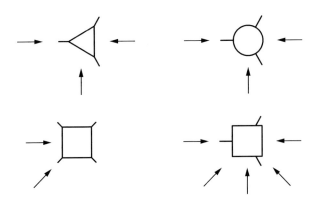

Bild NA.B.6 — Typische zu berücksichtigende Windrichtungen

NCI NA.B.4.3.2.6 Belastung zur Berechnung der Verformungen und Verdrehungen

(1) Verformungen brauchen in der Regel nur den Gebrauchstauglichkeitsanforderungen zu genügen. Die Gebrauchstauglichkeitskriterien sind vom Kunden in der Projektausschreibung zu definieren (siehe DIN EN 1993-3-1:2010-12, 7.2.2).

NCI NA.B.4.4 Spektralverfahren

(1) Die Berechnung der Antwort darf mittels des Spektralverfahrens auf Basis von DIN EN 1991-1-4 erfolgen.

(2) Der Hintergrundanteil darf auch bestimmt werden, indem die statische Vorgehensweise (siehe NA.B.4.3.2) angewendet wird. Es sollte $k_s = 2{,}95$ angewendet werden.

(3) Die Antwort sollte für alle Schwingungsformen, die Eigenfrequenzen von weniger als 2 Hz aufweisen, berechnet werden.

NCI NA.B.4.5 Wirbelerregte Querschwingungen

NCI NA.B.4.5.1 Allgemeines

(1) Falls abgespannte Maste große zylindrische Körper tragen oder sich Gitterstrukturen durch starken Eisansatz derart zusetzen können, dass wirbelerregte Querschwingungen möglich sind, so sind diese nach DIN EN 1991-1-4 zu berechnen.

(2) Bei abgespannten Masten darf die Anzahl der gleichzeitig zu berücksichtigenden Bereiche phasengleicher Wirbelerregung auf ungünstige n = 3 begrenzt werden (siehe Bild NA.B.7).

DIN EN 1993-3-1/NA:2015-11

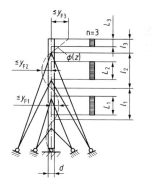

Bild NA.B.7 — Beispiel für die Wirklänge L_j bei angespannten Masten

(3) Bei abgesetzten Kreiszylindern gibt es der Anzahl n der Durchmesserabstufungen entsprechend n kritische Windgeschwindigkeiten. Mit nur einer kritischen Windgeschwindigkeit darf gerechnet werden, wenn die Änderung der Durchmesser benachbarter Schüsse kleiner als 20 % und die Schusslänge mit konstantem Durchmesser größer als $4 \cdot d$ ist. Dabei ist als maßgebender Durchmesser der Durchmesser in 5/6 der Bauwerkshöhe anzunehmen.

NCI NA.B.4.5.2 aerodynamische Maßnahmen gegen wirbelerregte Querschwingungen

(1) Schraubenwendeln bewirken eine Störung der regelmäßig sich ablösenden Wirbel, wodurch die Erregerkräfte verringert werden. Am wirksamsten sind die Wendeln, wenn sie wie folgt ausgeführt werden:

— Dreigängig,

— Ganghöhe $h_w = 4,5 \cdot d$ bis $5 \cdot d$,

— Wendeltiefe $t = 0,10 \cdot d$ bis $0,12 \cdot d$.

(2) Die Abnahme des Grundwertes $c_{lat,0}$ mit zunehmender Wendellänge l_w ist aus Bild NA.B.8 zu ersehen und ist unabhängig von der Reynoldszahl. Für den Wirklängenfaktor ist dabei $K_w = 1$ anzunehmen. Die Wendel beginnt an der Bauwerksspitze. Es ist zulässig, die Wendel auch um das Maß $1,0 \cdot d$ bis $1,5 \cdot d$ unterhalb der Bauwerksspitze beginnen zu lassen. Sie muss mindestens über einem Bereich $l_w = 0,15 \cdot h$ angeordnet werden. Die Wirkung der Wendel nimmt mit kleiner werdender Scrutonzahl ab. Bild NA.B.8 ist gültig für $Sc \geq 8$.

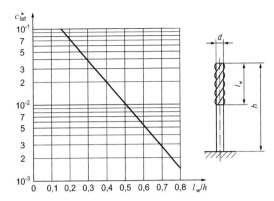

Bild NA.B.8 — Grundwert $c_{lat,0}$ des aerodynamischen Erregerkraftbeiwertes in Abhängigkeit von der Wendellänge l_w (gültig für Sc ≥ 8)

(3) Für andere aerodynamische Maßnahmen ist ein gesonderter Nachweis zu führen (z. B. Windkanalversuch).

NCI NA.B.4.6 Seilschwingungen

(1) Die Abspannseile des Mastes sollten für hochfrequente, wirbelerregte Querschwingungen und Galloping, insbesondere wenn sich an den Abspannseilen Eisansatz gebildet hat, wie folgt nachgewiesen werden:

a) Wirbelerregung

Abspannseile können bei niedrigen Windgeschwindigkeiten Resonanzschwingungen mit kleiner Amplitude vollführen, die durch Wirbelablösung mit hohen Frequenzen verursacht werden.

Da eine Anregung höherer Schwingungsformen auftreten kann, können allgemeine Regeln nicht festgelegt werden. Jedoch treten solche Schwingungen erfahrungsgemäß dann auf, wenn die Vorspannkräfte in den Abspannseilen bei Windstille mehr als 10 % der Bruchlast überschreiten.

b) Galloping (einschließlich Regen-Wind-induzierter Schwingungen)

Abspannseile können Galloping-Schwingungen vollführen, wenn sie mit Eis oder dickem Schmierfett bedeckt sind. Eis- oder Schmiermittelansatz kann eine aerodynamische Form erzeugen, die Instabilitäten hervorruft. Dies führt zu Schwingungen mit großen Amplituden bei kleinen Frequenzen. Das Auftreten ähnlicher Schwingungen bei Regen ist bekannt.

Auch hier können keine allgemein gültigen Regeln angegeben werden, da das Auftreten von Galloping-Schwingungen stark von der Eisbildung oder vom Schmierfettprofil abhängt. Im Allgemeinen tritt Galloping bei Seilen mit großen Durchmessern auf und ist relativ unempfindlich gegenüber Vorspannung, siehe DIN EN 1993-1-11:2010-12, 8.3.

(2) Falls Schwingungen beobachtet werden, sind Schwingungsdämpfer oder Spoiler anzuordnen, um die Spannungsspiele auf das geforderte Maß zu beschränken, siehe DIN EN 1993-3-1:2010-12, D.2.

(3) Ermüdungsnachweise der Seilverankerungen sind durchzuführen, wenn derartige Schwingungen aufgetreten sind und keine Gegenmaßnahmen getroffen wurden. In solchen Fällen sollte der Rat von Experten gesucht werden.

NCI NA.B.4.7 Eigenfrequenz freistehender Türme

(1) Die Eigenfrequenz $n_{1,x}$ der Grundschwingung in Windrichtung von freistehenden Tragkonstruktionen darf dabei wie folgt ermittelt werden:

$$n_{1,x} = \frac{1}{T} = \frac{1}{2\pi \sqrt{\dfrac{\sum_i G_i \cdot y_i^2}{g \cdot \sum_i G_i \cdot y_i}}} \qquad \text{(NA.B.27)}$$

Hierin bedeuten:

G_i die in den Punkten i zusammengefassten ständigen Lasten des Systems;

y_i die horizontalen Auslenkungen des Systems in den Punkten i infolge der horizontal wirkend angenommenen Lasten G_i, ggf. unter Berücksichtigung einer elastischen Lagerung;

g Fallbeschleunigung (9,81 m/s^2);

T Schwingungsdauer.

(2) Bei starr eingespannten Kragträgern mit annähernd konstanten Querschnitten darf die Eigenfrequenz $n_{1,x}$ der Grundschwingung auch nach folgender Gleichung abgeschätzt werden:

$$n_{1,x} = \frac{1}{T} \approx \frac{1}{\dfrac{h_F^2}{1\,000\,b} \cdot \sqrt{\dfrac{G_E}{G_T}}} \qquad \text{(NA.B.28)}$$

Hierin bedeuten:

h_F Höhe des Bauwerks über der Einspannstelle;

b Breite des Bauwerks, gemessen in Schwingungsrichtung in m;

G_E Eigenlast des schwingenden Bauwerks einschließlich aller Einbauten;

G_T Eigenlast der tragenden Konstruktion.

NCI NA.B.4.8 Eigenfrequenz für Kragarme abgespannter Masten

(1) Zur Berechnung der für den Strukturbeiwert $c_s c_d$ erforderlichen Eigenfrequenz $n_{1,x}$ des Kragarmes darf näherungsweise davon ausgegangen werden, dass dieser Teil in Höhe der obersten Abspannung verschiebungs- und drehfederelastisch eingespannt ist.

(2) Die Verschiebungsfederkonstante c und die Drehfederkonstante c_φ dürfen als entkoppelt angesetzt werden, d. h. die Verschiebungsfederkonstante c darf als Kehrwert der Verschiebung infolge einer horizontal wirkenden Einheitskraft $H = 1$ und die Drehfederkonstante c_φ als Kehrwert der Verdrehung infolge eines Einheitsmomentes $M = 1$, jeweils in Höhe der obersten Abspannung, bestimmt werden.

(3) Bei der Berechnung der Drehfederkonstanten c_φ darf das dem Kragarm benachbarte Feld als beidseitig unverschieblich und gelenkig gelagert angesehen werden.

(4) Die Eigenfrequenz $n_{1,x}$ der Grundschwingung eines verschiebungs- und drehfederelastisch gelagerten Kragarms mit gleichmäßig verteilter Masse und Steifigkeit ergibt sich zu:

$$n_{1,x} = \frac{\lambda^2}{2\pi} \sqrt{\frac{E \cdot I}{m \cdot l^4}}$$ (NA.B.29)

Dabei ist

m Masse je Längeneinheit des Kragträgers,

$E \cdot I$ Biegesteifigkeit des Querschnitts,

l Länge des Kragträgers,

λ Beiwert nach Bild NA.B.9.

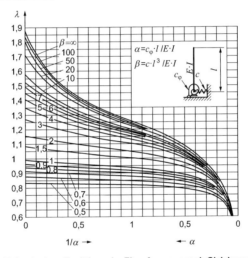

Bild NA.B.9 — Beiwerte λ zur Ermittlung der Eigenfrequenz nach Gleichung (NA.B.29)

NCI Anhang NA.C
(normativ)

Eislast und kombinierte Einwirkungen aus Eis und Wind

NCI NA.C.1 Allgemeines

(1) Für den Ansatz der Eislasten gelten die Vorgaben nach diesem Anhang NA.C.

(2) Der Eisansatz an Türmen und Masten kann an bestimmten Standorten erheblich sein. Bei gleichzeitiger Windwirkung kann der infolge des Eisansatzes vergrößerter Windwiderstand bemessungsrelevant sein.

(3) Das Ausmaß des Eisansatzes an Bauwerken hängt ebenso wie die Dichte, die Verteilung und die Form des Eisansatzes im Wesentlichen vom Werkstoff, Oberflächenbeschaffenheit und Form des Bauwerks sowie von der Topographie und den meteorologischen Verhältnissen ab.

Vereisung bildet sich bevorzugt im Gebirge, im Bereich feuchter Aufwinde oder in der Nähe großer Gewässer, daher auch in Küstennähe und an Flussläufen.

Ob und in welchem Maße Eisansatz zu berücksichtigen ist, ist bereits bei der Planung von Bauherren im Benehmen mit den zuständigen Bauaufsichtsbehörden festzulegen.

(4) Man unterscheidet bei Eisansatz je nach Entstehungsart:

— Raueis (Vereisung infolge von Luftfeuchte);

— Eisregen (Vereisung infolge von Niederschlag; sich ablagerndes Eis aus herabrinnendem Wasser).

(5) Die Eisentstehungsart kann zu unterschiedlichen Erscheinungsformen von Eisansatz führen, wie weiches Raueis, hartes Raueis, Nassschnee oder glasiges Eis, mit jeweils unterschiedlichen physikalischen Eigenschaften wie Dichte, Adhäsion, Kohäsion, Farbe und Form. Die Dichte kann z. B. zwischen 200 kg/m^3 und 900 kg/m^3 liegen; die Form des Eisansatzes kann von konzentrischem (glasigem Eis oder Nassschnee) bis stark exzentrischem Eisansatz auf der windzugewandten Seite bei weichem oder hartem Raueis variieren.

(6) Für die ingenieurmäßige Bemessung wird in der Regel angenommen, dass alle Bauteile eines Mastes oder Turmes mit einer Eisschicht einer bestimmten Dicke überzogen sind; aus der Dicke und der angenommenen Dichte können das Gewicht sowie der Windwiderstand berechnet werden. Diese Vorgehensweise ist in Gegenden gerechtfertigt, in denen der Eisansatz in Form von glasigem Eis oder Nassschnee bemessungsrelevant ist. Bei Raueis entspricht eine an allen Teilen des Mastes oder Turms gleich dicke Eisschicht jedoch nicht der Realität. Dennoch kann in Gegenden, wo der Eisansatz durch Luftfeuchte in Form von Raueis relativ selten ist, die Berechnung des Eisgewichtes und des Windwiderstands mit einem überall gleichförmigen Eisansatz praktikabel und zweckmäßig sein, sofern konservative Werte angenommen werden.

(7) Die folgenden Abschnitte geben eine Beschreibung, wie Eislasten und Eis in Kombination mit Wind auf Türme und Maste zu behandeln sind.

NCI NA.C.2 Eislast

(1) Es darf näherungsweise davon ausgegangen werden, dass der Eisansatz gleichmäßig an allen der Witterung ausgesetzten Teilen der Konstruktion auftritt.

NCI NA.C.3   Eisgewicht

(1) Bei der Abschätzung des Gewichts des Eises auf Tragwerke kann in der Regel angenommen werden, dass alle Bauteile, Steigleiterteile, Anbauten usw. mit einer Eisschicht überzogen sind, die über die gesamte Bauteiloberfläche die gleiche Dicke aufweist.

(2) Muss Eisansatz berücksichtigt werden und sind keine genauen Daten erhältlich, so darf in nicht besonders gefährdeten Standorten bis zu Höhen von 600 m über NN vereinfachend ein allseitiger Eisansatz von 3 cm Dicke für alle, der Witterung ausgesetzten Konstruktionsteile angenommen werden. Dieser Ansatz schließt nicht aus, dass an einzelnen Standorten auch wesentlich höherer Eisansatz auftreten kann.

(3) Die Eisrohwichte darf mit 7 kN/m^3 angesetzt werden.

NCI   NA.C.4 Wind und Eis

(1) Der Windwiderstand eines Turmes oder Mastes mit Eisansatz ist nach Anhang NA.B.2.3.7 abzuschätzen.

Für Raueis ist die Abschätzung des Windwiderstandes weit komplizierter und eine vollständig mit Eisansatz belegte Mastansicht sollte in die Betrachtung einbezogen werden.

(2) Bei der Kombination mit Wind ist Eis als die vorherrschende Einwirkung und Wind als Begleiteinwirkung anzusetzen. Es gelten die Kombinationsbeiwerte nach DIN EN 1990 mit Ψ_0 = 0,6 für die Windlast. Lastfallkombinationen mit Wind als vorherrschende Einwirkung und Eis als Begleiteinwirkung müssen nicht berücksichtigt werden.

NCI

Anhang NA.F
(normativ)

Ausführung und Zustandsüberwachung

NCI NA.F.1 Ausführung

Türme und Maste sind in der Regel nach DIN EN 1090-2 herzustellen und zu errichten.

Die Schweißnähte der gesamten Seilkrafteinleitungskonstruktion sind bis zum Ort der vollständigen Einleitung der Seilkräfte in den Mastschaft zerstörungsfrei zu prüfen.

Die nachstehend genannten Toleranzen gelten als Richtwerte für die Ausführung und nicht als Imperfektionen für den statischen Nachweis.

Die vertikale Stellung des Tragwerkes darf nur bei Windstille oder leichtem Wind und geringer Sonneneinstrahlung überprüft werden. Verformungen aus planmäßigen Lasten (z. B. Antennenzügen) sind in den nachfolgenden Angaben nicht berücksichtigt.

a) Abweichung der Abspannpunkte sowie der Mast- oder Turmspitzen von der Vertikalen durch den Fußpunkt (siehe Bild NA.F.1a)):

$f_1 = 0{,}01\sqrt{z}$ in m

Dabei ist z die Höhe des betrachteten Punktes über dem Fußpunkt in m.

b) Horizontale Abweichung der Abspannpunkte untereinander sowie der Mastspitze vom obersten Abspannpunkt (siehe Bild NA.F.1b)):

$f_2 = 0{,}01\sqrt{\Delta h}$ in m

Dabei ist Δh der Abstand benachbarter Abspannpunkte oder Länge des überkragenden Endes in m.

c) Abweichung der Mastachse von der Verbindungsgeraden durch die beiden benachbarten Abspannpunkte (siehe Bild NA.F.1c)):

$f_3 = 0{,}001\,\Delta h$

Dabei ist Δh der Abstand der beiden benachbarten Abspannpunkte.

d) Abweichung des Durchmessers eines planmäßig kreisrunden Querschnitts:

$f_4 = \max d - \min d \leq 0{,}01 \cdot \max d$

Dabei ist max d, min d der größte bzw. der kleinste ausgeführte Durchmesser einer Querschnittsebene.

e) Für eng begrenzte Beulen in runden Querschnitten gelten die Angaben in DIN EN 1993-1-6.

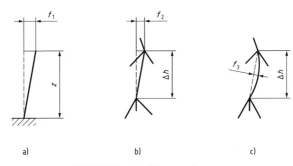

a)   b)   c)

Bild NA.F.1 — Ausführungstoleranzen

Um ein wirklich elastisches Verhalten zu erzielen, sollten Seile vorgereckt werden (siehe DIN EN 1993-1-11).

NCI NA.F.2   Zustandsüberwachung

Es sind regelmäßige Zustandsüberwachungen durchzuführen. Diese erstrecken sich auf visuell erkennbare Veränderungen am Tragwerk. Sie sollten im Allgemeinen stattfinden:

a) einmal jährlich;

b) nach schweren Stürmen;

c) nach ungewöhnlich starker Vereisung;

d) nach außergewöhnlichen Vorkommnissen.

Das Ergebnis ist in einem Bericht festzuhalten, Mängel sind zu beheben. Gegebenenfalls ist eine Hauptprüfung einzuleiten.

Mit den Zustandsüberwachungen ist ein Sachkundiger zu betrauen, der auch die statischen und konstruktiven Verhältnisse der Bauwerke beurteilen kann.

NCI NA.F.3   Hauptprüfung

Mindestens alle 6 Jahre sind alle Bauteile und Verbindungen, die für die Standsicherheit des Tragwerkes von Bedeutung sind, zu prüfen (Hauptprüfung).

In einem Bericht ist festzuhalten:

a) Zeit, Art und Umfang der Prüfung;

b) Zusammenstellung aller Mängel und Schäden;

c) Beurteilung der Standsicherheit und Gebrauchstauglichkeit;

d) erforderliche Instandsetzungen.

Mit der Hauptprüfung ist ein sachkundiger Ingenieur zu betrauen, der auch die statischen und konstruktiven Verhältnisse der Bauwerke beurteilen kann.

NCI Anhang NA.I
(normativ)

Zusätzliche technische Regelungen

NCI NA.I.1 Absturz von Personen in Sicherungsgeschirre

Sicherungseinrichtungen gegen Personenabsturz einschließlich ihrer Befestigungen und unterstützenden Konstruktionen sind mindestens mit einer charakteristischen statischen Ersatzlast von 7,5 kN für die erste Person und gegebenenfalls für jede weitere Person mit 1,25 kN zu bemessen. Diese Lasten sind als außergewöhnliche Lasten im Sinne von DIN EN 1990 anzusehen.

NCI NA.I.2 Hinweise zur Berechnung von Fachwerken

Der Einfluss der Formänderungen der Füllstäbe auf die Formänderungen des Gesamttragwerkes ist zu berücksichtigen. Zur Berücksichtigung des Schraubenschlupfes siehe NA.I.3.

Sofern druckschlaffe Diagonalen in Fachwerken verwendet werden, ist zu beachten, dass sie infolge von Eckstielstauchungen ausweichen können und dann größere Verformungen unter Zugkräften auftreten als bei drucksteifer Ausbildung.

NCI NA.I.3 Schraubenverbindungen

Für rechtwinklig zur Schraubenachse beanspruchte Schraubenverbindungen sind Scher-/Lochleibungsverbindungen und gleitfeste Verbindungen nach DIN EN 1993-1-8 zu verwenden.

Scher-/Lochleibungsverbindungen dürfen unter folgenden Bedingungen verwendet werden:

a) wenn diese mit einem Lochspiel von maximal 1,0 mm ausgeführt sind und voll vorgespannt sind oder

b) wenn beim Nachweis der Standsicherheit der Schraubenschlupf berücksichtigt wird und die auftretenden Verformungen nicht die Gebrauchstauglichkeit beeinträchtigen oder

c) bei untergeordneten Bauteilen (z. B. Leitern, Kabelbahnen und Geländern). Gestanzte Löcher müssen hierbei nicht aufgerieben werden.

Schrauben mit Gewinde kleiner M12 und deren Zubehör dürfen nur bei untergeordneten Bauteilen verwendet werden und müssen aus nichtrostendem Stahl bestehen.

In Schraubenverbindungen ohne planmäßige Vorspannung müssen Muttern und Schrauben gegen Lockern gesichert werden, z. B. durch Verstemmen oder geeignete Sicherungselemente. Bei Ankerschrauben sollte die Sicherung gegen Lösen durch eine Kontermutter erfolgen.

NCI NA.I.4 Mindestdicke

Die Mindestdicke tragender Konstruktionsteile muss 3 mm, bei Hohlprofilen und Rohren 2,5 mm betragen.

NCI NA.I.5 Querschnittsaussteifungen

Zur Erhaltung der Querschnittsform sind Aussteifungen vorzusehen.

Bei Fachwerkkonstruktionen mit vier und mehr Wänden sind z. B. horizontale Verbände oder biegesteife Rahmen, bei kreisrunden Schaftquerschnitten gegebenenfalls Ringaussteifungen vorzusehen.

Bei Masten sind solche Querschnittsaussteifungen mindestens an allen Abspannpunkten anzuordnen.

NCI NA.I.6 Drahtseilklemmen

Werden Drahtseilklemmen verwendet, so ist DIN EN 13411-5 zu beachten. Die Muttern sind nach Aufbringen der Vorspannkraft nochmals nachzuziehen. Hierbei sind die Anziehmomente gegenüber DIN EN 13411-5 um 10 % zu erhöhen.

NCI NA.I.7 Bolzen

Sämtliche in den Abspannungen angeordneten Verbindungen sind gelenkig unter Verwendung von Bolzen auszuführen.

Auf exakte Fertigung der Bolzenlöcher ist zu achten, z. B. Rechtwinkligkeit zur Laschenebene und paarweises Bohren bei Doppellaschen. Die Bolzen sind gegen Herauswandern zu sichern, z. B. durch eine als Splint wirkende Schraube (Splintschraube) oder Sicherungsbleche. Drahtsplinte sind als alleinige Bolzensicherung nicht zulässig. Sie dürfen lediglich zur Sicherung der Muttern von Splintschrauben, z. B. bei Kronenmuttern, verwendet werden. Der Durchmesser der Splintschrauben sollte etwa 20 % bis 25 % des Bolzendurchmessers betragen. Die Muttern von Splintschrauben müssen gesichert werden. Federringe dürfen hierzu nicht verwendet werden.

NCI NA.I.8 Isolatoren und Schutzarmaturen

NCI NA.I.8.1 Allgemeines

Die Isolatoren von Antennentragwerken müssen die Kräfte aus dem Bauwerk aufnehmen und den hochfrequenztechnischen Erfordernissen entsprechen. Die Isolation kann aus Fuß-, Zwischen- und Abspannisolatoren bestehen.

Die Halterungsarmaturen von Abspannisolatoren müssen konstruktiv so ausgebildet werden, dass beim Ausfall der Tragwirkung des Isolationsmaterials die Standsicherheit des Antennentragwerkes erhalten bleibt. Durch geeignete Maßnahmen ist ein Verschieben oder Herausfallen des Isolationsmaterials zu verhindern. Isolatoren sind nach Abstimmung mit dem Betreiber gegebenenfalls so mit Schutzarmaturen (z. B. Regenhauben, Koronaringen, Funkenstrecken) auszurüsten, dass elektrische Überschläge nur über die Schutzarmatur und nicht entlang der Oberfläche des Isolators erfolgen.

Bei Montage oder Demontage muss die Krafteinbringung in die Isolatoren langsam und stoßfrei erfolgen. Eine Be- oder Entlastungsgeschwindigkeit von 5 % der aufzubringenden Kraft je Minute darf nicht überschritten werden.

Die Eignung des Seiles für den Anschluss an den Isolator (Biegeradius) ist nachzuweisen.

NCI NA.I.8.2 Keramikisolatoren

Bei den Isolatoren nach Tabelle NA.I.1 wird das Isolationsmaterial auf Druck beansprucht.

Punktförmige Beanspruchungen in den Isolatoren der Typen 1 bis 4 sind durch Bearbeitung der Berührungsflächen zwischen Keramik und Halterungsarmatur oder durch andere Maßnahmen zu vermeiden. Die Berührungsflächen der Keramikteile mit den Armaturen sind zu metallisieren. Die Metallisierung entfällt bei den Typen 5 und 6 nach Tabelle NA.I.1.

Bei Hohlkegelisolatoren sollte die Halterungsarmatur in Anpassung an den Keramikteil nachgeschliffen und beide Teile verspannt werden, damit ein gegenseitiges Verschieben vor dem Einbau in das Antennentragwerk vermieden wird.

Tabelle NA.I.1 — Keramikisolatoren

Typ		Übliche Verwendungsstelle	
Nr.	Benennung	Fuß- und Zwischenisolation	Abspannisolation
1	Hohlkegelisolator	X	
2	Tonnenisolator	X	
3	Stützerisolator	X	
4	Gurtbandisolator		X
5	Ei-Isolator		X
6	Sattelisolator		X
7	Kombinierte Isolatoren		X

NCI NA.I.8.3 Sicherheiten und Stückprüfungen von Druckbeanspruchten Keramikisolatoren

Für jeden Isolator der Typen 1 bis 4 nach Tabelle NA.I.1 ist eine Stückprüfung mit dem 0,5-fachen Wert der vom Hersteller des Isolators angegebenen Mindestbruchlast durchzuführen. Bei den Isolatoren der Typen 5 und 6 darf die Stückprüfung entfallen. Bei der Stückprüfung dürfen sich keine Schäden am Isolationsmaterial zeigen. Bei der Stückprüfung der Hohlkegelisolatoren (Typ 1) dürfen in den zum Isolator gehörenden Stahlarmaturen keine bleibenden Verformungen auftreten. Für die Stückprüfung der Tonnen-, Stützer- und Gurtbandisolatoren (Typen 2 bis 4) dürfen besondere, stärkere Prüfarmaturen verwendet werden.

Die Be- und Entlastungsgeschwindigkeit bei der Stückprüfung darf 5 % der Prüflast je Minute nicht überschreiten.

NCI NA.I.8.4 Andere Isolatoren

Isolatoren aus anderem Material und/oder für andere Beanspruchungen dürfen verwendet werden, wenn deren Eignung für den vorgesehenen Verwendungszweck nachgewiesen ist. Die notwendigen Sicherheiten und Prüfungen sind im Einzelfall mit der Genehmigungsbehörde festzulegen.

NCI NA.I.9 Gründungen

NCI NA.I.9.1 Betonfundamente

Die Austrittspunkte einbetonierter Stahlteile sollten mindestens 30 cm über Gelände liegen, andernfalls sind besondere Korrosionsschutzmaßnahmen zu treffen. Die Oberseiten der Betonfundamente sind zur Entwässerung mit einem Gefälle von mindestens 5 % zu versehen und glatt abzureiben.

Eine Unterspülung, z. B. bei Fundamenten an Hängen, ist durch geeignete Maßnahmen zu verhindern.

NCI NA.I.9.2 Verankerung

Ankerstäbe sollten vorgespannt werden. Hierbei ist auf eine ausreichende, nicht durch den Betonverguss reduzierte Dehnlänge zu achten. Bei nicht vorgespannten Ankerstäben ist die erhöhte Ermüdungsanfälligkeit zu beachten.

Vorzugsweise sind die Ankerkräfte voll durch Barren in den Beton zu übertragen.

NCI NA.I.9.3 Hilfsanker

Bei Abspannfundamenten sind zusätzlich zum Hauptanker zwei Hilfsanker einzubauen. Jeder Hilfsanker muss in der Lage sein, das 0,8-Fache der größten Einzelseilkraft des betreffenden Fundamentes zu übernehmen. Beide Hilfsanker zusammen müssen mindestens das 0,8-Fache der Resultierenden aller am Fundament angreifenden Seilkräfte übernehmen können. Beide Hilfsanker sollten symmetrisch zu derjenigen Ebene angeordnet werden, die durch das Seil und die Mastachse gebildet wird, und in gleicher Höhe liegen. Bei Fundamenten mit nur einer Abspannung genügt die Anordnung eines Hilfsankers.

NCI NA.I.10 Korrosionsschutz

NCI NA.I.10.1 Allgemeines

Antennentragwerke einschließlich ihrer Verbindungsmittel müssen zuverlässig gegen Korrosion geschützt werden. Bei der konstruktiven Gestaltung des Bauwerks ist darauf zu achten, dass die einwandfreie Aufbringung des Korrosionsschutzes möglich ist.

Bei Hohlmasten und -türmen sollte auf eine ausreichende Durchlüftung geachtet werden, um Kondensatbildung zu vermindern.

NCI NA.I.10.2 Beschichtungen und Überzüge

NCI NA.I.10.2.1 Allgemeines

Für Beschichtungen und Überzüge von Stahlkonstruktionen gelten DIN 55928-8 und DIN EN ISO 12944.

NCI NA.I.10.2.2 Feuerverzinkung

Bei Feuerverzinkung gelten zusätzlich für Stahlbauteile DIN EN ISO 1461 sowie für Schrauben und Zubehör DIN EN ISO 10684.

Der Zinküberzug muss zusammenhängend und frei von Poren sein. Zinkbärte und Aschenreste sowie Zinkansammlungen im Bereich der Anschlüsse sind ohne Beschädigung der Zinkschicht zu entfernen. Das Haftvermögen der Zinkschicht ist nachzuweisen nach DIN 50978 oder durch leichte Schläge mit dem 250-g-Kugelhammer, die nicht auf die Kanten geführt werden dürfen.

Die Dicke des Zinküberzuges ist nach DIN EN ISO 2178 zerstörungsfrei nachzuweisen.

In stark aggressiver Atmosphäre (z. B. Industrie, Großstadt, Meeresküste) sollten zusätzliche Beschichtungen vorgesehen werden, die auf Zink gut haften.

NCI NA.I.10.2.3 Thermisches Spritzen

Werden Bauteile aus Stahl durch thermisches Spritzen mit Metallüberzügen (z. B. Spritzverzinkung) versehen, gilt zusätzlich DIN EN ISO 2063. Solche Teile müssen nach Aufbringung des Überzuges zusätzlich mit einem porenverschließenden Beschichtungsstoff nach DIN EN ISO 12944-5 versehen werden.

NCI NA.I.10.2.4 Korrosionsschutz von Abspannseilen

Wegen der Schwierigkeit der Wartung der Abspannseile sind besondere Anforderungen an den Korrosionsschutz zu stellen.

Alle Drähte müssen nach DIN EN 10264-1 bis DIN EN 10264-3 in der Klasse A Zink oder Zn95/Al5 feuerverzinkt oder gleichwertig geschützt sein.

Die Hohlräume der Seile müssen beim Verseilen mit geeigneten korrosionsschützenden Medien verfüllt werden. Werden Seile beschichtet, sind das Verfüllmaterial und die Beschichtung aufeinander abzustimmen. Verfüllmaterial und Beschichtung müssen säurefrei, elastisch, temperatur- und UV-beständig sein.

Die Verwendung heller Beschichtungen ist vorzuziehen, um eventuelle Korrosionserscheinungen leichter erkennen zu können und um die Temperaturbeanspruchung der Seile möglichst klein zu halten.

Wenn bei Rundlitzenseilen säurefreies Fett zum Füllen der Hohlräume verwendet wird, entfällt die Beschichtung. Da die Gefahr besteht, dass das Fett ausgewaschen wird, sind solche Seile besonders sorgsam zu warten und gegebenenfalls nachzufetten.

NCI NA.I.11 Blitzschutz und Erdungsanlagen

Antennentragwerke müssen eine Blitzschutzanlage unter Beachtung von DIN EN 62305 nach den Angaben des Betreibers erhalten. Auf einen Potentialausgleich zwischen Tragwerk und gegebenenfalls angrenzenden Bauwerken ist zu achten.

Die Erdungsanlage besteht im Allgemeinen aus einem Ringerder. Jeder Ringerder ist an mindestens zwei einander gegenüberliegenden Stellen mit dem Antennentragwerk zu verbinden. Werden zusätzlich Strahlenerder eingesetzt, so ist jeder Strahlenerder mit dem Ringerder zu verbinden. Bei Fachwerktürmen muss jeder Eckstiel mit dem Ringerder verbunden sein.

Bei der Blitzschutzerdung von Selbststrahlern ist das aus hochfrequenztechnischen Gründen erforderliche Erdnetz zu berücksichtigen. An jedem Fundament sind Fundamenterder anzuordnen und mit der Bewehrung zu verbinden. Einzelfundamente sind durch Erder miteinander zu verbinden, bei abgespannten Masten z. B. nach Bild NA.I.1.

An allen Verbindungsstellen zwischen Erdungsanlage und Stahlkonstruktion bzw. Fundamenterdern sind zu Messzwecken Trennstellen vorzusehen. Während der Bauzeit ist zumindest eine behelfsmäßige Erdung erforderlich.

Der Mastschaft darf nicht über die Fundamentbewehrung geerdet werden, sondern muss direkt mit dem Ringerder verbunden werden. Die unteren Teile von Funkenstrecken bei isolierten Bauwerken müssen ebenfalls direkt mit dem Erdnetz verbunden werden.

Der Einsatz von Tiefenerdern (siehe Bild NA.I.1) wird empfohlen.

Bei einem selbststrahlenden Mast sind die Bolzenverbindungen vom Mast bis zum obersten Isolator eines jeden Abspannseiles mit flexiblen Bondings zu überbrücken. Die Bondings müssen für den ggf. auftretenden Antennenstrom ausgelegt sein. Sie müssen aus nichtrostendem Stahl mit einem Mindestdurchmesser von 6 mm bestehen.

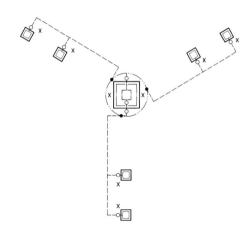

Legende

—··—··—	Fundamenterder
— — — —	Strahlenerder
—··—··—	Ringerder
o	Trennstelle
x	Tiefenerder

Bild NA.I.1 — Beispiel für die Erdung eines abgespannten Mastes

NCI NA.I.12 Montagehilfen

Die Belastbarkeit dauerhaft angebrachter Montagehilfen zum Befestigen von Hebezeugen und Gerüsten ist an geeigneter Stelle (z. B. am Bauwerk oder in der Zeichnung) anzugeben.

NCI NA.I.13 Einrichtungen zum Begehen und Besichtigen des Bauwerks, Absturzsicherungen

NCI NA.I.13.1 Allgemeines

Antennentragwerke von mehr als 20 m Höhe, die zu Inspektions-, Betriebs- oder sonstigen Zwecken bestiegen werden müssen, sind mit Steigleitern oder Steigeisengängen, erforderlichenfalls auch mit Absturzsicherungen, Ruhe- und Arbeitsbühnen sowie mit Laufstegen auszurüsten.

NCI NA.I.13.2 Steigleitern

Für Steigleitern gilt DIN 18799.

NCI NA.I.13.3 Sicherheitseinrichtungen an Arbeitsbühnen und Laufstegen

Für die Ausbildung von Geländern an Arbeitsbühnen und Laufstegen gilt DIN EN ISO 14122-3.

Das Geländer darf ganz oder teilweise durch Bauteile, Zwischenstäbe oder flächige Ausfachungen ersetzt werden. Werden keine Geländer angeordnet, sind entsprechende Vorrichtungen für den Einsatz von Sicherheitsgeschirren vorzusehen.

Durchstiegsöffnungen sind mit Klappen zu versehen. Der Steigschutz muss auch im Bereich von Durchstiegsöffnungen voll wirksam bleiben.

ANMERKUNG   Selbsttätig wirkende Schließeinrichtungen von Klappen sind aus Gründen der Personenrettung nicht zu empfehlen.

NCI   NA.I.13.4   Befahreinrichtungen für Abspannseile

Ein direktes Befahren der Abspannseile sollte vermieden werden. Vorzugsweise sind unabhängige Befahreinrichtungen zu verwenden. Hierfür sind entsprechende Anschlagkonstruktionen vorzusehen.

NCI   NA.I.14   Öffnungen in Hohlmasten

In von innen besteigbaren Hohlmasten sind Öffnungen an geeigneten Stellen — z. B. am Mastfuß, in Höhe von Außenpodesten, am Mastkopf — mit einem Mindestmaß von 600 mm × 600 mm vorzusehen. Sofern die Öffnungen verschließbar sind, muss der Schließmechanismus von außen und innen bedienbar und gegen selbsttätiges Öffnen und Zuschlagen gesichert sein.

Hohlmaste, die innen nicht besteigbar sind, müssen Öffnungen besitzen, die eine Inspektion des Mastinnern ermöglichen. Hierauf darf auch dann nicht verzichtet werden, wenn der Hohlmast innen feuerverzinkt wird.

NCI   Literaturhinweise

[1] WtG-Merkblatt „Windkanalversuche in der Gebäudeaerodynamik"[1)]

[2] Luftverkehrsgesetz (LuftVG)[2)]

[3] Peil, U.: „Bauen mit Seilen". In Stahlbau-Kalender 2000, Ernst & Sohn, Berlin. 689-755.

[4] Peil, U.: „Maste und Türme". In Stahlbau-Kalender 2004, Ernst & Sohn, Berlin. 493-602.

[1)] Zu beziehen bei: Windtechnologische Gesellschaft e. V., Teichstraße 8, 52074 Aachen, ww.wtg-dach.org.

[2)] Zu beziehen bei: Beuth Verlag GmbH, 10772 Berlin.

Dezember 2010

| | DIN EN 1993-3-2 | |

ICS 91.010.30; 91.060.40; 91.080.10

Ersatz für
DIN EN 1993-3-2:2007-02;
mit DIN EN
1993-3-2/NA:2010-12
Ersatz für
DIN V 4133:2007-07

**Eurocode 3: Bemessung und Konstruktion von Stahlbauten –
Teil 3-2: Türme, Maste und Schornsteine –
Schornsteine;
Deutsche Fassung EN 1993-3-2:2006**

Eurocode 3: Design of steel structures –
Part 3-2: Towers, masts and chimneys –
Chimneys;
German version EN 1993-3-2:2006

Eurocode 3: Calcul des structures en acier –
Partie 3-2: Tours, mâts et cheminées –
Cheminées;
Version allemande EN 1993-3-2:2006

Gesamtumfang 34 Seiten

Normenausschuss Bauwesen (NABau) im DIN

Nationales Vorwort

Dieses Dokument (EN 1993-3-2:2006) wurde vom Technischen Komitee CEN/TC 250 „Eurocodes für den konstruktiven Ingenieurbau" erarbeitet, dessen Sekretariat vom BSI (Vereinigtes Königreich) gehalten wird.

Die Arbeiten auf nationaler Ebene wurden durch die Experten des NABau-Spiegelausschusses NA 005-11-37 AA „Industrieschornsteine" begleitet.

Diese Europäische Norm wurde vom CEN am 13. Januar 2006 angenommen.

Die Norm ist Bestandteil einer Reihe von Einwirkungs- und Bemessungsnormen, deren Anwendung nur im Paket sinnvoll ist. Dieser Tatsache wird durch das Leitpapier L der Kommission der Europäischen Gemeinschaft für die Anwendung der Eurocodes Rechnung getragen, indem Übergangsfristen für die verbindliche Umsetzung der Eurocodes in den Mitgliedsstaaten vorgesehen sind. Die Übergangsfristen sind im Vorwort dieser Norm angegeben.

Die Anwendung dieser Norm gilt in Deutschland in Verbindung mit dem Nationalen Anhang.

Es wird auf die Möglichkeit hingewiesen, dass einige Texte dieses Dokuments Patentrechte berühren können. Das DIN [und/oder die DKE] sind nicht dafür verantwortlich, einige oder alle diesbezüglichen Patentrechte zu identifizieren.

Änderungen

Gegenüber DIN V ENV 1993-3-2:2002-05 und DIN V ENV 1993-3-2 Berichtigung 1:2002-11 wurden folgende Änderungen vorgenommen:

a) die Stellungnahmen der nationalen Normungsinstitute wurden eingearbeitet;

b) der Vornormcharakter wurde aufgehoben;

c) der Text wurde vollständig überarbeitet;

d) die Berichtigung wurde eingearbeitet.

Gegenüber DIN EN 1993-3-2:2007-02 und DIN V 4133:2007-07 wurden folgende Änderungen vorgenommen:

a) auf europäisches Bemessungskonzept umgestellt;

b) Ersatzvermerke korrigiert;

c) redaktionelle Änderungen durchgeführt.

Frühere Ausgaben

DIN 4133: 1973-08, 1991-11
DIN V 4133: 2007-07
DIN EN 1993-3-2: 2007-02
DIN V ENV 1993-3-2: 2002-05
DIN V ENV 1993-3-2 Berichtigung 1: 2002-11

EUROPÄISCHE NORM
EUROPEAN STANDARD
NORME EUROPÉENNE

EN 1993-3-2

Oktober 2006

ICS 91.010.30; 91.060.40; 91.080.10

Ersatz für ENV 1993-3-2:1997

Deutsche Fassung

Eurocode 3: Bemessung und Konstruktion von Stahlbauten — Teil 3-2: Türme, Maste und Schornsteine — Schornsteine

Eurocode 3: Design of steel structures —
Part 3-2: Towers, masts and chimneys —
Chimneys

Eurocode 3: Calcul des structures en acier —
Partie 3-2: Tours, mâts et cheminées —
Cheminées

Diese Europäische Norm wurde vom CEN am 13. Januar 2006 angenommen.

Die CEN-Mitglieder sind gehalten, die CEN/CENELEC-Geschäftsordnung zu erfüllen, in der die Bedingungen festgelegt sind, unter denen dieser Europäischen Norm ohne jede Änderung der Status einer nationalen Norm zu geben ist. Auf dem letzten Stand befindliche Listen dieser nationalen Normen mit ihren bibliographischen Angaben sind beim Management-Zentrum des CEN oder bei jedem CEN-Mitglied auf Anfrage erhältlich.

Diese Europäische Norm besteht in drei offiziellen Fassungen (Deutsch, Englisch, Französisch). Eine Fassung in einer anderen Sprache, die von einem CEN-Mitglied in eigener Verantwortung durch Übersetzung in seine Landessprache gemacht und dem Management-Zentrum mitgeteilt worden ist, hat den gleichen Status wie die offiziellen Fassungen.

CEN-Mitglieder sind die nationalen Normungsinstitute von Belgien, Bulgarien, Dänemark, Deutschland, Estland, Finnland, Frankreich, Griechenland, Irland, Island, Italien, Lettland, Litauen, Luxemburg, Malta, den Niederlanden, Norwegen, Österreich, Polen, Portugal, Rumänien, Schweden, der Schweiz, der Slowakei, Slowenien, Spanien, der Tschechischen Republik, Ungarn, dem Vereinigten Königreich und Zypern.

EUROPÄISCHES KOMITEE FÜR NORMUNG
EUROPEAN COMMITTEE FOR STANDARDIZATION
COMITÉ EUROPÉEN DE NORMALISATION

Management-Zentrum: Avenue Marnix 17, B-1000 Brüssel

© 2006 CEN Alle Rechte der Verwertung, gleich in welcher Form und in welchem Verfahren, sind weltweit den nationalen Mitgliedern von CEN vorbehalten.

Ref. Nr. EN 1993-3-2:2006 D

Inhalt

Seite

Vorwort ...4

Nationaler Anhang zu EN 1993-3-2 ...4

1 Allgemeines ...5
1.1 Anwendungsbereich ...5
1.2 Normative Verweisungen ...6
1.3 Annahmen ...6
1.4 Unterscheidung zwischen verbindlichen und nicht verbindlichen Regeln ...6
1.5 Begriffe ...6
1.6 Formelzeichen ...9

2 Grundlagen der Tragwerksplanung ...9
2.1 Anforderungen ...9
2.1.1 Grundlegende Anforderungen ...9
2.1.2 Sicherheitsklassen ...9
2.2 Grundsätze für Nachweise in Grenzzuständen ...9
2.3 Einwirkungen und Umgebungseinflüsse ...10
2.3.1 Allgemeines ...10
2.3.2 Ständige Einwirkungen ...10
2.3.3 Veränderliche Einwirkungen ...10
2.4 Nachweise in Grenzzuständen ...11
2.5 Geometrische Werte ...12
2.6 Dauerhaftigkeit ...12

3 Werkstoffe ...12
3.1 Allgemeines ...12
3.2 Baustähle ...12
3.2.1 Werkstoffeigenschaften ...12
3.2.2 Werkstoffeigenschaften allgemeiner Baustähle ...12
3.2.3 Mechanische Eigenschaften nichtrostender Stähle ...12
3.3 Verbindungen ...12

4 Dauerhaftigkeit ...13
4.1 Korrosionszuschlag ...13
4.2 Äußerer Korrosionszuschlag ...13
4.3 Innerer Korrosionszuschlag ...14

5 Tragwerksberechnung ...14
5.1 Modellierung des Schornsteins zur Ermittlung der Beanspruchungen ...14
5.2 Berechnung der Schnittgrößen und Spannungen ...14
5.2.1 Untersuchung des Tragrohres ...14
5.2.2 Imperfektionen ...15
5.2.3 Nachweis des Gesamtsystems ...16

6 Grenzzustände der Tragfähigkeit ...17
6.1 Allgemeines ...17
6.2 Tragrohre ...17
6.2.1 Festigkeitsnachweis ...17
6.2.2 Stabilitätsnachweise ...18
6.3 Sicherheitsbewertung anderer Schornsteinbauteile ...19
6.4 Anschlüsse und Verbindungen ...19
6.4.1 Grundlagen ...19
6.4.2 Geschraubte Flanschverbindungen ...19
6.4.3 Anschluss eines Schornsteins an ein Fundament oder ein tragendes Bauwerk ...20

		Seite
6.5	Schweißverbindungen	20
7	Grenzzustände der Gebrauchstauglichkeit	20
7.1	Grundlagen	20
7.2	Auslenkungen	21
8	Versuchsgestützte Bemessung	21
9	Ermüdung	21
9.1	Allgemeines	21
9.2	Ermüdungsbeanspruchung	22
9.2.1	Schwingungen in Windrichtung	22
9.2.2	Querschwingungen	22
9.3	Ermüdungsfestigkeit im Bereich hoher Lastspielzahlen	22
9.4	Sicherheitsnachweis	22
9.5	Teilsicherheitsbeiwerte	23

Anhang A (normativ) Zuverlässigkeitsdifferenzierung und Teilsicherheitsbeiwerte für Einwirkungen ... 24
A.1 Zuverlässigkeitsdifferenzierung für Stahlschornsteine ... 24
A.2 Teilsicherheitsbeiwerte für Einwirkungen ... 24

Anhang B (informativ) Aerodynamische und dämpfende Maßnahmen ... 25
B.1 Allgemeines ... 25
B.2 Aerodynamische Maßnahmen ... 25
B.3 Dynamische Schwingungsdämpfer ... 26
B.4 Seile mit dämpfenden Vorrichtungen ... 26
B.5 Direkte Dämpfung ... 26

Anhang C (informativ) Ermüdungsfestigkeit und Qualitätsanforderungen ... 27
C.1 Allgemeines ... 27
C.2 Erhöhung der Ermüdungsfestigkeit bei speziellen Qualitätsanforderungen ... 27

Anhang D (informativ) Versuchsgestützte Bemessung ... 31
D.1 Allgemeines ... 31
D.2 Definition des logarithmischen Dämpfungsdekrements ... 31

Anhang E (informativ) Ausführung ... 32
E.1 Allgemeines ... 32
E.2 Ausführungstoleranzen ... 32
E.3 Qualität der Schweißverbindungen und Ermüdung ... 32

Vorwort

Dieses Dokument EN 1993-3-2, Eurocode 3: Bemessung und Konstruktion von Stahlbauten — Teil 3-2: Türme, Maste und Schornsteine — Schornsteine wurde vom Technischen Komitee CEN/TC 250 „Eurocodes für den konstruktiven Ingenieurbau" erarbeitet, dessen Sekretariat vom BSI gehalten wird. CEN/TC 250 ist verantwortlich für alle Eurocode-Teile.

Diese Europäische Norm muss den Status einer nationalen Norm erhalten, entweder durch Veröffentlichung eines identischen Textes oder durch Anerkennung bis April 2007, und etwaige entgegenstehende nationale Normen müssen bis März 2010 zurückgezogen werden.

Dieses Dokument ersetzt ENV 1993-3-2.

Entsprechend der CEN/CENELEC-Geschäftsordnung sind die nationalen Normungsinstitute der folgenden Länder gehalten, diese Europäische Norm zu übernehmen: Belgien, Dänemark, Deutschland, Estland, Finnland, Frankreich, Griechenland, Irland, Island, Italien, Lettland, Litauen, Luxemburg, Malta, Niederlande, Norwegen, Österreich, Polen, Portugal, Rumänien, Schweden, Schweiz, Slowakei, Slowenien, Spanien, Tschechische Republik, Ungarn, Vereinigtes Königreich und Zypern.

Nationaler Anhang zu EN 1993-3-2

Diese Norm enthält alternative Methoden, Zahlenangaben und Empfehlungen in Verbindung mit Anmerkungen, die darauf hinweisen, wo Nationale Festlegungen getroffen werden können. EN 1993-3-2 wird bei der nationalen Einführung einen Nationalen Anhang enthalten, der alle national festzulegenden Parameter enthält, die für die Bemessung und Konstruktion von Stahlbauten im jeweiligen Land erforderlich sind.

Nationale Festlegungen sind bei folgenden Regelungen vorgesehen:

— 2.3.3.1(1)
— 2.3.3.5(1)
— 2.6(1)
— 4.2(1)
— 5.1(1)
— 5.2.1(3)
— 6.1(1)P
— 6.2.1(6)
— 6.4.1(1)
— 6.4.2(1)
— 6.4.3(2)
— 7.2(1)
— 7.2(2)
— 9.1(3)
— 9.1(4)
— 9.5(1)
— A.1(1)
— A.2(1) (zweimal)
— C.2(1)

DIN EN 1993-3-2:2010-12
EN 1993-3-2:2006 (D)

1 Allgemeines

1.1 Anwendungsbereich

(1) EN 1993-3-2 behandelt die Bemessung und Konstruktion vertikaler Stahlschornsteine mit zylindrischer oder konischer Form. Sie schließt Schornsteine ein, die als Kragsystem ausgebildet oder auf unterschiedlichen Ebenen abgestützt oder abgespannt sind.

(2) Die Regeln in diesem Teil ergänzen die Regeln von EN 1993-1-1.

(3) Der Teil 3-2 befasst sich nur mit den Belangen der Beanspruchbarkeit (Festigkeit, Stabilität, Ermüdung) von Stahlschornsteinen.

ANMERKUNG   In diesem Zusammenhang (d. h. Beanspruchbarkeit) bezieht sich der Begriff „Schornstein" auf:
a) Schornsteinkonstruktionen;
b) die zylindrischen Stahlbauteile von Türmen;
c) den zylindrischen Stahlschaft abgespannter Maste.

(4) Chemische Beanspruchung, thermodynamisches Verhalten und Wärmedämmung sind in EN 13084-1 geregelt, Bemessung und Konstruktion von Innenrohren in EN 13084-6.

(5) Stahlbetonfundamente für Stahlschornsteine werden in EN 1992 und EN 1997 behandelt. Siehe auch EN 13084-1, 4.7 und 5.4.

(6) Windlasten sind in EN 1991-1-4 geregelt.

ANMERKUNG   Verfahren zur Berechnung der Windwirkungen auf abgespannte Schornsteine werden in EN 1993-3-1, Anhang B angegeben.

(7) Dieser Teil enthält keine besonderen Regeln für die Bemessung und Konstruktion im Hinblick auf Erdbeben; diese sind in EN 1998-6 enthalten. Siehe auch EN 13084-1, 5.2.4.1.

(8) Regeln für Abspannungen und deren Anschlüsse sind in EN 1993-3-1 und in EN 1993-1-11 zu finden.

(9) Bei der Fertigung und Montage von Stahlschornsteinen sollten EN 1090-2 und EN 13084-1 beachtet werden.

ANMERKUNG   Fertigung und Montage werden nur in dem Umfang behandelt, dass die Qualität der zur Verwendung vorgesehenen Werkstoffe und Bauprodukte für tragende Teile und die Qualität der Montage erkennbar wird, die für die Gültigkeit der Bemessungsregeln vorausgesetzt wurde.

(10) Folgende Themen werden in EN 1993-3-2 behandelt:

Abschnitt 1:   Allgemeines;

Abschnitt 2:   Grundlagen der Tragwerksplanung;

Abschnitt 3:   Werkstoffe;

Abschnitt 4:   Dauerhaftigkeit;

Abschnitt 5:   Tragwerksberechnung;

Abschnitt 6:   Grenzzustände der Tragfähigkeit;

Abschnitt 7:   Grenzzustände der Gebrauchstauglichkeit;

Abschnitt 8:   Versuchsgestützte Bemessung;

Abschnitt 9:   Ermüdung.

1.2 Normative Verweisungen

Diese Europäische Norm nimmt teilweise Bezug auf andere Regelwerke. Die normativen Verweise werden an den betreffenden Stellen zitiert und sind in der nachstehenden Liste enthalten. Für Dokumente, die ein Ausgabedatum tragen, gilt, dass eine neuere Ausgabe für das Arbeiten mit dieser Europäischen Norm nur dann anzuwenden ist, wenn hierfür ein Hinweis vorhanden ist. Bei nicht datierten Dokumenten ist die neueste Version maßgebend.

EN 1090, *Ausführung von Tragwerken aus Stahl*

EN 10025, *Warmgewalzte Erzeugnisse aus Baustählen*

EN 10088, *Nichtrostende Stähle*

EN 13084-1, *Freistehende Schornsteine — Teil 1: Allgemeine Anforderungen*

EN ISO 5817, *Schweißen — Schmelzschweißverbindungen an Stahl, Nickel, Titan und deren Legierungen (ohne Strahlschweißen) — Bewertungsgruppen von Unregelmäßigkeiten*

1.3 Annahmen

(1) Siehe EN 1993-1-1, 1.3.

1.4 Unterscheidung zwischen verbindlichen und nicht verbindlichen Regeln

(1) Siehe EN 1993-1-1, 1.4.

1.5 Begriffe

(1) In dieser EN 1993-3-2 gelten die allgemeinen Begriffe nach EN 1990.

(2) Zusätzlich zu EN 1993-1 gelten für die Anwendung in diesem Teil 3-2 die folgenden Begriffe. Bild 1.1 zeigt einige der bei Schornsteinkonstruktionen verwendeten Begriffe.

1.5.1
Schornstein
vertikal angeordnetes Bauwerk oder Teil eines Bauwerks, das Abgase von Feuerstätten, andere Abgase oder Fortluft in die Atmosphäre oder Zuluft leitet

1.5.2
selbsttragender Schornstein
Schornstein, dessen Tragrohr oberhalb des eingespannten Fußpunktes nicht mit anderen Bauwerken verbunden ist

1.5.3
abgespannter Schornstein
Schornstein, dessen Tragrohr in einer oder mehreren Höhenlage(n) durch Abspannungen gehalten wird

1.5.4
einwandiger Schornstein
Schornstein, bei dem das Tragrohr gleichzeitig abgasführendes Rohr ist; es kann wärmegedämmt und/oder ausgekleidet sein

1.5.5
doppelwandiger Schornstein
Schornstein mit einem äußeren Tragrohr aus Stahl und einem abgasführenden Innenrohr

1.5.6
mehrzügiger Schornstein
Gruppe von zwei oder mehr Schornsteinen, deren Konstruktionen miteinander verbunden sind, oder eine Gruppe von zwei oder mehr Innenrohren innerhalb eines Tragrohres

1.5.7
Innenrohr
die innerhalb des Tragrohrs liegende tragende Schale der Innenrohrkonstruktion

1.5.8
Innenrohrkonstruktion
Gesamtsystem, wenn vorhanden, das die Abgase vom Tragrohr trennt; darin enthalten sind ein Innenrohr und dessen Abstützungen, der Raum zwischen Innenrohr und Tragrohr und, wenn vorhanden, die Wärmedämmung

1.5.9
Tragrohr
das hauptsächlich tragende Stahlbauteil des Schornsteins, ohne Flansche

1.5.10
aerodynamische Vorrichtung
eine am Schornstein angebrachte Vorrichtung, um Schwingungsanregung infolge von Wirbeln zu reduzieren, ohne die Bauwerksdämpfung zu erhöhen

1.5.11
Dämpfungsvorrichtung
eine am Schornstein angebrachte Vorrichtung zur Reduzierung wirbelerregter Querschwingungen durch Erhöhung der Strukturdämpfung

1.5.12
Spoiler
eine an der Schornsteinoberfläche angebrachte Vorrichtung zur Reduzierung winderregter Querschwingungen

1.5.13
Schraubenwendel oder Störstreifen
Vorrichtungen an der äußeren Oberfläche des Schornsteins zur Reduzierung winderregter Querschwingungen

1.5.14
Fußplatte
eine horizontal am Schornsteinfuß angeordnete Platte

1.5.15
Ankerschraube
Schraube zur Verbindung des Schornsteins mit dem Fundament

1.5.16
Ringsteife
horizontal angeordnetes Bauteil zur Verhinderung von Querschnittsovalisierungen und zur Erhaltung der Kreisform des Schornsteintragrohrs während Herstellung und Transport; horizontales Bauteil zur Versteifung an Öffnungen oder ggf. bei Änderungen der Mantelneigung des Tragrohrs

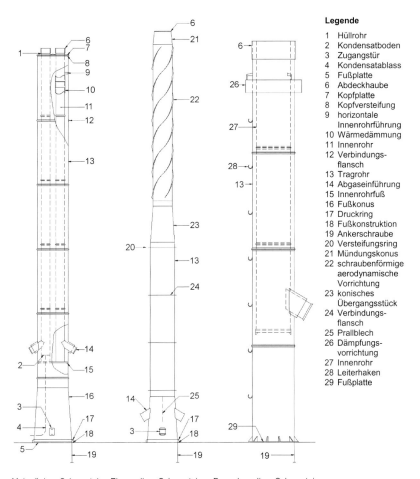

Bild 1.1 — Bei Schornsteinkonstruktionen verwendete Begriffe

1.6 Formelzeichen

(1) Die im Folgenden aufgeführten Formelzeichen werden zusätzlich zu den in EN 1993-1-1 aufgeführten verwendet.

c	Korrosionszuschlag;
N	Lastspielzahl;
b	Durchmesser;
d	Schraubendurchmesser;
h	Höhe;
m	Steigung;
t	Zeit;
w	Winddruck;
ref	Referenz;
crit	kritischer Wert;
ext	außen;
F	Einwirkung;
f	Ermüdung;
int	innen;
lat	seitlich (quer zur Windrichtung);
top	Mündung/Kopf;
R	Bruch/Versagen;
$Temp$	Temperatur;
λ	Äquivalenzfaktor;
η	Faktor zur Berücksichtigung von Effekten aus der Theorie II. Ordnung.

(2) Weitere Formelzeichen werden definiert, wenn sie zum ersten Mal verwendet werden.

2 Grundlagen der Tragwerksplanung

2.1 Anforderungen

2.1.1 Grundlegende Anforderungen

(1) Siehe EN 1993-1-1.

(2)P Ein Schornstein ist so zu bemessen und zu konstruieren, dass er, vorausgesetzt er ist ordnungsgemäß ausgeführt und instand gehalten, die grundlegenden Anforderungen nach EN 1990 und EN 13084-1 erfüllt.

(3) Die Tragwerksplanung abgespannter Schornsteine ist in Übereinstimmung mit den maßgebenden Abschnitten von EN 1993-3-1 und diesem Teil zu führen.

2.1.2 Sicherheitsklassen

(1) Für die Nachweise im Grenzzustand der Tragfähigkeit von Schornsteinen können in Abhängigkeit von möglichen Schadensfolgen für Objekte, Personen oder die Allgemeinheit unterschiedliche Sicherheitsklassen angenommen werden.

ANMERKUNG Zur Definition der verschiedenen Sicherheitsklassen siehe Anhang A.

2.2 Grundsätze für Nachweise in Grenzzuständen

(1) Siehe EN 1993-1-1, 2.2.

2.3 Einwirkungen und Umgebungseinflüsse

2.3.1 Allgemeines

(1)P Die allgemeinen Anforderungen von EN 1990, Abschnitt 4 sind anzuwenden.

(2) Festigkeit und Stabilität von Schornsteinen sind in der Regel für die in 2.3.2 und 2.3.3 beschriebenen Einwirkungen nachzuweisen.

2.3.2 Ständige Einwirkungen

(1) Für die Ermittlung des Eigengewichts ist in der Regel die volle Dicke der Stahlbleche ohne eine Abminderung durch Korrosion anzusetzen.

(2) In der Regel schließen die ständigen Einwirkungen das ermittelte Gewicht aller ständig vorhandenen Bauteile und anderer Elemente, einschließlich aller Anschlussstücke, Wärmedämmung, Staublasten, Ascheanbackungen, Beschichtungen und anderer Lasten ein. Das Gewicht des Schornsteins und seiner Auskleidung ist in der Regel nach EN 1991-1-1 gegebenenfalls unter Berücksichtigung der Langzeitwirkungen von Flüssigkeiten oder Feuchtigkeit auf die Dichte der Auskleidung zu ermitteln.

2.3.3 Veränderliche Einwirkungen

2.3.3.1 Nutzlasten

(1) An Bühnen und Geländern sind in der Regel Nutzlasten anzusetzen.

ANMERKUNG 1 Der Nationale Anhang darf Hinweise zu Nutzlasten auf Bühnen und Geländer geben. Es werden folgende charakteristische Werte für Nutzlasten auf Bühnen und Geländer empfohlen:

— Nutzlast auf Bühnen: **2,0 kN/m²**, (siehe auch EN 13084-1) (2.1a)

— Horizontallast auf Geländer: **0,5 kN/m** (2.1b)

ANMERKUNG 2 Diese Einwirkungen brauchen nicht mit klimatischen Einwirkungen überlagert zu werden.

2.3.3.2 Windlasten

(1) Einwirkungen aus Wind sind in der Regel nach EN 1991-1-4 zu berücksichtigen.

(2) In der Regel sind Windlasten auf die Außenflächen eines Schornsteins als Ganzes und auf Anbauteile, zum Beispiel eine Leiter, anzusetzen. Neben den Windkräften infolge des böigen Windes, die im Allgemeinen in Windrichtung wirken, sind in der Regel Kräfte infolge von Wirbelablösungen, die Querschwingungen eines Schornsteins verursachen, zu berücksichtigen.

ANMERKUNG Abgespannte Schornsteine siehe EN 1993-3-1, Anhang B.

(3) Andere Windeinwirkungen, wie zum Beispiel solche infolge ungleicher Winddruckverteilung (ovalisierende Querschnittsverformung) oder Interferenzeffekte, sind in der Regel zu berücksichtigen, wenn die maßgebenden Grenzwerte überschritten werden, siehe 5.2.1.

(4) In der Regel sind Einwirkungen, die durch Interferenz-Galloping oder klassisches Galloping verursacht werden, nach EN 1991-1-4 abzuschätzen.

(5) Wenn bei einem Schornstein gefährliche winderregte Schwingungen zu erwarten sind, können diese durch Maßnahmen bei der Bemessung und Konstruktion oder mit Hilfe von Dämpfungsvorrichtungen reduziert werden, siehe Anhang B.

2.3.3.3 Innendruck

(1) Wenn anlagenbedingt im Schornstein außerplanmäßiger Über- oder Unterdruck auftreten kann, ist dieser in der Regel wie eine außergewöhnliche Einwirkung zu behandeln.

ANMERKUNG Der Unterdruck kann zum Beispiel aus der Strömungsgeschwindigkeit des Gases, der Gasdichte, dem gesamten Strömungswiderstand und den Umgebungsbedingungen ermittelt werden. Siehe EN 13084-1, Anhang A.

2.3.3.4 Wärmeeinwirkungen

(1) Wärmeeinwirkungen können aus einer gleichmäßigen sich über das gesamte Bauteil erstreckenden Wärmewirkung und aus Temperaturunterschieden resultieren, die durch meteorologische und betriebliche Einflüsse, einschließlich solcher infolge von ungleichmäßiger Gasströmung, verursacht werden.

(2) Meteorologische Temperatureinwirkungen siehe EN 1991-1-5.

(3) Temperaturen aufgrund von Betriebszuständen und infolge von ungleichmäßiger Gasströmung sind in der Regel zu beachten, siehe EN 13084-1 und EN 13084-6.

2.3.3.5 Eislasten

(1) Wenn an einem Schornstein Eisansatz auftreten kann, sind in der Regel die Dicke, die Dichte und die Verteilung der Eisschicht zu ermitteln.

ANMERKUNG 1 Der Nationale Anhang darf weitere Hinweise zu Eislasten enthalten.

ANMERKUNG 2 Siehe auch EN 1993-3-1, 2.3.2.

2.3.3.6 Erdbebeneinwirkungen

(1) Erdbebeneinwirkungen sind in der Regel nach EN 1998-6 zu ermitteln. Siehe auch EN 13084-1.

2.3.3.7 Feuer

(1) Die Gefahr eines Feuers im Inneren eines Schornsteines ist in der Regel zu berücksichtigen.

ANMERKUNG Feuer in einem Schornstein kann durch die Entzündung folgender Stoffe entstehen:
— aus dem zugehörigen Kessel oder der Feuerungsanlage unverbrannt ausgetragenes Brennmaterial;
— unverbrannte Kohlenwasserstoffreste als Folge eines Kesselrohrbruches;
— Ruß- und Schwefelablagerungen;
— Ablagerungen z. B. von Textilprodukten, Schmierstoffen oder Kondensaten.

(2) Die tragenden Bauteile dürfen in der Regel durch die Brandeinwirkung nicht versagen; auch andere Teile in der Nähe des Schornsteins dürfen in der Regel nicht bis zu ihrem Flammpunkt erhitzt werden. Wenn die Gefahr von Feuer besteht, ist in der Regel ein geeigneter Brandschutz vorzusehen. Siehe EN 13084-6 und EN 13084-7.

2.3.3.8 Chemische Beanspruchung

(1) Zu chemischen Beanspruchungen siehe EN 13084-1.

2.4 Nachweise in Grenzzuständen

(1) Zu Bemessungswerten der Einwirkungen sowie Einwirkungskombinationen siehe EN 1990.

DIN EN 1993-3-2:2010-12
EN 1993-3-2:2006 (D)

(2) Zusätzlich zu den Nachweisen im Grenzzustand der Tragfähigkeit und den Ermüdungssicherheitsnachweisen kann die Begrenzung von Amplituden im Grenzzustand der Gebrauchstauglichkeit (siehe Abschnitt 7) maßgebend sein.

ANMERKUNG Teilsicherheitsbeiwerte für Nachweise im Grenzzustand der Tragfähigkeit siehe Anhang A.

2.5 Geometrische Werte

(1) Steifigkeit und Festigkeit tragender Bauteile sind in der Regel mit den Nennwerten der geometrischen Größen, gegebenenfalls unter Berücksichtigung sowohl des Korrosionszuschlags als auch des Temperatureinflusses, zu ermitteln. Siehe Abschnitte 3 und 5.

2.6 Dauerhaftigkeit

(1) Die Dauerhaftigkeit ist in der Regel durch die Durchführung der Ermüdungsnachweise (siehe Abschnitt 9), die Wahl einer rechnerisch geeigneten Wanddicke (siehe Abschnitt 4) und/oder einen angemessenen gewählten Korrosionsschutz gegeben. Siehe auch EN 1993-1-1, Abschnitt 4.

ANMERKUNG Der Nationale Anhang darf Angaben zur Entwurfslebensdauer des Bauwerks enthalten. Eine Entwurfslebensdauer von 30 Jahren wird empfohlen.

3 Werkstoffe

3.1 Allgemeines

(1) Siehe EN 1993-1-1, EN 1993-1-3 und 1993-1-4.

3.2 Baustähle

3.2.1 Werkstoffeigenschaften

(1) Die Veränderung der Werkstoffeigenschaften in Abhängigkeit von Umgebungs- und Betriebstemperaturen ist in der Regel zu berücksichtigen, siehe 3.2.2(1).

(2) Bei Temperaturen oberhalb von 400 °C sind die Auswirkungen des temperaturbedingten Kriechens in der Regel zu berücksichtigen, um Kriechbrüche zu vermeiden.

(3) Zu Zähigkeitsanforderungen an Baustahl siehe EN 1993-1-10.

3.2.2 Werkstoffeigenschaften allgemeiner Baustähle

(1) Zu mechanischen Eigenschaften allgemeiner Baustähle S 235, S 275, S 355, S 420, S 460 und zu wetterfesten Baustählen S 235, S 275, S 355 siehe EN 1993-1-1. Zu Eigenschaften bei höheren Temperaturen siehe EN 13084-7.

3.2.3 Mechanische Eigenschaften nichtrostender Stähle

(1) Zu mechanischen Eigenschaften nichtrostender Stähle bei Temperaturen bis 400 °C siehe EN 1993-1-4. Zu Eigenschaften bei höheren Temperaturen siehe EN 10088 und EN 13084-7.

3.3 Verbindungen

(1) Zu Werkstoffen von Verbindungsmitteln, Schweißzusatzwerkstoffen usw. siehe EN 1993-1-8.

4 Dauerhaftigkeit

4.1 Korrosionszuschlag

(1) Wenn für Oberflächen, die der Korrosion ausgesetzt sind, ein Korrosionszuschlag vorgesehen ist, sind Widerstand und Ermüdung in der Regel auf der Grundlage der Stahldicke ohne Korrosionszuschlag zu berechnen, sofern sich nicht ungünstigere Spannungen ergeben, wenn die Dicke einschließlich des Korrosionszuschlags berücksichtigt wird.

(2) Der Korrosionszuschlag ist in der Regel die Summe aus äußerem (c_{ext}) und innerem (c_{int}) Korrosionszuschlag, wie nachstehend angegeben. Diese Zuschläge sind in der Regel insgesamt oder anteilig für jeden weiteren 10-Jahres-Zeitraum anzusetzen, falls erforderlich.

(3) Der gesamte Korrosionszuschlag ist in der Regel zu der Dicke hinzuzurechnen, die aufgrund der Festigkeits- und Stabilitätsnachweise erforderlich ist.

4.2 Äußerer Korrosionszuschlag

(1) Der äußere Korrosionszuschlag ist in der Regel in Abhängigkeit von den Umgebungsbedingungen zu wählen.

ANMERKUNG Der Nationale Anhang kann Werte für den äußeren Korrosionszuschlag c_{ext} enthalten. Für normale Umgebungsbedingungen werden die Werte der Tabelle 4.1 empfohlen.

Tabelle 4.1 — Äußerer Korrosionszuschlag c_{ext}

Schutzsystem	Beaufschlagungsdauer	
	für die ersten 10 Jahre	für jeden weiteren 10-Jahres-Zeitraum
beschichteter allgemeiner Baustahl (ohne Konzept für die Instandhaltung der Beschichtung)	0 mm	1 mm
beschichteter allgemeiner Baustahl (mit einem Konzept für die Instandhaltung der Beschichtung)	0 mm	0 mm
beschichteter allgemeiner Baustahl, durch Wärmedämmung und wasserdichte Bekleidung geschützt	0 mm	1 mm
ungeschützter allgemeiner Baustahl	1,5 mm	1 mm
ungeschützter wetterfester Baustahl (siehe (3))	0,5 mm	0,3 mm
ungeschützter nichtrostender Stahl	0 mm	0 mm
ungeschützte innere Oberfläche des Tragrohrs und ungeschützte äußere Oberfläche des Innenrohres in einem doppelwandigen oder mehrzügigen Schornstein (bei allgemeinen oder wetterfesten Baustählen)	0,2 mm	0,1 mm

(2) Der äußere Korrosionszuschlag gilt nur für den oberen Abschnitt des Schornsteins mit der Länge $5b$, wobei b der äußere Durchmesser des Schornsteins ist. Wenn ein Schornstein aggressiven Umgebungsbedingungen ausgesetzt ist, die zum Beispiel durch Industrieemissionen, nahe gelegene Schornsteine oder unmittelbare Nähe zur See bedingt sind, ist in der Regel eine Erhöhung dieser Werte in Erwägung zu ziehen oder es sind andere Schutzmaßnahmen zu ergreifen.

(3) Folgende Maßnahmen sollten berücksichtigt werden:

a) Verbindungen sollten so ausgebildet werden, dass der Verbleib von Feuchtigkeit ausgeschlossen oder minimiert wird. Zum Beispiel sollten die Ausrichtung der Bauteile, Rand- und Lochabstände usw. in die Überlegungen miteinbezogen werden, oder es sollte ein besonderer Schutz der Verbindungen vorgesehen werden.

DIN EN 1993-3-2:2010-12
EN 1993-3-2:2006 (D)

b) Im Fußbereich des Schornsteins sollte die Vegetation von dem Bauwerk ferngehalten werden.

c) Unmittelbar einbetonierte Teile oder Teile für die Verankerung sollten beschichtet werden, um mögliche Korrosion infolge von Kontakt mit dem Erdreich und ständigem Kontakt mit Feuchtigkeit zu minimieren.

(4) Wenn wetterfester Stahl eingesetzt wird, sind in der Regel die Vorgaben in (3) zu berücksichtigen.

4.3 Innerer Korrosionszuschlag

(1) Werte für den inneren Korrosionszuschlag (c_{int}) werden in EN 13084-7 angegeben.

5 Tragwerksberechnung

5.1 Modellierung des Schornsteins zur Ermittlung der Beanspruchungen

(1) Im Allgemeinen braucht bei den Nachweisen des Schornsteins im Grenzzustand der Tragfähigkeit die Kopplung zwischen Tragrohr und Innenrohr nicht beachtet zu werden. Zwängungen des Innenrohrs, die sich ungünstig auf die Sicherheit des Rohrs auswirken können, sind jedoch in der Regel zu berücksichtigen.

ANMERKUNG Dämpfungseffekte infolge der Wechselwirkung zwischen Trag- und Innenrohr dürfen berücksichtigt werden. Der Nationale Anhang darf weitere Angaben dazu enthalten.

(2) Festigkeit und Stabilität des Innenrohrs sind in der Regel unter Berücksichtigung der vom Tragrohr aufgezwungenen Verformung nachzuweisen.

(3) Die Auswirkungen der Temperatur auf die Steifigkeit und Festigkeit der für den Schornstein verwendeten Stähle sind in der Regel zu berücksichtigen.

(4) Bei der Berechnung der Steifigkeit des Schornsteines ist in der Regel die Wanddicke des Rohrs ohne Korrosionszuschlag anzusetzen, es sei denn, dass die Wanddicke einschließlich Korrosionszuschlag ungünstigere Spannungen ergibt. Die beiden Korrosionszuschläge, der äußere und der innere, sind in der Regel nach 4.2 und 4.3 zu berücksichtigen.

5.2 Berechnung der Schnittgrößen und Spannungen

5.2.1 Untersuchung des Tragrohres

(1) Ermittlung der Schnittgrößen und Spannungen im Tragrohr siehe EN 1993-1-6.

(2) Im Allgemeinen darf eine lineare Berechnung (LA) des Tragrohrs erfolgen, und zwar entweder mit analytischen oder mit Finite-Element-Methoden.

ANMERKUNG Regeln und Formeln zur Berechnungsmethode LA von Zylindern und konischen Schalen sind in EN 1993-1-6 angegeben.

(3) Bei nicht ausgesteiften vertikal angeordneten zylindrischen Schalen dürfen die Membranspannungen infolge äußerer Einwirkungen mit Hilfe der Membrantheorie ermittelt werden, bei der der Zylinder als Balken betrachtet wird, wenn die Schalenwirkung, mit Ausnahme der Biegemomente in Umfangsrichtung infolge der ungleichmäßigen Verteilung des Winddrucks über den Umfang, vernachlässigt werden kann.

ANMERKUNG   Der Nationale Anhang darf Grenzbedingungen für die Vernachlässigung der Schalenwirkung angeben. Die folgenden Bedingungen und Nachweisverfahren werden empfohlen:

$$\frac{l}{r_m} \geq 0{,}14 \frac{r_m}{t} + 10 \qquad (5.1)$$

Dabei ist

l die Gesamthöhe;

r_m der mittlerer Radius des Tragrohres (in der Mitte der Schalenwand);

t die Wanddicke ohne Korrosionszuschlag.

Die Biegemomente in Umfangsrichtung je Längeneinheit dürfen näherungsweise wie folgt ermittelt werden:

$$m_y = 0{,}5\, r_m^2\, w_e \qquad (5.2)$$

Dabei ist

w_e der Winddruck auf die Außenfläche der Schale nach EN 1991-1-4, 5.1, in der Höhe z.

Biegemomente in Umfangsrichtung infolge des Winddrucks (für Grundwindgeschwindigkeiten bis zu 25 m/s (siehe EN 1991-1-4) dürfen bei nicht ausgesteiften zylindrischen Schalen vernachlässigt werden, wenn:

$$\frac{r_m}{t} \leq 160 \qquad (5.3)$$

Bei zylindrischen Schalen mit Ringsteifen und bei mehreren zusammengesetzten zylindrischen und konischen Schalen mit Ringsteifen dürfen die Membranspannungen unabhängig vom l/r_m- und vom r_m/t-Verhältnis nach der Membrantheorie ermittelt werden, wobei das Bauteil insgesamt als Balken angenommen werden darf. Die Schalenwirkung darf vernachlässigt werden, wenn folgende Bedingungen erfüllt sind:

— die zur Abtragung des Winddrucks vorgesehenen Ringsteifen wurden für die Aufnahme der Biegemomente in Umfangsrichtung bemessen;

— Ringsteifen, die in den Übergangsbereichen zwischen zylindrischen und konischen Teilen vorgesehen sind, wurden für die Aufnahme der Kräfte bemessen, die aus der Umlenkung der in Meridianrichtung wirkenden Membrankräfte resultieren.

Die Festigkeitsnachweise, siehe 6.2.1, und Beulsicherheitsnachweise, siehe 6.2.2, sind in der Regel mit den aus den oben aufgeführten Berechnungen resultierenden Schnittgrößen und Spannungen zu führen.

5.2.2   Imperfektionen

(1) Bei fußeingespannten auskragenden Schornsteinen ist in der Regel eine Schiefstellung anzunehmen, und zwar in Form einer seitlichen Abweichung Δ (in m) des Schornsteinkopfes aus der Lotrechten von

$$\Delta = \frac{h}{500}\sqrt{1 + \frac{50}{h}} \qquad (5.4)$$

Dabei ist

h die Gesamthöhe des Schornsteins in m.

(2) Örtliche Imperfektionen des Tragrohres sind bereits in den Festigkeitsformeln für den Beulsicherheitsnachweis nach EN 1993-1-6 berücksichtigt und brauchen beim Nachweis des Gesamtsystems nicht angesetzt zu werden.

ANMERKUNG   Siehe auch die maßgebenden geometrischen Toleranzen im Anhang E.

(3) Bauteilimperfektionen anderer Schornsteinbauteile unter zentrischem Druck sind in der Regel in Übereinstimmung mit EN 1993-1-1, 5.3 zu berücksichtigen.

5.2.3 Nachweis des Gesamtsystems

(1) Wenn das Tragrohr als Balken berechnet wird, siehe 5.2.1, kann nach Theorie I. Ordnung gerechnet werden, wenn:

$$\frac{N_b}{N_{crit}} \leq 0{,}10 \tag{5.5}$$

Dabei ist

N_b der Bemessungswert der gesamten Vertikallast am Fußpunkt des Tragrohres;

N_{crit} die elastische kritische Last am Fußpunkt des Tragrohres für Stabilitätsversagen (Knicken) (siehe EN 1993-1-6).

(2) Wenn das Tragrohr als Balken berechnet wird, siehe 5.2.1, und für das Gesamtsystem nach Theorie II. Ordnung gerechnet werden muss, können die Biegemomente nach Theorie II. Ordnung, M'_b, aus denen nach der Theorie I. Ordnung, M_b, abgeleitet werden gemäß:

$$M'_b = M_b \left(1 + \frac{\eta^2}{8}\right) \tag{5.6}$$

$$\eta = h\sqrt{\left(\frac{N_b}{EI}\right)} \tag{5.7}$$

Dabei ist

h die Gesamthöhe des Tragrohres;

EI die Biegesteifigkeit am Fußpunkt des Tragrohres.

(3) Diese vereinfachte Vorgehensweise darf nur angewendet werden, wenn:

$$\eta \leq 0{,}8 \tag{5.8a}$$

und

$$\frac{N_{top}}{N_b} \leq 0{,}10 \tag{5.8b}$$

Dabei ist

N_{top} der Bemessungswert der gesamten Vertikallast am Kopf des Tragrohres.

6 Grenzzustände der Tragfähigkeit

6.1 Allgemeines

(1)P Der Teilsicherheitsbeiwert γ_M ist wie folgt anzusetzen:

— Beanspruchbarkeit von tragenden Teilen oder Bauteilen mit Bezug auf die Streckgrenze f_y, wenn kein globales oder örtliches Stabilitätsversagen eintreten kann: γ_{M0};

— Beanspruchbarkeit von tragenden Teilen oder Bauteilen mit Bezug auf die Streckgrenze f_y, wenn globales oder örtliches Stabilitätsversagen eintreten kann: γ_{M1};

— Beanspruchbarkeit von tragenden Teilen oder Bauteilen mit Bezug auf die Zugfestigkeit f_u: γ_{M2};

— Beanspruchbarkeit von Verbindungen und Anschlüssen, siehe EN 1993-1-8.

ANMERKUNG Diese Werte dürfen im Nationalen Anhang festgelegt werden. Folgende Werte werden empfohlen:

$\gamma_{M0} = 1,00$

$\gamma_{M1} = 1,10$

$\gamma_{M2} = 1,25$

(2)P Bei Schornsteinen müssen folgende Grenzzustände nachgewiesen werden:

— statisches Gleichgewicht;

— Festigkeit der Tragelemente;

— Gesamtstabilität;

— örtliches Stabilitätsversagen ihrer tragenden Bauteile;

— Ermüdung ihrer tragenden Bauteile (einschließlich Ermüdung bei niedriger Lastspielzahl, wenn erforderlich);

— Versagen von Verbindungen.

6.2 Tragrohre

6.2.1 Festigkeitsnachweis

(1) Die Festigkeit des Tragrohres und des Innenrohres ist in der Regel gegen den Grenzzustand des plastischen Versagens oder des Bruches bei Zug nachzuweisen.

(2) Wenn das Tragrohr oder das Innenrohr für äußere Einwirkungen als Balken bemessen wird, siehe 5.2.1, geschieht dies in der Regel in Übereinstimmung mit EN 1993-1-1 oder EN 1993-1-3, wobei die Querschnitts-Klasse des Rohrabschnittes zu beachten ist.

(3) In allen anderen Fällen sollte das Tragrohr oder das Innenrohr in Übereinstimmung mit den in EN 1993-1-6 angegebenen Methoden geprüft werden.

(4) Eine Schwächung von Querschnittsteilen durch Ausschnitte und Öffnungen (z. B. Mannlöcher, Abgaseintrittsöffnung usw.) wird in der Regel durch eine entsprechend bemessene Verstärkung kompensiert, wobei die örtliche Schalenstabilität und Ermüdungswirkungen zu berücksichtigen sind, was dazu führen kann, dass Steifen im Bereich der Öffnungsränder erforderlich sind, siehe Bild 6.1.

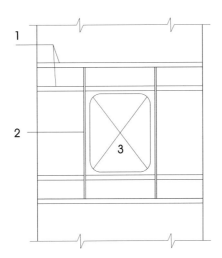

Legende

1 mögliche Ringsteifen
2 Längssteifen
3 Öffnung

Bild 6.1 — Aussteifungen um Ausschnitte und Öffnungen

(5) Wenn Längssteifen angeordnet werden, ist in der Regel sicherzustellen, dass Biegespannungen des Tragrohrs in Umfangsrichtung, die sich ober- und unterhalb in der Nähe der Öffnung einstellen, berücksichtigt werden, wenn die Lastverteilung der in Meridianrichtung (längs) verlaufenden Spannungen berücksichtigt wird.

(6) Längssteifen sind in der Regel ausreichend lang zu wählen, damit sie in der Lage sind, die Kräfte in den ungeschwächten Bereich des Tragrohres einzuleiten.

ANMERKUNG Der Nationale Anhang darf Grenzbedingungen für die Öffnungen definieren. Die folgenden Grenzen werden empfohlen. Die örtliche Spannungsverteilung kann im Allgemeinen als ausreichend erachtet werden, wenn die Vorbindelänge der Steifen oberhalb und unterhalb der Öffnung mindestens das 0,8-fache des Abstands zwischen den Steifen oder das 0,8-fache der Höhe der Öffnung beträgt, je nachdem, welcher Wert größer ist, und der Öffnungswinkel maximal 120° beträgt.

(7) Zusätzliche Ringsteifen im Bereich des Öffnungsrandes und am Ende der Längssteifen dürfen zur Aufnahme der Biegespannungen in Umfangsrichtung eingesetzt werden.

(8) Ringsteifen sind in der Regel nach EN 1993-1-6, Anhang C nachzuweisen.

6.2.2 Stabilitätsnachweise

(1) Die Stabilität des Tragrohrs ist in der Regel sicherzustellen, indem lokales Schalenbeulen für den Grenzzustand der Tragfähigkeit nach EN 1993-1-6, Abschnitt 8 nachgewiesen wird.

(2) Wenn das Tragrohr im Hinblick auf äußere Einwirkungen insgesamt als Balken berechnet wird, siehe 5.2.1, ist in der Regel das Konzept des spannungsbasierten Nachweises nach EN 1993-1-6 anzuwenden.

(3) Wenn die Balkentheorie II. Ordnung anzuwenden ist, siehe 5.2.3, ist der Beulsicherheitsnachweis in der Regel mit den Membrandruckspannungen in Meridianrichtung, welche die Effekte aus Theorie II. Ordnung beinhalten, zu führen.

6.3 Sicherheitsbewertung anderer Schornsteinbauteile

(1) Die Festigkeit und Stabilität von stabförmigen Schornsteinbauteilen sind in der Regel als Teil des Tragrohres nachzuweisen, siehe 6.2.

(2) Die Festigkeit und Stabilität von Innenrohren von doppelwandigen oder mehrzügigen Schornsteinen sind in der Regel analog zum Tragrohr nachzuweisen, siehe 6.2.

(3) Gegebenenfalls kann der Schalenbeulnachweis eines Innenrohres wie ein Gebrauchstauglichkeitsnachweis gehandhabt werden, siehe Abschnitt 7.

(4) Wenn das Tragsystem eines Schornsteins mit anderen Bauteilen verbunden ist, sind die Festigkeit und Stabilität dieser Teile und deren Verbindungen in der Regel nach 6.2 und 6.4 nachzuweisen.

6.4 Anschlüsse und Verbindungen

6.4.1 Grundlagen

(1) Zu Anschlüssen und Verbindungen siehe EN 1993-1-8.

ANMERKUNG Die Teilsicherheitsbeiwerte für Anschlüsse und Verbindungen in Schornsteinen dürfen im Nationalen Anhang angegeben werden. Die numerischen Werte in EN 1993-1-8, Tabelle 2.1 werden empfohlen.

6.4.2 Geschraubte Flanschverbindungen

(1) Die Spannung in den Schrauben und im Flansch ist in der Regel unter Berücksichtigung der Außermittigkeit der Lasten aus dem Tragrohr zu ermitteln.

ANMERKUNG Der Nationale Anhang darf zusätzliche Informationen zur Berechnung und Konstruktion von geschraubten Flanschverbindungen geben.

(2) Flansche sind in der Regel ohne Unterbrechungen mit dem Tragrohr zu verschweißen. In der Regel dürfen unterbrochene Schweißnähte nicht ausgeführt werden.

(3) Es sollten vorgespannte hochfeste Schrauben verwendet werden.

(4) Der maximal zulässige Abstand zwischen den Schraubenlöchern (Lochmitte) beträgt in der Regel 10 d. Bei Fragen der Dichtheit sollte EN 13084-6 zu Rate gezogen werden, da der Schraubenabstand eventuell weiter reduziert werden müsste (möglicherweise bis 5 d), wobei d der Schraubendurchmesser ist.

(5) Der kleinste Schraubendurchmesser ist in der Regel d = 12 mm.

(6) Da die Schrauben über die gesamte Lebensdauer des Schornsteines in der Regel überprüfbar sein sollten, sind innen liegende Flansche möglichst zu vermeiden.

(7) Flansche werden in der Regel zu einem Ring gebogen, der möglichst genau zur Form des Tragrohrs passt. Spalte zwischen Flansch und Tragrohr sind in der Regel so auszubilden, dass die Schweißanforderungen eingehalten werden können.

(8) Die Möglichkeit der Spannungskonzentrationen im Tragrohr in der Nähe der Schrauben, die Biegung im Flansch und im Tragrohr und zusätzliche Spannungen infolge möglicher Deformationen sind in der Regel zu berücksichtigen.

(9) Temperatur und Temperaturwechsel sind in der Regel bei der Bemessung und Konstruktion von Flanschverbindungen besonders zu beachten.

6.4.3 Anschluss eines Schornsteins an ein Fundament oder ein tragendes Bauwerk

(1) Der Anschluss des Tragrohres an das Stahlbetonfundament oder die Stützkonstruktion hat in der Regel das Einspannmoment, die Normalkraft und die Querkraft am Fuß des Tragrohres sicher aufzunehmen und in das Fundament einzuleiten.

(2) Wenn der Anschluss mit Hilfe einer Fußplatte und Ankerschrauben ausgeführt wird, sind die Ankerkräfte in der Regel unter Beachtung der Außermittigkeit der Lasten aus dem Tragrohr zu berechnen.

ANMERKUNG 1   Der Nationale Anhang darf weitere Informationen zur Berechnung und Konstruktion von Verbindungen zum Fundament geben.

ANMERKUNG 2   Zum Ermüdungsnachweis siehe Abschnitt 9.

ANMERKUNG 3   Möglicherweise erfüllen beispielsweise auch nicht vorgespannte Schrauben die Anforderungen an die Ermüdung, wenn die Schwingungen mit Hilfe aerodynamischer oder dämpfender Maßnahmen reduziert werden.

(3) Wenn der Anschluss vom Tragrohr an das Fundament in anderer Weise erfolgt, zum Beispiel indem das Tragrohr verlängert und in das Fundament direkt einbetoniert wird, ist in der Regel nachzuweisen, dass das statische Modell zutreffend ist, und die dafür erforderliche konstruktive Ausbildung sollte berücksichtigt werden.

6.5 Schweißverbindungen

(1) Zu Schweißverbindungen an Stahlschornsteinen siehe EN 1993-1-8, EN 1993-1-9 und EN 13084-1.

7 Grenzzustände der Gebrauchstauglichkeit

7.1 Grundlagen

(1) Die folgenden Grenzzustände der Gebrauchstauglichkeit von Stahlschornsteinen sind in der Regel zu berücksichtigen:

— Verformungen oder Auslenkungen in Windrichtung oder quer zur Windrichtung, die sich nachteilig auf den Eindruck vom Bauwerk oder dessen Nutzung auswirken;

— Vibrationen, Schwingungen oder Schiefstellungen, die umstehende Personen beunruhigen können;

— Verformungen, Auslenkungen, Vibrationen, Schwingungen oder Schiefstellungen, die Schäden an nicht tragenden Teilen hervorrufen.

(2) Wenn in den jeweiligen Abschnitten vereinfachte konstruktive Regeln für die Gebrauchstauglichkeit angegeben sind, brauchen keine detaillierten Berechnungen mit kombinierten Einwirkungen durchgeführt zu werden.

ANMERKUNG   Für alle Gebrauchstauglichkeitsnachweise werden die Teilsicherheitsbeiwerte üblicherweise mit 1,0 angenommen.

7.2 Auslenkungen

(1) Der Wert der Auslenkung (δ_{max}) an der Mündung eines selbsttragenden Schornsteins infolge der charakteristischen Belastung in Windrichtung, nach EN 1991-1-4, ist in der Regel zu begrenzen.

ANMERKUNG   Der Nationale Anhang darf Grenzwerte angeben. Der folgende Wert wird empfohlen.

$$\delta_{max} = h/50 \tag{7.1}$$

Dabei ist h die Gesamthöhe des Schornsteins.

(2) Die Werte für die Schwingwegamplituden an der Mündung eines selbsttragenden Schornsteins infolge von Wirbelablösung sind in der Regel zu begrenzen.

ANMERKUNG 1   Zur Bestimmung der maximalen Werte siehe EN 1991-1-4, Anhang E.

ANMERKUNG 2   Der Nationale Anhang darf Grenzwerte für Schwingwegamplituden angeben. Wenn die Sicherheitsklassen nach Anhang A dieses Teils genutzt werden, wird empfohlen, die Grenzwerte nach Tabelle 7.1 zu verwenden.

Tabelle 7.1 — Maximale Amplitude der Querschwingung

Sicherheitsklasse	Vorgeschlagene Grenzwerte der Querschwingungsamplitude	
3	0,05	mal Außendurchmesser
2	0,10	mal Außendurchmesser
1	0,15	mal Außendurchmesser

8 Versuchsgestützte Bemessung

(1) Die in EN 1990 angegebenen Regeln für die versuchsgestützte Bemessung und Konstruktion sind in der Regel anzuwenden.

(2) Werte für das logarithmische Dämpfungsdekrement, die von EN 1991-1-4 abweichen, sind in der Regel durch einen Versuch nachzuweisen. Zur Anleitung siehe Anhang D.

9 Ermüdung

9.1 Allgemeines

(1) In der Regel sind die Ermüdungswirkungen von Spannungsschwingbreiten infolge von Kräften in Windrichtung und quer zur Windrichtung zu berücksichtigen.

ANMERKUNG   Da die Ermüdungsbeanspruchung infolge von wirbelerregten Querschwingungen üblicherweise maßgeblich für die Bemessung ist, braucht eine Ermüdungsuntersuchung aus Belastungen in Windrichtung üblicherweise nicht durchgeführt zu werden.

(2) Zu Ermüdungsuntersuchungen siehe EN 1993-1-9.

(3) Wenn die Methode mit geometrischen Spannungen angewandt wird, wie z. B. an Öffnungen oder an besonderen Verbindungsausführungen, dürfen Spannungskonzentrationsbeiwerte nach EN 1993-1-6 verwendet werden.

ANMERKUNG   Der Nationale Anhang darf nähere Informationen zu Verfahren für die Spannungsberechnung geben.

(4) Für Schornsteine aus hitzebeständigen Stahllegierungen, die bei Temperaturen > 400 °C eingesetzt werden, ist in der Regel eine temperaturbedingte Schädigung des Werkstoffs zusätzlich zur Ermüdungsschädigung zu berücksichtigen.

ANMERKUNG   Der Nationale Anhang darf weitere Informationen geben.

(5) Ermüdung durch Korrosion wird in diesem Teil nicht behandelt.

9.2   Ermüdungsbeanspruchung

9.2.1   Schwingungen in Windrichtung

(1) Bei der Ermittlung der Ermüdungsbeanspruchungen in Windrichtung sind in der Regel böenerregte Schwingungen zu berücksichtigen.

ANMERKUNG   Ein Verfahren für die Bestimmung von Ermüdungsbeanspruchungen infolge von böenerregten Schwingungen in Windrichtung ist in EN 1993-3-1, 9.2.1 zu finden.

9.2.2   Querschwingungen

(1) Die Ermüdungsbeanspruchung infolge wirbelerregter Querschwingungen darf mit Hilfe der maximalen Spannungsschwingbreiten ermittelt werden.

ANMERKUNG   Zur Ermittlung der Spannungsschwingbreiten und der Lastspielzahl siehe 2.4 und EN 1991-1-4, E.1.5.2.6.

(2) Bei Schornsteinen, die niedriger als 3 m sind, braucht kein Ermüdungsnachweis geführt zu werden.

(3) Wenn die kritische Windgeschwindigkeit für Wirbelerregung des Schornsteins größer als 20 m/s ist, brauchen die Korrelationslängen, die sich unterhalb von 16 m Höhe über dem Boden befinden, nicht berücksichtigt zu werden, siehe EN 1991-1-4.

(4) In der Regel sind höhere Eigenschwingformen zu berücksichtigen, wenn die kritische Windgeschwindigkeit für diese Eigenschwingformen geringer als die Grenzgeschwindigkeit ist, siehe EN 1991-1-4.

9.3   Ermüdungsfestigkeit im Bereich hoher Lastspielzahlen

(1) Die Tabellen der Ermüdungsfestigkeit für die konstruktiven Details von geschweißten Schalenbauteilen von Schornsteinen in EN 1993-1-9 sind zu beachten.

ANMERKUNG   Hilfen zur Anwendung von EN 1993-1-9 und zur Erhöhung der Ermüdungsfestigkeit durch die Qualität der Schweißung sind in Anhang C angegeben.

(2) Wenn anstelle eines Korrosionsschutzes ein Korrosionszuschlag zur Blechdicke vorgesehen wird, sollte das Detail um eine Kerbfallklasse tiefer eingestuft werden als in den Tabellen der Kerbfallklassen angegeben, siehe EN 1993-1-9, Bild 7.1.

9.4   Sicherheitsnachweis

(1) Der Ermüdungsnachweis ist in der Regel nach EN 1993-1-9, 8(2) zu führen.

$$\Delta\sigma_{E,2} = \lambda\Delta\sigma_E \qquad (9.1)$$

Dabei ist

λ der Faktor für die Umrechnung von $\Delta\sigma_E$ in N_C = 2 × 10^6 Lastspiele;

$\Delta\sigma_E$ die Spannungsschwingbreite, die mit der Lastspielzahl N auftritt (siehe 9.2), gegebenenfalls auch unter Berücksichtigung des Spannungskonzentrationsfaktors.

(2) Der Umrechnungsfaktor λ kann ermittelt werden aus

$$\lambda = \left(\frac{N}{2 \times 10^6}\right)^{\frac{1}{m}}$$

(9.2)

Dabei ist

m die Steigung der Wöhlerlinie.

9.5 Teilsicherheitsbeiwerte

(1) Teilsicherheitsbeiwerte für die Ermüdung sind in der Regel so anzunehmen wie in EN 1993-1-9, Abschnitte 3(6) und (7) und 6.2(1) festgelegt.

ANMERKUNG Der Nationale Anhang darf Zahlenwerte für γ_{Ff} und γ_{Mf} angeben. Für γ_{Ff} wird der Wert γ_{Ff} = 1,00 empfohlen. Für γ_{Mf} siehe EN 1993-1-9, Tabelle 3.1.

Anhang A
(normativ)

Zuverlässigkeitsdifferenzierung und Teilsicherheitsbeiwerte für Einwirkungen

A.1 Zuverlässigkeitsdifferenzierung für Stahlschornsteine

(1) Für Schornsteine ist eine Zuverlässigkeitsdifferenzierung nach Sicherheitsklassen vorzunehmen.

ANMERKUNG Der Nationale Anhang darf relevante Sicherheitsklassen abhängig von der Schadensfolge angeben. Es wird empfohlen, die Klassen in Tabelle 1 zu verwenden.

Tabelle A.1 — Zuverlässigkeitsdifferenzierung für Schornsteine

Sicherheitsklasse	
3	Schornsteine, die an wichtigen Orten stehen, wie zum Beispiel in Kernkraftwerken oder in dicht besiedelten Stadtgebieten. Größere Schornsteine in Industrieanlagen, in denen Menschen arbeiten, wo die wirtschaftlichen und sozialen Folgen eines Einsturzes sehr groß wären.
2	Alle gewöhnlichen Schornsteine in Industrieanlagen oder an anderen Standorten, die sich nicht der Klasse 1 oder Klasse 3 zuordnen lassen.
1	Schornsteine, die auf freiem Gelände stehen und deren Versagen keine weitergehenden Schäden verursachen würde. Schornsteine, die kleiner als 16 m sind und die in unbewohntem Gelände stehen.

A.2 Teilsicherheitsbeiwerte für Einwirkungen

(1) Die Teilsicherheitsbeiwerte können von der Sicherheitsklasse des Schornsteins abhängig sein.

ANMERKUNG 1 Bei der Wahl der Teilsicherheitsbeiwerte für ständige Einwirkungen γ_G und für veränderliche Einwirkungen γ_Q darf berücksichtigt werden, dass Windeinwirkungen für die Bemessung vorherrschend sind.

ANMERKUNG 2 Der Nationale Anhang darf Angaben zu γ_G und γ_Q enthalten. Bei Anwendung der Tabelle A.1 werden die Zahlenwerte in Tabelle A.2 empfohlen.

Tabelle A.2 — Teilsicherheitsbeiwerte für ständige und für veränderliche Einwirkungen

Art der Einwirkung	Sicherheitsklasse, siehe Anmerkung zu 2.1.2	Ständige Einwirkungen	Veränderliche Einwirkungen
Ungünstig	3	1,2	1,6
	2	1,1	1,4
	1	1,0	1,2
Günstig	alle Klassen	1,0	0,0
Störfälle		1,0	1,0

ANMERKUNG 3 Der Nationale Anhang darf auch Informationen für die Verwendung von dynamischen Antwortberechnungen für Windeinwirkungen geben, siehe auch EN 1993-3-1, Anhang B.

DIN EN 1993-3-2:2010-12
EN 1993-3-2:2006 (D)

Anhang B
(informativ)

Aerodynamische und dämpfende Maßnahmen

B.1 Allgemeines

(1) In Übereinstimmung mit üblichen Methoden der Aerodynamik und der Baudynamik können Schwingungen mit Hilfe der folgenden einzelnen oder kombinierten Maßnahmen wirksam reduziert werden:

— aerodynamische Maßnahmen wie z. B. schraubenförmige Wendeln, Spoiler oder perforierte Blechmäntel;

— Schwingungsdämpfer;

— Seilverspannung mit dämpfenden Eigenschaften;

— direkte Dämpfung (gegen einen Fixpunkt).

B.2 Aerodynamische Maßnahmen

(1) Aerodynamische Maßnahmen, wie Wendeln, perforierte Bleche oder Streifen, welche die regelmäßige Wirbelablösung stören, dürfen eingesetzt werden, um die Erregerkraft zu reduzieren. Stahlschornsteine mit schraubenförmigen Wendeln dürfen nach den im Folgenden genannten Kriterien ausgelegt werden, wenn die Scrutonzahl größer als 8 ist (siehe EN 1991-1-4, Anhang E). Für andere aerodynamische Maßnahmen sollten unabhängige Untersuchungen, wie zum Beispiel Windkanalversuche, hinsichtlich ihrer Wirksamkeit durchgeführt werden.

(2) Wenn schraubenförmige Wendeln im oberen Bereich des Schornsteins angeordnet werden, darf der Grundwert des aerodynamischen Erregerkraftbeiwertes c_{lat}, der dann über die gesamte Höhe des Schornsteins anzusetzen ist, mit folgendem Abminderungsfaktor α multipliziert werden.

$$\alpha = \left(1 - \frac{l_S}{h}\right)^3$$

(B.1)

Dabei ist

l_S die Länge des Bereichs des Rohrs, der mit Wendeln versehen ist;

h die Gesamthöhe des Schornsteins.

(3) Gleichung (B.1) sollte in der Regel nur angewendet werden, wenn die folgenden Bedingungen für die Geometrie derartiger schraubenförmiger Wendeln erfüllt sind:

— dreigängige Wendeln;

— Ganghöhe der Wendel h_S = 4,5 b bis 5,0 b; (B.2a)

— Wendeltiefe t = 0,10 b bis 0,12 b; (B.2b)

— die Wendeln erstrecken sich über eine Länge l_S von mindestens 0,3 h; üblicherweise 0,3 h bis 0,5 h. Darüber hinaus ist es zulässig, am Schornsteinkopf einen Bereich mit einer Länge von maximal 1,0 b nicht mit Wendeln auszurüsten, der der Länge l_S in Gleichung (B.1) zugerechnet werden darf.

Der Durchmesser des Schornsteins ist b.

ANMERKUNG Vorstehend wird angenommen, dass das Berechnungsverfahren 1 von EN 1991-1-4, Anhang E angewandt wird. Bei der Berechnung der Querschwingungsamplitude ist der Wirklängenfaktor K_w mit 1,0 anzusetzen (siehe EN 1991-1-4, E.1.5.2.1).

(4) Bei zwei oder mehr gleichartigen Schornsteinen, die dicht beieinander stehen, können die Wendeln weniger wirksam sein als sich nach Formel (B.1) ergibt. Wenn der Mittenabstand zwischen den Schornsteinen weniger als 5 d beträgt, sollten entweder besondere Untersuchungen im Hinblick auf die Wirksamkeit der Wendeln gegen wirbelerregte Querschwingungen durchgeführt werden, oder es sollte angenommen werden, dass die Wendeln ihren Zweck nicht erfüllen.

(5) Das Anbringen von Wendeln oder Störstreifen erhöht den Windwiderstandsbeiwert des Schornsteinabschnitts, an dem sie angebracht sind. Für Wendeln, deren Höhe bis zu 0,2 × Schornsteindurchmesser beträgt, sollte der Winddruckbeiwert bezogen auf den äußeren Durchmesser (die Wendelhöhe einbezogen) mit 1,2 angesetzt werden.

B.3 Dynamische Schwingungsdämpfer

(1) Ein dynamischer Schwingungsdämpfer kann zur Reduzierung von Schwingungen eingesetzt werden, z. B. mit einer elastisch gelagerten schwingfähigen Zusatzmasse. Der Dämpfer sollte unter Berücksichtigung der Masse, Eigenfrequenz, Dämpfung und anderer wichtiger Parameter so bemessen und konstruiert werden, dass die Bauwerksdämpfung angehoben wird.

(2) Die erforderliche Größe der effektiven Dämpfung ist im Allgemeinen aus der Berechnung der Querschwingungen und deren Ermüdungswirkungen zu ermitteln.

(3) Eine Prüfung der Funktionsfähigkeit, der Frequenzabstimmung und der Dämpfung des Systems sollte vorgenommen werden. Es sollte ein Bescheinigung angefertigt werden, aus der hervorgeht, dass die erzielte Dämpfung mit den vorgelegten Berechnungen übereinstimmt.

(4) Wenn Schwingungsdämpfer eingebaut werden, sollte vom Hersteller angegeben werden, in welchen Intervallen die Inspektion und/oder die Wartung des Dämpfers zu erfolgen haben.

B.4 Seile mit dämpfenden Vorrichtungen

(1) Seile mit dämpfenden Einrichtungen können eingesetzt werden, um zusätzliche Dämpfung zu erzielen.

(2) Die Wirksamkeit derartiger Dissipationsmaßnahmen sollte durch geeignete Versuche am fertig gestellten Schornstein nachgewiesen werden.

(3) Wenn die Seilenden unverschieblich verankert sind, sollte ein statischer Nachweis für das Bauwerk einschließlich der Seile unter Berücksichtigung der maximalen Windlast erbracht werden.

B.5 Direkte Dämpfung

(1) Wenn ein Festpunkt in der Nähe des Schornsteins in ausreichender Höhe zur Verfügung steht, kann eine direkte Dämpfung vorgenommen werden, indem ein Dämpfungselement zwischen dem Schornstein und dem Festpunkt eingebaut wird.

ANMERKUNG Für gekoppelte gleichartige Schornsteine mit identischer Eigenfrequenz kann keine Dämpfungserhöhung aufgrund der Kopplung angesetzt werden.

Anhang C
(informativ)

Ermüdungsfestigkeit und Qualitätsanforderungen

C.1 Allgemeines

(1) Bei der Wahl der passenden Detailkategorie aus EN 1993-1-9, Tabellen 8.1 bis 8.5 können Schalendetails, wie in Tabelle C.1 dargestellt, als flach angenommen werden.

(2) Das unterste Qualitätsniveau ermüdungsbelasteter Schweißnähte am Tragrohr ist die Qualitätsstufe C nach EN ISO 5817.

C.2 Erhöhung der Ermüdungsfestigkeit bei speziellen Qualitätsanforderungen

(1) Werden erhöhte Qualitätsanforderungen gestellt und führen diese Qualitätsanforderungen zu einer Erhöhung der Ermüdungsfestigkeit, so kann ein um eine Stufe höherer Kerbfall benutzt werden als in EN 1993-1-9 angegeben, wenn dies durch geeignete Prüfungen bestätigt wird.

ANMERKUNG Der Nationale Anhang darf Hinweise zu den in Frage kommenden Kerbfällen und den zugehörigen Qualitätsanforderungen enthalten. Für nachstehende Kerbfälle kann eine Erhöhung der Ermüdungsfestigkeit angenommen werden, wenn die Qualitätsstufe B angewendet wird:
- Querstoß in Rohrschüssen mit Stumpfnaht, von beiden Seiten geschweißt;
- Längsstoß in Rohrschüssen, durchlaufend mit Schweißautomaten geschweißt;
- Längssteg, an Rohrschuss durchlaufend angeschweißt, mit oder ohne kontinuierlichem Schubfluss;
- Kreuzstöße mit teilweise durchgeschweißten Nähten.

Tabelle C.1 — Ermüdungsfestigkeit von typischen Details

Verweis	Konstruktive Details	Beschreibung
EN 1993-1-9 Tabelle 8.3 Details 4 und 7		Querstoß in Rohrschüssen Stumpfnaht, von beiden Seiten geschweißt
EN 1993-1-9 Tabelle 8.3 Detail 14		Querstoß in Rohrschüssen Stumpfnaht, einseitig geschweißt

Tabelle C.1 (*fortgesetzt*)

Verweis	Konstruktive Details	Beschreibung
EN 1993-1-9 Tabelle 8.3 Detail 16 (< 1:4)		Querstoß in Rohrschüssen Stumpfnaht, geschweißt auf verbleibender Wurzelunterlage
Detail Kategorie 50		Querstoß in Rohrschüssen Stumpfnaht, einseitig geschweißt
EN 1993-1-9 Tabelle 8.2 Detail 10		Längsstoß in Rohrschüssen, durchlaufend mit Schweißautomaten geschweißt
EN 1993-1-9 Tabelle 8.2 Details 1, 2, 3, 5 und 7		Längssteg, an Rohrschuss durchlaufend angeschweißt
EN 1993-1-9 Tabelle 8.5 Detail 8		Längssteg, an Rohrschuss durchlaufend angeschweißt, unter Schubbeanspruchung (Quersteg analog)
EN 1993-1-9 Tabelle 8.4 Details 6 und 7		Quersteg, an Rohrschuss durchlaufend angeschweißt
EN 1993-1-9 Tabelle 8.4 Details 6 und 7		kurzer Quersteg, an Rohrschuss umlaufend angeschweißt (auch für durchlaufenden Quersteg mit unterbrochener Naht)

Tabelle C.1 (*fortgesetzt*)

Verweis	Konstruktive Details	Beschreibung
EN 1993-1-9 Tabelle 8.5 Details 1, 2 und 3		Kreuzstöße mit teilweise durchgeschweißten Nähten
EN 1993-1-9 Tabelle 8.4 Detail 9		Angeschweißter Rundstahl oder Kopfbolzendübel
EN 1993-1-9 Tabelle 8.4 Detail 2		Längssteg, an Rohrschuss angeschweißt
EN 1993-1-9 Tabelle 8.4 Detail 1		Kurzer Längssteg, an Rohrschuss angeschweißt
EN 1993-1-9 Tabelle 8.2 Detail 8		Durchlaufender Längssteg mit unterbrochener Naht
EN 1993-1-9 Tabelle 8.5 Details 6 und 7		Pflasterblech (mit oder ohne weitere Anschlussstücke), an Rohrschuss angeschweißt

Tabelle C.1 (*fortgesetzt*)

Verweis	Konstruktive Details	Beschreibung
EN 1993-1-9 Tabelle 8.5 Details 1, 2 und 3		Fußring mit Kehl- und Stumpfnaht
EN 1993-1-9 Tabelle 8.5 Detail 11		Flanschverbindung mit Stumpfnaht In der konstruktiven Ausführung der Schrauben siehe EN 1993-1-8
EN 1993-1-9 Tabelle 8.5 Detail 12		Flanschverbindung mit Kehlnähten In der konstruktiven Ausführung der Schrauben siehe EN 1993-1-8

Anhang D
(informativ)

Versuchsgestützte Bemessung

D.1 Allgemeines

(1) Wenn die in EN 1991-1-4 angegebenen Werte für das logarithmische Dämpfungsdekrement als nicht zutreffend angesehen werden oder wenn nach der Installation von Dämpfungsmaßnahmen die Wirksamkeit dieser Dämpfer überprüft werden muss, sollten die folgenden Hinweise beachtet werden, um das logarithmische Dämpfungsdekrement mit Hilfe von Versuchen zu ermitteln.

D.2 Definition des logarithmischen Dämpfungsdekrements

(1) Für die Definition des logarithmischen Dämpfungsdekrements siehe EN 1991-1-4, Anhang D.

D.3 Vorgehensweise bei der Messung des logarithmischen Dämpfungsdekrements

(1) Die Messgrößen können die Schwingbeschleunigung, die Verformung, Kräfte oder Dehnungen des Schornsteins sein.

(2) Es dürfen unterschiedliche Methoden für die Messung angewendet werden, wie Ausschwingversuch, Autokorrelationsmethode oder Methode der Halbwertsbreite.

(3) Es sollte sichergestellt sein, dass die Messung die gesamte Schwingenergie erfasst; daher sollte die Messung gleichzeitig in zwei orthogonalen Richtungen erfolgen.

(4) Bei der Auswertung der Messwerte sollte die Abhängigkeit von der Schwingamplitude berücksichtigt werden.

(5) Die Amplitude während des Versuchs sollte die gleiche Größenordnung aufweisen wie die berechnete Wirbelresonanzamplitude des Schornsteins, oder es sollte sichergestellt sein, dass die für die berechnete Amplitude angenommene Dämpfung auf der sicheren Seite liegt.

(6) Wenn während des Versuchs Wind herrscht, sollte der Einfluss der aerodynamischen Dämpfung vom Messwert abgezogen werden. Für die Definition der aerodynamischen Dämpfung siehe EN 1991-1-4, Anhang D.

Anhang E
(informativ)

Ausführung

E.1 Allgemeines

(1) Schornsteine sind in der Regel gemäß der Ausführungsnorm EN 1090-2 herzustellen und zu montieren. Die in EN 13084-7 angegebenen besonderen Anforderungen für Schornsteine sind in der Regel zu beachten.

(2) Die Ausführungstoleranzen in E.2 sind in der Regel bei der Bemessung und Konstruktion zu beachten.

ANMERKUNG Die Regeln für Festigkeit und Stabilität in EN 1993-3-2 basieren auf der Annahme, dass die besonderen Herstellungstoleranzen nach E.2 eingehalten werden.

(3) In der Regel ist zwischen den Flanschen beim Zusammenbau vor dem Verschrauben nur ein Spalt von höchstens 1,5 mm zulässig.

(4) Flansche sind in der Regel eben auszuführen mit einer Toleranz von 0,5 mm je 100 mm Breite und einer Gesamttoleranz von 1,0 mm auf den Umfang bezogen.

(5) Bei Schornsteinen, die mit einer Fußplatte und Ankerschrauben hergestellt werden, ist in der Regel zwischen der Fußplatte und dem Fundament schwindfreier Beton zu verwenden.

E.2 Ausführungstoleranzen

(1) Die zulässige Abweichung des Tragrohres aus der Lotrechten auf jedem Höhenniveau h (in m) über dem Fuß eines selbsttragenden Schornsteins ist in der Regel:

$$\Delta = \frac{h}{1\,000}\sqrt{1+\frac{50}{h}} \tag{E.1}$$

(2) Diese Abweichung gilt in der Regel auch für die Mittelachse von Innenrohren.

E.3 Qualität der Schweißverbindungen und Ermüdung

(1) Die Qualität von Schweißverbindungen, die nach angegebenem Kerbfall des konstruktiven Details, siehe 9.3, gefordert wird, ist in der Regel auf den Werkstattzeichnungen anzugeben.

Dezember 2010

| DIN EN 1993-3-2/NA | |

ICS 91.010.30; 91.060.40; 91.080.10

Mit DIN EN 1993-3-2:2010-12
Ersatz für
DIN V 4133:2007-07

**Nationaler Anhang –
National festgelegte Parameter –
Eurocode 3: Bemessung und Konstruktion von Stahlbauten –
Teil 3-2: Türme, Maste und Schornsteine – Schornsteine**

National Annex –
Nationally determined parameters –
Eurocode 3: Design of steel structures –
Part 3-2: Towers, masts and chimneys – Chimneys

Annexe Nationale –
Paramètres déterminés au plan national –
Eurocode 3: Calcul des structures en acier –
Partie 3-2: Tours, mâts et cheminées – Cheminées

Gesamtumfang 10 Seiten

Normenausschuss Bauwesen (NABau) im DIN

Vorwort

Dieses Dokument wurde vom NA 005-11-37 AA „Industrieschornsteine (Sp CEN/TC 297)" erstellt.

Dieses Dokument bildet den Nationalen Anhang zu DIN EN 1993-3-2:2010-12, *Eurocode 3: Bemessung und Konstruktion von Stahlbauten — Teil 3-2: Türme, Maste und Schornsteine — Schornsteine*.

Die Europäische Norm EN 1993-3-2 räumt die Möglichkeit ein, eine Reihe von sicherheitsrelevanten Parametern national festzulegen. Diese national festzulegenden Parameter (en: Nationally determined parameters, NDP) umfassen alternative Nachweisverfahren und Angaben einzelner Werte, sowie die Wahl von Klassen aus gegebenen Klassifizierungssystemen. Die entsprechenden Textstellen sind in der Europäischen Norm durch Hinweise auf die Möglichkeit nationaler Festlegungen gekennzeichnet. Eine Liste dieser Textstellen befindet sich im Unterabschnitt NA 2.1. Darüber hinaus enthält dieser Nationale Anhang ergänzende nicht widersprechende Angaben zur Anwendung von DIN EN 1993-3-2:2010-12 (en: non-contradictory complementary information, NCI).

Dieser Nationale Anhang ist Bestandteil von DIN EN 1993-3-2:2010-12.

DIN EN 1993-3-2:2010-12 und dieser Nationale Anhang DIN EN 1993-3-2/NA:2010-12 ersetzen DIN V 4133:2007-07 und DIN-Fachbericht 122:2002-00.

Änderungen

Gegenüber DIN V 4133:2007-07 wurden folgende Änderungen vorgenommen:

a) nationale Festlegungen zu DIN EN 1993-3-2:2010-12 aufgenommen.

Frühere Ausgaben

DIN 4133: 1973-08, 1991-11
DIN V 4133: 2007-07

NA 1 Anwendungsbereich

Dieser Nationale Anhang enthält nationale Festlegungen für die Bemessung und Konstruktion vertikaler Stahlschornsteine mit zylindrischer oder konischer Form, die bei der Anwendung von DIN EN 1993-3-2:2010-12 in Deutschland zu berücksichtigen sind.

Dieser Nationale Anhang gilt nur in Verbindung mit DIN EN 1993-3-2:2010-12.

ANMERKUNG   Der Begriff „Stahlschornstein" bezieht sich auf:

a)   Schornsteinkonstruktionen;

b)   die zylindrischen Stahlbauteile von Türmen;

c)   den zylindrischen Stahlschaft abgespannter Maste.

NA 2   Nationale Festlegungen zur Anwendung von DIN EN 1993-3-2:2010-12

NA 2.1 Allgemeines

DIN EN 1993-3-2:2010-12 weist an den folgenden Textstellen die Möglichkeit nationaler Festlegungen aus (NDP, en: Nationally determined parameters).

— 2.3.3.1(1)
— 2.3.3.5(1)
— 2.6(1)
— 4.2(1)
— 5.1(1)
— 5.2.1 (3)
— 6.1(1)P
— 6.2.1 (6)
— 6.4.1(1)
— 6.4.2(1)
— 6.4.3(2)
— 7.2(1)
— 7.2(2)
— 9.1(3)
— 9.1(4)
— 9.5(1)
— A.1(1)
— A.2(1)
— C.2(1)

Darüber hinaus enthält dieser Nationale Anhang ergänzende nicht widersprechende Angaben zur Anwendung von DIN EN 1993-3-2:2010-12. Diese sind durch ein vorangestelltes „NCI" (en: non-contradictory complementary information) gekennzeichnet.

— 1.2
— 3.1
— C.1(2)
— Anhang NA.F
— Anhang NA.G

NA 2.2 Nationale Festlegungen

Die nachfolgende Nummerierung entspricht der Nummerierung von DIN EN 1993-3-2:2010-12.

NCI Zu 1.2 Normative Verweisungen

NA DIN EN 1991-1-3, *Eurocode 1 — Einwirkungen auf Tragwerke — Teil 1-3: Allgemeine Einwirkungen, Schneelasten*

NA DIN EN 1993-1-8, *Eurocode 3: Bemessung und Konstruktion von Stahlbauten — Teil 1-8: Bemessung von Anschlüssen*

NA DIN EN 1993-1-9, *Eurocode 3: Bemessung und Konstruktion von Stahlbauten — Teil 1-9: Ermüdung*

NA DIN EN 1993-3-2:2010-12, *Eurocode 3: Bemessung und Konstruktion von Stahlbauten — Teil 3-2: Türme, Maste und Schornsteine — Schornsteine*

NA DIN EN 13084-7:2006-06, *Freistehende Schornsteine — Teil 7: Produktfestlegungen für zylindrische Stahlbauteile zur Verwendung in einschaligen Stahlschornsteinen und Innenrohren aus Stahl*

NA DASt-Richtlinie 020, *Bemessung schlanker, stählerner, windbelasteter Kreiszylinderschalen*[1]

NA IVS-Richtlinie 103, *Empfehlung zur Bemessung von Schornsteinrohren mit Fuchsöffnungen*[2]

NDP Zu 2.3.3.1(1) Anmerkung 1

Es gelten die Empfehlungen.

Die vertikale Verkehrslast von 2,0 kN/m^2 schließt Schnee- und Eislast mit ein.

Anstelle der vorgenannten Flächenlast ist mit einer Einzellast von 3 kN an ungünstigster Stelle zu rechnen, wenn dies ungünstiger ist als die vorgenannte Flächenlast.

NDP Zu 2.3.3.5(1) Anmerkung 1

Es gilt DIN EN 1991-1-3.

NDP Zu 2.6(1) Anmerkung

Die Entwurfslebensdauer ist zu vereinbaren. Sie beträgt mindestens 10 Jahre.

NCI Zu 3.1

Mindestwanddicke

Die Wanddicke von Trag- und abgasführenden Rohren sowie anderen Konstruktionsteilen muss mindestens 1,5 mm betragen.

---

1) Zu beziehen bei: Stahlbau Verlags- und Service GmbH, Sohnstr. 65, D-40237 Düsseldorf.
2) Zu beziehen bei: Industrie Verband Stahlschornsteine e. V., D-90482 Nürnberg.

NDP Zu 4.2(1) Anmerkung

Es gelten die Empfehlungen.

NDP Zu 5.1(1) Anmerkung

Eine Erhöhung des Dämpfungswertes infolge der Wechselwirkung zwischen Trag- und Innenrohr muss belegt werden (z.b. Messungen am fertig gestellten Bauwerk, Gutachten usw.).

NDP Zu 5.2.1(3) Anmerkung

Es gilt die Empfehlung.

Zusätzlich sind die Festlegungen der DASt-Richtlinie 020 „*Bemessung schlanker, stählerner, windbelasteter Kreiszylinderschalen*" anzuwenden.

NDP Zu 6.1(1) P Anmerkung

Es gelten die Empfehlungen.

NDP Zu 6.2.1(6) Anmerkung

Wenn im Tragrohr Öffnungen angeordnet werden, z. B. für Abgaseinführungen, Messinstrumente oder Inspektionen, sind Festigkeit und Stabilität an dieser Stelle unter allen auftretenden Einwirkungen nachzuweisen.

Öffnungen im Tragrohr müssen gerundete Ecken mit Radien nach Tabelle NA.1 aufweisen.

Tabelle NA.1 — Minimale Eckradien an Öffnungen

max. S_d/R_d	> 0,75	> 0,50	> 0,35	> 0,10	≤ 0,10
Minimaler Radius R der Ecken; der größere Wert ist anzuwenden	10 t	8 t	5 t	2 t	—
			10 mm		5 mm
t Wanddicke des Rohres					

Zusätzliche Informationen können der IVS-Richtlinie 103 entnommen werden.

NDP Zu 6.4.1(1) Anmerkung

Es gelten die Empfehlungen.

NDP zu 6.4.2(1) Anmerkung

Es werden keine weiteren Informationen angegeben.

NDP zu 6.4.3(2) Anmerkung 1

Ankermuttern sind gegen Lockern zu sichern.

Anker und Muttern sind gegen Korrosion zu schützen.

Die Austrittspunkte einbetonierter Stahlteile sollen mindestens 30 cm über Gelände liegen, andernfalls sind besondere Korrosionsschutzmaßnahmen zu treffen.

Die Oberseite eines Betonfundamentes ist zur Entwässerung mit einem Gefälle von mindestens 5 % zu versehen und glatt abzureiben.

Die Fußplatte oder der Fußring eines Schornsteins auf einem Betonfundament ist unmittelbar nach der Errichtung des Schornsteins mit geeignetem Vergussmörtel zu untergießen. Verarbeitung und Einbau des Vergussmörtels müssen nach Vorgaben des Mörtelherstellers erfolgen.

NDP Zu 7.2(1) Anmerkung

Es gelten die Empfehlungen.

NDP Zu 7.2(2) Anmerkung 2

Es gilt die Empfehlung.

NDP Zu 9.1(3) Anmerkung

Es werden keine weiteren Informationen gegeben.

NDP Zu 9.1(4) Anmerkung

Es gelten die Tabellen 1 bis 3 von DIN EN 13084-7:2006-06.

NDP Zu 9.5(1) Anmerkung

Es gelten folgende Teilsicherheitsbeiwerte:

$\gamma_{Ff} = 1{,}00$; $\gamma_{Mf} = 1{,}00$

NDP Zu A.1(1) Anmerkung

Sicherheitsklasse 3 ist in den nach DIN EN 1993-3-2:2010-12, Tabelle A.1 vorgesehenen Fällen anzuwenden. In den übrigen Fällen ist in der Regel die Sicherheitsklasse 2 anzuwenden. Abweichungen sind mit der zuständigen Genehmigungsbehörde abzustimmen.

NDP Zu A.2(1) Anmerkung 2

Anstelle der Tabelle A.2 ist folgende Tabelle anzuwenden:

Tabelle NA.A.2 — Teilsicherheitsbeiwerte für ständige und für veränderliche Einwirkungen

Art der Einwirkung	Sicherheitsklasse, siehe Anmerkung zu 2.1.2	Ständige Einwirkungen	veränderliche Einwirkungen (Q_s)
ungünstig	3	1,5	1,9
	2	1,3	1,5
	1	1,1	1,3
günstig	alle Klassen	0,9	0,0
Störfälle		1,0	1,0

NDP Zu A.2(1) Anmerkung 3

Es werden keine weiteren Informationen angegeben.

NCI Zu C.1(2)

Der Ausdruck Tragrohr ist durch den Ausdruck Tragkonstruktion zu ersetzen. Die Qualitätsstufe C nach DIN EN ISO 5817:2006-10 ist durch die Qualitätsstufe B zu ersetzen, siehe auch DIN EN 1090-2.

NDP Zu C.2(1) Anmerkung

Die Konstruktion gilt als vorwiegend ruhend beansprucht und auf einen Ermüdungsnachweis darf verzichtet werden, wenn in Anlehnung an DIN EN 1993-1-9 eine der nachfolgenden Bedingungen erfüllt ist.

$$\Delta \sigma \leq \frac{26\,\text{N/mm}^2}{\gamma_{Mf}}$$

$$N \leq 5 \times 10^6 \times \left[\frac{(26\,\text{N/mm}^2)/\gamma_{Mf}}{\Delta \sigma} \right]^3$$

Dabei ist

$\Delta \sigma = \sigma_{max} - \sigma_{min}$ die Spannungsschwingbreite in N/mm² unter den Bemessungswerten der veränderlichen, nicht vorwiegend ruhenden Einwirkungen für den Grenzzustand der Tragfähigkeit;

N die Anzahl der Spannungsschwingspiele;

γ_{Mf} der Teilsicherheitsbeiwert nach NDP zu 9.5(1) dieses Nationalen Anhanges.

Bei mehreren veränderlichen, nicht vorwiegend ruhenden Einwirkungen darf $\Delta\sigma$ für die einzelnen Einwirkungen getrennt betrachtet werden.

ANMERKUNG   Die Bedingungen orientieren sich am Ermüdungsnachweis für den ungünstigsten Kerbfall 36 und ein volles Kollektiv.

NCI

Anhang NA.F
(normativ)

Zustandsüberwachung

NA.F.1 Allgemeines

Der bauliche Zustand der Schornsteine muss regelmäßig durch eine befähigte Person überwacht werden.

Über die Zustandsüberwachung ist ein Protokoll anzufertigen.

NA.F.2 Abgasberührte Bauteile

Die erste Zustandsüberwachung ist spätestens 12 Monate nach der Inbetriebnahme durchzuführen. In diesem Zeitraum sind die Betriebsdaten zur Ermittlung des Grades der chemischen Beanspruchung zu kontrollieren.

Die Zustandsüberwachung erstreckt sich auf äußerlich erkennbare Veränderungen an den abgasberührten Bauteilen.

Die zeitlichen Abstände der weiteren Zustandsüberwachung sind in Abhängigkeit vom festgestellten Grad der chemischen Beanspruchung nach Tabelle NA.F.1 festzulegen.

Tabelle NA.F.1 — Zeitliche Abstände der Zustandsüberwachung in Jahren

Grad der chemischen Beanspruchung	geringfügig	mittel	stark	sehr stark
Abstand der Zustandsüberwachung	4	3	2	1

ANMERKUNG   Zum Grad der chemischen Beanspruchung siehe DIN EN 13084-1.

Wird der Grad der chemischen Beanspruchung nicht ermittelt, ist dieser immer mit „sehr stark" anzunehmen.

Auch der begehbare Innenraum zwischen Trag- und Innenrohr muss in die Zustandsüberwachung einbezogen werden.

NA.F.3 Statisch tragende Bauteile

Die erste Zustandsüberwachung ist spätestens 12 Monate nach der Montage durchzuführen.

Die Zustandsüberwachung erstreckt sich auf alle Bauteile, die für die Standsicherheit des Tragwerks von Bedeutung sind.

Für statisch tragende Bauteile gelten die zeitlichen Abstände in Abhängigkeit von Höhe und Betriebsfestigkeit nach Tabelle NA.F.2.

Tabelle NA.F.2 — Zeitliche Abstände der Zustandsüberwachung in Jahren

	Betriebsfestigkeitsnachweis erforderlich	Betriebsfestigkeitsnachweis nicht erforderlich
< 30 m Höhe	3	4
≥ 30 m Höhe	2	3

Alle planmäßig vorgespannten Schrauben sind 3 Monate bis 12 Monate nach der Montage mit dem Prüfmoment nach DIN EN 1993-1-8/NA:2010-12 zu überprüfen; darüber ist ein Protokoll anzufertigen. Diese Schrauben sind im Zuge der weiteren regelmäßigen Zustandsüberwachungen zu kontrollieren.

Für Schwingungsdämpfer, Steig- und Fallschutzeinrichtungen sind gegebenenfalls hierfür vorgeschriebene kürzere Zeitabstände zur Inspektion und Wartung zu beachten.

Alle festgestellten standsicherheitsrelevanten Mängel sind unverzüglich zu beseitigen.

NCI

Anhang NA.G
(normativ)

Schraubenverbindungen

Schraubenverbindungen in Flanschverbindungen und Schraubenverbindungen standsicherheitsrelevanter Teile, für die ein Betriebsfestigkeitsnachweis zu führen ist, dürfen nur als planmäßig vorgespannte Verbindungen ausgeführt werden. Die dauerhafte Vorspannung der Schrauben ist im Rahmen der Zustandsüberwachungen nach Anhang A sicherzustellen. Sie müssen über den gesamten Schornsteinumfang inspizierbar sein.

Diese Einschränkung gilt nicht für Ankerschrauben.

In Schraubenverbindungen ohne planmäßige Vorspannung müssen die Muttern gegen Losdrehen gesichert werden.

Bei bewitterten Schraubenverbindungen ist die Schraube derart einzubauen, dass der Schraubenkopf sich oberhalb der Mutter befindet, es sei denn, die Schraubenachse ist horizontal orientiert.

Dezember 2010

| | DIN EN 1993-4-1 | |

ICS 65.040.20; 91.010.30; 91.080.10 Ersatzvermerk
siehe unten

**Eurocode 3: Bemessung und Konstruktion von Stahlbauten –
Teil 4-1: Silos;
Deutsche Fassung EN 1993-4-1:2007 + AC:2009**

Eurocode 3: Design of steel structures –
Part 4-1: Silos;
German version EN 1993-4-1:2007 + AC:2009

Eurocode 3: Calcul des structures en acier –
Partie 4-1: Silos;
Version allemande EN 1993-4-1:2007 + AC:2009

Ersatzvermerk

Ersatz für DIN EN 1993-4-1:2007-07;
mit DIN EN 1993-1-8:2010-12, DIN EN 1993-1-8/NA:2010-12 und DIN EN 1993-4-1/NA:2010-12 Ersatz für DIN 18914:1985-09;
mit DIN EN 1993-4-1/NA:2010-12 Ersatz für DIN 18914 Beiblatt 1:1985-09;
Ersatz für DIN EN 1993-4-1 Berichtigung 1:2009-09

Gesamtumfang 118 Seiten

Normenausschuss Bauwesen (NABau) im DIN

Nationales Vorwort

Dieses Dokument (EN 1993-4-1:2007 + AC:2009) wurde vom Technischen Komitee CEN/TC 250 „Eurocodes für den konstruktiven Ingenieurbau" erarbeitet, dessen Sekretariat vom BSI (Vereinigtes Königreich) gehalten wird.

Die Arbeiten auf nationaler Ebene wurden durch die Experten des NABau-Spiegelausschusses NA 005-08-16 AA „Tragwerksbemessung" begleitet.

Diese Europäische Norm wurde vom CEN am 12. Juni 2006 angenommen.

Die Norm ist Bestandteil einer Reihe von Einwirkungs- und Bemessungsnormen, deren Anwendung nur im Paket sinnvoll ist. Dieser Tatsache wird durch das Leitpapier L der Kommission der Europäischen Gemeinschaft für die Anwendung der Eurocodes Rechnung getragen, indem Übergangsfristen für die verbindliche Umsetzung der Eurocodes in den Mitgliedsstaaten vorgesehen sind. Die Übergangsfristen sind im Vorwort dieser Norm angegeben.

Die Anwendung dieser Norm gilt in Deutschland in Verbindung mit dem Nationalen Anhang.

Es wird auf die Möglichkeit hingewiesen, dass einige Texte dieses Dokuments Patentrechte berühren können. Das DIN [und/oder die DKE] sind nicht dafür verantwortlich, einige oder alle diesbezüglichen Patentrechte zu identifizieren.

Der Beginn und das Ende des hinzugefügten oder geänderten Textes wird im Text durch die Textmarkierungen [AC) (AC] angezeigt.

Änderungen

Gegenüber DIN V ENV 1993-4-1:2002-05 wurden folgende Änderungen vorgenommen:

a) die Stellungnahmen der nationalen Normungsinstitute wurden eingearbeitet;
b) der Vornormcharakter wurde aufgehoben;
c) der Text wurde vollständig überarbeitet.

Gegenüber DIN EN 1993-4-1:2007-07, DIN EN 1993-4-1 Berichtigung 1:2009-09, DIN 18914:1985-09 und DIN 18914 Beiblatt 1:1985-09 wurden folgende Änderungen vorgenommen:

a) auf europäisches Bemessungskonzept umgestellt;
b) Ersatzvermerke korrigiert;
c) Vorgänger-Norm mit der Berichtigung 1 konsolidiert;
d) redaktionelle Änderungen durchgeführt.

Frühere Ausgaben

DIN 18914: 1985-09
DIN 18914 Beiblatt 1: 1985-09
DIN V ENV 1993-4-1: 2002-05
DIN EN 1993-4-1: 2007-07
DIN EN 1993-4-1 Berichtigung 1: 2009-09

EUROPÄISCHE NORM
EUROPEAN STANDARD
NORME EUROPÉENNE

EN 1993-4-1
Februar 2007
+AC
April 2009

ICS 65.040.20; 91.010.30; 91.080.10 Ersatz für ENV 1993-4-1:1999

Deutsche Fassung

Eurocode 3: Bemessung und Konstruktion von Stahlbauten — Teil 4-1: Silos

Eurocode 3: Design of steel structures — Part 4-1: Silos

Eurocode 3: Calcul des structures en acier — Partie 4-1: Silos

Diese Europäische Norm wurde vom CEN am 12. Juni 2006 angenommen.

Die Berichtigung tritt am 22. April 2009 in Kraft und wurde in EN 1993-4-1:2007 eingearbeitet.

Die CEN-Mitglieder sind gehalten, die CEN/CENELEC-Geschäftsordnung zu erfüllen, in der die Bedingungen festgelegt sind, unter denen dieser Europäischen Norm ohne jede Änderung der Status einer nationalen Norm zu geben ist. Auf dem letzten Stand befindliche Listen dieser nationalen Normen mit ihren bibliographischen Angaben sind beim Management-Zentrum des CEN oder bei jedem CEN-Mitglied auf Anfrage erhältlich.

Diese Europäische Norm besteht in drei offiziellen Fassungen (Deutsch, Englisch, Französisch). Eine Fassung in einer anderen Sprache, die von einem CEN-Mitglied in eigener Verantwortung durch Übersetzung in seine Landessprache gemacht und dem Management-Zentrum mitgeteilt worden ist, hat den gleichen Status wie die offiziellen Fassungen.

CEN-Mitglieder sind die nationalen Normungsinstitute von Belgien, Bulgarien, Dänemark, Deutschland, Estland, Finnland, Frankreich, Griechenland, Irland, Island, Italien, Lettland, Litauen, Luxemburg, Malta, den Niederlanden, Norwegen, Österreich, Polen, Portugal, Rumänien, Schweden, der Schweiz, der Slowakei, Slowenien, Spanien, der Tschechischen Republik, Ungarn, dem Vereinigten Königreich und Zypern.

EUROPÄISCHES KOMITEE FÜR NORMUNG
EUROPEAN COMMITTEE FOR STANDARDIZATION
COMITÉ EUROPÉEN DE NORMALISATION

Management-Zentrum: Avenue Marnix 17, B-1000 Brüssel

© 2009 CEN Alle Rechte der Verwertung, gleich in welcher Form und in welchem Verfahren, sind weltweit den nationalen Mitgliedern von CEN vorbehalten.

Ref. Nr. EN 1993-4-1:2007 + AC:2009 D

Inhalt

Seite

Vorwort 6

1	Allgemeines	10
1.1	Anwendungsbereich	10
1.2	Normative Verweisungen	10
1.3	Annahmen	12
1.4	Unterscheidung zwischen Grundsätzen und Anwendungsregeln	12
1.5	Begriffe	12
1.6	In Teil 4-1 von Eurocode 3 verwendete Symbole	15
1.6.1	Lateinische Großbuchstaben	15
1.6.2	Lateinische Kleinbuchstaben	15
1.6.3	Griechische Buchstaben	16
1.6.4	Indizes	17
1.7	Vorzeichenvereinbarungen	18
1.7.1	Vereinbarungen für das globale Koordinatensystem für kreisrunde Silos	18
1.7.2	Vereinbarungen für das globale Koordinatensystem für rechteckige Silos	19
1.7.3	Vereinbarungen für die Koordinaten von Bauteilen in kreisrunden und rechteckigen Silos	20
1.7.4	Vereinbarungen für Schnittgrößen in kreisrunden und rechteckigen Silos	22
1.8	Einheiten	24
2	Grundlagen der Bemessung	24
2.1	Anforderungen	24
2.2	Differenzierung der Zuverlässigkeit	25
2.3	Grenzzustände	26
2.4	Einwirkungen und Umwelteinflüsse	26
2.4.1	Allgemeines	26
2.4.2	Windlast	26
2.4.3	Kombination von Schüttgutlasten mit anderen Einwirkungen	26
2.5	Werkstoffeigenschaften	27
2.6	Abmessungen	27
2.7	Modellierung des Silos zur Berechnung der Beanspruchungen	27
2.8	Versuchsgestützte Bemessung	27
2.9	Beanspruchungen für den Nachweis der Grenzzustände	27
2.9.1	Allgemeines	27
2.9.2	Teilsicherheitsbeiwerte für Grenzzustände der Tragfähigkeit	27
2.9.3	Grenzzustände der Gebrauchstauglichkeit	28
2.10	Dauerhaftigkeit	28
2.11	Feuerwiderstand	28
3	Werkstoffeigenschaften	29
3.1	Allgemeines	29
3.2	Baustähle	29
3.3	Nichtrostende Stähle	29
3.4	Spezielle legierte Stähle	29
3.5	Anforderungen an die Zähigkeit	30
4	Grundlagen für die statische Berechnung	30
4.1	Grenzzustände der Tragfähigkeit	30
4.1.1	Basis	30
4.1.2	Zu führende Nachweise	30
4.1.3	Ermüdung und zyklisches Plastizieren — Kurzzeitmüdung	30
4.1.4	Berücksichtigung von Korrosion und Abrasion	30
4.1.5	Berücksichtigung von Temperatureinflüssen	31
4.2	Berechnung des Schalentragwerks eines kreisrunden Silos	31
4.2.1	Modellierung der Tragwerksschale	31

Seite

4.2.2	Berechnungsmethoden	31
4.2.3	Geometrische Imperfektionen	34
4.3	Berechnung des Kastentragwerks eines rechteckigen Silos	34
4.3.1	Modellierung des Tragwerkskastens	34
4.3.2	Geometrische Imperfektionen	35
4.3.3	Berechnungsmethoden	35
4.4	Orthotrope Ersatzsteifigkeiten von profilierten Wandblechen	35
5	Bemessung von zylindrischen Wänden	37
5.1	Grundlagen	37
5.1.1	Allgemeines	37
5.1.2	Bemessung der Silowand	37
5.2	Unterscheidung zwischen verschiedenen Formen zylindrischer Schalen	38
5.3	Tragsicherheitsnachweise für zylindrische Silowände	39
5.3.1	Allgemeines	39
5.3.2	Isotrope, geschweißte oder geschraubte Wände	39
5.3.3	Isotrope Wände mit Vertikalsteifen	50
5.3.4	Horizontal profilierte Wände	51
5.3.5	Vertikal profilierte Wände mit Ringsteifen	60
5.4	Besondere Lagerungsbedingungen für zylindrische Silowände	61
5.4.1	Zylinderschalen mit voller Auflagerung am unteren Rand oder Lagerung auf einem Trägerrost	61
5.4.2	Zylinderschalen mit Zargenlagerung	61
5.4.3	Zylinderschalen mit eingebundenen Stützen	61
5.4.4	Zylinderschalen mit diskreter Auflagerung	62
5.4.5	Silos mit diskreter Auflagerung am Trichter	63
5.4.6	Zylindrische Silowände: Details für örtliche Auflager und Krafteinleitungsrippen	63
5.4.7	Verankerung an der Basis eines Silos	65
5.5	Detailausbildung von Öffnungen in zylindrischen Wänden	66
5.5.1	Allgemeines	66
5.5.2	Rechteckige Öffnungen	66
5.6	Grenzzustände der Gebrauchstauglichkeit	67
5.6.1	Grundlagen	67
5.6.2	Durchbiegungen	67
6	Bemessung von konischen Trichtern	68
6.1	Grundlagen	68
6.1.1	Allgemeines	68
6.1.2	Bemessung der Trichterwand	68
6.2	Unterscheidung zwischen verschiedenen Formen von Trichterschalen	69
6.3	Tragsicherheitsnachweis für konische Trichterwände	69
6.3.1	Allgemeines	69
6.3.2	Isotrope, unversteifte, geschweißte oder geschraubte Trichter	70
6.4	Angaben zu speziellen Trichterkonstruktionen	75
6.4.1	Unterstützungskonstruktion	75
6.4.2	Stützengelagerte Trichter	75
6.4.3	Unsymmetrische Trichter	75
6.4.4	Versteifte Kegelschalen	75
6.4.5	Mehrfach-Kegelschalen	76
6.5	Grenzzustände der Gebrauchstauglichkeit	76
6.5.1	Grundlagen	76
6.5.2	Erschütterungen	76
7	Bemessung von kreisrunden konischen Dächern	76
7.1	Grundlagen	76
7.2	Unterscheidung zwischen verschiedenen Formen von Dachtragwerken	77
7.2.1	Begriffe	77
7.3	Tragsicherheitsnachweise für kreisrunde konische Silodächer	77
7.3.1	Schalendächer bzw. ungestützte Dächer	77

		Seite
7.3.2	Gespärredächer bzw. gestützte Dächer	78
7.3.3	Traufkante (Knotenlinie zwischen Silodach und Siloschaft)	78
8	Bemessung von Abzweigungsringen und Auflagerringträgern	78
8.1	Grundlagen	78
8.1.1	Allgemeines	78
8.1.2	Bemessung des Ringes	78
8.1.3	Begriffe	78
8.1.4	Modellierung des Abzweigungsbereiches	79
8.1.5	Grenzen für die Ringanordnung	80
8.2	Berechnung des Abzweigungsbereiches	80
8.2.1	Allgemeines	80
8.2.2	Gleichmäßig unterstützte Abzweigungsbereiche	81
8.2.3	Ringträger an der Abzweigung	84
8.3	Tragwiderstände	87
8.3.1	Allgemeines	87
8.3.2	Widerstand gegen plastisches Versagen	87
8.3.3	Widerstand gegen Knicken innerhalb der Ringebene	88
8.3.4	Widerstand gegen Knicken aus der Ringebene heraus und gegen örtliches Beulen	89
8.4	Tragsicherheitsnachweise	91
8.4.1	Gleichmäßig unterstützte Abzweigungsbereiche	91
8.4.2	Ringträger an der Abzweigung	93
8.5	Angaben zur Auflageranordnung am Abzweigungsbereich	94
8.5.1	Zargengelagerte Abzweigungsbereiche	94
8.5.2	Stützengelagerte Abzweigungsbereiche und Ringträger	94
8.5.3	Basisring	94
9	Bemessung von rechteckigen und ebenwandigen Silos	95
9.1	Grundlagen	95
9.2	Klassifizierung der Tragwerksformen	95
9.2.1	Unversteifte Silos	95
9.2.2	Versteifte Silos	95
9.2.3	Silos mit Zugankern	95
9.3	Tragwiderstände von unversteiften vertikalen Wänden	96
9.4	Tragwiderstand von Silowänden aus versteiften und profilierten Platten	96
9.4.1	Allgemeines	96
9.4.2	Gesamtbiegung aus direkter Einwirkung des Schüttgutes	97
9.4.3	Membranbeanspruchung aus Querscheibenfunktion	99
9.4.4	Örtliche Biegung aus Schüttgut und/oder Ausrüstung	99
9.5	Silos mit innen liegenden Zugankern	100
9.5.1	Durch Schüttgutdruck verursachte Kräfte in innen liegenden Zugankern	100
9.5.2	Modellierung der Zuganker	101
9.5.3	Lastfälle für Zugankeranschlüsse	102
9.6	Tragsicherheit von pyramidischen Trichtern	103
9.7	Vertikale Steifen an Kastenwänden	104
9.8	Grenzzustände der Gebrauchstauglichkeit	104
9.8.1	Grundlagen	104
9.8.2	Durchbiegungen	105

Anhang A (informativ) Vereinfachte Regeln für kreisrunde Silos der Schadensfolgeklasse 1 106
A.1	Einwirkungskombinationen für Schadensfolgeklasse 1	106
A.2	Ermittlung der Beanspruchungen	106
A.3	Tragsicherheitsnachweise	106
A.3.1	Allgemeines	106
A.3.2	Isotrope, geschweißte oder geschraubte, zylindrische Wände	107
A.3.3	Konische geschweißte Trichter	110
A.3.4	Abzweigung	111

Seite

Anhang B (informativ) **Gleichungen für Membranspannungen in konischen Trichtern** 113

B.1 Konstanter Druck p_o mit Wandreibung μp_o 113

B.2 Linear veränderlicher Druck (von p_1 an der Kegelspitze auf p_2 an der Abzweigung) mit Wandreibung μp 113

B.3 „Radiales Druckfeld" mit dreieckiger Druckspitze ("Switch") an der Abzweigung 114

B.4 Wobei p_1 der Druck in Höhe h_1 oberhalb der Spitze und p_2 der Druck an der Abzweigung ist.Drücke nach verallgemeinerter Trichtertheorie.. 114

Anhang C (informativ) **Winddruckverteilung über den Umfang kreisrunder Silos** 115

DIN EN 1993-4-1:2010-12
EN 1993-4-1:2007 + AC:2009 (D)

Vorwort

Dieses Dokument (EN 1993-4-1:2007 + AC:2009) wurde vom Technischen Komitee CEN/TC 250 „Eurocodes für den konstruktiven Ingenieurbau" erarbeitet, dessen Sekretariat vom BSI gehalten wird. CEN/TC 250 ist für alle Eurocodes des konstruktiven Ingenieurbaus zuständig.

Diese Europäische Norm muss den Status einer nationalen Norm erhalten, entweder durch Veröffentlichung eines identischen Textes oder durch Anerkennung bis August 2007, und etwaige entgegenstehende nationale Normen müssen bis März 2010 zurückgezogen werden.

Dieses Dokument ersetzt ENV 1993-4-1:1999.

Entsprechend der CEN/CENELEC-Geschäftsordnung sind die nationalen Normungsinstitute der folgenden Länder gehalten, diese Europäische Norm zu übernehmen: Belgien, Bulgarien, Dänemark, Deutschland, Estland, Finnland, Frankreich, Griechenland, Irland, Island, Italien, Lettland, Litauen, Luxemburg, Malta, Niederlande, Norwegen, Österreich, Polen, Portugal, Rumänien, Schweden, Schweiz, Slowakei, Slowenien, Spanien, Tschechische Republik, Ungarn, Vereinigtes Königreich und Zypern.

Hintergrund des Eurocode-Programms

Im Jahre 1975 beschloss die Kommission der Europäischen Gemeinschaften, für das Bauwesen ein Aktionsprogramm auf der Grundlage des Artikels 95 der Römischen Verträge durchzuführen. Die Ziele dieses Programms waren die Beseitigung technischer Handelshemmnisse und die Harmonisierung technischer Spezifikationen.

Im Rahmen dieses Aktionsprogramms leitete die Kommission die Bearbeitung von harmonisierten technischen Regelwerken für die Tragwerksplanung von Bauwerken ein, die im ersten Schritt als Alternative zu den in den Mitgliedsländern geltenden Regeln dienen und diese schließlich ersetzen sollten.

15 Jahre lang leitete die Kommission mit Hilfe eines Lenkungsausschusses mit Vertretern der Mitgliedsländer die Entwicklung des Eurocode-Programms, das in den 80er Jahren des zwanzigsten Jahrhunderts zu der ersten Eurocode-Generation führte.

Im Jahre 1989 entschieden sich die Kommission und die Mitgliedsländer der Europäischen Union und der EFTA, die Entwicklung und Veröffentlichung der Eurocodes über eine Reihe von Mandaten an CEN zu übertragen, damit diese den Status von Europäischen Normen (EN) erhielten. Grundlage war eine Vereinbarung[1] zwischen der Kommission und CEN. Dieser Schritt verknüpft die Eurocodes de facto mit den Regelungen der Richtlinien des Rates und mit den Kommissionsentscheidungen, die die Europäischen Normen behandeln (z. B. die Richtlinie des Rates 89/106/EWG zu Bauprodukten (Bauproduktenrichtlinie), die Richtlinien des Rates 93/37/EWG, 92/50/EWG und 89/440/EWG zur Vergabe öffentlicher Aufträge und Dienstleistungen und die entsprechenden EFTA-Richtlinien, die zur Einrichtung des Binnenmarktes eingeführt wurden).

Das Programm der Eurocodes für den konstruktiven Ingenieurbau umfasst die folgenden Normen, die in der Regel aus mehreren Teilen bestehen:

EN 1990, *Eurocode: Grundlagen der Tragwerksplanung*
EN 1991, *Eurocode 1: Einwirkungen auf Tragwerke*
EN 1992, *Eurocode 2: Bemessung und Konstruktion von Stahlbeton- und Spannbetontragwerken*

---

1) Vereinbarung zwischen der Kommission der Europäischen Gemeinschaften und dem Europäischen Komitee für Normung (CEN) zur Bearbeitung der EUROCODES für die Tragwerksplanung von Hochbauten und Ingenieurbauwerken (BC/CEN/03/89).

EN 1993, *Eurocode 3: Bemessung und Konstruktion von Stahlbauten*
EN 1994, *Eurocode 4: Bemessung und Konstruktion von Verbundtragwerken aus Stahl und Beton*
EN 1995, *Eurocode 5: Bemessung und Konstruktion von Holzbauten*
EN 1996, *Eurocode 6: Bemessung und Konstruktion von Mauerwerksbauten*
EN 1997, *Eurocode 7: Entwurf, Berechnung und Bemessung in der Geotechnik*
EN 1998, *Eurocode 8: Auslegung von Bauwerken gegen Erdbeben*
EN 1999, *Eurocode 9: Bemessung und Konstruktion von Aluminiumbauten*

Die EN-Eurocodes berücksichtigen die Verantwortlichkeit der Bauaufsichtsorgane in den Mitgliedsländern und haben deren Recht zur nationalen Festlegung sicherheitsbezogener Werte berücksichtigt, so dass diese Werte von Land zu Land unterschiedlich bleiben können.

Status und Gültigkeitsbereich der Eurocodes

Die Mitgliedsländer der EU und EFTA betrachten die Eurocodes als Bezugsdokumente für folgende Zwecke:

— als Mittel zum Nachweis der Übereinstimmung der Hoch- und Ingenieurbauten mit den wesentlichen Anforderungen der Richtlinie 89/106/EWG, besonders mit der wesentlichen Anforderung Nr 1: Mechanische Festigkeit und Standsicherheit und der wesentlichen Anforderung Nr 2: Brandschutz;

— als Grundlage für die Spezifizierung von Verträgen für die Ausführung von Bauwerken und dazu erforderlichen Ingenieurleistungen;

— als Rahmenbedingung für die Erstellung harmonisierter Technischer Spezifikationen für Bauprodukte (ENs und ETAs).

Die Eurocodes haben, soweit sie sich auf die Bauwerke selbst beziehen, eine direkte Verbindung zu den Grundlagendokumenten[2], auf die in Artikel 12 der Bauproduktenrichtlinie hingewiesen wird, wenn sie auch anderer Art sind als die harmonisierten Produktnormen[3]. Daher sind technische Gesichtspunkte, die sich aus den Eurocodes ergeben, von den Technischen Komitees des CEN und/oder den Arbeitsgruppen von EOTA, die an Produktnormen arbeiten, zu beachten, damit diese Technischen Spezifikationen mit den Eurocodes vollständig kompatibel sind.

Die Eurocodes liefern Regelungen für den Entwurf, die Berechnung und die Bemessung von kompletten Tragwerken und Bauteilen, die sich für die tägliche Anwendung eignen. Sie gehen auf traditionelle Bauweisen und Aspekte innovativer Anwendungen ein, liefern aber keine vollständigen Regelungen für ungewöhnliche Baulösungen und Entwurfsbedingungen. Für diese Fälle können zusätzliche Spezialkenntnisse für den Bauplaner erforderlich sein.

---

[2] Nach Artikel 3.3 der Bauproduktenrichtlinie sind die wesentlichen Anforderungen in Grundlagendokumenten zu konkretisieren, um damit die notwendigen Verbindungen zwischen den wesentlichen Anforderungen und den Mandaten für die Erstellung harmonisierter Europäischer Normen und ETAGs/ETAs zu schaffen.

[3] Nach Artikel 12 der Bauproduktenrichtlinie muss das Grundlagendokument:

   a) die wesentlichen Anforderungen konkretisieren, indem die Begriffe und die technischen Grundlagen harmonisiert und, falls erforderlich, für jede Anforderung Klassen oder Stufen angegeben werden;

   b) Verfahren zur Verbindung dieser Klassen oder Stufen mit den Technischen Spezifikationen angeben, z. B. Berechnungs- oder Prüfverfahren, Entwurfsregeln usw.;

   c) als Bezugsdokument für die Erstellung harmonisierter Normen und Richtlinien für Europäische Technische Zulassungen dienen.

Die Eurocodes spielen de facto eine ähnliche Rolle für die wesentliche Anforderung Nr 1 und einen Teil der wesentlichen Anforderung Nr 2.

Nationale Fassungen der Eurocodes

Die Nationale Fassung eines Eurocodes enthält den vollständigen Text des Eurocodes (einschließlich aller Anhänge), so wie von CEN veröffentlicht, möglicherweise mit einer nationalen Titelseite und einem nationalen Vorwort sowie einem Nationalen Anhang.

Der Nationale Anhang darf nur Angaben zu den Parametern enthalten, die im Eurocode für nationale Entscheidungen offen gelassen wurden; diese national festzulegenden Parameter (en: Nationally Determined Parameters; NDP) gelten für die Tragwerksplanung von Hoch- und Ingenieurbauten in dem Land, in dem sie erstellt werden. Dazu gehören:

— Zahlenwerte und/oder Klassen, wo die Eurocodes Alternativen eröffnen;

— zu verwendende Zahlenwerte, wo die Eurocodes nur Symbole angeben;

— landesspezifische Daten (geographische, klimatische usw.), z. B. Schneekarten;

— die Vorgehensweise, wenn die Eurocodes mehrere Verfahren zur Wahl anbieten.

Darüber hinaus kann er Folgendes enthalten:

— Vorschriften zur Verwendung der informativen Anhänge,

— Hinweise zur Anwendung der Eurocodes, soweit diese die Eurocodes ergänzen und ihnen nicht widersprechen.

Verbindungen zwischen den Eurocodes und den harmonisierten Technischen Spezifikationen für Bauprodukte (ENs und ETAs)

Es besteht die Notwendigkeit, dass die harmonisierten Technischen Spezifikationen für Bauprodukte und die technischen Regelungen für die Tragwerksplanung[4] konsistent sind. Insbesondere sollten alle Hinweise, die mit der CE-Kennzeichnung von Bauprodukten verbunden sind und die die Eurocodes in Bezug nehmen, klar erkennen lassen, welche national festzulegenden Parameter (NDP) zu Grunde liegen.

Zusätzliche Informationen zu EN 1993-4-1

EN 1993-4-1 enthält Hinweise für die Tragwerksplanung von Silos.

EN 1993-4-1 enthält Bemessungs- und Konstruktionsregeln, die die allgemeinen Regeln in den verschiedenen Teilen von EN 1993-1 ergänzen.

EN 1993-4-1 ist für die Anwendung durch Bauherren, Tragwerksplaner, Auftragnehmer und zuständige Behörden vorgesehen.

EN 1993-4-1 ist dazu vorgesehen, zusammen mit EN 1990, EN 1991-4 und den anderen Teilen von EN 1991, mit EN 1993-1-6 und EN 1993-4-2 und den anderen Teilen von EN 1993 sowie mit EN 1992 und den anderen Teilen von EN 1994 bis EN 1999 angewendet zu werden, so weit für die Bemessung und Konstruktion von Silos maßgeblich. Die in diesen Dokumenten bereits behandelten Aspekte werden nicht wiederholt.

Zahlenwerte für Teilsicherheitsbeiwerte und andere Zuverlässigkeitsparameter werden als Grundwerte empfohlen, die eine annehmbare Zuverlässigkeit sicherstellen. Sie gelten unter der Annahme angemessener handwerklicher Ausführung der Arbeiten und eines geeigneten Qualitätsmanagements.

---

[4] Siehe Artikel 3.3 und Artikel 12 der Bauproduktenrichtlinie ebenso wie die Abschnitte 4.2, 4.3.1, 4.3.2 und 5.2 des Grundlagendokuments Nr 1.

Sicherheitsbeiwerte für Silos, die ‚Bauprodukte' sind (Werksfertigung), dürfen von den zuständigen Behörden festgelegt werden. Bei Anwendung auf Silos, die ‚Bauprodukte' sind, sind die in [AC)] 2.9 [(AC] angegebenen Beiwerte nur Richtwerte. Ihre Angabe dient der Darstellung des geeigneten Niveaus, das für eine mit anderen Bemessungen verträgliche Zuverlässigkeit benötigt wird.

Nationaler Anhang zu EN 1993-4-1

Diese Norm enthält alternative Verfahren, Werte und Empfehlungen zusammen mit Hinweisen, an welchen Stellen möglicherweise nationale Festlegungen getroffen werden müssen. Daher sollte die jeweilige nationale Ausgabe von EN 1993-4-1 einen Nationalen Anhang mit allen national festzulegenden Parametern enthalten, die für die Bemessung und Konstruktion von Hoch- und Ingenieurbauten, die in dem Ausgabeland gebaut werden sollen, erforderlich sind.

Nationale Festlegungen sind in den folgenden Abschnitten von EN 1993-4-1 vorgesehen:

— 2.2 (1);
— 2.2 (3);
— 2.9.2.2 (3);
— 3.4 (1);
— 4.1.4 (2) und (4);
— 4.2.2.3 (6);
— 4.3.1 (6) und (8);
— 5.3.2.3 (3);
— 5.3.2.4 (10), (12) und (15);
— 5.3.2.5 (10) und (14);
— 5.3.2.6 (3) und (6);
— 5.3.2.8 (2);
— 5.3.3.5 (1) und (2);
— 5.3.4.3.2 (2);
— 5.3.4.3.3 (2) und (5);
— 5.3.4.3.4 (5);
— 5.3.4.5 (3);
— [AC)] 5.4.4(2), (3)b) und (3)c) [(AC];
— 5.4.7 (3);

— 5.5.2 (3);
— 5.6.2 (1) und (2);
— 6.1.2 (4);
— 6.3.2.3 (2) und (4);
— 6.3.2.7 (3);
— 7.3.1 (4);
— 8.3.3 (4);
— 8.4.1 (6);
— 8.4.2 (5);
— 8.5.3 (3);
— 9.5.1 (3) und (4);
— 9.5.2 (5);
— 9.8.2 (1) und (2);
— A.2 (1) und (2);
— A.3.2.1 (6);
— A.3.2.2 (6);
— A.3.2.3 (2);
— A.3.3 (1), (2) und (3);
— A.3.4 (4).

1 Allgemeines

1.1 Anwendungsbereich

(1) Der vorliegende Teil 4-1 des Eurocodes 3 enthält Grundsätze und Anwendungsregeln für die Tragwerksplanung von freistehenden oder unterstützten Stahlsilos mit kreisrundem oder rechteckigem Grundriss.

(2) Die in diesem Teil enthaltenen Bestimmungen ergänzen, ändern oder ersetzen die entsprechenden der in EN 1993-1 enthaltenen Bestimmungen.

(3) Dieser Teil behandelt nur die Anforderungen an Tragwiderstand und Stabilität von Stahlsilos. Zu sonstigen Anforderungen (z. B. an die Betriebssicherheit, Funktionstüchtigkeit, Herstellung und Montage, Qualitätskontrolle, Details wie Mannlöcher, Stutzen, Fülleinrichtungen, Austragsöffnungen, Feeder usw.) siehe die einschlägigen Normen.

(4) Bestimmungen für die speziellen Anforderungen der Bemessung gegen Erdbeben sind in EN 1998-4 enthalten, wo die Bestimmungen von Eurocode 3 spezifisch für diesen Zweck ergänzt oder angepasst werden.

(5) Die Bemessung von Unterstützungskonstruktionen für Silos wird in EN 1993-1-1 behandelt. Zur Unterstützungskonstruktion gehören alle Bauteile unterhalb des Unterflansches des untersten Silorings, siehe Bild 1.1.

(6) Stahlbetonfundamente für Stahlsilos werden in EN 1992 und EN 1997 behandelt.

(7) Zahlenwerte der spezifischen Einwirkungen, die bei der Bemessung von Stahlsilos zu berücksichtigen sind, werden in EN 1991-4, *Einwirkungen auf Silos und Flüssigkeitsbehälter* angegeben.

(8) Der vorliegende Teil 4-1 gilt nicht für:

— Feuerwiderstand (Brandschutz);

— Silos mit inneren Unterteilungen und Innenkonstruktionen;

— Silos mit weniger als [AC] 100 kN (10 Tonnen) [AC] Speicherkapazität;

— Fälle, in denen spezielle Maßnahmen zur Begrenzung von Schadensfolgen erforderlich sind.

(9) In den Abschnitten dieser Norm, die für kreisrunde Silos gelten, ist die geometrische Form zwar auf rotationssymmetrische Tragwerke beschränkt, diese können jedoch unsymmetrischen Einwirkungen ausgesetzt und unsymmetrisch aufgelagert sein.

1.2 Normative Verweisungen

Die folgenden zitierten Dokumente sind für die Anwendung dieses Dokuments erforderlich. Bei datierten Verweisungen gilt nur die in Bezug genommene Ausgabe. Bei undatierten Verweisungen gilt die letzte Ausgabe des in Bezug genommenen Dokuments (einschließlich aller Änderungen).

EN 1090, *Ausführung von Tragwerken aus Stahl*

EN 1990, *Eurocode: Grundlagen der Tragwerksplanung*

EN 1991, *Eurocode 1 — Einwirkungen auf Tragwerke*

EN 1991-1, *Eurocode 1 — Einwirkungen auf Tragwerke — Teil 1-1: Allgemeine Einwirkungen auf Tragwerke — Wichten, Eigengewicht und Nutzlasten im Hochbau*

EN 1991-1-2, *Eurocode 1 — Einwirkungen auf Tragwerke — Teil 1-2: Allgemeine Einwirkungen — Brandeinwirkungen auf Tragwerke*

EN 1991-1-3, *Eurocode 1 — Einwirkungen auf Tragwerke — Teil 1-3: Allgemeine Einwirkungen —*

Schneelasten

EN 1991-1-4, *Eurocode 1 — Einwirkungen auf Tragwerke — Teil 1-4: Allgemeine Einwirkungen — Windlasten*

EN 1991-1-5, *Eurocode 1 — Einwirkungen auf Tragwerke — Teil 1-5: Allgemeine Einwirkungen — Temperatureinwirkungen*

EN 1991-1-6, *Eurocode 1 — Einwirkungen auf Tragwerke — Teil 1-6: Allgemeine Einwirkungen — Einwirkungen während der Bauausführung*

EN 1991-1-7, *Eurocode 1 — Einwirkungen auf Tragwerke — Teil 1-7: Allgemeine Einwirkungen — Außergewöhnliche Einwirkungen*

EN 1991-4, *Eurocode 1 — Einwirkungen auf Tragwerke — Teil 4: Einwirkungen auf Silos und Flüssigkeitsbehälter*

EN 1993-1-1, *Eurocode 3 — Bemessung und Konstruktion von Stahlbauten — Teil 1-1: Allgemeine Bemessungsregeln und Regeln für den Hochbau*

EN 1993-1-3, *Eurocode 3 — Bemessung und Konstruktion von Stahlbauten — Teil 1-3: Allgemeine Bemessungsregeln — Ergänzende Regeln für kaltgeformte dünnwandige Bauteile und Bleche*

EN 1993-1-4, *Eurocode 3 — Bemessung und Konstruktion von Stahlbauten — Teil 1-4: Allgemeine Bemessungsregeln — Ergänzende Regeln zur Anwendung von nicht rostenden Stählen*

EN 1993-1-6, *Eurocode 3 — Bemessung und Konstruktion von Stahlbauten — Teil 1-6: Tragfähigkeit und Stabilität von Schalen*

EN 1993-1-7, *Eurocode 3 — Bemessung und Konstruktion von Stahlbauten — Teil 1-7: Allgemeine Bemessungsregeln — Ergänzende Regeln zu ebenen Blechfeldern mit Querbelastung*

EN 1993-1-8, *Eurocode 3 — Bemessung und Konstruktion von Stahlbauten — Teil 1-8: Bemessung von Anschlüssen*

EN 1993-1-9, *Eurocode 3 — Bemessung und Konstruktion von Stahlbauten — Teil 1-9: Ermüdung*

EN 1993-1-10, *Eurocode 3 — Bemessung und Konstruktion von Stahlbauten — Teil 1-10: Stahlsortenauswahl im Hinblick auf Bruchzähigkeit und Eigenschaften in Dickenrichtung*

EN 1993-4-2, *Eurocode 3 — Bemessung und Konstruktion von Stahlbauten —Teil 4-2: Silos, Tankbauwerke und Rohrleitungen*

EN 1997, *Eurocode 7 — Entwurf, Berechnung und Bemessung in der Geotechnik*

EN 1998, *Eurocode 8 — Auslegung von Bauwerken gegen Erdbeben*

EN 1998-4, *Eurocode 8 — Auslegung von Bauwerken gegen Erdbeben — Teil 4: Silos, Tankbauwerke und Rohrleitungen*

EN 10025, *Warmgewalzte Erzeugnisse aus Baustählen — Technische Lieferbedingungen*

[AC] EN 10149 [AC], *Warmgewalzte Flacherzeugnisse aus Stählen mit hoher Streckgrenze zum Kaltumformen*

ISO 1000, *SI units*

ISO 3898, *Bases for design of structures — Notation — General symbols*

ISO 4997, *Cold reduced steel sheet of structural quality*

ISO 8930, *General principles on reliability for structures — List of equivalent terms*

1.3 Annahmen

(1) Zusätzlich zu den allgemeinen Annahmen von EN 1990 gilt die folgende Annahme:

— Herstellung und Montage erfolgen nach EN 1090-2.

1.4 Unterscheidung zwischen Grundsätzen und Anwendungsregeln

Siehe EN 1990, 1.4.

1.5 Begriffe

(1) Falls nichts anderes angegeben ist, gelten die in EN 1990, 1.5 für den allgemeinen Gebrauch in den Eurocodes für den konstruktiven Ingenieurbau definierten Begriffe und die Begriffe von ISO 8930 auch für diesen Teil 4-1 von EN 1993; ergänzend werden für diesen Teil 4-1 jedoch folgende Begriffe festgelegt:

1.5.1 Schale. Ein Tragwerk, das aus einer gekrümmten dünnen Wandung besteht.

1.5.2 Rotationsschale. Eine Schale, deren Geometrie durch die Rotation eines Meridians um eine zentrale Achse definiert ist.

1.5.3 Kasten. Ein durch den Zusammenbau ebener Bleche zu einer dreidimensionalen geschlossenen Form gebildetes Tragwerk. Ein Kasten im Sinne dieser Norm hat im Allgemeinen in allen Richtungen Abmessungen von gleicher Größenordnung.

1.5.4 Meridianrichtung. Die Tangente an die Silowand in jedem Punkt einer vertikalen Ebene. Sie ändert sich mit dem jeweils betrachteten Tragwerksteil. Alternativ ist es die vertikale oder geneigte Richtung auf der Oberfläche des Tragwerkes, der ein Regentropfen auf dieser Oberfläche folgen würde.

1.5.5 Umfangsrichtung. Die horizontale Tangente an die Silowand in jedem Punkt. Sie ändert sich längs des Siloumfangs, liegt in einer horizontalen Ebene und ist tangential zur Silowand, unabhängig davon, ob der Silo im Grundriss kreisrund oder rechteckig ist.

1.5.6 Mittelfläche. Dieser Ausdruck bezeichnet sowohl die spannungsfreie Mittelfläche einer Schale unter reiner Biegung als auch die Mittelfläche eines ebenen Bleches, das Teil eines Kastens ist.

1.5.7 Steifenabstand. Der Achsabstand zweier benachbarter paralleler Steifen.

Ergänzend zu Teil 1 von EN 1993 (und Teil 4 von EN 1991) gelten für die Anwendung dieses Teils 4-1 die folgenden Begriffe, siehe Bild 1.1:

1.5.8 Silo: Ein Silo ist ein Behälter zur Speicherung körniger Feststoffpartikel. In dieser Norm wird davon ausgegangen, dass er eine vertikale Form hat, in die das Schüttgut mittels Schwerkraft am oberen Ende eingefüllt wird. Die Bezeichnung ‚Silo' schließt alle Tragwerksformen zur Speicherung von Schüttgut ein, auch wenn sie zum Teil eigenständige Bezeichnungen haben, z. B. Behälter, Trichter, Getreidetank oder Bunker.

1.5.9 Schaft: Der Siloschaft ist der mit vertikalen Wänden versehene Teil eines Silos.

1.5.10 Trichter: Ein Trichter ist ein zum Siloboden zusammenlaufender Siloabschnitt. Er wird angeordnet, um das Schüttgut zu einem Schwerkraftauslass zu leiten.

1.5.11 Knotenlinie: An einer Knotenlinie treffen zwei oder mehr Schalenabschnitte oder ebene Kastenwände zusammen. Sie kann auch eine Steife einschließen: Die Anschlusslinie einer Ringsteife an eine Schale oder einen Kasten kann als eine Knotenlinie betrachtet werden.

1.5.12 Abzweigung: Die spezielle Knotenlinie zwischen Siloschaft und Trichter wird Abzweigung genannt. Die Abzweigung kann sich im unteren Bereich des Schaftes oder an seinem unteren Rand befinden.

1.5.13 Zarge (Standzarge): Die Zarge ist der Teil des Siloschaftes, der unterhalb der Abzweigung liegt: Er unterscheidet sich vom oberen Teil dadurch, dass er keinen Kontakt zum Schüttgut hat.

1.5.14 Schuss: Ein Schuss ist eine horizontale Reihe von Stahlblechsegmenten, aus denen ein Höhenabschnitt des Siloschaftes gebildet wird.

1.5.15 Längssteife: Eine Längssteife ist ein örtliches Versteifungsbauteil, das einem Schalenmeridian folgt, welcher eine Erzeugende der Rotationsschale darstellt. Eine Längssteife soll entweder die Stabilität verbessern oder bei der Einleitung örtlicher Lasten mitwirken oder Axiallasten tragen. Sie dient nicht primär dazu, die Biegetragfähigkeit für Querlasten zu erhöhen.

1.5.16 Rippe: Eine Rippe ist ein örtliches Bauteil, das eine primäre Biegelastabtragung längs eines Schalen- oder Plattenmeridians ermöglicht, welcher eine Erzeugende der Rotationsschale oder eine vertikale Steife an einem Kasten darstellt. Eine Rippe wird vorgesehen, um Querlasten mittels Biegung auf das Tragwerk zu verteilen.

1.5.17 Ringsteife: Eine Ringsteife ist ein örtliches Versteifungsbauteil, das an einem Punkt des Meridians längs des Tragwerkumfangs verläuft. Ihre Steifigkeit in der Meridianebene wird als vernachlässigbar angenommen. Eine Ringsteife soll entweder die Stabilität verbessern oder örtliche Lasten einleiten, sie ist kein Haupttragglied. Bei einer Rotationsschale ist sie kreisförmig, bei einem Kastentragwerk hat sie die rechteckige Form des Grundrisses.

1.5.18 Verschmierte Steifen: Steifen werden als verschmiert bezeichnet, wenn ihre Eigenschaften zusammen mit denen der Schalenwand als ein zusammenhängender Querschnitt behandelt werden, dessen Breite einem ganzen Vielfachen des Steifenabstandes entspricht. Die Schaleneigenschaften einer Wandung mit verschmierten Steifen sind orthotrop. Sie enthalten Exzentrizitätsterme, die eine Kopplung des Biege- und Membranverhaltens zur Folge haben.

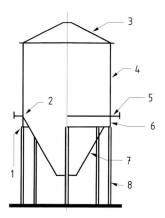 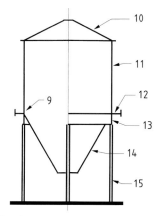

Legende
1 Silo endet hier
2 Abzweigung
3 konisches Dach
4 Zylinderschale oder Siloschaft
5 Ringsteife
6 Zarge
7 konischer Trichter
8 Stütze: Unterstützungskonstruktion
9 Abzweigung
10 pyramidisches Dach
11 rechteckiger Kasten
12 Ringsteife
13 Zarge
14 pyramidischer Trichter
15 Stütze: Unterstützungskonstruktion

a) Silo mit kreisrundem Grundriss   b) Silo mit rechteckigem Grundriss

Bild 1.1 — Bezeichnungen für Silotragwerke

1.5.19 Basisring: Ein Basisring ist ein Bauteil, das der Umfangslinie an der Basis des Tragwerkes folgt und die Möglichkeit bietet, das Tragwerk an das Fundament oder ein anderes Tragwerkselement anzuschließen. Er wird auch benötigt, um die angenommenen Randbedingungen praktisch sicherzustellen.

1.5.20 Ringträger oder **Ringbalken:** Ein Ringträger oder ein Ringbalken ist ein Versteifungsbauteil in Umfangsrichtung, das sowohl in der Ebene des kreisrunden oder rechteckigen Tragwerksquerschnittes als auch rechtwinklig dazu biegesteif und biegefest ist. Er ist ein Haupttragglied zur Verteilung örtlicher Lasten in die Schale oder den Kasten.

1.5.21 kontinuierlich aufgelagert: Bei einem kontinuierlich aufgelagerten Silo sind alle Stellen längs des Umfangs in gleicher Weise unterstützt. Kleine Abweichungen von dieser Bedingung (z. B eine kleine Öffnung) beeinflussen die Anwendbarkeit dieser Definition nicht.

1.5.22 Diskretes Auflager: An einem diskreten Auflager ist der Silo durch eine örtliche Konsole oder Stütze unterstützt, mit einer begrenzten Anzahl schmaler Lagerungen längs des Siloumfangs. Üblicherweise werden vier oder sechs diskrete Auflager verwendet, jedoch kommen auch drei oder mehr als sechs vor.

1.5.23 Pyramidischer Trichter: Ein pyramidischer Trichter wird für einen kastenförmigen Silo mit rechteckigem Grundriss benötigt; er hat die Form einer umgedrehten Pyramide. Seine Geometrie wird in dieser Norm als einfach aus vier ebenen trapezförmigen Wänden gebildet angenommen.

1.6 In Teil 4-1 von Eurocode 3 verwendete Symbole

Grundlage der verwendeten Symbole ist ISO 3898:1987.

1.6.1 Lateinische Großbuchstaben

A Querschnittsfläche;

C Membrandehnsteifigkeit;

C Beulkoeffizient;

D Biegesteifigkeit;

E Elastizitätsmodul;

F Kraft;

G Schubmodul;

H Höhe des Tragwerks;

I Flächenmoment 2. Grades (Trägheitsmoment);

I_t Torsionsträgheitsmoment (Saint Venant'sche Torsion);

K Federsteifigkeit eines Wandbleches für Knicken von Längssteifen;

L Höhe eines Schalensegmentes oder einer Steife;

M Biegemoment;

N Axialkraft;

Q Parameter für die Herstelltoleranz-Qualitätsklasse einer beulgefährdeten Schale;

R_ϕ örtlicher Radius an den Kuppen (Wellenberg bzw. -tal) eines Profilbleches (Wellbleches).

1.6.2 Lateinische Kleinbuchstaben

a Koeffizient;

b Breite einer Platte oder einer Steife;

d Bruttoprofilhöhe eines Profilbleches (Wellbleches);

e Exzentrizität einer Kraft oder einer Steife;

f_y Streckgrenze des Stahls;

f_u Zugfestigkeit des Stahls;

h Flanschabstand eines Ringträgers;

j Faktor für die Verbindungswirksamkeit von geschweißten Überlappstößen, die mit Hilfe der Membranspannung beurteilt werden;

j Ersatz-Harmonische eines veränderlichen Spannungsverlaufs;

ℓ mittragende Länge einer Schale bei der linearen Spannungsberechnung;

ℓ Wellenlänge der Profilierung in Profilblechen;

ℓ Halbwellenlänge einer potenziellen Beule (bei der Berechnung zu berücksichtigende Höhe);

m Biegemoment je Längeneinheit;

m_x Meridianbiegemoment je Umfangslängeneinheit;

m_y Umfangsbiegemoment je Meridianlängeneinheit eines Kastens;

m_θ	Umfangsbiegemoment je Meridianlängeneinheit einer Schale;
m_{xy}	Drillmoment je Längeneinheit eines Kastens;
$m_{x\theta}$	Drillmoment je Längeneinheit einer Schale;
n	Membrankraft;
n	Anzahl von diskreten Auflagerungen am Siloumfang;
n_x	Membrannormalkraft in Meridianrichtung je Umfangslängeneinheit;
n_y	Membrannormalkraft in Umfangsrichtung je Meridianlängeneinheit eines Kastens;
n_θ	Membrannormalkraft in Umfangsrichtung je Meridianlängeneinheit einer Schale;
n_{xy}	Membranschubkraft je Längeneinheit eines Kastens;
$n_{x\theta}$	Membranschubkraft je Längeneinheit einer Schale;
p	flächenhaft verteilte Belastung (Druck);
p_n	Druck rechtwinklig zur Schalenmittelfläche (nach außen gerichtet);
p_x	Flächenlast tangential zur Schalenmittelfläche in Meridianrichtung (abwärts gerichtet);
p_θ	Flächenlast tangential zur Schalenmittelfläche in Umfangsrichtung (im Gegenuhrzeigersinn);
q	Querbelastung auf einem Zuganker in einem Kastensilo (Linienlast je Längeneinheit);
r	Radialkoordinate in einem Silo mit kreisrundem Grundriss;
r	Radius der Schalenmittelfläche;
s	Steifenabstand in Umfangsrichtung;
t	Wanddicke;
t_x, t_y	Ersatzwanddicke eines Profilbleches für die Dehnung in x- bzw. y-Richtung;
w	Imperfektionsamplitude;
w	radiale Durchbiegung;
x	örtliche Meridiankoordinate;
y	örtliche Umfangskoordinate;
z	globale Axialkoordinate;
z	Koordinate längs der vertikalen Achse einer Rotationsschale.

1.6.3 Griechische Buchstaben

α	Faktor für elastische Imperfektionsabminderung beim Beulsicherheitsnachweis (elastischer Imperfektions-Abminderungsfaktor);
α	Wärmedehnungskoeffizient;
β	halber Kegelöffnungswinkel eines konischen Trichters;
γ_F	Teilsicherheitsbeiwert für die Einwirkungen;
γ_M	Teilsicherheitsbeiwert für den Widerstand;
δ	Grenzwert für die Durchbiegung;
Δ	Inkrement;
χ	Abminderungsfaktor für Biegeknicken;

DIN EN 1993-4-1:2010-12
EN 1993-4-1:2007 + AC:2009 (D)

χ Abminderungsfaktor für Schalenbeulen;
λ Halbwellenlänge für Schalenbiegung;
$\overline{\lambda}$ bezogener Schlankheitsgrad einer Schale;
μ Wandreibungskoeffizient;
ν Querkontraktionszahl (Poissonzahl);
θ Umfangskoordinate einer Schale;
σ Normalspannung;
σ_{bx} Meridianbiegespannung;
σ_{by} Umfangsbiegespannung in einem Kasten;
$\sigma_{b\theta}$ Umfangsbiegespannung in einer Schale;
τ_{bxy} Drillschubspannung in einem Kasten;
$\tau_{bx\theta}$ Drillschubspannung in einer Schale;
σ_{mx} Meridianmembranspannung;
σ_{my} Umfangsmembranspannung in einem Kasten;
$\sigma_{m\theta}$ Umfangsmembranspannung in einer Schale;
τ_{mxy} Schubmembranspannung in einem Kasten;
$\tau_{mx\theta}$ Schubmembranspannung in einer Schale;
σ_{sox} Oberflächenspannung in Meridianrichtung (außen);
σ_{soy} Oberflächenspannung in Umfangsrichtung (außen) in einem Kasten;
$\sigma_{so\theta}$ Oberflächenspannung in Umfangsrichtung (außen) in einer Schale;
τ_{soxy} Oberflächenschubspannung in einem Kasten;
$\tau_{sox\theta}$ Oberflächenschubspannung in einer Schale;
τ Schubspannung;
ω dimensionsloser Parameter beim Beulsicherheitsnachweis;
ω Neigung eines konischen Trichters mit nichtvertikaler Achse;
ψ Parameter für die Ungleichmäßigkeit eines Spannungsverlaufes.

1.6.4 Indizes

E Spannung oder Verschiebung (als Folge von Bemessungseinwirkungen);
F Einwirkungen;
M Werkstoff/Material;
R Widerstand;
S Schnittgröße (als Folge von Bemessungseinwirkungen);
b Biegung;
c Zylinder;
cr idealer Beulwert;

d	Bemessungswert;
eff	effektiv;
h	Trichter;
m	Membran, Feldmitte;
min	kleinster zulässiger Wert;
n	rechtwinklig zur Wandung;
p	Druck;
r	radial;
s	Zarge, Auflagerung;
s	Oberflächenspannung (o – Außenseite, i – Innenseite);
u	Traglastwert;
w	parallel zur Wandung in Meridianrichtung (Wandreibung);
x	in Meridianrichtung;
y	in Umfangsrichtung (Kastentragwerk), Fließwert;
z	in Axialrichtung;
θ	in Umfangsrichtung (Rotationsschale).

1.7 Vorzeichenvereinbarungen

1.7.1 Vereinbarungen für das globale Koordinatensystem für kreisrunde Silos

(1) Die folgende Vorzeichenvereinbarung gilt für das gesamte Silotragwerk; sie berücksichtigt, dass der Silo kein ‚Bauteil' ist.

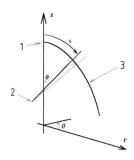
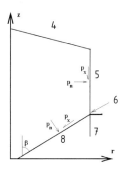

Legende
1 Pol
2 Mittelpunkt der Meridiankrümmung
3 Schalenmeridian
4 Dach
5 Schaft
6 Abzweigung
7 Zarge
8 Trichter

a) [AC] Globales Koordinatensystem [AC]   b) Silo-Schalenkoordinaten und Belastung: Schnitt

Bild 1.2 — Koordinatensysteme für ein kreisrundes Silo

(2) In der Regel werden für das globale Koordinatensystem des Silotragwerkes Zylinderkoordinaten wie folgt vereinbart (siehe Bild 1.2):

Koordinatensystem

Koordinate längs der Achse einer Rotationsschale	z
Radialkoordinate	r
Umfangskoordinate	θ

(3) Die Vereinbarung für positive Vorzeichen lautet wie folgt:

Nach außen gerichtet positiv (Innendruck positiv, Verschiebungen nach außen positiv)

Zugspannungen positiv (ausgenommen Beulformeln, in denen Druck positiv ist)

(4) Die Vereinbarung für flächenhaft verteilte Einwirkungen auf die Silowand lautet wie folgt:

Druck rechtwinklig zur Schalenwand (nach außen gerichtet positiv)	p_n
Oberflächenlast in Meridianrichtung parallel zur Schalenwand (nach unten gerichtet positiv)	p_x
Oberflächenlast in Umfangsrichtung parallel zur Schalenwand (im Gegenuhrzeigersinn positiv)	p_θ

1.7.2 Vereinbarungen für das globale Koordinatensystem für rechteckige Silos

(1) Die folgende Vorzeichenvereinbarung gilt für das gesamte Silotragwerk; sie berücksichtigt, dass der Silo kein Bauteil ist.

(2) In der Regel werden für das globale Koordinatensystem des Silotragwerkes kartesische Koordinaten x, y, z vereinbart, wobei z die vertikale Richtung beschreibt, siehe Bild 1.3.

(3) Die Vereinbarung für positive Vorzeichen lautet wie folgt:

Nach außen gerichtet positiv (Innendruck positiv, Verschiebungen nach außen positiv)

Zugspannungen positiv (ausgenommen Beulformeln, in denen Druck positiv ist)

(4) Die Vereinbarung für flächenhaft verteilte Einwirkungen auf die Silowand lautet wie folgt:

Druck rechtwinklig zur Schalenwand (nach außen gerichtet positiv)	p_n
Oberflächenlast in Meridianrichtung parallel zur Kastenwand (nach unten gerichtet positiv)	p_x
Oberflächenlast in Umfangsrichtung in der Ebene des Kastenquerschnittes (im Gegenuhrzeigersinn positiv)	p_y

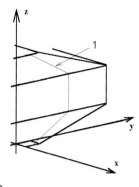 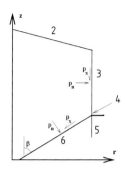

Legende

1 Kastenmeridian
2 Dach
3 Schaft
4 Abzweigung
5 Zarge
6 Trichter

a) [AC] Globales Koordinatensystem [AC]   b) Silo-Kastenkoordinaten und Belastung: Schnitt

Bild 1.3 — Koordinatensysteme für ein rechteckiges Silo

1.7.3 Vereinbarungen für die Koordinaten von Bauteilen in kreisrunden und rechteckigen Silos

(1) Die Vereinbarung für Bauteile, die an die Silowand angeschlossen sind (siehe Bilder 1.4 und 1.5), ist unterschiedlich, je nachdem, ob das Bauteil in Meridianrichtung oder in Umfangsrichtung verläuft.

(2) Für gerade Bauteile in Meridianrichtung an Schalen- oder Kastensilowänden (siehe Bild 1.4a) lautet die Vereinbarung:

Meridiankoordinate für Bauteile am Siloschaft, am Trichter und am Dach	x
Starke Querschnittsachse (parallel zu den Flanschen: Achse für Meridianbiegung)	y
Schwache Querschnittsachse (rechtwinklig zu den Flanschen)	z

ANMERKUNG   Eine Längssteife, die in Übereinstimmung mit der Meridianbiegung des Zylinders biegebeansprucht wird (m_x), verbiegt sich um die y-Querschnittsachse der Steife.

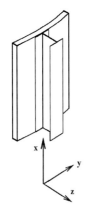 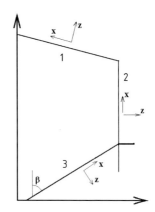

Legende
1 Dach
2 Schaft
3 Trichter

a) Steife und Biegeachsen   b) örtliche Achsen in verschiedenen Teilen

Bild 1.4 — Lokale Koordinatensysteme für Längssteifen an einer Schale oder an einem Kasten

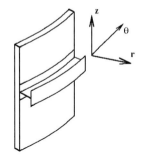 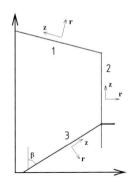

Legende
1 Dach
2 Schaft
3 Trichter

a) Steife und Biegeachsen   b) örtliche Achsen in verschiedenen Teilen

Bild 1.5 — Lokale Koordinatensysteme für Ringsteifen an einer Schale oder an einem Kasten

(3) Für gekrümmte Bauteile in Umfangsrichtung an einer Schalenwand (siehe Bild 1.5a) lautet die Vereinbarung:

Achse in Umfangsrichtung (gekrümmt)	θ
Radiale Querschnittsachse (für Biegung in der Vertikalebene)	r
Vertikale Querschnittsachse (für Umfangsbiegung)	z

ANMERKUNG Eine gekrümmte Ringsteife, die in Übereinstimmung mit der Umfangsbiegung des Zylinders biegebeansprucht wird (m_θ), verbiegt sich um ihre vertikale z-Querschnittsachse. Fungiert sie als Ringträger oder Ringbalken, oder ist sie radialen Kräften ausgesetzt, die exzentrisch zur Ringachse angreifen, so verbiegt sie sich um ihre radiale r-Querschnittsachse.

(4) Für gerade Bauteile in Umfangsrichtung an einer Kastenwand lautet die Vereinbarung:

Achse in Umfangsrichtung	x
Horizontale Querschnittsachse	y
Vertikale Querschnittsachse	z

ANMERKUNG Eine gerade Ringsteife, die aus der Ebene der Kastenwand heraus biegebeansprucht wird (was der Normalfall ist), verbiegt sich um ihre vertikale z-Querschnittsachse.

1.7.4 Vereinbarungen für Schnittgrößen in kreisrunden und rechteckigen Silos

(1) Die Vereinbarung für die Indizierung von Membrankräften lautet wie folgt:

Der Index beschreibt die Richtung, in der die Kraft Normalspannungen erzeugt.

Membrankräfte:

n_x Membrankraft in Meridianrichtung

n_θ Membrankraft in Umfangsrichtung bei Schalen

n_y Membrankraft in Umfangsrichtung bei Kästen

n_{xy} oder $n_{x\theta}$ Membranschubkräfte

Membranspannungen:

σ_{mx} Membranspannung in Meridianrichtung

$\sigma_{m\theta}$ Membranspannung in Umfangsrichtung bei Schalen

σ_{my} Membranspannung in Umfangsrichtung bei Kästen

τ_{mxy} oder $\tau_{mx\theta}$ Membranschubspannungen

(2) Die Vereinbarung für die Indizierung von Momenten lautet wie folgt:

Der Index beschreibt die Richtung, in der das Moment Normalspannungen erzeugt.

ANMERKUNG   Diese Vereinbarung für Platten und Schalen unterscheidet sich von derjenigen für Träger und Stäbe, wie sie in den Eurocode 3-Teilen 1-1 und 1-3 verwendet wird. Darauf ist bei Verwendung der Teile 1-1 und 1-3 in Verbindung mit diesen Regeln sorgfältig zu achten.

Biegemomente:

m_x Biegemoment in Meridianrichtung je Längeneinheit

m_θ Biegemoment in Umfangsrichtung je Längeneinheit bei Schalen

m_y Biegemoment in Umfangsrichtung bei Kästen

m_{xy} oder $m_{x\theta}$ Drillmoment je Längeneinheit

Biegespannungen:

σ_{bx} Biegespannung in Meridianrichtung

$\sigma_{b\theta}$ Biegespannung in Umfangsrichtung bei Schalen

σ_{by} Biegespannung in Umfangsrichtung bei Kästen

τ_{bxy} oder $\tau_{bx\theta}$ Drillschubspannung

Innere und äußere Oberflächenspannungen:

σ_{six}, σ_{sox} innere bzw. äußere Oberflächenspannung in Meridianrichtung bei Kästen und Schalen

$\sigma_{si\theta}$, $\sigma_{so\theta}$ innere bzw. äußere Oberflächenspannung in Umfangsrichtung bei Schalen

$\tau_{six\theta}$, $\tau_{sox\theta}$ innere bzw. äußere Oberflächenschubspannung bei Schalen

σ_{siy}, σ_{soy} innere bzw. äußere Oberflächenspannung in Umfangsrichtung bei Kästen

τ_{sixy}, τ_{soxy} innere bzw. äußere Oberflächenschubspannung bei Kästen

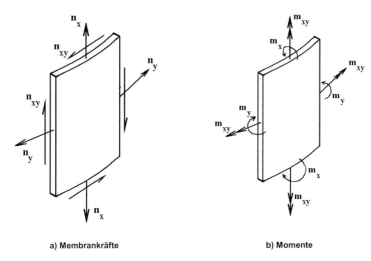

a) Membrankräfte   b) Momente

Bild 1.6 — Schnittgrößen in Schalen- und Kastensilowänden

1.8 Einheiten

(1)P SI-Einheiten sind in Übereinstimmung mit ISO 1000 zu verwenden.

(2) Für die Berechnungen werden folgende konsistente Einheiten empfohlen:

— Abmessungen und Dicken	: m	mm
— spezifisches Gewicht (Wichte)	: kN/m^3	N/mm^3
— Kräfte und Lasten	: kN	N
— Linienkräfte und Linienlasten	: kN/m	N/mm
— Drücke und Flächenlasten	: kPa	MPa
— spezifische Masse (Dichte)	: kg/m^3	kg/mm^3
— Beschleunigung	: km/s^2	m/s^2
— Membrankräfte	: kN/m	N/mm
— Biegemomente	: kNm/m	Nmm/mm
— Spannungen und Elastizitätsmoduli	: kPa	MPa $(= N/mm^2)$

2 Grundlagen der Bemessung

2.1 Anforderungen

(1)P Ein Silo ist so zu entwerfen, zu bemessen, zu konstruieren und zu unterhalten, dass die Anforderungen von EN 1990, Abschnitt 2 und die nachfolgend aufgeführten ergänzenden Anforderungen erfüllt werden.

DIN EN 1993-4-1:2010-12
EN 1993-4-1:2007 + AC:2009 (D)

(2) Das Silotragwerk sollte alle schalen- und plattenförmigen Tragwerksteile sowie Steifen, Rippen, Ringe und Anschlussteile einschließen.

(3) Die Unterstützungskonstruktion sollte nicht als Teil des Silotragwerks angesehen werden. Die Grenze zwischen dem Silo und seiner Unterstützung ist in Anlehnung an Bild 1.1 festzulegen. Analog dazu gelten andere Komponenten, die ihrerseits vom Silo unterstützt werden, als dort beginnend, wo die Silowand oder das Anschlussteil endet.

(4) Silos sollten so entworfen und bemessen werden, dass sie erforderlichenfalls im Hinblick auf ihre vorgesehene Verwendung schadenstolerant sind.

(5) Besondere Anforderungen für spezielle Anwendungen dürfen zwischen dem Tragwerksplaner, dem Bauherrn und der zuständigen Behörde vereinbart werden.

2.2 Differenzierung der Zuverlässigkeit

(1) Zur Differenzierung der Zuverlässigkeit siehe EN 1990.

ANMERKUNG In den Nationalen Anhängen dürfen Schadensfolgeklassen für Silos in Abhängigkeit vom Standort, von der Art der Füllung und Belastung, der Art und Größe des Tragwerks und der Art des Betriebs festgelegt werden.

(2) In Abhängigkeit von der gewählten Schadensfolgeklasse, des Tragwerkssystems und der Anfälligkeit für verschiedene Versagensarten sollte bei der Bemessung von Silotragwerken nach unterschiedlichen Schärfeniveaus differenziert werden.

(3) In dieser Norm kommen drei Schadensfolgeklassen zur Anwendung. Mit den Anforderungen dieser Klassen wird ein prinzipiell gleiches Risikoniveau der Tragwerke angestrebt, und es werden Kosten und Aufwand berücksichtigt, die bei den verschiedenen Tragwerken für eine Reduzierung der Versagenswahrscheinlichkeit erforderlich sind: Schadensfolgeklassen 1, 2 und 3.

ANMERKUNG 1 Der nationale Anhang kann Angaben über die Schadensfolgeklassen enthalten. Tabelle 2.1 enthält ein Beispiel für die Einteilung von zwei Parametern – Größenordnung und Art des Betriebs – in Schadensfolgeklassen, wenn alle anderen Parameter mittlere Folgen haben, siehe EN 1990, B.3.1.

Tabelle 2.1 — Schadensfolgeklassen in Abhängigkeit von Größenordnung und Betrieb

Schadensfolgeklasse	Bemessungssituationen
Schadensfolgeklasse 3	Bodengelagerte Silos oder Silos mit bis zum Boden reichender Standzarge, mit einer Speicherkapazität von mehr als W_{3a} Tonnen
	Diskret gelagerte Silos mit einer Speicherkapazität von mehr als W_{3b} Tonnen
	Silos mit einer Speicherkapazität von mehr als W_{3c} Tonnen, bei denen eine der folgenden Bemessungssituationen vorliegt: a) exzentrisches Entleeren b) örtliche Teilflächenbelastung c) unsymmetrisches Befüllen
Schadensfolgeklasse 2	Alle Silos, für die diese Norm gilt und die nicht in eine andere Klasse eingeordnet sind
Schadensfolgeklasse 1	Silos mit einer Speicherkapazität zwischen W_{1a} Tonnen[a] und W_{1b} Tonnen
[a] Silos mit weniger als W_{1a} Tonnen Speicherkapazität sind nicht Gegenstand dieser Norm.	

Es werden folgende Grenzwerte für die Klassen empfohlen:

Grenzwert der Klasse	Empfohlener Wert (Tonnen)
W_{3a}	5 000
W_{3b}	1 000
W_{3c}	200
W_{1b}	100
W_{1a}	10

ANMERKUNG 2 Zur Einteilung in die Anforderungsklassen für Einwirkungen, siehe EN 1991-4.

(4) Es darf stets eine höhere Schadensfolgeklasse gewählt werden, als gefordert ist.

(5)P Die Wahl der niedrigsten Schadensfolgeklasse muss einvernehmlich zwischen Tragwerksplaner, Bauherrn und zuständiger Behörde erfolgen.

(6) Die Einordnung in Schadensfolgeklasse 3 aufgrund des Kriteriums ‚örtliche Teilflächenbelastung' bezieht sich auf Silolastfälle, die nach EN 1991-4 eine Teilflächenbelastung über weniger als den halben Siloumfang verursachen.

(7) Für Schadensfolgeklasse 1 dürfen vereinfachte Regeln angewendet werden.

ANMERKUNG Geeignete Regeln für Schadensfolgeklasse 1 sind in Anhang A angegeben.

2.3 Grenzzustände

(1) Für diesen Teil 4-1 gelten die in EN 1993-1-6 definierten Grenzzustände.

2.4 Einwirkungen und Umwelteinflüsse

2.4.1 Allgemeines

(1)P Es gelten die allgemeinen Anforderungen nach EN 1990, Abschnitt 4.

2.4.2 Windlast

(1) Windlasten, die für Silos in Einzel- und Gruppenaufstellung in EN 1991-1-4 nicht festgelegt sind, sollten in Form zusätzlicher Informationen vereinbart werden.

(2) Da diese großen leichten Konstruktionen empfindlich gegenüber der genauen Verteilung des Winddrucks auf der Wand sind, müssen die Basis-Winddaten in EN 1991-1-4 für die speziellen Bedürfnisse einzelner Konstruktionen durch zusätzliche Informationen vervollständigt werden. Das bezieht sich sowohl auf den Beulsicherheitsnachweis für den leeren Silo als auch auf den Nachweis der Verankerung auf dem Fundament.

ANMERKUNG Geeignete zusätzliche Informationen über Winddruckverteilungen werden in Anhang C gegeben.

2.4.3 Kombination von Schüttgutlasten mit anderen Einwirkungen

(1)P Es gelten die Teilsicherheitsbeiwerte für die Einwirkungen auf Silos nach 2.9.2.

2.5 Werkstoffeigenschaften

(1) Es gelten die allgemeinen Anforderungen an Werkstoffeigenschaften nach EN 1993-1-1.

(2) Darüber hinaus gelten die speziellen Eigenschaften der Werkstoffe für Silos, die in Abschnitt 3 dieses Teils 4-1 angegeben werden.

2.6 Abmessungen

(1)P Es gelten die in EN 1990, Abschnitt 6 enthaltenen Angaben zu den Abmessungen.

(2) Es gelten außerdem die zusätzlichen speziellen Angaben für Schalentragwerke in EN 1993-1-6.

(3) Als Schalenwanddicke ist in der Regel die Nennblechdicke einzusetzen. Bei feuerverzinktem Stahlblech nach AC) EN 10149 (AC ist das der Nennwert der Kerndicke, der sich als Differenz aus Nenn-Gesamtdicke und Zinkschichtdicke auf beiden Oberflächen ergibt.

(4) Der Einfluss von Korrosion und Abrasion auf die Silowanddicke ist in der Regel nach 4.1.4 bei der Bemessung zu berücksichtigen.

2.7 Modellierung des Silos zur Berechnung der Beanspruchungen

(1)P Es gelten die allgemeinen Anforderungen nach EN 1990, Abschnitt 7.

(2) Außerdem gelten die speziellen Angaben für den Gebrauchstauglichkeitsnachweis, die in den Abschnitten 4 bis 9 dieses Teils 4-1 für jeden Tragwerksteil gemacht werden.

(3) Darüber hinaus gelten für den Tragsicherheitsnachweis die in den Abschnitten 4 bis 9 dieses Teils 4-1 und ausführlicher in EN 1993-1-6 und EN 1993-1-7 angegebenen speziellen Anforderungen.

2.8 Versuchsgestützte Bemessung

(1) Es gelten die allgemeinen Anforderungen nach EN 1990, Anhang D.

(2) Für Silos, die ‚Bauprodukte' sind (Werksfertigung) und die großmaßstäblichen Versuchen unterworfen werden, dürfen vereinfachte Kriterien für Bemessungszwecke verwendet werden.

2.9 Beanspruchungen für den Nachweis der Grenzzustände

2.9.1 Allgemeines

(1)P Es gelten die allgemeinen Anforderungen nach EN 1990, Abschnitt 9.

2.9.2 Teilsicherheitsbeiwerte für Grenzzustände der Tragfähigkeit

2.9.2.1 Teilsicherheitsbeiwerte für Einwirkungen auf Silos

(1)P Für quasi-ständige, häufige und außergewöhnliche Bemessungssituationen gelten die Teilsicherheitsbeiwerte γ_F nach EN 1990 und EN 1991-4.

(2) Teilsicherheitsbeiwerte für Silos, die ‚Bauprodukte' sind (Werksfertigung), dürfen von den zuständigen Behörden festgelegt werden.

ANMERKUNG Bei Anwendung auf Silos, die ‚Bauprodukte' sind, sind die Beiwerte in Absatz (1) nur Richtwerte. Ihre Angabe dient der Darstellung des geeigneten Niveaus, das für eine mit anderen Bemessungen verträgliche Zuverlässigkeit benötigt wird.

2.9.2.2 Teilsicherheitsbeiwerte für den Widerstand

(1) Für die versuchsmäßige Ermittlung von Trageigenschaften gelten die Anforderungen und Verfahrensweisen nach EN 1990.

(2) Der Ermüdungssicherheitsnachweis ist nach EN 1993-1-6, Abschnitt 9 zu führen.

(3) Die Teilsicherheitsbeiwerte γ_{Mi} für verschiedene Grenzzustände sind Tabelle 2.2 zu entnehmen.

Tabelle 2.2 — Teilsicherheitsbeiwerte für den Widerstand

Widerstand gegen Versagensart	Relevantes γ
Widerstand einer geschweißten oder geschraubten Silowand gegen plastisches Versagen	γ_{M0}
Widerstand einer Silowand gegen Beulen	γ_{M1}
Widerstand einer geschweißten oder geschraubten Silowand gegen Zugbruch	γ_{M2}
Widerstand einer Silowand gegen zyklisches Plastizieren	γ_{M4}
Widerstand von Verbindungen	γ_{M5}
Widerstand einer Silowand gegen Ermüdung	γ_{M6}

ANMERKUNG Die Teilsicherheitsbeiwerte γ_{Mi} für Silos dürfen im Nationalen Anhang festgelegt werden. Zu den Werten für γ_{M5} enthält EN 1993-1-8 weitere Angaben. Zu den Werten für γ_{M6} enthält EN 1993-1-9 weitere Angaben. Für Silos werden die folgenden Zahlenwerte empfohlen:

$\gamma_{M0} = 1,00$	$\gamma_{M1} = 1,10$	$\gamma_{M2} = 1,25$
$\gamma_{M4} = 1,00$	$\gamma_{M5} = 1,25$	$\gamma_{M6} = 1,10$

Für die weitere Differenzierung siehe 2.2 (1) und 2.2 (3).

2.9.3 Grenzzustände der Gebrauchstauglichkeit

(1) Wenn in den entsprechenden Abschnitten vereinfachte Regeln zum Erreichen ausreichender Gebrauchstauglichkeit gegeben werden, brauchen keine detaillierten Berechnungen mit Einwirkungskombinationen durchgeführt werden.

2.10 Dauerhaftigkeit

(1) Es gelten die allgemeinen Anforderungen nach EN 1990, Abschnitt 2.6.

2.11 Feuerwiderstand

(1) Es gelten die Bestimmungen für Feuerwiderstand in EN 1993-1-2.

3 Werkstoffeigenschaften

3.1 Allgemeines

(1) Für Silos sollten nur schweißgeeignete Stähle eingesetzt werden, um bei Bedarf nachträgliche Änderungen zu ermöglichen.

(2) Für kreisrunde Silos sollten nur Stähle eingesetzt werden, die für das Kaltumformen zu gekrümmten Wandsegmenten oder zu gekrümmten Bauteilen geeignet sind.

(3) Die in diesem Abschnitt angegebenen Werkstoffeigenschaften (siehe EN 1993-1-1, Tabelle 3.1 und EN 1993-1-3, Tabelle 3.1b) sollten als Nennwerte betrachtet werden, die bei der Bemessung als charakteristische Werte in die Berechnung einzuführen sind.

(4) Weitere Werkstoffeigenschaften sind in den in EN 1993-1-1 angegebenen einschlägigen Bezugsnormen zu finden.

(5) Falls der Silo mit heißen Schüttgütern gefüllt werden kann, sollten die Werte der Werkstoffeigenschaften entsprechend den zu erwartenden Höchsttemperaturen reduziert werden.

(6) Falls höhere Temperaturen als 100 °C zu erwarten sind, sollten die Werkstoffeigenschaften EN 13084-7 entnommen werden.

3.2 Baustähle

(1) Die in diesem Teil 4-1 von EN 1993 angegebenen rechnerischen Bemessungsmethoden gelten für Baustähle nach EN 1993-1-1, die mit den in Tabelle 3.1 aufgelisteten Europäischen und Internationalen Normen übereinstimmen.

(2) Die mechanischen Eigenschaften von Baustählen nach EN 10025 oder EN 10149 sollten EN 1993-1-1, EN 1993-1-3 und EN 1993-1-4 entnommen werden.

(3) Korrosions- und Abrasionszuschläge sind in Abschnitt 4 dieses Teils 4-1 angegeben.

(4) In der Regel darf angenommen werden, dass die Stahleigenschaften für Zugbeanspruchung dieselben sind wie für Druckbeanspruchung.

(5) Für die durch diesen Teil 4-1 von EN 1993 abgedeckten Stähle sollten die Bemessungswerte des Elastizitätsmoduls mit $E = 210\,000$ MPa und der Querkontraktionszahl (Poissonzahl) mit $v = 0{,}30$ angesetzt werden.

3.3 Nichtrostende Stähle

(1) Die mechanischen Eigenschaften von nichtrostenden Stählen sollten EN 1993-1-4 entnommen werden.

(2) Hinweise zur Auswahl von im Hinblick auf die Korrosions- und Abrasionseinflüsse des Schüttgutes geeigneten nichtrostenden Stählen dürfen den einschlägigen Quellen entnommen werden.

(3) Falls die Bemessung Beulberechnungen umfasst, sollten entsprechend reduzierte Werte der mechanischen Eigenschaften angesetzt werden (siehe EN 1993-1-6).

3.4 Spezielle legierte Stähle

(1) Für nicht genormte legierte Stähle sollten geeignete Werte für die maßgebenden mechanischen Eigenschaften festgelegt werden.

ANMERKUNG Der Nationale Anhang kann Angaben zu den geeigneten Werten enthalten.

(2) Hinweise zur Auswahl von im Hinblick auf die Korrosions- und Abrasionseinflüsse des Schüttgutes geeigneten speziellen legierten Stählen sollten einschlägigen Quellen entnommen werden.

(3) Falls die Bemessung Beulberechnungen umfasst, sollten entsprechend reduzierte Werte der mechanischen Eigenschaften angesetzt werden (siehe EN 1993-1-6).

3.5 Anforderungen an die Zähigkeit

(1) Die Anforderungen an die Zähigkeit der Stähle sollten nach EN 1993-1-10 ermittelt werden.

4 Grundlagen für die statische Berechnung

4.1 Grenzzustände der Tragfähigkeit

4.1.1 Basis

(1) Stählerne Tragwerke und Tragwerksteile sollten so dimensioniert werden, dass die grundlegenden Anforderungen an die Bemessung nach Abschnitt 2 erfüllt sind.

4.1.2 Zu führende Nachweise

(1)P Die Bemessung muss für jeden in Frage kommenden Grenzzustand die folgende Bedingung erfüllen:

$$S_d < R_d \tag{4.1}$$

Dabei sind S und R die jeweils relevanten Parameter.

4.1.3 Ermüdung und zyklisches Plastizieren — Kurzzeitermüdung

(1) Teile des Tragwerks, die größeren örtlichen Biegebeanspruchungen unterworfen sind, sollten bei Bedarf gegen auf die Grenzzustände ‚Ermüdung' und ‚Zyklisches Plastizieren' nach EN 1993-1-6 bzw. EN 1993-1-7 nachgewiesen werden.

(2) Für Silos der Schadensfolgeklasse 1 entfallen die Nachweise nach (1).

4.1.4 Berücksichtigung von Korrosion und Abrasion

(1) Bei der Festlegung der effektiven Wanddicke für die Berechnung sollten die Abrasionseffekte des Schüttgutes an der Silowandung über die Lebensdauer des Tragwerks berücksichtigt werden.

(2) Sind keine spezifischen Informationen vorhanden, sollte für alle Bereiche, die Kontakt mit rutschendem Schüttgut haben, ein Wanddickenverlust von Δt_a infolge Abrasion angenommen werden.

ANMERKUNG   Der Wert von Δt_a darf im Nationalen Anhang festgelegt werden. Es wird ein Wert von $\Delta t_a = 2$ mm empfohlen.

(3) Bei der Festlegung der effektiven Wanddicke für die Berechnungen sollten die Korrosionseffekte des Schüttgutes im Kontakt mit der Silowandung berücksichtigt werden.

(4) Dem vorgesehenen Verwendungszweck entsprechende spezielle Werte für die Korrosions- und Abrasionsverluste sollten zwischen dem Tragwerksplaner, dem Bauherrn und der zuständigen Behörde vereinbart werden; dabei sind der Verwendungszweck und die Beschaffenheit des zu speichernden Schüttgutes zu beachten.

ANMERKUNG 1 Im Nationalen Anhang dürfen angemessene Werte für die Korrosions- und Abrasionsverluste für bestimmte Schüttgüter im Reibungskontakt mit bestimmten Silowandungswerkstoffen, angegeben werden, die die in EN 1991-4 definierte Schüttgutfließart berücksichtigen.

ANMERKUNG 2 Um sicherzustellen, dass die Bemessungsannahmen beim Betrieb eingehalten werden, sind geeignete Inspektionsmaßnahmen festzulegen.

4.1.5 Berücksichtigung von Temperatureinflüssen

(1) Bei heißem Schüttgut sollten die Einflüsse von Temperaturdifferenzen zwischen Tragwerksteilen, die Kontakt mit dem heißen Material haben, und solchen, die bereits abgekühlt sind, bei der Berechnung der Spannungsverteilung in der Silowandung berücksichtigt werden.

4.2 Berechnung des Schalentragwerks eines kreisrunden Silos

4.2.1 Modellierung der Tragwerksschale

(1) Die Tragwerksschale sollte nach den Anforderungen von EN 1993-1-6 modelliert werden. Diese gelten bei Befolgung nachstehender Regeln als erfüllt.

(2) Das Tragwerksmodell sollte alle Steifen, großen Öffnungen und Anschlussteile enthalten.

(3) Die Bemessung sollte sicherstellen, dass die angenommenen Randbedingungen eingehalten werden.

4.2.2 Berechnungsmethoden

4.2.2.1 Allgemeines

(1) Die Schalenberechnung sollte nach den Anforderungen von EN 1993-1-6 durchgeführt werden.

(2) Es darf stets ein höherwertiges Berechnungskonzept als das für die jeweilige Schadensfolgeklasse geforderte angewendet werden.

4.2.2.2 Schadensfolgeklasse 3

(1) Für Silos der Schadensfolgeklasse 3 (siehe 2.3) sollten die Beanspruchungen mit Hilfe einer validierten numerischen Berechnung (z. B. einer Finite-Elemente(FE)-Schalenberechnung) (wie in EN 1993-1-6 festgelegt) ermittelt werden. Der Nachweis gegen den Grenzzustand ‚Plastische Grenze' nach EN 1993-1-6 darf mit Hilfe plastischer Kollapsmechanismen unter Primärspannungszuständen geführt werden.

4.2.2.3 Schadensfolgeklasse 2

(1) Für Silos der Schadensfolgeklasse 2 unter axialsymmetrischen Belastungs- und Lagerungsbedingungen darf alternativ eines der beiden folgenden Berechnungskonzepte eingesetzt werden:

a) Die Primärspannungen können mit Hilfe der Membrantheorie ermittelt werden. Örtliche Biegeeffekte können mit Hilfe von Formeln auf der Grundlage der elastischen Biegetheorie erfasst werden.

b) Es kann eine validierte numerische Berechnung (z. B. eine FE-Schalenberechnung) (wie in EN 1993-1-6 festgelegt) durchgeführt werden.

(2) Lässt sich die Belastung aus dem Schüttgut nicht als axialsymmetrisch betrachten, so sollte eine validierte numerische Berechnung durchgeführt werden.

(3) Ungeachtet Absatz (2) dürfen die Primärspannungen mit Hilfe der Membrantheorie ermittelt werden, wenn die Belastung über den Umfang stetig veränderlich ist (z. B. in Form der 1. Harmonischen) und nur globale Biegung erzeugt.

(4) Für Berechnungen unter Windlast und/oder Fundamentsetzungen und/oder stetig veränderlichen Teilflächenlasten (siehe EN 1991-4 bezüglich dünnwandiger Silos) darf die Semi-Membrantheorie oder die Membrantheorie angewendet werden.

(5) Bei membrantheoretischer Berechnung der primären Schalenspannungen gilt:

a) Für diskrete Ringe, die mit einer isotropen kreiszylindrischen Schale unter Innendruck verbunden sind, darf in den effektiven Querschnitt eine mittragende Schalenlänge oberhalb und unterhalb des Ringes von $0{,}78\sqrt{rt}$ eingerechnet werden, es sei denn, der Ring befindet sich an der Abzweigung.

b) Örtliche Biegeeinflüsse an Diskontinuitäten der Schalenfläche und an Auflagerungen sollten getrennt erfasst werden.

(6) Isotrope Schalenwände mit diskreten Längssteifen, deren Abstand nicht größer als $n_{vs}\sqrt{rt}$ ist, dürfen als verschmiert-längsversteift berechnet werden.

ANMERKUNG   Der Wert von n_{vs} darf im Nationalen Anhang festgelegt werden. Es wird ein Wert von $n_{vs} = 5$ empfohlen.

(7) Bei der Ermittlung der Steifenspannungen in einer verschmiert-längsversteift modellierten Schalenwand sollte auf eine zutreffende Erfassung der Kompatibilität zwischen Steife und Wand, einschließlich des Einflusses der Wandmembranspannungen rechtwinklig zur Steifenrichtung, geachtet werden.

(8) Bei Anordnung eines Ringträgers über diskreten Auflagern dürfen zwar die Primärspannungen mit Hilfe der Membrantheorie ermittelt werden, jedoch sollten dabei die Anforderungen in 5.4 und 8.1.4 bezüglich zusätzlicher nicht-axialsymmetrischer Primärspannungen sorgfältig beachtet werden.

(9) Bei Anordnung eines Ringträgers über diskreten Auflagern sollte die Verformungskompatibilität zwischen Ring und anschließenden Schalensegmenten beachtet werden, siehe Bild 4.1. Das betrifft besonders die Kompatibilität der axialen Verformungen, da die eingetragenen Spannungen weit hinauf in die Schale wirken. Bei Verwendung eines solchen Ringträgers sollte darüber hinaus die Exzentrizität des Ringträgerschwer- und -schubmittelpunktes zur Schalenwand beachtet werden, siehe 8.1.4 und 8.2.3.

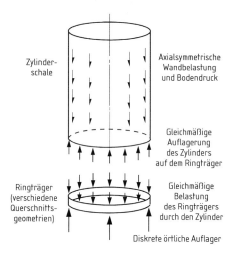

a) Traditionelles Berechnungsmodell für stützengelagerte Silos

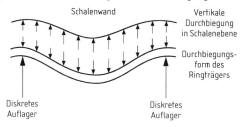

b) Verformungsbedingung für den Zylinder aus Kompatibilität mit der Trägerverformung

Bild 4.1 — Axiale Verformungskompatibilität zwischen Ringträger und Schale

(10) Bei Silos mit unsymmetrischer Belastung aus dem Schüttgut (Teilflächenlast, exzentrisches Entleeren, unsymmetrisches Befüllen usw.) sollte das Tragwerk so modelliert werden, dass die Übertragung von Schubmembrankräften innerhalb der Silowand sowie zwischen Silowand und Ringen erfasst wird.

ANMERKUNG Die Schubübertragung zwischen Teilen der Wand und den Ringen ist besonders wichtig in Konstruktionen mit Schrauben oder anderen diskreten Verbindungsmitteln (z. B. zwischen Siloschaft und Trichter oder zwischen verschiedenen Schüssen des Schaftes).

(11) In einer geschraubten oder mit anderen diskreten Verbindungsmitteln ausgeführten Silokonstruktion sollten bei Anordnung eines Ringträgers über diskreten Auflagern die Schubkräfte zwischen den Ringträger-Einzelteilen infolge Schalen- und Ringträgerbiegung ermittelt werden.

(12) Die Steifigkeit des Schüttgutes darf nicht rechnerisch zur Verringerung der Wandverformungen oder zur Erhöhung des Beulwiderstandes des Tragwerks in Anspruch genommen werden, es sei denn, es wird eine rationale Analyse durchgeführt und es liegen eindeutige Beweise dafür vor, dass das Schüttgut an der Wand während der Entleerung nicht rutscht.

4.2.2.4 Schadensfolgeklasse 1

(1) Für Silos der Schadensfolgeklasse 1 dürfen die Primärspannungen mit Hilfe der Membrantheorie ermittelt werden; Einflüsse aus örtlicher Biegung und aus unsymmetrischen Einwirkungen dürfen mit Hilfe von Faktoren und Näherungsformeln berücksichtigt werden.

4.2.3 Geometrische Imperfektionen

(1) Die geometrischen Imperfektionen der Schalenwand sollten die in EN 1993-1-6 festgelegten Grenzwerte für geometrische Toleranzen einhalten.

(2) Bei Silos der Schadensfolgeklassen 2 und 3 sind nach Fertigstellung die geometrischen Imperfektionen zu messen, um sicherzustellen, dass die bei der Bemessung angenommene Herstellqualität erreicht wurde.

(3) Bei der Berechnung brauchen die geometrischen Imperfektionen der Schalenwand nicht explizit berücksichtigt zu werden, außer wenn eine GNIA- oder GMNIA-Berechnung nach EN 1993-1-6 durchgeführt wird.

4.3 Berechnung des Kastentragwerks eines rechteckigen Silos

4.3.1 Modellierung des Tragwerkskastens

(1) Der Tragwerkskasten sollte nach den Anforderungen von EN 1993-1-7 modelliert werden, wobei diese bei Befolgung der nachstehenden Regeln als erfüllt gelten.

(2) Das Tragwerksmodell sollte alle Steifen, großen Öffnungen und Anschlussteile enthalten.

(3) Die Bemessung sollte sicherstellen, dass die angenommenen Randbedingungen eingehalten werden.

(4) Die Verbindungen zwischen den Kastensegmenten sollten hinsichtlich Festigkeit und Steifigkeit den Modellierungsannahmen entsprechen.

(5) Jedes Wandfeld des Kastens darf als einzelnes Plattenelement behandelt werden, sofern die beiden folgenden Bedingungen eingehalten sind:

a) Die von den benachbarten Elementen eingeleiteten Kräfte und Momente werden erfasst.

b) Die Biegesteifigkeit der benachbarten Elemente wird erfasst.

(6) Isotrope Kastenwände mit diskreten Horizontalsteifen dürfen zur Berechnung der Spannungen in den Steifen und der Wand als orthotrope Platte mit verschmierten Steifen behandelt werden, wenn der Steifenabstand nicht größer als $n_s\,t$ ist.

ANMERKUNG Der Wert von n_s darf im Nationalen Anhang festgelegt werden. Es wird ein Wert von $n_s = 40$ empfohlen.

(7) Bei der Ermittlung der Steifenspannungen in einer verschmiert-längsversteift modellierten Schalenwand sollte auf eine zutreffende Erfassung der Exzentrizität zwischen Steife und Wand und des Einflusses der Wandmembranspannungen rechtwinklig zur Steifenrichtung geachtet werden.

(8) Die mittragende Breite der Wand zu beiden Seiten der Steife sollte nicht größer als $n_{ew}\,t$ angesetzt werden, wobei t die örtliche Plattendicke ist.

ANMERKUNG   Der Wert von n_{ew} darf im Nationalen Anhang festgelegt werden. Es wird ein Wert von [AC] n_{ew} = 15ε [AC] empfohlen.

4.3.2 Geometrische Imperfektionen

(1) Die geometrischen Imperfektionen der Kastenwände sollten die in EN 1993-1-7 festgelegten Grenzwerte einhalten.

(2) Bei der Berechnung der inneren Kräfte und Momente brauchen die geometrischen Imperfektionen der Kastenwände nicht explizit berücksichtigt zu werden.

4.3.3 Berechnungsmethoden

(1) Die Beanspruchungsgrößen in den Plattensegmenten der Kastenwände dürfen nach einer der folgenden Methoden berechnet werden:

a)   Gleichgewichtsbetrachtung für Membrankräfte, Balkentheorie für Biegeschnittgrößen;

b)   Berechnung auf der Grundlage der linearen Scheiben- und Plattentheorie;

c)   Berechnung auf der Grundlage der nichtlinearen Scheiben- und Plattentheorie.

(2) Silos der Schadensfolgeklasse 1 dürfen nach Methode (a) in Absatz (1) berechnet werden.

(3) Silos der Schadensfolgeklasse 2 mit symmetrischer Belastung jedes Plattensegmentes dürfen ebenfalls nach Methode (a) in Absatz (1) berechnet werden.

(4) Silos der Schadensfolgeklasse 2 mit unsymmetrischer Belastung sollten entweder nach Methode (b) oder nach Methode (c) in Absatz (1) berechnet werden.

(5) Bei Silos der Schadensfolgeklasse 3 [AC] (siehe 2.2) [AC] sollten die Beanspruchungsgrößen entweder nach Methode (b) oder Methode (c) in Absatz (1) (wie in EN 1993-1-7 festgelegt) berechnet werden.

4.4 Orthotrope Ersatzsteifigkeiten von profilierten Wandblechen

(1) Profilbleche als Teile eines Silotragwerkes dürfen bei der Berechnung durch gleichmäßig orthotrope Platten bzw. Schalen ersetzt werden.

(2) Für Profilbleche mit Bogen-Tangenten-Profil oder mit Sinusprofil (Wellbleche) dürfen bei Spannungs- und Beulberechnungen des Tragwerks die nachfolgenden Ersatzsteifigkeiten verwendet werden. Für andere Profilierungen sollten die entsprechenden Ersatzsteifigkeiten nach den mechanischen Grundsätzen berechnet werden.

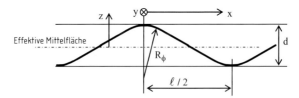

Bild 4.2 — Wellblechprofil und geometrische Parameter

(3) Die Ersatzsteifigkeiten eines Wellbleches sollten in einem x,y-Koordinatensystem definiert werden, wobei die y-Achse parallel zur Profilierung verläuft (Geraden auf der Oberfläche) und die x-Achse rechtwinklig dazu

(Wellentäler und -berge). Die Profilgeometrie sollte, unabhängig von der genauen Wellenprofilierung, durch folgende Parameter beschrieben werden, siehe Bild 4.2.

Dabei ist

d die Bruttoprofilhöhe von Kuppe zu Kuppe (Wellental zu Wellenberg);

ℓ die Wellenlänge der Profilierung;

R_ϕ der örtliche Radius an den Kuppen (Wellenberg bzw. -tal).

(4) Alle Ersatzsteifigkeiten dürfen als eindimensional behandelt werden; es gibt also keine Poisson-Effekte zwischen den beiden Richtungen.

(5) Die Ersatz-Dehnsteifigkeiten betragen:

$$C_x = E\, t_x = E\, \frac{2 t^3}{3 d^2} \tag{4.2}$$

$$C_y = E\, t_y = E\, t \left(1 + \frac{\pi^2 d^2}{4 l^2}\right) \tag{4.3}$$

$$C_{xy} = G\, t_{xy} = \frac{G\, t}{\left(1 + \frac{\pi^2 d^2}{4 l^2}\right)} \tag{4.4}$$

Dabei ist

t_x die Ersatzdicke für verschmierte Membrankräfte rechtwinklig zur Profilierung;

t_y die Ersatzdicke für verschmierte Membrankräfte parallel zur Profilierung;

t_{xy} die Ersatzdicke für verschmierte Membranschubkräfte.

(6) Die Ersatz-Biegesteifigkeiten werden nach der Richtung indiziert, in der das Moment Biegung erzeugt, und können wie folgt angesetzt werden:

$$D_x = E\, I_x \text{ je Längeneinheit} = \frac{E\, t^3}{12(1-\nu^2)} \cdot \frac{1}{\left(1 + \frac{\pi^2 d^2}{4 l^2}\right)} \tag{4.5}$$

$$D_y = E\, I_y \text{ je Längeneinheit} = 0{,}13\, E\, t d^2 \tag{4.6}$$

$$D_{xy} = G\, I_{xy} \text{ je Längeneinheit} = \frac{G\, t^3}{12}\left(1 + \frac{\pi^2 d^2}{4 l^2}\right) \tag{4.7}$$

Dabei ist

I_x das Ersatzflächenmoment 2. Grades (Ersatzträgheitsmoment) je Längeneinheit für verschmierte Biegung rechtwinklig zur Profilierung;

I_y das Ersatzflächenmoment 2. Grades (Ersatzträgheitsmoment) je Längeneinheit für verschmierte Biegung parallel zur Profilierung;

I_{xy} das Ersatzflächenmoment 2. Grades (Ersatzträgheitsmoment) je Längeneinheit für Drillung.

ANMERKUNG ⌊AC⌋ gestrichener Text ⌊AC⌋ Die Vereinbarung für Biegemomente in Flächentragwerken bezieht sich auf die Richtung, in der das Flächentragwerk gekrümmt wird, und ist damit der für Träger geltenden Vereinbarung entgegengesetzt. Biegung parallel zur Profilierung aktiviert die Biegesteifigkeit des Profils und ist der Hauptgrund für die Verwendung von Profilblechen.

⌊AC⌋ gestrichener Text ⌊AC⌋

(7) In kreisrunden Silos mit in Umfangsrichtung verlaufender Profilierung entsprechen die Richtungen x und y in den oben stehenden Formelausdrücken der Meridiankoordinate ϕ bzw. der Umfangskoordinate θ, siehe Bild 1.2 (a). Verläuft die Profilierung in Meridianrichtung, so entsprechen die Richtungen x und y in den oben stehenden Formelausdrücken der Umfangskoordinate θ bzw. der Meridiankoordinate ϕ.

(8) Die Schubsteifigkeiten sollten als unabhängig von der Profilierungsrichtung angenommen werden. Der Wert von G kann mit $E/\{2(1 + \nu)\}$ = 80 800 MPa angesetzt werden.

(9) In rechteckigen Silos mit horizontal (in Umfangsrichtung) verlaufender Profilierung entsprechen die Richtungen x und y in den oben stehenden Formelausdrücken der örtlichen Axialkoordinate x und der örtlichen Horizontalkoordinate y, siehe Bild 1.3 (a). Verläuft die Profilierung in Vertikal- oder in Meridianrichtung, so sollten die Richtungen x und y im realen Tragwerk vertauscht werden und entsprechen nun der horizontalen y-Koordinate bzw. der axialen x-Koordinate.

5 Bemessung von zylindrischen Wänden

5.1 Grundlagen

5.1.1 Allgemeines

(1) Zylindrische Stahlsilowände sollten so dimensioniert werden, dass die grundlegenden Bemessungsanforderungen für die Grenzzustände der Tragfähigkeit nach Abschnitt 2 erfüllt sind.

(2) Die Tragsicherheitsnachweise der Zylinderschale sollten nach den Regeln von EN 1993-1-6 geführt werden.

5.1.2 Bemessung der Silowand

(1) Die zylindrische Silowand sollte im Rahmen der in EN 1993-1-6 festgelegten Grenzzustände der Tragfähigkeit für folgende Phänomene nachgewiesen werden:

— globale Stabilität und statisches Gleichgewicht.

LS1: Grenzzustand ‚Plastische Grenze' (einschließlich ‚Zugbruch')

— Widerstand gegen Bersten oder Zugbruch oder plastisches Versagen (Kollaps durch Bildung eines plastischen Mechanismus, exzessives Fließen) unter Innendruck oder sonstigen Einwirkungen;

— Widerstand von Stößen, Anschlüssen und Verbindungen.

LS2: Grenzzustand ‚Zyklisches Plastizieren'

— Widerstand gegen örtliches Biegefließen;

— Lokale Effekte.

LS3: Grenzzustand ‚Beulen'

— Widerstand gegen Beulen unter Axialdruckbeanspruchung;

— Widerstand gegen Beulen unter Außendruck (Wind und/oder Teilvakuum);

— Widerstand gegen Beulen unter Schubbeanspruchung infolge unsymmetrischer Einwirkungen;

- Widerstand gegen Beulen unter Schubbeanspruchung im Bereich eingebundener Stützen;
- Widerstand gegen örtliches Versagen über Auflagern;
- Widerstand gegen örtliches Krüppeln im Bereich von Öffnungen;
- Widerstand gegen örtliches Beulen unter unsymmetrischer Belastung.

LS4: Grenzzustand ‚Ermüdung'

- Widerstand gegen Ermüdungsbruch.

(2) Die Schalenwand sollte den Anforderungen von EN 1993-1-6 entsprechen; bei Anwendung der in den nachstehenden Abschnitten 5.3 bis 5.6 angegebenen Regeln gelten jene Anforderungen als erfüllt.

(3) Für Silos der Schadensfolgeklasse 1 dürfen die Grenzzustände ‚Zyklisches Plastizieren' und ‚Ermüdung' außer Acht gelassen werden.

5.2 Unterscheidung zwischen verschiedenen Formen zylindrischer Schalen

(1) Für eine aus ebenen gewalzten Stahlblechen gefertigte Schalenwand – als ‚isotrop' bezeichnet (siehe Bild 5.1) – sollten die Nachweise nach 5.3.2 geführt werden.

(2) Für eine aus profiliertem Stahlblech (Wellblech) gefertigte Schalenwand, bei der die Profilierung in Umfangsrichtung verläuft — als ‚horizontal profiliert' bezeichnet (siehe Bild 5.1) —, sollten die Nachweise nach 5.3.4 geführt werden. Verläuft die Profilierung in Meridianrichtung — als ‚vertikal profiliert' bezeichnet —, so sollten die Nachweise nach 5.3.5 geführt werden.

(3) Für eine mit Außensteifen versehene Schalenwand – als ‚außenversteift' bezeichnet (siehe Bild 5.1) – sollten die Nachweise unabhängig vom Steifenabstand nach 5.3.3 geführt werden.

(4) Für eine Schalenwand, in der zusammentreffende Blechsegmente überlappend miteinander verbunden werden — als ‚überlappt gestoßen' (auch ‚Überlappstoß') bezeichnet (siehe Bild 5.1) —, sollten die Nachweise nach 5.3.2 geführt werden.

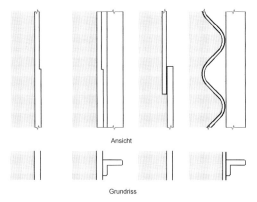

Ansicht

Grundriss

Isotrope, außenversteifte, überlappt gestoßene und horizontal profilierte Wände

Bild 5.1 — Darstellung der Formen zylindrischer Schalen

5.3 Tragsicherheitsnachweise für zylindrische Silowände

5.3.1 Allgemeines

(1) Die Zylinderschale sollte den Bestimmungen von EN 1993-1-6 entsprechen. Diese gelten als erfüllt, wenn die Nachweise nach den folgenden Regeln geführt werden.

5.3.2 Isotrope, geschweißte oder geschraubte Wände

5.3.2.1 Allgemeines

(1) Der Wandquerschnitt sollte so dimensioniert werden, dass er einem Versagen durch Zugbruch oder plastischen Kollaps widersteht.

(2) Die Stöße sollten so ausgebildet werden, dass sie einem Zugbruch im Nettoquerschnitt widerstehen.

(3) Gegebenenfalls sollte die Exzentrizität an Überlappstößen beim Nachweis gegen Zugbruch berücksichtigt werden.

(4) Die Schalenwand sollte so dimensioniert werden, dass sie einem Stabilitätsversagen (Beulen) widersteht.

5.3.2.2 Vorhandene Schnittgrößen (Bemessungsschnittgrößen)

(1) Unter Innendruck, Wandreibungslast und allen weiteren relevanten Bemessungslasten sollten die Bemessungsschnittgrößen an jeder Stelle der Schale, gegebenenfalls unter Berücksichtigung der Veränderlichkeit des Innendrucks und der Wandreibungslast, berechnet werden.

ANMERKUNG 1   Jede Gruppe von Bemessungsschnittgrößen für die Belastung eines Silos durch ein gespeichertes Schüttgut sollte auf jeweils einem einheitlichen Satz von Schüttguteigenschaften beruhen.

ANMERKUNG 2   Werden die Bemessungsschnittgrößen berechnet, um damit den Nachweis gegen den Grenzzustand ‚Plastische Grenze' zu führen, so sollten die Schüttguteigenschaften in der Regel so gewählt werden, dass der Innendruck maximal ist, und es sollte die in EN 1991-4 festgelegte Entleerung mit Teilflächenbelastung gewählt werden.

ANMERKUNG 3   Werden die Bemessungsschnittgrößen berechnet, um damit den Nachweis gegen den Grenzzustand ‚Beulen' unter Schüttgutbelastung zu führen, so sollten die Schüttguteigenschaften in der Regel so gewählt werden, dass der Axialdruck maximal ist, und es sollte die in EN 1991-4 festgelegte Entleerung mit Teilflächenbelastung gewählt werden. Trägt jedoch der Innendruck zur Erhöhung des Beulwiderstandes bei, so sollten nur die Fülldrücke (für einen konsistenten Satz von Füllguteigenschaften) in Verbindung mit den Entleerungsaxialkräften angesetzt werden, da die günstig wirkenden Drücke örtlich auf die Füllwerte abfallen können, obgleich sich der Axialdruck aus dem Entleerungszustand ergibt.

(2) Wird bei der Berechnung der Bemessungsspannungen in der Schale die Membrantheorie angewendet, so sollte die Schale an jeder Stelle dem höchsten Druck widerstehen können.

(3) Da bei hochgradig lokalen Drücken die tatsächlichen Membrankräfte kleiner sein können als membrantheoretisch berechnet, dürfen die in EN 1993-1-6 angegebenen Bestimmungen für spannungsbasierte, direkte oder numerisch gestützte Tragsicherheitsnachweise angewendet werden, um zu einer wirtschaftlicheren Bemessung zu gelangen.

(4) Bei membrantheoretischer Berechnung darf das resultierende zweidimensionale Feld der Membrankräfte $n_{x,Ed}$, $n_{\theta,Ed}$ und $n_{x\theta,Ed}$ wie folgt in eine Bemessungs-Vergleichsspannung umgerechnet werden:

$$\sigma_{e,Ed} = \frac{1}{t} \sqrt{n_{x,Ed}^2 + n_{\theta,Ed}^2 - n_{x,Ed}\, n_{\theta,Ed} + 3\, n_{x\theta,Ed}^2} \qquad (5.1)$$

(5) Bei biegetheoretischer Berechnung (LA-Berechnung) darf das resultierende zweidimensionale Feld der Primärschnittgrößen $n_{x,Ed}$, $n_{\theta,Ed}$, $n_{x\theta,Ed}$, $m_{x,Ed}$, $m_{\theta,Ed}$, $m_{x\theta,Ed}$ wie folgt in fiktive Spannungskomponenten

$$\sigma_{x,Ed} = \frac{n_{x,Ed}}{t} \pm \frac{m_{x,Ed}}{t^2/4}, \quad \sigma_{\theta,Ed} = \frac{n_{\theta,Ed}}{t} \pm \frac{m_{\theta,Ed}}{t^2/4} \tag{5.2}$$

$$\tau_{x\theta,Ed} = \frac{n_{x\theta,Ed}}{t} \pm \frac{m_{x\theta,Ed}}{t^2/4} \tag{5.3}$$

und anschließend in eine Bemessungs-Vergleichsspannung umgerechnet werden:

$$\sigma_{e,Ed} = \sqrt{\sigma_{x,Ed}^2 + \sigma_{\theta,Ed}^2 - \sigma_{x,Ed}\,\sigma_{\theta,Ed} + 3\,\tau_{x\theta,Ed}^2} \tag{5.4}$$

ANMERKUNG   Die vorstehenden Ausdrücke (Fließbedingung nach Ilyushin) liefern eine für Bemessungszwecke vereinfachte konservative Vergleichsspannung.

5.3.2.3   LS1: Plastische Grenze oder Zugbruch

(1) Der Bemessungswiderstand gegen Membrankräfte sollte sowohl für geschweißte als auch geschraubte Schalenwände in Form des Vergleichsspannungswiderstandes $f_{e,Rd}$ angegeben werden; diese beträgt:

$$f_{e,Rd} = f_y / \gamma_{M0} \tag{5.5}$$

(2) Der Bemessungswiderstand an Überlappstößen in geschweißten Schalenwänden $f_{e,Rd}$ sollte durch ein fiktives Festigkeitskriterium wie folgt beurteilt werden:

$$f_{e,Rd} = j\, f_y / \gamma_{M0} \tag{5.6}$$

Dabei ist

   j der Verbindungswirksamkeitsfaktor.

(3) Die Verbindungswirksamkeit von überlappt geschweißten Stößen mit durchgehenden Kehlnähten sollte mit $j = j_1$ angesetzt werden. {AC} Einfach geschweißte Überlappstöße sollten nicht verwendet werden, wenn mehr als 20 % des Wertes von $\sigma_{e,Ed}$ in Gleichung (5.4) aus Biegemomenten resultieren. {AC}

ANMERKUNG   Der Wert von j_i darf im Nationalen Anhang festgelegt werden. Die für j_i empfohlenen Werte {AC} sind in der nachstehenden Tabelle {AC} für verschiedene Ausführungen von Stößen angegeben. {AC} gestrichener Text {AC}

Verbindungswirksamkeit j_i von geschweißten Überlappstößen

Verbindungsart	Skizze	Wert von j_i
Doppelt geschweißter Überlappstoß		$j_1 = 1{,}0$
Einfach geschweißter Überlappstoß		$j_2 = 0{,}35$

(4) Der Bemessungswiderstand gegen Membrankräfte im Nettoquerschnitt einer geschraubten Schalenwand sollte in Form von Membrankraftwiderständen angesetzt werden; diese betragen:

— in Meridianrichtung $n_{x,Rd} = f_u\, t / \gamma_{M2}$ (5.7)

— in Umfangsrichtung $n_{\theta,Rd} = f_u\, t / \gamma_{M2}$ (5.8)

— für den Schubwiderstand $n_{x\theta,Rd} = 0{,}57\, f_y\, t / \gamma_{M0}$ (5.9)

(5) Geschraubte Verbindungen sollten nach EN 1993-1-8 oder EN 1993-1-3 bemessen werden. Der Einfluss der Schraub- bzw. Nietlöcher sollte ebenfalls nach EN 1993-1-1 unter Anwendung der entsprechenden Anforderungen für Zug-, Druck- oder Schubbeanspruchung berücksichtigt werden.

(6) Der Widerstand gegen lokale Belastungen aus Anschlussbauteilen sollte nach 5.4.6 behandelt werden.

(7) An jeder Stelle des Tragwerks sollte folgender Spannungsnachweis geführt werden:

$$\sigma_{e,Ed} \leq f_{e,Rd} \qquad (5.10)$$

(8) An jedem Stoß innerhalb des Tragwerks sollte der zutreffende unter den folgenden Schnittgrößennachweisen geführt werden:

$$n_{x,Ed} \leq n_{x,Rd} \qquad (5.11)$$

$$n_{\theta,Ed} \leq n_{\theta,Rd} \qquad (5.12)$$

$$n_{x\theta,Ed} \leq n_{x\theta,Rd} \qquad (5.13)$$

5.3.2.4 LS3: Beulen unter Axialdruckbeanspruchung

(1) Der Bemessungswiderstand gegen Axialdruckbeulen sollte an jeder Stelle des Tragwerks ermittelt werden, und zwar unter Berücksichtigung der spezifischen Herstelltoleranz-Qualitätsklasse, der Größe des garantiert gleichzeitig wirkenden Innendrucks p und der Ungleichmäßigkeit der Axialdruckbeanspruchung in Umfangsrichtung. Bei der Bemessung sollten alle Bereiche der Schale berücksichtigt werden. Druckmembrankräfte sollten in Beulberechnungen positiv eingeführt werden, um ständige negative Zahlenwerte zu vermeiden.

(2) Die Herstelltoleranz-Qualitätsklasse sollte nach Tabelle 5.1 spezifiziert werden.

Tabelle 5.1 — Herstelltoleranz-Qualitätsklassen

Herstelltoleranz-Qualitätsklasse der Konstruktion	Qualitätsparameter Q	Beschränkungen bezüglich der Schadensfolgeklasse
Normal	16	Obligatorisch für Schadensfolgeklasse 1
Hoch	25	
Exzellent	40	Nur für Schadensfolgeklasse 3 zulässig

ANMERKUNG Die Toleranzanforderungen für die Herstelltoleranz-Qualitätsklassen sind in EN 1993-1-6 und EN 1090 angegeben.

(3) Die charakteristische Imperfektionsamplitude w_{ok} sollte wie folgt angesetzt werden:

$$w_{ok} = \frac{t}{Q}\sqrt{\frac{r}{t}} \qquad (5.14)$$

(4) Der elastische Imperfektions-Abminderungsfaktor α_0 für Axialdruckbeulen ohne Innendruck sollte wie folgt berechnet werden:

$$\alpha_0 = \frac{0{,}62}{1 + 1{,}91\,\psi \left(\dfrac{w_{ok}}{t}\right)^{1{,}44}} \qquad (5.15)$$

Dabei ist ψ der Parameter für die Ungleichmäßigkeit der Axialdruckbeanspruchung in Umfangsrichtung; er ist im Falle konstanten Axialdruckes gleich 1 und wird für ungleichmäßigen Axialdruck in Absatz (8) angegeben.

(5) Bei gleichzeitig wirkendem Innendruck ist der elastische Imperfektions-Abminderungsfaktor α durch den kleineren der beiden folgenden innendruckbeeinflussten Imperfektions-Abminderungsfaktoren α_{pe} und α_{pp} zu ersetzen. Diese sind für den jeweils lokalen Wert des Innendrucks p zu ermitteln. Für Silos, die nach den Regeln für die Schadensfolgeklasse 1 bemessen werden, sollte der elastische Imperfektions-Abminderungsfaktor nicht größer als α angesetzt werden.

(6) Der Imperfektions-Abminderungsfaktor α_{pe}, der die innendruckinduzierte elastische Stabilisierung erfasst, ist mit dem kleinstmöglichen lokalen Innendruck, der an der betrachteten Stelle gleichzeitig mit dem Axialdruck auftritt (d. h. garantiert gleichzeitig vorhanden ist), wie folgt zu ermitteln:

$$\alpha_{pe} = \alpha_0 + (1-\alpha_0)\left(\frac{\overline{p_s}}{\overline{p_s}+\frac{0{,}3}{\sqrt{\alpha_0}}}\right) \qquad (5.16)$$

mit:

$$\overline{p_s} = \frac{p_s\, r}{t\, \sigma_{x,Rcr}} \qquad (5.17)$$

Dabei ist

$\quad p_s \quad$ der kleinste zuverlässige Bemessungswert des lokalen Innendrucks (siehe EN 1991-4);

$\quad \sigma_{x,Rcr} \quad$ die ideale Axialbeulspannung (siehe Gleichung (5.28)).

(7) Der Imperfektions-Abminderungsfaktor α_{pp}, der die innendruckinduzierte plastische Destabilisierung erfasst, sollte mit dem größtmöglichen lokalen Innendruck, der an der betrachteten Stelle gleichzeitig mit dem Axialdruck auftreten kann, wie folgt ermittelt werden:

$$\alpha_{pp} = \left\{1-\left(\frac{\overline{p_s}}{\overline{\lambda_x}^2}\right)^2\right\}\left[1-\frac{1}{1{,}12+s^{3/2}}\right]\left[\frac{s^2+1{,}21\overline{\lambda_x}^2}{s(s+1)}\right] \qquad (5.18)$$

mit:

$$\overline{p_g} = \frac{p_g}{\sigma_{x,Rcr}}\cdot\frac{r}{t} \qquad (5.19)$$

$$s = \left(\frac{1}{400}\right)\left(\frac{r}{t}\right) \qquad (5.20)$$

$$\overline{\lambda_x}^2 = \frac{f_y}{\sigma_{x,Rcr}} \qquad (5.21)$$

Dabei ist

$\quad p_g \quad$ der größte Bemessungswert des lokalen Innendrucks (siehe EN 1991-4).

(8) Bei ungleichmäßiger Verteilung der Axialdruckbeanspruchung in Umfangsrichtung sollte der positive Einfluss auf den elastischen Imperfektions-Abminderungsfaktor durch den Parameter ψ für die Spannungsungleichförmigkeit erfasst werden. Er sollte aus der linear elastisch berechneten axialen Membrandruckspannungsverteilung in Umfangsrichtung für die betrachtete Höhenkote nach Bild 5.2 ermittelt werden. Der Bemessungswert der axialen Membrandruckspannung $\sigma_{x,Ed}$ an dem am stärksten beanspruchten Punkt auf dieser Höhenkote wird mit $\sigma_{xo,Ed}$ bezeichnet.

Der Bemessungswert der axialen Membrandruckspannung an einem zweiten Punkt auf derselben Höhenkote, der vom ersten Punkt entlang des Umfangs

$$y = r\,\Delta\theta = 4\sqrt{rt} \tag{5.22}$$

entfernt ist, wird mit $\sigma_{x1,Ed}$ bezeichnet.

(9) Liegt der Wert des Spannungsverhältnisses

$$s = \left(\frac{\sigma_{x1,Ed}}{\sigma_{x0,Ed}}\right) \tag{5.23}$$

im Bereich von $0{,}3 < s < 1{,}0$, so ist die obige Anordnung des zweiten Punktes zufrieden stellend. Falls der Wert von s außerhalb dieses Bereichs liegt, sollte ein anderer Wert für $r\,\Delta\theta$ gewählt werden, und zwar so, dass der Wert von $s = 0{,}5$ ist. Die folgende Berechnung sollte dann mit einem entsprechend angepassten Wertepaar für s und $\Delta\theta$ durchgeführt werden.

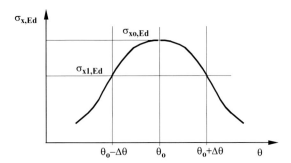

Bild 5.2 — Darstellung der örtlichen Verteilung der axialen Membranspannungen in Umfangsrichtung

(10) Die Ersatzharmonische j der Spannungsverteilung sollte wie folgt berechnet werden:

$$j = 0{,}25\sqrt{\frac{r}{t}}\cdot\arccos\left(\frac{\sigma_{x1,Ed}}{\sigma_{x0,Ed}}\right) \tag{5.24}$$

Damit erhält man den Parameter ψ für die Spannungsungleichförmigkeit wie folgt:

$$\psi = \frac{1 - b_1\,j}{1 + b_2\,j} \tag{5.25}$$

mit:

$$b_1 = 0{,}5\sqrt{\frac{t}{r}} \qquad (5.26)$$

$$b_2 = \frac{(1-b_1)}{\psi_b} - 1 \qquad (5.27)$$

Dabei ist

ψ_b der Wert des Parameters für die Spannungsungleichförmigkeit bei globaler Biegung.

ANMERKUNG   Der Wert von ψ_b darf im Nationalen Anhang festgelegt werden. Es wird ein Wert von $\psi_b = 0{,}40$ empfohlen.

(11) Die Grenzharmonische j, ab der keine imperfektionsbedingte Reduktion unter den idealen Beulwiderstand bei gleichförmiger Druckverteilung mehr auftritt, darf mit $j_\infty = 1/b_1$ angenommen werden. Falls sich zeigt, dass $j > j_\infty$ ist, sollte der Wert von j mit $j = j_\infty$ angesetzt werden.

(12) An horizontalen Überlappstößen, die für die rechtwinklig durchlaufende axiale Membrandruckkraft eine Exzentrizität darstellen, sollte der in den Absätzen (4) bis (7) angegebene Imperfektions-Abminderungsfaktor α auf α_L reduziert werden, sofern die Exzentrizität zwischen den Mittelflächen der beiden Bleche größer ist als $k_1\,t$ und der Dickensprung nicht größer ist als $k_2\,t$; dabei ist t die Dicke des dünneren Bleches am Stoß. Ist die Exzentrizität kleiner als der genannte Wert, oder ist der Dickensprung größer als der genannte Wert, so braucht der Imperfektions-Abminderungsfaktor α nicht reduziert zu werden.

ANMERKUNG 1   Die Werte von α_L, k_1 und k_2 dürfen im Nationalen Anhang festgelegt werden. Es werden folgende Werte empfohlen: $\alpha_L = 0{,}7\,\alpha$, $k_1 = 0{,}5$ und $k_2 = 0{,}25$, wobei α der jeweiligen Situation entsprechend durch α_o, α_{pe} oder α_{pp} gegeben ist.

ANMERKUNG 2   Die Beultragfähigkeit fällt nur dann unter den sonst geltenden Wert, wenn der untere Schuss nicht dick genug ist, um bei Auftreten einer Imperfektion unmittelbar über dem Überlappstoß die Ausbildung einer weicheren Beule zu verhindern.

(13) Die ideale Axialbeulspannung der isotropen Schalenwand sollte wie folgt berechnet werden:

$$\sigma_{x,Rcr} = \frac{E}{\sqrt{3(1-\nu^2)}} \cdot \frac{t}{r} = 0{,}605\, E\, \frac{t}{r} \qquad (5.28)$$

(14) Die charakteristische Axialbeulspannung erhält man bei Verwendung des entsprechenden Imperfektions-Abminderungsfaktors α aus den Absätzen (4), (5), (6), (7) und (8) zu:

$$\sigma_{x,Rk} = \chi_x f_y \qquad (5.29)$$

ANMERKUNG   Die spezielle Vorgehensweise mit σ_{Rk} und σ_{Rd} als charakteristischem und Bemessungsbeulwiderstand folgt der Vereinbarung in EN 1993-1-6 für Schalentragwerke und unterscheidet sich von derjenigen in EN 1993-1-1.

(15) Der Abminderungsbeiwert für Schalenbeulen χ_x sollte als Funktion des bezogenen Schalenschlankheitsgrades $\overline{\lambda_x}$ wie folgt ermittelt werden:

$$\chi_x = 1 \qquad \text{wenn } \overline{\lambda_x} \le \overline{\lambda_0} \qquad (5.30)$$

$$\chi_x = 1 - \beta \left(\frac{\overline{\lambda_x} - \overline{\lambda_0}}{\overline{\lambda_p} - \overline{\lambda_0}} \right)^\eta \qquad \text{wenn } \overline{\lambda_0} < \overline{\lambda_x} < \overline{\lambda_p} \qquad (5.31)$$

$$\chi_x = \frac{\alpha}{\overline{\lambda_x}^2} \qquad \text{wenn } \overline{\lambda_p} \leq \overline{\lambda_x} \qquad (5.32)$$

mit:

$$\overline{\lambda_x} = \sqrt{\frac{f_y}{\sigma_{x,Rcr}}} \qquad (5.33)$$

$$\overline{\lambda_0} = 0{,}2 \qquad (5.34)$$

$$\overline{\lambda_p} = \sqrt{\frac{\alpha}{1 - \beta}} \qquad (5.35)$$

Dabei ist α als der entsprechende Wert von α_o, α_{pe}, α_{pp} oder α_L zu wählen.

ANMERKUNG   Die Werte von β und η dürfen im Nationalen Anhang festgelegt werden. Es werden folgende Werte empfohlen: $\beta = 0{,}60$ und $\eta = 1{,}0$.

(16) Die Bemessungs-Axialbeulspannung sollte wie folgt ermittelt werden:

$$\sigma_{x,Rd} = \sigma_{x,Rk}/\gamma_{M1} \qquad (5.36)$$

mit γ_{M1} nach 2.9.2.

(17) Die Bemessungsmembrankräfte sollten an jeder Stelle des Tragwerks folgende Bedingung erfüllen:

$$n_{x,Ed} \leq t\, \sigma_{x,Rd} \qquad (5.37)$$

(18) An Überlappstößen, die die in (12) festgelegten Bedingungen erfüllen, braucht die Messung der größten zulässigen messbaren Vorbeul-Imperfektion nicht über den Stoß hinweg durchgeführt zu werden.

(19) Der Nachweis der Schalenwand gegen Axialbeulen über einem diskreten Auflager oder im Bereich einer Konsole (z. B. zur Lagerung einer Förderbrücke) oder im Bereich einer Öffnung sollte nach den Regeln in 5.6 erfolgen.

5.3.2.5   LS3: Beulen unter Außendruck — Teilvakuum und/oder Windlast

(1) Der Beulsicherheitsnachweis sollte nach EN 1993-1-6 geführt werden; die dortigen Anforderungen gelten jedoch als erfüllt, wenn die Nachweise nach den folgenden Regeln geführt werden.

(2) Der untere Rand der Zylinderschale sollte wirksam verankert werden, um vertikalen Verschiebungen zu widerstehen; siehe 5.4.7.

(3) Unter Windlast oder Teilvakuum sollte die Silowand in Abschnitte zwischen Versteifungsringen, Blechdickensprüngen oder gehaltenen Rändern unterteilt werden.

(4) Für jeden Wandabschnitt bzw. für jede Gruppe von Wandabschnitten, in denen sich eine Beule ausbilden könnte, sollte eine Beulberechnung durchgeführt werden, wobei mit dem dünnsten Abschnitt zu beginnen ist und dann sukzessive weitere hinzugefügt werden. Aus diesen alternativen Berechnungen sollte der niedrigste Bemessungsbeuldruck abgeleitet werden.

(5) Der ideale Außenbeuldruck für eine isotrope Zylinderwand sollte wie folgt berechnet werden:

$$p_{n,\text{Rcru}} = 0{,}92\, C_b\, C_w\, E \left(\frac{r}{l}\right)\left(\frac{t}{r}\right)^{2{,}5} \quad (5.38)$$

Dabei ist

- t die Dicke des dünnsten Abschnittes der Wand;
- ℓ die Höhe zwischen Versteifungsringen oder gehaltenen Rändern;
- C_b der Beiwert für Außendruckbeulen;
- C_w der Beiwert für die Winddruckverteilung.

(6) Der Parameter C_b ergibt sich in Abhängigkeit von der konstruktiven Ausbildung am oberen Rand aus Tabelle 5.2.

Tabelle 5.2 — Werte für den Parameter C_b für Außendruckbeulen

Konstruktive Ausbildung des oberen Randes	Dach ist verformungsschlüssig (kontinuierlich) mit der Wand verbunden	Oberer Versteifungsring erfüllt 5.3.2.5 (12)–(14)	Oberer Versteifungsring erfüllt nicht 5.3.2.5 (12)–(14)
C_b	1,0	1,0	0,6

(7) Gehört der Silo zu einer eng stehenden Silogruppe, so sollte der auf den windzugewandten Meridian (Staumeridian) bezogene Beiwert für die Winddruckverteilung mit $C_w = 1{,}0$ angesetzt werden.

(8) Für einen einzeln stehenden Silo unter Windlast allein sollte der auf den windzugewandten Meridian (Staumeridian) bezogene Beiwert für die Winddruckverteilung C_w als der größere der folgenden beiden Werte angesetzt werden:

$$C_w = \frac{2{,}2}{\left(1 + 0{,}1\sqrt{C_b\, \dfrac{r}{l}\sqrt{\dfrac{r}{t}}}\right)} \quad (5.39)$$

$$C_w = 1{,}0 \quad (5.40)$$

(9) Für einen einzeln stehenden Silo unter einer Kombination aus Windlast und Teilvakuum sollte der Wert von C_w als linear gewichtetes Mittel zwischen 1,0 und dem in Absatz (8) ermittelten Wert berechnet werden.

(10) Der auf den windzugewandten Meridian (Staumeridian) bezogene Bemessungsbeuldruck unter Windlast und/oder Teilvakuum sollte wie folgt ermittelt werden:

$$p_{n,\text{Rd}} = \alpha_n\, p_{n,\text{Rcru}} / \gamma_{M1} \quad (5.41)$$

Dabei ist α_n der elastische Imperfektions-Abminderungsfaktor, und γ_{M1} ist 2.9.2 zu entnehmen.

ANMERKUNG   Der Wert von α_n darf im Nationalen Anhang festgelegt werden. Es wird ein Wert von $\alpha_n = 0{,}5$ empfohlen.

(11) Der Beulsicherheitsnachweis ist wie folgt zu führen:

$$p_{n,\text{Ed}} \leq p_{n,\text{Rd}} \quad (5.42)$$

Dabei ist

$p_{n,Ed}$ der Bemessungswert des größten vorhandenen Außendruckes aus Windlast und/oder Teilvakuum.

(12) Um den oberen Zylinderrand als durch eine Ringsteife ausreichend gehalten behandeln zu dürfen, sollte diese Steife sowohl eine Festigkeitsbedingung als auch eine Steifigkeitsbedingung erfüllen. Falls keine gründlichere Untersuchung mit Hilfe einer numerischen Analyse durchgeführt wird, sollten die Bemessungswerte der Normalkraft und des Biegemoments in Umfangsrichtung, letzteres um die vertikale Achse des Ringquerschnittes wie folgt angesetzt werden:

$$N_{\theta,Ed} = 0{,}5 \; r \, L \, p_{n,Ed} \qquad (5.43)$$

$$M_{\theta,Ed} = M_{\theta,Edo} + M_{\theta,Edw} \qquad (5.44)$$

mit:

$$M_{\theta,Edo} = 0{,}0033 \; p_{nS1} \; r^2 L \left(\frac{p_{nS1}}{p_{nS1} - p_{n,Edu}} \right) \qquad (5.45)$$

$$M_{\theta,Edw} = 0{,}17 \; p_{n,Edw} \; r^2 L \left(\frac{p_{n,Edu}}{p_{nS1} - p_{n,Edu}} \right) \qquad (5.46)$$

$$p_{nS1} = \frac{6 \, EI_z}{r^3 L} \qquad (5.47)$$

Dabei ist

$p_{n,Edu}$ der Bemessungswert des konstanten Anteils des Außendrucks unter Windlast und/oder Teilvakuum;

$p_{n,Edw}$ der Bemessungswert des Drucks am Staumeridian unter Windlast;

p_{nS1} der Bezugsdruck für die Berechnung des Umfangsbiegemoments;

$M_{\theta,Edo}$ der Bemessungswert des aus Unrundheiten resultierenden Biegemoments;

$M_{\theta,Edw}$ der Bemessungswert des durch Wind verursachten Biegemoments;

I_z das Flächenmoment 2. Grades (Trägheitsmoment) der Ringsteife für Umfangsbiegung;

L die Gesamthöhe der Schalenwand;

t die Dicke des dünnsten Schusses.

(13) Wird die Ringsteife am oberen Zylinderrand durch Kaltformen ausgeführt, so sollte der nach Gleichung (5.45) berechnete Wert von $M_{\theta,Edo}$ um 15 % erhöht werden.

(14) Die Biegesteifigkeit EI_z einer Ringsteife am oberen Zylinderrand um ihre vertikale Querschnittsachse (Umfangsbiegung) sollte größer als der größere der folgenden beiden Werte sein:

$$EI_{z,min} = k_1 \, E \, L \, t^3 \qquad (5.48)$$

und

$$EI_{z,min} = 0{,}08 \; C_w \; E \, r \, t^3 \sqrt{\frac{r}{t}} \qquad (5.49)$$

Dabei ist

C_w der in den Absätzen (7) oder (8) angegebene Beiwert für die Winddruckverteilung.

ANMERKUNG   Der Wert von k_1 darf im Nationalen Anhang festgelegt werden. Es wird ein Wert von k_1 = 0,1 empfohlen.

5.3.2.6   LS3: Beulen unter Membranschubbeanspruchung

(1) Wenn größere Teile einer Silowand unter Membranschubbeanspruchung stehen (z. B. aus exzentrischem Befüllen, aus Erdbebenbelastung usw.), sollte als zugehöriger Beulwiderstand derjenige einer torsionsbeanspruchten Zylinderschale verwendet werden. Die axiale Veränderlichkeit des Schubs darf berücksichtigt werden.

(2) Die ideale Schubbeulspannung einer isotropen Silowand sollte wie folgt berechnet werden:

$$\tau_{x\theta,Rcr} = 0{,}75\, E \left(\frac{r}{l}\right)^{0{,}5} \left(\frac{t}{r}\right)^{1{,}25} \tag{5.50}$$

Dabei ist

t die Dicke des dünnsten Schusses der Schale;

ℓ die Höhe zwischen Versteifungsringen oder gehaltenen Rändern.

(3) Ein Versteifungsring, der für einen schubbeulgefährdeten Abschnitt einen gehaltenen Rand darstellen soll, sollte um seine Achse für Umfangsbiegung eine Biegesteifigkeit EI_z von mindestens

$$EI_{z,min} = k_s\, E\, t^3 \sqrt{r\ell} \tag{5.51}$$

haben, wobei die Größen ℓ und t zur kritischsten Beulform nach Absatz (2) gehören.

ANMERKUNG   Der Wert von k_s darf im Nationalen Anhang festgelegt werden. Es wird ein Wert von k_s = 0,10 empfohlen.

(4) Wenn die Schubbeanspruchung τ innerhalb des Tragwerkes linear mit der Höhe variiert, darf die ideale Schubbeulspannung am Punkt des größten Schubs wie folgt erhöht werden:

$$\tau_{x\theta,Rcr} = 1{,}4\, E \left(\frac{r}{l_o}\right)^{0{,}5} \left(\frac{t}{r}\right)^{1{,}25} \tag{5.52}$$

wobei ℓ_o wie folgt zu bestimmen ist:

$$\ell_o = \frac{\tau_{x\theta,Ed,max}}{\left(\dfrac{d\tau_{x\theta,Ed}}{dx}\right)} \tag{5.53}$$

Dabei ist $\left(\dfrac{d\tau_{x\theta,Ed}}{dx}\right)$ der axiale Gradient der Schubveränderlichkeit mit der Höhe, gemittelt über den entsprechenden Abschnitt, und $\tau_{x\theta,Ed,max}$ ist der Spitzenwert der Schubspannung. Für Tragwerke, bei denen die Länge ℓ_o größer als ihre Höhe ist, sollte diese Regel nicht angewendet werden; stattdessen sollte die Schale, wie in (2) beschrieben, als durch konstanten Membranschub beansprucht behandelt werden.

(5) Für lokale Schubspannungen, die aus der Schubkrafteinleitung von lokalen Auflagern und Last tragenden axialen Steifen in die Schale entstehen, darf die zum Größtwert der Schubspannung korrespondierende ideale Schubbeulspannung wie folgt angesetzt werden:

$$\tau_{x\theta,Rcr} = 1{,}4\,E \left(\frac{r}{l_0}\right)^{0{,}5} \left(\frac{t}{r}\right)^{1{,}25} \tag{5.54}$$

Hierfür ist l_0 wie folgt zu bestimmen:

$$\boxed{AC}\; l_0 = \frac{\tau_{x\theta\,Ed,max}}{d\tau_{x\theta\,Ed}/dy} \;\boxed{AC} \tag{5.55}$$

Dabei ist $\left(\dfrac{d\tau_{x\theta,Ed}}{dy}\right)$ der Umfangsgradient der Schubveränderlichkeit mit der Entfernung von der Steife, gemittelt über den entsprechenden Abschnitt, und $t_{x\theta,Ed,max}$ ist der Spitzenwert der Schubspannung.

(6) Die Bemessungs-Schubbeulspannung sollte als der kleinere der beiden folgenden Werte bestimmt werden:

$$\tau_{x\theta,Rd} = \alpha_\tau\, \tau_{x\theta,Rcr}/\gamma_{M1} \tag{5.56}$$

und

$$\tau_{x\theta,Rd} = 0{,}57\, f_y/\gamma_{M1} \tag{5.57}$$

Dabei ist

α_τ der elastische Imperfektions-Abminderungsfaktor für Schubbeulen;

γ_{M1} der in 2.9.2 angegebene Teilsicherheitsbeiwert.

ANMERKUNG   Der Wert von α_τ darf im Nationalen Anhang festgelegt werden. Es wird ein Wert von $\alpha_\tau = 0{,}80$ empfohlen.

(7) Die Bemessungsmembrankräfte sollten an jeder Stelle des Tragwerks folgende Bedingung erfüllen:

$$n_{x\theta,Ed} \leq t\, \tau_{x\theta,Rd} \tag{5.58}$$

5.3.2.7 Interaktionen zwischen Meridiandruck-, Umfangsdruck- und Membranschubbeanspruchung

(1) Wenn der Spannungszustand in der Silowand signifikante Anteile von mehr als einer Membrandruck- oder -schubspannung enthält, sollte ein Interaktionsnachweis nach EN 1993-1-6 geführt werden.

(2) Auf den Interaktionsnachweis darf verzichtet werden, wenn alle bis auf eine der drei beulrelevanten Membranspannungskomponenten kleiner als 20 % der zugehörigen Bemessungsbeulspannung ist.

5.3.2.8   LS4: Ermüdung

(1) Bei Silos der Schadensfolgeklasse 3 sollte die Ermüdungssicherheit nach EN 1993-1-6 nachgewiesen werden.

(2) Bei Silos der Schadensfolgeklasse 2 braucht die Ermüdungssicherheit nur dann nachgewiesen zu werden, wenn innerhalb der Bemessungslebensdauer mehr als N_f Befüllungs- und Entleerungszyklen zu erwarten sind.

ANMERKUNG Der Wert von N_f darf im Nationalen Anhang festgelegt werden. Es wird ein Wert von $N_f = 10\,000$ empfohlen.

5.3.2.9 LS2: Zyklisches Plastizieren

(1) Bei Silos der Schadensfolgeklasse 3 sollte der Nachweis gegen zyklisches Plastizieren nach EN 1993-1-6 geführt werden. In Frage kommende Nachweisstellen sind Diskontinuitäten, örtliche Ringsteifen und Anschlussteile.

(2) Bei Silos der anderen Schadensfolgeklassen darf auf diesen Nachweis verzichtet werden.

5.3.3 Isotrope Wände mit Vertikalsteifen

5.3.3.1 Allgemeines

(1) Bei isotropen Wänden, die mit Vertikalsteifen (Längssteifen) versehen sind, sollte der Zwängungseinfluss der Wandverkürzung infolge von Innendruck bei der Ermittlung der vertikalen Druckbeanspruchung der Wand und der Steifen berücksichtigt werden.

(2) Für die Bemessungswerte der vorhandenen Spannungen und der Widerstände und für die Nachweise gilt 5.3.2, aber mit den nachfolgend wiedergegebenen zusätzlichen Regeln.

5.3.3.2 LS1: Plastische Grenze oder Zugbruch

(1) Der Nachweis gegen Zugbruch in einer vertikalen Schweißnaht sollte wie für eine unversteifte isotrope Schale geführt werden (5.3.2).

(2) Wenn ein vertikaler Stoß so ausgebildet ist, dass die Steife zur Übertragung von Umfangszugkräften mit herangezogen wird, sollte dies bei der Ermittlung der in dieser Steife wirkenden Beanspruchung und bei der Beurteilung ihrer Anfälligkeit für Zugbruch in Umfangsrichtung berücksichtigt werden.

5.3.3.3 LS3: Beulen unter Axialdruckbeanspruchung

(1) Der Beulsicherheitsnachweis sollte wie für eine unversteifte Wand geführt werden, wenn der Steifenabstand nicht kleiner ist als $2\sqrt{rt}$, wobei t die örtliche Wanddicke ist.

(2) Bei Vertikalsteifen in kleinerem Abstand als $2\sqrt{rt}$ sollte der Beulsicherheitsnachweis für die gesamte Wand entweder konservativ nach Absatz (1) oder numerisch gestützt durch globale Berechnung nach EN 1993-1-6 geführt werden.

(3) Die axiale Drucktragfähigkeit der Steifen selbst sollte nach den Regeln von EN 1993-1-1 oder EN 1993-1-3 (kaltprofilierte stählerne Bauteile) oder EN 1993-1-5 nachgewiesen werden.

(4) Die Exzentrizität zwischen Steife und Schalenwand sollte gegebenenfalls berücksichtigt werden.

5.3.3.4 LS3: Beulen unter Außendruck – Teilvakuum und/oder Windlast

(1) Sofern keine genauere Berechnung erforderlich ist, sollte der Beulsicherheitsnachweis wie für eine unversteifte Wand geführt werden.

(2) Bei einer genaueren Berechnung dürfen die vertikalen Steifen verschmiert werden, so dass der Beulsicherheitsnachweis für eine orthotrope Schale nach 5.3.4.5 mit $C_\phi = C_\theta = Et$ und $C_{\phi\theta} = 0{,}38\,Et$ geführt werden kann.

5.3.3.5 LS3: Beulen unter Membranschubbeanspruchung

(1) Wenn größere Teile einer Silowand unter Membranschubbeanspruchung stehen (z. B. aus exzentrischem Befüllen, aus Erdbebenbelastung usw.), sollte der Beulsicherheitsnachweis wie für eine isotrope unversteifte Schale geführt werden (siehe 5.3.2.6), jedoch mit gegebenenfalls durch die Steifen erhöhtem rechnerischem Beulwiderstand. Zu diesem Zweck darf als effektive Schalenlänge ℓ der kleinere Wert aus der Höhe zwischen Versteifungsringen oder gehaltenen Rändern und dem Zweifachen des horizontalen Abstandes der Vertikalsteifen angesetzt werden, vorausgesetzt, die Steifen haben um ihre Querschnittsachse für Meridianbiegung (d. h. um ihre Querschnittsachse in Umfangsrichtung) eine Biegesteifigkeit EI_y von mindestens

$$EI_{y,min} = k_s \, E \, t^3 \sqrt{r\ell} \qquad (5.59)$$

wobei die Größen ℓ und t dieselben sind wie bei der kritischsten Beulform.

ANMERKUNG Der Wert von k_s darf im Nationalen Anhang festgelegt werden. Es wird ein Wert von $k_s = 0{,}10$ empfohlen.

(2) Endet eine diskrete Vertikalsteife abrupt innerhalb der Schalenwand, so sollte die Steifenkraft rechnerisch gleichmäßig über eine Höhe von nicht mehr als $k_t \sqrt{rt}$ in die Schale eingeleitet werden.

ANMERKUNG Der Wert von k_t darf im Nationalen Anhang festgelegt werden. Es wird ein Wert von $k_t = 4{,}0$ empfohlen.

(3) Der Schubbeulwiderstand für die lokale Schubübertragung aus einer Steife in die Schale nach Absatz (2) sollte nicht größer angesetzt werden, als in 5.3.2.6 für linear veränderlichen Schub angegeben.

5.3.4 Horizontal profilierte Wände

5.3.4.1 Allgemeines

(1) Bei allen Berechnungen sollte die Blechdicke ohne Überzüge und Beschichtungen (Stahlkerndicke) und ohne Toleranzen angesetzt werden.

(2) Die Mindest-Stahlkerndicke von Profilblechen in Silowänden sollte die Anforderungen von EN 1993-1-3 erfüllen. Im Falle geschraubter Verbindungen sollten die Schrauben mindestens Größe M 8 haben.

(3) In horizontal profilierten zylindrischen Silowänden mit Vertikalsteifen sollten der profilierten Wand rechnerisch keine vertikalen Lasten zugewiesen werden, es sei denn, sie wird als orthotrope Schale nach 5.3.4.3.3 behandelt.

(4) Es sollte besonders darauf geachtet werden, dass die Vertikalsteifen bezüglich Meridianbiegung rechtwinklig zur Wand kontinuierlich ausgebildet werden; das ist wichtig für den Beulwiderstand sowohl unter Wind und/oder Teilvakuum als auch bei fließendem Schüttgut.

(5) Die Verbindungsmittel zwischen Steifen und Blech in vertikal versteiften, horizontal profilierten Wänden sollten für die Schubübertragung der Wandreibungslasten aus dem Schüttgut in die Steifen bemessen werden. Die Blechdicke sollte so gewählt werden, dass örtliches Zugbruchversagen an diesen Verbindungsmitteln verhindert wird, wobei auch die reduzierte Lochleibungstragfähigkeit an Verbindungen in Profilblechen zu beachten ist.

(6) Für die Bemessungswerte der vorhandenen Spannungen und der Widerstände und für die Nachweise gilt 5.3.2, aber mit den in den vorstehenden Absätzen (1) bis (5) wiedergegebenen zusätzlichen Regeln.

[AC] gestrichener Text [AC]

ANMERKUNG [AC] gestrichener Text [AC] Gebräuchliche Steifenformen sind in Bild 5.3 dargestellt.

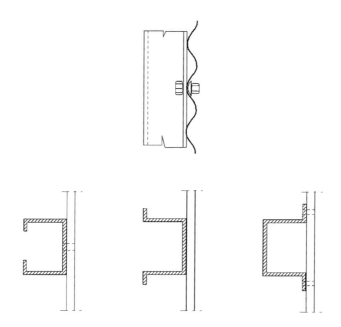

Bild 5.3 — Gebräuchliche Querschnitte von Vertikalsteifen in horizontal profilierten Siloschalen

5.3.4.2 LS1: Plastische Grenze oder Zugbruch

(1) Die Schrauben an den Stößen zwischen den Blechsegmenten sollten die Anforderungen von EN 1993-1-8 erfüllen.

(2) Die Stoßausbildung sollte auch den Anforderungen von EN 1993-1-3 für zug- oder druckbeanspruchte Verbindungen entsprechen.

(3) Die Abstände zwischen den Verbindungsmitteln in Umfangsrichtung sollten nicht größer als 3° sein.

ANMERKUNG   Eine typische Schraubenanordnung für eine Wellblechtafel ist in Bild 5.4 dargestellt.

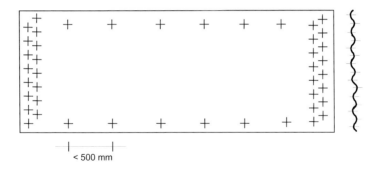

Bild 5.4 — Typische Schraubenanordnung in einer Tafel für ein Wellblechsilo

(4) An Wanddurchbrüchen für Luken, Türen, Bohrer oder andere Vorrichtungen sollte örtlich ein dickeres Wellblech vorgesehen werden, damit die durch Steifigkeitsabweichungen verursachten Spannungserhöhungen nicht zu lokalen Rissen führen.

5.3.4.3 LS3: Beulen unter Axialdruckbeanspruchung

5.3.4.3.1 Allgemeines

(1) Der Bemessungswiderstand gegen Axialdruckbeulen sollte für alle Punkte des Tragwerks ermittelt werden, und zwar unter Berücksichtigung der vorgeschriebenen Herstelltoleranz-Qualitätsklasse, der Größe des garantiert gleichzeitig wirkenden Innendrucks p und der Ungleichmäßigkeit der Axialdruckbeanspruchung in Umfangsrichtung.

(2) Für den Beulsicherheitsnachweis einer horizontal profilierten Wand mit Vertikalsteifen stehen zwei alternative Berechnungsmodelle zur Verfügung:

a) Beulen einer orthotropen Ersatzschale (nach 5.3.4.3.3), falls der horizontale Abstand zwischen den Steifen die Bedingung 5.3.4.3.3 (2) erfüllt;

b) Knicken der einzelnen Steifen (die profilierte Wand nimmt zwar voraussetzungsgemäß keine Axialkräfte auf, stützt aber die Steifen) nach 5.3.4.3.4, falls der horizontale Abstand zwischen den Steifen die Bedingung 5.3.4.3.3 (2) nicht erfüllt.

5.3.4.3.2 Unversteifte Wand

(1) Für eine horizontal profilierte Wand ohne Vertikalsteifen sollte der charakteristische Wert des lokalen plastischen Beulwiderstandes als der größere der beiden folgenden Werte bestimmt werden:

$$n_{x,Rk} = \frac{t^2 f_y}{2d} \qquad (5.60)$$

und

$$n_{x,Rk} = R_\phi \frac{t}{r} f_y \qquad (5.61)$$

Dabei ist

- t die Blechdicke;
- d die Bruttoprofilhöhe von Kuppe zu Kuppe (Wellental zu Wellenberg);
- R_ϕ der örtliche Radius der Profilierung (siehe Bild 4.2);
- r der Zylinderradius.

Der lokale plastische Beulwiderstand $n_{x,Rk}$ sollte unabhängig vom Wert des Innendrucks p_n angesetzt werden.

ANMERKUNG   Der lokale plastische Beulwiderstand beschreibt den Widerstand der Profilierung gegen Kollaps oder Zusammenfalten.

(2) Der Membrankraftwiderstand als Bemessungswert des lokalen plastischen Beulwiderstandes sollte wie folgt bestimmt werden:

$$n_{x,Rd} = \alpha_x \, n_{x,Rk} / \gamma_{M0} \tag{5.62}$$

Dabei ist

- α_x der elastische Imperfektions-Abminderungsfaktor für Axialbeulen;
- γ_{M0} der in 2.9.2 angegebene Teilsicherheitsbeiwert.

ANMERKUNG   Der Wert von α_x darf im Nationalen Anhang festgelegt werden. Es wird ein Wert von $\alpha_x = 0{,}80$ empfohlen.

(3) Die Bemessungsmembrankräfte sollten an allen Punkten des Tragwerks die folgende Bedingung erfüllen:

$$n_{x,Ed} \le n_{x,Rd} \tag{5.63}$$

5.3.4.3.3   Versteifte Wand – als orthotrope Schale behandelt

(1) In die Berechnung einer versteiften Wellblechwand als orthotrope Schale (Berechnungsmodell (a) in 5.3.4.3.1) sind für das Profilblech (Wellblech) die orthotropen Ersatzsteifigkeiten der verschiedenen Richtungen nach 4.4 einzuführen. Die verschmierten Steifigkeiten sollten als gleichmäßig verteilt angesetzt werden. Als Ersatz-Schalenmittelfläche sollte die Achse des Wellblechquerschnitts angesetzt werden, von der aus die Well-Amplitude gemessen wird (siehe Bild 4.2).

(2) Der horizontale Abstand d_s zwischen den Steifen sollte nicht größer sein als

$$d_{s,\max} = k_{dx} \left(\frac{r^2 D_y}{C_y} \right)^{0{,}25} \tag{5.64}$$

Dabei ist

- D_y die Ersatz-Biegesteifigkeit des dünnsten Bleches je Längeneinheit parallel zur Profilierung;
- C_y die Ersatz-Dehnsteifigkeit des dünnsten Bleches je Längeneinheit parallel zur Profilierung;
- r der Zylinderradius.

ANMERKUNG   Der Wert von k_{dx} darf im Nationalen Anhang festgelegt werden. Es wird ein Wert von $k_{dx} = 7{,}4$ empfohlen.

(3) Die ideale Beulmembrankraft $n_{x,Rcr}$ je Umfangslängeneinheit der orthotropen Schale (Verfahren (a) nach 5.3.4.3) sollte auf jeder Höhenkote des Silos durch Minimierung des nachstehenden Formelausdrucks nach Umfangswellenzahl j und Beulhöhe ℓ_i ermittelt werden.

$$n_{x,Rcr} = \frac{1}{j^2 \omega^2}\left(A_1 + \frac{A_2}{A_3}\right) \tag{5.65}$$

mit:

$$A_1 = j^4 \left[\omega^4 C_{44} + 2\omega^2 (C_{45} + C_{66}) + C_{55}\right] + C_{22} + 2j^2 C_{25} \tag{5.66}$$

$$A_2 = 2\omega^2 (C_{12} + C_{33})(C_{22} + j^2 C_{25})(C_{12} + j^2 \omega^2 C_{14})$$
$$- (\omega^2 C_{11} + C_{33})(C_{22} + j^2 C_{25})^2 - \omega^2 (C_{22} + \omega^2 C_{33})(C_{12} + j^2 \omega^2 C_{14})^2 \tag{5.67}$$

$$A_3 = (\omega^2 C_{11} + C_{33})(C_{22} + C_{25} + \omega^2 C_{33}) - \omega^2 (C_{12} + C_{33})^2 \tag{5.68}$$

mit:

$C_{11} = C_\phi + EA_s/d_s$ $C_{22} = C_\theta + EA_r/d_r$

$C_{12} = \nu \sqrt{C_\phi C_\theta}$ $C_{33} = C_{\phi\theta}$

$C_{14} = e_s EA_s/(rd_s)$ $C_{25} = e_r EA_r/(rd_r)$

$C_{44} = [D_\phi + EI_s/d_s + EA_s e_s^2/d_s]/r^2$ $C_{55} = [D_\theta + EI_r/d_r + EA_r e_r^2/d_r]/r^2$

$C_{45} = \nu \sqrt{D_\phi D_\theta}/r^2$ $C_{66} = [D_{\phi\theta} + 0{,}5(GI_{ts}/d_s + GI_{tr}/d_r)]/r^2$

$$\omega = \frac{\pi r}{j \ell_i}$$

Dabei ist

- ℓ_i die Halbwellenlänge der potenziellen Beule in vertikaler Richtung;
- A_s die Querschnittsfläche einer Längssteife (Vertikalsteife);
- I_s das Flächenmoment 2. Grades (Trägheitsmoment) einer Längssteife um ihre Querschnittsachse in Umfangsrichtung (Meridianbiegung);
- d_s der Abstand zwischen Längssteifen;
- I_{ts} das St.Venant'sche Torsionsträgheitsmoment einer Längssteife;
- e_s die Exzentrizität (nach außen) einer Längssteife, bezogen auf die Schalenmittelfläche;
- A_r die Querschnittsfläche einer Ringsteife (Horizontalsteife);
- I_r das Flächenmoment 2. Grades (Trägheitsmoment) einer Ringsteife um ihre vertikale Querschnittsachse (Umfangsbiegung);
- d_r der Abstand zwischen Ringsteifen;
- I_{tr} das St.Venant'sche Torsionsträgheitsmoment einer Ringsteife;
- e_r die Exzentrizität (nach außen) einer Ringsteife, bezogen auf die Schalenmittelfläche;

C_ϕ die Ersatz-Dehnsteifigkeit des Wellbleches in Axialrichtung (siehe 4.4 (5) und (7));

C_θ die Ersatz-Dehnsteifigkeit des Wellbleches in Umfangsrichtung (siehe 4.4 (5) und (7));

$C_{\phi\theta}$ die Ersatz-Schubsteifigkeit des Wellbleches (siehe 4.4 (5) und (7));

D_ϕ die Ersatz-Biegesteifigkeit des Wellbleches in Axialrichtung (siehe 4.4 (6) und (7));

D_θ die Ersatz-Biegesteifigkeit des Wellbleches in Umfangsrichtung (siehe 4.4 (6) und (7));

$D_{\phi\theta}$ die Ersatz-Drillsteifigkeit des Wellbleches (siehe 4.4 (6) und (7));

r der Radius des Silozylinders.

ANMERKUNG 1 Die vorstehenden Querschnittsgrößen für die Steifen (A, I, I_t usw.) beziehen sich allein auf den Steifenquerschnitt: Eine Berücksichtigung von mittragenden Anteilen der Schalenwand ist nicht möglich.

ANMERKUNG 2 Der untere Rand der Beule kann dort angenommen werden, wo entweder die Blechdicke oder der Steifenquerschnitt wechselt: Der Beulwiderstand jedes Abschnittes zwischen solchen Wechselstellen ist unabhängig zu überprüfen.

(5) Der Membrankraftwiderstand $n_{x,Rd}$ als Bemessungswert des Axialbeulwiderstandes der orthotropen Schale (Berechnungsmodell (a) in 5.3.4.3.1) sollte als der kleinere der beiden folgenden Werte bestimmt werden:

$$n_{x,Rd} = \alpha_x \, n_{x,Rcr}/\gamma_{M1} \tag{5.69}$$

und

$$n_{x,Rd} = A_{eff} f_y /(d_s \gamma_{m0}) \tag{5.70}$$

Dabei ist

α_x der elastische Imperfektions-Abminderungsfaktor für Axialbeulen;

γ_{M1} der in 2.9.2 angegebene Teilsicherheitsbeiwert;

d_s der Abstand zwischen den Längssteifen;

A_{eff} die effektive Querschnittsfläche der Längssteifen.

ANMERKUNG Der Wert von α_x darf im Nationalen Anhang festgelegt werden. Es wird ein Wert von α_x = 0,80 empfohlen.

(6) Die Bemessungsmembrankräfte sollten an allen Punkten des Tragwerks die folgende Bedingung erfüllen:

$$n_{x,Ed} \leq n_{x,Rd} \tag{5.71}$$

5.3.4.3.4 Versteifte Wand – als Reihe Axialkraft tragender Längssteifen behandelt

(1) Wird eine versteifte Wellblechwand unter der Annahme berechnet, dass das Blech keine Axialkräfte trägt (Berechnungsmodell (b) in 5.3.4.3.1), so darf aber angenommen werden, dass es alle Knickverformungen der Steifen in Wandebene verhindert. Der Knickwiderstand der Steifen kann dann alternativ auf zweierlei Weise ermittelt werden:

a) Die Stützwirkung des Bleches für Knickverformungen der Steifen rechtwinklig zur Wand wird vernachlässigt.

b) Die elastische Stützwirkung durch die Steifigkeit des Bleches für Knickverformungen rechtwinklig zur Wand wird berücksichtigt.

(2) Bei Vorgehensweise (a) in Absatz (1) erhält man als Bemessungswert des Widerstandes einer einzelnen Steife unter planmäßig zentrischem Druck ihre Bemessungs-Knicknormalkraft:

$$N_{b,Rd} = \frac{\chi\, A_{\text{eff}}\, f_y}{\gamma_{M1}} \tag{5.72}$$

Dabei ist

A_{eff} die effektive Querschnittsfläche der Steife.

Der Abminderungsfaktor χ sollte aus EN 1993-1-1 für Biegeknicken rechtwinklig zur Wand (um die Querschnittsachse in Umfangsrichtung) ermittelt werden; dabei ist, unabhängig vom verwendeten Steifenquerschnitt, die Knickkurve c zu Grunde zu legen (Imperfektionsfaktor $\alpha = 0{,}49$). Als Knicklänge zur Ermittlung des Abminderungsfaktors χ sollte der Abstand zwischen benachbarten Ringsteifen angesetzt werden.

(3) Soll nach Vorgehensweise (b) in Absatz (1) die elastische Stützwirkung durch die Wand für das Knicken der Steife in Anspruch genommen werden, so sollten die beiden folgenden Bedingungen eingehalten werden:

a) Als unterstützender Wandabschnitt gilt die Breite zwischen den beiden benachbarten Steifen, an diesen gelenkig gelagert angenommen (siehe Bild 5.5).

b) Eine mögliche Unterstützung durch die Steifigkeit des Schüttgutes sollte nicht in Anspruch genommen werden.

(4) Wenn keine genauere Berechnung durchgeführt wird, sollte die Bemessungs-Knicknormalkraft $N_{b,Rd}$ unter Annahme konstanten zentrischen Drucks als der kleinere der folgenden beiden Werte berechnet werden:

$$N_{b,Rd} = 2\frac{\sqrt{EI_y\, K}}{\gamma_{M1}} \tag{5.73}$$

$$N_{b,Rd} = \frac{A_{\text{eff}}\, f_y}{\gamma_{M1}} \tag{5.74}$$

Dabei ist

EI_y die Biegesteifigkeit der Steife für Biegung rechtwinklig zur Wand (Nmm²);

K die Federsteifigkeit des Wandbleches (N/mm je mm Wandhöhe), zwischen Vertikalsteifen gespannt, wie in Bild 5.5 dargestellt;

A_{eff} die effektive Querschnittsfläche der Steife.

(5) Die Federsteifigkeit K des Wandbleches sollte unter der Annahme ermittelt werden, dass es als Einfeldplatte zwischen den auf jeder Seite benachbarten Vertikalsteifen gespannt und dort gelenkig gelagert ist, siehe Bild 5.5. Der Wert von K darf wie folgt geschätzt werden:

$$K = k_s\, \frac{D_y}{d_s^3} \tag{5.75}$$

Dabei ist

D_y die Ersatz-Biegesteifigkeit des Wandbleches in Umfangsrichtung;

d_s der Abstand der Vertikalsteifen.

Für profilierte Bleche mit Bogen-Tangenten-Profil oder mit Sinusprofil (Wellbleche) kann der Wert von D_y aus 4.4 (6) entnommen werden. Für andere Profilierungen sollte die Ersatz-Biegesteifigkeit für Umfangsbiegung nach den mechanischen Grundregeln ermittelt werden.

ANMERKUNG   Der Wert von k_s darf im nationalen Anhang festgelegt werden. Es wird ein Wert von $k_s = 6$ empfohlen.

(6) Die Bemessungs-Normalkräfte sollten an jedem Punkt der Steifen die folgende Bedingung erfüllen:

$$N_{b,Ed} \leq N_{b,Rd} \tag{5.76}$$

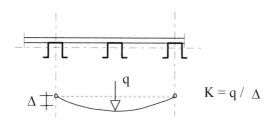

Bild 5.5 — Ermittlung der Stütz-Federsteifigkeit gegen Biegeknicken der Längssteife rechtwinklig zur Wand

5.3.4.4   Beulen und Biegedrillknicken der Steifen

(1) Der Nachweis der Steifen gegen lokales Beulen, Gesamtbeulen und Biegedrillknicken sollte nach EN 1993-1-3 (kaltprofilierte dünnwandige Bauteile) geführt werden.

5.3.4.5   LS3: Beulen unter Außendruck – Teilvakuum und/oder Wind

(1) Die Ersatz-Dehn- und Biegesteifigkeiten der Wandbleche sollten nach 4.4 ermittelt werden.

(2) Die Querschnittsgrößen der Ring- und Längssteifen für Biege- und Normalkraftbeanspruchung, die Exzentrizitäten zwischen den Steifenachsen und der Schalenmittelfläche sowie der Steifenabstand d_s sollten ebenfalls ermittelt werden.

(3) Der horizontale Abstand d_s zwischen den Steifen sollte nicht größer sein als

$$d_{s,max} = k_{d\theta} \left(\frac{r^2 D_y}{C_y} \right)^{0,25} \tag{5.77}$$

Dabei ist

D_y die Ersatz-Biegesteifigkeit des dünnsten Bleches je Längeneinheit parallel zur Profilierung;

C_y die Ersatz-Dehnsteifigkeit des dünnsten Bleches je Längeneinheit parallel zur Profilierung;

r der Zylinderradius.

ANMERKUNG Der Wert von $k_{d\theta}$ darf im Nationalen Anhang festgelegt werden. Es wird ein Wert von $k_{d\theta} = 7{,}4$ empfohlen.

(4) Der ideale Außenbeuldruck $p_{n,Rcru}$ sollte durch Minimierung des nachfolgenden Formelausdruckes nach der idealen Umfangswellenzahl j ermittelt werden.

$$p_{n,Rcru} = \frac{1}{r\,j^2}\left(A_1 + \frac{A_2}{A_3}\right) \qquad (5.78)$$

mit:

$$A_1 = j^4\,[\omega^4\,C_{44} + 2\omega^2\,(C_{45} + C_{66}) + C_{55}] + C_{22} + 2j^2\,C_{25} \qquad (5.79)$$

$$A_2 = 2\omega^2\,(C_{12} + C_{33})\,(C_{22} + j^2\,C_{25})\,(C_{12} + j^2\,\omega^2\,C_{14})$$

$$\qquad - (\omega^2\,C_{11} + C_{33})\,(C_{22} + j^2\,C_{25})^2 - \omega^2\,(C_{22} + \omega^2\,C_{33})\,(C_{12} + j^2\,\omega^2\,C_{14})^2 \qquad (5.80)$$

$$A_3 = (\omega^2\,C_{11} + C_{33})\,(C_{22} + C_{25} + \omega^2\,C_{33}) - \omega^2\,(C_{12} + C_{33})^2 \qquad (5.81)$$

mit:

$C_{11} = C_\phi + EA_s/d_s$ $C_{22} = C_\theta + EA_r/d_r$

$C_{12} = \nu\,\sqrt{C_\phi C_\theta}$ $C_{33} = C_{\phi\theta}$

$C_{14} = e_s EA_s/(rd_s)$ $C_{25} = e_r EA_r/(rd_r)$

$C_{44} = [D_\phi + EI_s/d_s + EA_s e_s^2/d_s]/r^2$ $C_{55} = [D_\theta + EI_r/d_r + EA_r e_r^2/d_r]/r^2$

$C_{45} = \nu\,\sqrt{D_\phi D_\theta}/r^2$ $C_{66} = [D_{\phi\theta} + 0{,}5(GI_{ts}/d_s + GI_{tr}/d_r)]/r^2$

$$\omega = \frac{\pi\,r}{j\,\ell_i}$$

worin ℓ_i, r, A_s, I_s, I_{ts}, d_s, e_s, A_r, I_r, I_{tr}, d_r und e_r dieselbe Bedeutung haben wie in 5.3.4.3.3 (3).

(5) Ist der Steifenquerschnitt oder die Blechdicke mit der Höhe veränderlich, so sollten mehrere potenzielle Beullängen ℓ_i untersucht werden, um die kritischste herauszufinden; dabei ist stets das obere Ende der potenziellen Beule am oberen Rand des dünnsten Blechschusses anzunehmen.

ANMERKUNG Wenn oberhalb des dünnsten Blechschusses noch ein Bereich mit dickerem Blech liegt, kann das obere Ende der potenziellen Beule nicht nur am oberen Rand des dünnsten Blechschusses liegen, sondern auch am oberen Rand der Wand.

(6) Wenn keine genauere Berechnung durchgeführt wird, sollte in die vorstehende Berechnung als Blechdicke stets die Dicke des dünnsten Blechschusses eingeführt werden.

DIN EN 1993-4-1:2010-12
EN 1993-4-1:2007 + AC:2009 (D)

(7) Bei Silos ohne Dach unter Windlast sollte der vorstehend berechnete Beuldruck mit dem Faktor 0,6 reduziert werden.

(8) Der Bemessungswert des Außenbeuldruckes der versteiften Wand sollte nach dem in 5.3.2.5 angegebenen Verfahren ermittelt werden, mit $C_b = C_w = 1,0$ und $\alpha_n = 0,5$ sowie dem idealen Beuldruck $p_{n,Rcru}$ aus dem oben stehenden Absatz (4).

5.3.4.6 LS3: Beulen unter Membranschubbeanspruchung

(1) Der Beulsicherheitsnachweis unter Membranschubbeanspruchung sollte nach den Regeln von EN 1993-1-6 geführt werden.

5.3.5 Vertikal profilierte Wände mit Ringsteifen

5.3.5.1 Allgemeines

(1) Bei zylindrischen Wänden aus Profilblechen (Wellblechen), deren Profilierung vertikal verläuft, sollten die folgenden beiden Bedingungen erfüllt sein:

a) Der profilierten Wand sollten rechnerisch keine horizontalen Kräfte (in Umfangsrichtung) zugewiesen werden.

b) Das profilierte Wandblech ist als durchlaufend von Ring zu Ring spannend anzunehmen.

(2) Die Blechstöße sollten so bemessen werden, dass die angenommene Biegekontinuität erreicht wird.

(3) Bei der Ermittlung der axialen Druckkräfte in der Wand aus Wandreibung des Silogutes sollte der volle Siloumfang unter Beachtung der Profilgeometrie berücksichtigt werden.

(4) Wenn das Profilblech bis zum Boden reicht, sollte die örtliche Biegebeanspruchung aus Randstörung beachtet werden, wobei eine radial unverschiebliche Lagerung anzunehmen ist.

(5) Für die Bemessungswerte der vorhandenen Spannungen und der Widerstände sowie für die Nachweise gilt 5.3.2, aber mit den nachfolgend in 5.3.5.2 bis 5.3.5.5 wiedergegebenen zusätzlichen Regeln.

5.3.5.2 LS1: Plastische Grenze oder Zugbruch

(1) Der profilierten Wand sollten rechnerisch keine Umfangskräfte zugewiesen werden.

(2) Der Abstand der Ringsteifen sollte aus einer Berechnung des Profilbleches als über die Ringe durchlaufenden Biegeträger ermittelt werden, wobei gegebenenfalls der Einfluss unterschiedlicher radialer Verformungen von Ringsteifen unterschiedlichen Querschnittes zu berücksichtigen ist. Die aus dieser Biegeberechnung resultierenden Spannungen sollten beim Beulsicherheitsnachweis für Axialdruckbeanspruchung den Normalkraftspannungen hinzuaddiert werden.

ANMERKUNG   Die Meridianbiegebeanspruchung des Profilbleches kann ermittelt werden, indem man es als an den Ringen elastisch gestützten Durchlaufträger behandelt. Die Auflagerfedersteifigkeit ergibt sich dabei aus der Steifigkeit des Ringes gegenüber radialer Belastung.

(3) Die Ringsteifen sollten für die Aufnahme der horizontalen Belastung nach EN 1993-1-1 bzw. EN 1993-1-3 (kaltgeformte dünnwandige Bauteile) bemessen werden.

5.3.5.3 LS3: Beulen unter Axialdruckbeanspruchung

(1) Die Axialbeulspannung der Wand sollte nach den Bestimmungen von EN 1993-1-3 (kaltgeformte dünnwandige Bauteile) ermittelt werden, indem der Querschnitt des Profilbleches als Biegeknickstab betrachtet wird. Die Knicklänge sollte dabei nicht kleiner angenommen werden als der Abstand zwischen benachbarten Ringen.

5.3.5.4 LS3: Beulen unter Außendruck – Teilvakuum und/oder Wind

(1) Der Bemessungs-Außenbeuldruck der versteiften Wand sollte auf dieselbe Weise wie bei horizontal profilierten Wänden ermittelt werden (siehe 5.3.4.5), dabei ist jedoch die vertauschte Orientierung der Profilierung nach 4.4 (7) zu beachten.

5.3.5.5 LS3: Beulen unter Membranschubbeanspruchung

(1) Der Bemessungswert des Beulwiderstandes unter Membranschub sollte auf dieselbe Weise wie bei horizontal profilierten Wänden ermittelt werden, siehe 5.3.4.6.

5.4 Besondere Lagerungsbedingungen für zylindrische Silowände

5.4.1 Zylinderschalen mit voller Auflagerung am unteren Rand oder Lagerung auf einem Trägerrost

(1) Schalen, die an ihrem unteren Rand vollständig gleichmäßig (d. h. kontinuierlich) aufgelagert sind, brauchen nur für die Wandschnittgrößen bemessen zu werden, die sich unmittelbar aus den axialsymmetrischen Einwirkungen und Teilflächenbelastungen nach EN 1991-4 ergeben.

(2) Bei versteiften Wänden sollten die Vertikalsteifen am Fuß voll aufgelagert und mit dem Basisring verbunden sein.

5.4.2 Zylinderschalen mit Zargenlagerung

(1) Schalen, die auf Standzargen stehen (siehe Bild 5.6), gelten als kontinuierlich aufgelagert, wenn die Standzarge eine der beiden folgenden Bedingungen erfüllt:

a) die Standzarge selbst ist vollständig gleichmäßig auf dem Fundament aufgelagert;

b) die Blechdicke der Standzarge ist mindestens 20 % größer als die der Siloschale, und bei der Dimensionierung der Standzarge und ihrer Flansche wurden die in Abschnitt 8 angegebenen Regeln zur Bemessung von Ringträgern angewendet.

(2) Die Standzarge sollte für die axiale Druckbeanspruchung der Silowand, jedoch ohne die stabilisierende Wirkung des Innendruckes bemessen werden.

5.4.3 Zylinderschalen mit eingebundenen Stützen

(1) Schalen, die auf in die Zylinderwand einbindenden Einzelstützen stehen (siehe Bild 5.6 b)), sollten unter Berücksichtigung der Schnittgrößen aus dem Einfluss der Einzelkräfte bemessen werden, wenn sie zu Silos der Schadensfolgeklassen 2 und 3 gehören.

(2) Die Einbindelänge der Stützen sollte nach 5.4.6 bestimmt werden.

(3) Bei der Bestimmung der Rippenlänge sollte der Grenzzustand ‚Schubbeulen neben der Rippe' beachtet werden, siehe 5.3.2.6.

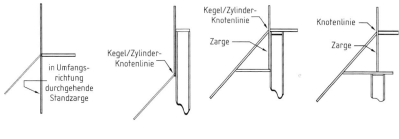

a) Zylinderschale auf einer Standzarge b) Zylinderschale mit eingebundenen Stützen c) Stütze exzentrisch in die Zarge eingebunden d) Stütze unter der Zarge oder dem Zylinder

Bild 5.6 — Verschiedene Ausbildungen der Auflagerung eines Silos mit Trichter

5.4.4 Zylinderschalen mit diskreter Auflagerung

(1) Bei Schalen auf diskreten Stützen oder Auflagern sollten die Einflüsse der Einzelkräfte bei der Berechnung der Schalenschnittgrößen berücksichtigt werden, es sei denn, die Regeln in den Absätzen (2) und (3) erlauben, sie zu vernachlässigen.

(2) Wird die Schale nur mit Hilfe der Membrantheorie für axialsymmetrisch belastete Kreiszylinderschalen berechnet, so sollten alle vier folgenden Kriterien eingehalten werden:

a) Das Radius-Dicken-Verhältnis r/t sollte nicht größer als $(r/t)_{max}$ sein.

b) Die Exzentrizität der Auflagerung unter der Schalenwand sollte nicht größer als $k_1\, t$ sein.

c) Die Zylinderwand sollte verformungsschlüssig mit einem Trichter verbunden sein, dessen Wanddicke an der Abzweigung nicht kleiner als $k_2\, t$ ist.

d) Die Breite jedes Auflagers sollte nicht geringer als $k_3\, \sqrt{rt}$ sein.

ANMERKUNG Die Werte von $(r/t)_{max}$, k_1, k_2 und k_3 dürfen im Nationalen Anhang festgelegt werden. Es werden folgende Werte empfohlen: $(r/t)_{max} = 400$; $k_1 = 2{,}0$; $k_2 = 1{,}0$ und $k_3 = 1{,}0$.

(3) Wird die Schale nur mit Hilfe der Membrantheorie für axialsymmetrisch belastete Kreiszylinderschalen berechnet, so sollte außerdem |AC⟩ eines der folgenden Kriterien (AC| eingehalten werden:

a) Der obere Schalenrand sollte durch konstruktiv-kraftschlüssige Verbindung mit dem Dach in seiner kreisförmigen Form gesichert sein.

b) Der obere Schalenrand sollte durch eine Randringsteife in seiner kreisförmigen Form gesichert sein, deren Biegesteifigkeit EI_z innerhalb der Kreisebene größer ist als

$$EI_{z,min} = k_s\, E r t^3 \qquad (5.82)$$

Hierin darf für t die Dicke des dünnsten Teiles der Wand angesetzt werden.

ANMERKUNG Der Wert von k_s darf im Nationalen Anhang festgelegt werden. Es wird ein Wert von $k_s = 0{,}10$ empfohlen.

c) Die Schalenhöhe L sollte nicht kleiner sein als

$$L_{s,\min} = k_L \, r \sqrt{\left(\frac{r}{t}\right) \cdot \frac{1}{n\,(n^2 - 1)}} \tag{5.83}$$

Dabei ist

n die Anzahl der diskreten Auflager über den Schalenumfang.

ANMERKUNG Der Wert von k_L darf im Nationalen Anhang festgelegt werden. Es wird ein Wert von $k_L = 4{,}0$ empfohlen.

(4) Bei Verwendung der linearen Schalenbiegetheorie oder bei einer noch genaueren Berechnung sollten die Einflüsse der örtlich hohen Spannungen über den Auflagern beim Beulsicherheitsnachweis gegen Axialdruckbeulen berücksichtigt werden, wie in 5.3.2.4 beschrieben.

(5) Die Auflagerkonstruktion sollte nach den Regeln in 5.4.5 bzw. 5.4.6 ausgebildet werden.

5.4.5 Silos mit diskreter Auflagerung am Trichter

(1) Liegt die nach oben verlängerte Achse des unterstützenden Bauteils um mehr als t innerhalb der Schalenmittelfläche der Zylinderschale, so sollte der Silo als am Trichter gelagert betrachtet werden.

(2) Ein am Trichter gelagerter Silo sollte den Regeln in Abschnitt 6 für die Bemessung von Trichtern entsprechen.

(3) Ein am Trichter gelagerter Silo sollte mit Hilfe der linearen Schalenbiegetheorie oder noch genauer berechnet werden. Die lokalen Biegeeinflüsse der Auflager und die meridionale Druckbeanspruchung im oberen Teil des Trichters sollten sowohl beim Nachweis gegen plastischen Kollaps als auch beim Nachweis gegen Beulen berücksichtigt werden; diese Nachweise sollten nach EN 1993-1-6 geführt werden.

5.4.6 Zylindrische Silowände: Details für örtliche Auflager und Krafteinleitungsrippen

5.4.6.1 Örtliche Auflager unter der Zylinderwand

(1) Eine örtliche Auflagerkonsole für eine Zylinderwand sollte so dimensioniert sein, dass sie die Bemessungsauflagerkraft ohne lokale bleibende Verformungen in die Schalenwand einleiten kann.

(2) Die Auflagerung sollte so ausgebildet werden, dass sie für den Zylinderrand angemessene Verformungsbehinderungen (vertikal, in Umfangsrichtung, gegen meridionale Verdrehungen) liefert.

ANMERKUNG Einige mögliche Auflagerkonstruktionen sind in Bild 5.7 dargestellt.

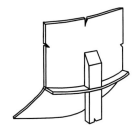 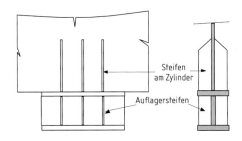

Örtliches Auflager am Abzweigungsring mit eingebundener Stütze / Mögliche Versteifungskonstruktion für eine zylindrische Wand über hohen örtlichen Auflagerkräften

Bild 5.7 — Typische Auflagerdetails

(3) Bei der Festlegung der Einbindelänge sollte der Beulsicherheitsnachweis gegen Schubbeulen neben der eingebundenen Stütze beachtet werden, siehe 5.3.2.6.

(4) Bei diskreter Auflagerung ohne Ringträger sollte die Steife oberhalb jedes Auflagers

a) entweder bis zur Dachtraufe reichen;

b) oder mit einer Einbindelänge von mindestens L_{min} eingebunden sein:

$$L_{min} = 0{,}4\, r \sqrt{\left(\frac{r}{t}\right) \cdot \frac{1}{n\,(n^2 - 1)}} \qquad (5.84)$$

Dabei ist

n die Anzahl der diskreten Auflager über den Schalenumfang.

5.4.6.2 Örtliche Rippen zur Lasteinleitung in zylindrische Wände

(1) Eine örtliche Lasteinleitungsrippe für eine Zylinderwand sollte so dimensioniert sein, dass sie die Bemessungslast ohne lokale bleibende Verformungen in das Auflager und in die Schalenwand einleiten kann.

(2) Bei der Festlegung der Rippenlänge sollte der Beulsicherheitsnachweis gegen Schubbeulen neben der Rippe beachtet werden, siehe 5.3.2.6.

(3) Die Rippe sollte so ausgelegt werden, dass sie sich nicht verdrehen und damit lokale radiale Verformungen der Zylinderwand verursachen kann. Bei Bedarf sollten Versteifungsringe angeordnet werden, um radiale Verformungen zu verhindern.

ANMERKUNG Mögliche Lasteinleitungskonstruktionen mit örtlichen Rippen sind in Bild 5.8 dargestellt.

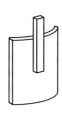 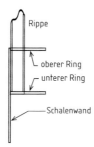

| Örtliche Rippe – ohne Ringe an die Zylinderwand angeschlossen | Örtliche Rippe – mit Versteifungsringen zur Verhinderung radialer Verformungen |

Bild 5.8 — Typische Details von Lasteinleitungsrippen

5.4.7 Verankerung an der Basis eines Silos

(1) Bei der Bemessung der Verankerung sollte die Ungleichmäßigkeit der tatsächlichen Einwirkungen auf die Schalenwand in Umfangsrichtung berücksichtigt werden. Dabei sollte besonders auf die unter Windlast entstehenden, örtlich hohen Ankerkräfte geachtet werden.

ANMERKUNG   Die Ankerkräfte werden bei Behandlung des Silos als vertikalen Kragträger unter globaler Biegung in der Regel unterschätzt.

(2) Der Ankerabstand sollte nicht größer sein als aufgrund der Bemessung des Basisringes erforderlich, siehe 8.5.3.

(3) Wenn keine genauere numerische Untersuchung angestellt wird, sollte die Verankerung für folgende abhebende Kraft $n_{x,Ed}$ je Umfangslängeneinheit ausgelegt werden:

$$n_{x,Ed} = p_{n,Edw}\left(\frac{L^2}{2r}\right)\left[C_1 + \sum_{m=2}^{M} m^2\, C_m \left\{1 - \frac{3}{4}\left(\frac{a_1}{a_2 + a_3}\right)\right\}\right] \qquad (5.85)$$

$$a_1 = 1 + 10{,}4\left(\frac{r}{mL}\right)^2 \qquad (5.86)$$

$$a_2 = 1 + 7{,}8\left(\frac{r}{mL}\right)^2 \qquad (5.87)$$

$$a_3 = 3\,\frac{r^3 t}{I_z}\left(\frac{r}{L}\right)^3 \left(\frac{1}{m^4\,(m^2 - 1)^2}\right) \qquad (5.88)$$

Dabei ist

$p_{n,Edw}$ der größte Bemessungsdruck (im Staumeridian) unter Windlast;

L die Gesamthöhe der Schalenwand;

t die mittlere Schalenwanddicke;

I_z das Flächenmoment 2. Grades (Trägheitsmoment) der Ringsteife am oberen Zylinderrand um ihre vertikale Querschnittsachse (Umfangsbiegung);

C_m die harmonischen Koeffizienten der Winddruckverteilung in Umfangsrichtung;

M die höchste Harmonische in der Winddruckverteilung.

ANMERKUNG Die Werte der für die jeweiligen Bedingungen maßgeblichen harmonischen Koeffizienten des Winddrucks C_m dürfen im Nationalen Anhang festgelegt werden. Die folgenden Werte sind vereinfachte Empfehlungen für Silos der Klassen 1 und 2: $M = 4$; $C_1 = +0,25$; $C_2 = +1,0$; $C_3 = +0,45$ und $C_4 = -0,5$. Für Silos der Klasse 3 werden die in Anhang C angegebenen genaueren Verteilungen mit $M = 4$ für einzeln stehende Silos und $M = 10$ für in Gruppen angeordnete Silos empfohlen.

5.5 Detailausbildung von Öffnungen in zylindrischen Wänden

5.5.1 Allgemeines

(1) Öffnungen in der Silowandung sollten durch vertikale und horizontale Steifen neben den Öffnungsrändern verstärkt werden. Sitzen die Steifen nicht unmittelbar an den Öffnungsrändern, so dass kleine unversteifte Wandbereiche verbleiben, so sollten diese bei der Berechnung als nicht vorhanden betrachtet werden.

5.5.2 Rechteckige Öffnungen

(1) Die vertikale Verstärkung an einer rechteckigen Öffnung (siehe Bild 5.9) sollte so ausgelegt werden, dass die Querschnittsfläche der Steifen nicht kleiner ist als die entfallene Wandquerschnittsfläche, aber nicht größer als das Zweifache davon.

(2) Die horizontale Verstärkung sollte ebenfalls so ausgelegt werden, dass die Querschnittsfläche der Steifen nicht kleiner ist als die entfallene Wandquerschnittsfläche.

(3) Die Biegesteifigkeit der Randsteifen in Wandebene sollte so ausgelegt werden, dass die rechnerische Durchbiegung δ der Schalenwandung unter der zugeordneten Membrannormalkraft rechtwinklig zum betrachteten Öffnungsrand in Öffnungsachse nicht größer ist als

$$\delta_{max} = k_{d1} \sqrt{\frac{t}{r}} \cdot d \qquad (5.89)$$

Dabei ist

d die Öffnungsbreite rechtwinklig zur betrachteten Membrannormalkraft.

ANMERKUNG Der Wert von k_{d1} darf im Nationalen Anhang festgelegt werden. Es wird ein Wert von $k_{d1} = 0,02$ empfohlen.

(4) Die vertikalen Randsteifen sollten mindestens um $2\sqrt{rt}$ nach oben und unten über die Öffnung hinausreichen.

(5) Der Nachweis gegen örtliches Beulen der Schalenwandung im Bereich der Steifenenden sollte nach den Regeln für örtliche Lasten in 5.4.5 und 5.4.6 geführt werden.

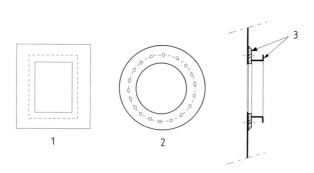

Legende
1   rechteckige Öffnung
2   runde Öffnung
3   Verstärkungskonstruktion (an die Silowand angeschweißt oder angeschraubt)

Bild 5.9 — Typische Steifenanordnung an Öffnungen in Silowänden

5.6 Grenzzustände der Gebrauchstauglichkeit

5.6.1 Grundlagen

(1) Die Grenzzustände der Gebrauchstauglichkeit für Stahlsilos mit zylindrischen Blechwänden sind:

— Verformungen oder Durchbiegungen, die die effektive Benutzung des Tragwerks ungünstig beeinflussen;

— Verformungen, Durchbiegungen, Schwingungen oder Erschütterungen, die die Zerstörung nicht tragender Teile nach sich ziehen.

(2) Verformungen, Durchbiegungen und Erschütterungen sollten so begrenzt werden, dass die vorstehenden Kriterien eingehalten werden.

(3) Geeignete Grenzwerte sollten zwischen dem Tragwerksplaner, dem Bauherrn und der zuständigen Behörde vereinbart werden; dabei sind der vorgesehene Verwendungszweck und die Beschaffenheit des zu speichernden Schüttgutes zu beachten.

5.6.2 Durchbiegungen

(1) Der Grenzwert für die globale horizontale Ausbiegung eines Silos sollte wie folgt angesetzt werden:

$$w_{\max} = k_{d2}\, H \tag{5.90}$$

Dabei ist

H die Höhe des Tragwerks vom Fundament bis zum Dach.

ANMERKUNG   Der Wert von k_{d2} darf im Nationalen Anhang festgelegt werden. Es wird ein Wert von $k_{d2} = 0{,}02$ empfohlen.

(2) Der Grenzwert für lokale radiale Durchbiegungen (Abweichungen vom kreisförmigen Querschnitt) unter Windlast sollte als der kleinere der beiden folgenden Werte angesetzt werden:

$$w_{r,max} = k_{d3}\, r \qquad (5.91)$$

$$w_{r,max} = k_{d4}\, t \qquad (5.92)$$

Dabei ist

t die Dicke des dünnsten Teiles der Schalenwand.

ANMERKUNG Die Werte von k_{d3} und k_{d4} dürfen im Nationalen Anhang festgelegt werden. Es werden Werte von $k_{d3} = 0{,}05$ und $k_{d4} = 20$ empfohlen.

6 Bemessung von konischen Trichtern

6.1 Grundlagen

6.1.1 Allgemeines

(1) Konische Trichter sollten so dimensioniert werden, dass die grundlegenden Anforderungen an die Bemessung nach Abschnitt 2 erfüllt sind.

(2) Die Tragsicherheitsnachweise der Kegelschale sollten nach den Regeln von EN 1993-1-6 geführt werden.

6.1.2 Bemessung der Trichterwand

(1) Die kegelstumpfförmige Trichterwand sollte auf Folgendes überprüft werden:

— Widerstand gegen Zugbruch unter Innendruck und Wandreibung;

— Widerstand gegen örtliches Biegefließen an der Abzweigung;

— Widerstand gegen Ermüdungsbruch;

— Widerstand der Stöße (Verbindungen);

— Widerstand gegen Beulen unter Querbelastungen aus Austragorganen und Anschlüssen;

— lokale Effekte.

(2) Die Schalenwand sollte den Anforderungen von EN 1993-1-6 entsprechen; die Regeln in 6.3 bis 6.5 erfüllen jene Anforderungen.

(3) Die in 6.3 bis 6.5 angegebenen Regeln gelten für Trichter mit halben Kegelöffnungswinkeln im Bereich von $0° < \beta < 70°$.

(4) Für Trichter der Schadensfolgeklasse 1 dürfen die Grenzzustände ‚Zyklisches Plastizieren' und ‚Ermüdung' außer Acht gelassen werden, sofern die beiden folgenden Bedingungen erfüllt sind:

a) Die Bemessung für den Grenzzustand Zugbruch an der Abzweigung sollte mit einem erhöhten Teilsicherheitsbeiwert $\gamma_{M0} = \gamma_{M0g}$ durchgeführt werden.

b) Es sind keine örtlichen Längssteifen oder Auflagerungen an der Trichterwandung im Bereich der Abzweigung vorgesehen.

ANMERKUNG Der Wert von γ_{M0g} darf im Nationalen Anhang festgelegt werden. Es wird ein Wert von $\gamma_{M0g} = 1{,}4$ empfohlen.

6.2 Unterscheidung zwischen verschiedenen Formen von Trichterschalen

(1) Eine Trichterwand aus gewalzten Stahlblechen wird ‚isotrop' genannt.

(2) Eine Trichterwand mit Steifen an der Außenseite wird ‚außen-versteift' genannt.

(3) Ein Trichter mit mehr als einer Entleerungsöffnung wird ‚Mehrfachauslass' genannt.

(4) Ein Trichter, der Teil eines auf diskreten Stützen oder Konsolen aufgelagerten Silos ist, wird ‚diskret aufgelagert' genannt, auch wenn sich die diskreten Auflager nicht direkt unter dem Trichter befinden.

6.3 Tragsicherheitsnachweis für konische Trichterwände

6.3.1 Allgemeines

(1) Die Kegelschale sollte den Regeln von EN 1993-1-6 entsprechen. Dem wird Genüge getan, wenn die Nachweise nach den Regeln in diesem 6.3 geführt werden.

(2) Besonders zu beachten sind die Druckverteilungen beim Befüllen und Entleeren, unter denen einzelne Bereiche des Trichters besonders kritisch belastet werden.

(3) Die Schnittgrößen im Hauptteil des Trichters dürfen in der Regel mit Hilfe der Membrantheorie ermittelt werden.

ANMERKUNG   Zusätzliche Informationen zu den möglichen Druckverteilungen und zu den membrantheoretischen Schnittgrößen im Hauptteil des Trichters werden in Anhang B gegeben.

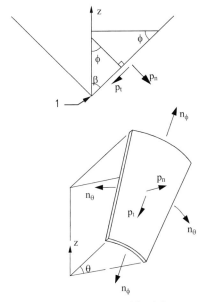

1 Koordinatenursprung und Kegelspitze

Bild 6.1 — Trichterschale

6.3.2 Isotrope, unversteifte, geschweißte oder geschraubte Trichter

6.3.2.1 Allgemeines

(1) Ein konischer Trichter sollte als Schalentragwerk berechnet werden, das die Lasten kombiniert in Meridian- und Umfangsrichtung abträgt.

6.3.2.2 LS1: Plastischer Kollaps oder Zugbruch in der Trichterwand

(1) Beim Tragsicherheitsnachweis gegen Zugbruch sollte beachtet werden, dass die Trichterwand unterschiedlichen und wechselnden Druckverteilungen ausgesetzt sein kann. Da Zugbruchversagen sich leicht fortpflanzen kann und in der Regel nicht duktil ist, sollte jede einzelne Stelle des Trichters für ihre ungünstigste Bemessungssituation ausgelegt sein.

(2) Geschweißte oder geschraubte Stöße längs der Kegelmeridiane sollten so dimensioniert werden, dass sie an jeder Stelle die ungünstigsten Membrankräfte infolge der Druckverteilungen beim Befüllen oder Entleeren aufnehmen können.

(3) Geschweißte oder geschraubte Stöße längs der Kegelumfänge sollten so dimensioniert werden, dass sie das größtmögliche Schüttgutgewicht unterhalb des jeweiligen Stoßes aufnehmen können.

ANMERKUNG   Üblicherweise ist dafür die Befüllungsdruckverteilung maßgebend: siehe EN 1991-4.

DIN EN 1993-4-1:2010-12
EN 1993-4-1:2007 + AC:2009 (D)

6.3.2.3 LS1: Zugbruch an der Abzweigung

(1) Der Umfangsstoß zwischen Trichter und Abzweigung (siehe Bild 6.2) sollte für die größtmögliche meridionale Gesamtbeanspruchung des Trichters ausgelegt werden, wobei eventuelle unvermeidbare Ungleichmäßigkeiten zu berücksichtigen sind.

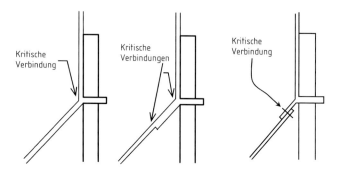

a) bei geschweißter Ausbildung   b) bei geschraubter Ausbildung

Bild 6.2 — Abzweigung des Trichters: Gefährdung durch Zugbruch

(2) Wenn die Schwerkraft- und Fließbelastung aus dem Schüttgut die einzige zu beachtende Einwirkung ist, sollte die Meridiankraft je Längeneinheit $n_{\phi h,Ed,s}$, die durch die in EN 1991-4 festgelegten symmetrischen Drücke verursacht und durch den Umfangsstoß an der Abzweigung übertragen wird, aus globalem Gleichgewicht ermittelt werden. Der Bemessungswert der örtlichen Meridiankraft je Längeneinheit $n_{\phi h,Ed}$, mit dem der möglichen Ungleichmäßigkeit der Belastung Rechnung getragen wird, sollte dann wie folgt ermittelt werden.

$$n_{\phi h,Ed} = g_{asym}\, n_{\phi h,Ed,s} \tag{6.1}$$

Dabei ist

$n_{\phi h,Ed,s}$ der Bemessungswert der lokalen Meridiankraft je Umfangslängeneinheit am oberen Trichterrand, der unter der Annahme vollständig symmetrischer Trichterbelastung erhalten wird;

g_{asym} der Faktor für die Zunahme der Meridiankraft infolge Unsymmetrie.

ANMERKUNG   Ausdrücke für $n_{\phi h,Ed,s}$ sind Anhang B zu entnehmen. Der Wert von g_{asym} darf im Nationalen Anhang festgelegt werden. Es wird ein Wert von g_{asym} = 1,2 empfohlen.

(3) Bei Silos der Schadensfolgeklasse 2 sollte eine schalenbiegetheoretische Berechnung des Trichters durchgeführt werden, in die gegebenenfalls andere Belastungen aus diskreter Auflagerung, Austragorganen, angeschlossenen Bauteilen, ungleichmäßigen Trichterwanddrücken usw. einzuschließen sind. Aus dieser Berechnung ist die größte lokale Meridiankraft je Umfangslängeneinheit, die vom Trichter an die Abzweigung zu übertragen ist, zu entnehmen.

(4) Der Meridianmembrankraftwiderstand (der Bemessungswert des Widerstandes) des Trichters an der Abzweigung $n_{\phi h,Rd}$ sollte wie folgt angesetzt werden:

$$n_{\phi h,Rd} = k_r\, t f_u / \gamma_{M2} \tag{6.2}$$

Dabei ist

f_u die Zugfestigkeit.

ANMERKUNG   Der Wert von k_r darf im Nationalen Anhang festgelegt werden. Es wird ein Wert von $k_r = 0{,}90$ empfohlen.

6.3.2.4 LS1: Plastischer Mechanismus an Dickensprüngen oder an der Abzweigung

(1) Der Widerstand des Trichters gegen Versagen durch Ausbildung eines plastischen Mechanismus sollte in Form des lokalen Wertes der Meridianmembrankraft n_ϕ am oberen Trichterrand bzw. am Dickensprung nachgewiesen werden.

(2) Der entsprechende Meridianmembrankraftwiderstand $n_{\phi,Rd}$ sollte wie folgt ermittelt werden:

$$n_{\phi,Rd} = \left(\frac{r\,t\,f_y}{r - 2{,}4\sqrt{\dfrac{rt}{\cos\beta}} \cdot \sin\beta} \right) \left(\frac{0{,}91\,\mu + 0{,}27}{\mu + 0{,}15} \right) / \gamma_{M0} \qquad (6.3)$$

Dabei ist

- t die örtliche Wanddicke;
- r der Radius am plastischen Mechanismus (oberer Trichterrand oder Dickensprung);
- β der halbe Kegelöffnungswinkel des Trichters, siehe Bild 6.1;
- μ der Wandreibungskoeffizient für die Trichterwand.

(3) Die Bemessungsmembrankräfte sollten an allen kritischen Punkten des Tragwerks die folgende Bedingung erfüllen:

$$n_{\phi,Ed} \leq n_{\phi,Rd} \qquad (6.4)$$

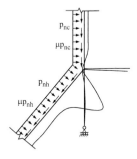

Bild 6.3 — Plastischer Kollaps eines konischen Trichters

6.3.2.5 LS2 und LS4: Örtliche Biegung an der Abzweigung

(1) Um Versagen durch zyklisches Plastizieren und/oder Ermüdung zu vermeiden, sollten für die starke Biegebeanspruchung am oberen Trichterrand, die sich sowohl aus Gleichgewichts- als auch aus Zwängungseinflüssen zusammensetzt, die entsprechenden Nachweise geführt werden.

(2) Auf diese Nachweise darf bei Silos der Schadensfolgeklasse 1 verzichtet werden.

(3) Wenn keine genaue FE-Berechnung des Tragwerks durchgeführt wird, sollte die örtliche Biegespannung am oberen Trichterrand mit Hilfe der nachfolgenden Formeln ermittelt werden.

(4) Die an der Knotenlinie der Abzweigung angreifenden effektiven Kraftgrößen (Radialkraft $F_{e,Ed}$ und Moment $M_{e,Ed}$) sollten wie folgt ermittelt werden:

$$F_{e,Ed} = n_{\phi h,Ed} \sin \beta - F_h - F_c \tag{6.5}$$

$$M_{e,Ed} = F_c x_c - F_h x_h \tag{6.6}$$

mit:

$$F_c = 2 x_c p_{nc} \tag{6.7}$$

$$F_h = 2 x_h (0{,}85 - 0{,}15 \, \mu \cot \beta) \, p_{nh} \tag{6.8}$$

$$x_c = 0{,}39 \sqrt{r \, t_c} \tag{6.9}$$

$$x_h = 0{,}39 \sqrt{\frac{r \, t_h}{\cos \beta}} \tag{6.10}$$

Dabei ist (siehe Bild 8.4)

- t_h die örtliche Wanddicke des Trichters;
- t_c die örtliche Wanddicke des Zylinders an der Abzweigung;
- r der Radius an der Abzweigung (oberer Trichterrand);
- β der halbe Kegelöffnungswinkel des Trichters;
- μ der Wandreibungskoeffizient für die Trichterwand;
- $n_{\phi h,Ed}$ die Bemessungs-Meridianmembrankraft am oberen Trichterrand;
- p_{nh} der örtliche Wert des Trichterwanddruckes unmittelbar unterhalb der Abzweigung;
- p_{nc} der örtliche Wert des Zylinderwanddruckes unmittelbar oberhalb der Abzweigung.

(5) Die örtliche Biegespannung $\sigma_{b\phi h,Ed}$ am oberen Trichterrand sollte wie folgt ermittelt werden:

$$\sigma_{b\phi h,Ed} = \left(\frac{6}{\Delta}\right) \left\{ (a_2 - 2 a_1 \eta) M_{e,Ed} - \rho (a_3 - a_2 \eta) F_{e,Ed} \right\} - \left(\frac{6}{t_h^2}\right) F_h x_h \tag{6.11}$$

Dabei ist

$$\Delta = 2 a_1 a_3 - a_2^2 \tag{6.12}$$

$$\rho = 0{,}78 \sqrt{r} \tag{6.13}$$

$$\eta = \sqrt{t_h \cos\beta} \tag{6.14}$$

$$a_1 = t_s^{3/2} + t_c^{3/2} + \frac{t_h^{3/2}}{\sqrt{\cos\beta}} + \frac{A_{ep}}{\rho} \tag{6.15}$$

$$a_2 = t_s^2 - t_c^2 + t_h^2 \tag{6.16}$$

$$a_3 = t_x^{5/2} + t_c^{5/2} + t_h^{5/2} \sqrt{\cos\beta} \tag{6.17}$$

Dabei ist

t_h die örtliche Wanddicke des Trichters;

t_c die örtliche Wanddicke des Zylinders an der Abzweigung;

t_s die örtliche Wanddicke der Standzarge unterhalb der Abzweigung;

A_{ep} die Querschnittsfläche der Ringsteife an der Abzweigung (ohne mittragende Anteile der benachbarten Schalensegmente);

r der Radius an der Abzweigung (oberer Trichterrand).

6.3.2.6 Trichter in diskret aufgelagerten Silos

(1) Bei diskret aufgelagerten Silos sollten bei der Ermittlung der ungleichmäßig verteilten Meridianmembranspannungen im Trichter die relativen Steifigkeiten des Ringträgers an der Abzweigung, der Zylinderwand und der Trichterwand berücksichtigt werden.

(2) Bei Silos der Schadensfolgeklasse 1 darf auf diese Anforderung verzichtet werden.

(3) Der Trichter sollte für den größtmöglichen örtlichen Wert der Meridianzugkraft am oberen Trichterrand (im Bereich der Auflagerung) nach 6.3.2.3 und 6.3.2.4 bemessen werden.

6.3.2.7 LS3: Beulen der Trichterwand

(1) Dieser Grenzzustand darf bei Silos der Schadensfolgeklasse 1 außer Acht gelassen werden.

(2) Der Trichter sollte auf Beulen infolge horizontaler Einwirkungen aus Austragorganen oder angeschlossenen Bauteilen und gegebenenfalls infolge unsymmetrischer vertikaler Einwirkungen untersucht werden.

(3) Die Bemessungs-Beulmembrankraft $n_{\phi h,Rd}$ am oberen Trichterrand sollte wie folgt ermittelt werden:

$$n_{\phi h,Rd} = 0{,}6\, \alpha_{xh}\, E \left(\frac{t_h^2}{r}\right) \cos\beta / \gamma_{M1} \tag{6.18}$$

Dabei ist

α_{xh} der elastische Imperfektions-Abminderungsfaktor für Meridianbeulen;

t_h die örtliche Wanddicke des Trichters;

r der Radius an der Abzweigung (oberer Trichterrand);

γ_{M1} in 2.9.2 angegeben, jedoch sollte $n_{\phi,Rd}$ nicht größer als $n_{\phi,Rd} = t_h f_y/\gamma_{M1}$ angesetzt werden.

ANMERKUNG Der Wert von α_{xh} darf im Nationalen Anhang festgelegt werden. Es wird ein Wert von $\alpha_{xh} = 0{,}10$ empfohlen.

(4) Die Bemessungsmeridiankraft am oberen Trichterrand sollte die folgende Bedingung erfüllen:

$$n_{\phi h, Ed} \leq n_{\phi h, Rd} \tag{6.19}$$

6.4 Angaben zu speziellen Trichterkonstruktionen

6.4.1 Unterstützungskonstruktion

(1) Die Beeinflussung des Trichters aus einer diskreten Siloauflagerung sollte nach 5.4 behandelt werden. Die Unterstützungskonstruktionen selbst sollten nach EN 1993-1-1 bemessen werden; dabei gilt für die Grenze zwischen Silo und Unterstützungskonstruktion die Definition nach 1.1 (4).

6.4.2 Stützengelagerte Trichter

(1) Wenn die Trichterwand selbst auf diskreten Auflagern oder Stützen gelagert ist, die den oberen Trichterrand nicht erreichen, sollte sie mit Hilfe der Schalenbiegetheorie berechnet werden; siehe EN 1993-1-6.

(2) Für die Einleitung und Verteilung der Auflagerkräfte in die Trichterwand sollten geeignete konstruktive Vorkehrungen getroffen werden.

(3) Die Stöße der Trichterwand sollten für die von ihnen zu übertragenden, größtmöglichen örtlichen Schnittgrößen bemessen werden.

(4) Für Wandbereiche, in denen Druckmembranspannungen entstehen können, sollte ein Beulsicherheitsnachweis geführt werden; siehe EN 1993-1-6.

6.4.3 Unsymmetrische Trichter

(1) Wenn die Trichterachse nicht lotrecht, sondern gegenüber der Vertikalen um den Winkel ω geneigt ist (Bild 6.4), sollten beim Tragsicherheitsnachweis die aus dieser Geometrie resultierenden größeren Meridianspannungen auf der steileren Seite beachtet werden, und es sollten entsprechende Vorkehrungen getroffen werden, um einen angemessenen örtlichen Meridianwiderstand sicherzustellen.

6.4.4 Versteifte Kegelschalen

(1) Die Längssteifen (Meridiansteifen) sollten am oberen Trichterrand angemessen verankert werden.

(2) Bei meridianversteiften Trichterkegeln sollten die Kompatibilitätseffekte zwischen Wand und Steifen beachtet werden. Darüber hinaus sollten bei der Berechnung der Steifen- und Wandschnittgrößen die Querkontraktionseinflüsse aus der Umfangszugbeanspruchung der Trichterwand beachtet werden.

(3) Bei der Bemessung der Wandstöße sollte die infolge der Kompatibilitätseinflüsse erhöhte Zugbeanspruchung beachtet werden.

(4) Die Verbindung zwischen Steifen und Wandblech sollte für die zwischen ihnen wirkenden Verbundkräfte bemessen werden.

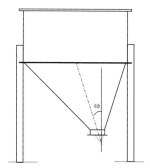

Bild 6.4 — Unsymmetrischer Trichter mit in den Zylinder eingebundenen Stützen

6.4.5 Mehrfach-Kegelschalen

(1) Bei Trichtern, die aus mehreren Kegelsegmenten unterschiedlicher Wandneigung zusammengesetzt sind, sollten die maßgebenden Schüttguteinwirkungen für jedes Segment getrennt ermittelt und der Bemessung zu Grunde gelegt werden.

(2) An Wandneigungssprüngen sollten beim Tragsicherheitsnachweis die örtlichen Zug- und Druckbeanspruchungen in Umfangsrichtung beachtet werden.

(3) Die Gefahr starken Verschleißes an solchen Wandneigungssprüngen sollte bei der Bemessung ebenfalls berücksichtigt werden.

6.5 Grenzzustände der Gebrauchstauglichkeit

6.5.1 Grundlagen

(1) Falls Gebrauchstauglichkeitskriterien als notwendig erachtet werden, sollten die entsprechenden Grenzwerte für den Trichter zwischen dem Tragwerksplaner und dem Bauherrn vereinbart werden.

6.5.2 Erschütterungen

(1) Es sollte dafür gesorgt werden, dass der Trichter während des Betriebes keinen schweren Erschütterungen ausgesetzt ist.

7 Bemessung von kreisrunden konischen Dächern

7.1 Grundlagen

(1) Bei der Bemessung von Silodächern sollten ständige, häufige und außergewöhnliche Einwirkungen beachtet werden, d. h. besonders Windlast, Schneelast, Nutzlasten und Teilvakuum.

(2) Bei der Bemessung sollte außerdem die Möglichkeit von aufwärts gerichteten Dachlasten aus unbeabsichtigter Überfüllung oder unerwarteter Verflüssigung des gespeicherten Schüttgutes geprüft werden.

DIN EN 1993-4-1:2010-12
EN 1993-4-1:2007 + AC:2009 (D)

7.2 Unterscheidung zwischen verschiedenen Formen von Dachtragwerken

7.2.1 Begriffe

(1) Ein aus gewalzten Blechen ohne unterstützende Träger oder Ringe gebildetes Kegelschalendach wird ‚Schalendach' oder ‚ungestütztes Dach' genannt.

(2) Ein kegelförmiges Dach, dessen Dachbleche auf Trägern oder einem Trägerrost gelagert sind, wird ‚Gespärredach' oder ‚gestütztes Dach' genannt.

7.3 Tragsicherheitsnachweise für kreisrunde konische Silodächer

7.3.1 Schalendächer bzw. ungestützte Dächer

(1) Schalendächer sollten nach den Anforderungen von EN 1993-1-6 bemessen werden. Dem wird für Kegeldächer mit einem Durchmesser von nicht mehr als 5 m Durchmesser und einer Dachneigung ϕ von nicht mehr als 40° gegenüber der Horizontalen Genüge getan, wenn die Nachweise nach den folgenden Regeln geführt werden.

(2) Die berechneten Oberflächenvergleichsspannungen aus Schalenbiegung und Membrankräften sollten für jeden Punkt in der Schale auf folgenden Vergleichsspannungswiderstand begrenzt werden:

$$f_{e,Rd} = f_y / \gamma_{M0} \tag{7.1}$$

Wobei γ_{M0} nach 2.9.2 zu ermitteln ist.

(3) Der ideale Beulaußendruck $p_{n,Rcr}$ eines isotropen Kegeldaches sollte wie folgt berechnet werden:

$$p_{n,Rcr} = 2{,}65\, E \left(\frac{t \cos \phi}{r} \right)^{2,43} \cdot (\tan \phi)^{1,6} \tag{7.2}$$

Dabei ist

  r der Außenradius des Daches;

  t die kleinste Wanddicke;

  ϕ der Neigungswinkel des Kegels gegenüber der Horizontalen.

(4) Der Bemessungs-Beulaußendruck (Bemessungswert des Beulwiderstandes) sollte wie folgt ermittelt werden:

$$p_{n,Rd} = \alpha_p\, p_{n,Rcr} / \gamma_{M1} \tag{7.3}$$

Wobei γ_{M1} nach 2.9.2 zu ermitteln ist.

ANMERKUNG Der Wert von α_p darf im Nationalen Anhang festgelegt werden. Es wird ein Wert von $\alpha_p = 0{,}20$ empfohlen.

(5) Der Bemessungswert des größten lokalen Außendruckes, der unter den in 7.1 definierten Einwirkungen auftritt, sollte die folgende Bedingung erfüllen:

$$p_{n,Ed} \leq p_{n,Rd} \tag{7.4}$$

7.3.2 Gespärredächer bzw. gestützte Dächer

(1) Gespärredächer bzw. gestützte Dächer sollten nach den in EN 1993-4-2 für Tankbauwerke angegebenen Regeln bemessen werden.

7.3.3 Traufkante (Knotenlinie zwischen Silodach und Siloschaft)

(1) Die Verbindung zwischen Dach und Zylinderschale einschließlich der Ringsteife entlang dieser Knotenlinie sollten ebenfalls nach den in EN 1993-4-2 für Tankbehälter angegebenen Bestimmungen bemessen werden.

8 Bemessung von Abzweigungsringen und Auflagerringträgern

8.1 Grundlagen

8.1.1 Allgemeines

(1) Stählerne Ringe oder Ringträger an der Abzweigung des Trichters vom zylindrischen Siloschaft sollten so dimensioniert werden, dass die grundlegenden Anforderungen an die Bemessung nach Abschnitt 2 erfüllt sind.

(2) Der Ring sollte den Anforderungen von EN 1993-1-6 entsprechen; die nachfolgenden Regeln erfüllen jene Anforderungen.

(3) Für Ringe in Silos der Schadensfolgeklasse 1 braucht kein Nachweis gegen die Grenzzustände ‚Zyklisches Plastizieren' und ‚Ermüdung' geführt zu werden, wenn die nachfolgenden Bedingungen eingehalten werden.

8.1.2 Bemessung des Ringes

(1) Der Ring oder Ringträger sollte auf Folgendes überprüft werden:

— Widerstand gegen plastisches Versagen unter Druckbeanspruchung in Umfangsrichtung;

— Widerstand gegen Knicken unter Druckbeanspruchung in Umfangsrichtung;

— Widerstand gegen örtliches Fließen unter Zug- oder Druckspannungen;

— Widerstand gegen örtliches Versagen über Auflagerungen;

— Widerstand gegen Torsionsversagen;

— Widerstand von Stößen und Verbindungen.

(2) Der Ringträger sollte den Anforderungen von EN 1993-1-6 entsprechen; die Regeln in 8.2 bis 8.5 erfüllen jene Anforderungen.

(3) Für Ringe in Silos der Schadensfolgeklasse 1 dürfen die Grenzzustände ‚Zyklisches Plastizieren' und ‚Ermüdung' außer Acht gelassen werden.

8.1.3 Begriffe

(1) Ein Ring, der ausschließlich der Aufnahme der radialen Kraftkomponenten aus dem Trichter dient, wird ‚Abzweigungsring' genannt.

(2) Ein Ring, der der Verteilung vertikaler Kräfte zwischen verschiedenen Komponenten dient (z. B. von der Zylinderwand in diskrete Auflager), wird ‚Ringträger' genannt.

(3) Die Knotenlinie zwischen den Mittelflächen der Trichterwand und der zylindrischen Schalenwand an der Abzweigung wird ‚Abzweigungszentrum' genannt und sollte als Referenzlinie für die rechnerischen Nachweise verwendet werden.

(4) Ein Silo ohne konkreten Ring an der Abzweigung (siehe Bild 8.1) besitzt einen effektiven Ring (Ersatzring), der aus mittragenden Teilen der angrenzenden Schalen besteht; er wird ‚natürlicher Ring' genannt.

(5) Eine Kreisringplatte an der Abzweigung wird ‚Plattenring' genannt, siehe Bild 8.1.

(6) Ein Walzprofil als Ringsteife an der Abzweigung wird ‚Profilring' genannt.

(7) Ein Walzprofil, das um den Siloumfang herumläuft und den Siloschaft unterhalb der Abzweigung abstützt, wird ‚gewalzter Ringträger' genannt.

(8) Ein aus Stahlblechen, die die Form von niedrigen Zylindern und Kreisringplatten haben, aufgebautes Tragglied wird ‚zusammengesetzter Ringträger' genannt; siehe Bild 8.1.

8.1.4 Modellierung des Abzweigungsbereiches

(1) Bei "Handberechnungen" sollte der Abzweigungsbereich ausschließlich durch zylindrische und konische Schalensegmente und Kreisringplatten repräsentiert werden.

(2) Bei gleichmäßig aufgelagerten Silos dürfen die Umfangsspannungen in den Kreisringplatten als in jeder Platte konstant angenommen werden.

(3) Bei diskret aufgelagerten Silos sollte berücksichtigt werden, dass die Umfangsspannungen in den Kreisringplatten als Folge von Wölbspannungen in radialer Richtung veränderlich sind.

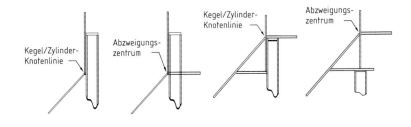

Bild 8.1 — Beispiele für Ringformen

8.1.5 Grenzen für die Ringanordnung

(1) Der vertikale Abstand eines Platten- oder Profilringes vom Abzweigungszentrum sollte nicht größer als $0{,}2\sqrt{rt}$ sein, wobei t die Zylinderwanddicke ist, es sei denn, es wird eine Schalenbiegeberechnung nach EN 1993-1-6 durchgeführt, um den Einfluss der Exzentrizität erfassen zu können.

ANMERKUNG   Diese Regel leitet sich aus der Unwirksamkeit von in größerem Abstand zur Abzweigung angeordneten Ringen ab, siehe Bild 8.2.

(2) Die vereinfachten Regeln in 8.2 gelten nur unter der Voraussetzung, dass die Bedingung (1) eingehalten wird.

8.2 Berechnung des Abzweigungsbereiches

8.2.1 Allgemeines

(1) Für Silos der Schadensfolgeklasse 1 darf der Abzweigungsbereich mit Hilfe einfacher, membrantheoretisch hergeleiteter Formeln und Belastungen aus den angrenzenden Schalensegmenten berechnet werden.

(2) Wenn für den Abzweigungsbereich eine genauere Computerberechnung durchgeführt wird, sollte diese die Anforderungen von EN 1993-1-6 erfüllen.

(3) Für gleichmäßig aufgelagerte Silos darf anstelle einer genaueren Computerberechnung die Berechnung nach 8.2.2 durchgeführt werden.

(4) Für diskret aufgelagerte Silos sollte anstelle einer genaueren Computerberechnung die Berechnung nach 8.2.3 durchgeführt werden.

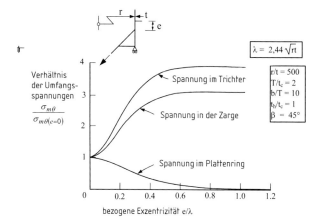

Bild 8.2 — Membranspannungen im Ring und in den angrenzenden Schalen bei exzentrisch angeordnetem Ring

8.2.2 Gleichmäßig unterstützte Abzweigungsbereiche

(1) Der effektive Querschnitt des Abzweigungsbereiches sollte wie folgt festgelegt werden: Die im Abzweigungszentrum zusammentreffenden Schalensegmente sollten in die beiden Gruppen oberhalb (Gruppe A) und unterhalb (Gruppe B) eingeteilt werden, siehe Bild 8.3 a). Alle Kreisringplatten auf Höhe des Abzweigungszentrums sollten zunächst außer Acht gelassen werden. Vertikale Flansche an der Kreisringplatte außerhalb des Abzweigungszentrums sollten als Schalensegmente analog zu den anderen behandelt werden, siehe Bild 8.3.

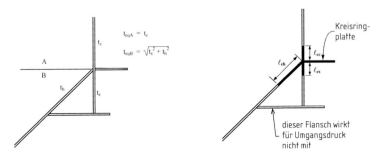

a) Geometrie   b) Effektiver Ring für die Druckbeanspruchung in Umfangsrichtung

Bild 8.3 — Effektiver Querschnitt des Abzweigungsbereiches Zylinder/Trichter/Ring

(2) Die Ersatzdicken t_{eqA} und t_{eqB} der beiden Schalengruppen sollten wie folgt ermittelt werden:

$$t_{eqA} = \sqrt{\sum_A t^2} \qquad (8.1)$$

$$t_{eqB} = \sqrt{\sum_B t^2} \qquad (8.2)$$

(3) Das Verhältnis α zwischen dünnerer und dickerer Ersatzschale sollte wie folgt ermittelt werden:

$$\alpha = \frac{(t_{eq})_{\text{dünner}}}{(t_{eq})_{\text{dicker}}} \qquad (8.3)$$

mit:

$(t_{eq})_{\text{dünner}} = \min (t_{eqA}, t_{eqB})$ (8.4)

$(t_{eq})_{\text{dicker}} = \max (t_{eqA}, t_{eqB})$ (8.5)

(4) Für die dünnere der beiden Schalengruppen sollte die mittragende Länge jedes Schalensegmentes wie folgt ermittelt werden:

$$\ell_{e1} = 0{,}778 \sqrt{\frac{r\,t}{\cos \beta}} \qquad (8.6)$$

DIN EN 1993-4-1:2010-12
EN 1993-4-1:2007 + AC:2009 (D)

Dabei ist β der Winkel zwischen dem Meridian des betreffenden Schalensegmentes und der Siloachse (halber Kegelöffnungswinkel). Die effektive Querschnittsfläche jedes Schalensegmentes ergibt sich dann zu:

$$A_{e1} = \ell_{e1}\, t \tag{8.7}$$

Für die dickere der beiden Schalengruppen sollte die mittragende Länge jedes Schalensegmentes wie folgt ermittelt werden:

$$\ell_{e2} = 0{,}389 \left[1 + 3\alpha^2 - 2\alpha^3\right] \sqrt{\frac{r\, t}{\cos\beta}} \tag{8.8}$$

Für diese Gruppe ergibt sich die effektive Querschnittsfläche jedes Schalensegmentes dann zu:

$$A_{e2} = \ell_{e2}\, t \tag{8.9}$$

(5) Die effektive Querschnittsfläche A_{ep} eines Plattenringes (Kreisringplatte an der Abzweigung) sollte wie folgt ermittelt werden:

$$A_{ep} = \frac{b\, t_p}{1 + 0{,}8\,\dfrac{b}{r}} \tag{8.10}$$

Dabei ist

r der Radius der Silo-Zylinderwand;

b die radiale Breite der Kreisringplatte;

t_p die Dicke der Kreisringplatte.

(6) Die effektive Gesamtquerschnittsfläche A_{et} des Ersatzringes zur Aufnahme von Druckspannungen in Umfangsrichtung sollte wie folgt ermittelt werden:

$$A_{et} = A_{ep} + \sum_{i=1}^{\text{alle Segmente}} A_{ei} \tag{8.11}$$

(7) Wenn an der Abzweigung nur ein zylindrischer Siloschaft, eine zylindrische Standzarge und ein konischer Trichter zusammentreffen (siehe Bild 8.4), kann die effektive Gesamtquerschnittsfläche A_{et} des Ersatzringes alternativ wie folgt ermittelt werden:

$$A_{et} = A_{ep} + 0{,}778\,\sqrt{r}\left\{ t_e^{3/2} + \psi\left(\frac{t_h^{3/2}}{\sqrt{\cos\beta}} + t_s^{3/2}\right)\right\} \tag{8.12}$$

mit:

$$\psi = 0{,}5\,(1 + 3\,\alpha^2 - 2\,\alpha^3) \tag{8.13}$$

$$\alpha = \frac{t_c}{\sqrt{t_s^2 + t_h^2}} \tag{8.14}$$

Dabei ist

r der Radius der Silo-Zylinderwand;

t_c die Dicke der Silo-Zylinderwand;

t_s die Dicke der Standzarge;

t_h die Dicke des Trichters;

A_{ep} die effektive Querschnittsfläche des Plattenringes.

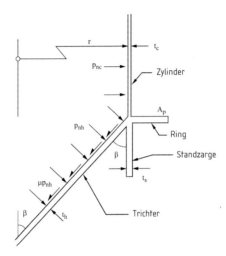

Bild 8.4 — Bezeichnungen bei einer einfachen Abzweigung mit Plattenring (Kreisringplatte)

(8) Wird an der Abzweigung ein Ring mit komplexerer Querschnittsgeometrie vorgesehen, so dürfen nur solche Ringplattenelemente als mittragend einbezogen werden, die die Bedingung in 8.1.5 (1) einhalten.

(9) Der Bemessungswert der in Umfangsrichtung an der Abzweigung wirksamen Druckkraft $N_{\theta,Ed}$ sollte wie folgt ermittelt werden:

$$N_{\theta,Ed} = n_{\phi h,Ed}\, r \sin\beta - p_{nc}\, r\, \ell_{ec} - p_{nh} (\cos\beta - \mu \sin\beta)\, r\, \ell_{eh} \qquad (8.15)$$

Dabei ist (siehe Bild 8.5)

r der Radius der Silo-Zylinderwand;

β der halbe Kegelöffnungswinkel des Trichters (am oberen Rand);

ℓ_{ec} die mittragende Länge des Zylindersegmentes oberhalb der Abzweigung (siehe (4));

ℓ_{eh} die mittragende Länge des Kegelsegmentes (siehe (4));

$n_{\phi h,Ed}$ der Bemessungswert der Meridianzugkraft je Umfangslängeneinheit am oberen Trichterrand;

p_{nc} der über die mittragende Zylinderlänge gemittelte örtliche Wanddruck;

p_{nh} der über die mittragende Kegellänge gemittelte Wanddruck;

μ der Wandreibungskoeffizient an der Trichterwand.

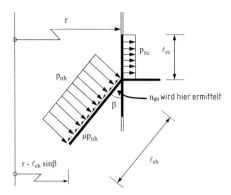

Bild 8.5 — Örtliche Wanddrücke und Membrankräfte, die den Abzweigungsbereich belasten

(10) Der Bemessungswert der in einem gleichmäßig unterstützten Abzweigungsbereich vorhandenen größten Druckspannung in Umfangsrichtung $\sigma_{u\theta,Ed}$ sollte wie folgt ermittelt werden:

$$\sigma_{u\theta,Ed} = \frac{N_{\theta,Ed}}{\eta\, A_{et}} \tag{8.16}$$

mit:

$$\eta = 1 + 0{,}3\,\frac{b}{r} \tag{8.17}$$

Dabei ist

$N_{\theta,Ed}$ der Bemessungswert der wirksamen Umfangsdruckkraft, siehe Absatz (9);

A_{et} die effektive Gesamtquerschnittsfläche des Ringes, siehe Absatz (7);

r der Radius der Silo-Zylinderwand;

b die Breite des Plattenringes.

8.2.3 Ringträger an der Abzweigung

(1) Für Silos der Schadensfolgeklasse 3 sollte eine numerische Tragwerksberechnung durchgeführt werden, bei der alle flächenhaften Elemente als Schalensegmente modelliert werden und bei der in keinem der gekrümmten Elemente einem Prismenstab entsprechendes Verhalten angenommen wird. In der Berechnung sollte auch die finite Breite der diskreten Auflagerung berücksichtigt werden.

(2) Bei Silos der anderen Schadensfolgeklassen sollten die Biege- und Torsionsmomente im Ringträger unter Berücksichtigung von Last- und Auflagerexzentrizitäten gegenüber der Ringträgerachse berechnet werden.

(3) Der Gesamtwert der im Ringträger wirksamen Drucknormalkraft sollte als in Umfangsrichtung konstant angenommen und wie folgt ermittelt werden:

$$N_{\theta,Ed} = n_{\phi h,Ed}\, r_c \sin\beta - p_{nc}\, r_c\, \ell_{ec} - p_{nh}\, (\cos\beta - \mu \sin\beta)\, r_c\, \ell_{eh} \tag{8.18}$$

Dabei ist (siehe Bild 8.5)

r_c der Radius der Silo-Zylinderwand;

β der halbe Kegelöffnungswinkel des Trichters (am oberen Rand);

ℓ_{ec} die mittragende Länge des Zylindersegmentes oberhalb der Abzweigung (siehe 8.2.2 (4));

ℓ_{eh} die mittragende Länge des Kegelsegmentes (siehe 8.2.2 (4));

$n_{\phi h,Ed}$ der Bemessungswert der Meridianzugkraft je Umfangslängeneinheit am oberen Trichterrand;

p_{nc} der über die mittragende Zylinderlänge gemittelte örtliche Wanddruck;

p_{nh} der über die mittragende Kegellänge gemittelte Wanddruck;

μ der Wandreibungskoeffizient an der Trichterwand.

(4) Die in Abhängigkeit von der Umfangskoordinate θ veränderlichen Bemessungswerte des Ringträger-Biegemomentes $M_{r,Ed}$ um die horizontale (radiale) Querschnittsachse (Feldmomente positiv) und des Ringträger-Torsionsmomentes $T_{\theta,Ed}$ sollten wie folgt ermittelt werden:

$$\text{AC } M_{r,Ed} = n_{v,Ed} \, (r_g - e_r) \, [(r_g - e_s) \, \theta_o \, (\sin\theta + \cot\theta_o \cos\theta) - r_g + e_r] + n_{r,Ed} \, e_x \, (r_g - e_r) \text{ AC} \qquad \text{AC } (8.19a) \text{ AC}$$

$$\text{AC } T_{\theta,Ed} = n_{v,Ed} \, (r_g - e_r) \, [(r_g - e_s) \, \theta_o \, (\cot\theta_o \sin\theta - \cos\theta) + r_g \, (\theta_o - \theta)] \text{ AC} \qquad \text{AC } (8.19b) \text{ AC}$$

mit:

$$\theta_o = \frac{\pi}{j} \qquad \text{AC } (8.20) \text{ AC}$$

$$\text{AC } n_{v,Ed} = n_{xc,Ed} + n_{\phi h,Ed} \cos\beta \qquad (8.21a)$$

$$n_{r,Ed} = n_{\phi h,Ed} \sin\beta \qquad (8.21b) \text{ AC}$$

Dabei ist (siehe Bild 8.6)

θ die Umfangskoordinate (im Bogenmaß), von einem Auflager aus gemessen;

θ_o der zur halben Ringträger-Stützweite gehörende Umfangswinkel (im Bogenmaß);

j die Anzahl der äquidistant über den Umfang verteilten Auflagerungen;

r_g der Radius der Ringträgerachse;

e_r die radiale Exzentrizität zwischen Zylinder und Ringträgerachse (positiv, wenn die Ringträgerachse einen größeren Radius hat);

e_s die radiale Exzentrizität zwischen Auflagerungen und Ringträgerachse (positiv, wenn die Ringträgerachse einen größeren Radius hat);

e_x die vertikale Exzentrizität zwischen Abzweigungszentrum und Ringträgerachse (positiv, wenn die Ringträgerachse unter dem Abzweigungszentrum liegt);

AC $n_{v,Ed}$ AC   der Bemessungswert der axialen Druckmembrankraft am unteren Zylinderrand;

AC $n_{r,Ed}$ AC   der Bemessungswert der meridionalen Zugmembrankraft am oberen Trichterrand.

(5) Die Bemessungswerte der größten Biegemomente um die horizontale (radiale) Querschnittsachse über der Auflagerung $M_{rs,Ed}$ und in Feldmitte zwischen den Auflagerungen $M_{rm,Sd}$ sollten wie folgt ermittelt werden:

$$M_{\text{rs,Ed}} = n_{v,\text{Ed}} (r_g - e_r)\,[(r_g - e_s)\,\theta_o \cot \theta_o - r_g + e_r] + n_{r,\text{Ed}}\, e_x\, (r_g - e_r) \qquad (8.22)$$

$$M_{\text{rm,Ed}} = n_{v,\text{Ed}} (r_g - e_r)\,[(r_g - e_s)\,\theta_o \sin \theta_o - r_g + e_r] + n_{r,\text{Ed}}\, e_x\, (r_g - e_r) \qquad (8.23)$$

(6) Bei offenem Ringträgerquerschnitt sollte, falls keine genauere Berechnung erfolgt, zur Torsionsübertragung nur Wölbtorsion in Anspruch genommen werden. In diesem Falle sollten die Bemessungswerte der größten Flanschbiegemomente um ihre vertikale Achse in jedem Flansch über der Auflagerung $M_{\text{fs,Ed}}$ und in Feldmitte zwischen den Auflagerungen $M_{\text{fm,Ed}}$ wie folgt ermittelt werden:

$$M_{\text{fs,Ed}} = n_{v,\text{Ed}}\, \frac{r_g (r_g - e_r)}{h}\left[(r_g - e_s)(1 - \theta_o \cot \theta_o) - \frac{r_g \theta_o^2}{3}\right] \qquad (8.24)$$

$$M_{\text{fm,Ed}} = n_{v,\text{Ed}}\, \frac{r_g (r_g - e_r)}{h}\left[(r_g - e_s)(1 - \theta_o / \sin \theta_o) + \frac{r_g \theta_o^2}{6}\right] \qquad (8.25)$$

Dabei ist

h der vertikale Abstand zwischen den Flanschen des Ringträgers.

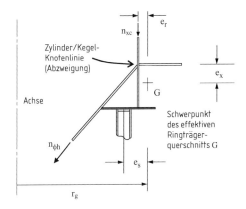

Bild 8.6 — Exzentrizitäten der Vertikallasten am Ringträger

(7) Die Umfangsmembranspannungen $\sigma_{\theta,\text{Ed}}$ in den einzelnen Flanschen des Ringträgers sollten aus der Normalkraft $N_{\theta,\text{Ed}}$, dem Biegemoment um die Radialachse $M_{r,\text{Ed}}$ und den Wölb-Flanschbiegemomenten $M_{f,\text{Ed}}$ mit Hilfe der elementaren Querschnittswerte aus den in Absätzen (3) bis (6) angegebenen Schnittgrößen ermittelt werden.

(8) Der absolute Größtwert der Umfangsmembranspannung $\sigma_{\theta,\text{Ed}}$ (Zug oder Druck) in irgendeinem Flansch des Ringträgers an irgendeiner Stelle entlang des Umfanges wird mit $\sigma_{m\theta,\text{Ed}}$ bezeichnet.

(9) Der größte Druckwert der Umfangsmembranspannung $\sigma_{\theta,\text{Ed}}$ in irgendeinem Flansch des Ringträgers an irgendeiner Stelle entlang des Umfanges wird mit $\sigma_{c\theta,\text{Ed}}$ bezeichnet.

8.3 Tragwiderstände

8.3.1 Allgemeines

(1) Der Abzweigungsbereich sollte den Anforderungen von EN 1993-1-6 entsprechen, diesen wird jedoch Genüge getan, wenn die Bemessungswerte der Bauteilwiderstände nach den folgenden Regeln ermittelt werden.

8.3.2 Widerstand gegen plastisches Versagen

8.3.2.1 Allgemeines

(1) Der Bemessungswert des Widerstandes sollte nach den Regeln von EN 1993-1-6 ermittelt werden. Ersatzweise und auf der sicheren Seite dürfen die nachfolgenden vereinfachten Näherungen verwendet werden.

8.3.2.2 Widerstand auf der Grundlage einer elastischen Berechnung

(1) Grundlage für den Nachweis gegen plastisches Versagen sollte die Spannung an der höchstbeanspruchten Stelle im Bereich der Abzweigung sein.

(2) Der Bemessungswert des Widerstandes gegen plastisches Versagen sollte demzufolge wie folgt ermittelt werden:

$$f_{p,Rd} = f_y / \gamma_{M0} \tag{8.26}$$

8.3.2.3 Widerstand auf der Grundlage einer plastischen Berechnung

(1) Als Bemessungswert des Widerstandes gegen plastisches Versagen sollte die größte erreichbare Membranzugkraft $n_{\phi h,Rd}$ im Trichter an der Abzweigung verwendet werden.

(2) Der Bemessungswert des Widerstandes gegen plastisches Versagen $n_{\phi h,Rd}$ sollte demzufolge wie folgt ermittelt werden:

$$\boxed{\text{AC}} \; n_{\phi h,Rd} = \frac{1}{\sin \beta} \left\{ \left(\frac{A_p + l_{oc} \, t_c + l_{os} \, t_s + l_{oh} \, t_h}{r} \right) \cdot \frac{f_y}{\gamma_{M0}} + p_{nc} \, l_{oc} + p_{nh} \, (\cos \beta - \mu \sin \beta) \, l_{oh} \right\} \boxed{\text{AC}} \tag{8.27}$$

mit:

$$\alpha = \sqrt{\frac{t_c^2}{t_s^2 + t_h^2}} \tag{8.28}$$

$$\psi = 0{,}7 + 0{,}6 \, \alpha^2 - 0{,}3 \, \alpha^3 \tag{8.29}$$

- für den Zylinder $\quad \ell_{oc} = 0{,}975 \, \sqrt{r \, t_c}$
- für die Standzarge $\quad \ell_{os} = 0{,}975 \, \psi \, \sqrt{r \, t_s}$
- für den Trichterkegel $\quad \ell_{oh} = 0{,}975 \, \psi \, \sqrt{\dfrac{r \, t_h}{\cos \beta}}$

Dabei ist (siehe Bild 8.5)

- r der Radius der Silo-Zylinderwand;
- t_c die Wanddicke des Zylinders;
- t_s die Wanddicke der Standzarge;
- t_h die Wanddicke des Trichters;
- A_p die Querschnittsfläche des Ringes;
- β der halbe Kegelöffnungswinkel des Trichters (am oberen Rand);
- ℓ_{oc} die plastisch mittragende Länge des Silozylinders oberhalb der Abzweigung;
- ℓ_{oh} die plastisch mittragende Länge des Trichterkegels;
- ℓ_{os} die plastisch mittragende Länge der Standzarge unterhalb der Abzweigung;
- $n_{\phi h,Rd}$ der Bemessungswert des Meridianmembrankraftwiderstandes je Umfangslängeneinheit am oberen Trichterrand;
- p_{nc} der über die mittragende Zylinderlänge gemittelte örtliche Wanddruck;
- p_{nh} der über die mittragende Kegellänge gemittelte Wanddruck;
- μ der Wandreibungskoeffizient an der Trichterwand.

8.3.3 Widerstand gegen Knicken innerhalb der Ringebene

(1) Der Bemessungswert des Widerstandes sollte nach den Regeln von EN 1993-1-6 ermittelt werden. Ersatzweise und auf der sicheren Seite dürfen die nachfolgenden vereinfachten Näherungen verwendet werden.

(2) Grundlage für den Nachweis gegen Knicken innerhalb der Ringebene sollte die größte Umfangs-Druckmembranspannung im Bereich der Abzweigung sein.

(3) Der Bemessungswert des Widerstandes gegen Knicken innerhalb der Ringebene sollte demzufolge als Bemessungs-Knickspannung $\sigma_{ip,Rd}$ wie folgt ermittelt werden:

$$\sigma_{ip,Rd} = \frac{4\,EI_z}{A_{et}\,r_g^2} \cdot \frac{1}{\gamma_{M1}} \qquad (8.30)$$

Dabei ist

- EI_z die Biegesteifigkeit des Ersatzringquerschnittes (siehe Bild 8.3) um seine vertikale Achse;
- A_{et} die effektive Querschnittsfläche des Ersatzringes nach 8.2.2;
- r_g der Radius der Schwerachse des Ersatzringquerschnittes.

(4) Die vorstehende Berechnung eines Knickwiderstandes und der zugehörige Tragsicherheitsnachweis in 8.4 dürfen entfallen, wenn der halbe Kegelöffnungswinkel β größer ist als β_{lim}.

ANMERKUNG Der Wert von β_{lim} darf im Nationalen Anhang festgelegt werden. Es wird ein Wert von $\beta_{lim} = 20°$ empfohlen.

DIN EN 1993-4-1:2010-12
EN 1993-4-1:2007 + AC:2009 (D)

8.3.4 Widerstand gegen Knicken aus der Ringebene heraus und gegen örtliches Beulen

8.3.4.1 Allgemeines

(1) Der Bemessungswert des Widerstandes sollte nach den Regeln von EN 1993-1-6 ermittelt werden. Ersatzweise und auf der sicheren Seite dürfen die nachfolgenden vereinfachten Näherungen verwendet werden.

8.3.4.2 Örtliches Beulen der Schale in der Nähe des Abzweigungsbereiches

(1) Bei Abzweigungsbereichen ohne Ring an der Abzweigung (einfache Kegel/Zylinder-Knotenlinie) oder bei ringversteiften Abzweigungen sollte als Bemessungswert des Beulwiderstandes der an den Abzweigungsbereich angrenzenden Wand die Bemessungs-Beulspannung $\sigma_{\text{op,Rd}}$ verwendet werden:

$$\sigma_{\text{op,Rd}} = \frac{1}{\gamma_{M1}} \cdot 4{,}1 (\cos \beta)^{0{,}4} \cdot \left(\frac{t}{r_s}\right)^{1{,}5} \cdot \left(\frac{E\, t\, r_g}{A_{\text{et}}}\right) \tag{8.31}$$

mit:

$r_s = r$ für die zylindrische Wand;

$r_s = \dfrac{r}{\cos \beta}$ für die konische Trichterwand.

Dabei ist

r der Radius der Silo-Zylinderwand;

β der halbe Kegelöffnungswinkel des Trichters (am oberen Rand);

t die Wanddicke des betreffenden Schalensegments;

A_{et} die effektive Querschnittsfläche des Ersatzringes nach 8.2.2;

r_g der Radius der Schwerachse des Ersatzringquerschnittes.

8.3.4.3 Abzweigung mit Plattenring

(1) Für Abzweigungen mit Plattenring sollte als Bemessungswert des Widerstandes gegen Knicken aus der Ringebene heraus die Bemessungs-Knickspannung $\sigma_{\text{op,Rd}}$ verwendet werden:

$$\sigma_{\text{op,Rd}} = k E \left(\frac{t_p}{b}\right)^2 \cdot \frac{1}{\gamma_{M1}} \tag{8.32}$$

mit:

$$k = \frac{\eta_c k_c + \eta_s k_s}{\eta_c + \eta_s} \tag{8.33}$$

$$k_s = 0{,}385 + 0{,}452 \sqrt{\frac{b}{r}} \tag{8.34}$$

$$k_c = 1{,}154 + 0{,}56 \frac{b}{r} \tag{8.35}$$

$$\eta_s = 0{,}43 + 0{,}1\left(\frac{r}{20\,b}\right)^2 \tag{8.36}$$

$$\eta_c = 0{,}5\left\{\left(\frac{t_c}{t_p}\right)^{5/2} + \left(\frac{t_s}{t_p}\right)^{5/2} + \left(\frac{t_h}{t_p}\right)^{5/2}\right\} \tag{8.37}$$

Dabei ist

- r der Radius der Silo-Zylinderwand;
- t_c die Wanddicke des Zylinders;
- t_s die Wanddicke der Standzarge;
- t_h die Wanddicke des Trichters;
- t_p die Dicke des Plattenringes;
- b die Breite des Plattenringes;
- k_c der Plattenbeulkoeffizient für einen Ring mit eingespanntem Innenrand;
- k_s der Plattenbeulkoeffizient für einen Ring mit gelenkig gelagertem Innenrand;
- γ_{M1} der Teilsicherheitsbeiwert nach 2.9.2.

8.3.4.4 Abzweigung mit T-Ring

(1) Die folgenden Regeln gelten für einen Ring an der Abzweigung, der aus einer Kreisringplatte der Breite b_p mit einem symmetrisch angeordneten Versteifungsflansch der Höhe b_f an ihrem Außenrand besteht, so dass ein T-Querschnitt mit Basis im Verzweigungszentrum entsteht.

(2) Grundlage für den Nachweis gegen Knicken eines T-Ringes aus der Ringebene heraus sollte die größte Umfangsmembrandruckspannung am Innenrand der zentralen Kreisringplatte des Ringes sein. Der Bemessungswert des Widerstandes sollte demzufolge als Bemessungs-Knickspannung $\sigma_{op,Rd}$ wie folgt ermittelt werden:

$$\sigma_{op,Rd} = \frac{\eta_s \sigma_s + \eta_c \sigma_c}{\eta_s + \eta_c} \cdot \frac{1}{\gamma_{M1}} \tag{8.38}$$

mit:

$$\eta_s = 0{,}385 + \left(\frac{r}{175\,b_p}\right)^2 \tag{8.39}$$

$$\eta_c = 0{,}5\left\{\left(\frac{t_c}{t_p}\right)^{5/2} + \left(\frac{t_s}{t_p}\right)^{5/2} + \left(\frac{t_h}{t_p}\right)^{5/2}\right\} \tag{8.40}$$

$$\sigma_s = \frac{E I_r}{A\, r_0^2}\left(0{,}2\,\frac{b_p}{r} + \frac{G\, I_t}{E I_r} + 2\sqrt{\frac{G\, I_t\, b_p}{E I_r\, r}}\right) \tag{8.41}$$

$$\boxed{\text{AC}}\; \sigma_\text{c} = E\left(\frac{t_\text{p}}{b_\text{p}}\right)^{1,1} \cdot \frac{(1+5\rho)(1+32\rho-16\rho^2)}{64\left(1+5\dfrac{b_\text{f} t_\text{f}}{b_\text{p} t_\text{p}}\right)} \;\boxed{\text{AC}} \tag{8.42}$$

$$r_\text{o}^{\,2} = \frac{I_\text{r}+I_\text{z}+A\,x_\text{c}^{\,2}}{A} \tag{8.43}$$

$$\rho = \frac{b_\text{f}}{b_\text{p}}\left(\frac{t_\text{f}}{t_\text{p}}\right)^{1/3} \tag{8.44}$$

Dabei ist

- r der Radius der Silo-Zylinderwand;
- t_c die Wanddicke des Zylinders;
- t_s die Wanddicke der Standzarge;
- t_h die Wanddicke des Trichters;
- t_p die Dicke der Kreisringplatte;
- t_f die Dicke des vertikalen Außenflansches des T-Querschnitts;
- b_p die Breite der Kreisringplatte;
- b_f die Höhe (Flanschbreite) des vertikalen Außenflansches des T-Querschnitts;
- A die Querschnittsfläche des T-Ringes;
- x_c der Schwerpunktabstand des T-Querschnittes von seinem Innenrand;
- I_r das Flächenmoment 2. Grades (Trägheitsmoment) des T-Querschnitts um seine radiale Achse;
- I_z das Flächenmoment 2. Grades (Trägheitsmoment) des T-Querschnitts um seine vertikale Achse;
- I_t das St.Venantsche Torsionsträgheitsmoment des T-Querschnitts;
- γ_M1 der Teilsicherheitsbeiwert nach 2.9.2.

8.4 Tragsicherheitsnachweise

8.4.1 Gleichmäßig unterstützte Abzweigungsbereiche

(1) Wenn für den Silo eine computergestützte Schalenberechnung durchgeführt wurde, sollten die Nachweise nach EN 1993-1-6 geführt werden. Falls die Computerberechnung keine Beulanalyse einschließt, dürfen die Beulwiderstände nach 8.3 für die nach EN 1993-1-6 geforderten Nachweise verwendet werden.

(2) Bei Silos, die über eine Standzarge gleichmäßig auf einem Fundament aufgelagert sind (siehe 5.4.2) und für die die Berechnungen nach 8.2 durchgeführt wurden, darf angenommen werden, dass die Abzweigung nur durch die in 8.2.2 (10) ermittelte konstante Umfangsmembranspannung $\sigma_\text{u,θEd}$ beansprucht wird. Die Tragsicherheitsnachweise sollten dann wie nachfolgend beschrieben geführt werden.

(3) Wird der Nachweis gegen plastisches Versagen des Abzweigungsbereiches auf der Grundlage einer elastischen Berechnung geführt, so sollte er wie folgt geführt werden:

$$\sigma_\text{uθ,Ed} \leq f_\text{p,Rd} \tag{8.45}$$

Dabei ist

$\sigma_{u,\theta Ed}$ der Bemessungswert der Umfangsdruckspannung nach 8.2.2 (10);

$f_{p,Rd}$ der Bemessungswert des Widerstandes gegen plastisches Versagen nach 8.3.2.2.

(4) Wird der Nachweis gegen plastisches Versagen des Abzweigungsbereiches auf der Grundlage einer plastischen Berechnung geführt, so sollte er wie folgt geführt werden:

$$n_{\phi h,Ed} \leq n_{\phi h,Rd} \tag{8.46}$$

Dabei ist

$n_{\phi h,Ed}$ der Bemessungswert der Meridian-Zugmembrankraft am oberen Trichterrand;

$n_{\phi h,Rd}$ der Bemessungswert des Widerstandes gegen plastisches Versagen nach 8.3.2.3.

(5) Der Nachweis gegen Knicken des Abzweigungsbereiches innerhalb der Ringebene sollte wie folgt geführt werden:

$$\sigma_{u\theta,Ed} \leq \sigma_{ip,Rd} \tag{8.47}$$

Dabei ist

$\sigma_{u\theta,Ed}$ der Bemessungswert der Umfangsdruck-Spannung nach 8.2.2 (10);

$\sigma_{ip,Rd}$ der Bemessungswert des Widerstandes gegen Knicken innerhalb der Ringebene nach 8.3.3.

(6) Der Nachweis gegen Knicken innerhalb der Ringebene darf entfallen, wenn die folgenden beiden Bedingungen erfüllt sind:

— der halbe Kegelöffnungswinkel β ist größer als β_{lim}, und über dem Ring befindet sich ein Zylinder;

— Unrundheits-Verformungen des oberen Zylinderrandes werden, falls die Höhe L des Zylinders geringer als $L_{min} = k_L \sqrt{rt}$ ist, durch einen Ring behindert, dessen Biegesteifigkeit EI_z um seine vertikale Achse (Biegung in Umfangsrichtung) größer ist als:

$$EI_{z,min} = k_R \, E \, (rt)^2 \, \sqrt{(t/r)} \tag{8.48}$$

Dabei ist

t die Dicke des dünnsten Schusses im Zylinder.

ANMERKUNG 1   Die Werte von β_{lim}, k_L und k_R dürfen im Nationalen Anhang festgelegt werden. Es werden Werte von $\beta_{lim} = 10°$; $k_L = 10$ und $k_R = 0{,}04$ empfohlen.

ANMERKUNG 2   Die Anforderung, dass der obere Zylinderrand gehalten sein sollte, um seine Rundheit sicherzustellen, gilt nur für kurze Zylinder über der Abzweigung, da höhere Zylinder, auch ohne am oberen Rand gehalten zu sein, ausreichend widerstandsfähig gegen diese Art des Ringknickens sind.

(7) Der Nachweis gegen Knicken des Abzweigungsbereiches aus der Ringebene heraus sollte wie folgt geführt werden:

$$\sigma_{u\theta,Ed} \leq \sigma_{op,Rd} \tag{8.49}$$

Dabei ist:

$\sigma_{u\theta,Ed}$ der Bemessungswert der Umfangsdruckspannung nach 8.2.2 (10);

$\sigma_{op,Rd}$ der entsprechende Bemessungswert des Widerstandes gegen Knicken aus der Ringebene heraus nach 8.3.4.

8.4.2 Ringträger an der Abzweigung

(1) Wenn für den Silo eine computergestützte Schalenberechnung durchgeführt wurde, sollten die Nachweise nach EN 1993-1-6 geführt werden. Falls die Schalenberechnung keine Beulanalyse einschließt, dürfen die Beulwiderstände nach 8.3 für die in EN 1993-1-6 geforderten Tragsicherheitsnachweise verwendet werden.

(2) Bei Silos, die diskret aufgelagert sind, so dass der Abzweigungsbereich als Ringträger wirkt, sollten dessen sowohl über den Querschnitt als auch über den Umfang veränderliche Umfangsmembranspannungen bei den Tragsicherheitsnachweisen berücksichtigt werden. Falls die Berechnungen nach 8.2 durchgeführt wurden, sollten die Tragsicherheitsnachweise wie nachfolgend beschrieben geführt werden.

(3) Der Nachweis gegen plastisches Versagen des Abzweigungsbereiches sollte unter Verwendung der nach 8.2.3 (8) ermittelten Spannung $\sigma_{m\theta,Ed}$ wie folgt geführt werden:

$$\sigma_{m\theta,Ed} \leq f_{p,Rd} \qquad (8.50)$$

Dabei ist

$\sigma_{m\theta,Ed}$ der Bemessungswert der absolut größten Umfangsspannung nach 8.2.3 (8);

$f_{p,Rd}$ der Bemessungswert des Widerstandes gegen plastisches Versagen nach 8.3.2.2.

(4) Der Nachweis gegen Knicken des Abzweigungsbereiches innerhalb der Ringebene sollte unter Verwendung der nach 8.2.3 (9) ermittelten Spannung $\sigma_{c\theta,Ed}$ wie folgt geführt werden:

$$\sigma_{c\theta,Ed} \leq \sigma_{ip,Rd} \qquad (8.51)$$

Dabei ist

$\sigma_{c\theta,Ed}$ der Bemessungswert der größten Umfangsdruckspannung nach 8.2.3 (9);

$\sigma_{ip,Rd}$ der Bemessungswert des Widerstandes gegen Knicken innerhalb der Ringebene nach 8.3.3.

(5) Der Nachweis gegen Knicken innerhalb der Ringebene darf entfallen, wenn die folgenden beiden Bedingungen erfüllt werden:

— der halbe Kegelöffnungswinkel β ist größer als β_{lim}, und über dem Ring befindet sich ein Zylinder;

— Unrundheits-Verformungen des oberen Zylinderrandes werden, falls die Höhe L des Zylinders geringer als $L_{min} = k_L \sqrt{rt}$ ist, durch einen Ring behindert, dessen Biegesteifigkeit EI_z um seine vertikale Achse (Biegung in Umfangsrichtung) größer ist als:

$$EI_{z,min} = k_R \, E \, (rt)^2 \, \sqrt{(t/r)} \qquad (8.52)$$

Dabei ist

t die Dicke des dünnsten Schusses im Zylinder;

L die Höhe der Schalenwand oberhalb des Ringes.

ANMERKUNG 1   Die Werte von β_{lim}, k_L und k_R dürfen im Nationalen Anhang festgelegt werden. Es werden Werte von $\beta_{lim} = 10°$; $k_L = 10$ und $k_R = 0{,}04$ empfohlen.

ANMERKUNG 2   Die Anforderung, dass der obere Zylinderrand gehalten sein sollte, um seine Rundheit sicherzustellen, gilt nur für kurze Zylinder über dem Ring , da höhere Zylinder, auch ohne am oberen Rand gehalten zu werden, ausreichend widerstandsfähig gegen diese Art des Ringknickens sind.

(6) Der Nachweis gegen Knicken des Abzweigungsbereiches aus der Ringebene heraus sollte unter Verwendung der nach 8.2.3 (9) ermittelten Spannung $\sigma_{c\theta,Ed}$ wie folgt geführt werden:

$$\sigma_{c\theta,Ed} \leq \sigma_{op,Rd} \tag{8.53}$$

Dabei ist

$\sigma_{c\theta,Ed}$ der Bemessungswert der größten Umfangsdruckspannung nach 8.2.3 (9);

$\sigma_{op,Rd}$ der Bemessungswert des Widerstandes gegen Knicken aus der Ringebene heraus nach 8.3.4.

8.5   Angaben zur Auflageranordnung am Abzweigungsbereich

8.5.1   Zargengelagerte Abzweigungsbereiche

(1) Bei Silos, die über eine Standzarge gleichmäßig auf einem Fundament aufgelagert sind (siehe 5.4.2), darf angenommen werden, dass der Abzweigungsbereich nur durch Umfangsmembranspannungen beansprucht wird.

(2) Für die Standzarge sollte ein Beulsicherheitsnachweis für Axialdruckbeulen geführt werden, in dem gegebenenfalls Öffnungen in der Zarge zu berücksichtigen sind.

8.5.2   Stützengelagerte Abzweigungsbereiche und Ringträger

(1) Bei Silos, die auf einem Ringträger aufgelagert sind, der diskrete Stützenkräfte in die Schale einleiten soll, sollten Abzweigung und Ringträger die in 8.2.3 und 8.4.2 angegebenen Bedingungen erfüllen.

(2) Falls der Ringträger aus einer oberen und einer unteren Hälfte zusammengeschraubt wird, von denen jede mit einem anderen Schalensegment verbunden ist, sollten die Schrauben für den vollen Bemessungswert der von der oberen Ringhälfte zu tragenden Kraft in Umfangsrichtung dimensioniert werden, wobei auch die Biegebeanspruchung des Ringes zu beachten ist.

8.5.3   Basisring

(1) Kontinuierlich bodengelagerte Silos sollten mit einem Basisring versehen und verankert werden.

(2) Der Abstand der Ankerschrauben oder sonstigen Verankerungspunkte in Umfangsrichtung sollte nicht größer sein als $4\sqrt{rt}$, wobei t die örtliche Schalenwanddicke ist.

(3) Der Basisring sollte eine Biegesteifigkeit EI_z um seine vertikale Achse (Umfangsbiegung) von mindestens

$$EI_{z,min} = k\,E\,r\,t^3 \tag{8.54}$$

haben, wobei t als die Wanddicke des Schusses am Basisring anzusetzen ist.

ANMERKUNG   Der Wert von k darf im Nationalen Anhang festgelegt werden. Es wird ein Wert von $k = 0{,}10$ empfohlen.

9 Bemessung von rechteckigen und ebenwandigen Silos

9.1 Grundlagen

(1) Ein rechteckiger Silo sollte entweder als versteiftes Kastentragwerk bemessen werden, in dem die Lasten vorwiegend über Biegung abgetragen werden, oder als dünnwandiges Membrantragwerk, in dem die Lasten nach großen Verformungen vorwiegend über Membrankräfte abgetragen werden.

(2) Wenn der Kasten auf Biegung bemessen wird, sollten die Stöße so ausgebildet werden, dass die bei der Berechnung angenommene Kontinuität bei der Bauausführung tatsächlich erreicht wird.

9.2 Klassifizierung der Tragwerksformen

9.2.1 Unversteifte Silos

(1) Ein Tragwerk, das aus ebenen Stahlblechen ohne Steifen besteht, wird ‚unversteifter Kasten' genannt.

(2) Ein Tragwerk, das Steifen nur entlang der Verbindungslinien von Blechen enthält, die nicht in der gleichen Ebene liegen, wird ebenfalls ‚unversteifter Kasten' genannt.

9.2.2 Versteifte Silos

(1) Ein Tragwerk, das aus ebenen Stahlblechen mit Steifen innerhalb der ebenen Blechflächen besteht, wird ‚versteifter Kasten' genannt. Die Steifen können horizontal (in Umfangsrichtung) oder vertikal oder orthogonal (in beiden Richtungen) verlaufen.

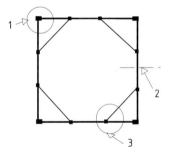

Legende
1 Detail 1
2 Vertikalschnitt
3 Detail 2

Bild 9.1 — Grundriss eines rechteckigen Kastensilos mit Zugankern

9.2.3 Silos mit Zugankern

(1) Silos mit Zugankern können einen quadratischen oder allgemein rechteckigen Grundriss haben.

ANMERKUNG   Einige typische konstruktive Details eines dreifeldrigen quadratischen Einzellensilos sind ⒶⒸ in den Bildern 9.1 und 9.2 dargestellt. ⒶⒸ

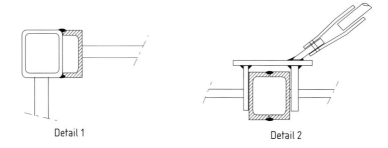

Bild 9.2 — Typische Anschlussdetails eines Kastensilos mit Zugankern

9.3 Tragwiderstände von unversteiften vertikalen Wänden

(1) Der Tragwiderstand von vertikalen Wänden sollte nach EN 1993-1-7 ermittelt werden. Dem wird Genüge getan, wenn die Nachweise nach den Regeln in 9.4 geführt werden.

(2) Der Tragwiderstand von vertikalen Wänden sollte unter Berücksichtigung sowohl des Membran- als auch des Plattenbiegungstragverhaltens ermittelt werden.

(3) Die von der unversteiften Platte aufzunehmenden Beanspruchungen lassen sich in folgende Kategorien einteilen:

— Gesamtbiegung als zweiachsig gespannte Platte aus Schüttgutbelastung;

— Membranbeanspruchung aus Querscheibenfunktion;

— örtliche Biegung aus Schüttgut und/oder Ausrüstung.

9.4 Tragwiderstand von Silowänden aus versteiften und profilierten Platten

9.4.1 Allgemeines

(1) Der Tragwiderstand unversteifter Teile von vertikalen Wänden sollte nach den in 9.4 angegebenen Regeln ermittelt werden. Dabei sollte sowohl das Membran- als auch das Plattenbiegungstragverhalten berücksichtigt werden.

(2) Horizontal profilierte Platten [AC] sollten für Folgendes nachgewiesen werden (siehe Bild 9.3) [AC]:

— Gesamtbiegung aus Schüttgutbelastung;

— Membranspannungen aus Querscheibenfunktion;

— örtliche Biegung aus Schüttgut und/oder Ausrüstung.

(3) Die effektiven Biegesteifigkeiten und Biegewiderstände der versteiften Platten sollten nach den Regeln für Trapezbleche mit Zwischensteifen in EN 1993-1-3 ermittelt werden.

(4) Die Steifen sollten nach den in EN 1993-1-1 und EN 1993-1-3 angegebenen Regeln für Stäbe bemessen werden, wobei der Zusammenhang der Steifen mit den Wandelementen, die Auswirkungen der Exzentrizität der Wandbleche gegenüber den Steifenachsen und der Durchlaufwirkung der Wandelemente sowie der Horizontal- und Vertikalsteifen zu berücksichtigen sind. Darüber hinaus sollten bei der Bauteilbemessung der Steifen Spannungen rechtwinklig zur Steifenachse an den Stellen berücksichtigt werden, an denen die Steifen statisch durchlaufende Wandelemente kreuzen.

(5) Die Lasteinleitung aus vertikalen Steifen in untere Randbauteile sollte der Tragfähigkeit des betreffenden Bauteils und des vorhandenen Fundaments entsprechend bemessen werden.

(6) Die Schubsteifigkeit und der Schubwiderstand sollten aus Versuchen oder geeigneten theoretischen Beziehungen hergeleitet werden.

(7) Falls keine genaueren Angaben vorliegen, darf der Schubbeulwiderstand nach 5.3.4.6 unter Annahme eines unendlich großen Schalenradius ermittelt werden.

(8) Bei Versuchen darf die Schubsteifigkeit aus der Lastverformungsbeziehung als Sekantenmodul bei 2/3 der erreichten Schubtraglast entnommen werden, siehe Bild 9.4.

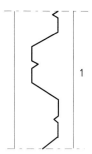

1 Vertikalschnitt

Bild 9.3 — Typischer Schnitt durch die profilierte Wand eines rechteckigen Silos

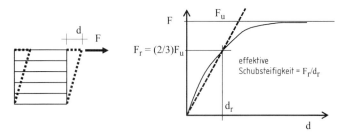

Bild 9.4 — Schubverhalten einer profilierten Wand

9.4.2 Gesamtbiegung aus direkter Einwirkung des Schüttgutes

(1) Wenn der Horizontaldruck aus dem Schüttgut, gegebenenfalls kombiniert mit Wandreibung, horizontale Biegung zur Folge hat, sollte diese Biegebeanspruchung bei der Bemessung berücksichtigt werden.

(2) Für Biegung aus dem Horizontaldruck allein sollte die Berechnung auf den effektiven Querschnittswerten nach EN 1993-1-3 beruhen.

(3) Für Biegung aus Horizontaldruck in Kombination mit Wandreibung darf die Berechnung nach dem in Bild 9.5 skizzierten Ansatz vorgenommen werden, bei dem der Wandabschnitt zwischen den Punkten A und B als biegebeanspruchter Querschnitt unter der Einwirkung des kombinierten Drucks p_g angenommen wird. Die aus dem Biegemoment resultierenden Spannungen sollten mit denen überlagert werden, die durch die Axialkraft verursacht werden, die sich aus dem Schüttgutdruck auf die rechtwinklig angrenzenden Wände ergibt (siehe 9.4.3).

ANMERKUNG   Diese Berechnung ist allgemein üblich und eingeführt. Es darf jedoch angemerkt werden, dass dabei die Dehnungskontinuität zwischen benachbarten Wandabschnitten vernachlässigt wird.

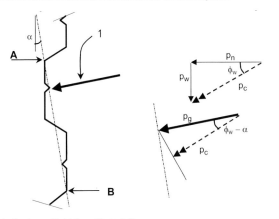

1   Kombinierter Druck p_g rechtwinklig zur Ebene A–B

Bild 9.5 — Biegebeanspruchung bei kombinierter Einwirkung von Horizontaldruck und Wandreibung (Vertikalschnitt)

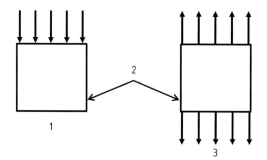

Legende

1 Windlast
2 Querscheibenwirkung in diesen Wänden
3 Schüttgutdruck

Bild 9.6 — Membranbeanspruchung in Wänden aus Schüttgutdruck oder Windlast

9.4.3 Membranbeanspruchung aus Querscheibenfunktion

(1) Die Membranbeanspruchungen resultieren aus Schüttgutdruck und/oder Windlast auf die jeweils rechtwinklig benachbarten Wände, siehe Bild 9.6.

(2) Als einfache Näherung darf angenommen werden, dass der Schüttgutdruck nur durch Normalspannungen aufgenommen wird (d. h., die Wandreibung wird vernachlässigt).

(3) Normal- und Schubspannungen aus Windlast dürfen entweder durch "Handberechnungen" oder mit Hilfe einer FE-Berechnung ermittelt werden.

9.4.4 Örtliche Biegung aus Schüttgut und/oder Ausrüstung

(1) Die Möglichkeit schädlicher lokaler Biegeeffekte in tragenden Einzelteilen, die durch den Schüttgutdruck verursacht werden, sollte beachtet werden.

ANMERKUNG Bei der in Bild 9.7 dargestellten Situation kann der Nachweis des Plattenelementes CD bemessungsbestimmend sein.

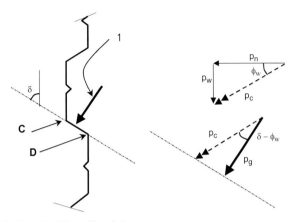

1 Kombinierter Druck p_g rechtwinklig zur Ebene C–D

Bild 9.7 — Mögliche lokale Biegeeffekte

9.5 Silos mit innen liegenden Zugankern

9.5.1 Durch Schüttgutdruck verursachte Kräfte in innen liegenden Zugankern

(1) Die vom Schüttgut auf den Zuganker ausgeübte Belastung sollte ermittelt werden.

(2) Falls keine genaueren Berechnungen angestellt werden, darf die auf den Zuganker ausgeübte Streckenlast q_t je Längeneinheit des Zugankers näherungsweise wie folgt ermittelt werden:

$$q_t = C_t\, p_v\, b \tag{9.1}$$

mit:

$$C_t = \frac{C_s\, \beta}{k_L} \tag{9.2}$$

Dabei ist

p_v der vertikale Schüttgutdruck in Höhe des Zugankers;

b die größte horizontale Breite des Zugankers;

C_t der Lastvergrößerungsfaktor;

C_s der Formfaktor für den Ankerquerschnitt;

k_L der Lastfallfaktor;

β der von der Position des Zugankers innerhalb der Silozelle abhängige Lagefaktor (siehe Bilder 9.8 und 9.9).

(3) Der Formfaktor C_s sollte wie folgt angesetzt werden:

— für glatte Kreisquerschnitte: $C_s = C_{sc}$

— für raue Kreisquerschnitte oder quadratische Querschnitte: $C_s = C_{ss}$

ANMERKUNG Die Werte von C_{sc} und C_{ss} dürfen im Nationalen Anhang festgelegt werden. Es werden Werte von $C_{sc} = 1{,}0$ und $C_{ss} = 1{,}2$ empfohlen.

(4) Der Lastfallfaktor k_L sollte wie folgt angesetzt werden:

— für den Füllvorgang: $k_L = k_{Lf}$

— für den Entleervorgang: $k_L = k_{Le}$

ANMERKUNG Der Wert von k_L darf im Nationalen Anhang festgelegt werden. Es werden Werte von $k_{Lf} = 4{,}0$ und $k_{Le} = 2{,}0$ empfohlen.

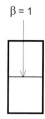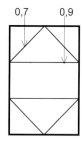

Bild 9.8 — Lagefaktor β für innen liegende Zuganker

9.5.2 Modellierung der Zuganker

(1) Je nach Steifigkeiten sind zwei Arten von Zugankern zu unterscheiden. Ein Anker sollte als Seil behandelt werden, wenn seine Biegesteifigkeit vernachlässigbar klein ist. Hat er neben seiner Axialsteifigkeit auch eine signifikante Biegesteifigkeit, so sollte er als Stab behandelt werden. Die Berechnung sollte auf diese Klassifizierung Rücksicht nehmen.

(2) Ist der Zuganker ein Stab, so sollten zusätzlich zur axialen Zugkraft die Biegemomente berücksichtigt werden.

(3) Die Zugkraft N (und bei Stäben: die Biegemomente M) im Zuganker sollte (sollten) unter Berücksichtigung der geometrischen Nichtlinearität berechnet werden. Dabei sollten auch die tatsächlichen Randbedingungen und die Steifigkeit der Silowand berücksichtigt werden (siehe Bild 9.10).

(4) Für die Bemessung sind die Werte N und M am Anschluss des Zugankers an die Wand maßgebend.

(5) Der Anfangsdurchhang der Anker sollte [AC] zwischen dem Kunden, dem Tragwerksplaner und dem Hersteller vereinbart werden (AC) vereinbart werden. Für Seile (Biegesteifigkeit vernachlässigbar) sollte der Anfangsdurchhang nicht größer als $k_s\, L$ sein, wobei L die Länge des Ankers ist.

ANMERKUNG 1   Der Wert von k_s darf im Nationalen Anhang festgelegt werden. Es wird ein Wert von $k_s = 0{,}01$ empfohlen.

ANMERKUNG 2   Bisher wurde der Anfangsdurchhang oft zu $0{,}02\,L$ angenommen. Der hier empfohlene kleinere Wert wird benötigt, um bei Betrieb einen näherungsweise linearen Zusammenhang zwischen Drücken und eingetragenen Zugkräften zu erhalten.

(6) Die Ankeranschlüsse sollten sowohl für die vertikale als auch die horizontale Komponente der Ankerzugkraft ausgebildet werden.

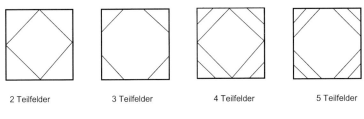

2 Teilfelder   3 Teilfelder   4 Teilfelder   5 Teilfelder

Bild 9.9 — Zuganker über Eck: $\beta = 0{,}7$

Bild 9.10 — Aufbau der Zugkraft in einem Zuganker

9.5.3 Lastfälle für Zugankeranschlüsse

(1) Bei der Berechnung der Zuganker sind zu berücksichtigen:

— Einwirkungen aus dem Schüttgut;

— Zwängungskräfte, die infolge der Wandverformungen aus anderen Lastfällen in die Zuganker eingetragen werden.

(2) Die folgenden beiden Lastfälle sollten bei der Ermittlung der Anschlusskräfte und -momente eines Zugankers beachtet werden:

a) Lastfall 1: Streckenlast q_t und Zugkraft N, wie nach 9.5.1 und 9.5.2 berechnet;

b) Lastfall 2: Erhöhter Streckenlastwert $1{,}2\,q_t$ und reduzierter Zugkraftwert $0{,}7\,N$, wobei q_t und N die Werte nach 9.5.1 und 9.5.2 sind.

9.6 Tragsicherheit von pyramidischen Trichtern

(1) Pyramidische Trichter (Bild 9.12) sollten als Kastentragwerke nach den Regeln von EN 1993-1-7 behandelt werden. Diese gelten als erfüllt, wenn die Anforderungen an Wände nach 9.3 und 9.4 erfüllt und die nachstehenden Näherungsverfahren angewendet werden.

(2) Die Biegemomente und Membrankräfte dürfen mit Hilfe numerischer Verfahren nach EN 1993-1-6 und EN 1993-1-7 ermittelt werden. Die Biegemomente in den trapezförmigen Wandplatten des Trichters dürfen alternativ mit Hilfe der nachstehenden Näherungsbeziehungen ermittelt werden.

(3) Die Trichterplatte ABCD wird durch ein gleichseitiges Dreieck ABE mit dem Flächeninhalt A und dieses durch einen flächengleichen Kreis mit folgendem Ersatzradius ersetzt:

$$r_{eq} = \sqrt{\frac{A}{\pi}} = 0{,}37\, a \qquad (9.3)$$

Dabei ist

a die horizontale Länge des oberen Randes der Platte, siehe Bild 9.11.

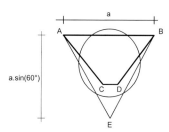

Bild 9.11 — Vereinfachtes Modell für die Biegebeanspruchung einer trapezförmigen Platte

(4) Das Referenz-Biegemoment M_0 sollte dann wie folgt ermittelt werden:

$$M_0 = \frac{3}{16}\, p_n\, r_{eq}^2 = 0{,}026\, p_n\, a^2 \qquad (9.4)$$

Dabei ist

p_n der mittlere Flächendruck auf der trapezförmigen Platte.

(5) Bei gelenkig gelagerten Plattenrändern kann der Bemessungswert des Biegemomentes in der trapezförmigen Platte wie folgt angesetzt werden:

$$M_{s,Ed} = M_0 \qquad (9.5)$$

(6) Bei eingespannt gelagerten Plattenrändern können das Biegemoment in Plattenmitte $M_{s,Ed}$ und das Biegemoment am Plattenrand $M_{e,Ed}$ wie folgt angesetzt werden:

$$M_{s,Ed} = 0{,}80\, M_0 \qquad (9.6)$$

$$M_{e,Ed} = 0{,}53\, M_0 \qquad (9.7)$$

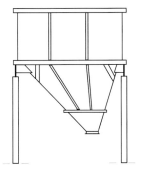

Bild 9.12 — Unsymmetrischer Trichter mit geneigten Rippen

9.7 Vertikale Steifen an Kastenwänden

(1) Vertikale Steifen an Kastenwänden sollten nachgewiesen werden für:

— die ständigen Einwirkungen;

— den Flächendruck auf die Wand infolge Schüttgut;

— die Reibungskräfte auf die Wand;

— die veränderlichen Einwirkungen aus dem Dach;

— die Axialkräfte, die sich aus dem Beitrag der Querscheibenwirkung in den Wänden ergeben.

(2) Die Exzentrizität der Reibungskräfte gegenüber der Plattenmittelfläche und den Steifenachsen darf vernachlässigt werden.

9.8 Grenzzustände der Gebrauchstauglichkeit

9.8.1 Grundlagen

(1) Die Grenzzustände der Gebrauchstauglichkeit für Stahlsilos mit rechteckigem Grundriss und ebenen Blechwänden sind:

— Verformungen oder Durchbiegungen, die die effektive Benutzung des Tragwerks ungünstig beeinflussen;

— Verformungen, Durchbiegungen, Schwingungen oder Erschütterungen, die die Zerstörung tragender oder nicht tragender Teile nach sich ziehen.

(2) Verformungen, Durchbiegungen und Erschütterungen sollten so begrenzt werden, dass die vorstehenden Kriterien eingehalten werden.

(3) Geeignete Grenzwerte sollten zwischen dem Tragwerksplaner, dem Bauherrn und der zuständigen Behörde vereinbart werden; dabei sind der Verwendungszweck und die Beschaffenheit des zu speichernden Schüttgutes zu beachten.

9.8.2 Durchbiegungen

(1) Als Grenzwert für die globale horizontale Ausbiegung eines Silos sollte der kleinere der beiden folgenden Werte angesetzt werden:

$$\delta_{max} = k_1 H \tag{9.8}$$

$$\delta_{max} = k_2 t \tag{9.9}$$

Dabei ist

H die Höhe des Tragwerks vom Fundament bis zum Dach;

t die Dicke des dünnsten Wandbleches.

ANMERKUNG Die Werte von k_1 und k_2 dürfen im Nationalen Anhang festgelegt werden. Es werden Werte von $k_1 = 0,02$ und $k_2 = 10$ empfohlen.

(2) Als Grenzwert für die lokale Durchbiegung einzelner Blechfelder gegenüber ihren Rändern wird folgender Wert empfohlen:

$$\delta_{max} < k_3 L \tag{9.10}$$

Dabei ist

L die kleinere Abmessung der Rechteckplatte.

ANMERKUNG Der Wert von k_3 darf im Nationalen Anhang festgelegt werden. Es wird ein Wert von $k_3 = 0,05$ empfohlen.

Anhang A
(informativ)

Vereinfachte Regeln für kreisrunde Silos der Schadensfolgeklasse 1

Die nachfolgenden vereinfachten Regeln erlauben eine tragsichere Bemessung von kreisrunden Silos der Schadensfolgeklasse 1 für eine begrenzte Anzahl von Einwirkungskombinationen (Lastfällen).

A.1 Einwirkungskombinationen für Schadensfolgeklasse 1

Die folgenden vereinfachten Einwirkungskombinationen dürfen für Silos der Schadensfolgeklasse 1 berücksichtigt werden:

— Befüllen des Silos;

— Entleerung des Silos;

— Wind auf leerem Silo;

— Befüllen bei Wind.

Beim Ansetzen der Windlasten sind Vereinfachungen zulässig.

A.2 Ermittlung der Beanspruchungen

(1) Wird die Bemessung mit Hilfe der in diesem Anhang angegebenen Formelausdrücke durchgeführt, so sollten die Membranspannungen um den Faktor k_M vergrößert werden, um lokale Biegeeffekte abzudecken.

ANMERKUNG Der Wert von k_M darf im Nationalen Anhang festgelegt werden. Es wird ein Wert von $k_M = 1,1$ empfohlen.

(2) Wird die Bemessung mit Hilfe der in diesem Anhang angegebenen Formelausdrücke durchgeführt, so sollten die Trichter- und Ringsteifenschnittgrößen um den Faktor k_h vergrößert werden, um Biegeeffekte aus Unsymmetrien und Umfangsbiegung abzudecken.

ANMERKUNG Der Wert von k_h darf im Nationalen Anhang festgelegt werden. Es wird ein Wert von $k_h = 1,2$ empfohlen.

A.3 Tragsicherheitsnachweise

A.3.1 Allgemeines

(1) Die hier angegebenen vereinfachten Regeln erlauben eine schnellere Bemessung, sind jedoch teilweise konservativer als die vollständigeren Regeln der Norm.

A.3.2 Isotrope, geschweißte oder geschraubte, zylindrische Wände

A.3.2.1 Plastische Grenze oder Zugbruch

(1) Unter Innendruck und allen maßgeblichen Bemessungslasten sollten für jeden Punkt die nachfolgend beschriebenen Nachweise geführt werden, gegebenenfalls unter Berücksichtigung des veränderlichen Innendrucks und der veränderlichen Wanddicken.

(2) Die Bemessungswerte der Membranschnittgrößen $n_{x,Ed}$ und $n_{\theta,Ed}$ (beide als Zugkräfte positiv) sollten an jedem Punkt der Schale die folgende Bedingung erfüllen:

$$\sqrt{n_{x,Ed}^2 - n_{x,Ed}\, n_{\theta,Ed} + n_{\theta,Ed}^2} \leq t\, f_y / \gamma_{M0} \tag{A.1}$$

Dabei ist

$n_{x,Ed}$ die vertikale (axiale) Membrankraft je Längeneinheit, berechnet aus den Bemessungswerten der Einwirkungen (Lasten);

$n_{\theta,Ed}$ die horizontale (Umfangs-)Membrankraft je Längeneinheit, berechnet aus den Bemessungswerten der Einwirkungen (Lasten);

f_y der charakteristische Wert der Streckgrenze der Schalenwandbleche;

γ_{M0} der Teilsicherheitsbeiwert gegen plastisches Versagen.

(3) Die Bemessungswerte der Schnittgrößen sollten an allen geschraubten Stößen oder Anschlüssen in der Schale die folgenden Bedingungen gegen Nettoquerschnittsversagen einhalten:

— in Meridianrichtung $\quad n_{x,Ed} \leq f_u\, t/\gamma_{M2}$ (A.2)

— in Umfangsrichtung $\quad n_{\theta,Ed} \leq f_u\, t/\gamma_{M2}$ (A.3)

Dabei ist

f_u der charakteristische Wert der Zugfestigkeit der Schalenwandbleche;

γ_{M2} der Teilsicherheitsbeiwert gegen Zugbruch (= 1,25).

(4) Die Verbindungen sollten nach EN 1993-1-8 oder EN 1993-1-3 bemessen werden. Der Einfluss der Schraub- und Nietlöcher sollte nach EN 1993-1-1 unter Anwendung der jeweils zutreffenden Anforderungen für Zug, Druck oder Schub erfasst werden.

(5) Der Bemessungswiderstand an Überlappstößen in geschweißten Schalenwänden $f_{e,Rd}$ sollte durch ein fiktives Festigkeitskriterium wie folgt angegeben werden:

$$f_{e,Rd} = j\, f_y / \gamma_{M0} \tag{A.4}$$

Dabei ist

j der Verbindungswirksamkeitsfaktor.

(6) Die Verbindungswirksamkeit von überlappt geschweißten Stößen mit durchgehenden Kehlnähten sollte mit $j = j_i$ angesetzt werden.

ANMERKUNG [AC] Der Wert von j_i darf im Nationalen Anhang festgelegt werden. Die für j_i empfohlenen Werte sind in der nachstehenden Tabelle für verschiedene Ausführungen von Stößen angegeben. Einfach geschweißte Überlappstöße sollten nicht verwendet werden, wenn mehr als 20 % des Wertes von $\sigma_{e,Ed}$ in Gleichung (5.4) aus Biegemomenten resultieren. [AC]

Verbindungswirksamkeit j_i von geschweißten Überlappstößen

Verbindungsart	Skizze	Wert von j_i
Doppelt geschweißter Überlappstoß		$j_1 = 1{,}0$
Einfach geschweißter Überlappstoß		$j_2 = 0{,}35$

A.3.2.2 LS3: Beulen unter Axialdruckbeanspruchung

(1) Für jede Stelle der Schale sollte ein Beulsicherheitsnachweis gegen Axialdruckbeulen geführt werden. Dabei ist die vertikale Veränderlichkeit des Axialdruckes zu vernachlässigen, es sei denn, EN 1993-1-6 gibt explizite Regeln dazu. Bei den Beulberechnungen sollten Druckmembrankräfte als positiv behandelt werden, um das Rechnen mit negativen Zahlen zu vermeiden.

(2) An horizontalen Überlappstößen sollte zur Abdeckung der Exzentrizität der durch den Stoß hindurchgeleiteten Axialkräfte der Wert des im nächsten Absatz gegebenen Imperfektions-Abminderungsfaktors α auf 70 % reduziert werden, wenn die Exzentrizität zwischen den beiden Blechmittelflächen größer ist als ⟨AC⟩ t ⟨AC⟩ und der Dickensprung zwischen den beiden Blechen nicht größer ist als $t/4$, wobei t die Dicke des dünneren der beiden Bleche ist. Bei kleinerer Exzentrizität oder größerem Dickensprung braucht α nicht reduziert zu werden.

(3) Der elastische Imperfektions-Abminderungsfaktor α sollte wie folgt ermittelt werden:

$$\alpha = \frac{0{,}62}{1 + 0{,}035 \left(\dfrac{r}{t}\right)^{0{,}72}} \tag{A.5}$$

Dabei ist

    r der Radius der Silowand;

    t die Wanddicke an der betreffenden Stelle.

(4) Die ideale Axialbeulspannung $\sigma_{x,Rcr}$ sollte für jeden Punkt der isotropen Wand wie folgt berechnet werden:

$$\sigma_{x,Rcr} = 0{,}605\, E\, \frac{t}{r} \tag{A.6}$$

(5) Die charakteristische Axialbeulspannung sollte wie folgt ermittelt werden:

$$\sigma_{x,Rk} = \chi_x f_y \tag{A.7}$$

wobei:

$$\chi_x = 1 \quad\quad \text{wenn} \quad \overline{\lambda}_x \le \overline{\lambda}_o \tag{A.8}$$

$$\chi_x = 1 - 0{,}6 \left(\frac{\overline{\lambda}_x - \overline{\lambda}_o}{\overline{\lambda}_p - \overline{\lambda}_o}\right) \quad\quad \text{wenn} \quad \overline{\lambda}_o < \overline{\lambda}_x < \overline{\lambda}_p \tag{A.9}$$

$$\chi_x = \frac{\alpha}{\overline{\lambda}_x^{\,2}} \quad\quad \text{wenn} \quad \overline{\lambda}_p \le \overline{\lambda}_x \tag{A.10}$$

mit:

$$\overline{\lambda_x} = \sqrt{\frac{f_y}{\sigma_{x,Rc}}}, \quad \overline{\lambda_0} = 0{,}2 \quad \text{und} \quad \overline{\lambda_p} = \sqrt{2{,}5\,\alpha}$$

(6) Der Beulsicherheitsnachweis sollte für jeden Punkt der Schale mit dem Bemessungswert der dort vorhandenen Axialmembrankraft $n_{x,Ed}$ (Druck positiv) wie folgt geführt werden:

$$n_{x,Ed} \leq t\,\sigma_{x,Rk}/\gamma_{M1} \tag{A.11}$$

mit γ_{M1} nach 2.9.2.

ANMERKUNG Der Wert von γ_{M1} darf im Nationalen Anhang festgelegt werden. Es wird ein Wert von $\gamma_{M1} = 1{,}1$ empfohlen.

(7) Die größtzulässige messbare Vorbeul-Imperfektion, gemessen nach den in EN 1993-1-6 festgelegten Verfahren, aber ohne Messung über Überlappstöße hinweg, sollte wie folgt festgelegt werden:

$$\Delta w_{od} = 0{,}037\,5\,\sqrt{r\,t} \tag{A.12}$$

(8) Der Nachweis der Schalenwand gegen Axialbeulen über einem diskreten Auflager oder im Bereich einer Konsole (z. B. zur Lagerung einer Förderbrücke) oder im Bereich einer Öffnung sollte nach 5.6 geführt werden.

A.3.2.3 LS3: Beulen unter Außendruck — inneres Teilvakuum und/oder Wind

(1) Für konstantes inneres Teilvakuum (Außendruck) sollte der ideale Beuldruck $p_{n,Rcru}$ für die isotrope Wand, falls ein mit dem Zylinder kraftschlüssig verbundenes Dach vorhanden ist, wie folgt ermittelt werden:

$$p_{n,Rcru} = 0{,}92\,E\left(\frac{r}{\ell}\right)\left(\frac{t}{r}\right)^{2{,}5} \tag{A.13}$$

Dabei ist

    r der Radius der Silowand;

    t die Dicke des dünnsten Teils der Wand;

    ℓ die Höhe zwischen Versteifungsringen oder gehaltenen Rändern.

(2) Der Bemessungswert des maximalen Außendrucks $p_{n,Ed}$, dem das Tragwerk unter der kombinierten Einwirkung von Wind und Teilvakuum ausgesetzt ist, sollte die folgende Bedingung erfüllen:

$$p_{n,Ed} \leq \alpha_n\,p_{n,Rcru}/\gamma_{M1} \tag{A.14}$$

ANMERKUNG Die Werte von α_n und γ_{M1} dürfen im Nationalen Anhang festgelegt werden. Es werden Werte von $\alpha_n = 0{,}5$ und $\gamma_{M1} = 1{,}1$ empfohlen.

(3) Falls der obere Zylinderrand nicht kraftschlüssig mit dem Dach verbunden ist, sollte dieses vereinfachte Verfahren durch das in 5.3 angegebene Verfahren ersetzt werden.

A.3.3 Konische geschweißte Trichter

(1) Die vereinfachten Bemessungsregeln dürfen angewendet werden, wenn die beiden folgenden Bedingungen erfüllt sind:

a) Es wird ein größerer Teilsicherheitsbeiwert $\gamma_{M0} = \gamma_{M0g}$ für den Trichter verwendet.

b) Im Bereich der Abzweigung sind keine lokalen Meridiansteifen oder Auflagerungen mit der Trichterwand verbunden.

ANMERKUNG Der Wert von γ_{M0g} darf im Nationalen Anhang festgelegt werden. Es wird ein Wert von $\gamma_{M0g} = 1{,}4$ empfohlen.

(2) Wenn die Schwerkraft- und Fließbelastung aus dem Schüttgut die einzige zu beachtende Einwirkung ist, sollte die Meridiankraft je Umfangslängeneinheit $n_{\phi h,Ed,s}$ am Anschluss des oberen Trichterrandes, die durch die symmetrischen Drücke nach EN 1991-4 verursacht wird, aus globalem Gleichgewicht ermittelt werden, siehe Bild A.1. Der Bemessungswert der örtlichen Meridiankraft je Umfangslängeneinheit $n_{\phi h,Ed}$, mit dem der möglichen Ungleichmäßigkeit der Belastung Rechnung getragen wird, sollte dann wie folgt ermittelt werden.

$$n_{\phi h,Ed} = g_{asym}\, n_{\phi h,Ed,s} \qquad (A.15)$$

Dabei ist

$n_{\phi h,Ed,s}$ der Bemessungswert der Meridianmembrankraft je Umfangslängeneinheit am oberen Trichterrand, der unter der Annahme vollständig symmetrischer Trichterbelastung erhalten wird;

g_{asym} der Spannungserhöhungsfaktor für den Einfluss unsymmetrischer Belastungen.

ANMERKUNG Ausdrücke für $n_{\phi h,Ed,s}$ sind Anhang B zu entnehmen. Der Wert von g_{asym} darf im Nationalen Anhang festgelegt werden. Es wird ein Wert von $g_{asym} = 1{,}2$ empfohlen.

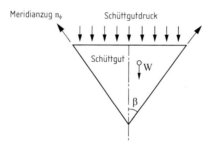

Bild A.1 — Globales Gleichgewicht am Trichter

(3) Der Bemessungswert der Meridianmembranzugkraft $n_{\phi h,Ed}$ am oberen Trichterrand sollte die folgende Bedingung erfüllen:

$$n_{\phi h,Ed} \leq k_r\, t f_u / \gamma_{M2} \qquad (A.16)$$

Dabei ist

t die Dicke der Trichterwand;

f_u die Zugfestigkeit;

γ_{M2} der Teilsicherheitsbeiwert für Zugbruch.

ANMERKUNG   Der Wert von k_r darf im Nationalen Anhang festgelegt werden. Es wird ein Wert von k_r = 0,90 empfohlen. Der Wert von γ_{M2} darf ebenfalls im Nationalen Anhang festgelegt werden. Es wird ein Wert von γ_{M2} = 1,25 empfohlen.

A.3.4 Abzweigung

(1) Die nachfolgenden vereinfachten Bemessungsregeln gelten für Zylinder/Konus-Abzweigungen in Silos der Schadensfolgeklasse 1, mit oder ohne Kreisringplatte oder eine ähnlich kompakte Ringsteife an der Abzweigung, siehe Bild A.2.

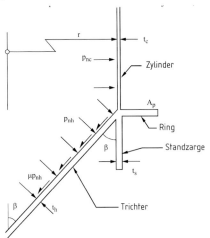

Bild A.2 — Bezeichnungen für eine einfache Abzweigung

(2) Die wirksame Gesamtquerschnittsfläche A_{et} des Ringes sollte wie folgt ermittelt werden:

$$A_{et} = A_p + 0{,}4\sqrt{r}\left\{t_c^{3/2} + t_s^{3/2} + \frac{t_h^{3/2}}{\sqrt{\cos\beta}}\right\} \quad (A.17)$$

Dabei ist

- r der Radius der Silo-Zylinderwand;
- t_c die Wanddicke des Zylinders;
- t_s die Wanddicke der Standzarge;
- t_h die Wanddicke des Trichters;
- β der halbe Kegelöffnungswinkel des Trichters;
- A_p die Querschnittsfläche des Ringes an der Abzweigung.

(3) Der Bemessungswert der Umfangsdruckkraft $N_{\theta,Ed}$ an der Abzweigung sollte wie folgt ermittelt werden:

$$N_{\theta,Ed} = n_{\phi h,Ed}\, r \sin\beta \qquad (A.18)$$

Dabei ist

- $n_{\phi h,Ed}$ der Bemessungswert der Meridianzugkraft je Umfangslängeneinheit am oberen Trichterrand, siehe Bild A.1 und Gleichung (A.15).

(4) Die mittlere Umfangsdruckspannung im Ring sollte die folgende Bedingung erfüllen:

$$\frac{N_{\theta,Ed}}{A_{et}} \leq \frac{f_y}{\gamma_{M0}} \qquad (A.19)$$

Dabei ist

- f_y die kleinste der charakteristischen Streckgrenzen der Ring- und Blechwerkstoffe;
- γ_{M0} der Teilsicherheitsbeiwert für plastisches Versagen.

ANMERKUNG Der Wert von γ_{M0} darf im Nationalen Anhang festgelegt werden. Es wird ein Wert von $\gamma_{M0} = 1{,}0$ empfohlen.

DIN EN 1993-4-1:2010-12
EN 1993-4-1:2007 + AC:2009 (D)

Anhang B
(informativ)

Gleichungen für Membranspannungen in konischen Trichtern

Die hier angegebenen Formeln ermöglichen die membrantheoretische Ermittlung von Spannungen für Lastfälle, die in Standard-Monographien über Schalen und Silos in der Regel nicht behandelt werden. Membrantheoretische Formeln liefern exakte Membranspannungen in der Trichterwand (d. h. an Stellen, die nicht in unmittelbarer Nachbarschaft der Abzweigung oder von Auflagerungen liegen), vorausgesetzt, die Lasten werden nach den Verteilungen nach EN 1991-4 angesetzt.

Koordinatensystem mit dem Ursprung für z an der Kegelspitze-

Vertikale Höhe des Trichters h und halber Kegelöffnungswinkel des Trichters β.

B.1 Konstanter Druck p_o mit Wandreibung μp_o

$$\sigma_\phi = \frac{p_o\, z}{t}\left(\frac{\tan\beta}{\cos\beta}\right) \tag{B.1}$$

$$\sigma_\phi = \frac{p_o\, z}{2\, t}\left(\frac{\tan\beta + \mu}{\cos\beta}\right) \tag{B.2}$$

B.2 Linear veränderlicher Druck (von p_1 an der Kegelspitze auf p_2 an der Abzweigung) mit Wandreibung μp

$$p = p_1 + \frac{z}{h}(p_2 - p_1) \tag{B.3}$$

$$\sigma_\theta = \left\{p_1 + \frac{z}{h}(p_2 - p_1)\right\}\frac{z}{t}\left(\frac{\tan\beta}{\cos\beta}\right) \tag{B.4}$$

$$\sigma_\phi = \left\{3\, p_1 + \frac{2\, z}{h}(p_2 - p_1)\right\}\frac{z}{6\, t}\left(\frac{\tan\beta + \mu}{\cos\beta}\right) \tag{B.5}$$

Für den Sonderfall von Mises $\mu = 0$ und $p_2 < 0{,}48\, p_1$ liegt der Größtwert der Membran-Vergleichsspannung im Trichter auf der Höhe

$$z = 0{,}52\left(\frac{p_1}{p_2 - p_1}\right)h \tag{B.6}$$

DIN EN 1993-4-1:2010-12
EN 1993-4-1:2007 + AC:2009 (D)

B.3 „Radiales Druckfeld" mit dreieckiger Druckspitze ("Switch") an der Abzweigung

$$p = p_1 \frac{z}{h_1} \qquad \text{für } 0 < z < h_1 \qquad (B.7)$$

$$p = \frac{p_1 (h-z) - p_2 (h_1 - z)}{h - h_1} \qquad \text{für } h_1 < z < h \qquad (B.8)$$

$$\sigma = p_1 \left(\frac{z^2}{3\,h\,t}\right)\left(\frac{\tan\beta}{\cos\beta}\right) \qquad \text{für } 0 < z < h_1 \qquad (B.9)$$

$$\sigma_\theta = \left\{\frac{z\,p_1(h-z) - p_2(h_1 - z)}{t\,(h - h_1)}\right\}\left(\frac{\tan\beta}{\cos\beta}\right) \qquad \text{für } h_1 < z < h \qquad (B.10)$$

$$\sigma_\phi = \frac{p_1\,z^2}{3\,t\,h_1}\left(\frac{\tan\beta + \mu}{\cos\beta}\right) \qquad \text{für } 0 < z < h_1 \qquad (B.11)$$

$$\sigma_\phi = \left\{\frac{2\,z^3\,(p_2 - p_1) + (3\,z^2 - h_1^2)(h\,p_1 - h_1\,p_2)}{6\,z\,t\,(h - h_1)}\right\}\left(\frac{\tan\beta + \mu}{\cos\beta}\right) \qquad \text{für } h_1 < z < h \qquad (B.12)$$

B.4 Wobei p_1 der Druck in Höhe h_1 oberhalb der Spitze und p_2 der Druck an der Abzweigung ist.Drücke nach verallgemeinerter Trichtertheorie

Die Druckverteilung lässt sich in Form des rechtwinklig auf die Wand wirkenden Druckes p mit begleitender Wandreibungslast μp wie folgt beschreiben:

$$p = F\,q \qquad (B.13)$$

$$q = \frac{\gamma\,h}{n-1}\left[\left(\frac{z}{h}\right) - \left(\frac{z}{h}\right)^n\right] + q_\mathrm{t}\left(\frac{z}{h}\right)^n \qquad (B.14)$$

mit:

$$n = 2\,(F\,\mu\,\cot\beta + F - 1) \qquad (B.15)$$

Dabei ist F das Verhältnis des Wanddruckes p zur vertikalen Spannung q im Schüttgut, und q_t ist die mittlere vertikale Spannung im Schüttgut an der Abzweigung:

$$\sigma_\theta = \left[\frac{\gamma\,h}{(n-1)}\left(\frac{z}{h}\right)^2 + \left(q_\mathrm{t} - \frac{\gamma\,h}{(n-1)}\right)\left(\frac{z}{h}\right)^{n+1}\right]\cdot\left(\frac{F\,h}{t}\right)\left(\frac{\tan\beta}{\cos\beta}\right) \qquad (B.16)$$

$$\sigma_\phi = \left[\frac{\gamma\,h}{3(n-1)}\left(\frac{z}{h}\right)^2 + \frac{1}{(n+2)}\left(q_\mathrm{t} - \frac{\gamma\,h}{(n-1)}\right)\left(\frac{z}{h}\right)^{n+1}\right]\cdot\left(\frac{F\,h}{t}\right)\left(\frac{\tan\beta + \mu}{\cos\beta}\right) \qquad (B.17)$$

Anhang C
(informativ)

Winddruckverteilung über den Umfang kreisrunder Silos

Die Verteilung des Winddruckes um einen flachen Silo mit kreisförmigem Grundriss oder einen bodengelagerten Tankbehälter herum (siehe Bild C.1) kann wichtig sein bei der Bemessung der Verankerung und beim Beulsicherheitsnachweis. Die in EN 1991-1-4 enthaltenen Angaben sind für gewisse Fälle nicht detailliert genug.

Die Druckverteilung über den Umfang eines einzeln stehenden Silos kann mit Hilfe der Umfangskoordinate θ beschrieben werden, wobei der Ursprung am windzugewandten Meridian (Staumeridian) liegt (siehe Bild C.2).

Die Umfangsfunktion der Druckverteilung (nach innen gerichtet positiv) an einem einzeln stehenden Silo mit geschlossenem Dach beträgt (siehe Bild C.2):

$$C_p = -0{,}54 + 0{,}16\,(d_c/H) + \{0{,}28 + 0{,}04\,(d_c/H)\} \cos \theta + \{1{,}04 - 0{,}20\,(d_c/H)\} \cos 2\theta$$
$$+ \{0{,}36 - 0{,}05\,(d_c/H)\} \cos 3\theta - \{0{,}14 - 0{,}05\,(d_c/H)\} \cos 4\theta \tag{C.1}$$

Dabei ist d_c der Durchmesser des Silos und H dessen Gesamthöhe (H/d_c ist das Abmessungsverhältnis für das gesamte Tragwerk einschließlich seiner Unterstützungskonstruktion) (siehe Bild C.1). Bei Silos mit $H/d_c < 0{,}50$ sollten die Werte für $H/d_c = 0{,}50$ verwendet werden. Die Druckverteilung sollte nicht auf der Zylinderhöhe H_c beruhen.

Die Umfangsfunktion der Druckverteilung (nach innen gerichtet positiv) an einem geschlossenen Silo in einer Gruppe beträgt (siehe Bild C.3):

$$C_p = +0{,}20 + 0{,}60 \cos\theta + 0{,}27 \cos 2\theta - 0{,}05 \cos 3\theta - 0{,}13 \cos 4\theta + 0{,}13 \cos 6\theta$$
$$- 0{,}09 \cos 8\theta + 0{,}07 \cos 10\theta \tag{C.2}$$

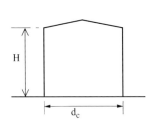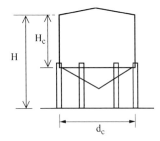

Bild C.1 — Windbelastete Silos

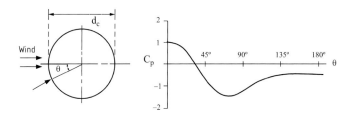

Bild C.2 — Winddruckverteilung über den halben Umfang bei einem einzeln stehenden Silo

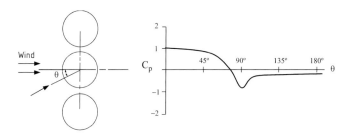

Bild C.3 — Winddruckverteilung über den halben Umfang bei einem in einer Gruppe stehenden Silo

Bei Silos ohne geschlossenes Dach sollten die folgenden konstanten Druckbeiwerte ΔC_p für den inneren Unterdruck zu den obigen Funktionen hinzuaddiert werden, wodurch sich der nach innen gerichtete Druck am Staumeridian vergrößert:

a) Zusätzlicher innerer Unterdruck in einem oben offenen Silo: $\Delta C_p = +0{,}6$.

b) Zusätzlicher innerer Unterdruck in einem belüfteten Silo mit kleiner Öffnung: $\Delta C_p = +0{,}4$.

ANMERKUNG ΔC_p wird als nach innen gerichtet positiv angesetzt. Für diesen Fall ist die Resultante des Außen- und Innendrucks an der Silowand auf der Leeseite des Silos annähernd gleich null.

Dezember 2010

| DIN EN 1993-4-1/NA | |

ICS 65.040.20; 91.010.30; 91.080.10   Ersatzvermerk
siehe unten

**Nationaler Anhang –
National festgelegte Parameter –
Eurocode 3: Bemessung und Konstruktion von Stahlbauten –
Teil 4-1: Silos, Tankbauwerke und Rohrleitungen – Silos**

National Annex –
Nationally determined parameters –
Eurocode 3: Design of steel structures –
Part 4-1: Silos, tanks and pipelines – Silos

Annexe Nationale –
Paramètres déterminés au plan national –
Eurocode 3: Calcul des structures en acier –
Partie 4-1: Silos, réservoirs et canalisations – Silos

Ersatzvermerk

Mit DIN EN 1993-1-8:2010-12, DIN EN 1993-1-8/NA:2010-12 und DIN EN 1993-4-1:2010-12 Ersatz für
DIN 18914:1985-09;
mit DIN EN 1993-4-1:2010-12 Ersatz für DIN 18914 Beiblatt 1:1985-09

Gesamtumfang 8 Seiten

Normenausschuss Bauwesen (NABau) im DIN

Inhalt

Seite

Vorwort 3
NA 1   Anwendungsbereich 4
NA 2   Nationale Festlegungen zur Anwendung von DIN EN 1993-4-1:2010-12 4
NA 2.1   Allgemeines... 4
NA 2.2   Nationale Festlegungen 5

DIN EN 1993-4-1/NA:2010-12

Vorwort

Dieses Dokument wurde vom NA 005-08-16 AA „Tragwerksbemessung (Sp CEN/TC 250/SC 3)" erstellt.

Dieses Dokument bildet den Nationalen Anhang zu DIN EN 1993-4-1:2010-12 „Eurocode 3: Bemessung und Konstruktion von Stahlbauten — Teil 4-1: Silos".

Die Europäische Norm EN 1993-4-1 räumt die Möglichkeit ein, eine Reihe von sicherheitsrelevanten Parametern national festzulegen. Diese national festzulegenden Parameter (en: Nationally determined parameters, NDP) umfassen alternative Nachweisverfahren und Angaben einzelner Werte, sowie die Wahl von Klassen aus gegebenen Klassifizierungssystemen. Die entsprechenden Textstellen sind in der Europäischen Norm durch Hinweise auf die Möglichkeit nationaler Festlegungen gekennzeichnet. Eine Liste dieser Textstellen befindet sich im Unterabschnitt NA 2.1.

Dieser Nationale Anhang ist Bestandteil von DIN EN 1993-4-1:2010-12.

Änderungen

Gegenüber DIN 18914:1985-09 und DIN 18914 Beiblatt 1:1985-09 wurden folgende Änderungen vorgenommen:

a) nationale Festlegungen zu DIN EN 1993-4-1:2010-12 aufgenommen.

Frühere Ausgaben

DIN 18914: 1985-09
DIN 18914 Beiblatt 1: 1985-09

NA 1 Anwendungsbereich

Dieser Nationale Anhang enthält nationale Festlegungen für die Tragwerksplanung von freistehenden oder unterstützten Stahlsilos mit kreisrundem oder rechteckigem Grundriss, die bei der Anwendung von DIN EN 1993-4-1:2010-12 in Deutschland zu berücksichtigen sind.

Dieser Nationale Anhang gilt nur in Verbindung mit DIN EN 1993-4-1:2010-12.

NA 2 Nationale Festlegungen zur Anwendung von DIN EN 1993-4-1:2010-12

NA 2.1 Allgemeines

DIN EN 1993-4-1:2010-12 weist an den folgenden Textstellen die Möglichkeit nationaler Festlegungen aus (NDP; en: Nationally determined parameters):

- 2.2 (1);
- 2.2 (3);
- 2.9.2.2 (3);
- 3.4 (1);
- 4.1.4 (2) und (4);
- 4.2.2.3 (6);
- 4.3.1 (6) und (8);
- 5.3.2.3 (3);
- 5.3.2.4 (10), (12) und (15);
- 5.3.2.5 (10) und (14);
- 5.3.2.6 (3) und (6);
- 5.3.2.8 (2);
- 5.3.3.5 (1) und (2);
- 5.3.4.3.2 (2);
- 5.3.4.3.3 (2) und (5);
- 5.3.4.3.4 (5);
- 5.3.4.5 (3);
- 5.4.4 (2), (3);
- 5.4.7 (3);
- 5.5.2 (3);
- 5.6.2 (1) und (2);
- 6.1.2 (4);
- 6.3.2.3 (2) und (4);
- 6.3.2.7 (3);
- 7.3.1 (4);
- 8.3.3 (4);
- 8.4.1 (6);
- 8.4.2 (5);
- 8.5.3 (3);
- 9.5.1 (3) und (4);
- 9.5.2 (5);
- 9.8.2 (1) und (2);
- A.2 (1) und (2);
- A.3.2.1 (6);
- A.3.2.2 (6);
- A.3.2.3 (2);
- A.3.3 (1), (2) und (3);
- A.3.4 (4).

NA 2.2 Nationale Festlegungen

Die nachfolgende Nummerierung entspricht der Nummerierung von DIN EN 1993-4-1:2010-12 bzw. ergänzt diese.

NDP zu 2.2(1)
Keine weitere nationale Festlegung.

NDP zu 2.2(3)
Es gilt die Empfehlung.

NDP zu 2.9.2.2(3)
Es gelten die Empfehlungen.

NDP zu 3.4(1)
Keine weitere nationale Festlegung.

NDP zu 4.1.4(2)
Es gilt die Empfehlung.

NDP zu 4.1.4(4)
Keine weitere nationale Festlegung.

NDP zu 4.2.2.3(6)
Es gilt die Empfehlung.

NDP zu 4.3.1(6)
Es gilt die Empfehlung.

NDP zu 4.3.1(8)
Es gilt die Empfehlung.

NDP zu 5.3.2.3(3)
Es gelten die Empfehlungen.

NDP zu 5.3.2.4(10)
Es gilt die Empfehlung.

NDP zu 5.3.2.4(12)
Es gelten die Empfehlungen.

NDP zu 5.3.2.4(15)
Es gelten die Empfehlungen.

NDP zu 5.3.2.5(10)
Es gilt $a_n = a_e$ nach DIN EN 1993-1-6:2010-12, Tabelle D.5.

NDP zu 5.3.2.5(14)
Es gilt die Empfehlung.

NDP zu 5.3.2.6(3)
Es gilt die Empfehlung.

NDP zu 5.3.2.6(6)
Es gilt a_T nach DIN EN 1993-1-6:2010-12, Tabelle D.5.

NDP zu 5.3.2.8(2)
Es gilt die Empfehlung.

NDP zu 5.3.3.5(1)
Es gilt die Empfehlung.

NDP zu 5.3.3.5(2)
Es gilt die Empfehlung.

NDP zu 5.3.4.3.2(2)
Es gilt die Empfehlung.

NDP zu 5.3.4.3.3(2)
Es gilt die Empfehlung.

NDP zu 5.3.4.3.3(5)
Es gilt die Empfehlung.

NDP zu 5.3.4.3.4(5)
Es gilt die Empfehlung.

NDP zu 5.3.4.5(3)
Es gilt die Empfehlung.

NDP zu 5.4.4(2)
Es gelten die Empfehlungen.

NDP zu 5.4.4(3)
Es gilt die Empfehlung.

NDP zu 5.4.7(3)
Es gelten die Empfehlungen.

NDP zu 5.5.2(3)
Es gilt die Empfehlung.

NDP zu 5.6.2(1)
Es gilt die Empfehlung.

NDP zu 5.6.2(2)
Es gelten die Empfehlungen.

NDP zu 6.1.2(4)
Es gilt die Empfehlung.

NDP zu 6.3.2.3(2)
Es gilt die Empfehlung.

NDP zu 6.3.2.3(4)
Es gilt die Empfehlung.

NDP zu 6.3.2.7(3)
Es gilt die Empfehlung.

NDP zu 7.3.1(4)
Es gilt die Empfehlung.

NDP zu 8.3.3(4)
Es gilt die Empfehlung.

NDP zu 8.4.1(6)
Es gelten die Empfehlungen.

NDP zu 8.4.2(5)
Es gelten die Empfehlungen.

NDP zu 8.5.3(3)
Es gilt die Empfehlung.

NDP zu 9.5.1(3)
Es gelten die Empfehlungen.

NDP zu 9.5.1(4)
Es gilt die Empfehlung.

NDP zu 9.5.2(5)
Es gilt die Empfehlung.

NDP zu 9.8.2(1)
Es gelten die Empfehlungen.

NDP zu 9.8.2(2)
Es gilt die Empfehlung.

NDP zu A.2(1)
Es gilt die Empfehlung.

NDP zu A.2(2)
Es gilt die Empfehlung.

NDP zu A.3.2.1(6)
Es gilt die Empfehlung.

NDP zu A.3.2.2(6)
Es gilt die Empfehlung.

NDP zu A.3.2.3(2)
Es gelten die Empfehlungen.

NDP zu A.3.3(1)
Es gilt die Empfehlung.

NDP zu A.3.3(2)
Es gilt die Empfehlung.

NDP zu A.3.3(3)
Es gelten die Empfehlungen.

NDP zu A.3.4(4)
Es gilt die Empfehlung.

Dezember 2010

| | DIN EN 1993-5 | |

ICS 91.010.30; 91.080.10

Ersatz für
DIN EN 1993-5:2007-07 und
DIN EN 1993-5
Berichtigung 1:2009-12

**Eurocode 3: Bemessung und Konstruktion von Stahlbauten –
Teil 5: Pfähle und Spundwände;
Deutsche Fassung EN 1993-5:2007 + AC:2009**

Eurocode 3: Design of steel structures –
Part 5: Piling;
German version EN 1993-5:2007 + AC:2009

Eurocode 3: Calcul des structures en acier –
Partie 5: Pieux et palplanches;
Version allemande EN 1993-5:2007 + AC:2009

Gesamtumfang 94 Seiten

Normenausschuss Bauwesen (NABau) im DIN

Nationales Vorwort

Dieses Dokument (EN 1993-5:2007 + AC:2009) wurde vom Technischen Komitee CEN/TC 250 „Eurocodes für den konstruktiven Ingenieurbau" erarbeitet, dessen Sekretariat vom BSI (Vereinigtes Königreich) gehalten wird.

Die Arbeiten auf nationaler Ebene wurden durch die Experten des NABau-Spiegelausschusses NA 005-08-19 AA „Stahlspundwände und Stahlpfähle" begleitet.

Diese Europäische Norm wurde vom CEN am 12. Juni 2006 angenommen.

Die Norm ist Bestandteil einer Reihe von Einwirkungs- und Bemessungsnormen, deren Anwendung nur im Paket sinnvoll ist. Dieser Tatsache wird durch das Leitpapier L der Kommission der Europäischen Gemeinschaft für die Anwendung der Eurocodes Rechnung getragen, indem Übergangsfristen für die verbindliche Umsetzung der Eurocodes in den Mitgliedstaaten vorgesehen sind. Die Übergangsfristen sind im Vorwort dieser Norm angegeben.

Die Anwendung dieser Norm gilt in Deutschland in Verbindung mit dem Nationalen Anhang.

Es wird auf die Möglichkeit hingewiesen, dass einige Texte dieses Dokuments Patentrechte berühren können. Das DIN [und/oder die DKE] sind nicht dafür verantwortlich, einige oder alle diesbezüglichen Patentrechte zu identifizieren.

Der Beginn und das Ende des hinzugefügten oder geänderten Textes wird im Text durch die Textmarkierungen ⒶⒸ ⒶⒸ angezeigt.

Änderungen

Gegenüber DIN V ENV 1993-5:2000-10 wurden folgende Änderungen vorgenommen:

a) die Stellungnahmen der nationalen Normungsinstitute wurden eingearbeitet;

b) der Vornormcharakter wurde aufgehoben;

c) der Text wurde vollständig überarbeitet.

Gegenüber DIN EN 1993-5:2007-07 und DIN EN 1993-5 Berichtigung 1:2009-12 wurden folgende Änderungen vorgenommen:

a) Vorgänger-Norm mit der Berichtigung 1 konsolidiert;

b) redaktionelle Änderungen durchgeführt.

Frühere Ausgaben

DIN V ENV 1993-5: 2000-10
DIN EN 1993-5: 2007-07
DIN EN 1993-5 Berichtigung 1: 2009-12

EUROPÄISCHE NORM
EUROPEAN STANDARD
NORME EUROPÉENNE

EN 1993-5
Februar 2007
+AC
Mai 2009

ICS 91.010.30; 91.080.10 Ersatz für ENV 1993-5:1998

Deutsche Fassung

Eurocode 3 —
Bemessung und Konstruktion von Stahlbauten —
Teil 5: Pfähle und Spundwände

Eurocode 3 —
Design of steel structures —
Part 5: Piling

Eurocode 3 —
Calcul des structures en acier —
Partie 5: Pieux et palplanches

Diese Europäische Norm wurde vom CEN am 12. Juni 2006 angenommen.

Die Berichtigung tritt am 13. Mai 2009 in Kraft und wurde in EN 1993-5:2007 eingearbeitet.

Die CEN-Mitglieder sind gehalten, die CEN/CENELEC-Geschäftsordnung zu erfüllen, in der die Bedingungen festgelegt sind, unter denen dieser Europäischen Norm ohne jede Änderung der Status einer nationalen Norm zu geben ist. Auf dem letzten Stand befindliche Listen dieser nationalen Normen mit ihren bibliographischen Angaben sind beim Management-Zentrum des CEN oder bei jedem CEN-Mitglied auf Anfrage erhältlich.

Diese Europäische Norm besteht in drei offiziellen Fassungen (Deutsch, Englisch, Französisch). Eine Fassung in einer anderen Sprache, die von einem CEN-Mitglied in eigener Verantwortung durch Übersetzung in seine Landessprache gemacht und dem Management-Zentrum mitgeteilt worden ist, hat den gleichen Status wie die offiziellen Fassungen.

CEN-Mitglieder sind die nationalen Normungsinstitute von Belgien, Bulgarien, Dänemark, Deutschland, Estland, Finnland, Frankreich, Griechenland, Irland, Island, Italien, Lettland, Litauen, Luxemburg, Malta, den Niederlanden, Norwegen, Österreich, Polen, Portugal, Rumänien, Schweden, der Schweiz, der Slowakei, Slowenien, Spanien, der Tschechischen Republik, Ungarn, dem Vereinigten Königreich und Zypern.

EUROPÄISCHES KOMITEE FÜR NORMUNG
EUROPEAN COMMITTEE FOR STANDARDIZATION
COMITÉ EUROPÉEN DE NORMALISATION

Management Centre: Avenue Marnix 17, B-1000 Brussels

© 2009 CEN   Alle Rechte der Verwertung, gleich in welcher Form und in welchem Verfahren, sind weltweit den nationalen Mitgliedern von CEN vorbehalten.

Ref. Nr. EN 1993-5:2007 + AC:2009 D

Inhalt

Seite

Vorwort 5
Hintergrund des Eurocode-Programms 5
Status und Gültigkeitsbereich der Eurocodes 6
Nationale Fassungen der Eurocodes 7
Verbindung zwischen den Eurocodes und den harmonisierten Technischen Spezifikationen für
    Bauprodukte (EN und ETAZ) 7
Zusätzliche Hinweise zu EN 1993-5 7
Nationaler Anhang zu EN 1993-5 8

1	Allgemeines	9
1.1	Anwendungsbereich	9
1.2	Normative Verweisungen	10
1.3	Annahmen	11
1.4	Unterscheidung nach Grundsätzen und Anwendungsregeln	11
1.5	Begriffe	11
1.6	Symbole	12
1.7	Einheiten	13
1.8	Begriffsbestimmung	13
1.9	Vereinbarung für die Spundbohlenachsen	22
2	Grundlagen für Entwurf, Bemessung und Konstruktion	22
2.1	Allgemeines	22
2.2	Kriterien für den Grenzzustand der Tragfähigkeit	23
2.3	Kriterien für den Grenzzustand der Gebrauchstauglichkeit	24
2.4	Baugrunderkundungen und Bodenparameter	24
2.5	Statische Berechnung	24
2.5.1	Allgemeines	24
2.5.2	Bestimmung der Einwirkungen	25
2.5.3	Tragwerksberechnung	25
2.6	Versuchsgestützte Bemessung	26
2.6.1	Allgemeines	26
2.6.2	Tragpfähle	26
2.6.3	Stahlspundwände	26
2.6.4	Verankerung	26
2.7	Rammbarkeit	26
3	Werkstoffeigenschaften	27
3.1	Allgemeines	27
3.2	Tragpfähle	27
3.3	Warmgewalzte Stahlspundbohlen	27
3.4	Kaltgeformte Stahlspundbohlen	28
3.5	Profile für Gurtungen und Aussteifungen	28
3.6	Verbindungsmittel	28
3.7	Stahlteile für Anker	28
3.8	Stahlteile für kombinierte Spundwände	28
3.9	Bruchzähigkeit	29
4	Dauerhaftigkeit	29
4.1	Allgemeines	29
4.2	Dauerhaftigkeitsanforderungen für Tragpfähle	31
4.3	Dauerhaftigkeitsanforderungen an Spundwände	31
4.4	Korrosionsraten für die Bemessung	32

		Seite
5	Grenzzustände der Tragfähigkeit	33
5.1	Grundlagen	33
5.1.1	Allgemeines	33
5.1.2	Bemessung	33
5.1.3	Ermüdung	34
5.2	Spundwände	34
5.2.1	Querschnittsklassifizierung	34
5.2.2	Spundwände bei Biegung und Querkraft	35
5.2.3	Spundwände mit Biegung, Quer- und Normalkraft	39
5.2.4	Lokale Auswirkungen von Wasserdrücken	44
5.2.5	Flachprofile	45
5.3	Tragpfähle	48
5.3.1	Allgemeines	48
5.3.2	Bemessungsverfahren und -hinweise	48
5.3.3	Stahlpfähle	48
5.3.4	Betongefüllte Tragpfähle	50
5.4	Trägerpfahlwände	50
5.5	Kombinierte Wände	50
5.5.1	Allgemeines	50
5.5.2	Füllelemente	51
5.5.3	Verbindungselemente	52
5.5.4	Tragelemente	52
6	Grenzzustände der Gebrauchstauglichkeit	53
6.1	Grundlagen	53
6.2	Verformungen von Stützwänden	53
6.3	Verformungen von Tragpfählen	53
6.4	Konstruktive Aspekte von Stahlspundwänden	53
7	Anker, Gurtungen, Aussteifungen und Anschlüsse	55
7.1	Allgemeines	55
7.2	Verankerungen	55
7.2.1	Allgemeines	55
7.2.2	Grundlegende Bemessungsbestimmungen	56
7.2.3	Nachweis im Grenzzustand der Tragfähigkeit	56
7.2.4	Gebrauchstauglichkeitsnachweis	57
7.2.5	Anforderungen an die Dauerhaftigkeit	57
7.3	Gurtungen und Aussteifungen	57
7.4	Verbindungen	58
7.4.1	Allgemeines	58
7.4.2	Tragpfähle	58
7.4.3	Verankerung	60
8	Ausführung	64
8.1	Allgemeines	64
8.2	Stahlspundwände	64
8.3	Tragpfähle	64
8.4	Verankerungen	64
8.5	Gurtungen, Steifen und Verbindungen	64
Anhang A (normativ) Dünnwandige Stahlspundwände		65
A.1	Allgemeines	65
A.1.1	Geltungsbereich	65
A.1.2	Form von kaltgeformten Stahlspundbohlen	65
A.1.3	Begriffe	65
A.2	Grundlagen für Entwurf, Bemessung und Konstruktion	66
A.2.1	Grenzzustände der Tragfähigkeit	66
A.2.2	Grenzzustände der Gebrauchstauglichkeit	66

		Seite
A.3	Werkstoff- und Querschnittseigenschaften	66
A.3.1	Werkstoffeigenschaften	66
A.3.2	Querschnittseigenschaften	68
A.4	Lokales Beulen	69
A.5	Querschnittswiderstand	71
A.5.1	Allgemeines	71
A.5.2	Biegemoment	72
A.5.3	Querkräfte	73
A.5.4	Lokale Einleitung quergerichteter Kräfte	73
A.5.5	Kombination aus Querkraft und Biegemoment	74
A.5.6	Kombination aus Biegemoment und lokalen quergerichteten Kräften	74
A.5.7	Kombination aus Biegemoment und Normalkraft	74
A.5.8	Lokale Querbiegung	74
A.6	Rechnerischer Nachweis	75
A.7	Versuchsgestützte Bemessung	75
A.7.1	Grundlagen	75
A.7.2	Bedingungen	76
A.7.3	Querschnittswerte auf der Grundlage von Versuchen	76

Anhang B (informativ) **Versuche mit dünnwandigen Spundbohlen** 77
B.1	Allgemeines	77
B.2	Versuche mit Einfeldträgern	77
B.3	Versuche am Zwischenlager	78
B.4	Versuche mit Zweifeldträgern	79
B.5	Auswertung der Versuchsergebnisse	80
B.5.1	Allgemeines	80
B.5.2	Anpassung von Versuchsergebnissen	80
B.5.3	Charakteristische Werte	80
B.5.4	Bemessungswerte	80

Anhang C (informativ) **Anleitung zur Bemessung von Stahlspundwänden** 82
C.1	Bemessung von Spundbohlenquerschnitten für den Grenzzustand der Tragfähigkeit	82
C.1.1	Allgemeines	82
C.1.2	Nachweis von Klasse-1- und Klasse-2-Querschnitten	83
C.2	Grenzzustand der Gebrauchstauglichkeit	85

Anhang D (informativ) **Tragelemente bei kombinierten Spundwänden** 87
D.1	I-Profile als Tragelemente	87
D.1.1	Allgemeines	87
D.1.2	Nachweismethode	87
D.2	Rohrpfähle als Tragelemente	89
D.2.1	Allgemeines	89
D.2.2	Nachweismethode	91

DIN EN 1993-5:2010-12
EN 1993-5:2007 + AC:2009 (D)

Vorwort

Diese Europäische Norm EN 1993-5 + AC:2009, *Eurocode 3: Bemessung und Konstruktion von Stahlbauten – Teil 5: Pfähle und Spundwände* wurde vom Technischen Komitee CEN/TC 250 „Eurocodes" erarbeitet, dessen Sekretariat vom BSI gehalten wird. CEN/TC 250 ist verantwortlich für alle Eurocodes.

Diese Europäische Norm muss den Status einer nationalen Norm erhalten, entweder durch Veröffentlichung eines identischen Textes oder durch Anerkennung bis August 2007, und etwaige entgegenstehende nationale Normen müssen bis März 2010 zurückgezogen werden.

Dieses Dokument ersetzt ENV 1993-5:1998.

Entsprechend der CEN/CENELEC-Geschäftsordnung sind die nationalen Normungsinstitute der folgenden Länder gehalten, diese Europäische Norm zu übernehmen: Belgien, Bulgarien, Dänemark, Deutschland, Estland, Finnland, Frankreich, Griechenland, Irland, Island, Italien, Lettland, Litauen, Luxemburg, Malta, Niederlande, Norwegen, Österreich, Polen, Portugal, Rumänien, Schweden, Schweiz, Slowakei, Slowenien, Spanien, Tschechische Republik, Ungarn, Vereinigtes Königreich und Zypern.

Hintergrund des Eurocode-Programms

1975 beschloss die Kommission der Europäischen Gemeinschaften, für das Bauwesen ein Programm auf der Grundlage des Artikels 95 der Römischen Verträge durchzuführen. Das Ziel des Programms war die Beseitigung technischer Handelshemmnisse und die Harmonisierung technischer Normen.

Im Rahmen dieses Programms leitete die Kommission die Bearbeitung von harmonisierten technischen Regelwerken für die Tragwerksplanung von Bauwerken ein, die im ersten Schritt als Alternative zu den in den Mitgliedsländern geltenden Regeln dienen und diese schließlich ersetzen sollten.

15 Jahre lang leitete die Kommission mit Hilfe eines Steuerkomitees mit Repräsentanten der Mitgliedsländer die Entwicklung des Eurocode-Programms, das zu der ersten Eurocode-Generation in den 80er Jahren führte.

Im Jahre 1989 entschieden sich die Kommission und die Mitgliedsländer der Europäischen Union und der EFTA, die Entwicklung und Veröffentlichung der Eurocodes über eine Reihe von Mandaten an CEN zu übertragen, damit diese den Status von Europäischen Normen (EN) erhielten. Grundlage war eine Vereinbarung[1] zwischen der Kommission und CEN. Dieser Schritt verknüpft die Eurocodes de facto mit den Regelungen der Ratsrichtlinien und Kommissionsentscheidungen, die die Europäischen Normen behandeln (z. B. die Ratsrichtlinie 89/106/EWG zu Bauprodukten, die Bauproduktenrichtlinie, die Ratsrichtlinien 93/37/EWG, 92/50/EWG und 89/440/EWG zur Vergabe öffentlicher Aufträge und Dienstleistungen und die entsprechenden EFTA-Richtlinien, die zur Einrichtung des Binnenmarktes eingeleitet wurden).

Das Eurocode-Programm umfasst die folgenden Normen, die in der Regel aus mehreren Teilen bestehen:

EN 1990, *Eurocode 0: Grundlagen der Tragwerksplanung*

EN 1991, *Eurocode 1: Einwirkung auf Tragwerke*

EN 1992, *Eurocode 2: Bemessung und Konstruktion von Stahlbetonbauten*

EN 1993, *Eurocode 3: Bemessung und Konstruktion von Stahlbauten*

EN 1994, *Eurocode 4: Bemessung und Konstruktion von Stahl-Beton-Verbundbauten*

---

1) Vereinbarung zwischen der Kommission der Europäischen Gemeinschaft und dem Europäischen Komitee für Normung (CEN) zur Bearbeitung der Eurocodes für die Tragwerksplanung von Hochbauten und Ingenieurbauwerken (BC/CEN/03/89).

EN 1995, *Eurocode 5: Bemessung und Konstruktion von Holzbauten*

EN 1996, *Eurocode 6: Bemessung und Konstruktion von Mauerwerksbauten*

EN 1997, *Eurocode 7: Entwurf, Berechnung und Bemessung in der Geotechnik*

EN 1998, *Eurocode 8: Auslegung von Bauwerken gegen Erdbeben*

EN 1999, *Eurocode 9: Bemessung und Konstruktion von Aluminiumkonstruktionen*

Die Europäischen Normen berücksichtigen die Verantwortlichkeit der Bauaufsichtsorgane in den Mitgliedsländern und haben deren Recht zur nationalen Festlegung sicherheitsbezogener Werte berücksichtigt, so dass diese Werte von Land zu Land unterschiedlich bleiben können.

Status und Gültigkeitsbereich der Eurocodes

Die Mitgliedsländer der EU und von EFTA betrachten die Eurocodes als Bezugsdokumente für folgende Zwecke:

— als Mittel zum Nachweis der Übereinstimmung der Hoch- und Ingenieurbauten mit den wesentlichen Anforderungen der Richtlinie 89/106/EWG, besonders mit der wesentlichen Anforderung Nr 1: Mechanischer Widerstand und Stabilität und der wesentlichen Anforderung, Nr 2: Brandschutz;

— als Grundlage für die Spezifizierung von Verträgen für die Ausführung von Bauwerken und dazu erforderlichen Ingenieurleistungen;

— als Rahmenbedingung für die Herstellung harmonisierter, technischer Spezifikationen für Bauprodukte (ENs und ETAs)

Die Eurocodes haben, da sie sich auf Bauwerke beziehen, eine direkte Verbindung zu den Grundlagendokumenten[2]) auf die in Artikel 12 der Bauproduktenrichtlinie hingewiesen wird, wenn sie auch anderer Art sind als die harmonisierten Produktnormen.[3]) Daher sind die technischen Gesichtspunkte, die sich aus den Eurocodes ergeben, von den Technischen Komitees von CEN und den Arbeitsgruppen von EOTA, die an Produktnormen arbeiten, zu beachten, damit diese Produktnormen mit den Eurocodes vollständig kompatibel sind.

Die Eurocodes liefern Regelungen für den Entwurf, die Berechnung und Bemessung von kompletten Tragwerken und Baukomponenten, die sich für die tägliche Anwendung eignen. Sie gehen auf traditionelle Bauweisen und Aspekte innovativer Anwendungen ein, liefern aber keine vollständigen Regelungen für ungewöhnliche Baulösungen und Entwurfsbedingungen, wofür Spezialistenbeiträge erforderlich sein können.

---

2) Entsprechend Artikel 3.3 der Bauproduktenrichtlinie sind die wesentlichen Angaben in Grundlagendokumenten zu konkretisieren, um damit die notwendigen Verbindungen zwischen den wesentlichen Anforderungen und den Mandaten für die Erstellung harmonisierter Europäischer Normen und Richtlinien für die Europäische Zulassungen selbst zu schaffen.

3) Nach Artikel 12 der Bauproduktenrichtlinie hat das Grundlagendokument

  a) die wesentliche Anforderung zu konkretisieren, in dem die Begriffe und, soweit erforderlich, die technische Grundlage für Klassen und Anforderungshöhen vereinheitlicht werden,

  b) Methode zur Verbindung dieser Klasse oder Anforderungshöhen mit technischen Spezifikationen anzugeben, z. B. rechnerische oder Testverfahren, Entwurfsregeln,

  c) als Bezugsdokument für die Erstellung harmonisierter Normen oder Richtlinien für Europäische Technische Zulassungen zu dienen.

  Die Eurocodes spielen de facto eine ähnliche Rolle für die wesentliche Anforderung Nr 1 und einen Teil der wesentlichen Anforderung Nr 2.

Nationale Fassungen der Eurocodes

Die Nationale Fassung eines Eurocodes enthält den vollständigen Text des Eurocodes (einschließlich aller Anhänge), so wie von CEN veröffentlicht, mit möglicherweise einer nationalen Titelseite und einem nationalen Vorwort sowie einem Nationalen Anhang.

Der Nationale Anhang darf nur Hinweise zu den Parametern geben, die im Eurocode für nationale Entscheidungen offen gelassen wurden. Diese national festzulegenden Parameter (NDP) gelten für die Tragwerksplanung von Hochbauten und Ingenieurbauten in dem Land, indem sie erstellt werden. Sie umfassen:

— Zahlenwerte für γ-Faktoren und/oder Klassen, wo die Eurocodes Alternativen eröffnen;

— Zahlenwerte, wo die Eurocodes nur Symbole angeben;

— landesspezifische, geographische und klimatische Daten, die nur für ein Mitgliedsland gelten, z. B. Schneekarten;

— Vorgehensweise, wenn die Eurocodes mehrere zur Wahl anbieten;

— Verweise zur Anwendung des Eurocodes, soweit diese ergänzen und nicht widersprechen.

Verbindung zwischen den Eurocodes und den harmonisierten Technischen Spezifikationen für Bauprodukte (EN und ETAZ)

Die harmonisierten Technischen Spezifikationen für Bauprodukte und die technischen Regelungen für die Tragwerksplanung[4] müssen konsistent sind. Insbesondere sollten die Hinweise, die mit den CE-Zeichen an den Bauprodukten verbunden sind und die die Eurocodes in Bezug nehmen, klar erkennen lassen, welche national festzulegenden Parameter (NDP) zugrunde liegen.

Zusätzliche Hinweise zu EN 1993-5

EN 1993-5 liefert in Ergänzung zu der Grundnorm EN 1993-1 Bemessungsregeln für stählerne Spundwände und Tragpfähle.

EN 1993-5 ist für die Anwendung gemeinsam mit den Eurocodes EN 1990, *Grundlagen der Tragwerksplanung*, EN 1991, *Einwirkungen auf Tragwerke* und EN 1997-Teil 1, *Geotechnischer Entwurf und Berechnung* bestimmt.

Regelungen in diesen Normen werden nicht noch einmal wiederholt.

EN 1993-5 ist bestimmt für

— Komitees, die Produkt-, Prüf- oder Ausführungsnormen schreiben, die sich auf Bemessungsregeln beziehen,

— Auftraggeber (z. B. für die Formulierung technischer Anforderungen),

— Entwurfsbüros und ausführende Firmen,

— die zuständigen Behörden.

---

[4] Siehe Artikel 3.3 und Artikel 12 der Bauproduktenrichtlinie, ebenso wie 4.2, 4.3.1, 4.3.2 und 5.2 des Grundlagendokumentes Nr 1.

Die Zahlenwerte für Teilsicherheitsbeiwerte oder andere Parameter, die empfohlen werden, stellen eine Grundlage mit akzeptablem Sicherheitsmaß dar. Die Empfehlungen beruhen auf einem angemessenen Ausführungsstandard und einem geeigneten Qualitätsmanagement.

Die Anhänge A und B dienen der Vervollständigung der Bestimmungen in EN 1993-1-3 für Stahlspundwände mit Klasse 4 – Querschnitten.

Anhang C liefert Hinweise zur plastischen Bemessung von Stützkonstruktionen aus Stahlspundwänden.

Anhang D zeigt einen möglichen Satz von Bemessungsregeln für primäre Tragelemente von kombinierten Wänden.

Zur geotechnischen Bemessung, die in dieser Norm nicht behandelt ist, sollte EN 1997 herangezogen werden.

Nationaler Anhang zu EN 1993-5

Die Norm enthält alternative Vorgehensweisen, Zahlenwerte und Empfehlungen für Klassen, die mit Anmerkungen versehen sind, die auf Nationale Festlegungen dazu hinweisen. Daher sollte die Nationale Norm, in die EN 1993-5 überführt ist, einen Nationalen Anhang erhalten, der die Nationalen Festlegungen enthält, die für den Bau von Hochbauten und baulichen Anlagen in dem betreffenden Land gelten.

Nationale Festlegungen sind in den folgenden Abschnitten von EN 1993-5 vorgesehen:

3.7 (1)	5.2.2 (13)	7.2.3 (2)
3.9 (1)P	5.2.5 (7)	7.4.2 (4)
4.4 (1)	5.5.4 (2)	A.3.1 (3)
5.1.1 (4)	6.4 (3)	B.5.4 (1)
5.2.2 (2)	7.1 (4)	D.2.2 (5)

DIN EN 1993-5:2010-12
EN 1993-5:2007 + AC:2009 (D)

1 Allgemeines

1.1 Anwendungsbereich

(1) Teil 5 der EN 1993 enthält Grundsätze und Anwendungsregeln für den Entwurf, die Bemessung und Konstruktion von Pfählen und Spundwänden aus Stahl.

(2) Diese Norm liefert ebenso Beispiele zur konstruktiven Gestaltung von Gründungs- und Stützwandkonstruktionen.

(3) Der Anwendungsbereich umfasst:

— Stahlpfahlgründungen für Ingenieurbauwerke an Land und im Wasser;

— temporäre oder permanente Konstruktionen, die Ausführungen mit Stahlpfählen oder Stahlspundwänden erfordern;

— temporäre oder permanente Stützwandkonstruktionen aus stählernen Spundwandprofilen einschließlich aller Formen von kombinierten Spundwänden.

(4) Der Anwendungsbereich schließt aus:

— Bohrplattformen;

— Dalben.

(5) Teil 5 der EN 1993 enthält auch Anwendungsregeln für betongefüllte Stahlpfähle.

(6) Besondere Anforderungen an eine Erdbebenbemessung sind nicht enthalten. In Fällen, bei denen die Wirkung von Bodenbewegungen infolge Erdbeben von Bedeutung ist, ist EN 1998 zu beachten.

(7) Bemessungs- und Konstruktionsregeln werden auch für Gurtungen, Aussteifungen und Anker angegeben, siehe Abschnitt 7.

(8) Die Bemessung von Spundwänden für Querschnitte der Klassen 1, 2 und 3 ist in den Abschnitten 5 und 6 geregelt, während die Bemessung von Querschnitten in Klasse 4 in Anhang A behandelt wird.

ANMERKUNG   Versuche an Spundwänden der Klasse 4 werden in Anhang B behandelt.

(9) Das Bemessungsverfahren für verpresste U-Bohlen und für Flachprofile verwendet Bemessungswiderstände, die aus Versuchen ermittelt werden. Zu den Prüfverfahren wird auf EN 10248 verwiesen.

(10) Geotechnische Aspekte sind in diesem Dokument nicht enthalten. Stattdessen wird auf EN 1997 verwiesen.

(11) Regelungen zur Berücksichtigung der Auswirkung von Korrosion bei der Bemessung von Pfählen und Spundwänden sind in Abschnitt 4 enthalten.

(12) Die Möglichkeit der plastischen globalen Tragwerksberechnung nach EN 1993-1-1, 5.4.3 ist in 5.2 berücksichtigt.

ANMERKUNG   Eine Anleitung für die Bemessung von Spundwänden unter Berücksichtigung einer plastischen Tragwerksberechnung liefert Anhang C.

(13) Die Bemessung von kombinierten Spundwänden im Grenzzustand der Tragfähigkeit wird in Abschnitt 5 behandelt. Dort werden auch allgemeine Regeln für die Bemessung der Tragelemente angegeben.

ANMERKUNG   Eine Anleitung für die Bemessung von Hohlprofilen und I-Profilen als Tragelemente liefert Anhang D.

1.2 Normative Verweisungen

Diese Europäische Norm enthält durch datierte oder undatierte Verweisungen Festlegungen aus anderen Publikationen. Diese normativen Verweisungen sind an den jeweiligen Stellen im Text zitiert, und die Publikationen sind nachstehend aufgeführt. Bei datierten Verweisungen gehören spätere Änderungen oder Überarbeitungen dieser Publikationen nur zu dieser Europäischen Norm, falls sie durch Änderung oder Überarbeitung eingearbeitet sind. Bei undatierten Verweisungen gilt die letzte Ausgabe der in Bezug genommenen Publikation (einschließlich Änderungen).

EN 1990, *Eurocode: Grundlagen der Tragwerksplanung*

EN 1991, *Eurocode 1: Einwirkungen auf Tragwerke*

EN 1992, *Eurocode 2: Entwurf, Berechnung und Bemessung von Stahlbetonbauten*

EN 1993-1-1, *Eurocode 3: Entwurf, Berechnung und Bemessung von Stahlbauten — Teil 1-1: Bemessung und Konstruktion von Stahlbauten: Allgemeine Bemessungsregeln und Regeln für den Hochbau*

EN 1993-1-2, *Eurocode 3: Entwurf, Berechnung und Bemessung von Stahlbauten — Teil 1-2: Bemessung und Konstruktion von Stahlbauten: Baulicher Brandschutz*

EN 1993-1-3, *Eurocode 3: Entwurf, Berechnung und Bemessung von Stahlbauten — Teil 1-3: Bemessung und Konstruktion von Stahlbauten: Kaltgeformte dünnwandige Bauteile und Bleche*

EN 1993-1-5, *Eurocode 3: Entwurf, Berechnung und Bemessung von Stahlbauten — Teil 1-5: Bemessung und Konstruktion von Stahlbauten: Aus Blechen zusammengesetzte Bauteile*

EN 1993-1-6, *Eurocode 3: Entwurf, Berechnung und Bemessung von Stahlbauten — Teil 1-6: Bemessung und Konstruktion von Stahlbauten: Festigkeit und Stabilität von Schalentragwerken*

EN 1993-1-8, *Eurocode 3: Entwurf, Berechnung und Bemessung von Stahlbauten — Teil 1-8: Bemessung und Konstruktion von Stahlbauten: Bemessung und Konstruktion von Anschlüssen und Verbindungen*

EN 1993-1-9, *Eurocode 3: Entwurf, Berechnung und Bemessung von Stahlbauten — Teil 1-9: Bemessung und Konstruktion von Stahlbauten: Ermüdungsfestigkeiten von Stahlbauteilen*

EN 1993-1-10, *Eurocode 3: Entwurf, Berechnung und Bemessung von Stahlbauten — Teil 1-10: Bemessung und Konstruktion von Stahlbauten: Werkstoffwahl im Hinblick auf Zähigkeit und Eigenschaften in Dickenrichtung*

EN 1993-1-11, *Eurocode 3: Entwurf, Berechnung und Bemessung von Stahlbauten — Teil 1-11: Bemessung und Konstruktion von Stahlbauten: Bemessung und Konstruktion von Tragwerken mit stählernen Zugelementen*

EN 1994, *Eurocode 4: Entwurf, Berechnung und Bemessung von Stahl-Beton-Verbundbauten*

EN 1997, *Eurocode 7: Entwurf, Berechnung und Bemessung in der Geotechnik*

EN 1998, *Eurocode 8: Auslegung von Bauwerken gegen Erdbeben*

EN 10002, *Metallische Werkstoffe — Zugversuch*

EN 10027, *Bezeichnungssysteme für Stähle*

EN 10210, *Warmgefertigte Hohlprofile für den Stahlbau aus unlegierten Baustählen und aus Feinkornbaustählen*

EN 10219, *Kaltgefertigte geschweißte Hohlprofile für den Stahlbau aus unlegierten Baustählen und aus Feinkornbaustählen*

EN 10248, *Warmgewalzte Spundbohlen aus unlegierten Stählen*

EN 10249, *Kaltgeformte Spundbohlen aus unlegierten Stählen*

EN 1536, *Ausführung von besonderen geotechnischen Arbeiten (Spezialtiefbau) — Bohrpfähle*

EN 1537, *Ausführung von besonderen geotechnischen Arbeiten (Spezialtiefbau) — Verpressanker*

EN 12063, *Ausführung von besonderen geotechnischen Arbeiten (Spezialtiefbau) — Spundwandkonstruktionen*

EN 12699, *Ausführung spezieller geotechnischer Arbeiten (Spezialtiefbau) — Verdrängungspfähle*

EN 14199, *Ausführung von besonderen geotechnischen Arbeiten (Spezialtiefbau) — Pfähle mit kleinen Durchmessern (Mikropfähle)*

EN 10045, *Metallische Werkstoffe; Kerbschlagbiegeversuch nach Charpy*

EN 1090-2, *Ausführung von Stahltragwerken und Aluminiumtragwerken — Teil 2: Technische Anforderungen an die Ausführung von Tragwerken aus Stahl*

1.3 Annahmen

(1) Zusätzlich zu den allgemeinen Annahmen in EN 1990 gelten folgende Annahmen:

Der Einbau und die Herstellung der Stahlpfähle und Stahlspundwände erfolgen nach EN 12699, EN 14199 und EN 12063.

1.4 Unterscheidung nach Grundsätzen und Anwendungsregeln

(1)P Es gelten die Regelungen der EN 1990, 1.4.

1.5 Begriffe

Für den Anwendungsbereich dieser Norm gelten die folgenden Begriffe.

1.5.1
Gründung
Teil eines Bauwerks einschließlich der Pfähle und möglicherweise Pfahlköpfe

1.5.2
Stützwandkonstruktion
ein Bauwerkselement, bestehend aus Wänden, welche das Erdreich, ähnliche Stoffe und/oder Wasser zurückhalten; gegebenenfalls gehören auch Lagerungen (z. B. Anker) dazu

1.5.3
Boden-Bauwerk-Interaktion
die gegenseitige Beeinflussung der Verformungen des Bodens und der Gründung bzw. Stützwandkonstruktion

1.6 Symbole

(1) Folgende Hauptsymbole werden zusätzlich zu denen in EN 1993-1-1 verwendet:

c Steglänge der Stahlspundwand, siehe Bild 5-1;

α Stegwinkel, siehe Bild 5-1.

(2) Folgende Abkürzungen werden zusätzlich zu denen in EN 1993-1-1 verwendet:

red   reduziert.

(3) Folgende wichtige Symbole werden zusätzlich zu denen in EN 1993-1-1 verwendet:

A_v Projizierte Schubfläche, siehe Bild 5-1;

F_{Ed} Bemessungswert der Ankerkraft;

$F_{Q,Ed}$ Zusätzliche horizontale Kraft aus dem Knicken der Wand, die am Spundwandfuß aufgenommen werden muss, so dass die Annahme einer vollwirksamen seitlichen Abstützung für das Knicken gilt, siehe Bild 5-4;

$F_{t,Rd}$ Grenzzugbeanspruchbarkeit des Ankers;

$F_{t,Ed}$ Bemessungswert der umlaufenden Zugkraft in einem Zellenfangdamm;

$F_{t,ser}$ Axiale Kraft in einem Anker unter charakteristischer Belastung;

$F_{ta,Ed}$ Bemessungswert der Zugkraft in einem Bogenelement eines Zellenfangdamms;

$F_{tc,Ed}$ Bemessungswert der Zugkraft in der gemeinsamen Wand eines Zellenfangdamms;

$F_{tg,Rd}$ Zugkraftbeanspruchbarkeit des Ankerschafts;

$F_{tm,Ed}$ Bemessungswert der Zugkraft in der Hauptzelle des Zellenfangdamms;

$F_{ts,Rd}$ Zugkraftbeanspruchbarkeit des einfachen Flachbohlenprofils;

$F_{tt,Rd}$ Zugkraftbeanspruchbarkeit des Ankergewindes;

$R_{c,Rd}$ Beanspruchbarkeit einer Spundwand gegen eine lokale quergerichtete Kraft;

$R_{tw,Rd}$ Zugkraftbeanspruchbarkeit des Spundwandsteges gegen die Lasteinleitung einer lokalen quergerichteten Kraft;

$R_{Vf,Rd}$ Schubkraftbeanspruchbarkeit des Spundwandflansches gegen die Lasteinleitung einer lokalen quergerichteten Kraft;

$p_{m,Ed}$ Bemessungswert des Innendrucks in der Hauptzelle eines Zellenfangdamms;

r_a Radius des Verbindungsbogens zwischen den Hauptzellen eines Kreiszellenfangdamms;

r_m Radius der Hauptzelle eines Kreiszellenfangdamms;

t_f Nennwert der Flanschdicke der Spundbohle;

t_w Nennwert der Stegdicke der Spundbohle;

β_B Abminderungsfaktor des Widerstandsmomentes von U-Bohlen zur Berücksichtigung einer unzureichenden Schubkraftübertragung im Schloss;

β_D Abminderungsfaktor der Biegesteifigkeit von U-Bohlen zur Berücksichtigung einer unzureichenden Schubkraftübertragung im Schloss;

β_R Faktor für den Schlosswiderstand von Flachprofilen;

β_T Faktor zur Berücksichtigung des Verhaltens von geschweißten Verbindungsbohlen im Grenzzustand der Tragfähigkeit;

$\beta_{o,l}$ Abminderungsfaktor zur Berücksichtigung des durch Ovalisation der Rohre reduzierten Flächenträgheitsmomentes um die Wandachse;

ρ_P Faktor zur Berücksichtigung der Effekte der Wasserdruckbeanspruchung auf die Plattenbiegung.

(4) Weitere Symbole und Abkürzungen sind definiert, wo sie zum ersten Mal auftreten.

1.7 Einheiten

(1) Es sollten die SI-Einheiten nach ISO 1000 verwendet werden.

(2) Die folgenden Einheiten sind bei der Berechnung empfohlen:

— Kräfte und Lasten: kN, kN/m, kN/m²;

— Masseneinheiten: kg/m^3;

— Gewichtseinheiten: kN/m^3;

— Spannungen und Festigkeiten: N/mm² (MN/m^2 oder MPa);

— Biegemomente: kNm;

— Torsionsmomente: kNm.

1.8 Begriffsbestimmung

Für diese Norm werden folgende Begriffe verwendet:

ANMERKUNG Bild 1-1 bis Bild 1-10 sind nur Beispiele zum Verständnis der Begriffe. Die Beispiele sind keineswegs vollständig und stellen keine bevorzugte Ausführung dar.

1.8.1
Verankerung
dies ist die allgemeine Bezeichnung für ein rückwärtiges Verankerungssystem für eine Stützwand, z. B. Tote-Männer, Ankerplatten oder Ankerwände, Gewindeanker, geschraubte Erdanker, Ankerpfähle und Expansionsanker. Beispiele für Anschlüsse zwischen Anker und Spundwände sind in Bild 1-1 dargestellt.

1.8.2
rückverankerte Wand
eine Wand, deren Stabilität von der Einbindung der Spundwand in den Boden und zusätzlich von einer oder mehreren Ankerlagen abhängig ist

1.8.3
Tragpfähle
Konstruktionselemente (Hohlprofile, H-Profile, kreuz- oder X-förmige Profile), die in Gründungen von Hoch- oder Ingenieurbauten zur Aufnahme von axialen Zug- oder Druckkräften, Momenten und Querkräften (siehe Tabelle 1-1) verwendet werden. Die Tragfähigkeit wird durch den Spitzenwiderstand oder die Mantelreibung oder die Kombination von beidem erreicht.

1.8.4
Aussteifungen
senkrecht oder im Winkel zur Stützwandvorderseite angeordnete Streben, die die Wand abstützen und gewöhnlich an Gurtungen angeschlossen sind (siehe Bild 1-2)

1.8.5
ungestützte Wand
ein Wand, deren Stabilität allein von der Einbindung der Profile im Boden abhängig ist

1.8.6
Zellenfangedämme
Zellenfangedämme bestehen aus Flachprofilen, die eine ausreichende Schlosszugfestigkeit besitzen, um die umlaufenden Zugkräfte in den kreisförmigen Zellen infolge des Innendrucks der Füllung aufzunehmen (siehe Bild 1-3). Die Standsicherheit der Zellen wird durch das Eigengewicht der Füllung erreicht. Es gibt zwei Typen von Zellenfangedämmen:

— Zellenfangedämme aus kreisförmigen Zellen: Dieser Typ besteht aus einzelnen Zellen mit großen Kreisdurchmessern, die über Bögen mit kleinerem Durchmesser verbunden sind (siehe Bild 1-4a);

— Zellenfangedämme aus flachen Zellen: Dieser Typ besteht aus zwei Reihen von kreisförmigen Bögen, die durch rechtwinkelig zur Dammachse angeordnete Querschotte miteinander verbunden sind. (siehe Bild 1-4b).

1.8.7
kombinierte Spundwände
Stützwände, die aus Trag- und Zwischenelementen bestehen. Die Tragelemente sind häufig Rohrprofile, I-Profile oder geschweißte Hohlkästen, die in gleichmäßigen Abständen über die Wandlänge verteilt sind. Die Zwischenelemente sind im Allgemeinen Spundbohlen verschiedener Profile, die zwischen den Tragelementen eingebaut und durch Schlösser mit diesen verbunden sind (siehe Bild 1-5).

1.8.8
Doppel-U-Bohlen
zwei U-Bohlen, die in ihrem gemeinsamen Schloss durch Verpressen oder Verschweißen verbunden sind und so die Übertragung der Schubkräfte ermöglichen

1.8.9
Rammfähigkeit
Fähigkeit einer Spundbohle oder eines Tragpfahles, ohne Schaden durch die Bodenschichten bis auf die erforderliche Einbindetiefe eingebracht werden zu können

1.8.10
Einbringen
Methode, mit der eine Bohle oder ein Pfahl in den Boden auf die erforderliche Tiefe eingebracht wird, z. B. durch Schlagrammen, Vibrationsrammen, Pressen, Drehen oder durch eine Kombination dieser oder anderer Methoden

1.8.11
Trägerpfahlwand
Stützwand, die aus Stahlträgern derselben Geometrie zusammengesetzt und durch Schlösser verbunden wird. Diese Elemente können aus geschweißten Profilen bestehen, siehe Bild 1-6, um ein hohes Widerstandsmoment des Querschnitts zu erreichen.

1.8.12
Schloss
Teil einer Spundbohle oder anderer Verbauelemente, der benachbarte Elemente mittels Daumen-Finger-Verhakung oder ähnlicher Ausbildungen miteinander verbindet, so dass eine durchgängige Wand entsteht. Die Schlossverbindungen können bezeichnet werden als

— frei: Eingefädelte Schlösser, die weder verschweißt noch verpresst sind;

— verpresst: Die Schlösser der zusammengesetzten Einzelbohlen sind mechanisch durch Verpresspunkte verbunden;

— verschweißt: Die Schlösser der zusammengesetzten Einzelbohlen sind mechanisch durch durchgängige oder unterbrochene Verschweißungen verbunden.

1.8.13
Verbundwände in Winkelform
spezielle Spundwandausführung, bei der die Einzelbohlen entweder zur Erhöhung des Flächenträgheitsmomentes der Wand (siehe Beispiel in Bild 1-7) oder zur Erfüllung besonderer Anforderungen (siehe Beispiel in Bild 1-8) winkelig zur Wandachse verlaufen

1.8.14
Pfahlkupplung
Reibungsmanschette zur Verlängerung eines Stahlrohres oder eines X-förmigen Pfahls

1.8.15
abgestützte Wand
Stützwand, deren Stabilität von der Einbindetiefe der Spundwand in den Boden und zusätzlich von einer oder mehreren Lagen von Aussteifungen abhängig ist

1.8.16
Trägerbohlwand (Berliner Verbau)
Trägerbohlwände bestehen aus in gleichen Abständen eingebrachten vertikalen Pfählen und horizontalen Zwischenelementen (Tafeln, Bohlen oder Verschalung), siehe Bild 1-9. Die Pfähle können gewalzte oder geschweißte I-Profile, Rohre oder Kastenprofile sein.

1.8.17
Kastenpfähle
nicht kreisförmige Hohlprofile, die sich aus zwei oder mehreren warmgewalzten Profilen zusammensetzen und durchgängig oder abschnittsweise in Längsrichtung verschweißt sind (siehe Tabelle 1-1)

1.8.18
Stahlrohrpfähle
Pfähle mit kreisförmigem Querschnitt, die nahtlos gewalzt oder aus längsseitig oder spiralförmig verschweißten Blechen hergestellt werden (siehe Tabelle 1-1)

1.8.19
Stahlspundbohle
Dies ist ein einzelnes Stahlelement, aus dem eine Spundwand zusammengesetzt wird. Die Bohlentypen, die in diesem Teil 5 behandelt werden, sind in Tabelle 1-2 aufgeführt: Z-förmige, U-förmige und Flachprofile. Kaltgeformte Bohlen sind in Tabelle A-1 in Anhang A gegeben. Die Schlösser von Z-Bohlen liegen in der äußeren Wandfläche, während sich die Schlösser von U-Bohlen und Flachbohlen in der Stützwandachse befinden.

**1.8.20
Stahlspundwand**
durchgängige flächenförmige Stützwandkonstruktion aus Spundbohlen, die sich durch die Wirksamkeit der Schlösser ergibt

**1.8.21
T-Verbindung**
Sonderelement, siehe Bild 1-10, das zwei Hauptzellen eines Fangedamms über Bögen mit kleineren Durchmessern miteinander verbindet, siehe Bild 1-3

**1.8.22
Dreifach-U-Bohlen**
Eine aus drei einzelnen U-Bohlen zusammengesetzte Mehrfachbohle. Die beiden gemeinsamen Schlösser ermöglichen durch Verpressen oder Verschweißen die Übertragung der Schubkräfte.

**1.8.23
Gurtung**
horizontaler Balken, in der Regel aus Stahl oder Stahlbeton, der an der Stützwand angebracht wird, um die Auflagerlasten der Wand in die Zuganker und Steifen zu übertragen

Tabelle 1-1 — Beispiele für Querschnitte von Tragpfählen aus Stahl

Querschnittstypen	Darstellung
Hohlprofile (Beispiele), siehe Anmerkung	
H-Profile	
X-Profile	

ANMERKUNG   Für Ausführungsdetails wird auf EN 12699 und EN 14199 verwiesen.

Tabelle 1-2 — Stahlspundwände

Querschnittstyp	Einzelbohle	Doppelbohle
Z-Profile		
U-Profile		
Flachprofile		
ANMERKUNG Für Details der Schlösser wird auf EN 10248 verwiesen.		

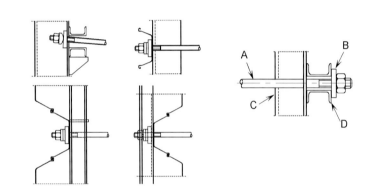

Legende
A Zuganker
B Ankerplatte
C Spundbohle
D Gurtung

Bild 1-1 — Beispiele für die Verbindung zwischen Ankern und Spundwänden

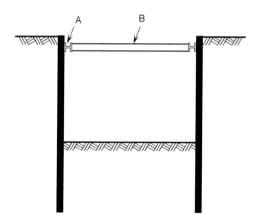

Legende
A Gurtung
B Aussteifung

Bild 1-2 — Beispiel für eine Aussteifung

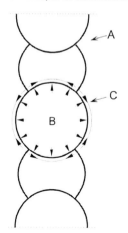

Legende
A T-Verbindung
B Innendruck
C ringförmige Zugkraft

Bild 1-3 — Zellenfangedämme

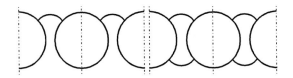

a) Konstruktion aus kreisförmigen Zellen

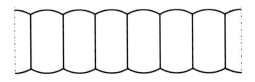

b) Konstruktion aus flachen Zellen

Bild 1-4 — Beispiel für Zellenfangedämme

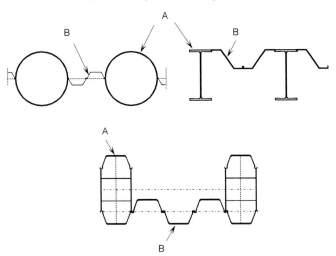

Legende
A Tragelement
B Zwischenelement

Bild 1-5 — Beispiele für kombinierte Spundwände

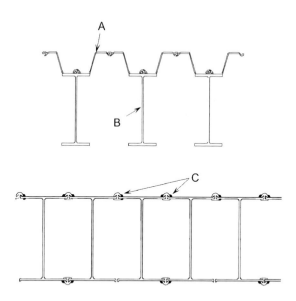

Legende
A auf I-Profil angeschweißte Spundbohle
B I-Profil
C am I-Profil angeschweißtes Schlossprofil

Bild 1-6 — Beispiele für Trägerpfahlwände

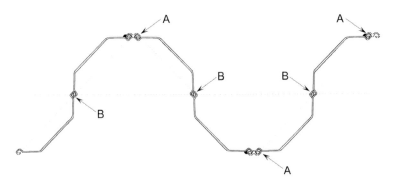

Legende
A einseitig an einer U-Bohle angeschweißtes Verbindungsstück
B Verpresstes Schloss

Bild 1-7 — Beispiel für Verbundwände in Winkelform aus U-Profilen

Bild 1-8 — Beispiel für eine Verbundwand in Winkelform aus Z-Profilen

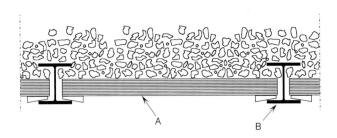

Legende
A Verschalung, Tafeln, Bohlen
B Tragbohle

Bild 1-9 — Beispiel für eine Trägerbohlwand (Berliner Verbau)

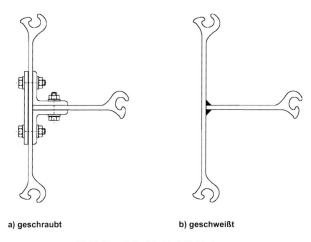

a) geschraubt   b) geschweißt

Bild 1-10 — Beispiele für T-Verbindungen

1.9 Vereinbarung für die Spundbohlenachsen

(1) Für Spundwände wird die folgende Achsenvereinbarung getroffen:

— allgemein

- x–x ist die Längsachse der Bohle;
- y–y ist die Querschnittsachse parallel zur Stützwand;
- z–z ist die andere Querschnittsachse;

— falls notwendig

- u–u ist die zur Stützwandachse nächstgelegene Querschnittshauptachse, wenn diese nicht mit y–y übereinstimmt;
- v–v ist die andere Querschnittshauptachse, wenn diese nicht mit z–z übereinstimmt.

ANMERKUNG Diese Vereinbarung weicht von der Achsenvereinbarung in EN 1993-1-1 ab. Dieses ist bei Querverweisen zu Teil 1-1 zu beachten.

2 Grundlagen für Entwurf, Bemessung und Konstruktion

2.1 Allgemeines

(1)P Für die Bemessung von Tragpfählen und Spundwänden einschließlich der Bemessung der Gurtungen, Aussteifungen und Anker sind die Regelungen in EN 1990 anzuwenden, es sei denn, dieses Dokument liefert abweichende Regeln.

(2) Nachfolgend werden besondere Regelungen für den Entwurf, die Bemessung und die Konstruktion von Tragpfählen und Spundwänden angegeben, um die Anforderungen an die Sicherheit und Dauerhaftigkeit für die Grenzzustände der Gebrauchstauglichkeit und der Tragfähigkeit zu erfüllen.

(3) Die Tragfähigkeit des Bodens sollte nach EN 1997-1 bestimmt werden.

(4)P Es sind alle Bemessungssituationen in jeder Phase der Bauausführung und der Nutzung zu berücksichtigen, siehe EN 1990.

(5) Die Rammfähigkeit der Tragpfähle und Spundbohlen sollte bei Entwurf und Bemessung der Konstruktion berücksichtigt werden, siehe 2.7.

(6) Wenn nichts anderes angegeben ist, gelten die in diesem Dokument angegebenen Regeln gleichermaßen für temporäre und permanente Bauwerke, siehe EN 1990.

(7) Nachfolgend wird eine Unterscheidung zwischen Tragpfählen und Stützwänden gemacht, wenn dies notwendig ist.

(8) Regelungen zu Gurtungen, Aussteifungen, Verbindungen und Ankern befinden sich in Abschnitt 7.

2.2 Kriterien für den Grenzzustand der Tragfähigkeit

(1)P Es sind die nachfolgenden Kriterien für den Grenzzustand der Tragfähigkeit zu berücksichtigen:

a) Versagen des Bauwerks durch Versagen des Bodens (die Tragfähigkeit des Bodens ist überschritten);

b) Tragwerksversagen;

c) Kombination des Boden- und Tragwerksversagens.

ANMERKUNG Versagen benachbarter Bauwerke kann durch Verformungen infolge des Aushubs verursacht werden. Wenn benachbarte Bauwerke empfindlich gegenüber diesen Verformungen sind, können Empfehlungen für die Vorgehensweise für den Einzelfall angegeben werden.

(2) Die Kriterien für den Grenzzustand der Tragfähigkeit sollten in Übereinstimmung mit EN 1997-1 nachgewiesen werden.

(3) Abhängig von der Bemessungssituation sollte der Bauteilwiderstand für eine oder mehrere der nachfolgenden Versagensarten nachgewiesen werden:

— für Tragpfähle:

— Versagen infolge Biegung- und/oder Normalkraft;

— Versagen infolge Biegeknicken unter Berücksichtigung der Zwängungen, die durch den Boden und die Stützkonstruktion sowie deren Anschlüsse erzeugt werden;

— lokales Versagen an den Lasteinleitungsstellen;

— Ermüdung;

— für Stützwände:

— Versagen infolge Biegung- und/oder Normalkraft;

— Versagen infolge Biegeknicken unter Berücksichtigung der Zwängungen, die durch den Boden erzeugt werden;

- lokales Beulen infolge Biegung;
- lokales Versagen an den Lasteinleitungsstellen (z. B. Stegblechbeulen);
- Ermüdung.

2.3 Kriterien für den Grenzzustand der Gebrauchstauglichkeit

(1) Soweit nichts anderes vereinbart ist, sollten die nachfolgenden Kriterien für den Grenzzustand der Gebrauchstauglichkeit berücksichtigt werden:

- für Tragpfähle:

  - Begrenzung der vertikalen Setzungen oder horizontalen Verschiebungen, die für das abzustützende Tragwerk einzuhalten sind;

  - Begrenzung der Erschütterungen, die für die direkt mit den Tragpfählen verbundenen oder benachbarten Tragwerke einzuhalten sind;

- für Stützwände:

  - Verformungsbegrenzungen, die für die Stützwand selbst einzuhalten sind;

  - Begrenzung der horizontalen Verschiebungen, vertikalen Setzungen oder Erschütterungen, die für die Nutzung der direkt mit der Stützwand verbundenen oder benachbarten Tragwerke einzuhalten sind.

(2) Werte für die in (1) genannten Grenzen sollten im Einzelfall in Verbindung mit den dafür geltenden Lastfallkombinationen nach EN 1990 festgelegt werden.

(3) Grenzwerte, die sich aus benachbarten Tragwerken ergeben, sollten im Einzelfall festgelegt werden. Eine Anleitung für die Bestimmung dieser Grenzwerte ist in EN 1997-1 angegeben.

ANMERKUNG Die Kriterien der Gebrauchstauglichkeit dürfen für die Bemessung maßgebend sein.

2.4 Baugrunderkundungen und Bodenparameter

(1)P Parameter für den Boden und/oder Hinterfüllungen sind nach geotechnischen Untersuchungen nach EN 1997 zu bestimmen.

2.5 Statische Berechnung

2.5.1 Allgemeines

(1) Eine statische Berechnung sollte durchgeführt werden, um die Beanspruchungen (Kräfte und Biegemomente, Spannungen, Dehnungen und Verformungen) für das gesamte Tragwerk oder Teile davon zu bestimmen. Falls erforderlich, sollten zusätzliche Berechnungen für Konstruktionsdetails durchgeführt werden, z. B. für Lasteinleitungsstellen, Verbindungen usw.

(2) Die Berechnungen können mit Idealisierung der Geometrie, des Verhaltens des Tragwerks und des Bodens durchgeführt werden. Die Idealisierungen sollten entsprechend der Bemessungssituation ausgewählt werden.

(3) Außer in den Fällen, in denen die Bemessung empfindlich auf Abweichungen reagiert, darf die Bestimmung der Schnittgrößen in Pfahlgründungen und Spundwänden auf der Basis der Nennwerte der Abmessungen durchgeführt werden.

(4) Eine Brandschutzbemessung sollte nach den Festlegungen in EN 1993-1-2 und EN 1991-1-2 durchgeführt werden.

2.5.2 Bestimmung der Einwirkungen

(1) Wo zutreffend, sollten die Einwirkungen nach EN 1991 bestimmt werden, andernfalls sollten sie im Einzelfall und in Abstimmung mit dem Auftraggeber festgelegt werden.

(2) Bei Pfahlgründungen sollten die Einwirkungen infolge vertikaler oder quer verlaufender Bodenbewegungen (z. B. negative Mantelreibung usw.) nach EN 1997-1 bestimmt werden.

(3) Die Einwirkungen, die vom Boden auf das Tragwerk wirken, sollten mit Modellen nach EN 1997-1 bestimmt werden oder im Einzelfall und in Abstimmung mit dem Auftraggeber festgelegt werden.

(4) Wo notwendig, sollten die Auswirkungen von Temperaturänderungen mit der Zeit oder von Sonderlasten, die nicht in EN 1991 erfasst sind, berücksichtigt werden.

ANMERKUNG 1   Es kann erforderlich sein, Temperaturauswirkungen zu berücksichtigen, z. B. für Aussteifungen, wenn große Temperaturänderungen wahrscheinlich sind. Der Entwurf darf dabei Maßnahmen vorschreiben, um den Einfluss der Temperaturänderungen zu reduzieren.

ANMERKUNG 2   Beispiele für Sonderlasten sind:

— Lasten durch fallende Gegenstände oder schwingende Kranlasten;
— Lasten von Baggern und Kränen;
— Auflasten aus Pumpen, Zugangswegen, Zwischenaussteifungen, Lagerung von Geräten oder Stapeln von Stahlbewehrung.

(5) Soweit nicht anders festgelegt, dürfen für Stützwände, die Belastungen von einer Straße oder Bahnstrecke erfahren, vereinfachte Modelle für diese Lasten (z. B. Gleichlasten) abgeleitet aus den Lasten für Brücken verwendet werden, siehe EN 1991-2.

2.5.3 Tragwerksberechnung

2.5.3.1 Allgemeines

(1) Die Tragwerksberechnung sollte mit einer geeigneten Boden-Tragwerks-Interaktion in Übereinstimmung mit EN 1997-1 durchgeführt werden.

(2) In Abhängigkeit von der Bemessungssituation können Anker als einfache starre Stützung oder als Federstützung abgebildet werden.

(3) Wenn die Verbindungen und Anschlüsse einen großen Einfluss auf die Schnittgrößenverteilung haben, sollten diese in der Tragwerksberechnung berücksichtigt werden.

2.5.3.2 Grenzzustand der Tragfähigkeit

(1) Die Tragwerksberechnung für Pfahlgründungen für den Grenzzustand der Tragfähigkeit darf mit demselben Modell durchgeführt werden wie für den Grenzzustand der Gebrauchstauglichkeit.

(2) Wenn außergewöhnliche Bemessungssituationen berücksichtigt werden müssen, darf die Bestimmung der Schnittgrößen in den Gründungspfählen mit einem plastischen Modell sowohl für das gesamte Tragwerk als auch für die Boden-Tragwerks-Interaktion vorgenommen werden.

ANMERKUNG   Ein Beispiel für eine außergewöhnliche Bemessungssituation ist der Schiffsanprall auf einen Brückenpfeiler.

(3) Die Bestimmung der Schnittgrößen in Stützwänden aus Spundbohlen sollte für den Grenzzustand der Tragfähigkeit für den jeweiligen Versagensfall unter Verwendung der Boden-Tragwerks-Interaktion nach 2.5.3.1 (1) durchgeführt werden.

2.5.3.3 Grenzzustand der Gebrauchstauglichkeit

(1) Sowohl für Stützwände aus Spundbohlen als auch für Pfahlgründungen sollte die statische Berechnung auf der Grundlage eines linear elastischen Modells des Tragwerks und Boden-Tragwerksmodells, wie sie in 2.5.3.1 (1) definiert sind, durchgeführt werden.

(2) Es sollte nachgewiesen werden, dass im Tragwerk für Gebrauchslasten keine plastischen Verformungen auftreten.

2.6 Versuchsgestützte Bemessung

2.6.1 Allgemeines

(1) Die allgemeinen Regelungen für die versuchsgestützte Bemessung, die in EN 1990, EN 1993-1-1 und EN 1997-1 aufgeführt sind, sollten beachtet werden.

ANMERKUNG Eine Anleitung für die Bestimmung des Bemessungswiderstandes aus Versuchen befindet sich in EN 1990, Anhang D.

2.6.2 Tragpfähle

(1) Anleitungen für Versuche an Tragpfählen sind EN 1997-1, EN 12699 und EN 14199 zu entnehmen.

2.6.3 Stahlspundwände

(1) Die bei der Bemessung von Spundwänden getroffenen Annahmen können entsprechend dem Bauablauf durch Versuche auf der Baustelle überprüft werden (z. B. im Fall von Bodenaushub).

(2) Die Kalibrierung eines Berechnungsmodells und die Änderung des Entwurfs während der Ausführung sollten mit Bezug auf EN 1997-1 durchgeführt werden.

2.6.4 Verankerung

(1) Für die Verankerungen sollten die allgemeinen Regelungen für die versuchsgestützte Bemessung, die in EN 1997-1, EN 1537 und EN 1993-1-11 angegeben sind, beachtet werden.

2.7 Rammbarkeit

(1)P Bei der Bemessung von Pfählen und Spundbohlen sind die ausführungstechnischen Aspekte des Einbringens auf die erforderliche Einbindetiefe zu berücksichtigen. Dazu wird auf EN 12063, EN 12699 und EN 14199 verwiesen.

(2) Der Typ, die Abmessungen und die konstruktive Durchbildung der Bohlen und Pfähle sollten in Verbindung mit der Wirksamkeit der Geräte zum Rammen und Ziehen sowie des Rammverfahrens (Rammparameter) so gewählt werden, dass sie den Bedingungen des Bodens, in den die Bohlen bzw. die Pfähle eingebracht werden, entsprechen.

(3) Wenn Rammschuhe, Versteifungen oder Reibungsverminderer als Rammhilfe oder zur Verstärkung der Bohlen oder der Pfähle während des Einbringens verwendet werden, sollten die Auswirkungen auf das Verhalten während der Nutzung beachtet werden.

DIN EN 1993-5:2010-12
EN 1993-5:2007 + AC:2009 (D)

3 Werkstoffeigenschaften

3.1 Allgemeines

(1)P Dieser Teil 5 der EN 1993 gilt für die Bemessung von Tragpfählen und Stützwänden aus Stahl, der den in 3.2 bis 3.9 genannten Normen entspricht.

(2) Diese Norm darf auch bei anderen Baustählen angewendet werden, wenn ausreichende Daten vorhanden sind, um die Anwendung der diesbezüglichen Bemessungs- und Fertigungsregeln zu rechtfertigen. Die Versuchsdurchführungen und -auswertungen sollten den Regelungen in EN 1993-1-1, Abschnitt 2 und EN 1990 entsprechen, und die Versuchsanforderungen sollten mit den Normen, die in 3.2 bis 3.9 genannt sind, übereinstimmen.

(3)P Spundbohlen und Pfähle, die gebraucht oder als Elemente „zweiter Wahl" verwendet werden sollen, müssen mindestens die Anforderungen bezüglich der Abmessungen und der Materialeigenschaften erfüllen und frei von Schäden oder Schadstoffen sein, welche die Festigkeit oder die Dauerhaftigkeit beeinträchtigen können.

3.2 Tragpfähle

(1) Zu Stahleigenschaften sollte EN 1993-1-1 beachtet werden.

(2) Zu Eigenschaften von Stahlpfählen aus Stahlbohlen siehe 3.3 oder 3.4.

3.3 Warmgewalzte Stahlspundbohlen

(1)P Warmgewalzte Stahlspundbohlen müssen EN 10248 entsprechen.

(2) Die Nennwerte der Streckgrenze f_y und der Zugfestigkeit f_u für warmgewalzte Spundbohlen dürfen Tabelle 3-1 entnommen werden. Diese entsprechen den Mindestwerten in EN 10248-1.

(3) Zu Duktilitätsanforderungen sollte EN 1993-1-1, 3.2.2 beachtet werden.

ANMERKUNG Die in Tabelle 3-1 aufgeführten Stahlsorten genügen diesen Anforderungen.

Tabelle 3-1 — Nennwerte der Streckgrenze f_y und der Zugfestigkeit f_u für warmgewalzte Stahlspundbohlen nach EN 10248-1

Stahl nach EN 10027	f_y N/mm²	f_u N/mm²
S240GP	240	340
S270GP	270	410
S320GP	320	440
S355GP	355	480
S390GP	390	490
S430GP	430	510

3.4 Kaltgeformte Stahlspundbohlen

(1)P Kaltgeformte Stahlspundbohlen müssen EN 10249 entsprechen.

(2) Nennwerte für die Streckgrenze f_{yb} des Grundmaterials und die Zugfestigkeit f_u für kaltgeformte Spundbohlen dürfen Tabelle 3-2 entnommen werden. Diese stimmen mit EN 10249-1 überein.

ANMERKUNG Die Streckgrenze f_{yb} ist der Nennwert der Streckgrenze des Grundmaterials, das für die Kaltverformung verwendet wird.

(3) Zu Duktilitätsanforderungen sollte A.3.1 beachtet werden.

Tabelle 3-2 — Nennwerte der Streckgrenze f_{yb} des Grundmaterials und Zugfestigkeit f_u für kaltgeformte Stahlspundbohlen nach EN 10249-1

Stahl nach EN 10027	f_{yb} N/mm²	f_u N/mm²
S235JRC	235	340
S275JRC	275	410
S355JOC	355	490

3.5 Profile für Gurtungen und Aussteifungen

(1) Zu Stahleigenschaften von Gurtungen und Aussteifungen sollte EN 1993-1-1, 3.1 und 3.2 beachtet werden.

3.6 Verbindungsmittel

(1) Zu Eigenschaften von Schrauben, Muttern, Unterlegscheiben, Ankerplatten und Schweißzusatzmitteln sollte EN 1993-1-8 beachtet werden.

3.7 Stahlteile für Anker

(1) Für Anker aus hochfestem Stahl mit einer definierten minimalen Mindeststreckgrenze $f_{y,spec}$, die nicht höher als $f_{y,spec,max}$ sein sollte, sollte EN 1537 beachtet werden.

ANMERKUNG Der Zahlenwert für $f_{y,spec,max}$ darf im Nationalen Anhang angegeben sein. Der Wert $f_{y,spec,max}$ = 500 N/mm² wird empfohlen.

(2) Zu Materialeigenschaften von Ankern aus nicht-hochfestem Stahl sollten EN 1993-1-1, 3.2.1, 3.2.2 und EN 1993-5, 3.9 beachtet werden.

3.8 Stahlteile für kombinierte Spundwände

(1)P Die Stahleigenschaften von Sonder-I-Profilen, die als Tragelemente bei kombinierten Spundwänden eingesetzt werden, müssen EN 10248 entsprechen.

(2)P Rohre, die als Tragelemente in kombinierten Spundwänden verwendet werden, müssen EN 10210 oder EN 10219 entsprechen.

(3) Die Stahleigenschaften von zusammengesetzten Hohlkastenpfählen, die als Tragelemente in kombinierten Spundwänden verwendet werden, sollten die Anforderungen in 3.2 erfüllen.

(4) Die Stahleigenschaften der Füllelemente in kombinierten Spundwänden sollten die Anforderungen in 3.3 oder 3.4 erfüllen.

(5)P Warmgewalzte Schlossprofile für Spundbohlen müssen mit EN 10248 übereinstimmen.

3.9 Bruchzähigkeit

(1)P Der Werkstoff muss eine ausreichende Zähigkeit besitzen, um bei den niedrigsten Betriebstemperaturen innerhalb der geplanten Nutzungsdauer des Tragwerks Sprödbruch zu vermeiden.

ANMERKUNG   Die niedrigste zu berücksichtigende Betriebstemperatur darf im Nationalen Anhang angegeben sein.

(2) Für Spundwände mit einer Flanschdicke von maximal 25 mm dürfen Stähle mit den T_{27J}-Werten nach Tabelle 3-3 eingesetzt werden, vorausgesetzt, dass die niedrigste Betriebstemperatur nicht geringer als −30 °C ist.

ANMERKUNG 1   Für andere Fälle kann EN 1993-1-10 herangezogen werden.

ANMERKUNG 2   Der T_{27J}-Wert ist die Versuchstemperatur, bei der eine Kerbschlagarbeit $K_V(T) > 27$ Joule erforderlich ist, um den Bruch einer Probe im Kerbschlagbiegeversuch hervorzurufen. Zum Versuch siehe EN 10045.

Tabelle 3-3 — Testtemperatur T_{27J} für die Bruchzähigkeit von Spundbohlen

	Streckgrenze f_y in N/mm²	240	270	320	355	390	430
Wert von T_{27J}	niedrigste Betriebstemperatur −15 °C	35°	35°	35°	15°	15°	15°
	niedrigste Betriebstemperatur −30 °C	20°	20°	20°	0°	0°	0°
ANMERKUNG 1 Wenn sich in einem durch Zug belasteten Flansch Aussparungen befinden (z. B. für Anker), sollte die Verminderung des Querschnittswiderstandes durch eine Abminderung der Streckgrenze oder durch die effektive Querschnittsfläche berücksichtigt werden.							
ANMERKUNG 2 Die Werte sind für die niedrigste Betriebstemperatur und Flanschdicken von maximal 25 mm ohne dynamische Effekte berechnet worden. Bei Flanschdicken 25 < t_f ≤ 30 mm sollten die Tabellenwerte für T_{27J} für die niedrigste Betriebstemperaturen von −15 °C um 5 °C und für die niedrigste Betriebstemperaturen von −30 °C um 10 °C verringert werden.							
ANMERKUNG 3 Höhere Zähigkeitsanforderungen können notwendig sein, wenn die Bohlen in harte Böden bei Temperaturen unter −10 °C eingebracht werden sollen.							

4 Dauerhaftigkeit

4.1 Allgemeines

(1)P Abhängig von der Aggressivität der Medien, die die Stahlbauteile umgeben, sind Maßnahmen gegen Korrosion zu ergreifen, wenn erhebliche Verluste der Stahldicke erwartet werden.

(2) Wenn Korrosion bei der Bemessung durch eine Reduktion der Blechdicken berücksichtigt werden muss, sollte 4.4 beachtet werden.

(3) Um die Lebensdauer eines Tragwerks zu verlängern, sollten folgende Maßnahmen beachtet werden:

- die Nutzung einer größeren Blechdicke als Korrosionsreserve;

- statische Reserven;

- Verwendung von Schutzbeschichtungen (Anstriche, Verpressmörtel oder Verzinkung);

- Verwendung eines kathodischen Schutzes mit oder ohne Schutzbeschichtungen;

- Ausstattung der Zonen mit hoher Korrosion mit einem Schutz aus Beton, Mörtel oder Suspensionen.

(4) Wenn die geforderte Nutzungsdauer länger als die Wirkungsdauer des Schutzes ist, sollte beim Nachweis des Grenzzustandes der Gebrauchstauglichkeit und der Tragfähigkeit der Blechdickenverlust aus der restlichen Nutzungsdauer berücksichtigt werden.

ANMERKUNG 1   Eine Kombination verschiedener Korrosionsschutzmaßnahmen kann sinnvoll sein, um eine höhere Nutzungsdauer zu erreichen. Das gesamte Schutzsystem kann anhand der Bemessung, der Schutzbeschichtungen und der Durchführbarkeit von Inspektionen spezifiziert werden.

ANMERKUNG 2   Besondere Vorsicht ist in Bereichen erforderlich, wo schlecht isolierte Gleichstromquellen Streuströme im Boden hervorrufen können.

(5) Wenn die Korrosion nicht gleichmäßig über die Bohlenlänge auftritt, darf dies ausgenutzt werden, um eine wirtschaftliche Bemessung durch Anpassung der Momentenverteilung an die Korrosionsverteilung zu erreichen, siehe Bild 4-1.

(6) Die geforderte Nutzungsdauer für Spundwände und Tragpfähle sollte im Einzelfall bestimmt werden.

(7) Bei Nutzungsdaueranforderungen von weniger als 4 Jahren kann die Blechdickenreduktion infolge Korrosion vernachlässigt werden, es sei denn, andere Zeitdauern werden im Einzelfall definiert.

(8) Die Korrosionsschutzmaßnahmen sollten für jeden Einzelfall festgelegt werden.

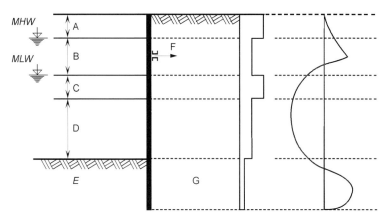

a) Vertikale Bereiche unterschiedlichen Korrosionsangriffs bei Meerwasser

b) Verteilung der Korrosionsrate an der Meerwasserseite

c) Typische Biegemomentverteilung

Legende
A   Bereich mit hohem Angriff (Spritzwasserzone)
B   Wasserwechselzone
C   Bereich mit hohem Angriff (Niedrigwasserzone)
D   ständig unter Wasser
E   verdeckter Bereich (Wasserseite)
F   Anker
G   Erdseite
MHW Mittleres Hochwasser
MLW Mittleres Niedrigwasser

ANMERKUNG   Der Verlauf des Korrosionsangriffs in der Vertikalen und die Bereiche der höchsten Angriffe können beträchtlich vom gezeigten Beispiel abweichen, da sie von den vorherrschenden Bedingungen am Bauwerksstandort abhängig sind.

Bild 4-1 — Beispiel der Verteilung der Korrosionsrate

4.2 Dauerhaftigkeitsanforderungen für Tragpfähle

(1) Wenn nicht anders festgelegt, sollte sowohl für den Grenzzustand der Gebrauchstauglichkeit als auch der Tragfähigkeit der Festigkeitsnachweis für einzelne Pfähle unter Berücksichtigung eines gleichmäßigen Dickenverlustes über den gesamten Umfang des Querschnitts durchgeführt werden.

(2) Wenn nicht anders festgelegt, sollte bei Pfählen, die in Kontakt mit Wasser oder Boden (mit oder ohne Grundwasser) stehen, die Reduktion der Blechdicke infolge Korrosion für den Grenzzustand der Gebrauchstauglichkeit und der Tragfähigkeit aus 4.4 in Abhängigkeit von der erforderlichen Nutzungsdauer des Tragwerks entnommen werden.

(3) Wenn im Einzelfall nicht anders festgelegt, darf die Korrosion innerhalb von Hohlprofilen, deren Enden wasserdicht geschlossen oder die mit Beton verfüllt sind, vernachlässigt werden.

4.3 Dauerhaftigkeitsanforderungen an Spundwände

(1) Wenn nicht anders festgelegt, sollte für die Teile von Spundwänden, die in Kontakt mit Wasser und Boden (mit oder ohne Grundwasser) stehen, der Dickenverlust infolge Korrosion für den Festigkeitsnachweis

im Grenzzustand der Gebrauchstauglichkeit und der Tragfähigkeit aus 4.4 in Abhängigkeit von der erforderlichen Nutzungsdauer des Tragwerks entnommen werden. Wo Spundbohlen beidseitig in Kontakt mit Boden oder Wasser stehen, ist die Korrosionsrate für beide Seiten anzusetzen.

(2) Wenn der Korrosionsangriff des Bodens oder des Wassers an den beiden Seiten der Spundwand unterschiedlich ist, dürfen zwei unterschiedliche Korrosionsraten angesetzt werden.

4.4 Korrosionsraten für die Bemessung

(1) In diesem Abschnitt werden Korrosionsraten gegeben, die für die Bemessung zu beachten sind.

ANMERKUNG Geeignete Werte für Korrosionsraten können im Nationalen Anhang angegeben werden, wobei regionale Bedingungen zu erfassen sind. Anhaltswerte sind in Tabelle 4-1 und Tabelle 4-2 angegeben.

(2) Der Dickenverlust infolge der Korrosion darf mit 0,01 mm je Jahr in normaler Atmosphäre angenommen werden und mit 0,02 mm je Jahr an Standorten, an denen maritime Bedingungen die Funktion der Konstruktion beeinflussen.

ANMERKUNG Einen bedeutenden Einfluss auf die Korrosionsrate im Boden haben:

— die Bodenart;

— die Änderung des Grundwasserspiegels;

— das Vorhandensein von Sauerstoff;

— das Vorhandensein von Verunreinigungen.

Tabelle 4-1 — Empfohlene Werte für den Dickenverlust in mm infolge Korrosion bei Pfählen und Spundbohlen in Böden, mit oder ohne Grundwasser

Geforderte planmäßige Nutzungsdauer	5 Jahre	25 Jahre	50 Jahre	75 Jahre	100 Jahre
Ungestörte natürlich gewachsene Böden (Sand, Schluff, Ton, Schiefer, ...)	0,00	0,30	0,60	0,90	1,20
Verunreinigte natürliche Böden und industrielle Standorte	0,15	0,75	1,50	2,25	3,00
Aggressive natürliche Böden (Sumpf, Marsch, Torf, ...)	0,20	1,00	1,75	2,50	3,25
Unverdichtete nicht-aggressive Auffüllungen (Ton, Schiefer, Sand, Schluff, ...)	0,18	0,70	1,20	1,70	2,20
Unverdichtete und aggressive Auffüllungen (Asche, Schlacke, ...)	0,50	2,00	3,25	4,50	5,75

ANMERKUNG 1 Korrosionsraten in verdichteten Auffüllungen sind niedriger als in unverdichteten. Bei verdichteten Böden sollten die Werte in dieser Tabelle halbiert werden.

ANMERKUNG 2 Den Werten für 5 Jahre und 25 Jahre liegen Messungen zugrunde, während die anderen Werte extrapoliert sind.

Tabelle 4-2 — Empfohlene Werte für den Dickenverlust in mm infolge Korrosion bei Pfählen und Spundbohlen in Süßwasser und Salzwasser

Geforderte planmäßige Nutzungsdauer	5 Jahre	25 Jahre	50 Jahre	75 Jahre	100 Jahre
Allgemeines Süßwasser (Fluss, Schiffskanal, ...) im Bereich hohen Angriffes (Wasserspiegel)	0,15	0,55	0,90	1,15	1,40
Sehr verunreinigtes Süßwasser (Abwasser, Industrieabwasser, ...) in der Zone hohen Angriffes (Wasserspiegel)	0,30	1,30	2,30	3,30	4,30
Seewasser in gemäßigtem Klima im Bereich hohen Angriffes (Niedrigwasser und Spritzzone)	0,55	1,90	3,75	5,60	7,50
Seewasser in gemäßigtem Klima im Bereich, der ständig unter Wasser ist, oder in der Wasserwechselzone	0,25	0,90	1,75	2,60	3,50

ANMERKUNG 1 Die höchste Korrosionsrate ist in der Regel in der Spritzwasserzone oder bei Gezeiten in der Niedrigwasserzone zu finden. In den meisten Fällen befinden sich jedoch die höchsten Biegespannungen in der Zone, die ständig unter Wasser liegt, siehe Bild 4-1.

ANMERKUNG 2 Den Werten für 5 Jahre und 25 Jahre liegen Messungen zugrunde, während die anderen Werte extrapoliert sind.

5 Grenzzustände der Tragfähigkeit

5.1 Grundlagen

5.1.1 Allgemeines

(1)P Pfähle, Spundbohlen und ihre Komponenten sind so zu bemessen, dass die grundlegenden Bemessungsanforderungen für den Grenzzustand der Tragfähigkeit nach Abschnitt 2 erfüllt sind.

(2) Die folgenden Regelungen sollten für den Querschnittsnachweis und den Bauteilnachweis für den Grenzzustand der Tragfähigkeit verwendet werden.

(3) Zu Teilsicherheitsbeiwerten für die Einwirkung und zur Kombination dieser Einwirkungen sollte EN 1990 verwendet werden.

(4) Zu Teilsicherheitsbeiwerten für die Widerstände γ_{M0}, γ_{M1} und γ_{M2} siehe EN 1993-1-1.

ANMERKUNG Die Teilsicherheitsbeiwerte γ_{M0}, γ_{M1} und γ_{M2} für Pfähle und Spundwände dürfen im Nationalen Anhang festgelegt werden. Die folgenden Werte werden empfohlen: γ_{M0} = 1,00; γ_{M1} = 1,10 und γ_{M2} = 1,25.

5.1.2 Bemessung

(1) Für Stützwände und Tragpfähle sind in der Regel nachzuweisen:

— Querschnittstragfähigkeit sowie Knicken von Spundwänden (siehe 5.2) und Tragpfählen (siehe 5.3);

— der Widerstand von Gurtungen, Aussteifungen, Verbindungen und Ankern (siehe Abschnitt 7);

— globales Versagen des Tragwerks durch Bodenversagen (siehe Abschnitt 2).

5.1.3 Ermüdung

(1) Wenn ein Tragwerk oder Teil eines Tragwerks empfindlich gegenüber Ermüdungserscheinungen ist, ist in der Regel die Beurteilung der Ermüdung entsprechend EN 1993-1-9 durchzuführen.

ANMERKUNG   In Kombination mit starker Korrosion kann der Widerstand gegenüber Ermüdung reduziert sein.

(2) Die Auswirkung von Stößen oder Vibrationen während des Einbringens von Tragpfählen oder Spundbohlen kann in Ermüdungsberechnungen vernachlässigt werden.

5.2 Spundwände

5.2.1 Querschnittsklassifizierung

(1)P Wenn eine elastische statische Berechnung durchgeführt wird, ist nachzuweisen, dass die maximalen Schnittgrößen die zugehörigen Widerstände nicht überschreiten.

(2)P Wenn eine plastische Berechnung erfolgt, muss nachgewiesen werden, dass die maximalen Schnittgrößen nicht die zugehörigen plastischen Widerstände überschreiten. Zusätzlich muss die Rotationskapazität geprüft werden, siehe Tabelle 5-1.

(3) Die Berechnungsmethode für die Schnittgrößenermittlung sollte der folgenden Querschnittsklassifizierung entsprechen:

— Klasse 1: Querschnitte, für die eine plastische Berechnung einschließlich Momentenumlagerung ausgeführt werden darf, vorausgesetzt, dass sie eine ausreichende Rotationskapazität besitzen;

— Klasse 2: Querschnitte, für die eine elastische Berechnung notwendig ist, jedoch kann der Vorteil des plastischen Querschnittswiderstandes ausgenutzt werden;

— Klasse 3: Querschnitte, die für die Anwendung einer elastischen Berechnung und elastischer Spannungsverteilung im Querschnitt bemessen sind, wobei in den Randfasern Fließen auftreten kann;

— Klasse 4: Querschnitte, für die lokales Beulen den Querschnittswiderstand vermindert, siehe Anhang A.

(4) Die Grenzabmaße von Spundbohlen für Querschnitte der Klassen 1, 2 und 3 dürfen der Tabelle 5-1 entnommen werden. Dabei ist eine mögliche Verminderung der Stahldicke infolge Korrosion zu berücksichtigen.

ANMERKUNG   Weitere Anleitungen für die Klassifizierung von Querschnitten sind in Anhang C enthalten.

(5) Ein Bauteil, das die Grenzen für Klasse 1, 2 oder 3 nicht erfüllt, sollte in Klasse 4 eingestuft werden.

(6)P Die Schnittgrößen in anderen Tragwerkskomponenten und den Verbindungen dürfen die Widerstände dieser Elemente und Verbindungen nicht überschreiten.

Tabelle 5-1 — Querschnittsklassifizierung

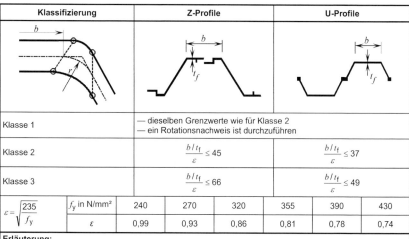

Klassifizierung		Z-Profile	U-Profile
Klasse 1		— dieselben Grenzwerte wie für Klasse 2 — ein Rotationsnachweis ist durchzuführen	
Klasse 2		$\dfrac{b/t_f}{\varepsilon} \leq 45$	$\dfrac{b/t_f}{\varepsilon} \leq 37$
Klasse 3		$\dfrac{b/t_f}{\varepsilon} \leq 66$	$\dfrac{b/t_f}{\varepsilon} \leq 49$
$\varepsilon = \sqrt{\dfrac{235}{f_y}}$	f_y in N/mm²	240	270	320	355	390	430
	ε	0,99	0,93	0,86	0,81	0,78	0,74

Erläuterung:
- b Flanschbreite, zwischen den Eckausrundungen, wenn das Verhältnis r/t_f nicht größer als 5,0 ist, andernfalls muss eine genauere Methode verwendet werden;
- t_f Flanschdicke bei Flanschen mit konstanter Dicke;
- r Radius der Querschnittsmittellinie in der Ecke zwischen Flansch und Steg;
- f_y Streckgrenze.

ANMERKUNG Bei Klasse-1-Querschnitten ist nachzuweisen, dass die plastische Rotationskapazität des Querschnitts nicht geringer ist als die wirklich erforderliche plastische Rotation im Bemessungsfall. Eine Anleitung für diesen Nachweis (Rotationsnachweis) ist in Anhang C zu finden.

5.2.2 Spundwände bei Biegung und Querkraft

(1) Im Fall ohne Quer- und Normalkräfte gilt in der Regel für den Bemessungswert des einwirkenden Biegemomentes M_{Ed} in jedem Querschnitt:

$$M_{Ed} \leq M_{c,Rd} \tag{5.1}$$

Dabei ist

M_{Ed} der Bemessungswert des Biegemomentes, rechnerisch bestimmt entsprechend dem relevanten Fall nach EN 1997-1;

$M_{c,Rd}$ der Bemessungswert des Momentenwiderstandes des Querschnitts.

(2) Der Bemessungswert des Momentenwiderstandes des Querschnitts $M_{c,Rd}$ sollte wie folgt bestimmt werden:

— Klasse-1- oder Klasse-2-Querschnitte:

$$M_{c,Rd} = \beta_B\, W_{pl}\, f_y / \gamma_{M0} \tag{5.2}$$

— Klasse-3-Querschnitte:

$$M_{c,Rd} = \beta_B\, W_{el}\, f_y\, /\, \gamma_{M0} \tag{5.3}$$

— Klasse-4-Querschnitte: siehe Anhang A.

Dabei ist

W_{el} das elastische Widerstandsmoment für eine durchgängige Wand;

W_{pl} das plastische Widerstandsmoment für eine durchgängige Wand;

γ_{M0} der Teilsicherheitsfaktor nach 5.1.1 (4);

β_B der Faktor, der die mögliche Verminderung der Schubkraftübertragung in den Schlössern berücksichtigt. Er hat die folgenden Werte:

       $\beta_B = 1{,}0$ für Z-Bohlen und Dreifach-U-Bohlen;

       $\beta_B \leq 1{,}0$ für Einzel- und Doppelbohlen.

ANMERKUNG 1   Der Grad der Schubkraftübertragung in den Schlössern von U-Bohlen ist maßgebend beeinflusst von:
— dem Bodentyp, in welchen die Bohle eingebracht wurde;
— dem eingebrachten Bauteiltyp;
— der Anzahl der Auflagerebenen und deren Art des Anschlusses in der Wandebene;
— dem Einbringverfahren;
— der Behandlung der Baustellenfädelschlösser (geschmiert oder abschnittsweise verriegelt durch Verschweißung oder durch einen Betonholm usw.);
— der auskragenden Wandhöhe (z. B. wenn die Wand in einem beträchtlichen Abstand über der höchsten oder unter der niedrigsten Gurtung ungestützt ist).

ANMERKUNG 2   Die Werte von β_B für Einfach- und Doppel-U-Bohlen, die diese Einflussfaktoren berücksichtigen und auf lokalen Bemessungserfahrungen beruhen, können im Nationalen Anhang angegeben werden.

(3)   Die Spundwandstege sind in der Regel hinsichtlich des Schubkraftwiderstandes nachzuweisen.

(4)   Für den Bemessungswert der Querkraft V_{Ed} sollte in jedem Querschnitt gelten:

$$V_{Ed} \leq V_{pl,Rd} \tag{5.4}$$

Dabei ist

$V_{pl,Rd}$ Bemessungswert des plastischen Querkraftwiderstandes für einen einzelnen Steg, der durch

$$V_{pl,Rd} = \frac{A_V\, f_y}{\sqrt{3}\, \gamma_{M0}} \text{ definiert ist;} \tag{5.5}$$

A_v Schubfläche für einen einzelnen Steg, projiziert in die Richtung von V_{Ed}.

(5) Die projizierte Schubfläche A_v darf für die einzelnen Stege eines U-Profils und eines Z-Profils wie folgt angenommen werden, siehe Bild 5-1:

$$A_v = t_w (h - t_f)$$ (5.6)

Dabei ist

    h die Gesamthöhe;

    t_f die Flanschdicke;

    t_w die Stegdicke. Im Fall einer über die Steghöhe c veränderlichen Stegdicke $t_{w,i}$ sollte t_w in Gleichung (5.6) als Mindestwert von $t_{w,i}$ angenommen werden, wobei die Schlösser ausgenommen werden sollten.

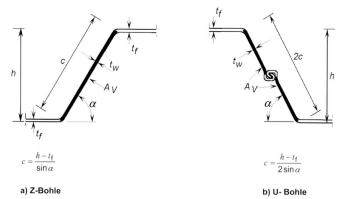

a) Z-Bohle   b) U- Bohle

Bild 5-1 — Definition der Schubfläche

(6) Zusätzlich sollte der Schubbeulwiderstand des Stegs für Spundbohlen nachgewiesen werden wenn

$c/t_w > 72\,\varepsilon$.

(7) Der Stegbeulwiderstand sollte bestimmt werden mit:

$$V_{b,Rd} = \frac{(h - t_f) t_w f_{bv}}{\gamma_{M0}}$$ (5.7)

wobei $f_{b,v}$ die Schubbeulfestigkeit nach EN 1993-1-3, Tabelle 6-1 für ein unausgesteiftes Stegblech an der Auflagerung ist. Dabei lautet die bezogene Schlankheit:

$$\overline{\lambda} = 0{,}346 \frac{c}{t_w} \sqrt{\frac{f_y}{E}}$$ (5.8)

(8) Wenn der Bemessungswert der Querkraft V_{Ed} 50 % des plastischen Bemessungswertes des Querkraftwiderstands $V_{pl,Rd}$ nicht überschreitet, ist keine Abminderung des Bemessungswertes des Momentenwiderstandes $M_{c,Rd}$ notwendig.

(9) Ist $V_{Ed} > 0.5\ V_{pl,Rd}$, sollte der Bemessungswert des Momentenwiderstands des Querschnittes auf $M_{V,Rd}$ abgemindert werden. Der abgeminderte Bemessungswert des plastischen Momentenwiderstandes lautet dann:

$$M_{V,Rd} = \left[\beta_B W_{pl} - \frac{\rho A_V^2}{4\ t_W \sin \alpha} \right] \frac{f_y}{\gamma_{M0}} \quad \text{jedoch} \quad M_{V,Rd} \leq M_{c,Rd} \tag{5.9}$$

mit

$$\rho = (2\ V_{Ed} / V_{pl,Rd} - 1)^2 \tag{5.10}$$

Dabei ist

A_v die Schubfläche nach (5.6);

t_w die Stegdicke;

α der Stegwinkel nach Bild 5-1;

β_B der Faktor, bestimmt nach 5.2.2 (2).

ANMERKUNG A_v und t_w sind auf dieselbe Wandbreite wie W_{pl} bezogen.

(10) Wenn Stahlspundwände aus U-Bohlen zur Vergrößerung der Schubkraftübertragung in den Schlössern durch Verschweißungen oder Verpressungen verbunden werden, sollte für die Verbindungen in den Schlössern der Nachweis der Schubkraftübertragung erbracht werden. Dabei wird angenommen, dass nur in den verbundenen Schlössern die Schubkraft übertragen wird.

ANMERKUNG Diese Annahme führt zu einer Bemessung der Verbindung auf der sicheren Seite.

(11) Der Nachweis von Stumpfnähten für die Übertragung von Schubkräften sollte nach EN 1993-1-8, 4.7 durchgeführt werden.

(12) Die Anordnung der Stumpfnähte ist gegebenenfalls unter Berücksichtigung der Korrosion nach EN 1993-1-8, 4.3 zu gestalten.

(13) Bei abschnittsweisen Stumpfnähten sollte eine durchgängige Länge von mindestens *l* an jedem Bohlenende verschweißt werden, um eine Überbeanspruchung beim Einbringen zu vermeiden. Zur Bemessung von Schweißnähten wird auf EN 1993-1-8 verwiesen.

ANMERKUNG Der Wert *l* darf im Nationalen Anhang angegeben werden. Ein Wert von *l* = 500 mm wird empfohlen.

(14)P Es ist nachzuweisen, dass die Verpresspunkte von Schlössern ausreichend sind, um die auftretenden Schlossschubkräfte zu übertragen.

(15) Wenn die Abstände von Einfach- oder Doppelverpresspunkten 0,7 m nicht überschreiten und die Abstände von Dreifachverpresspunkten 1,0 m nicht überschreiten, darf für jeden Verpresspunkt angenommen werden, dass eine gleichmäßige Schubkraft von $V_{Ed} \leq R_k / \gamma_{M0}$ übertragen wird, wobei R_k der charakteristische Wert der Widerstandskraft eines Verpresspunktes ist, der durch Versuche nach 2.6 bestimmt wird.

ANMERKUNG Für die versuchsgestützte Bestimmung von R_k siehe EN 10248.

5.2.3 Spundwände mit Biegung, Quer- und Normalkraft

(1) Bei Kombination von Biegung und Druck ist es nicht notwendig, Knicken zu berücksichtigen, wenn gilt:

$$\frac{N_{Ed}}{N_{cr}} \leq 0,04 \tag{5.11}$$

Dabei ist

N_{Ed} der Bemessungswert der Druckkraft;

N_{cr} die elastische kritische Last der Spundbohle, berechnet mit einem geeigneten Bodenmodell unter Berücksichtigung reiner Druckkräfte in der Bohle.

(2) Alternativ kann N_{cr} angenommen werden als:

$$N_{cr} = EI\,\beta_D \pi^2 / \ell^2 \tag{5.12}$$

Hierbei ist ℓ die Knicklänge, die für ein freies oder teilweise eingespanntes Erdlager nach Bild 5-2 oder für ein eingespanntes Erdlager nach Bild 5-3 bestimmt wird, und β_D ein Abminderungsfaktor, siehe 6.4.

(3) Wenn das in (1) angegebene Kriterium nicht erfüllt ist, ist in der Regel der Knickwiderstand nachzuweisen.

ANMERKUNG Dieser Nachweis kann nach dem in (4) bis (7) angegebenen Verfahren erfolgen.

(4) Wenn die Randbedingungen für Knicken mit unverschieblichen Stützungen durch Bauteile (Anker, Erdauflager, Kopfholme usw.) bereitgestellt werden, kann der nachfolgende vereinfachte Knicknachweis geführt werden:

— für Klasse-1-, Klasse-2- und Klasse-3-Querschnitte:

$$\frac{N_{Ed}}{\chi\,N_{pl,Rd}(\gamma_{M0}/\gamma_{M1})} + 1{,}15\,\frac{M_{Ed}}{M_{c,Rd}(\gamma_{M0}/\gamma_{M1})} \leq 1{,}0 \tag{5.13}$$

Dabei ist

$N_{pl,Rd}$ der Bemessungswert des plastischen Querschnittswiderstandes $(A\,f_y/\gamma_{M0})$;

$M_{c,Rd}$ der Bemessungswert des Momentenwiderstandes des Querschnitts, siehe 5.2.2 (2);

γ_{M1} der Teilsicherheitsbeiwert nach 5.1.1 (4);

γ_{M0} der Teilsicherheitsbeiwert nach 5.1.1 (4);

χ der Knickbeiwert nach EN 1993-1-1, 6.3.1.2, ermittelt mit Kurve d und der bezogenen Schlankheit:

$$\bar{\lambda} = \sqrt{\frac{A\,f_y}{N_{cr}}}$$

Dabei ist

N_{cr} die kritische elastische Last, die nach Gleichung (5.12) bestimmt werden kann;

A die Querschnittsfläche;

— für Klasse-4-Querschnitte: siehe Anhang A.

ANMERKUNG Die Knickkurve d enthält auch Rammimperfektionen bis 0,5 % von ℓ, was dem Stand der Technik entspricht.

(5) Für den vereinfachten Knicknachweis kann die Knicklänge für unverschiebliche Lagerung nach Absatz (7) wie folgt bestimmt werden:

— bei einem freien Erdauflager mit ausreichendem Haltevermögen nach Absatz (6) darf ℓ als der Abstand zwischen dem Fuß und dem horizontalen Auflager (Gurtung, Anker) angenommen werden, siehe Bild 5-2;

— bei einem eingespannten Erdauflager darf ℓ mit 70 % des Abstands zwischen dem Fuß und dem horizontalem Auflager (Gurtung, Anker) angesetzt werden, siehe Bild 5-3.

(6) Es darf angenommen werden, dass ein freies Erdauflager ausreichendes Haltevermögen für den vereinfachten Knicknachweis liefert, wenn der Fuß der Spundwand in felsigem Untergrund fixiert ist oder wenn am Fuß der Spundwand eine zusätzliche horizontale Kraft $F_{Q,Ed}$ durch passiven Erddruck oder Reibung nach Bild 5-4 aufgenommen werden kann. $F_{Q,Ed}$ ist gegeben durch:

$$F_{Q,Ed} = \pi N_{Ed}\left(\frac{d}{\ell} + 0{,}01\right) \quad (5.14)$$

Dabei ist d die maximale Relativverschiebung der Spundwand zwischen den Auflagern, berechnet nach Theorie I. Ordnung. Wenn der Erdwiderstand ohne Reibung vollkommen ausgenutzt ist, kann die zusätzliche Kraft $F_{Q,Ed}$ aufgenommen werden, indem eine zusätzliche Wandlänge Δh nach Bild 5-4 zur Verfügung gestellt wird.

(7) Wenn die zusätzliche Verschiebung eines horizontalen Lagers (Anker, Gurtung) infolge einer Auflagerlast von $N_{Ed}/100$ kleiner als $d/500$ ist, darf angenommen werden, dass die Voraussetzung einer unverschieblichen Lagerung für die Knickform erfüllt ist.

(8) Wenn das System keine ausreichende Einspannung liefert, sollte auf der Grundlage der Methoden in EN 1993-1-1 eine genaue Knickberechnung durchgeführt werden.

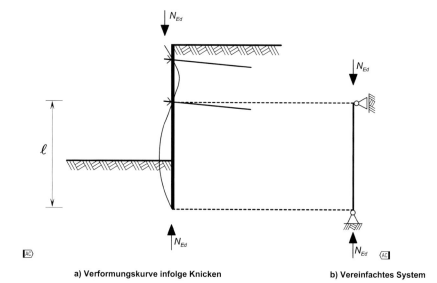

a) Verformungskurve infolge Knicken   b) Vereinfachtes System

Bild 5-2 — Mögliche Bestimmung der Knicklänge ℓ, freies Erdauflager

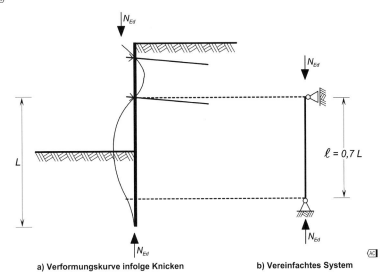

a) Verformungskurve infolge Knicken
b) Vereinfachtes System

Bild 5-3 — Mögliche Bestimmung der Knicklänge ℓ, eingespanntes Erdauflager

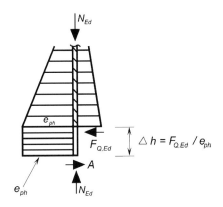

Legende
e_{ph} horizontaler passiver Erddruck
A Reibungskraft

Bild 5-4 — Bestimmung der zusätzlichen Horizontalkraft $F_{Q,Ed}$

DIN EN 1993-5:2010-12
EN 1993-5:2007 + AC:2009 (D)

(9) Bei Bauteilen, die einer Normalkraft ausgesetzt sind, sollte der Bemessungswert der Normalkraft N_{Ed} in jedem Querschnitt Folgendes erfüllen:

$$N_{Ed} \leq N_{pl,Rd} \qquad (5.15)$$

wobei $N_{pl,Rd}$ der Bemessungswert des plastischen Querschnittswiderstandes ist, mit:

$$N_{pl,Rd} = A f_y / \gamma_{M0} \qquad (5.16)$$

(10) Die Auswirkung der Normalkraft auf den plastische Momentenwiderstand von Spundbohlenquerschnitten der Klassen 1, 2 und 3 darf vernachlässigt werden, wenn:

— bei Z-Bohlen der Klassen 1 und 2:

$$\frac{N_{Ed}}{N_{pl,Rd}} \leq 0{,}1 \qquad (5.17)$$

— bei U-Bohlen der Klassen 1 und 2:

$$\frac{N_{Ed}}{N_{pl,Rd}} \leq 0{,}25 \qquad (5.18)$$

— bei Klasse-3-Profilen:

$$\frac{N_{Ed}}{N_{pl,Rd}} \leq 0{,}1 \qquad (5.19)$$

(11) Wenn die Normalkraft die in Absatz (10) gegebenen Grenzwerte überschreitet, sollten bei Fehlen der Querkraft folgende Kriterien erfüllt sein:

— Klasse-1- und Klasse-2-Querschnitte:

— bei Z-Bohlen:

$$M_{N,Rd} = 1{,}11 \, M_{c,Rd} \, (1 - N_{Ed} / N_{pl,Rd}) \quad \text{jedoch} \quad M_{N,Rd} \leq M_{c,Rd} \qquad (5.20)$$

— bei U-Bohlen:

$$M_{N,Rd} = 1{,}33 \, M_{c,Rd} \, (1 - N_{Ed} / N_{pl,Rd}) \quad \text{jedoch} \quad M_{N,Rd} \leq M_{c,Rd} \qquad (5.21)$$

— Klasse-3-Querschnitte:

$$M_{N,Rd} = M_{c,Rd} \, (1 - N_{Ed} / N_{pl,Rd}) \qquad (5.22)$$

— Klasse-4-Querschnitte: siehe Anhang A.

Dabei ist

$M_{N,Rd}$ der reduzierte Bemessungswert des Momentenwiderstandes unter Berücksichtigung der Normalkraft.

(12) Wenn die Normalkraft die in Absatz (10) gegebenen Grenzwerte überschreitet, sollte das gleichzeitige Auftreten von Biegung, Normal- und Querkraft wie folgt berücksichtigt werden:

a) Wenn der Bemessungswert der Querkraft V_{Ed} 50 % des Bemessungswertes des plastischen Querkraftwiderstandes $V_{pl,Rd}$ nicht überschreitet, braucht keine Abminderung der Kombination von Moment und Normalkraft nach dem Kriterium in Absatz (11) durchgeführt zu werden.

b) Ist $V_{Ed} > 0{,}5\ V_{pl,Rd}$, sollte der Bemessungswert des Querschnittswiderstandes für die Kombination von Moment und Normalkraft mit der abgeminderten Streckgrenze $f_{y,red} = (1 - \rho) f_y$ für die Schubfläche ermittelt werden. Dabei gilt $\rho = (2\ V_{Ed} / V_{pl,Rd} - 1)^2$.

5.2.4 Lokale Auswirkungen von Wasserdrücken

(1) Im Fall von unterschiedlichen Wasserdrücken, die bei Z-Bohlen 5 m und bei U-Bohlen 20 m Wassersäule überschreiten, sind in der Regel die Auswirkungen des Wasserdrucks auf die lokale Plattenquerbiegung zu berücksichtigen, um den Gesamtbiegewiderstand zu bestimmen.

(2) Vereinfacht dürfen Z-Bohlen mit dem folgenden Verfahren nachgewiesen werden:

— wenn die unterschiedlichen Wasserdrücke mehr als 5 m betragen, sollte der Querschnittsnachweis an der Stelle des maximalen Biegemomentes durchgeführt werden;

— die Auswirkung von unterschiedlichen Wasserdrücken kann durch eine reduzierte Streckgrenze ermittelt werden:

$f_{y,red} = \rho_P f_y$

mit ρ_P nach Tabelle 5-2;

— zur Bestimmung von ρ_P nach Tabelle 5-2 ist der Wasserdruckunterschied an der Stelle des maximalen Moments zu berücksichtigen.

Tabelle 5-2 — Abminderungsfaktor ρ_P für Z-Bohlen infolge unterschiedlicher Wasserdrücke

w	$(b/t_{min})\ \varepsilon = 20{,}0$	$(b/t_{min})\ \varepsilon = 30{,}0$	$(b/t_{min})\ \varepsilon = 40{,}0$	$(b/t_{min})\ \varepsilon = 50{,}0$
5,0	1,00	1,00	1,00	1,00
10,0	0,99	0,97	0,95	0,87
15,0	0,98	0,96	0,92	0,76
20,0	0,98	0,94	0,88	0,60

Erläuterung:
b Flanschweite, aber b sollte nicht kleiner als $c/\sqrt{2}$ angenommen werden, wobei c die Steglänge ist;
t_{min} der kleinere Wert von t_f oder t_w;
t_f Flanschdicke;
t_w Stegdicke;
w Wasserhöhenunterschied, in m;
$\varepsilon = \sqrt{\dfrac{235}{f_y}}$; f_y ist die Fließgrenze in N/mm².

ANMERKUNG 1 Wenn die Schlösser der Z-Bohle verschweißt sind, kann $\rho_P = 1{,}0$ angesetzt werden.
ANMERKUNG 2 Zwischenwerte können linear interpoliert werden.

5.2.5 Flachprofile

(1)P Die Schnittgrößen für den Festigkeitsnachweis von Flachbohlen in Zellenfangedämmen müssen mit einem Modell bestimmt werden, das das Verhalten der Spundwand im Grenzzustand der Tragfähigkeit beschreibt.

(2) Zu den auf die Füllung und Einwirkungen anzuwendenden Teilsicherheitsfaktoren wird auf EN 1997-1 und EN 1990 verwiesen.

(3) Das Modell für die Füllung sollte mit EN 1997-1 übereinstimmen.

(4) Das Modell für die Spundbohlen sollte mit EN 1993-1-1 übereinstimmen.

ANMERKUNG Es kann von Vorteil sein, für die Spundbohlen ein Rechenmodell mit großen Verformungen zu verwenden.

(5) Es darf eine zweidimensionale Berechnung in der maßgebenden horizontalen Ebene durchgeführt werden.

(6) Der Innendruck, der aus der Füllung herrührt oder über diese übertragen wird, sollte mit einem Wert, der mindestens dem Erdruhedruck entspricht, ermittelt werden, siehe EN 1997-1.

(7) Der Zugkraftwiderstand $F_{ts,Rd}$ der Flachbohle sollte (anders als bei Verbindungsbohlen) als der kleinere Wert aus dem Schloss- und dem Stegwiderstand angenommen werden:

$$F_{ts,Rd} = \beta_R \, R_{k,s} / \gamma_{M0} \quad \text{jedoch} \quad F_{ts,Rd} \leq t_w f_y / \gamma_{M0} \tag{5.23}$$

Dabei ist

f_y die Streckgrenze;

$R_{k,s}$ der charakteristischer Schlosswiderstand;

t_w die Stegdicke;

β_R der Abminderungsfaktor des Schlosswiderstands.

ANMERKUNG Der Wert β_R kann im Nationalen Anhang angegeben werden. Der Wert β_R = 0,8 wird empfohlen.

(8) Der charakteristische Schlosswiderstand $R_{k,s}$ hängt vom Schlossquerschnitt und der verwendeten Stahlgüte ab. Der charakteristische Schlosswiderstand $R_{k,s}$ sollte durch Versuche nach 2.6 und EN 10248 bestimmt werden.

(9) Für Flachbohlen sollte der Nachweis wie folgt geführt werden:

$$F_{t,Ed} \leq F_{ts,Rd} \tag{5.24}$$

Dabei ist

$F_{ts,Rd}$ der Bemessungswert des Zugwiderstandes nach Gleichung (5.23);

$F_{t,Ed}$ der Bemessungswert der Ringzugkraft.

(10) Wenn Bohlen verschiedener Größe im gleichen Wandsegment verwendet werden, ist in der Regel der kleinste Zugkraftwiderstand im Nachweis anzusetzen.

(11) Der Schlossdrehwinkel (180° minus dem inneren Winkel zwischen zwei benachbarten Bohlen) ist in der Regel auf den vom Hersteller angegebenen Maximalwert zu begrenzen.

(12) Bei geschweißten Verbindungsbohlen sollten Stahlgüten mit geeigneten Eigenschaften verwendet werden.

(13) Bei der Bemessung von Verbindungsbohlen nach Bild 5-5 und Bild 5-6 sind in der Regel die Spannungen infolge Plattenbiegung zu berücksichtigen.

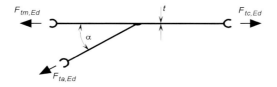

Bild 5-5 — Geschweißte Verbindungsbohle

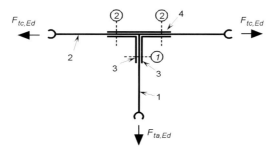

Bild 5-6 — Geschraubte T-Verbindung mit Unterlegplatte

(14) Wenn die Schweißung nach dem gegebenen Verfahren in EN 12063 ausgeführt wird, darf die Verbindungsbohle wie folgt nachgewiesen werden:

$$F_{tm,Ed} \le \beta_T \, F_{ts,Rd} \tag{5.25}$$

Dabei ist

$F_{ts,Rd}$ der Bemessungswert des Zugwiderstandes der Bohle nach Gleichung (5.23);

$F_{tm,Ed}$ der Bemessungswert der Zugkraft in der Hauptzelle, gegeben durch:

$$F_{tm,Ed} = p_{m,Ed} \, r_m \tag{5.26}$$

mit:

$p_{m,Ed}$ Bemessungswert des Innendrucks der Hauptzelle in der maßgebenden horizontalen Ebene infolge Wasserdruck und Erdruhedruck;

DIN EN 1993-5:2010-12
EN 1993-5:2007 + AC:2009 (D)

r_m Radius der Hauptzelle, siehe Bild 5-7;

β_T Abminderungsfaktor, der das Verhalten der geschweißten Verbindungsbohle im Grenzzustand der Tragfähigkeit berücksichtigt und wie folgt berechnet wird:

$$\text{[AC]} \ \beta_T = 0{,}9 \ (1{,}3 - 0{,}8 \ r_a / r_m) \ (1 - 0{,}3 \tan \varphi_k) \ \text{[AC]} \qquad (5.27)$$

Darin sind r_a und r_m die Radien des Verbindungsbogens und der Hauptzelle nach Bild 5-7, und [AC] φ_k ist der charakteristische Wert [AC] des inneren Reibungswinkels des Füllmaterials.

ANMERKUNG 1 Der Faktor β_T berücksichtigt sowohl die Rotationskapazität (Duktilität) der Verbindungsbohle als auch die Rotationsanforderung (bis zu 20°), gerechnet mit einem Modell, das das Verhalten eines Fangedammes im Grenzzustand der Tragfähigkeit erfasst.

ANMERKUNG 2 Obwohl Gleichung (5.27) für Zellenfangedämme mit Verbindungsbögen in einer Flucht, siehe Bild 5-7, entwickelt wurde, liefert sie auch für andere Anordnungen brauchbare Ergebnisse. Wenn genauerer Werte gefordert werden, können diese aus vergleichbaren Erfahrungen oder durch Versuche in Kombination mit einem geeigneten Bemessungsmodell in Übereinstimmung mit (1)P entwickelt werden.

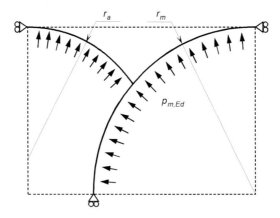

Bild 5-7 — Geometrie einer Kreiszelle und eines in der Flucht angeordneten Verbindungsbogens

(15) Bei einer 90°-Verbindungsbohle darf eine geschraubte T-Verbindung verwendet werden.

(16) Bei Verbindungsbohlen, die als geschraubte T-Verbindung nach Bild 5-6 ausgeführt sind, darf der Nachweis unter Anwendung der folgenden Vorgehensweise durchgeführt werden.

(17) Die Schlosszugfestigkeit sollte nach Absatz (9) nachgewiesen werden.

(18) Die Verbindung sollte wie folgt nachgewiesen werden, siehe Bild 5-6:

— Nachweis des Scher- und Lochleibungswiderstands der Schrauben (1) nach EN 1993-1-8, 3.6, mit Annahme einer gleichmäßig verteilten Zugkraft $F_{ta,Ed}$;

— Nachweis der Schraubenabstände (1) nach EN 1993-1-8, 3.5;

— Nachweis der Nettoquerschnittsfläche des Steges 1 und der benachbarten Schenkel des Winkels 3 nach den Festlegungen in EN 1993-1-8, 6.2.5;

— Nachweis der Schrauben (2) auf Zugfestigkeit nach EN 1993-1-8, 3.11 unter Verwendung eines T-Stummel-Modells nach EN 1993-1-8, 6.2.4 (Versagensart 3);

— Nachweis der hinteren Platte 4 und der benachbarten Schenkel des Winkels 3 nach EN 1993-1-8, 6.2.4 (Versagensarten 1 und 2). Um die Verwendung der in EN 1993-1-8, 6.2.4 angegebenen Versagensart zu erlauben, sollte der Bohlensteg 2 (siehe Bild 5-6) wie der Flansch des Ersatz-T-Stummels mit Versagensarten 1 und 2 behandelt werden;

— Nachweis des Bohlenstegs 2 für die Zugkraft $F_{tc,Ed}$ gegen Fließen des Nettoquerschnitts.

(19) Andere Verbindungsbohlentypen dürfen entsprechend nachgewiesen werden.

5.3 Tragpfähle

5.3.1 Allgemeines

(1) Die Schnittgrößen von Pfählen sind in der Regel nach EN 1997-1 zu bestimmen, indem sowohl das Gleichgewichtsbedingungen eingehalten werden als auch die Verträglichkeit beachtet wird.

(2) Tragfähigkeitsnachweise sind in der Regel sowohl für Bodenversagen für die einzelnen Pfähle und Pfahlgruppen nach EN 1997 durchzuführen als auch für das Versagen der Pfähle und ihrer Anschlüsse an das Tragwerk nach EN 1993-5, EN 1992 und EN 1994.

5.3.2 Bemessungsverfahren und -hinweise

(1) Für Pfähle, die durch Normal- und Querkräfte belastet werden, ist in der Regel der Bodenwiderstand aus EN 1997-1 zu entnehmen.

(2) Die Pfahlschnittgrößen infolge Querbelastung sollten gleichzeitig mit den Normalkräften und den angreifenden Momenten betrachtet werden. Diese dürfen durch Superposition einzelner Berechnungsergebnisse bestimmt werden, in denen angenommen wird, dass der Boden in Kontakt mit den einzelnen Pfahlabschnitten über deren Länge den einzelnen Einwirkungen Widerstand leistet. Alternativ darf angenommen werden, dass die Normalkräfte, Biegemomente und quergerichteten Kräfte durch den Widerstand des Bodens über die gesamte Pfahllänge aufgenommen werden, wenn der Boden fähig ist, die Beanspruchung aus deren Kombination aufzunehmen.

(3) Die Bemessung eines einzelnen Pfahls sollte nach EN 1993-1-1, Abschnitt 5 durchgeführt werden.

(4) Außer bei negativer Mantelreibung, darf konservativ die Spannungsverteilung infolge Normalkräften am Pfahlkopf für die Bestimmung der Schnittgrößen als konstant über die Pfahllänge angenommen werden.

(5) Eine Übertragbarkeit von Torsionsmomenten, die am Pfahlkopf eingeleitet werden, in den Boden sollte nicht angesetzt werden, wenn keine besonderen Vorrichtungen dafür vorgesehen sind. Der Verlauf der Torsionsmomente sollte als konstant über die Pfahllänge angenommen werden.

5.3.3 Stahlpfähle

(1) Querschnittsnachweise von Stahltragpfählen sind in der Regel nach EN 1993-1-1 zu führen.

(2) Zu Bodenbedingungen, bei denen Gesamtknicken der Pfähle betrachtet werden muss, darf auf EN 1997, 7.8 zurückgegriffen werden.

(3) Wenn der Boden eine unzureichende seitliche Abstützung liefert, darf das Schlankheitskriterium für den Knicknachweis als erfüllt angenommen werden, wenn $N_{Ed} / N_{cr} \leq 0{,}10$, wobei N_{cr} die kritische Last der Normalkraft N_{Ed} ist.

DIN EN 1993-5:2010-12
EN 1993-5:2007 + AC:2009 (D)

(4) Wenn der Knicknachweis erforderlich ist, ist in der Regel EN 1993-1-1, Abschnitt 5 zu beachten. Die nachfolgenden Effekte sollten berücksichtigt werden:

— zusätzlich zu den in EN 1993-1-1, 5.3 angegebenen Imperfektionen sollten zusätzliche Anfangsimperfektionen (z. B. aus Anschlüssen oder der Einbringung) nach EN 12699 und EN 14199 berücksichtigt werden;

— seitliche Stützung durch den umgebenden Boden darf bei Verwendung geeigneter Modelle (z. B. p-y-Methode, Bettungsmodulverfahren) auf der Grundlage der Theorie II. Ordnung berücksichtigt werden.

(5) Die Knicklänge darf mit der folgenden Näherung abgeschätzt werden (siehe Bild 5-8):

$$l_{cr} = k H \qquad (5.28)$$

Der Wert k berücksichtigt die Verbindung zwischen dem Pfahlkopf und der Betondecke oder der Stahlkonstruktion.

(6) Bei genauerer Bestimmung der Knicklänge, z. B. für Pfähle mit kleinem Durchmesser, sollte 5.3.3 (4) beachtet werden.

(7)P Die Ausführung muss nach EN 12699 und EN 14199 erfolgen.

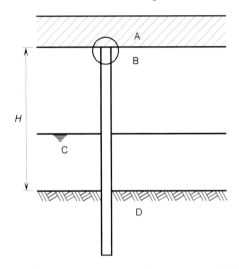

Legende
A Beton- oder Stahlkonstruktion
B Anschluss
C Wasser oder weicher Boden
D tragender Boden

$l_{crit} = k H$ mit $k = \begin{cases} \text{[AC] 1,0 Anschluss B gegen Translationsbewegung gesichert, Rotationsbewegung frei [AC]} \\ \text{[AC] 0,7 Anschluss B gegen Translations- und Rotationsbewegung gesichert [AC]} \\ \text{[AC] 2,0 Anschluss B Translationsbewegung frei, gegen Rotationsbewegung gesichert [AC]} \end{cases}$

Bild 5-8 — Vereinfachte Abschätzung der Knicklänge von Tragpfählen

5.3.4 Betongefüllte Tragpfähle

(1) Betongefüllte Stahlpfähle sind in der Regel nach EN 1994 zu entwerfen und zu bemessen.

(2) Querschnittsnachweise von betongefüllten Stahlpfählen sind in der Regel nach EN 1994-1 vorzunehmen.

(3) Für Knicknachweise sind in der Regel EN 1994-1-1, 5.3.3 und 6.7 zu beachten.

(4) Das Betonieren von Tragpfählen ist in der Regel nach EN 1536, EN 12699 und EN 14199 durchzuführen.

5.4 Trägerpfahlwände

(1) Die Bemessung von Trägerpfahlwänden erfolgt in der Regel nach den Regeln für Spundwände. Die besondere Geometrie der verwendeten Querschnitte ist zu berücksichtigen, siehe Bild 1-6, und lokale Effekte infolge Erd- und Wasserdruck und infolge der Einleitung von Anker- und Gurtungskräften sind zu beachten.

(2) Zur Bestimmung des Querschnittswiderstandes darf konservativ eine elastische Berechnung des Querschnittes zugrunde gelegt werden, vorausgesetzt, dass:

— das Beulen der Bleche nach EN 1993-1-5 geprüft wird;

— die mitwirkende Breite für breite Elemente berücksichtigt wird.

5.5 Kombinierte Wände

5.5.1 Allgemeines

(1) Nachfolgend werden die Regeln für den Grenzzustand der Tragfähigkeit für die folgenden Typen von kombinierten Wänden angegeben, siehe Bild 1-5:

— kombinierte Rohrprofile und Spundwände;

— kombinierte Sonder-I-Querschnitte und Spundwände;

— kombinierte zusammengesetzte Querschnitte und Spundwände.

(2) Die Bemessung der Trag- und Füllelemente sollte die Funktion der Elemente berücksichtigen:

— die Tragelemente wirken als stützende Bauteile gegen Erd- und Wasserdruck und können als Tragpfahl für vertikale Belastungen wirken;

— die Füllelemente schließen nur die Lücke zwischen den Tragelementen und leiten die Lasten aus Erd- und Wasserdruck zu den Tragelementen ab.

(3) In den freien Schlössern zwischen Trag- und Füllelement kann keine Übertragung von Schubkräften in Längsrichtung berücksichtigt werden.

(4) P In der Regel ist im Einzelfall und in Abstimmung mit dem Auftraggeber festzulegen, ob Rammimperfektionen bei der Bemessung von kombinierten Wänden berücksichtigt werden müssen. Die Bemessungswerte der Rammimperfektionen müssen als prozentualer Anteil der Länge der Tragelemente mit Ansatz einer linearen Verteilung angegeben werden.

5.5.2 Füllelemente

(1) Spundbohlen, die als Füllelemente für kombinierte Wände verwendet werden, sollten der EN 10248 entsprechen.

(2)P Für die Bemessung der Füllelemente muss nachgewiesen werden, dass die Übertragung der Schnittkräfte aus Erd- und Wasserdruck in die Tragelemente über die Anschlüsse möglich ist.

ANMERKUNG   Es kann von Vorteil sein, die Gewölbewirkung im Boden zu berücksichtigen, die zu einer zusätzlichen Belastung der Tragelemente und zu einer reduzierten Erddruckbelastung der Füllelemente führt.

(3) Der Nachweis nach Absatz (2)P darf unter Verwendung eines vereinfachten zweidimensionalen Tragwerksmodells für das Füllelement erfolgen. Wenn nach 5.5.1 (4) Rammimperfektionen zu berücksichtigen sind, sollten diese durch den Ansatz einer eingeprägten Verformung δ mit Annahme der Randbedingungen in Bild 5-9, das eine Doppel-U-Bohle als Beispiel für ein Füllelement zeigt, berücksichtigt werden.

ANMERKUNG   Es wird angenommen, dass die Rammimperfektionen, senkrecht zur Stützwandebene durch Verdrehungen am Schloss aufgenommen werden („Rotationsspiel").

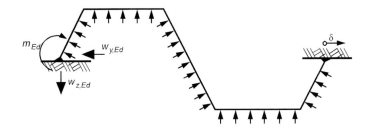

(Schlösser sind nicht berücksichtigt)

Bild 5-9 — Vereinfachtes Modell für Füllelemente

(4) Für die Querschnittsnachweise mit vereinfachtem Tragwerksmodell darf eine plastische Berechnung mit großen Verformungen angewendet werden. Wenn Bauteile des Tragwerksmodells unter Druckspannungen stehen, sollte auf mögliche Instabilitäten, z. B. Durchschlagen, geachtet werden.

(5) Alternativ darf der Nachweis nach Absatz (2)P mit Versuchsergebnissen nach 2.6 durchgeführt werden.

ANMERKUNG   Für die Versuchsauswertung ist EN 1990, Anhang D zu beachten.

(6) Der Versuchsaufbau sollte in der Lage sein, das Verhalten der Füllelemente nachzubilden.

(7) Für Spundwände, die als Füllelemente verwendet werden, dürfen weitere Nachweise entfallen, wenn die nachfolgenden Bedingungen zutreffen:

— die Wanddicke der Spundwand ist $\geq$ 10 mm;

— der auf die Spundwand wirkende Druckunterschied ist $\leq$ 40 kN/m², entsprechend einer Wasserspiegeldifferenz von 4 m;

— der maximale lichte Abstand zwischen den Tragelementen ist 1,8 m bei U-Bohlen und 1,5 m bei Z-Bohlen.

(8) Es kann sinnvoll sein, die Füllelemente gegenüber den Tragelementen kürzer auszulegen. Die Kürzung der Füllelemente sollte nach EN 1997-1 überprüft werden.

ANMERKUNG 1   Bei gekürzten Füllelementen sollte bei unterschiedlichen Wasserständen die Gefahr des hydraulischen Grundbruches oder der Unterspülung beachtet werden.

ANMERKUNG 2   Zu dem Ansatz des passiven Erddrucks, der auf die Tragelemente wirkt, sollte auf EN 1997-1 verwiesen werden.

5.5.3 Verbindungselemente

(1)P Die Verbindung zwischen Trag- und Füllelement muss so bemessen werden, dass die Übertragung der Bemessungskräfte von den Füllelementen in die Tragelemente möglich ist.

(2) Dieser Nachweis darf mit Versuchsergebnissen nach 2.6 durchgeführt werden.

(3) Wenn der Nachweis rechnerisch erfolgt, ist in der Regel nachzuweisen, dass die Verbindungen in der Lage sind, die Auflagerreaktionen nach 5.5.2 (3) zu übertragen.

(4) Beim Nachweis der Verbindung auf Plattenbiegung sollte Plastifizierung berücksichtigt werden.

5.5.4 Tragelemente

(1)P Die Schnittgrößen infolge Erd- und Wasserdruck müssen unter Berücksichtigung der Lasten auf die Trag- und die Füllelemente und wo möglich zusätzlicher Lasten infolge Gewölbewirkung im Boden bestimmt werden, siehe 5.5.2 (2)P.

(2) Bei der Berechnung sollte die Reduzierung der Gesamttragfähigkeit der Tragelemente infolge der Lasteinleitung durch die Füllelemente über die Verbindungen berücksichtigt werden. Diese Anforderung darf als erfüllt gelten, wenn unterstellt werden kann, dass der Erddruck infolge der Gewölbewirkung direkt auf die Tragelemente wirkt und wenn auf die Füllelemente ein Wasserüberdruck von $\leq h$ [m] wirkt.

ANMERKUNG   Der Wert h darf im Nationalen Anhang angegeben werden. Der Wert von h = 5 m wird empfohlen.

(3) Wird keine genauere Methode verwendet, sollten für den Festigkeitsnachweis der Tragelemente die nach 5.5.2 (3) ermittelten Auflagerkräfte der Füllelemente, die über die Verbindungen eingeleitet werden, berücksichtigt werden.

(4) Der Gesamtwiderstand darf entweder durch Versuche nach 2.6 oder durch die Berechnung nach den folgenden Abschnitten bestimmt werden.

(5) Der Nachweis von I-Profilen oder Rohren sollte nach EN 1993-1-1, Abschnitt 5 erfolgen.

(6) Die Auswirkung der Lasteinleitung aus den Verbindungen mit den Füllelementen auf den Widerstand von I-Profil-Bohlen sollte nach EN 1993-1-1 berücksichtigt werden.

ANMERKUNG   Das in D.1 beschriebene Verfahren darf zur Bestimmung des durch die Lasteinleitung aus den Füllelementen reduzierten Gesamtwiderstandes der I-Profil-Bohlen, die als Tragelemente in kombinierten Spundwänden eingesetzt werden, verwendet werden.

(7) Die Wirkung der Lasteinleitung aus den Füllelementen über die Verbindungen auf den Widerstand von Rohren sollte nach EN 1993-1-1 und EN 1993-1-6 berücksichtigt werden.

ANMERKUNG   Das in D.2 beschriebene Verfahren darf zur Bestimmung des durch die Lasteinleitung aus den Füllelementen reduzierten Gesamtwiderstandes der Rohrprofile, die als Tragelemente in kombinierten Spundwänden eingesetzt werden, verwendet werden.

(8) Für die Einleitung von konzentrierten Lasten aus Gurtungen, Ankern usw. ist das Rohrprofil in der Regel entweder entsprechend nachzuweisen oder konstruktiv mit Steifen oder einer Füllung aus Beton oder hochverdichtetem nicht-kohäsiven Material auszustatten, so dass lokales Beulen vermieden wird.

(9) Bei Rohrpfählen, die nach Absatz (8) verfüllt sind, darf der volle Querschnittswiderstand nach EN 1992, EN 1993 und EN 1994 im verfüllten Bereich des Rohrs angesetzt werden.

(10) Zusammengesetzte Profile, die als Tragelemente verwendet werden, sind in der Regel nach 5.4 nachzuweisen, vorausgesetzt, dass die Wirkungen der Lasten aus den Füllelementen berücksichtigt werden.

(11) Wenn die vereinfachte Methode nach 5.4 (2) verwendet wird, sollten die lokalen Wirkungen der Auflagerreaktionen, die nach 5.5.2 (3) bestimmt werden, berücksichtigt werden.

6 Grenzzustände der Gebrauchstauglichkeit

6.1 Grundlagen

(1) Die Bedeutungen von Setzungen und Erschütterungen und deren Grenzwerte sind in der Regel in jedem Einzelfall unter Berücksichtigung der jeweiligen lokalen Bedingungen anzugeben.

(2) Die Einhaltung der Grenzwerte ist in der Regel durch einen Gebrauchstauglichkeitsnachweis zu bestätigen.

(3) Auch wenn keine Grenzwerte vorgegeben sind, sollte nachgewiesen werden, dass bei Anwendung eines Modells nach 2.5.3.3 (1) keine plastischen Verformungen auftreten.

(4) Die Bemessung von Spundbohlen oder Tragpfählen für den Grenzzustand der Gebrauchstauglichkeit sollte für geeignete Bemessungssituationen nach EN 1997-1 unter Berücksichtigung einer möglichen Stahldickenverminderung infolge Korrosion durchgeführt werden.

6.2 Verformungen von Stützwänden

(1) Für den Nachweis der Verformungen ist in der Regel EN 1997-1 zu beachten.

(2) Die Verschiebungen infolge Lagerbewegungen (z. B. an Gurtungen, Steifen, Ankern) sollten berücksichtigt werden.

(3) Falls erforderlich, sollten zusätzlich zu den Verformungen infolge der Belastung Anfangs imperfektionen infolge des Einbringens nach den in EN 12063 angegebenen Einbringtoleranzen berücksichtigt werden.

ANMERKUNG   Dies kann notwendig sein, wenn bestimmte lichte Abstände in einer Baugrube gefordert sind.

(4) Wenn die Verformungen einer Spundwand nachgewiesen werden, sollte berücksichtigt werden, dass die Qualität der Bauausführung und deren Überwachung einen erheblichen Einfluss auf das Ausmaß dieser Verformungen haben.

6.3 Verformungen von Tragpfählen

(1) EN 1997-1 sollte bei der Bestimmung der Verformungen von Trag- und Mikropfählen berücksichtigt werden.

6.4 Konstruktive Aspekte von Stahlspundwänden

(1) Bei der Verformungsberechnung von Stützwandkonstruktionen sollten die möglichen zusätzlichen Verschiebungen infolge der lokalen Verformungen an den Anschlussstellen der Anker, Gurtungen und Steifen berücksichtigt werden, wenn sie nicht vernachlässigbar sind.

ANMERKUNG   Diese Effekte können relevant sein, wenn große horizontale Kräfte in unausgesteifte Verbundwände, siehe Bild 1-7, durch ein H-Profil als Gurtung eingeleitet werden.

(2)P   Die effektive Biegesteifigkeit muss berücksichtigt werden.

(3)   Die effektive Biegesteifigkeit von Spundwänden aus U-Bohlen darf wie folgt bestimmt werden, wenn der unterschiedliche Grad der Schubkraftübertragung in den Schlössern, die nahe der Wandachse liegen, berücksichtigt werden soll:

$$(EI)_{eff} = \beta_D \, (EI)$$ (6.1)

Dabei ist

I der Flächenträgheitsmoment der durchgehenden Wand;

β_D der Faktor mit einem Wert ≤ 1,0, um die mögliche Verminderung infolge unvollständiger Schubkraftübertragung im Schloss zu berücksichtigen.

ANMERKUNG 1 β_D hängt von vielen örtlichen Einflüssen ab, siehe Anmerkung 1 von 5.2.2 (2). Der Wert für β_D darf im Nationalen Anhang angegeben werden.

ANMERKUNG 2   Die Übertragbarkeit von Schubkräften in den Schlössern von U-Bohlen kann durch durchgehende oder abschnittsweise Verschweißung oder durch Verpressungen vergrößert werden.

(4)P   Verpresspunkte müssen die Übertragung der erforderlichen Schlossschubkräfte ermöglichen. Der repräsentative Wert der Schubkraft R_{ser}, die von einem Verpresspunkt im Grenzzustand der Gebrauchstauglichkeit übertragen wird, ist: R_{ser} = 75 kN. Es muss durch Versuche nach EN 10248 nachgewiesen werden, dass die Verpresspunktsteifigkeit nicht geringer als 15 kN/mm ist.

ANMERKUNG 1   Diese Steifigkeitsanforderungen entsprechen einer Schubkraft von 75 kN bei einer Verschiebung von 5 mm.

ANMERKUNG 2   Verpresspunkte können aus Einfach-, Doppel- oder Dreifachverpresspunkten bestehen.

(5)   Wenn der Abstand von Einfach- oder Doppelverpresspunkten nicht größer ist als 0,7 m (siehe Bild 6-1) und der Abstand von Dreifachverpresspunkten nicht größer ist als 1,0 m, kann für jeden Verpresspunkt vorausgesetzt werden, dass gleich große Schubkräfte mit $V_{ser} \leq R_{ser}$ übertragen werden.

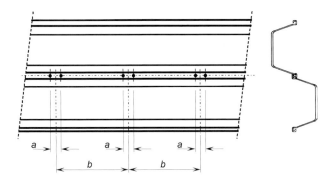

Legende
$a \leq 100$ mm
$b \leq 700$ mm

Bild 6-1 — Abstände von Doppelverpresspunkten

7 Anker, Gurtungen, Aussteifungen und Anschlüsse

7.1 Allgemeines

(1)P Die Schnittgrößen in Ankern, Gurtungen, Aussteifungen und Anschlüssen müssen aus einer Berechnung bestimmt werden, bei der die Boden-Tragwerks-Interaktion berücksichtigt wird.

(2) Wo notwendig, sollten auch die Schnittgrößen infolge Temperaturänderungen oder Sonderlasten berücksichtigt werden, siehe 2.5.2 (4).

(3) Es dürfen vereinfachte Berechnungsmethoden verwendet werden, bei denen in geeigneter Weise die Einwirkungen auf die verschiedenen Elemente des Tragwerks das Verhalten der einzelnen Bauteile berücksichtigen.

(4) Zu den Teilsicherheitsfaktoren γ_{M2} und $^{|AC|}\gamma_{M3,ser}{}^{|AC|}$, die bei Anschlüssen anzusetzen sind, siehe EN 1993-1-8.

ANMERKUNG Die Teilsicherheitsfaktoren γ_{Mb} und $\gamma_{Mt,ser}$ dürfen im Nationalen Anhang festgelegt werden. Die Werte $\gamma_{M2} = 1,25$ und $\gamma_{Mt,ser} = 1,10$ werden empfohlen.

7.2 Verankerungen

7.2.1 Allgemeines

(1)P Die Nachweise der Querschnitte und der Verbindungen zwischen den Stahlteilen von passiven Ankern, einschließlich Zugankern, Ankerköpfen oder Anschlüssen, müssen wie folgt durchgeführt werden.

ANMERKUNG Bemessungsvorschriften für die Stahlteile von vorgespannten Ankern sind in EN 1537 angegeben.

(2) Die Versuchsdurchführung und die Verwendung von Versuchsergebnissen zur Bestimmung des Bemessungswiderstands von passiven Ankern und verpressten Ankern im Hinblick auf Ausreißversagen des

Ankers (Boden-Tragwerks-Verhalten) sollten mit den Grundsätzen in EN 1997-1 und EN 1537 übereinstimmen.

7.2.2 Grundlegende Bemessungsbestimmungen

(1)P Für die Ankerbemessung müssen die Grenzzustände der Tragfähigkeit und der Gebrauchstauglichkeit beachtet werden.

(2) Die Ankerlänge ist in der Regel so festzulegen, dass ein Versagen des Bodens oder der Mantelreibung vor dem Fließen des erforderlichen Mindestquerschnitts des Ankers verhindert wird. Die Ankerlänge sollte nach EN 1997-1 berechnet werden.

(3) Für passive Anker sollte Stahl mit einer Streckgrenze von höchstens 800 N/mm² verwendet werden.

(4) Die Längssteifigkeit des Ankers sollte bei der Bemessung einer Stützwand berücksichtigt werden. Sie darf aus vorausgegangenen Versuchen oder mit vergleichbaren Erfahrungswerten abgeschätzt werden.

ANMERKUNG Es kann nützlich sein, die Auswirkungen der Ankersteifigkeit auf die Bemessung der Stützwand durch eine Maximum/Minimum-Betrachtung für die Steifigkeit einzugrenzen.

7.2.3 Nachweis im Grenzzustand der Tragfähigkeit

(1) Für den Zugwiderstand $F_{t,Rd}$ der Anker ist in der Regel als der kleinere Wert von $F_{tt,Rd}$ und $F_{tg,Rd}$ anzusetzen.

(2) Wenn nicht anders vorgegeben, sollte der Zugwiderstand im Ankergewinde wie folgt bestimmt werden:

$$F_{tt,Rd} = k_t \frac{f_{ua} A_S}{\gamma_{M2}} \tag{7.1}$$

Dabei ist

A_S die Zugspannungsfläche im Gewinde;

f_{ua} die Zugfestigkeit des Stahlankers;

γ_{M2} der Teilsicherheitsbeiwert nach 7.1 (4).

ANMERKUNG 1 k_t darf im Nationalen Anhang angegeben sein. Der empfohlene Wert für k_t ist 0,6. Dies berücksichtigt Fälle, in denen eine mögliche Biegung im Anker infolge von Schnittgrößen nicht ausdrücklich zutage tritt. Nur in Fällen, in denen die Stelle, an der der Ankerstab mit der Wand verbunden ist, so bemessen ist, dass Biegemomente hier vermieden werden, kann als empfohlener Wert k_t = 0,9 angesetzt werden.

ANMERKUNG 2 Konservativ kann die Nettofläche im Gewindebereich anstelle der Zugspannungsfläche verwendet werden.

(3) Der Zugwiderstand $F_{tg,Rd}$ des Ankerschaftes sollte wie folgt bestimmt werden:

$$F_{tg,Rd} = A_g f_y / \gamma_{M0} \tag{7.2}$$

Dabei ist

A_g die Bruttoquerschnittsfläche des Ankerstabs.

gestrichener Text

🆗 (4) 🆗 Wenn die Anker mit einem toten Mann oder mit anderen Lastverteilungselementen am Ankerende bestückt sind, sollte keine Haftung entlang des Ankerschaftes berücksichtigt werden. Die gesamte Ankerkraft sollte durch das Ankerende übertragen werden.

🆗 (5) 🆗 Der Bemessungswert des Zugkraftwiderstandes der Ankerplatte $B_{t,Rd}$ sollte als der kleinste Wert aus dem Zugwiderstand $F_{tg,Rd}$ nach Absatz (3) und dem Abscherwiderstand des Ankerkopfs und der Mutter $B_{p,Rd}$, aus EN 1993-1-8, Tabelle 3-4 bestimmt werden.

🆗 (6) 🆗 Die Bemessung der Lastverteilungselemente sollte nach EN 1993-1-1 durchgeführt werden.

🆗 (7) 🆗 Bei einem geneigten Anker sollte nachgewiesen werden, dass die Komponente der Ankerkraft, die in Richtung der Längsachse der Spundbohle wirkt, sicher vom Anker auf die Gurtung oder auf den Flansch der Spundbohle und in den Boden übertragen werden kann, siehe EN 1997-1.

7.2.4 Gebrauchstauglichkeitsnachweis

(1)P Für Nachweise im Grenzzustand der Gebrauchstauglichkeit muss der Querschnitt des Ankers so bemessen werden, dass unter den charakteristischen Lastkombinationen Verformungen infolge Fließens des Zugankers vermieden werden.

(2) Der Grundsatz in Absatz (1)P darf als erfüllt angesehen werden, wenn

$$F_{t,ser} \leq \frac{f_y\, A_S}{\gamma_{Mt,ser}} \tag{7.3}$$

Dabei ist

A_s die Zugspannungsfläche des Gewindestücks oder Bruttoquerschnittsfläche des Ankerstabes, wobei der kleinere Wert gilt;

$F_{t,ser}$ die Normalkraft im Anker unter charakteristischen Lasten;

$\gamma_{Mt,ser}$ der Teilsicherheitsfaktor nach 7.1 (4).

7.2.5 Anforderungen an die Dauerhaftigkeit

(1) Zu Anforderungen an die Dauerhaftigkeit von Ankern, die aus hochfestem Stahl entsprechend 3.7 (1) hergestellt werden, sollte EN 1537 beachtet werden.

(2) Zu Ankern aus anderen Stahlgüten sollte 4.1 beachtet werden.

ANMERKUNG Biegung im Ankerstab am Anschluss zur Spundwand kann einen nachteiligen Effekt auf die Dauerhaftigkeit der Stützwandkonstruktion haben. Dies sollte beachtet werden, insbesondere bei Stützwänden, deren Stabilität ausschließlich auf den Verankerungen beruht.

7.3 Gurtungen und Aussteifungen

(1) Die mechanischen Eigenschaften von Gurtungen und Aussteifungen, die in einer Tragwerksberechnung verwendet werden, sollten mit den Konstruktionsdetails übereinstimmen.

(2) Für den Nachweis des Grenzzustandes der Tragfähigkeit, sollten die Schnittgrößen in den Gurtungen und Aussteifungen für alle maßgeblichen Bemessungssituationen bestimmt werden.

ANMERKUNG Wenn eine Aussteifung versagt, ist es unwahrscheinlich, dass sich dies in Form einer allmählichen Bewegung ankündigt oder dass genügend Zeit für Gegenmaßnahmen bleibt. Versagen eines Ankers könnte zu progressivem Versagen führen. Da die Schadensfolgen bei diesem Versagen sehr schwerwiegend sein können, sind konservative Annahmen für die Bemessung dieser Bauteile und ihrer Anschlüsse angemessen.

(3) Der Querschnittswiderstand der Bauteile sollte nach EN 1993-1-1 bestimmt werden.

7.4 Verbindungen

7.4.1 Allgemeines

(1) Der Widerstand von Anschlüssen ist in der Regel nach EN 1993-1-8 nachzuweisen.

7.4.2 Tragpfähle

(1) Wenn nicht anders festgelegt, darf die Verbindung zwischen dem Tragpfahl und dem Pfahlrost auf verschiedenen (konservativen) Wegen für die Bemessung des Stahlpfahls und für die Bemessung des Pfahlrosts berücksichtigt werden.

ANMERKUNG   Der Grad der Einspannung des Pfahls in dem Pfahlrost oder der Gründung bestimmt die lokalen Querkräfte und Momente, für die zu bemessen ist.

(2) Die statischen Eigenschaften der Verbindungen zwischen den Pfahlköpfen und dem Pfahlrost (gelenkig oder eingespannte Verbindung), welche von ihrer Steifigkeit und der konstruktiven Ausbildung abhängig sind, sollten mit der gewählten Art der Lastübertragung übereinstimmen. Beispiele hierfür werden in Bild 7-1 und Bild 7-2 gezeigt, siehe auch EN 1994.

ANMERKUNG   Eine direkte Verbindung eines Stahltragwerks mit Tragpfählen ist ebenfalls möglich, siehe Bild 7-3.

(3) Bei der Bemessung der Verbindungen zwischen Pfahl und Pfahlrost sollten Dauerhaftigkeitsaspekte berücksichtigt werden.

(4) Verbindungen zwischen zwei Pfahlabschnitten sollten nach EN 1993-1-8 bemessen werden.

ANMERKUNG   Der Nationale Anhang darf Informationen zur Bemessung von Pfahlverbindungsstücken enthalten.

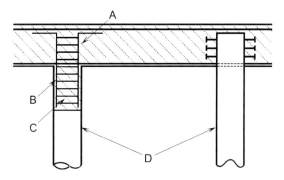

Legende
A   Betonplatte / Pfahlrost
B   Bewehrung
C   Betonfüllung
D   Stahlpfahl

Bild 7-1 — Rohr- und Kastenpfähle, Beispiele für die Verbindung mit dem Pfahlrost

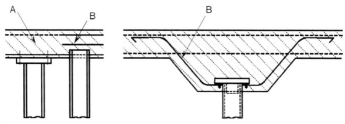

Legende
A Pfahlrost
B Bewehrung entsprechend der Art der Lastübertragung in die Betonplatte angeordnet

a) **Druckbelastung**

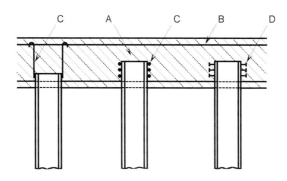

Legende
A Pfahlrost
B Bewehrung entsprechend der Art der Lastübertragung in die Betonplatte angeordnet
C am Pfahl angeschweißter Betonrippenstahl
D Kopfbolzendübel oder an Winkelprofil angeschweißt

b) **Druck- und Zugbelastung**

Bild 7-2 — Beispiele für Tragpfahlanschlüsse an einen Betonträgerrost

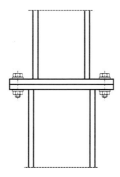

Bild 7-3 — Beispiel für eine Verbindung des Tragpfahls an eine Stahlkonstruktion oberhalb der Gründung

7.4.3 Verankerung

(1)P Es ist der Widerstand der Spundbohle gegen die Einleitung der Ankerkraft in den Flansch mittels Ankerplatte nachzuweisen, wenn der Ankeranschluss über eine Gurtung hinter der Wand (siehe Bild 7-4) oder ohne Einsatz einer Gurtung (siehe Bild 7-5a) erfolgt.

ANMERKUNG Ein mögliches Verfahren für diesen Nachweis ist in Absatz (3) angegeben.

(2)P Es ist der Widerstand der Spundbohle gegen die Einleitung der Anker- oder Aussteifungskraft in den Steg mittels Gurtung (siehe Bild 7-6) oder mittels Ankerplatte (siehe Bild 7-5b) nachzuweisen.

ANMERKUNG Ein mögliches Verfahren für diesen Nachweis ist in Absatz (4) und Absatz (5) angegeben.

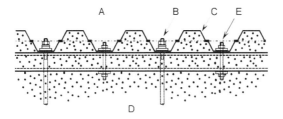

Legende
A Aushub
B Anker
C Spundwand
D Boden
E Bolzen

Bild 7-4 — Beispiel einer Verankerung mit Gurtung hinter der Spundwand

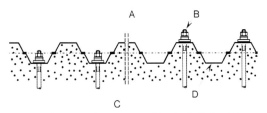

a) Anker befindet sich im
Wellental der Spundwand

b) Anker befindet sich am
Wellenberg der Spundwand

Legende
A Aushub
B Anker
C Boden
D Spundwand

Bild 7-5 — Beispiel einer Verankerung ohne Gurtung

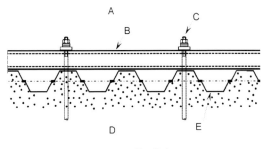

Legende
A Aushub
B Gurtung
C Anker
D Boden
E Spundwand

Bild 7-6 — Beispiel einer Gurtung vor der Spundwand

(3) Der Widerstand der Spundwand mit einer Gurtung hinter der Wand (siehe Bild 7-4) oder ohne Gurtung (siehe Bild 7-5a) gegen die Ankerkraft, die über die Flansche durch eine Ankerplatte eingeleitet wird, darf wie folgt nachgewiesen werden:

a) Schubwiderstand des Flansches:

$$F_{Ed} \leq R_{Vf,Rd} \tag{7.4}$$

Dabei ist

F_{Ed} der Bemessungswert der lokalen quergerichteten Kraft, die in den Flansch eingeleitet wird;

$R_{Vf,Rd}$ der Bemessungswert des Schubwiderstandes des Flansches unter der Ankerplatte definiert durch

$$R_{Vf,Rd} = 2{,}0\,(b_a + h_a)\,t_f\,\frac{f_y}{\sqrt{3}\,\gamma_{M0}} \tag{7.5}$$

Dabei ist

b_a die Ankerplattenbreite;

f_y die Streckgrenze der Spundwand;

h_a die Ankerplattenlänge, jedoch ≤ 1,5 b_a;

t_f die Flanschdicke.

b) Zugwiderstand des Steges:

$$F_{Ed} \leq R_{tw,Rd} \tag{7.6}$$

Dabei ist

$R_{tw,Rd}$ der Bemessungswert des Zugwiderstandes von 2 Stegen, definiert durch

$$R_{tw,Rd} = 2{,}0 \, h_a \, t_w \, f_y / \gamma_{M0} \tag{7.7}$$

mit

t_w Stegdicke;

c) Breite der Ankerplatte:

$$b_a \geq 0{,}8 \, b \tag{7.8}$$

Dabei ist

b_a die Breite der Ankerplatte;

b die Flanschbreite, siehe Bild in Tabelle 5-1;

ANMERKUNG Es darf ein kleinerer Wert für b angesetzt werden, unter der Voraussetzung, dass die Flanschbiegung überprüft wurde.

d) Dicke der Ankerplatte:

Die Ankerplatte sollte für Biegung nachgewiesen werden und eine Mindestdicke von $2t_f$ haben.

(4) Der Widerstand der Spundbohle gegen den Teil der Anker- oder Steifenkraft, der in die Stege über eine Gurtung (siehe Bild 7-6) eingeleitet wird, darf wie folgt bestimmt werden:

Bei $F_{Ed} \leq 0{,}5 \, R_{c,Rd}$: kein weiterer Nachweis ist notwendig.

Bei $F_{Ed} > 0{,}5 \, R_{c,Rd}$: lautet der Nachweis:

$$\frac{F_{Ed}}{R_{c,Rd}} + 0{,}5 \frac{M_{Ed}}{M_{c,Rd}} \leq 1{,}0 \tag{7.9}$$

Dabei ist

F_{Ed} Bemessungswert der lokalen quergerichteten Kraft je Steg, die über die Gurtung eingeleitet wird;

$R_{c,Rd}$ der Widerstand gegen die lokale Kraft. $R_{c,Rd}$ sollte als der kleinste Wert von $R_{e,Rd}$ und $R_{p,Rd}$ für jeden Steg angesetzt werden. Dieser lautet:

$$R_{e,Rd} = \frac{\varepsilon}{4e}(s_S + 4{,}0 \, s_{ec}) \sin\alpha \left(t_w^2 + t_f^2\right) f_y / \gamma_{M0} \tag{7.10}$$

oder

$$R_{p,Rd} = \chi R_{p0} / \gamma_{M0} \tag{7.11}$$

Dabei ist

$$\chi = 0{,}06 + \frac{0{,}47}{\lambda} \leq 1{,}0 \tag{7.12}$$

$$\lambda = \sqrt{\frac{R_{p0}}{R_{cr}}} \tag{7.13}$$

$$R_{cr} = 5{,}42\, E\, \frac{t_w^3}{c} \sin\alpha \tag{7.14}$$

$$R_{p0} = \sqrt{2}\, \varepsilon\, f_y\, t_w \sin\alpha \left(s_S + t_f \sqrt{\frac{2b \sin\alpha}{t_w}} \right) \tag{7.15}$$

b die Flanschbreite, siehe Bild in Tabelle 5-1;

c die Steglänge, siehe Bild 5-1;

e die Exzentrizität der Lasteinleitung in den Steg, gegeben durch

$$r_0 \tan\left(\frac{\alpha}{2}\right) - \frac{t_w}{2\sin\alpha}\text{, jedoch nicht weniger als 5 mm;} \tag{7.16}$$

f_y die Streckgrenze der Spundbohle;

r_0 der Außenradius der Ecke zwischen Flansch und Steg;

$$s_{ec} = 2{,}0\, \pi\, r_0 \left(\frac{\alpha}{180} \right) \text{ mit } \alpha \text{ in Grad;} \tag{7.17}$$

s_S die Länge der Lasteinleitungsbreite, bestimmt nach EN 1993-1-5, 6.3. Wenn die Gurtung aus zwei Teilen besteht, z. B. bei zwei U-Profilen, ist s_S die Summe beider Teile zuzüglich des kleinsten Wertes aus dem Abstand zwischen den zwei Teilen oder der Länge s_{ec};

t_f die Flanschdicke;

t_w die Stegdicke;

α der Stegwinkel, siehe Bild 5-1;

ε $= \sqrt{\dfrac{235}{f_y}}$ mit f_y in N/mm²;

M_{Ed} der Bemessungswert des Biegemoments an der Stelle der Anker- oder Aussteifungskraft;

$M_{c,Rd}$ der Bemessungswert des Biegewiderstandes der Spundbohle nach 5.2.2 (2).

(5)   Wenn eine Ankerplatte für die Einleitung einer Ankerkraft in die Stege nach Bild 7-5 b) verwendet wird, darf der in Absatz (4) angegebene Nachweis verwendet werden, vorausgesetzt, die Ankerplattenbreite ist größer als die Flanschbreite, um eine zusätzliche Exzentrizität e, wie in Absatz (4) angegeben, zu vermeiden.

8 Ausführung

8.1 Allgemeines

(1) Die Gründungsarbeiten sind in der Regel in der Weise durchzuführen, wie sie für das Projekt festgelegt wurden.

(2) Wenn zwischen der Ausführung auf der Baustelle und dem, was für das Projekt festgelegt wurde, Unterschiede auftreten, sollten die Auswirkungen untersucht und, falls notwendig, Änderungen vorgenommen werden.

(3) Die Anforderungen an die Ausführung sollten EN 1997-1 entsprechen.

(4) Sonderanforderungen sollten im Einzelfall angegeben werden.

8.2 Stahlspundwände

(1)P Stahlspundwände müssen nach EN 12063 ausgeführt werden.

(2) Die Toleranzen für die Positionierung und die Vertikalität von Spundwänden sollten EN 12063, Tabelle 2 entsprechen.

(3) Um die Nennwerte der Widerstands- und Steifigkeitseigenschaften der Spundwand sicherzustellen, sollten die Einbringtoleranzen mit EN 12063, 8.5 übereinstimmen.

8.3 Tragpfähle

(1)P Die Ausführung von Tragpfählen muss EN 1997-1, Abschnitt 4 entsprechen.

(2)P Die Ausführung von Tragpfählen muss ebenfalls in Übereinstimmung mit EN 12699 und EN 14199 stehen.

(3) Die Toleranzen für die Position und die lotrechte Lage von Tragpfählen sollten so sein, wie sie in EN 12699 und EN 14199 angegeben sind.

8.4 Verankerungen

(1) Die Ausführung von Verankerungen sollte, soweit anwendbar, in Übereinstimmung mit EN 1997-1 und EN 1537 stehen.

8.5 Gurtungen, Steifen und Verbindungen

(1)P Für die Ausführung von Tragwerkskomponenten muss EN 1090-2 beachtet werden.

Anhang A
(normativ)

Dünnwandige Stahlspundwände

A.1 Allgemeines

A.1.1 Geltungsbereich

(1) Dieser Anhang dient der Bestimmung des Widerstandes und der Steifigkeit von Stahlspundwänden mit Berücksichtigung der Besonderheiten von kaltgeformten Stahlspundwänden, alle mit Querschnitten der Klasse 4. Zur Bestimmung der Einwirkungen und Schnittgrößen wird auf Abschnitt 2 verwiesen.

(2) Zur Querschnittsklassifizierung wird in der Regel auf 5.2 verwiesen.

(3) Die Bemessungsmethoden werden in diesem Anhang für kaltgeformte Spundbohlen dargestellt, dürfen aber auch für warmgewalzte Klasse-4-Profile angewendet werden.

(4) Die hier dargestellte Bemessung mit Berechnungen setzt voraus, dass die Querschnitte keine Zwischensteifen haben. Diese Einschränkungen brauchen bei versuchsgestützter Bemessung nicht berücksichtigt zu werden, siehe A.7. Bei Profilen, die aus Elementen mit Zwischensteifen bestehen und rechnerisch bemessen werden sollen, sollte EN 1993-1-3 beachtet werden.

(5) Bei dünnwandigen Stahlspundbohlen führt die Bemessung mit Berechnungen nicht immer zu wirtschaftlichen Lösungen. Es ist daher oft sinnvoll, Versuche zur Bestimmung der Widerstände durchzuführen.

ANMERKUNG Anleitungen für die Versuchsdurchführung befinden sich in Anhang B.

(6) Einschränkungen für die Abmessungen oder den Werkstoff gelten nur für die rechnerische Bemessung.

A.1.2 Form von kaltgeformten Stahlspundbohlen

(1) Kaltgeformte Stahlspundbohlen sind Produkte, die aus warmgewalzten Blechen nach EN 10249 hergestellt werden. Sie bestehen aus geraden und abgerundeten Wandstücken. Über ihre gesamte Länge haben sie innerhalb der spezifizierten Toleranzen einen konstanten Querschnitt und eine Dicke, die nicht weniger als 2 mm beträgt.

(2) Diese Spundbohlen werden ausschließlich durch Kaltverformung (Walzen oder Abkanten) hergestellt.

(3) Die Querschnittsränder einer Spundbohle dürfen aus Schlössern bestehen.

(4) Einige Beispiele von kaltgeformten Bohlenquerschnitten, die in diesem Anhang behandelt werden, sind in Tabelle A.1 angegeben.

A.1.3 Begriffe

(1) Es gelten die Begriffe für die Querschnittsabmessungen in EN 1993-1-3, 1.5.3.

(2) Für kaltgeformte Spundbohlen gilt die Achsenvereinbarung in 1.9.

Tabelle A.1 — Beispiele für kaltgeformte Spundbohlen

	Querschnittsbeispiel
Ω-Profil	
Z-Profil	
Kanaldielenprofil	

A.2 Grundlagen für Entwurf, Bemessung und Konstruktion

A.2.1 Grenzzustände der Tragfähigkeit

(1) Soweit nicht anders in diesem Anhang geregelt, gelten die allgemeinen Regelungen in 2.2 und 5.1 auch für kaltgeformte Profile.

A.2.2 Grenzzustände der Gebrauchstauglichkeit

(1) Soweit nicht anders in diesem Anhang geregelt, gelten die allgemeinen Regelungen in 2.3, 6.1 und 6.2 auch für kaltgeformte Profile.

(2) Für die Gebrauchstauglichkeitsnachweise ist EN 1993-1-3, Abschnitt 7 zu beachten.

A.3 Werkstoff- und Querschnittseigenschaften

A.3.1 Werkstoffeigenschaften

(1) Zu Werkstoffeigenschaften ist für diesen Anhang Abschnitt 3 zu beachten.

(2) Die Regelungen in diesem Anhang gelten für Klasse-4-Stahlspundbohlen nach EN 10248 und EN 10249.

DIN EN 1993-5:2010-12
EN 1993-5:2007 + AC:2009 (D)

(3) Diese Regelungen dürfen auch auf andere Baustähle mit ähnlichen Festigkeits- und Zähigkeitseigenschaften angewendet werden, wenn die folgenden Bedingungen erfüllt sind:

— der Stahl erfüllt die Anforderungen an die chemische Zusammensetzung, mechanischen Prüfungen und andere Prüfverfahren nach Umfang und Methode wie in EN 10248 und EN 10249 beschrieben;

— es wird ein Mindestwert der Duktilität gefordert, ausgedrückt durch Grenzwerte von

— f_u / f_y;

— die Bruchverformung bezogen auf die Länge $5,65 \sqrt{A_0}$ (wobei A_0 die Ausgangsquerschnittsfläche ist);

— die Grenzdehnung ε_u, wobei sich ε_u auf die Zugfestigkeit f_u bezieht;

ANMERKUNG   Die Grenzwerte dürfen im Nationalen Anhang angegeben sein. Folgende Werte werden empfohlen:

— $f_u / f_y \geq 1,1$;

— die Bruchdehnung $\geq 15\ \%$;

— $\varepsilon_u \geq 15\ \varepsilon_y$;

wobei sich ε_y auf die Streckgrenze f_y bezieht.

— die Stahllieferung erfolgt:

— entweder nach einer anderen anerkannten Norm für Baustahl, oder

— mit mechanischen Eigenschaften und einer chemischen Zusammensetzung, die einer der Stahlgüten in Tabelle 3-1 oder Tabelle 3-2 entsprechen.

(4) Der Nennwert der Streckgrenze f_{yb} des Grundmaterials in Tabelle 3-1 und Tabelle 3-2 sollte als charakteristischer Wert für die Bemessung angesetzt werden. Bei anderen Stählen sollte der charakteristische Wert anhand von Zugversuchen entsprechend EN 10002-1 bestimmt werden.

(5) Es darf angenommen werden, dass die Stahleigenschaften unter Druck dieselben sind wie unter Zug.

(6) Für die in diesem Anhang erfassten Stähle, sollten die weiteren Werkstoffeigenschaften für die Bemessung wie folgt angenommen werden:

— Elastizitätsmodul: $E\ =\ 210\ 000\ \text{N/mm}^2$;

— Schubmodul: $G\ =\ E / [2(1 + v)]\ \text{N/mm}^2$;

— Querkontraktionszahl: $v\ =\ 0,3$;

— Temperaturausdehnungskoeffizient: $\alpha\ =\ 12 \times 10^{-6}\ \text{1/K}$;

— Dichte: $\rho\ =\ 7\ 850\ \text{kg/m}^3$.

(7) Die Verfestigung infolge Kaltverformung darf anhand von Versuchen nach A.7 berücksichtigt werden.

(8) Wenn in diesem Anhang oder in der EN 1993-1-3 die Streckgrenze mit dem Symbol f_y bezeichnet wird, ist entweder die Streckgrenze des Grundwerkstoffes f_{yb} nach Tabelle 3-2 oder die Streckgrenze nach Tabelle 3-1 zu verwenden.

ANMERKUNG   Hier besteht ein Unterschied zu den in EN 1993-1-3 verwendeten Vereinbarungen.

(9) Die Regelungen für den rechnerischen Nachweis in diesem Anhang sind nur anwendbar, wenn die Nennwerte der Erzeugungsdicke in den folgenden Grenzen liegen:

2,0 mm $\leq t \leq$ 15,0 mm.

(10) Für dickere oder dünnere Klasse-4-Querschnitte von Spundwänden sollte die Tragfähigkeit nach A.7 Versuchsgestützte Bemessung bestimmt werden.

A.3.2 Querschnittseigenschaften

(1) Querschnittseigenschaften sollten, unter gebührender Berücksichtigung der Empfindlichkeit des Gesamtquerschnittes gegenüber Näherungsberechnungen, siehe EN 1993-1-3, 5.1, und deren Einfluss auf die vorhergesagte Festigkeit von Bauteilen, berechnet werden.

(2) Die Effekte des lokalen Beulens sollten durch die Verwendung von effektiven Querschnittswerten nach A.4 berücksichtigt werden

(3) Die Eigenschaften des Bruttoquerschnitts sollten mit den angegebenen Nennabmessungen bestimmt werden. Bei der Berechnung der Bruttoquerschnittseigenschaften brauchen kleine Löcher nicht angerechnet zu werden, große Öffnungen sollten jedoch berücksichtigt werden.

(4) Die Nettofläche eines Bohlenquerschnittes oder eines Teilquerschnittes sollte aus dem Bruttoquerschnitt durch Abzug aller Löcher und Öffnungen berechnet werden.

(5) Der Einfluss von ausgerundeten Ecken auf die Querschnittseigenschaften sollte nach EN 1993-1-3, 5.1(4) berücksichtigt werden.

ANMERKUNG Ein Beispiel für einen idealisierten Spundbohlenquerschnitt mit ausgerundeten Ecken ist in Bild A.1 angegeben.

(6) Für den rechnerischen Nachweis sollte das Breiten-zu-Dicken-Verhältnis die Werte der Tabelle A.2 nicht überschreiten.

(7) Die Verwendung von Breiten-zu-Dicken-Verhältnissen, die diese Werte überschreiten, ist nicht ausgeschlossen. Dann sollten jedoch die Tragfähigkeit der Bohle und ihr Gebrauchstauglichkeitsverhalten durch Versuche nach A.7 nachgewiesen werden.

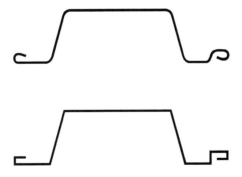

Bild A.1 — Beispiel eines idealisierten Querschnitts

Tabelle A.2 — Maximale Breiten-zu-Dicken-Verhältnisse; Modellierung des statischen Verhaltens

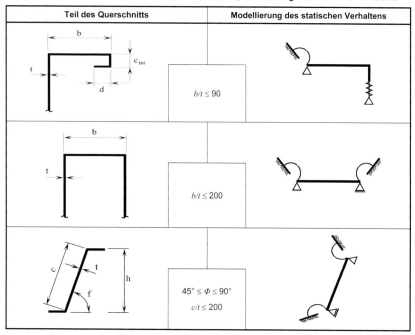

A.4 Lokales Beulen

(1) Wenn nicht anders in diesem Anhang geregelt, sollten die Effekte des lokalen Beulens auf den Widerstand und die Steifigkeit von Klasse-4-Stahlspundbohlenquerschnitten nach EN 1993-1-3, 5.5 berücksichtigt werden.

(2) Unausgesteifte flache Elemente von Spundbohlenquerschnitten werden in EN 1993 1-3, 5.5.2 behandelt.

(3) Flache Elemente mit Schlössern, die als Eckaussteifung wirken, sollten nach EN 1993-1-3, 5.5.3.2 berücksichtigt werden.

ANMERKUNG Bild A.2 zeigt ein Beispiel für die Idealisierung der Schlossgeometrie, die als Eckaussteifung wirkt.

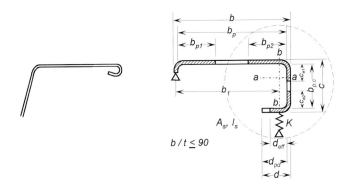

Bild A.2 — Schloss, das als Eckaussteifung betrachtet wird

(4) Flache druckbeanspruchte Elemente mit Schlössern, die als Eckaussteifung wirken, sollten nach dem Grundsatz in EN 1993-1-3, 5.5.3.1 (1) bemessen werden.

(5) Die Federsteifigkeit des Schlosses, das als Eckaussteifung wirkt, sollte nach EN 1993-1-3, Gleichung (5.10) bestimmt werden.

(6) EN 1993-1-3, Gleichung (5.9) darf für Spundbohlen, nämlich für Z-Bohlen nach Bild A.3 und Bild A.4, angewendet werden, indem für die Plattensteifigkeit $(E\,t^3)/12/(1-v^2)$ angesetzt wird. Die Steifigkeit der Drehfeder, die den Steg abbildet, siehe Bild A.4, darf bestimmt werden mit:

$$EI_w\,\theta = \tfrac{1}{2} \times 1 \times 1 \times s_w \tag{A.1}$$

$$C_\theta = \frac{1}{\theta} = \frac{2EI_w}{c} \tag{A.2}$$

$$I_w = \frac{t^3}{12(1-v^2)} \tag{A.3}$$

Das tatsächliche Biegemoment, das in der Drehfeder infolge der Einheitslast wirkt, ist $u \times b_p$ und die dazugehörige Verdrehung ist:

$$\theta = \frac{u\,b_p}{C_\theta} = \frac{u\,b_p\,c}{2EI_w} \tag{A.4}$$

Somit lautet EN 1993-1-3, Gleichung (5.10):

$$\delta = \frac{2u\,b_p^2(1-v^2)}{E\,t^3}(3c + 2b_p) \tag{A.5}$$

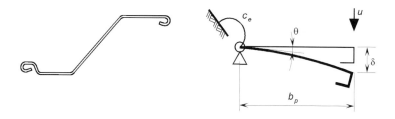

Bild A.3 — Bestimmung der Federsteifigkeit des Flansches

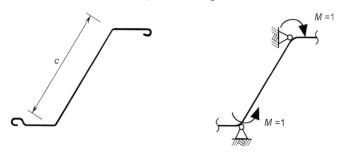

Bild A.4 — Bestimmung der Federsteifigkeit des Steges

A.5 Querschnittswiderstand

A.5.1 Allgemeines

(1)P Die Bemessungswerte der Schnittgrößen in jedem Querschnitt dürfen den Bemessungswert des zugehörigen Widerstandes nicht überschreiten.

(2) Der Bemessungswert des Widerstandes des Querschnitts sollte entweder mit den in diesem Anhang beschriebenen Berechnungsmethoden, oder durch versuchsgestützte Bemessung nach A.7 bestimmt werden.

(3) Die Regelungen in A.5 sollten nur bei einachsiger Biegung mit M_z = 0 verwendet werden.

(4) Es darf angenommen werden, dass eine der Hauptachsen der Spundbohle parallel zur Systemachse der Stützwand verläuft.

(5) Beim rechnerischen Nachweis sollte der Querschnittswiderstand nachgewiesen werden für:

— das Biegemoment unter Berücksichtigung der lokalen Querbiegung;

— lokale quer einwirkende Kräfte;

— die Kombination von Biegemoment und Querkraft;

— die Kombination von Biegemoment und Normalkraft;

— die Kombination von Biegemoment und lokaler quer einwirkender Kraft.

(6) Für alle diese Querschnittswiderstände darf die versuchsgestützte Bemessung anstatt des rechnerischen Nachweises angewendet werden.

ANMERKUNG Die versuchsgestützte Bemessung ist besonders vorteilhaft bei Querschnitten mit relativ hohem b_p/t-Verhältnis, zum Beispiel in Verbindung mit unelastischem Verhalten oder Stegkrüppeln.

(7) Beim rechnerischen Nachweis sollte lokales Beulen anhand von effektiven Querschnittswerten nach A.4 berücksichtigt werden.

(8) Die in diesem Abschnitt gegebenen Regelungen gehen nicht auf globales Stabilitätsversagen von Spundbohlen ein. Für Spundbohlen, bei denen Stabilitätsversagen infolge von Druckkräften auftreten kann, wird in der Regel auf EN 1993-1-3, 6.2 verwiesen.

(9) Die in 5.2.3 (1) angegebenen Kriterien sollten eingehalten werden. Größere Normalkräfte, die zu Gesamtknicken führen können, sollten bei Klasse-4-Querschnitten vermieden werden.

(10) Gurtungen sollten vor oder hinter der Spundwand verwendet werden, um Kräfte von Ankern oder Steifen (siehe Bild A.5a)) mit einer Umverteilung der Kräfte einzuleiten. Wenn Ankerplatten verwendet werden, um die Last aus einem Zuganker direkt in die Spundbohle nach Bild A.5b) einzuleiten, sollten Versuche nach 2.6 durchgeführt werden, wenn die Dicke der Spundwandprofile ≤ 6 mm ist.

(11) Bei iterativen Berechnungen sollte eine genügende Anzahl von Iterationen durchgeführt werden, um die erforderliche Genauigkeit zu erreichen.

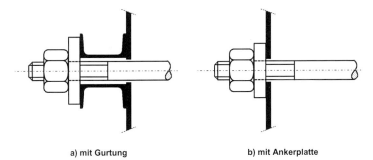

a) mit Gurtung   b) mit Ankerplatte

Bild A.5 — Einleitung von Ankerkräften

A.5.2 Biegemoment

(1) Wenn nicht anders in diesem Anhang geregelt, sollte der Momentenwiderstand von Klasse-4-Querschnitten nach EN 1993-1-3, 6.1.4 bestimmt werden.

(2) Die Einschränkung der mitwirkenden Breiten zur Berücksichtigung der Schubverzerrung darf bei Stahlspundwandbohlen vernachlässigt werden.

(3) Bei Stützwänden aus Klasse-4-Querschnitten sollte keine plastische Momentenumlagerung angesetzt werden.

(4) Wenn der Momentenwiderstand des Profils bei positiven und negativen Biegemomenten unterschiedlich ist, sollte dies bei der Bemessung berücksichtigt werden.

A.5.3 Querkräfte

(1) Wenn nicht anders in diesem Anhang geregelt, sollte der Querkraftwiderstand des Steges nach EN 1993-1-3, 6.1.5 bestimmt werden.

(2) Die Schubbeulfestigkeit f_{bv} sollte für Stege ohne Aussteifung am Auflager mit EN 1993-1-3, Tabelle 6-1 bestimmt werden.

A.5.4 Lokale Einleitung quergerichteter Kräfte

A.5.4.1 Allgemeines

(1) Wenn sich die Gurtung auf der Aushubseite, siehe Bild 7-6, befindet, sollte der Nachweis nach A.5.4.2 durchgeführt werden.

(2) Wenn sich die Gurtung auf der Landseite, siehe Bild 7-4, befindet, sollte der Nachweis nach A.5.4.3 durchgeführt werden.

A.5.4.2 Stege mit quergerichteten Druckkräften

(1) Um Stauchen, Krüppeln oder Beulen des Steges infolge der Auflagerreaktionen aus der Gurtung zu vermeiden, sollte für die quergerichtete Kraft F_{Ed} gelten:

$$F_{Ed} \leq R_{w,Rd}$$

Dabei ist

$R_{w,Rd}$ der Widerstand des Steges gegen lokale quergerichtete Kräfte.

(2) Wenn nicht anders in diesem Anhang geregelt, sollte für einen unausgesteiften Steg der Widerstand $R_{w,Rd}$ gegen lokal quergerichtete Kräfte aus EN 1993-1-3, 6.1.7.3 entnommen werden.

ANMERKUNG (2) gilt auch für Z-Bohlen, indem eine Doppelbohle aus zwei Z-Bohlen betrachtet wird.

(3) Für Gurtungen, die als Auflager wirken, gilt:

— der Wert der effektiven Auflagerlänge l_a in EN 1993-1-3, Gleichung (6.18) sollte nach EN 1993-1-3, 6.1.7.3 (4) bestimmt werden;

— der Wert des Koeffizienten α in EN 1993-1-3, Gleichung (6.18) sollte wie folgt angenommen werden:

— für Kategorie 1: $\alpha = 0{,}075$;

— für Kategorie 2: $\alpha = 0{,}15$.

ANMERKUNG Die Kategorie 1 gilt, wenn der Abstand zwischen Gurtung und dem Bohlenende $\leq 1{,}5\, h_w$ ist, wobei h_w die Höhe des Profils ist. Sonst gilt Kategorie 2, siehe EN 1993-1-3, Bild 6-9.

A.5.4.3 Stege mit quergerichteten Zugkräften

(1) Für Stege mit quergerichteten Zugkräften sollte der Nachweis nach 7.4.3 (3) geführt werden.

A.5.5 Kombination aus Querkraft und Biegemoment

(1) Für die Kombinationen aus Querkraft und Biegemoment sollte der Nachweis nach EN 1993-1-3, Gleichung (6.27) durchgeführt werden.

A.5.6 Kombination aus Biegemoment und lokalen quergerichteten Kräften

(1) Für die Kombination von Biegemoment und Lasteinleitung für lokale quergerichtete Kräfte sollte der Nachweis nach EN 1993-1-3, 6.1.11 durchgeführt werden.

A.5.7 Kombination aus Biegemoment und Normalkraft

(1) Die Kombination von Biegemoment und Zugkraft sollte ohne Berücksichtigung der Biegung um die z-z-Achse nach EN 1993-1-3, 6.1.8 nachgewiesen werden.

(2) Der Nachweis für die Kombination von Biegemoment und Druckkraft sollte ohne Berücksichtigung der Biegung um die z-z-Achse nach EN 1993-1-3, 6.1.9 durchgeführt werden.

A.5.8 Lokale Querbiegung

(1) Bei Wasserdruckbelastung, die 1 m Wasserspiegelunterschied überschreitet, sind in der Regel die Effekte des Wasserdrucks auf die Plattenquerbiegung bei Ermittlung des globalen Biegewiderstand zu berücksichtigen.

(2) Vereinfachend kann dieser Nachweis mit dem folgenden Verfahren durchgeführt werden:

— die Querschnittsnachweise brauchen nur an den Stellen mit dem maximalen Moment durchgeführt zu werden, bei denen die Wasserdruckbelastung mehr als 1 m beträgt;

— die Effekte der Wasserdruckbelastung sollten durch eine reduzierte Plattendicke $t_{red} = \rho_P \, t$ mit ρ_P nach Tabelle A.3 berücksichtigt werden;

— bei der Bestimmung von ρ_P nach Tabelle A-3 sollte die wirkende Wasserdruckbelastung an den Stellen des maximalen Momentes berücksichtigt werden.

Tabelle A.3 — Abminderungsfaktor ρ_P für Plattendicken bei Wasserdruckbelastung

w	$(b/t_{min})\,\varepsilon = 40,0$	$(b/t_{min})\,\varepsilon = 60,0$	$(b/t_{min})\,\varepsilon = 80,0$	$(b/t_{min})\,\varepsilon = 100,0$
1,0	0,99	0,98	0,96	0,94
2,5	0,98	0,94	0,88	0,78
5,0	0,95	0,86	0,67	0,00
7,5	0,92	0,75	0,00	0,00
10,0	0,88	0,58	0,00	0,00

Erläuterung:
b Flanschbreite, jedoch sollte b nicht kleiner angesetzt werden als $c/\sqrt{2}$, wobei c die Steglänge ist;
t_{min} kleinster Wert der Dicken von Flansch oder Steg;
w Höhe des Wasserdruckunterschieds in m;
$\varepsilon = \sqrt{\dfrac{235}{f_y}}$, mit f_y in N/mm²

ANMERKUNG   Diese Werte gelten für Z-Bohlen und sind konservativ für Ω- and U-Bohlen anwendbar. Eine Erhöhung von ρ_P ist möglich (z. B. wenn die Schlösser verschweißt sind), jedoch sind dann zusätzliche Untersuchungen notwendig.

A.6 Rechnerischer Nachweis

(1) Das folgende Verfahren darf für die Bemessung von Stützwänden aus Spundbohlen mit Klasse-4-Querschnitten angewendet werden.

(2) Die Schnittgrößen in der Bohle im Grenzzustand der Tragfähigkeit dürfen unter Verwendung eines elastischen Balkenmodells und eines geeigneten Modells für den Boden nach EN 1997-1 bestimmt werden.

(3) Falls erforderlich, sollten Schätzwerte als Eingangsdaten für das Balkenmodell gewählt werden.

(4) Bei Druckkräften sollte nachgewiesen werden, ob Knicken vernachlässigt werden kann.

(5) Um einen rechnerischen Nachweis möglich zu machen, sollte vorab nachgewiesen werden, dass die dafür notwendigen Kriterien nach diesem Anhang von der geplanten Stahlspundbohle erfüllt werden.

(6) Der gewählte Bohlenquerschnitt sollte unter Verwendung von Querschnittswiderständen nach Herstellerangaben nach A.5 nachgewiesen werden, falls erforderlich mit Berücksichtigung der Effekte aus Korrosion.

ANMERKUNG Die Querschnittswiderstände, die vom Hersteller unter Berücksichtigung der Stahlgüte und einer reduzierten Dicke infolge Korrosion angegeben werden sollten, sind: $M_{c,Rk}$, N_{Rk}, $V_{b,Rk}$, $R_{w,Rk}$.

(7) Falls erforderlich, sollte die effektive Steifigkeit des Querschnitts im Grenzzustand der Tragfähigkeit mit dem Balkenmodell iterativ bestimmt werden.

ANMERKUNG Die Steifigkeitsdaten des Querschnitts im Grenzzustand der Tragfähigkeit dürfen durch den Hersteller in Querschnittswerttabellen bereitgestellt werden.

(8) Wenn Gebrauchstauglichkeitsnachweise gefordert sind, darf ein elastisches Balkenmodell kombiniert mit einem passenden Bodenmodell in Übereinstimmung mit EN 1997-1 verwendet werden.

(9) Zur Bestimmung der Querschnittssteifigkeitsdaten im Grenzzustand der Gebrauchstauglichkeit wird auf EN 1993-1-3, 7.1 verwiesen

A.7 Versuchsgestützte Bemessung

A.7.1 Grundlagen

(1) Das folgende Verfahren sollte verwendet werden, um die Grundsätze für die versuchsgestützte Bemessung nach EN 1990, Abschnitt 5 auf die speziellen Anforderungen von kaltgeformten Stahlspundbohlen anzuwenden.

(2) Obwohl die nachfolgenden Regelungen für kaltgeformte Profile entwickelt wurden, dürfen sie auch für warmgewalzte Profile angewendet werden.

(3) Versuche dürfen unter den nachfolgenden Umständen durchgeführt werden:

a) wenn die Eigenschaften des Stahls unbekannt sind;

b) falls die tatsächlichen Eigenschaften des kaltgeformten Profils berücksichtigt werden sollen;

c) wenn ausreichende analytische Verfahren zur rechnerischen Bemessung eines Spundbohlenprofils nicht zur Verfügung stehen;

d) wenn realistische Daten für die Bemessung nicht anders beschafft werden können;

e) wenn das Verhalten einer bestehenden Konstruktion überprüft werden muss;

f) wenn eine Serie von ähnlichen Konstruktionen oder Komponenten auf der Grundlage eines Prototyps gebaut werden soll;

g) wenn die Übereinstimmungsbestätigung für die Herstellung gefordert ist;

h) zur Bestätigung der Gültigkeit und Eignung eines Berechnungsverfahrens;

i) zur Erstellung von Tabellen für die Widerstände auf der Grundlage von Versuchen oder der Kombination von Versuchen und Berechnungen;

j) wenn Erfahrungsbeiwerte berücksichtigt werden sollen, die in den Berechnungsmodellen nicht vorgesehen sind, aber das Verhalten der Konstruktion verändern.

(4) Versuche als Grundlage für Tabellen für die Tragfähigkeit sollten nach A.7.3 ausgeführt werden.

ANMERKUNG   Informationen zu Verfahren mit dünnwandigen Stahlspundwänden sind in Anhang B zu finden.

(5) Zugversuche für Stahl sollten nach EN 10002-1 durchgeführt werden. Versuche an anderen Stahleigenschaften sollten in Übereinstimmung mit den entsprechenden Europäischen Normen durchgeführt werden.

A.7.2 Bedingungen

(1) Falls nicht anders in diesem Anhang geregelt, sollten die in EN 1993-1-3, A.3.1 angegebenen Regelungen angewendet werden.

(2) Bis zum Erreichen der Gebrauchslast darf beim Versuch entlastet und wiederbelastet werden. Zu diesem Zweck kann die Gebrauchslast mit 30 % der Grenztragfähigkeit abgeschätzt werden. Oberhalb der Gebrauchslast sollte die Last in jedem Schritt konstant gehalten werden, bis die zeitabhängige Verformung infolge plastischen Verhaltens auf vernachlässigbare Werte abgeklungen ist.

A.7.3 Querschnittswerte auf der Grundlage von Versuchen

(1) Der Querschnittswiderstand und die effektive Steifigkeit einer kaltgeformten Stahlspundbohle dürfen nach EN 1993-1-3, A.4.2 bestimmt werden.

Anhang B
(informativ)

Versuche mit dünnwandigen Spundbohlen

B.1 Allgemeines

(1) Um eine gleichmäßig verteilte Belastung zu erreichen, darf die Belastung über Luftkissen oder Balkensysteme aufgebracht werden. Um Querschnittsverformungen an den Lasteinleitungsstellen oder an den Auflagern zu vermeiden, dürfen querlaufende Zugbänder und/oder Aussteifungen (z. B. mit Holzbalken oder Stahlplatten) verwendet werden.

(2) Für Versuche an Z-Bohlen sollte mindestens eine Doppelbohle verwendet werden.

(3) Bei Ω-Bohlen sollte mindestens eine Bohle verwendet werden.

(4) Die Genauigkeit der Messungen sollte sich nach der Größenordnung der Messwerte richten und im Bereich von ±1 % der zu bestimmenden Werte liegen.

(5) Die Querschnittsvermessung eines Versuchskörpers sollte die folgenden geometrischen Eigenschaften erfassen:

— die Gesamtabmessungen (Breite, Höhe und Länge) auf ±1,0 mm;

— die Breite der flachen Querschnittsteile auf ±1,0 mm;

— Biegeradien auf ±1,0 mm;

— die Neigung zwischen zwei Blechen (Winkel zwischen zwei Oberflächen) auf ± 2°;

— die Werkstoffdicke auf ± 0,1 mm.

(6) Es sollte sichergestellt sein, dass die Wirkungsrichtung der Belastung während des Versuchs gleich bleibt.

B.2 Versuche mit Einfeldträgern

(1) Der in Bild B.1 gezeigte Versuchsaufbau sollte verwendet werden, um den Momentenwiderstand (wenn die Querkraft vernachlässigbar ist) und die effektive Biegesteifigkeit zu ermitteln.

(2) In diesem Versuch sollten mindestens zwei Lasteinleitungspunkte, wie in Bild B.1 dargestellt, vorgesehen werden.

(3) Die Spannweite sollte so gewählt werden, dass die Versuchergebnisse den Momentenwiderstand der Spundbohle wiedergeben. Die Durchbiegungen sollten in der Feldmitte auf beiden Seiten des Profils (ohne Berücksichtigung der Auflagerverformung) gemessen werden.

(4) Die auf den Prüfkörper aufgebrachte maximale Last zum Zeitpunkt des Versagens oder kurz davor sollte für die Ermittlung des Biegemomentwiderstandes aufgezeichnet werden. Die Biegesteifigkeit darf aus der Lastverformungskurve ermittelt werden.

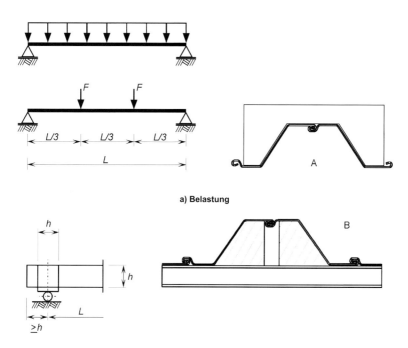

a) Belastung

b) Vermeidung von Querschnittsverformungen

Legende
A am Lasteinleitungspunkt
B am Auflager

ANMERKUNG Bei unsymmetrischen Querschnitten kann es notwendig sein, auch mit umgekehrter Lastrichtung zu prüfen.

Bild B.1 — Versuchsaufbau zur Bestimmung des Momentenwiderstandes

B.3 Versuche am Zwischenlager

(1) Der in Bild B.2 gezeigte Versuchsaufbau darf verwendet werden, um an Zwischenauflagern von Spundbohlen den Querschnittswiderstand für die Kombination von Biegemoment und Querkraft als auch die Interaktion zwischen Moment und Lagerreaktion für eine vorgegebene Lagerbreite (Gurtung) zu ermitteln.

(2) Um den abfallenden (instabilen) Ast der Lastverformungskurve ausreichend zu erfassen, sollte der Versuch nach Erreichen der Maximallast über eine geeignete Dauer fortgesetzt werden.

(3) Die Spannweite L im Versuch sollte so gewählt werden, dass sie dem Bohlenabschnitt zwischen den Momentennullpunkten auf beidseits des Auflagers entspricht.

(4) Die Lasteinleitungsbreite b_B sollte der Breite der verwendeten Gurtung entsprechen.

DIN EN 1993-5:2010-12
EN 1993-5:2007 + AC:2009 (D)

(5)   Die Verformungen des Prüfkörpers sollten auf beiden Seiten gemessen werden (ohne Berücksichtigung der Auflagerverformung).

(6)   Die auf den Prüfkörper aufgebrachte maximale Last zum Zeitpunkt des Versagens oder kurz davor sollte als Grenzlast aufgezeichnet werden. Diese liefert das Stützmoment und die Lagerkraft für die verwendete Lagerbreite. Um Informationen zur Interaktion zwischen Moment und Lagerkraft zu erhalten, sollten Versuche mit verschiedenen Spannweiten durchgeführt werden.

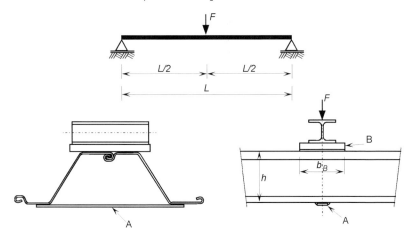

Legende
A   Zugband
B   Platte

Bild B.2 — Lasteinleitung für die Bestimmung des Momenten- und Querkraftwiderstandes an einer Zwischenstütze (Gurtung)

B.4 Versuche mit Zweifeldträgern

(1)   Alternativ zu B.3 dürfen auch Versuche an Zweifeldträgern durchgeführt werden, um den Grenzwiderstand von kaltgeformten Spundbohlen zu bestimmen. Die Belastung sollte vorzugsweise gleichmäßig verteilt (z. B. durch Luftkissen) aufgebracht werden.

(2)   Diese Belastung darf durch eine beliebige Anzahl von Punktlasten ersetzt werden, wenn diese Lastverteilung die Gleichlast ausreichend wiedergibt (siehe Bild B.3).

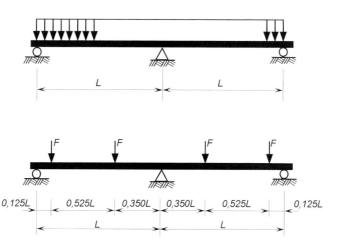

Bild B.3 — Versuchsaufbau bei Zweifeldträgern

B.5 Auswertung der Versuchsergebnisse

B.5.1 Allgemeines

(1) Als Versagen eines Versuchskörpers gilt der Punkt, bei dem die aufgebrachte Versuchslast ihren Maximalwert erreicht hat oder bei dem die Verformungen die festgelegten Grenzwerte überschreiten, siehe EN 1993-1-3, A.6.1.

B.5.2 Anpassung von Versuchsergebnissen

(1) Die Anpassung der Versuchsergebnisse sollte nach EN 1993-1-3, A.6.2 erfolgen.

B.5.3 Charakteristische Werte

(1) Die charakteristischen Werte R_k dürfen aus den Versuchergebnissen nach EN 1993-1-3, A.6.3 bestimmt werden.

B.5.4 Bemessungswerte

(1) Der Bemessungswert R_d des Widerstandes sollte aus dem dazugehörigen charakteristischen Wert R_k abgeleitet werden, unter Verwendung von:

$$R_d = R_k / \gamma_M / \eta_{sys} \tag{B.1}$$

Dabei ist

γ_M der Teilsicherheitsbeiwert des Widerstands nach 5.1.1 (4);

η_{sys} der Faktor zur Erfassung des Unterschieds zwischen Test- und Einsatzbedingungen.

ANMERKUNG 1   Der Wert η_{sys} darf im Nationalen Anhang angegeben werden. Für die genau definierten standardisierten Versuchsverfahren in B.2, B.3 und B.4 wird ein Wert von η_{sys} = 1,0 empfohlen.

ANMERKUNG 2   Der Wert für γ_M kann durch statistische Auswertung einer Versuchsreihe mit mindestens vier Versuchen bestimmt werden. Hierzu sollte EN 1990, Anhang D beachtet werden.

Anhang C
(informativ)

Anleitung zur Bemessung von Stahlspundwänden

C.1 Bemessung von Spundbohlenquerschnitten für den Grenzzustand der Tragfähigkeit

C.1.1 Allgemeines

(1) Die Bemessungswerte der Schnittgrößen sollten den Bemessungswert des Querschnittswiderstandes nicht überschreiten.

(2) Die Bemessungswerte sollten nach 2.5 unter Berücksichtigung eines sorgfältig gewählten Bemessungsmodells für das Tragwerk bestimmt werden.

(3) Falls erforderlich, sollte nach Abschnitt 4 die Verminderung der Querschnittswiderstände infolge Dickenverlust durch Korrosion berücksichtigt werden.

(4) Bei U-Bohlen sollte eine mögliche verminderte Schubkraftübertragung im Schloss nach 5.2.2 (2) berücksichtigt werden.

(5) Wenn die Spundbohle Querbiegung infolge unterschiedlichen Wasserdrucks erfährt, sollten die Effekte des Wasserdrucks nach 5.2.4 berücksichtigt werden.

(6) Der Widerstand des Querschnitts gegenüber der Einleitung einer Ankerkraft in den Flansch der Spundbohle über eine Ankerplatte sowie einer Anker- oder Steifenkraft in den Steg einer Bohle über die Gurtung sollte nach 7.4.3 bestimmt werden.

(7) Wenn die Querschnittseigenschaften, die für die Bestimmung der Schnittgrößen gewählt wurden, nicht den Kriterien in den Absätzen (1) bis (4) genügen, sollte ein anderes Profil (oder eine andere Stahlgüte) gewählt und die Berechnung wiederholt werden.

(8) Plastische Tragfähigkeiten dürfen für Klasse-1- und Klasse-2-Querschnitte angesetzt werden.

(9) Wenn keine Momentenumlagerung und daher auch keine plastische Rotation für Klasse-1-oder Klasse-2-Querschnitte angesetzt wird, darf die Bestimmung der Schnittgrößen für die Querschnittsnachweise mit einem elastischen Balkenmodell durchgeführt werden.

(10) Wenn die Momentenumlagerung und daher auch die plastische Rotation bei der Bemessung ausgenutzt wird, sollten die folgenden Bemessungsannahmen erfüllt sein:

— es sollten nur Klasse-1- und Klasse-2-Querschnitte in Kombination mit einem Rotationsnachweis, wie in dem folgenden Abschnitt angegeben, verwendet werden;

— der Querschnittsnachweis sollte unter Verwendung eines Balkenmodells durchgeführt werden, die plastische Rotation ermöglicht (z. B. anhand des Fließzonenverfahrens oder Fließgelenkverfahrens).

DIN EN 1993-5:2010-12
EN 1993-5:2007 + AC:2009 (D)

C.1.2 Nachweis von Klasse-1- und Klasse-2-Querschnitten

(1) Die Klassifizierung von Querschnitten darf nach den b/t_f-Verhältnissen nach einem der nachfolgenden Verfahren durchgeführt werden:

— Klassifizierung nach Tabelle 5-1: b/t_f-Verhältnis für den vollen plastischen Momentenwiderstand.

— Klassifizierung nach Tabelle C.1, in der das b/t_f-Verhältnis für 85 % bis 100 % des vollen plastischen Momentenwiderstandes in 5 %-Schritten angegeben ist.

(2) Wenn die Klassifizierung für einen Klasse-1- oder Klasse-2-Querschnitt mit einem reduziertem Niveau des vollen plastischen Momentenwiderstandes abhängig vom Abminderungsfaktor ρ_C = 0,85 bis 0,95 erfolgt, dann sollte der Bemessungswert des Querschnittswiderstandes mit der reduzierten Fließgrenze $f_{y,red} = \rho_C f_y$ bestimmt werden.

Tabelle C.1 — Klassifizierung von Querschnitten für Biegung auf einem reduzierten $M_{pl,Rd}$-Niveau

Profilart	$M_{pl,Rd}$	100 %	95 %	90 %	85 %
	Abminderungsfaktor ρ_C	1,0	0,95	0,90	0,85
U-Bohle	Klasse 1 oder 2	$\dfrac{b/t_f}{\varepsilon} \leq 37$	$\dfrac{b/t_f}{\varepsilon} \leq 40$	$\dfrac{b/t_f}{\varepsilon} \leq 46$	$\dfrac{b/t_f}{\varepsilon} \leq 49$
Z-Bohle	Klasse 1 oder 2	$\dfrac{b/t_f}{\varepsilon} \leq 45$	$\dfrac{b/t_f}{\varepsilon} \leq 50$	$\dfrac{b/t_f}{\varepsilon} \leq 60$	$\dfrac{b/t_f}{\varepsilon} \leq 66$

(3) Eine plastische Bemessung mit Momentenumlagerung darf für Klasse-1- und Klasse-2-Querschnitte durchgeführt werden, vorausgesetzt, dass gezeigt werden kann:

$$\phi_{Cd} \geq \phi_{Ed} \qquad (C.1)$$

Dabei ist

ϕ_{Cd} der Bemessungswert der plastischen Rotationskapazität, die vom Querschnitt bereitgestellt wird, siehe Bild C.1 und Bild C.2;

ϕ_{Ed} der maximale Bemessungswert der Rotationsanforderung, die für den jeweiligen Bemessungsfall bestimmt wird.

(4) Die plastische Rotationskapazität ϕ_{Cd}, die in Bild C.1 für verschiedene $M_{pl,Rd}$-Niveaus gegeben ist, hängt vom $b/t_f/\varepsilon$-Verhältnis des Querschnitts ab. Diese Diagramme basieren auf Biegeversuchen mit Stahlspundwänden, siehe Bild C.2.

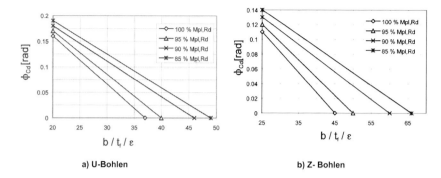

a) U-Bohlen

b) Z- Bohlen

Bild C.1 — Plastische Rotationskapazität ϕ_{Cd} von Querschnitten abhängig von verschiedenen $M_{pl,Rd}$-Niveaus

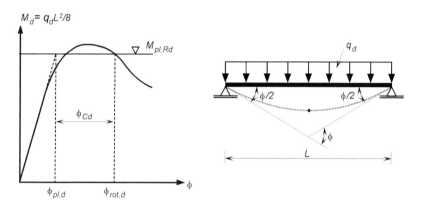

Bild C.2 — Definition der plastischen Rotationskapazität als Winkel ϕ_{Cd}

(5) Der Bemessungswert ϕ_{Ed} der plastischen Rotationsanforderung darf für den jeweiligen Bemessungsfall mit einem der folgenden Verfahren bestimmt werden:

a) mit dem Fließgelenkmodell:

ϕ_{Ed} ist der maximale Bemessungswinkel in einem der Fließgelenke;

b) alternativ mit dem Fließgelenkmodell und dem Fließzonenmodell:

$\phi_{Ed} = \phi_{rot,Ed} - \phi_{pl,Ed}$ (C.2)

Dabei ist

$\phi_{rot,Ed}$ der Gesamtwert des Rotationswinkels im Grenzzustand der Tragfähigkeit, gemessen zwischen den Momentennullpunkten (siehe Bild C.3);

$\phi_{pl,Ed}$ der elastische Rotationswinkel, zugehörig zu dem plastischen Momentenwiderstand M_{pl}.

ANMERKUNG Vereinfacht darf $\phi_{pl,Ed}$ wie folgt bestimmt werden:

$$\phi_{pl,Ed} = \frac{2}{3} \frac{M_{pl,Rd} \, L}{\beta_D \, EI} \tag{C.3}$$

Dabei ist

L der Abstand zwischen den Momentennullpunkten im Grenzzustand der Tragfähigkeit, siehe Bild C.3;

EI die elastische Biegesteifigkeit der Spundbohle;

β_D der Faktor nach 6.4 (3).

c) mit dem Fließgelenk- oder dem Fließzonenmodell werden die Rotationswinkel aus den berechneten Wandverformungen, wie in Bild C.4 gezeigt, bestimmt:

$$\phi_{Ed} = \phi_{rot,Ed} - \phi_{pl,Ed} \tag{C.4}$$

Dabei ist

$$\phi_{rot,Ed} = \frac{w_2 - w_1}{L_1} + \frac{w_2 - w_3}{L_2} \tag{C.5}$$

$$\phi_{pl,Ed} = \frac{5}{12} \frac{M_{pl,Rd} \, L}{\beta_D \, EI} \tag{C.6}$$

ANMERKUNG Wenn das verwendete Berechnungsprogramm nach der Berechnung eine „Entlastung" der Spundbohle zulässt, kann ϕ_{Ed} aus den verbleibenden plastischen Verformungen direkt bestimmt werden.

C.2 Grenzzustand der Gebrauchstauglichkeit

(1) Bei U-Bohlen sollte eine mögliche Verminderung der Schubkraftübertragung im Schloss nach 6.4 berücksichtigt werden.

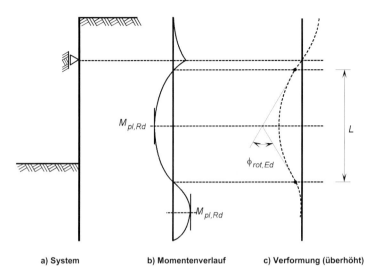

Bild C.3 — Beispiel für die Bestimmung des gesamten Rotationswinkels $\phi_{rot,Ed}$

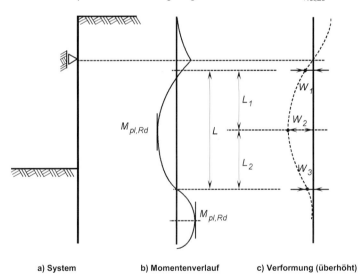

Bild C.4 — Bezeichnungen für die Bestimmung des gesamten Rotationswinkels $\phi_{rot,Ed}$ aus den Wandverformungen

Anhang D
(informativ)

Tragelemente bei kombinierten Spundwänden

D.1 I-Profile als Tragelemente

D.1.1 Allgemeines

(1)   I-Profile, die als Tragelemente in kombinierten Wänden eingesetzt werden, siehe Bild 1-5, und Klasse-1-, Klasse-2-oder Klasse-3-Querschnitten nach EN 1993-1-1, Tabelle 5-2 entsprechen, dürfen nach D.1.2 nachgewiesen werden.

ANMERKUNG   Klasse-4-Querschnitte sollten nach EN 1993-1-3 und nach EN 1993-1-7 nachgewiesen werden.

(2)   Wenn das Kriterium (5.1) in EN 1993-1-1 nicht erfüllt ist, sollten die Schnittgrößen mit einem Balkenmodell nach Theorie II. Ordnung bestimmt werden. Bei der Bestimmung der Knicklänge sollte 5.2.3 beachtet werden.

(3)   Falls erforderlich, sollten lokale Plattenbiegespannungen infolge der Lasteinleitung aus Anschlüssen der Füllelemente nach 5.5.4 berücksichtigt werden, siehe Bild D.1.

D.1.2 Nachweismethode

(1)   Wenn keine genauere Bemessungsmethode verwendet wird, erlaubt die nachfolgende vereinfachte Methode den Nachweis von I-Profilen unter Berücksichtigung der Interaktion zwischen Biegemomenten, Normalkräften und lokaler Plattenbiegung in Flanschen infolge der Lasteinleitung aus den Füllelementen.

ANMERKUNG   Die Verwendung einer genaueren Berechnungsmethode, die für Werkstoff und Geometrie ein nicht lineares Verhalten berücksichtigt, kann zu einer wirtschaftlicheren Bemessung führen. Dieser Ansatz wird auch zur Behandlung von hohen Wasserdruckbelastungen über 10 m Höhe empfohlen.

(2)   Für Wasserdrücke (oder äquivalente Erddrücke in sehr weichen Böden) bis zu 10 m Höhe darf die Interaktion zwischen den Schnittgrößen und der lokalen Plattenbiegung wie folgt berücksichtigt werden:

— Die Querschnittsnachweise der Tragelemente sollten nach EN 1993-1-1, 6.2.9.2 und 6.2.10 mit einer verminderten Fließgrenze durchgeführt werden:

— für $h = 10$ m   : $f_{y,red} = 0{,}9\ f_y$

— für $h \leq 4$ m   : $f_{y,red} = 1{,}0\ f_y$

— für $4\ \text{m} < h < 10\ \text{m}$:   lineare Interpolation

— die lokale Plattenbiegung der Flansche wird nach Absatz (3) nachgewiesen.

(3)   Die lokale Flanschbiegung sollte am Beginn der Ausrundung zwischen Flansch und Steg nachgewiesen werden. Für die Einleitung der Füllbohlenbelastung (siehe Bild D.1) ist nachzuweisen:

$$\frac{M_{Ed}}{M_{Rd}} + \left(\frac{N_{Ed}}{N_{Rd}}\right)^2 \leq 1 \tag{D.1}$$

Dabei ist

M_{Ed} und N_{Ed} die Bemessungswerte der Schnittgrößen für die Plattenbiegung aus

$M_{Ed} = m_{Ed} + w_{z,Ed}\, d$ und $N_{Ed} = w_{y,Ed}$ (D.2)

M_{Rd} und N_{Rd} die Bemessungswerte des Widerstandes für die Plattenbiegung:

$M_{Rd} = 0{,}2875\, t^2 f_y / \gamma_{M0}$ und $N_{Rd} = t f_y / \gamma_{M0}$

t die Flanschdicke am Anfang der Ausrundung.

ANMERKUNG 1 M_{Ed}, N_{Ed}, M_{Rd} und N_{Rd} sind je laufenden Meter anzusetzen.

ANMERKUNG 2 Die Querkraftinteraktion darf vernachlässigt werden.

(4) Für den Schubbeulnachweis im Steg ist EN 1993-1-5 zu beachten.

(5) Für den Knicknachweis des Gesamtsystems ist in der Regel EN 1993-1-1, 6.3.3 zu beachten.

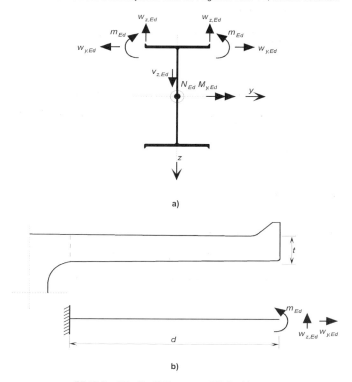

Bild D.1 — I-Profil mit Biegung und Plattenbiegung

D.2 Rohrpfähle als Tragelemente

D.2.1 Allgemeines

(1) Rohrpfähle, die in kombinierten Spundwänden als Tragelemente eingesetzt werden und Klasse-4-Querschnitten nach EN 1993-1-1, Tabelle 5-2 entsprechen, dürfen wie folgt nachgewiesen werden.

(2) Wenn das Kriterium (5.1) in EN 1993-1-1 nicht erfüllt ist, sollten die Schnittgrößen mit einem Balkenmodell nach Theorie II. Ordnung bestimmt werden. Bei der Bestimmung der Knicklänge sollte 5.2.3 beachtet werden.

ANMERKUNG Bei der Berechnung von F_{cr} sollten die Effekte der Ovalisation auf das Flächenträgheitsmoment berücksichtigt werden. Siehe 5.2.3 für die Bestimmung der Knicklänge.

(3) Falls nach 5.5.4 erforderlich, können die lokalen Schalenbiegespannungen und Schalenverformungen infolge der Lasteinleitung aus Anschlüssen der Füllelemente nach Tabelle D.1 abgeschätzt werden.

ANMERKUNG 1 Die vertikalen Lagerreaktionen in Bild 5-9 dürfen für die Bestimmung der lokalen Schalenbiegespannungen vernachlässigt werden.

ANMERKUNG 2 Als Vereinfachung darf die horizontale Kraft $w_{y,Ed}$ nur als Zugkraft angesetzt werden.

(4) Die Wirkung der Ovalisation der Röhre infolge lokaler Schalenbiegung auf das Flächenträgheitsmoment bezogen auf die Wandachse, siehe Bild D.2, darf mit dem folgenden Abminderungsfaktor abgeschätzt werden:

$$\beta_{o,l} = 1 - 1{,}5 \, (e/r) \tag{D.3}$$

ANMERKUNG Die Wirkung der Ovalisierung auf das Widerstandsmoment darf vernachlässigt werden.

(5) Die Ovalisierung e infolge lokaler Schalenbiegung, siehe Bild D.2 und Tabelle D.1, darf wie folgt abgeschätzt werden:

$$e = 0{,}068\,4 \, w_{y,Ed} \frac{r^3}{EI} \quad \text{jedoch } e \leq 0{,}1 \, r \tag{D.4}$$

Dabei ist

$\quad EI$ die Biegesteifigkeit des Rohres, gegeben durch:

$\quad\quad EI = E \, t^3 / 12;$

$\quad r$ der Radius der Mittellinie der Rohrwandung;

$\quad w_{y,Ed}$ die Lagerkraft je Längeneinheit nach 5.2.2 (3), siehe Bild 5-9.

(6) Der Krümmungsradius a an der Ovalisierung, siehe Bild D.2, darf wie folgt angenommen werden:

$$a = \frac{r}{1 - \dfrac{3e}{r}} \tag{D.5}$$

Tabelle D.1 — Lokale Schalenbiegung infolge der Anschlusskräfte aus den Füllelementen

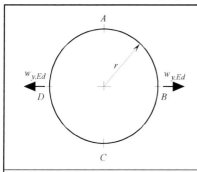	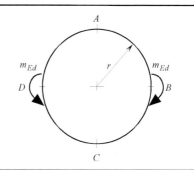
$M_A = 0{,}182\ w_{y,Ed}\ r$	$M_A = 0{,}137\ m_{Ed}$
$N_A = 0{,}5\ w_{y,Ed}$	$N_A = 0{,}637\ m_{Ed}/r$
$V_A = 0$	$V_A = 0$
$M_B = -0{,}318\ w_{y,Ed}\ r$	$M_B = \pm 0{,}5\ m_{Ed}$
$N_B = 0$	$N_B = 0$
$V_B = \pm 0{,}5\ w_{y,Ed}$	$V_B = -0{,}637\ m_{Ed}/r$
$\Delta D_{BD} = 0{,}148\ 8\ w_{y,Ed}\ r^3/EI$	$\Delta D_{BD} = 0$
$\Delta D_{AC} = -0{,}136\ 8\ w_{y,Ed}\ r^3/EI$	$\Delta D_{AC} = 0$
Dabei ist	Definition der Schnittgrößen bei Schalenbiegung:
M, N und V — die Schnittgrößen aus der Schalenbiegung nach den im Bild angegebenen Definitionen	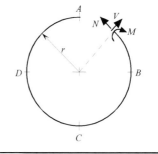
$w_{y,Ed}$ und m_{Ed} — die Anschlusskräfte eingeleitet aus den Füllelementen	
ΔD_{BD} und ΔD_{AC} — die Durchmesseränderungen infolge der aufgebrachten Kräfte (Ovalisation)	
r — der Radius der Mittellinie der Rohrwandung	
EI — die Schalenbiegesteifigkeit des Rohres	

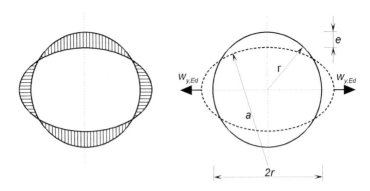

Legende
a   Krümmungsradius an der Ovalisation
e   Ovalisation infolge lokaler Schalenbiegung
r   Radius der Mittellinie der Rohrwandung
t   Wanddicke des Rohrs
$w_{y,Ed}$ Kraft, eingeleitet aus dem Füllelement

Bild D.2 — Rohrpfahl: geometrische Daten und lokale Schalenbiegung

D.2.2 Nachweismethode

(1) Das nachfolgende Verfahren darf für den Nachweis der Rohrpfähle unter Berücksichtigung des Schalenbeulens, der Interaktion zwischen Biegemomenten, Normalkräften, lokaler Schalenbiegung und Knicken verwendet werden.

ANMERKUNG   Alternativ darf der Nachweis auch nach EN 1993-1-6, 8.6 oder 8.7 mit einem Modell, das für diese Art der Berechnung geeignet ist und die Effekte aus der Bodensteifigkeit berücksichtigt, durchgeführt werden.

(2) Der Beulnachweis sollte wie für zylindrische Schalen, jedoch mit einem Radius entsprechend dem Radius der Krümmung *a* an der Ovalisation durchgeführt werden.

(3) Für den Beulnachweis wird auf EN 1993-1-6, 8.5 verwiesen.

(4) Vorausgesetzt, dass die Lasteinleitungspunkte durch eine Betonfüllung oder entsprechend bemessene Steifen ausgesteift sind, darf Schubbeulen an den Punkten der Lasteinleitung vernachlässigt werden.

(5) Wenn der Rohrpfahl über eine gewisse Höhe mit dichtem Sand oder steifem Ton gefüllt ist, dürfen in diesem Rohrteil die Umfangsdruckspannungen infolge externen Erd- und Wasserdrucks für den Beulnachweis vernachlässigt werden.

ANMERKUNG   Informationen zu der erforderlichen Dichte oder Steifigkeit dürfen auf der Grundlage von örtlichen Erfahrungen im Nationalen Anhang angegeben werden.

(6) Die kritische Beulspannung sollte bestimmt werden:

— für Axialspannungen nach EN 1993-1-6, D.1.2.1 mit C_x = 1,0 auch für lange Zylinder;

— für Schubspannungen nach EN 1993-1-6, D.1.4.1;

— für Umfangsdruckspannungen nach EN 1993-1-6, D.1.3.1 unter Verwendung der Randbedingungen in Fall 3 in Tabelle D.3 oder D.4.

(7) Die Beulparameter sollten nach EN 1993-1-6, D.1.2.2, D.1.4.2 und D.1.3.2 bestimmt werden. Dabei darf für neue Rohre Qualität B angesetzt werden.

(8) Die Bemessungswerte der Spannungen sollten mit der Membrantheorie nach EN 1993-1-6, Anhang A berechnet werden.

(9) Für den Nachweis der Beulfestigkeit wird in der Regel auf EN 1993-1-6, 8.5.3 verwiesen.

ANMERKUNG 1   Wenn die Umfangsdruckspannungen für den Beulnachweis berücksichtigt werden müssen, sollte eine ungleichmäßige Manteldruckverteilung durch eine gleichmäßige mit dem Höchstwert ersetzt werden.

ANMERKUNG 2   Schub darf vernachlässigt werden, wenn die Interaktion nach EN 1993-1-6, 8.5.3 (3) geprüft wurde.

(10) Die allgemeinen Querschnittsnachweise sollten nach EN 1993-1-1, 6.2.1 mit dem in EN 1993-1-6, 6.2 angegebenen Verfahren durchgeführt werden. Bei diesem Nachweis sollten die Spannungen infolge globaler Biegung und infolge lokaler Schalenbiegung nach Tabelle D.1 berücksichtigt werden. Der Effekt der Ovalisierung darf vernachlässigt werden und die vollen elastischen Querschnittseigenschaften dürfen in diesem Nachweis verwendet werden. Bei der Bestimmung der kritischen Punkte für die Überprüfung des Fließkriteriums sollten sowohl der maßgebende Querschnitt als auch die maßgebenden Punkte (Punkte A, B, C und D in Tabelle D.1) auf diesem Querschnitt betrachtet werden.

(11) Für den Nachweis gegen Biegeknicken ist EN 1993-1-1, 6.3.3 zu beachten. Dabei sollten die vollelastischen Querschnittseigenschaften unter Berücksichtigung der Ovalisierung nach D.2.1 (4) verwendet werden.

(12) Dieser Nachweis ist erbracht, wenn das folgende Interaktionskriterium erfüllt wird:

$$\frac{N_{Ed}}{\frac{\chi N_{Rk}}{\gamma_{M1}}} + 1{,}5\frac{M_{Ed}}{\frac{M_{Rk}}{\gamma_{M1}}} \leq 1{,}0 \tag{D.6}$$

Dabei ist

N_{Ed} und M_{Ed} die Bemessungswerte der Druckkräfte und Biegemomente im maßgebenden Querschnitt;

N_{Rk} und M_{Rk} die charakteristischen Widerstände nach Absatz (11);

χ der Abminderungsfaktor infolge Biegeknickens aus EN 1993-1-1, 6.3.1.2, dem die Knicklänge nach 5.2.3 zugrunde liegt.

ANMERKUNG   Die Schlankheit sollte nach EN 1993-1-1, 6.3.1.3 unter Beachtung von D.2.1 (2) bestimmt werden.

Dezember 2010

| | DIN EN 1993-5/NA | |

ICS 91.010.30; 91.080.10

Ersatz für
DIN EN 1993-5/NA:2008-10

**Nationaler Anhang –
National festgelegte Parameter –
Eurocode 3: Bemessung und Konstruktion von Stahlbauten –
Teil 5: Pfähle und Spundwände**

National Annex –
Nationally determined parameters –
Eurocode 3: Design of steel structures –
Part 5: Piling

Annexe Nationale –
Paramètres déterminés au plan national –
Eurocode 3: Calcul des structures en acier –
Partie 5: Pieux et palplanches

Gesamtumfang 12 Seiten

Normenausschuss Bauwesen (NABau) im DIN

Inhalt

Seite

Vorwort 3
NA 1 Anwendungsbereich 4
NA 2 Nationale Festlegungen zur Anwendung von DIN EN 1993-5:10-12.................................... 4
NA 2.1 Allgemeines 4
NA 2.2 Nationale Festlegungen 5
NCI Zu 1.2 Normative Verweisungen 5
NDP Zu 3.7 (1) 5
NDP Zu 3.9 (1)P 5
NDP Zu 4.4 (1) 5
NDP Zu 5.1.1 (4) 6
NCI Zu 5.2.1 (1)P und 5.2.1 (2)P 6
NDP Zu 5.2.2 (2) 6
NDP Zu 5.2.2 (13) 6
NCI Zu 5.2.2 (15) 6
NDP Zu 5.2.5 (7) 6
NDP Zu 5.5.4 (2) 6
NDP Zu 6.4 (3) 7
NDP Zu 7.1 (4) 8
NDP Zu 7.2.3 (2) 8
NCI Zu 7.2.5 (1) 9
NCI Zu 7.2.5 (2) 9
NDP Zu 7.4.2 (4) 9
NCI Zu 7.4.3 (3) 9
NDP Zu A.3.1 (3) 11
NDP Zu B.5.4 (1) 11
NCI Zu C.1.1 (10) 11
NDP Zu D.2.2 (5) 11

Vorwort

Dieses Dokument (DIN EN 1993-5/NA) wurde im NABau-Spiegelausschuss NA 005-08-19 AA „Stahlspundwände und Stahlpfähle (Sp CEN/TC 250/SC 3/PT 5)" erstellt.

Dieses Dokument bildet den Nationalen Anhang zu DIN EN 1993-5:2010-12, *Eurocode 3: Bemessung und Konstruktion von Stahlbauten — Teil 5: Pfähle und Spundwände*.

Die Europäische Norm EN 1993-5 räumt die Möglichkeit ein, eine Reihe von sicherheitsrelevanten Parametern national festzulegen. Diese national festzulegenden Parameter (en: Nationally determined parameters, NDP) umfassen alternative Nachweisverfahren und Angaben einzelner Werte, sowie die Wahl von Klassen aus gegebenen Klassifizierungssystemen. Die entsprechenden Textstellen sind in der Europäischen Norm durch Hinweise auf die Möglichkeit nationaler Festlegungen gekennzeichnet. Eine Liste dieser Textstellen befindet sich im Unterabschnitt NA 2.1. Darüber hinaus enthält dieser nationale Anhang ergänzende nicht widersprechende Angaben zur Anwendung von DIN EN 1993-5:2010-12 (en: non-contradictory complementary information, NCI).

Änderungen

Gegenüber DIN EN 1993-5/NA:2008-10 wurden folgende Änderungen vorgenommen:

a) datierte Verweisungen aktualisiert;

b) redaktionelle Änderungen durchgeführt.

Frühere Ausgaben

DIN EN 1993-5/NA: 2008-10

NA 1 Anwendungsbereich

Dieser nationale Anhang enthält nationale Festlegungen für den Entwurf, die Bemessung und Konstruktion von Pfählen und Spundwänden aus Stahl, die bei der Anwendung von DIN EN 1993-5:2010-12 in Deutschland zu berücksichtigen sind.

Dieser Nationale Anhang gilt nur in Verbindung mit DIN EN 1993-5:2010-12.

NA 2 Nationale Festlegungen zur Anwendung von DIN EN 1993-5:10-12

NA 2.1 Allgemeines

DIN EN 1993-5:2010-12 weist an den folgenden Textstellen die Möglichkeit nationaler Festlegungen aus (NDP, en: Nationally determined parameters).

— 3.7 (1)
— 3.9 (1)P
— 4.4 (1)
— 5.1.1 (4)
— 5.2.2 (2)
— 5.2.2 (13)
— 5.2.5 (7)
— 5.5.4 (2)
— 6.4 (3)
— 7.1 (4)
— 7.2.3 (2)
— 7.4.2 (4)
— A.3.1 (3)
— B.5.4 (1)
— D.2.2 (5)

Darüber hinaus enthält NA 2.2 ergänzende nicht widersprechende Angaben zur Anwendung von DIN EN 1993-5:2010-10. Diese sind durch ein vorangestelltes "NCI" (en: non-contradictory complementary information) gekennzeichnet.

— 1.2
— 5.2.1(1)P und 5.2.1(2)P
— 5.2.2(15)
— 7.2.5(1)
— 7.2.5(2)
— 7.4.3(3)
— C.1.1(10)
— Literaturhinweise

NA 2.2 Nationale Festlegungen

Die nachfolgende Nummerierung entspricht der Nummerierung von DIN EN 1993-5:2010-12 bzw. ergänzt diese.

NCI Zu 1.2 Normative Verweisungen

NA DIN EN 1537, *Ausführung von besonderen geotechnischen Arbeiten (Spezialtiefbau) – Verpressanker*

NA DIN EN 1993-1-10:2010-12, *Eurocode 3: Bemessung und Konstruktion von Stahlbauten — Teil 1-10: Stahlsortenauswahl im Hinblick auf Bruchzähigkeit und Eigenschaften in Dickenrichtung; Deutsche Fassung EN 1993-1-10:2005 + AC:2009*

NA DIN EN 1993-1-1/NA, *Nationaler Anhang — National festgelegte Parameter — Eurocode 3: Bemessung und Konstruktion von Stahlbauten — Teil 1-1: Allgemeine Bemessungsregeln und Regeln für den Hochbau*

NA DIN EN 1993-5:2010-12, *Eurocode 3: Bemessung und Konstruktion von Stahlbauten — Teil 5: Pfähle und Spundwände; Deutsche Fassung EN 1993-5:2007 + AC:2009*

NA E DIN EN 10248-1:2006-05, *Warmgewalzte Spundbohlen aus unlegierten Stählen — Teil 1: Technische Lieferbedingungen; Deutsche Fassung EN prEN 10248-1:2006*

NA DIN EN 12063, *Ausführung von besonderen geotechnischen Arbeiten (Spezialtiefbau) — Spundwandkonstruktionen*

NA DIN EN ISO 12944 (alle Teile), *Beschichtungsstoffe — Korrosionsschutz von Stahlbauten durch Beschichtungssysteme*

NDP Zu 3.7 (1)

Bei Ankern aus hochfestem Stahl gilt $f_{y,spec,max} \geq 500$ N/mm².

Es sollte DIN EN 1537 beachtet werden, sofern sie in Deutschland bauaufsichtlich eingeführt ist; andernfalls gelten die entsprechenden bauaufsichtlichen Zulassungen bzw. die bauaufsichtlich eingeführten Normen. Dies gilt insbesondere mit Blick auf DIN EN 1993-5:2010-12, 7.2.2 (3) bezüglich nicht vorgespannter Anker.

NDP Zu 3.9 (1)P

Die niedrigste Betriebstemperatur von -30 °C wird in der Regel in Deutschland nicht maßgebend. Im Regelfall ist eine Betriebstemperatur von -15 °C in Deutschland anzunehmen. Davon abweichende Betriebstemperaturen sind im Einzelfall festzulegen.

Bei Anwendung der DIN EN 1993-1-10:2010-12, Tabelle 2.1 ist die Spalte für $\sigma_{ed} = 0{,}75\ f_y(t)$ anzuwenden.

NDP Zu 4.4 (1)

Der durchschnittliche Dickenverlust infolge Korrosion von Stahlspundwänden in unterschiedlichen Böden und Gewässern ist von örtlichen Randbedingungen abhängig, die vor allem durch regional gesammelte Erfahrungen beschrieben werden können. Die in EN 1993-5:2010-12, Tabelle 4-1 und Tabelle 4-2 angegebenen Dickenverluste sind nur als informative Werte anzusehen, das Gleiche gilt auch für die ausführlicheren Werte aus der EAU [1]. Der Auftraggeber sollte die Anforderungen an die Lebensdauer bzw. Nutzungsdauer, die Wanddickenverluste und die Anforderungen am Ende der Nutzungs- bzw. Lebensdauer vorgeben.

Sollten örtliche Erfahrungswerte vorliegen, die die maximalen Abrostungsraten des in [1] angegebenen Streubereiches erreichen, ist eine Kombination aus kathodischem Korrosionsschutz in der Niedrigwasserzone mit einem Schutz durch Beschichtung in der Spritzwasserzone oder eine Kombination mit Stahlsorten, die durch entsprechende Zusätze eine höhere Korrosionsbeständigkeit in der Spritzwasserzone erlangen, oft die wirtschaftlichste Lösung. Beschichtungen können nach bisherigen Erfahrungen den Korrosionsbeginn um mehr als 20 Jahre verzögern. Angaben zur Ausführung und Überwachung der Beschichtungsarbeiten sowie zur Instandsetzung von Beschichtungssystemen finden sich in der Normenreihe DIN EN ISO 12944.

NDP Zu 5.1.1 (4)

Die Teilsicherheitsbeiwerte γ_{M0}, γ_{M1} und γ_{M2} sind DIN EN 1993-1-1/NA zu entnehmen.

NCI Zu 5.2.1 (1)P und 5.2.1 (2)P

Ob und gegebenenfalls wie eine plastisch-plastische Bauteilbemessung durchgeführt wird, ist mit dem Bauherren abzustimmen.

NDP Zu 5.2.2 (2)

Der Faktor β_B, der die Tragfähigkeitsabminderung für U-Bohlen, deren Schlossverbindungen in der Wandachse liegen, berücksichtigt, wird im NDP zu 6.4(3) dieses Nationalen Anhangs angegeben.

NDP Zu 5.2.2 (13)

Die Schlossverschweißung ist so auszuführen, dass eine kontinuierliche Aufnahme der Schubkräfte erreicht wird. Am Kopf- und Fußende sind die Schlösser auf größerer Länge beidseitig zu verschweißen. In [1] werden für diese Kopf- und Fußverschweißung Mindestwerte in Abhängigkeit von der Rammbeanspruchung mit Längen ≥ 3 000 mm empfohlen.

NCI Zu 5.2.2 (15)

Zum Nachweis der Schubkraftübertragung in werkseitig verpressten Schlössern von U-Profilen ist die Beanspruchung des einzelnen Verpresspunktes V_{ed} nach den Regeln der Festigkeitslehre zu ermitteln. Der charakteristische Wert des Schubwiderstandes an einem Verpresspunkt R_k ist von den Herstellern der Verpresspunkte nach E DIN EN 10248-1:2006-05 zu ermitteln und anzugeben.

NDP Zu 5.2.5 (7)

Der Abminderungsfaktor β_R für den Schlosswiderstand wird mit 0,8 als empfohlener Wert übernommen.

NDP Zu 5.5.4 (2)

Bei einer Wasserüberdruckbelastung von ≤ 4,0 m ist eine Reduzierung der Gesamttragfähigkeit der Trageelemente nicht erforderlich.

Bei einer Wasserüberdruckbelastung von 10,0 m ist der Nennwert der Stahlstreckgrenze um 10 % auf $f_{y,red} = 0,9\,f_y$ zu reduzieren.

Bei einer Wasserüberdruckbelastung zwischen 4,0 m und 10,0 m ist der Reduktionsfaktor linear zu interpolieren. Nach DIN EN 1993-5:2010-12, D.1.2(2) kann $f_{y,red}$ zur Abminderung der Grenztragfähigkeit der Tragpfähle infolge Wasserüberdruck entsprechend der nachfolgenden Formeln bestimmt werden.

$w \leq 4{,}0$ m $\rightarrow$ $f_{y,red} = f_y$

$4{,}0$ m $< w \leq 10{,}0$ m $\rightarrow$ $f_{y,red} = f_y \cdot \left(\dfrac{16 - \dfrac{w}{4}}{15} \right)$

NDP Zu 6.4 (3)

(1) Die Abminderungsfaktoren β_D (Biegesteifigkeit) und β_B (Biegetragfähigkeit) für Bohlen mit Schlossverbindungen in der Wandachse (U-Bohlen) sind in Tabelle NA.1 in Abhängigkeit von der Bodenart, der Form des Einbringelementes (E-, D-Bohle) und dem statischem System aufgeführt.

(2) Diese Tabellenwerte sind als empirisch gewonnene Pauschalwerte für die vereinfachte Bemessung erlaubt. In [4] und [5] werden verfeinerte und aufwendigere Methoden zur Ermittlung von β_D und β_B vorgestellt, die bei Anwendung dieser Norm ebenfalls zulässig sind.

(3) Unabhängig von der gewählten Methode zur Bestimmung der Abminderungsfaktoren ist es stets notwendig, $\beta_D \leq 1{,}0$ und $\beta_B \leq 1{,}0$ zu wählen, wenn der Bauteilnachweis für U-Bohlen, die in Klasse 2 oder 1 fallen, unter Ausnutzung der plastischen Grenztragfähigkeit des Querschnittes erfolgen soll (elastischplastisch oder plastisch-plastisch).

Werden U-Bohlen einer elastisch-elastischen Bemessung unterworfen, ist eine Abminderung nicht erforderlich. Voraussetzung hierfür ist, dass die U-Bohlen nach [1] zumindest in jedem zweiten, auf der Wandachse liegendem Schloss schubfest verbunden sind und der Nachweis der Schubkraftübertragung erbracht werden kann.

(4) Ein Verschweißen der Fädelschlösser von U-Bohlen auf der Baustelle mit einer durchlaufenden oder unterbrochenen Naht ist die wirkungsvollste Maßnahme, um ein gegenseitiges Verschieben der Einzelelemente zu vermeiden. Die bauseitige Verschweißung sollte nach DIN EN 12063 erfolgen. Nur im verschweißten Bereich darf $\beta_D = \beta_B = 1{,}0$ angesetzt werden.

(5) Sollten die Fädelschlösser zur Verringerung der Schlossreibung beim Einbringen der Bohlen mit Schmierbzw. Gleitmitteln bearbeitet werden, führt dies zu einer Verringerung der in diesen Schlössern übertragbaren Schubkräfte. Dies ist bei der Bestimmung des β_D- und β_B-Wertes angemessen zu berücksichtigen.

Tabelle NA.1 — Abminderungsfaktoren β_B (Biegetragfähigkeit) und β_D (Biegesteifigkeit) für U-Bohlen

Typ U-Bohle	Anzahl Anker/Steifen	Bodenart Festigkeit/Konsistenz	Abminderungsfaktoren	
			β_B	β_D
Einzelbohle (oder Mehrfachbohle ohne Schlossverbund)			0,6	0,4
Doppelbohle (im Mittelschloss auf ganzer Länge schubfest[a] verbunden)	0	locker bis mitteldicht breiig bis weich[b]	0,7	0,6
		dicht bis sehr dicht steif bis fest[c]	0,8	0,7
	1	locker bis mitteldicht breiig bis weich[b]	0,8	0,7
		dicht bis sehr dicht steif bis fest[c]	0,9	0,8
	≥ 2	locker bis mitteldicht breiig bis weich[b]	0,9	0,8
		dicht bis sehr dicht steif bis fest[c]	1,0	0,9

[a] Zur schubfesten Verbindung zählen alle Schlossverriegelungsarten, die ein gegenseitiges Verschieben der U-Bohlen in den Schlossleisten unter Belastung vermeiden (z. B.: werkseitiges Verpressen, werk- oder bauseitiges Verschweißen). Eine auf der Baustelle ausgeführte Schlossverriegelung, die nach dem Einbringen der Spundwand erfolgt, kann in ihrer Wirkungsweise nur für die Belastungsphasen in Ansatz gebracht werden, die sich erst nach Ausführung der Schubverbindung einstellen werden, siehe 3.12(4). Unterhalb der Baugrubensohle ist in der Regel eine Verriegelung der Schlösser durch bauseitige Verfahren nicht möglich, was beim Tragfähigkeitsnachweis des Bauteiles in diesem Bereich dann zu berücksichtigen ist.

[b] Lockere bis mitteldichte bzw. breiige bis weiche Böden werden wie folgt definiert:
— nichtbindige Böden: $q_c ≤ 10$ MN/m² (CPT, en: cone penetration test);
— bindige Böden: $q_c ≤ 0{,}75$ MN/m² (CPT);
— Erdaufschüttungen;
— Wasser.

[c] Für mindestens dicht gelagerte bzw. steife Böden oberhalb des Grundwassers dürfen die Tabellenwerte um 0,1 angehoben werden. Der Ansatz unterschiedlicher Abminderungsfaktoren in den sich über die Spundwandlänge ergebenden jeweiligen Bodenschichten (mehrschichtigen Böden) ist durchaus erlaubt. Vereinfachend empfiehlt es sich jedoch, mit dem geringsten Abminderungsfaktor der vorhandenen Bodenschichten die Bauteilbemessung durchzuführen.

NDP Zu 7.1 (4)

Der angegebenen Empfehlung wird gefolgt.

NDP Zu 7.2.3 (2)

$k_t = 0{,}55$, siehe [1].

Durch umfangreiche Vergleichsberechnungen im Zuge der Ausarbeitung der EAU [1] konnte sichergestellt werden, dass mit Wahl eines Kerbfaktors $k_t = 0{,}55$ der bewährte Sicherheitsstandard auch bei den Nachweisen nach dem Teilsicherheitskonzept erhalten bleibt. Somit ist bei der Bemessung von Rundstahlankern auch weiterhin der Nachweis für den Kernquerschnitt maßgebend. Eine Abminderung der Stahlstreckgrenzen und -zugfestigkeiten für Erzeugnisdicken ø > 40 mm ist hierdurch weiterhin nicht erforderlich.

NCI Zu 7.2.5 (1)

Siehe NDP zu 3.7(1) dieses Nationalen Anhanges.

NCI Zu 7.2.5 (2)

Für Anforderungen an Korrosionsverluste, die Lebens- bzw. Nutzungsdauer sollte NDP zu 4.4(1) dieses Nationalen Anhanges berücksichtigt werden.

NDP Zu 7.4.2 (4)

Es gilt die angegebene Empfehlung.

NCI Zu 7.4.3 (3)

Bei Z-Bohlen kann ein doppelter Gurtbolzenanschluss mit Lasteinleitungsplatten gleicher Abmessung in den Flanschen jeder Einzelbohle vorgenommen werden (siehe Bild NA.1). Auch der Anschluss eines Ankers oder eines Einzelgurtbolzens mit einer schlossüberbrückenden Anschlussplatte, die auf in den Flanschrändern liegenden Distanzleisten ruht, ist ausführbar (siehe Bild NA.2). Für beide Fälle sind die Nachweise nach DIN EN 1993-5:2010-12, 7.4.3 (3) a) bis c) wie folgt vorzunehmen:

— Ergänzung zu 7.4.3 (3) a) Schubwiderstand des Flansches:
Der Nachweis für die einzelne Lasteinleitungsplatte eines Anschlusses nach Bild 1 ist nach DIN EN 1993-5:2010-12, Gleichung (7.4) mit halber Kraft je Doppelbohle auf der Einwirkungsseite F_{Ed} zu führen. Bei der Ermittlung des Bemessungswertes des Schubwiderstandes nach DIN EN 1993-5:2010-12, Gleichung (7.5) ist anstelle von b_a dann nur die Breite b_g einer Einzelplatte anzusetzen. Beim Anschluss nach Bild 2 ist der Nachweis mit voller Kraft je Doppelbohle zu führen und bei der Ermittlung des Schubwiderstandes nach DIN EN 1993-5:2010-12, Gleichung (7.5) ist für b_a die Ersatzbreite b_{a2} anzusetzen.

— Ergänzung zu 7.4.3 (3) b) Zugwiderstand des Steges:
Der Nachweis nach DIN EN 1993-5:2010-12, Gleichung (7.6) bleibt unverändert und ist mit der vollen Kraft je Doppelbohle auf der Einwirkungsseite F_{Ed} zu führen.

— Ergänzung zu 7.4.3 (3) c) Breite der Ankerplatte:
Für den Nachweis der Plattenbreite nach DIN EN 1993-5:2010-12, Gleichung (7.8) ist für b_a die Ersatzbreite b_{a2} nach Bild 1 und Bild 2 einzusetzen.

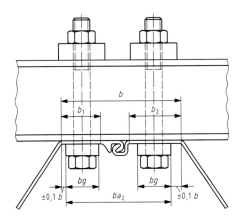

Legende

$b_1 \neq b_2$

Bild NA.1 — Gurtanschluss an Z-Bohlen mittels Doppelbolzen

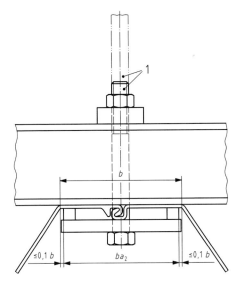

Legende

1   Rundstahlanker oder Gurtbolzen

Bild NA.2 — Anschluss eines Bolzens oder Ankers mit schlossüberbrückender Anschlussplatte auf Distanzleisten

NDP Zu A.3.1 (3)

Es gilt die angegebene Empfehlung.

NDP Zu B.5.4 (1)

Es gilt die angegebene Empfehlung.

NCI Zu C.1.1 (10)

Vor Durchführung einer plastisch-plastischen Bauteilbemessung ist mit dem Bauherrn abzuklären, ob und unter welchen Randbedingungen und Annahmen diese erlaubt ist.

NDP Zu D.2.2 (5)

Bei Tragrohren kann der Nachweis der Sicherheit gegen Beulen nur entfallen, wenn die Tragrohre mit nichtbindigem Material oder Beton bis obenhin aufgefüllt werden, siehe [1].

NCI   **Literaturhinweise**

[1]   EAU 2004: Empfehlungen des Arbeitsausschusses „Ufereinfassungen" Häfen und Wasserstraßen, 10. Auflage, 2004, Ernst&Sohn, Berlin

[2]   C. Houyoux: Influence of corrosion on the design rules of steel structures in the marine environment: A probabilistic approach, Port & Terminal Technology 2004, Millennium Conferences International

[3]   D. Alberts, A. Heeling: Wanddickenmessungen an korrodierten Stahlspundwänden, Mitteilungsblatt der Bundesanstalt für Wasserbau Nr. 75, 1997

[4]   CUR Civieltechnisch Centrum Uitvoering Research en Regelgeving: Damwandconstructies, Publicatie 166, 2005

[5]   D. A. Kort: Steel sheet pile walls in soft soil, Thèse de doctorat, Delft University of Technology, 2002

Dezember 2010

DIN EN 1993-6

ICS 53.020.20; 91.010.30; 91.080.10   Ersatzvermerk siehe unten

**Eurocode 3: Bemessung und Konstruktion von Stahlbauten –
Teil 6: Kranbahnen;
Deutsche Fassung EN 1993-6:2007 + AC:2009**

Eurocode 3: Design of steel structures –
Part 6: Crane supporting structures;
German version EN 1993-6:2007 + AC:2009

Eurocode 3: Calcul des structures en acier –
Partie 6: Chemins de roulement;
Version allemande EN 1993-6:2007 + AC:2009

Ersatzvermerk

Ersatz für DIN EN 1993-6:2007-07;
mit DIN EN 1993-6/NA:2010-12 Ersatz für DIN 4132:1981-02 und DIN 4132 Beiblatt 1:1981-02;
Ersatz für DIN EN 1993-6 Berichtigung 1:2009-09

Gesamtumfang 47 Seiten

Normenausschuss Bauwesen (NABau) im DIN

Nationales Vorwort

Dieses Dokument (EN 1993-6:2007 + AC:2009) wurde vom Technischen Komitee CEN/TC 250 „Eurocodes für den konstruktiven Ingenieurbau" erarbeitet, dessen Sekretariat vom BSI (Vereinigtes Königreich) gehalten wird.

Die Arbeiten auf nationaler Ebene wurden durch die Experten des NABau-Spiegelausschusses NA 005-08-01 AA „Kranbahnen" begleitet.

Die Europäische Norm (EN 1993-6:2007) wurde vom CEN am 12. Juni 2006 angenommen.

Die Norm ist Bestandteil einer Reihe von Einwirkungs- und Bemessungsnormen, deren Anwendung nur im Paket sinnvoll ist. Dieser Tatsache wird durch das Leitpapier L der Kommission der Europäischen Gemeinschaft für die Anwendung der Eurocodes Rechnung getragen, indem Übergangsfristen für die verbindliche Umsetzung der Eurocodes in den Mitgliedsstaaten vorgesehen sind. Die Übergangsfristen sind im Vorwort dieser Norm angegeben.

Die Anwendung dieser Norm gilt in Deutschland in Verbindung mit dem Nationalen Anhang.

Es wird auf die Möglichkeit hingewiesen, dass einige Texte dieses Dokuments Patentrechte berühren können. Das DIN [und/oder die DKE] sind nicht dafür verantwortlich, einige oder alle diesbezüglichen Patentrechte zu identifizieren.

Der Beginn und das Ende des hinzugefügten oder geänderten Textes wird im Text durch die Textmarkierungen [AC] (AC] angezeigt.

Änderungen

Gegenüber DIN V ENV 1993-6:2001-02 wurden folgende Änderungen vorgenommen:

a) die Stellungnahmen der nationalen Normungsinstitute wurden eingearbeitet;

b) der Vornormcharakter wurde aufgehoben;

c) der Text wurde vollständig überarbeitet.

Gegenüber DIN EN 1993-6:2007-07, DIN EN 1993-6 Berichtigung 1:2009-09, DIN 4132:1981-02 und DIN 4132 Beiblatt 1:1981-02 und wurden folgende Änderungen vorgenommen:

a) auf europäisches Bemessungskonzept umgestellt;

b) Ersatzvermerke korrigiert;

c) Vorgänger-Norm mit der Berichtigung 1 konsolidiert;

d) redaktionelle Änderungen durchgeführt.

Frühere Ausgaben

DIN 120-1: 1936-11xxxx
DIN 120-2: 1936-11
DIN 4132: 1981-02
DIN 4132 Beiblatt 1: 1981-02
DIN V ENV 1993-6: 2001-02
DIN EN 1993-6: 2007-07
DIN EN 1993-6 Berichtigung 1: 2009-09

EUROPÄISCHE NORM
EUROPEAN STANDARD
NORME EUROPÉENNE

EN 1993-6
April 2007
+AC
Juli 2009

ICS 53.020.20; 91.010.30; 91.080.10

Ersatz für ENV 1993-6:1999

Deutsche Fassung

Eurocode 3 —
Bemessung und Konstruktion von Stahlbauten —
Teil 6: Kranbahnen

Eurocode 3 —
Design of steel structures —
Part 6: Crane supporting structures

Eurocode 3 —
Calcul des structures en acier —
Partie 6: Chemins de roulement

Diese Europäische Norm wurde vom CEN am 12. Juni 2006 angenommen.

Die Berichtigung tritt am 1. Juli 2009 in Kraft und wurde in EN 1996-6:2006 eingearbeitet.

Die CEN-Mitglieder sind gehalten, die CEN/CENELEC-Geschäftsordnung zu erfüllen, in der die Bedingungen festgelegt sind, unter denen dieser Europäischen Norm ohne jede Änderung der Status einer nationalen Norm zu geben ist. Auf dem letzten Stand befindliche Listen dieser nationalen Normen mit ihren bibliographischen Angaben sind beim Management-Zentrum des CEN oder bei jedem CEN-Mitglied auf Anfrage erhältlich.

Diese Europäische Norm besteht in drei offiziellen Fassungen (Deutsch, Englisch, Französisch). Eine Fassung in einer anderen Sprache, die von einem CEN-Mitglied in eigener Verantwortung durch Übersetzung in seine Landessprache gemacht und dem Management-Zentrum mitgeteilt worden ist, hat den gleichen Status wie die offiziellen Fassungen.

CEN-Mitglieder sind die nationalen Normungsinstitute von Belgien, Bulgarien, Dänemark, Deutschland, Estland, Finnland, Frankreich, Griechenland, Irland, Island, Italien, Lettland, Litauen, Luxemburg, Malta, den Niederlanden, Norwegen, Österreich, Polen, Portugal, Rumänien, Schweden, der Schweiz, der Slowakei, Slowenien, Spanien, der Tschechischen Republik, Ungarn, dem Vereinigten Königreich und Zypern.

EUROPÄISCHES KOMITEE FÜR NORMUNG
EUROPEAN COMMITTEE FOR STANDARDIZATION
COMITÉ EUROPÉEN DE NORMALISATION

Management Centre: Avenue Marnix 17, B-1000 Brussels

© 2009 CEN   Alle Rechte der Verwertung, gleich in welcher Form und in welchem Verfahren, sind weltweit den nationalen Mitgliedern von CEN vorbehalten.

Ref. Nr. EN 1993-6:2007 + AC:2009 D

DIN EN 1993-6:2010-12
EN 1993-6:2007 + AC:2009 (D)

Inhalt

Seite

Vorwort 5
1 Allgemeines 9
1.1 Anwendungsbereich 9
1.2 Normative Verweisungen 9
1.3 Annahmen 10
1.4 Unterscheidung nach Grundsätzen und Anwendungsregeln 10
1.5 Begriffe 10
1.5.1 Horizontale Kranlasten (en: crane surge) 11
1.5.2 Elastomerunterlage (en: elastomeric bearing pad) 11
1.5.3 Horizontalverbindungen (en: surge connector) 11
1.5.4 Horizontalträger (en: surge girder) 11
1.5.5 Prellbock (en: structural end stop) 11
1.6 Symbole 11

2 Grundlagen für Entwurf, Berechnung und Bemessung 11
2.1 Anforderungen 11
2.1.1 Grundlegende Anforderungen 11
2.1.2 Behandlung der Zuverlässigkeit 11
2.1.3 Nutzungsdauer, Dauerhaftigkeit und Robustheit 11
2.2 Grundsätzliches zur Bemessung mit Grenzzuständen 12
2.3 Grundlegende Kenngrößen 12
2.3.1 Einwirkungen und Umgebungseinflüsse 12
2.3.2 Werkstoff- und Produkteigenschaften 12
2.4 Nachweisverfahren mit Teilsicherheitsbeiwerten 12
2.5 Versuchsgestützte Bemessung 13
2.6 Lichtraumprofil von Brückenlaufkranen 13
2.7 Hängekrane und Unterflansch-Laufkatzen 13
2.8 Kranprüfungen 13

3 Werkstoffe 13
3.1 Allgemeines 13
3.2 Baustähle 13
3.2.1 Werkstoffeigenschaften 13
3.2.2 Anforderungen an die Duktilität 13
3.2.3 Bruchzähigkeit 13
3.2.4 Eigenschaften in Dickenrichtung 14
3.2.5 Toleranzen 14
3.2.6 Bemessungswerte der Materialkonstanten 14
3.3 Nichtrostende Stähle 14
3.4 Schrauben, Bolzen, Nieten und Schweißnähte 14
3.5 Lager 14
3.6 Weitere Produkte für Kranbahnen 15
3.6.1 Allgemeines 15
3.6.2 Schienenstähle 15
3.6.3 Besondere Verbindungsmittel für Kranschienen 15

4 Dauerhaftigkeit 15

5 Tragwerksberechnung 16
5.1 Statisches System für Tragwerksberechnungen 16
5.1.1 Statisches System und grundlegende Annahmen 16
5.1.2 Berechnungsmodelle für Anschlüsse 16
5.1.3 Bauwerk-Boden Interaktion 16
5.2 Untersuchung von Gesamttragwerken 16
5.2.1 Einflüsse der Tragwerksverformung 16
5.2.2 Stabilität von Tragwerken 16

		Seite
5.3	Imperfektionen	16
5.3.1	Grundlagen	16
5.3.2	Imperfektionen für die Tragwerksberechnung	16
5.3.3	Imperfektionen zur Berechnung aussteifender Systeme	16
5.3.4	Bauteilimperfektionen	17
5.4	Berechnungsmethoden	17
5.4.1	Allgemeines	17
5.4.2	Elastische Tragwerksberechnung	17
5.4.3	Plastische Tragwerksberechnung	17
5.5	Klassifizierung von Querschnitten	17
5.6	Kranbahnträger	17
5.6.1	Beanspruchungen aus Kranlasten	17
5.6.2	Tragsystem	17
5.7	Lokale Spannungen im Steg infolge Radlasten auf dem Oberflansch	18
5.7.1	Lokale vertikale Druckspannungen	18
5.7.2	Lokale Schubspannungen	21
5.7.3	Lokale Biegespannungen im Steg infolge exzentrischer Radlasten	21
5.8	Lokale Biegespannungen im Untergurt infolge Radlasten	22
5.9	Sekundäre Biegemomente in fachwerkartigen Bauteilen	25
6	Grenzzustände der Tragfähigkeit	26
6.1	Allgemeines	26
6.2	Beanspruchbarkeit von Querschnitten	27
6.3	Stabilitätsnachweise von Bauteilen	27
6.3.1	Allgemeines	27
6.3.2	Biegedrillknicken	27
6.4	Mehrteilige druckbeanspruchte Bauteile	27
6.5	Beanspruchbarkeit des Steges gegen Radlasten	28
6.5.1	Allgemeines	28
6.5.2	Länge der starren Lasteinleitung	28
6.6	Plattenbeulen	28
6.7	Beanspruchbarkeit des Unterflansches bei Radlasteinleitung	28
7	Grenzzustände der Gebrauchstauglichkeit	32
7.1	Allgemeines	32
7.2	Berechnungsmodelle	32
7.3	Begrenzung der Verformungen und Verschiebungen	32
7.4	Begrenzung des Stegblechatmens	34
7.5	Elastisches Verhalten	35
7.6	Schwingung des Unterflansches	36
8	Verbindungen und Kranschienen	36
8.1	Schrauben-, Niet- und Bolzenverbindungen	36
8.2	Schweißverbindungen	36
8.3	Horizontalverbindungen	36
8.4	Kranschienen	37
8.4.1	Schienenmaterial	37
8.4.2	Nutzungsdauer	38
8.4.3	Auswahl der Schienen	38
8.5	Schienenbefestigung	38
8.5.1	Allgemeines	38
8.5.2	Starre Befestigungen	38
8.5.3	Bewegliche Befestigungen	39
8.6	Schienenverbindungen	39
9	Ermüdungsnachweis	40
9.1	Anforderungen an den Ermüdungsnachweis	40
9.2	Teilsicherheitsbeiwerte für Ermüdung	40
9.3	Spannungsspektren infolge Ermüdungsbelastung	40
9.3.1	Allgemeines	40

		Seite
9.3.2	Vereinfachte Ansätze	41
9.3.3	Lokale Spannungen infolge Radlasten am Obergurt	41
9.3.4	Lokale Spannungen infolge Hängekrane	42
9.4	Ermüdungsnachweis	42
9.4.1	Allgemeines	42
9.4.2	Beanspruchung aus mehreren Kranen	42
9.5	Ermüdungsfestigkeit	43

Anhang A (informativ) **Alternative Nachweisverfahren für Biegedrillknicken** 44
A.1 Allgemeines 44
A.2 Interaktionsformeln 44

Vorwort

Diese Europäische Norm EN 1993-6 + AC:2009, *Eurocode 3: Bemessung und Konstruktion von Stahlbauten – Kranbahnen* wurde vom Technischen Komitee CEN/TC 250 „Eurocodes für den Konstruktiven Ingenieurbau" erarbeitet, dessen Sekretariat vom BSI gehalten wird. Das CEN/TC 250 ist für alle Eurocodes für den Konstruktiven Ingenieurbau zuständig.

Diese Europäische Norm muss den Status einer nationalen Norm erhalten, entweder durch Veröffentlichung eines identischen Textes oder durch Anerkennung bis Oktober 2007, und etwaige entgegenstehende nationale Normen müssen bis März 2010 zurückgezogen werden.

Diese Europäische Norm ersetzt ENV 1993-6:1999.

Entsprechend der CEN/CENELEC-Geschäftsordnung sind die nationalen Normungsinstitute der folgenden Länder gehalten, diese Europäische Norm zu übernehmen: Belgien, Bulgarien, Dänemark, Deutschland, Estland, Finnland, Frankreich, Griechenland, Irland, Island, Italien, Lettland, Litauen, Luxemburg, Malta, Niederlande, Norwegen, Österreich, Polen, Portugal, Rumänien, Schweden, Schweiz, Slowakei, Slowenien, Spanien, Tschechische Republik, Ungarn, Vereinigtes Königreich und Zypern.

Hintergrund des Eurocode-Programms

1975 beschloss die Kommission der Europäischen Gemeinschaften, für das Bauwesen ein Programm auf Grundlage des Artikels 95 der Römischen Verträge durchzuführen. Das Ziel des Programms war die Beseitigung technischer Handelshemmnisse und die Harmonisierung technischer Normen.

Im Rahmen dieses Programms leitete die Kommission die Bearbeitung von harmonisierten technischen Regelwerken für die Tragwerksplanung von Bauwerken ein, die im ersten Schritt als Alternative zu den in den Mitgliedsländern geltenden Regeln dienen und diese schließlich ersetzen sollten.

15 Jahre lang leitete die Kommission mit Hilfe eines Steuerungskomitees mit Repräsentanten der Mitgliedsländer die Entwicklung des Eurocode-Programms, das zu der ersten Eurocode-Generation in den 1980er Jahren führte.

Im Jahre 1989 entschieden sich die Kommission und die Mitgliedsländer der Europäischen Union und der EFTA, die Entwicklung und Veröffentlichung der Eurocodes über eine Reihe von Mandaten an CEN zu übertragen, damit diese den Status von Europäischen Normen (EN) erhielten. Grundlage war eine Vereinbarung[1] zwischen der Kommission und CEN. Dieser Schritt verknüpft die Eurocodes de facto mit den Regelungen der Ratsrichtlinien und Kommissionsentscheidungen, die die Europäischen Normen behandeln (z. B. die Ratsrichtlinie 89/106/EWG zu Bauprodukten, die Bauproduktenrichtlinie, die Ratsrichtlinien 93/37/EWG, 92/50/EWG und 89/440/EWG zur Vergabe öffentlicher Aufträge und Dienstleistungen und die entsprechenden EFTA-Richtlinien, die zur Einrichtung des Binnenmarktes eingeleitet wurden).

Das Eurocode-Programm für den konstruktiven Ingenieurbau umfasst die folgenden Normen, die in der Regel aus mehreren Teilen bestehen:

EN 1990	Eurocode:	Grundlagen der Tragwerksplanung
EN 1991	Eurocode 1:	Einwirkungen auf Tragwerke
EN 1992	Eurocode 2:	Bemessung und Konstruktion von Stahlbetonbauten
EN 1993	Eurocode 3:	Bemessung und Konstruktion von Stahlbauten

---

[1] Vereinbarung zwischen der Kommission der Europäischen Gemeinschaft und dem Europäischen Komitee für Normung (CEN) zur Bearbeitung der Eurocodes für die Tragwerksplanung von Hochbauten und Ingenieurbauwerken (BC/CEN/03/89).

EN 1994	Eurocode 4: Bemessung und Konstruktion von Stahl-Beton-Verbundbauten
EN 1995	Eurocode 5: Bemessung und Konstruktion von Holzbauten
EN 1996	Eurocode 6: Bemessung und Konstruktion von Mauerwerksbauten
EN 1997	Eurocode 7: Entwurf, Berechnung und Bemessung in der Geotechnik
EN 1998	Eurocode 8: Auslegung von Bauwerken gegen Erdbeben
EN 1999	Eurocode 9: Bemessung und Konstruktion von Aluminiumkonstruktionen

Die Europäischen Normen berücksichtigen die Verantwortlichkeit der Bauaufsichtsorgane in den Mitgliedsländern und haben deren Recht zur nationalen Festlegung sicherheitsbezogener Werte berücksichtigt, so dass diese Werte von Land zu Land unterschiedlich bleiben können.

Status und Gültigkeitsbereich der Eurocodes

Die Mitgliedsländer der EU und von EFTA betrachten die Eurocodes als Bezugsdokumente für folgende Zwecke:

— als Mittel zum Nachweis der Übereinstimmung der Hoch- und Ingenieurbauten mit den wesentlichen Anforderungen der Richtlinie 89/106/EWG, besonders mit der wesentlichen Anforderung Nr. 1: Mechanischer Widerstand und Standsicherheit und der wesentlichen Anforderung Nr. 2: Brandschutz;

— als Grundlage für die Spezifizierung von Verträgen für die Ausführung von Bauwerken und dazu erforderlichen Ingenieurleistungen;

— als Rahmenbedingung für die Herstellung harmonisierter, technischer Spezifikationen für Bauprodukte (ENs und ETAs)

Die Eurocodes haben, da sie sich auf Bauwerke selbst beziehen, eine direkte Verbindung zu den Grundlagendokumenten[2], auf die in Artikel 12 der Bauproduktenrichtlinie hingewiesen wird, wenn sie auch anderer Art sind als die harmonisierten Produktnormen[3]. Daher sind die technischen Gesichtspunkte, die sich aus den Eurocodes ergeben, von den Technischen Komitees von CEN und/oder von den Arbeitsgruppen von EOTA, die an Produktnormen arbeiten, zu beachten, damit diese Produktnormen mit den Eurocodes vollständig kompatibel sind.

Die Eurocodes liefern Regelungen für den Entwurf, die Berechnung und Bemessung von kompletten Tragwerken und Baukomponenten, die sich für die tägliche Anwendung eignen. Sie gehen auf traditionelle

---

[2] Entsprechend Artikel 3.3 der Bauproduktenrichtlinie sind die wesentlichen Angaben in Grundlagendokumenten zu konkretisieren, um damit die notwendigen Verbindungen zwischen den wesentlichen Anforderungen und den Mandaten für die Erstellung harmonisierter Europäischer Normen und Richtlinien für die Europäische Zulassungen selbst zu schaffen.

[3] Nach Artikel 12 der Bauproduktenrichtlinie hat das Grundlagendokument:

    a) die wesentliche Anforderung zu konkretisieren, in dem die Begriffe und, soweit erforderlich, die technische Grundlage für Klassen und Anforderungshöhen vereinheitlicht werden;

    b) die Methode zur Verbindung dieser Klassen oder Anforderungshöhen mit technischen Spezifikationen anzugeben, z. B. rechnerische oder Testverfahren, Entwurfsregeln etc.;

    c) als Bezugsdokument für die Erstellung harmonisierter Normen oder Richtlinien für Europäische Technische Zulassungen zu dienen.

Die Eurocodes spielen de facto eine ähnliche Rolle für die wesentliche Anforderung Nr. 1 und einen Teil der wesentlichen Anforderung Nr. 2.

Bauweisen und Aspekte innovativer Anwendungen ein, liefern aber keine vollständigen Regelungen für ungewöhnliche Baulösungen und Entwurfsbedingungen, wofür Spezialistenbeiträge erforderlich sein können.

Nationale Fassungen der Eurocodes

Die nationale Fassung eines Eurocodes enthält den vollständigen Text des Eurocodes (einschließlich aller Anhänge), so wie von CEN veröffentlicht, möglicherweise mit einer nationalen Titelseite und einem nationalen Vorwort sowie einem Nationalen Anhang.

Der Nationale Anhang darf nur Hinweise zu den Parametern geben, die im Eurocode für nationale Entscheidungen offen gelassen wurden. Diese national festzulegenden Parameter (NDP) gelten für die Tragwerksplanung von Hochbauten und Ingenieurbauten in dem Land, indem sie erstellt werden. Sie umfassen:

— Zahlenwerte und/oder Beanspruchungsgruppen, wo die Eurocodes Alternativen eröffnen,

— Zahlenwerte, wo die Eurocodes nur Symbole angeben,

— landesspezifische (geographische, klimatische usw.) Daten, die nur für ein Mitgliedsland gelten, z. B. Schneekarten;

— die Vorgehensweise, wenn der Eurocode mehrere zur Wahl anbietet;

— Verweise zur Anwendung der Eurocodes, soweit diese ergänzen und nicht widersprechen.

Verbindung zwischen den Eurocodes und den harmonisierten Technischen Spezifikationen für Bauprodukte (EN und ETA)

Die harmonisierten Technischen Spezifikationen für Bauprodukte und die technischen Regelungen für die Tragwerksplanung[4] müssen konsistent sind. Insbesondere sollten die Hinweise, die mit den CE-Zeichen an den Bauprodukten verbunden sind und die die Eurocodes in Bezug nehmen, klar erkennen lassen, welche national festzulegenden Parameter (NDP) zugrunde liegen.

Besondere Hinweise zu EN 1993-6

EN 1993-6 gibt als einer von insgesamt sechs Teilen von EN 1993 „Bemessung und Konstruktion von Stahlbauten" Prinzipien und Anwendungsregeln für die Sicherheit, die Gebrauchstauglichkeit sowie die Dauerhaftigkeit von Kranbahnen.

EN 1993-6 gibt Bemessungsregeln, die die allgemeinen Regeln der EN 1993-1 ergänzen.

EN 1993-6 ist für Auftraggeber, Tragwerksplaner, Bauausführende sowie Behörden vorgesehen.

EN 1993-6 ist gemeinsam mit EN 1990, EN 1991 und EN 1993-1 zu nutzen. Aspekte, die bereits in diesen Dokumenten behandelt wurden, werden nicht wiederholt.

Die Zahlenwerte für Teilsicherheitsbeiwerte und andere Zuverlässigkeitsparameter gelten als Empfehlungen für die Erzielung eines akzeptablen Zuverlässigkeitsniveaus. Es werden dabei angemessene Fachkenntnisse und Qualitätssicherung vorausgesetzt.

---

[4] Siehe Artikel 3.3 und Art. 12 der Bauproduktenrichtlinie, ebenso wie die Abschnitte 4.2, 4.3.1, 4.3.2, und 5.2 des Grundlagendokumentes Nr. 1.

Nationaler Anhang zu EN 1993-6

Diese Norm enthält alternative Methoden, Zahlenangaben und Empfehlungen für Beanspruchungsgruppen mit Hinweisen, an welchen Stellen nationale Festlegungen getroffen werden dürfen. Jede nationale Ausgabe von EN 1993-6 sollte einen Nationalen Anhang mit den national festzulegenden Parametern erhalten, mit dem die Bemessung und Konstruktion von Kranbahnen, die in dem jeweiligen Land gebaut werden sollen, möglich ist.

Nationale Festlegungen sind bei folgenden Regelungen in EN 1993-6 vorgesehen:

2.1.3.2(1)P   Nutzungsdauer

2.8(2)P   Teilsicherheitsbeiwert $\gamma_{F,test}$ für Kranprüflasten

3.2.3(1)   Niedrigste Betriebstemperatur bei Hallenkranbahnen

3.2.3(2)P   Wahl der Zähigkeit für druckbeanspruchte Bauteile

3.2.4(1)   Tabelle 3.2   Sollwerte Z_{Ed} für Eigenschaften in Dickenrichtung

3.6.2(1)   Informationen über geeignete Schienen und Schienenstahl

3.6.3(1)   Informationen über besondere Verbindungsmittel für Schienen

6.1(1)   Teilsicherheitsbeiwerte γ_{Mi} für Beanspruchbarkeit im Grenzzustand der Tragfähigkeit

6.3.2.3(1)   Alternative Bemessungsmethoden für Biegedrillknicken

7.3(1)   Begrenzungen der Durchbiegungen und Verformungen

7.5(1)   Teilsicherheitsbeiwerte $\gamma_{M,ser}$ für Beanspruchbarkeit im Grenzzustand der Gebrauchstauglichkeit

8.2(4)   Beanspruchungsgruppen unter "hoher Ermüdungsbelastung"

9.1(2)   Begrenzung der Lastwechselzahl C_0 ohne Ermüdungsnachweis

9.2(1)P   Teilsicherheitsbeiwerte γ_{Ff} für Ermüdungsbelastung

9.2(2)P   Teilsicherheitsbeiwerte γ_{Mf} für Ermüdungsfestigkeit

9.3.3(1)   Beanspruchungsgruppen, bei denen Biegung aus Exzentrizität vernachlässigt werden kann

9.4.2(5)   Schädigungsäquivalente Beiwerte λ_{dup} für Beanspruchung aus mehreren Kranen

1 Allgemeines

1.1 Anwendungsbereich

(1) Dieser Teil 6 von EN 1993 stellt Regeln für den Entwurf und die Bemessung von Kranbahnträgern und anderen Kranbahnen bereit.

(2) Die Regelungen in Teil 6 ergänzen, modifizieren oder ersetzen die entsprechenden Regelungen in EN 1993-1.

(3) Dieser Teil 6 von EN 1993 behandelt Kranbahnen innerhalb und außerhalb von Gebäuden. Dazu gehören Kranbahnen, die durch

a) Brückenlaufkrane, die:

  — den Kranbahnträger von oben belasten,

  — an den Kranbahnträger angehängt sind oder

b) Unterflansch-Laufkatzen beansprucht werden.

(4) Zusätzlich werden Regeln für Kranbahnausstattungen wie Kranschienen, Prellböcke, Halteklammern, Horizontalträger und Befestigungen festgelegt. Kranschienen, die nicht auf Stahlkonstruktionen montiert sind, und Kranschienen, die für andere Zwecke verwendet werden, werden nicht behandelt.

(5) Krane und alle anderen beweglichen Teile sind ausgeschlossen. Regelungen für Krane sind in prCEN/TS 13001-3-3 gegeben.

(6) Bemessung infolge Erdbeben, siehe EN 1998.

(7) Für die Tragwerksbemessung für den Brandfall, siehe EN 1993-1-2.

1.2 Normative Verweisungen

Die folgenden zitierten Dokumente sind für die Anwendung dieses Dokuments erforderlich. Bei datierten Verweisungen gilt nur die in Bezug genommene Ausgabe. Bei undatierten Verweisungen gilt die letzte Ausgabe des in Bezug genommenen Dokuments (einschließlich aller Änderungen).

EN 1090-2, *Ausführung von Stahltragwerken und Aluminiumtragwerken — Teil 2: Technische Anforderungen an die Ausführung von Tragwerken aus Stahl*

EN 1337, *Lager im Bauwesen*

EN ISO 1461, *Durch Feuerverzinken auf Stahl aufgebrachte Zinküberzüge (Stückverzinken) — Anforderungen und Prüfungen*

EN 1990, *Eurocode: Grundlagen der Tragwerksplanung*

EN 1991-1-1, *Eurocode 1: Einwirkungen auf Tragwerke — Teil 1-1: Allgemeine Einwirkungen auf Tragwerke — Wichten, Eigengewicht und Nutzlasten im Hochbau*

EN 1991-1-2, *Eurocode 1: Einwirkungen auf Tragwerke — Teil 1-2: Allgemeine Einwirkungen auf Tragwerke — Brandeinwirkungen auf Tragwerke*

EN 1991-1-4, *Eurocode 1: Einwirkungen auf Tragwerke — Teil 1-4: Allgemeine Einwirkungen — Windlasten*

EN 1991-1-5, *Eurocode 1: Einwirkungen auf Tragwerke — Teil 1-5: Allgemeine Einwirkungen — Temperatureinwirkungen*

EN 1991-1-6, *Eurocode 1: Einwirkungen auf Tragwerke — Teil 1-6: Allgemeine Einwirkungen — Einwirkungen während der Bauausführung*

EN 1991-1-7, *Eurocode 1: Einwirkungen auf Tragwerke — Teil 1-7: Allgemeine Einwirkungen — Außergewöhnliche Einwirkungen*

EN 1991-3, *Eurocode 1: Einwirkungen auf Tragwerke — Teil 3: Einwirkungen infolge von Kranen und anderen Maschinen*

EN 1993-1-1, *Eurocode 3: Bemessung und Konstruktion von Stahlbauten — Teil 1-1: Allgemeine Bemessungsregeln und Regeln für den Hochbau*

EN 1993-1-2, *Eurocode 3: Bemessung und Konstruktion von Stahlbauten — Teil 1-2: Allgemeine Regeln — Tragwerksbemessung für den Brandfall*

EN 1993-1-4, *Eurocode 3: Bemessung und Konstruktion von Stahlbauten — Teil 1-4: Allgemeine Bemessungsregeln — Ergänzende Regeln zur Anwendung von nichtrostenden Stählen*

EN 1993-1-5, *Eurocode 3: Bemessung und Konstruktion von Stahlbauten — Teil 1-5: Plattenbeulen*

EN 1993-1-8, *Eurocode 3: Bemessung und Konstruktion von Stahlbauten — Teil 1-8: Bemessung von Anschlüssen*

EN 1993-1-9, *Eurocode 3: Bemessung und Konstruktion von Stahlbauten — Teil 1-9: Ermüdung*

EN 1993-1-10, *Eurocode 3: Bemessung und Konstruktion von Stahlbauten — Teil 1-10: Stahlsortenauswahl in Hinblick auf Bruchzähigkeit und Eigenschaften in Dickenrichtung*

EN 1998, *Eurocode 8: Auslegung von Bauwerken gegen Erdbeben*

EN 10164, *Stahlerzeugnisse mit verbesserten Verformungseigenschaften senkrecht zur Erzeugnisoberfläche — Technische Lieferbedingungen*

prCEN/TS 13001-3-3, *Krane — Konstruktion allgemein — Teil 3-3: Grenzzustände und Nachweise; Laufrad/Schiene-Kontakt*

ISO 11660-5, *Krane — Zugänge, Geländer und Schutzabdeckungen — Teil 5: Brücken- und Portalkrane*

1.3 Annahmen

(1) Zusätzlich zu den Grundlagen von EN 1990 wird vorausgesetzt, dass [AC] Herstellung und Ausführung [AC] von Stahlbauten nach EN 1090-2 erfolgen.

1.4 Unterscheidung nach Grundsätzen und Anwendungsregeln

(1) Es gelten die Regelungen nach EN 1990, 1.4.

1.5 Begriffe

(1) Es gelten die Begriffe von EN 1993-1-1, 1.5.

(2) Ergänzend zu EN 1991-3 werden in diesem Teil 6 folgende Begriffe verwendet:

1.5.1 Horizontale Kranlasten (en: crane surge)

aus dem Kranbetrieb auf den Kranbahnträger horizontal wirkende dynamische Kräfte in Längs- und/oder Querrichtung

ANMERKUNG Quergerichtete Einwirkungen aus Kranen entsprechen Seitenlasten auf Kranbahnträgern.

1.5.2 Elastomerunterlage (en: elastomeric bearing pad)

Bettungsmaterial aus Elastomer (bewehrtes Material mit großer elastischer Verformungsfähigkeit), das unter Kranschienen verwendet wird

1.5.3 Horizontalverbindungen (en: surge connector)

Verbindung zur Übertragung der horizontalen Krankräfte vom Kranbahnträger oder Horizontalträger zum Auflager

1.5.4 Horizontalträger (en: surge girder)

Träger oder Fachwerkträger zur Aufnahme und Weiterleitung der horizontalen Krankräfte

1.5.5 Prellbock (en: structural end stop)

Bauteil zum Anhalten eines Krans oder eines Hubwerks als Abschluss einer Kranbahn

1.6 Symbole

(1) Die Symbole werden in EN 1993-1-1 und in den entsprechenden Abschnitten dieser EN 1993-6 definiert.

ANMERKUNG Die verwendeten Symbole basieren auf ISO 3898:1987.

2 Grundlagen für Entwurf, Berechnung und Bemessung

2.1 Anforderungen

2.1.1 Grundlegende Anforderungen

(1) Siehe EN 1993-1-1, 2.1.1.

2.1.2 Behandlung der Zuverlässigkeit

(1) Siehe EN 1993-1-1, 2.1.2.

2.1.3 Nutzungsdauer, Dauerhaftigkeit und Robustheit

2.1.3.1 Allgemeines

(1) Siehe EN 1993-1-1, 2.1.3.1.

2.1.3.2 Nutzungsdauer

(1)P Die Nutzungsdauer einer Kranbahn muss als der Zeitraum angegeben werden, in dem die Kranbahn voll funktionsfähig ist. Die Nutzungsdauer sollte festgelegt werden (z. B. in einem Inspektions- bzw. Wartungsplan).

ANMERKUNG   Der Nationale Anhang darf die maßgebende Nutzungsdauer festlegen. Für Kranbahnen wird eine Nutzungsdauer von 25 Jahren empfohlen. Für Kranbahnen, die keiner intensiven Nutzung unterliegen, ist eine Nutzungsdauer von 50 Jahre angemessen.

(2)P Bei temporären Kranbahnen muss die Nutzungsdauer zwischen dem Bauherren und der zuständigen Behörde abgestimmt werden. Dabei muss eine mögliche Wiederverwendung berücksichtigt werden.

(3) Bauteile, die nicht für die gesamte Nutzungsdauer der Kranbahn ausgelegt werden können, siehe Abschnitt 4(6).

2.1.3.3 Dauerhaftigkeit

(1)P Kranbahnen müssen gegen Umwelteinflüsse, Korrosion, Verschleiß und Ermüdung durch geeignete Materialwahl (siehe EN 1993-1-4 und EN 1993-1-10), geeignete bauliche Durchbildung (siehe EN 1993-1-9), redundantes Tragverhalten und geeigneten Korrosionsschutz bemessen werden.

(2)P Bei Bauteilen, die während der Bemessungsdauer ausgetauscht oder neu ausgerichtet werden müssen (z. B. infolge zu erwartender Bodensetzungen), muss dieser Vorgang bei der Bemessung durch geeignete bauliche Durchbildung berücksichtigt und als vorübergehende Bemessungssituation nachgewiesen werden.

2.2 Grundsätzliches zur Bemessung mit Grenzzuständen

(1) Siehe EN 1993-1-1, 2.2.

2.3 Grundlegende Kenngrößen

2.3.1 Einwirkungen und Umgebungseinflüsse

(1)P Die charakteristischen Werte der Kraneinwirkungen sind nach EN 1991-3 zu ermitteln.

ANMERKUNG 1 EN 1991-3 enthält Regeln zur Ermittlung der Kraneinwirkungen nach den Festlegungen in EN 13001-1 und EN 13001-2, um den Informationsaustausch mit Kranherstellern zu erleichtern.

ANMERKUNG 2 EN 1991-3 erläutert verschiedene Methoden zur Ermittlung charakteristischer Einwirkungen, abhängig davon, ob während des Zeitpunkts der Bemessung der Kranbahn vollständige Informationen zur Kranspezifikation vorhanden sind oder nicht.

(2)P Andere Einwirkungen auf Kranbahnen sind nach EN 1991-1-1, EN 1991-1-2, EN 1991-1-4, EN 1991-1-5, EN 1991-1-6 oder EN 1991-1-7 zu ermitteln.

(3)P Teilsicherheitsbeiwerte und Kombinationsregeln müssen EN 1991-3, Anhang A entnommen werden.

(4) Für Einwirkungen während der Bauzustände siehe EN 1991-1-6.

(5) Für Einwirkungen infolge Bodensetzung siehe EN 1993-1-1, 2.3.1(3) und (4).

2.3.2 Werkstoff- und Produkteigenschaften

(1) Siehe EN 1993-1-1, 2.3.2.

2.4 Nachweisverfahren mit Teilsicherheitsbeiwerten

(1) Siehe EN 1993-1-1, 2.4.

(2) EN 1991-3, Anhang A enthält Teilsicherheitsbeiwerte für den Nachweis der Lagesicherheit und den Nachweis gegen Abheben von Lagern.

2.5 Versuchsgestützte Bemessung

(1) Siehe EN 1993-1-1, 2.5.

2.6 Lichtraumprofil von Brückenlaufkranen

(1) Das Lichtraumprofil zwischen Brückenlaufkran und Kranbahn sowie die Abmessungen aller Zugangsmöglichkeiten zu den Kranen für die Kranführer und das Wartungspersonal sollten ISO 11660-5 entsprechen.

2.7 Hängekrane und Unterflansch-Laufkatzen

(1) [AC] Bei Unterflanschen [AC] von Kranbahnträgern, die direkt durch Radlasten aus Hängekranen oder Unterflansch-Laufkatzen belastet sind, ist in der Regel auch ein Spannungsnachweis im Grenzzustand der Gebrauchstauglichkeit, siehe **7.5**, zu führen.

(2) Für solche Flansche sind die Spannungen im Grenzzustand der Tragfähigkeit in der Regel nach **6.7** nachzuweisen.

2.8 Kranprüfungen

(1) Wird nach der Montage eine Kranprüfung von Brückenlaufkatze oder Unterflansch-Laufkatze auf dem Kranbahnträger durchgeführt, ist in der Regel für alle betroffenen tragenden Bauteile ein Spannungsnachweis im Grenzzustand der Gebrauchstauglichkeit (siehe **7.5**) mit den Kranprüflasten nach EN 1991-3, 2.10 zu führen.

(2)P Für die Kranprüflasten ist an den entsprechenden Stellen ein Nachweis im Grenzzustand der Tragfähigkeit nach Abschnitt **6** zu führen. Hierbei ist der Teilsicherheitsbeiwert γ_{Ftest} für die Kranprüflasten zu verwenden.

ANMERKUNG Der Wert für [AC] $\gamma_{F,test}$ [AC] kann im Nationalen Anhang festgelegt werden. Es wird der Wert 1,1 empfohlen.

3 Werkstoffe

3.1 Allgemeines

(1) Siehe EN 1993-1-1, 3.1.

3.2 Baustähle

3.2.1 Werkstoffeigenschaften

(1) Siehe EN 1993-1-1, 3.2.1.

3.2.2 Anforderungen an die Duktilität

(1) Siehe EN 1993-1-1, 3.2.2.

3.2.3 Bruchzähigkeit

(1) Siehe EN 1993-1-1, 3.2.3(1) und (2).

ANMERKUNG   Die niedrigste Betriebstemperatur für Kranbahnen innerhalb von Gebäuden darf im Nationalen Anhang festgelegt werden.

(2)P Für druckbeanspruchte Bauteile ist ein angemessener Mindestwert der Zähigkeit zu wählen.

ANMERKUNG   Der Nationale Anhang darf Informationen zur Wahl der Zähigkeitseigenschaften für druckbeanspruchte Bauteile geben. Es wird empfohlen, in diesem Fall Tabelle 2.1 in EN 1993-1-10 für $\sigma_{Ed} = 0{,}25 \cdot f_y(t)$ anzuwenden.

(3) Bei der Verwendung von kaltverformten Bauteilen (z. B. infolge Überhöhungen) mit nachträglicher Feuerverzinkung ist bei der Stahlsortenauswahl EN 1461 zu beachten.

3.2.4   Eigenschaften in Dickenrichtung

(1) Siehe EN 1993-1-1, 3.2.4(1).

ANMERKUNG 1 Besondere Beachtung sollte geschweißten Träger-Stützen-Verbindungen sowie angeschweißten Kopfplatten mit Zugspannung in Dickenrichtung geschenkt werden.

ANMERKUNG 2 Der Nationale Anhang darf die maßgebende Zuordnung der Sollwerte Z_{Ed} nach EN 1993-1-10, 3.2(3) zu den Qualitätsklassen der EN 10164 angeben. Für Kranbahnen wird eine Zuordnung nach Tabelle 3.2 empfohlen.

Tabelle 3.2 — Stahlgütewahl nach EN 10164

Sollwert Z_{Ed} nach EN 1993-1-10	Sollwert Z_{Rd} nach EN 10164
≤ 10	-
11 bis 20	Z 15
21 bis 30	Z 25
> 30	Z 35

3.2.5   Toleranzen

(1) Siehe EN 1993-1-1, 3.2.5.

3.2.6   Bemessungswerte der Materialkonstanten

(1) Siehe EN 1993-1-1, 3.2.6.

3.3   Nichtrostende Stähle

(1) Für nichtrostende Stähle sind die entsprechenden Regelungen in EN 1993-1-4 zu beachten.

3.4   Schrauben, Bolzen, Nieten und Schweißnähte

(1) Siehe EN 1993-1-1, 3.3.

3.5   Lager

(1) Lager sollten EN 1337 entsprechen.

DIN EN 1993-6:2010-12
EN 1993-6:2007 + AC:2009 (D)

3.6 Weitere Produkte für Kranbahnen

3.6.1 Allgemeines

(1) Teilvorgefertigte oder komplett vorgefertigte Produkte, die bei der Bemessung einer Kranbahn verwendet werden, haben in der Regel der entsprechenden EN-Produktnorm, ETAG oder ETA zu entsprechen.

3.6.2 Schienenstähle

(1) Sowohl speziell angefertigte Kranschienen als auch Eisenbahnschienen sollten aus speziellen Schienenstählen mit genormten Mindestzugfestigkeiten zwischen 500 N/mm^2 und 1 200 N/mm^2 hergestellt werden.

ANMERKUNG   Der Nationale Anhang darf Informationen über geeignete Schienen und Schienenstähle, abhängig von der Ausgabe der entsprechenden Produktregelungen (EN-Produktnormen, ETAG und ETA) geben.

(2) Flachstahlschienen und andere Schienenquerschnitte dürfen auch aus Baustählen nach 3.2 bestehen.

3.6.3 Besondere Verbindungsmittel für Kranschienen

(1) Besondere Verbindungsmittel für Kranschienen, einschließlich speziell angefertigter Befestigungen und Elastomerunterlagen, sollten nach den entsprechenden Produktnormen für ihre Verwendung geeignet sein.

ANMERKUNG   Der Nationale Anhang darf Informationen über besondere Verbindungsmittel geben, wenn für diese keine passenden Produktregelungen (EN-Produktnorm, ETAG und ETA) existieren.

4 Dauerhaftigkeit

(1) Die Dauerhaftigkeit von Stahlbauten ist allgemein in EN 1993-1-1, 4(1), 4(2) und 4(3) geregelt.

(2) Die Ermüdungsnachweise für Kranbahnen sind in der Regel nach Abschnitt **9** durchzuführen.

(3) Wird zur Berechnung der Festigkeit oder Steifigkeit des Kranbahnträgers die Kranschiene als mittragender Teilquerschnitt berücksichtigt, sind in der Regel bei der Ermittlung der Eigenschaften dieser zusammengesetzten Querschnitte geeignete Toleranzen für den Verschleiß anzunehmen, siehe **5.6.2(2)** und **5.6.2(3)**.

(4) Bei zu erwartenden Einwirkungen durch Bodensetzungen oder Erdbeben sollten Toleranzen für vertikale und horizontale Zwangsverformungen mit dem Kranhersteller vereinbart sowie in den Inspektions- und Wartungsplänen dokumentiert werden.

(5) Die erwarteten Zwangsverformungen sollten durch eine geeignete bauliche Durchbildung mit Möglichkeiten der Nachjustierbarkeit berücksichtigt werden.

(6) Bauteile, die nicht mit ausreichender Sicherheit für die Nutzungsdauer nachgewiesen werden können, sollten austauschbar sein. Solche Bauteile können sein:

— Dehnfugen;

— Kranschienen und ihre Befestigungen;

— Elastomerunterlagen;

— Verbindungen zur Übertragung von horizontalen Krankräften.

5 Tragwerksberechnung

5.1 Statisches System für Tragwerksberechnungen

5.1.1 Statisches System und grundlegende Annahmen

(1) Siehe EN 1993-1-1, 5.1.1(1), (2) und (3).

(2) Zur Berücksichtigung von Schubverzerrungen bzw. Plattenbeulen siehe EN 1993-1-5.

5.1.2 Berechnungsmodelle für Anschlüsse

(1) Siehe EN 1993-1-1, 5.1.2(1), (2) und (3).

(2) Die Berechnung von ermüdungsbeanspruchten Anschlüssen sollte so ausgeführt werden, dass eine ausreichende Lebensdauer nach EN 1993-1-9 nachgewiesen werden kann.

ANMERKUNG   Bei Kranbahnen sollten wechselnd auf Schub beanspruchte Schraubenverbindungen entweder mit Passschrauben ausgeführt werden oder mit vorgespannten Schrauben, die gleitfest im Grenzzustand der Tragfähigkeit bemessen sind, siehe Kategorie C nach EN 1993-1-8.

5.1.3 Bauwerk-Boden Interaktion

(1) Siehe EN 1993-1-1, 5.1.3.

5.2 Untersuchung von Gesamttragwerken

5.2.1 Einflüsse der Tragwerksverformung

(1) Siehe EN 1993-1-1, 5.2.1.

5.2.2 Stabilität von Tragwerken

(1) Siehe EN 1993-1-1, 5.2.2.

5.3 Imperfektionen

5.3.1 Grundlagen

(1) Siehe EN 1993-1-1, 5.3.1.

5.3.2 Imperfektionen für die Tragwerksberechnung

(1) Siehe EN 1993-1-1, 5.3.2.

(2) Die Imperfektionen für die Tragwerksberechnung müssen nicht mit den Exzentrizitäten nach EN 1991-3, 2.5.2.1(2) kombiniert werden.

5.3.3 Imperfektionen zur Berechnung aussteifender Systeme

(1) Siehe EN 1993-1-1, 5.3.3.

5.3.4 Bauteilimperfektionen

(1) Siehe EN 1993-1-1, 5.3.4.

(2) Die Bauteilimperfektionen müssen nicht mit den Exzentrizitäten nach EN 1991-3, 2.5.2.1(2) kombiniert werden.

5.4 Berechnungsmethoden

5.4.1 Allgemeines

(1) Siehe EN 1993-1-1, 5.4.1.

(2) Für Kranbahnen, bei denen der Ermüdungsnachweis zu führen ist, wird eine elastische Tragwerksberechnung empfohlen. Für Kranbahnträger, die im Grenzzustand der Tragfähigkeit auf Grundlage einer plastischen Tragwerksberechnung bemessen werden, ist in der Regel auch ein Spannungsnachweis im Grenzzustand der Gebrauchstauglichkeit zu führen, siehe **7.5**.

5.4.2 Elastische Tragwerksberechnung

(1) Siehe EN 1993-1-1, 5.4.2.

5.4.3 Plastische Tragwerksberechnung

(1) Siehe EN 1993-1-1, 5.4.3 und 5.6.

5.5 Klassifizierung von Querschnitten

(1) Siehe EN 1993-1-1, 5.5.

5.6 Kranbahnträger

5.6.1 Beanspruchungen aus Kranlasten

(1) Bei der Bemessung von Kranbahnträgern sollten die folgenden Schnittgrößen aus Kranlasten berücksichtigt werden:

— zweiachsige Biegung aus vertikalen Einwirkungen und horizontalen Seitenlasten;

— einachsiger Druck oder Zug aus längsgerichteten horizontalen Einwirkungen;

— Torsion infolge von horizontalen Seitenlasten, die bezogen auf den Schubmittelpunkt des Trägerquerschnitts exzentrisch wirken;

— vertikale und horizontale Querkräfte aus vertikalen Einwirkungen und Seitenlasten.

(2) Außerdem sind in der Regel lokale Spannungen infolge Radlasten zu berücksichtigen.

5.6.2 Tragsystem

(1) Werden Kranschienen unter Verwendung von Passschrauben, vorgespannten Schrauben bei Anschlüssen der Kategorie C (gleitfest bemessen im Grenzzustand der Tragfähigkeit, siehe EN 1993-1-8, 3.4.1) oder Schweißnähten schubstarr am Oberflansch befestigt, darf die Kranschiene als Querschnittsteil bei der Berechnung des Querschnittswiderstands berücksichtigt werden. Die Schrauben oder Schweißnähte sollten so bemessen werden, dass sie die durch Biegemomente infolge der vertikalen und horizontalen

Einwirkungen entstehenden Längsschubkräfte zusammen mit den Kräften infolge horizontaler Kraneinwirkungen aufnehmen können.

(2) Zur Berücksichtigung der Kranschienenabnutzung sollte bei der Berechnung der Querschnittswerte die Nennhöhe der Kranschiene reduziert werden. Diese Abminderung sollte im Allgemeinen 25 % der in Bild 5.1 definierten Mindestnenndicke t_r unterhalb der Abnutzungsfläche betragen, sofern im Wartungsplan keine anderweitigen Angaben angegeben sind, siehe **4(3)**.

(3) Beim Ermüdungsnachweis braucht nur die Hälfte der in Absatz (2) gegebenen Abminderung berücksichtigt zu werden.

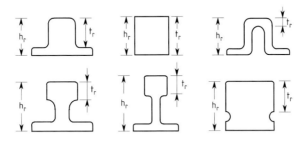

Bild 5.1 — Mindestdicke t_r unterhalb der Abnutzungsfläche der Kranschiene

(4) Es darf angenommen werden, dass Kranlasten wie folgt abgetragen werden (gilt nicht für Kastenträger):

a) vertikale Radlasten werden durch den unter der Kranschiene liegenden Kranbahn-/ Hauptträger aufgenommen;

b) Seitenlasten aus aufgesetzten Brückenlaufkranen werden durch den Oberflansch des Kranbahnträgers oder einen Horizontalträger aufgenommen;

c) Seitenlasten aus Hängekranen oder Unterflansch-Laufkatzen werden vom Unterflansch aufgenommen;

d) Torsionsmomente werden in ein horizontales Kräftepaar umgewandelt, das auf den Ober- und Unterflansch wirkt.

(5) Alternativ zu Absatz (4) können die Torsionseinwirkungen wie in EN 1993-1-1 berücksichtigt werden.

(6) Windlasten im Betrieb F_W^* und horizontale Kranlasten $H_{T,3}$ infolge Anfahren oder Bremsen der Laufkatze oder der Unterflansch-Laufkatzen sollten bei Spurkranzführung des Krans im Verhältnis der Seitensteifigkeiten der Kranbahnträger aufgeteilt werden. Bei Laufrollenführung hingegen sollten sie dem Kranbahnträger auf nur einer Seite zugeteilt werden.

5.7 Lokale Spannungen im Steg infolge Radlasten auf dem Oberflansch

5.7.1 Lokale vertikale Druckspannungen

(1) Die lokale vertikale Druckspannung $\sigma_{oz,Ed}$ im Steg infolge Radlasten auf dem Oberflansch, siehe Bild 5.2, kann wie folgt ermittelt werden:

$$\sigma_{oz,Ed} = \frac{F_{z,Ed}}{l_{eff}\, t_w} \tag{5.1}$$

Dabei ist

$F_{z,Ed}$ der Bemessungswert der Radlast;

l_{eff} die effektive Lastausbreitungslänge;

t_w die Dicke des Stegblechs.

(2) Die effektive Lastausbreitungslänge l_{eff}, über die die vertikale Druckspannung $\sigma_{oz,Ed}$ infolge einer einzelnen Radlast gleichmäßig verteilt angenommen werden darf, kann unter Verwendung der Tabelle 5.1 ermittelt werden. Die Kranschienenabnutzung ist in der Regel nach **5.6.2(2)** und **5.6.2(3)** zu berücksichtigen.

(3) Wenn der Abstand x_w zwischen den Mittelpunkten benachbarter Kranräder kleiner als l_{eff} ist, sollten die Spannungen aus beiden Rädern überlagert werden.

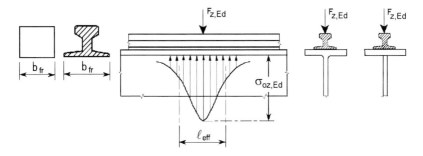

Bild 5.2 — Effektive Lastausbreitungslänge l_{eff}

(4) Bei der Berechnung der vertikalen lokalen Spannung $\sigma_{oz,Ed}$ in horizontalen Schnitten des Steges kann für jede Radlast, ausgehend von der wirksamen Lastausbreitungslänge l_{eff} an der Unterkante des Oberflansches, ein Lastausbreitungswinkel von 45° angenommen werden, siehe Bild 5.3. Wenn die gesamte Lastausbreitungslänge den Abstand x_w zwischen zwei benachbarten Rädern überschreitet, sind die Spannungen der beiden Räder entsprechend zu überlagern.

(5) Außerhalb des Auflagerbereiches sollte die mit dieser Länge berechnete vertikale lokale Spannung $\sigma_{oz,Ed}$ mit dem Reduktionsfaktor $[1 - (z/h_w)^2]$ multipliziert werden. Dabei ist h_w die Gesamthöhe des Steges und z der Abstand unterhalb der Unterkante des Oberflansches, siehe Bild 5.3.

(6) In Auflagernähe sollte die vertikale Druckspannung der Auflagerkraft in einer ähnlichen Weise ermittelt und der größere Wert der Spannung $\sigma_{oz,Ed}$ verwendet werden.

Tabelle 5.1 — Effektive Lastausbreitungslänge l_{eff}

Fall	Beschreibung	Effektive Lastausbreitungslänge l_{eff}
(a)	Kranschiene schubstarr am Flansch befestigt	$l_{eff} = 3{,}25 \, [I_{rf}/t_w]^{1/3}$
(b)	Kranschiene nicht schubstarr am Flansch befestigt	$l_{eff} = 3{,}25 \, [(I_r + I_{f,eff})/t_w]^{1/3}$
(c)	Kranschiene auf einer mind. 6mm dicken nachgiebigen Elastomerunterlage	$l_{eff} = 4{,}25 \, [(I_r + I_{f,eff})/t_w]^{1/3}$

$I_{f,eff}$	Flächenmoment zweiten Grades um die horizontale Schwerlinie des Flansches mit der effektiven Breite b_{eff}
I_r	Flächenmoment zweiten Grades um die horizontale Schwerlinie der Schiene
I_{rf}	Flächenmoment zweiten Grades um die horizontale Schwerlinie des zusammengesetzten Querschnitts einschließlich der Schiene und des Flansches mit der effektiven Breite b_{eff}
t_w	Stegdicke

$b_{eff} = b_{fr} + h_r + t_f$ aber $b_{eff} \le b$

Dabei ist

b die Gesamtbreite des Obergurtes;

b_{fr} die Breite des Schienenfußes, siehe Bild 5.2;

h_r die Schienenhöhe, siehe Bild 5.1;

t_f die Flanschdicke.

ANMERKUNG Der Verschleiß der Kranschienen wird bei der Bestimmung von I_r, I_{rf} und h_r berücksichtigt, siehe 5.6.2(2) und 5.6.2(3).

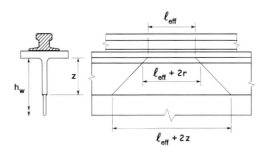

Bild 5.3 — Ausbreitung der effektiven Lastausbreitungslänge l_{eff} unter 45°

5.7.2 Lokale Schubspannungen

(1) Infolge Radlast entsteht die maximal wirkende lokale Schubspannung auf beiden Seiten der Radlast, die maximale vertikale lokale Spannung entsteht im Steg direkt unterhalb der Radlast. Diese maximal wirkende lokale Schubspannung $\tau_{oxz,Ed}$ darf zu 20 % der im Steg wirkenden maximalen vertikalen lokalen Spannung $\sigma_{oz,Ed}$ angenommen werden.

(2) Die lokale Schubspannung $\tau_{oxz,Ed}$ sollte an allen Punkten zusätzlich zu der globalen Schubspannung aus derselben Radlast berücksichtigt werden, siehe Bild 5.4. Die zusätzliche Schubspannung $\tau_{oxz,Ed}$ darf in horizontalen Schnitten im Steg unterhalb $z = 0,2h_w$ vernachlässigt werden, mit h_w und z wie in **5.7.1(5)** definiert.

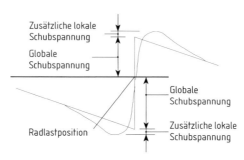

Bild 5.4 — Lokale und globale Schubspannungen infolge einer Radlast

5.7.3 Lokale Biegespannungen im Steg infolge exzentrischer Radlasten

(1) Bei querausgesteiften Stegblechen dürfen die Biegespannungen $\sigma_{T,Ed}$ aus dem Torsionsmoment infolge seitlicher Exzentrizität der Radlast wie folgt ermittelt werden:

$$\sigma_{T,Ed} = \frac{6 T_{Ed}}{a t_w^2} \eta \tanh(\eta) \tag{5.2}$$

mit:

$$\eta = \left[\frac{0,75 a t_w^3}{I_t} \times \frac{\sinh^2(\pi h_w / a)}{\sinh(2\pi h_w / a) - 2\pi h_w / a} \right]^{0,5} \tag{5.3}$$

Dabei ist

a der Abstand der Quersteifen im Steg;

h_w die Gesamthöhe des Steges als lichter Abstand zwischen den Flanschen;

I_t das Torsionsträgheitsmoment des Flansches (einschließlich der Schiene, falls sie schubstarr befestigt ist).

(2) Das Torsionsmoment T_{Ed} infolge seitlicher Exzentrizität e_y der Radlast $F_{z,Ed}$ (siehe Bild 5.5) sollte wie folgt ermittelt werden:

$$T_{Ed} = F_{z,Ed} \cdot e_y \qquad (5.4)$$

Dabei ist

e_y die Exzentrizität e der Radlast nach EN 1991-3, 2.5.2.1(2), wobei $e_y \geq 0,5\, t_w$;

t_w die Blechdicke des Stegs.

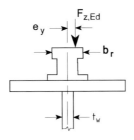

Bild 5.5 — Torsion des Obergurtes

5.8 Lokale Biegespannungen im Untergurt infolge Radlasten

(1) Zur Ermittlung der lokalen Biegespannungen infolge Radlasteinleitung im Unterflansch eines I-Trägers kann das folgende Berechnungsverfahren angewendet werden.

(2) Erfolgt die Lasteinleitung in einem Abstand größer als b vom Trägerende (dabei ist b die Flanschbreite), können die Biegespannungen an den folgenden drei, in Bild 5.6 markierten Stellen ermittelt werden:

— Stelle **0**: am Übergang vom Steg zum Flansch;

— Stelle **1**: in der Schwerlinie der Lasteinleitung;

— Stelle **2**: an der äußeren Flanschkante.

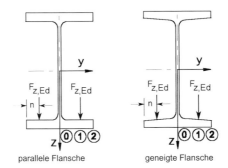

Bild 5.6 — Stellen zur Bestimmung der Spannungen infolge Radlasten

(3) Erfolgt die Radlasteinleitung in einem Abstand größer b vom Trägerende, und ist der Abstand x_w zwischen benachbarten Rädern nicht kleiner als $1,5b$, dann sollten die lokale Längsbiegespannung $\sigma_{ox,Ed}$ und die Querbiegespannung $\sigma_{oy,Ed}$ im Unterflansch wie folgt ermittelt werden:

$$\sigma_{ox,Ed} = c_x \, F_{z,Ed} / t_l^2 \qquad (5.5)$$

$$\sigma_{oy,Ed} = c_y \, F_{z,Ed} / t_l^2 \qquad (5.6)$$

Dabei ist

$F_{z,Ed}$ die vertikale Radlast;

t_l die Blechdicke des Flansches in der Schwerlinie der Lasteinleitung.

(4) Im Allgemeinen dürfen die Koeffizienten c_x und c_y zur Bestimmung der Längs- und Querbiegespannungen an den drei in Bild 5.6 festgelegten Stellen **0**, **1** und **2** mit Hilfe von Tabelle 5.2 bestimmt werden. Dies erfolgt in Abhängigkeit davon, ob der Träger parallele oder geneigte Flansche hat, sowie von dem Verhältniswert μ:

$$\mu = 2\,n / (b - t_w) \qquad (5.7)$$

Dabei ist

n der Abstand der Schwerlinie der Last zur äußeren Flanschkante;

t_w die Blechdicke des Steges.

Tabelle 5.2 — Koeffizienten c_{xi} und c_{yi} zur Bestimmung der Spannungen an den Stellen 0, 1 und 2

Spannung	Parallele Flansche	Geneigte Flansche (siehe Anmerkung)
Längsbiegespannung $\sigma_{ox,Ed}$	$c_{x0} = 0{,}050 - 0{,}580\mu + 0{,}148 e^{3,015\mu}$	$c_{x0} = -0{,}981 - 1{,}479\mu + 1{,}120 e^{1,322\mu}$
	$c_{x1} = 2{,}230 - 1{,}490\mu + 1{,}390 e^{-18,33\mu}$	$c_{x1} = 1{,}810 - 1{,}150\mu + 1{,}060 e^{-7,700\mu}$
	$c_{x2} = 0{,}730 - 1{,}580\mu + 2{,}910 e^{-6,000\mu}$	$c_{x2} = 1{,}990 - 2{,}810\mu + 0{,}840 e^{-4,690\mu}$
Querbiegespannung $\sigma_{oy,Ed}$	$c_{y0} = -2{,}110 + 1{,}977\mu + 0{,}0076\, e^{6,530\mu}$	$c_{y0} = -1{,}096 + 1{,}095\mu + 0{,}192 e^{-6,000\mu}$
	$c_{y1} = 10{,}108 - 7{,}408\mu - 10{,}108 e^{-1,364\mu}$	$c_{y1} = 3{,}965 - 4{,}835\mu - 3{,}965 e^{-2,675\mu}$
	$c_{y2} = 0{,}0$	$c_{y2} = 0{,}0$
Vorzeichenkonvention: c_{xi} und c_{yi} sind positiv bei Zugspannungen an der Flanschunterseite.		
ANMERKUNG Die Koeffizienten für geneigte Flansche gelten für eine Neigung von 14 % oder 8°. Für Träger mit größerer Flanschneigung liegen sie auf der sicheren Seite. Für Träger mit geringerer Neigung ist eine konservative Annahme, die Koeffizienten für Träger mit parallelen Flanschen zu verwenden. Als Alternative darf linear interpoliert werden.		

(5) Alternativ dürfen bei Radlasten, die nahe der äußeren Flanschkante eingeleitet werden, die in Tabelle 5.3 angegebenen Werte der Koeffizienten c_x und c_y verwendet werden.

Tabelle 5.3 — Koeffizienten zur Berechnung der Spannungen nahe der äußeren Flanschkante

Spannung	Koeffizient	Parallele Flansche		Geneigte Flansche (siehe Anmerkung)
		$\mu = 0{,}10$	$\mu = 0{,}15$	$\mu = 0{,}15$
Längsbiegespannung $\sigma_{ox,Ed}$	c_{x0}	0,2	0,2	0,2
	c_{x1}	2,3	2,1	2,0
	c_{x2}	2,2	1,7	2,0
Querbiegespannung $\sigma_{oy,Ed}$	c_{y0}	-1,9	-1,8	-0,9
	c_{y1}	0,6	0,6	0,6
	c_{y2}	0,0	0,0	0,0

Vorzeichenkonvention: c_{xi} und c_{yi} sind positiv bei Zugspannungen an der Flanschunterseite.

ANMERKUNG   Die Koeffizienten für geneigte Flansche gelten für eine Neigung von 14% oder 8°. Für Träger mit größerer Flanschneigung liegen sie auf der sicheren Seite. Für Träger mit geringerer Neigung ist eine konservative Annahme, die Koeffizienten für Träger mit parallelen Flanschen zu verwenden. Als Alternative darf linear interpoliert werden.

(6) Sofern keine genaueren Werte bekannt sind, sollte die lokale Biegespannung $\sigma_{oy,end,Ed}$ infolge Radlasteinleitung in einem unverstärkten Unterflansch an einem rechtwinkligen Trägerende wie folgt ermittelt werden:

$$\sigma_{oy,end,Ed} = (5{,}6 - 3{,}225\mu - 2{,}8\mu^3)\,\frac{F_{z,Ed}}{t_f^2} \tag{5.8}$$

Dabei ist t_f die mittlere Nenndicke des Flansches.

(7) Alternativ darf angenommen werden, dass die lokale Biegespannung $\sigma_{oy,end,Ed}$ die Werte von $\sigma_{ox,Ed}$ und $\sigma_{oy,Ed}$ aus Absatz **(3)** oder Absatz **(5)** nicht übersteigt, wenn der Unterflansch am Trägerende durch ein aufgeschweißtes Blech ähnlicher Dicke verstärkt ist, das über die Breite b des Flansches und in Trägerlängsrichtung mindestens über eine Länge b hinausreicht, siehe Bild 5.7.

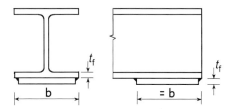

Bild 5.7 — Mögliche Verstärkung des Unterflansches am Trägerende

(8) Wenn der Abstand x_w zwischen zwei benachbarten Radlasten kleiner als $1{,}5b$ ist und keine besonderen Maßnahmen zur Bestimmung der lokalen Spannungen durchgeführt werden (z. B. Versuche, siehe **2.5**), dürfen als konservativer Ansatz die für jedes Rad getrennt berechneten Spannungen überlagert werden.

5.9 Sekundäre Biegemomente in fachwerkartigen Bauteilen

(1) In Fachwerkträgern, fachwerkartigen Horizontalträgern und sonstigen fachwerkartigen Aussteifungssystemen dürfen die Wirkungen von sekundären Anschlussmomenten aus der Steifigkeit der Verbindungen durch die k_1-Faktoren nach EN 1993-1-9, 4(2) berücksichtigt werden.

(2) Bei Stäben mit offenem Querschnitt dürfen die k_1-Faktoren aus Tabelle 5.4 verwendet werden.

(3) Bei Stäben aus Hohlprofilen mit geschweißten Knoten dürfen die k_1-Faktoren aus EN 1993-1-9, Tabellen 4.1 und 4.2 verwendet werden.

Tabelle 5.4 — Beiwerte k_1 zur Berücksichtigung sekundärer Spannungen in Stäben mit offenem Querschnitt

(a) Fachwerkträger, die nur an den Knoten belastet sind			
Wertebereich von L/y	$L/y \leq 20$	$20 < L/y < 50$	$L/y \geq 50$
Gurtstäbe Rand- und Füllstäbe	1,57	$\dfrac{1{,}1}{0{,}5 + 0{,}01 L/y}$	1,1
Hilfsstäbe, siehe Anmerkung	1,35	1,35	1,35
(b) Fachwerkträger mit Gurtstäben, die zwischen den Knoten belastet sind			
Wertebereich von L/y	$L/y < 15$	$L/y \geq 15$	
Belastete Gurtstäbe	$\dfrac{0{,}4}{0{,}25 + 0{,}01 L/y}$	1,0	
Unbelastete Gurtstäbe Hilfsstäbe, siehe Anmerkung	1,35	1,35	
Randstäbe	2,50	2,50	
Füllstäbe	1,65	1,65	
Legende			
L Länge des Stabes zwischen den Knoten;			
y In der Fachwerkebene der senkrechte Abstand zwischen der Schwerlinie des Stabes und der maßgebenden Stabaußenkante, der wie folgt anzunehmen ist:			
– Druckgurt: gegen Kraftrichtung;			
– Zuggurt: in Kraftrichtung;			
– andere Teile: der größere der beiden Abstände.			
ANMERKUNG Als Hilfsstäbe werden hier Stäbe bezeichnet, die verwendet werden, um die Knicklänge anderer Bauteile zu reduzieren oder äußere Lasten zu den Knoten weiterzuleiten. Bei einer Schnittgrößenberechnung unter der Annahme gelenkiger Knoten werden die Kräfte in den Hilfsstäben nicht durch an anderen Knoten angreifende Lasten beeinflusst, obwohl sie in der Praxis durch sekundäre Anschlussmomente aus der Steifigkeit der Verbindungen und der Durchlaufwirkung des Gurtstabes beeinflusst werden.			

6 Grenzzustände der Tragfähigkeit

6.1 Allgemeines

(1) Die zu verwendenden Teilsicherheitsbeiwerte γ_{Mi} für die verschiedenen charakteristischen Werte der Beanspruchbarkeit im Teil 6 sind in Tabelle 6.1 aufgeführt.

Tabelle 6.1 — Teilsicherheitsbeiwerte für die Beanspruchbarkeit

(a) Beanspruchbarkeit von Bauteilen und Querschnitten	
Querschnittswiderstand bei ausgeprägtem Fließen einschließlich lokalem Beulen	γ_{M0}
Bauteilwiderstand bei Stabilitätsversagen (bei Anwendung von Bauteilnachweisen)	γ_{M1}
Querschnittswiderstand bei Bruchversagen infolge Zugbeanspruchung	γ_{M2}
(b) Beanspruchbarkeit von Verbindungen	
Beanspruchbarkeit von Schrauben	
Beanspruchbarkeit von Nieten	
Beanspruchbarkeit von Bolzen im Grenzzustand der Tragfähigkeit	
Beanspruchbarkeit von Schweißnähten	
Beanspruchbarkeit von Blechen auf Lochleibung	γ_{M2}
Gleitwiderstand:	
– im Grenzzustand der Tragfähigkeit (Kategorie C)	γ_{M3}
– im Grenzzustand der Gebrauchstauglichkeit (Kategorie B)	$\gamma_{M3,ser}$
Lochleibungsbeanspruchbarkeit einer Injektionsschraube	γ_{M4}
Beanspruchbarkeit von Knotenanschlüssen in Fachwerken mit Hohlprofilen	γ_{M5}
Beanspruchbarkeit von Bolzen im Grenzzustand der Gebrauchstauglichkeit	$\gamma_{M6,ser}$
Vorspannung hochfester Schrauben	γ_{M7}

ANMERKUNG   Der Nationale Anhang darf die Teilsicherheitsbeiwerte γ_{Mi} für die Beanspruchbarkeit von Kranbahnen festlegen. Folgende Werte werden empfohlen.

$\gamma_{M0} = 1{,}00$
$\gamma_{M1} = 1{,}00$
$\gamma_{M2} = 1{,}25$
$\gamma_{M3} = 1{,}25$
$\gamma_{M3,ser} = 1{,}10$
$\gamma_{M4} = 1{,}00$
$\gamma_{M5} = 1{,}00$
$\gamma_{M6,ser} = 1{,}00$
$\gamma_{M7} = 1{,}10$

6.2 Beanspruchbarkeit von Querschnitten

(1) Siehe EN 1993-1-1, 6.2.

6.3 Stabilitätsnachweise von Bauteilen

6.3.1 Allgemeines

(1) Siehe EN 1993-1-1, 6.3.

6.3.2 Biegedrillknicken

6.3.2.1 Allgemeines

(1) Beim Biegedrillknicknachweis eines Kranbahnträgers sollten die Torsionsmomente infolge von vertikalen Einwirkungen und horizontalen Seitenkräften, die, bezogen auf den Schubmittelpunkt, exzentrisch angreifen, berücksichtigt werden.

ANMERKUNG   Die Verfahren nach EN 1993-1-1, 6.3 berücksichtigen keine Torsionsmomente.

6.3.2.2 Rechnerischer Ansatz der Radlasten beim Biegedrillknicknachweis

(1) Bei Kranbahnträgern, bei denen die Lasten über eine Kranschiene ohne elastische Unterlage eingeleitet werden, darf die stabilisierende Wirkung infolge einer Querschnittsverdrehung berücksichtigt werden. Diese Querschnittsverdrehung entsteht durch die horizontale Verschiebung des Lasteinleitungspunktes auf der Kranschiene. Bei Trägern mit unverstärktem oder verstärktem I-Querschnitt darf auf eine genauere Berechnung verzichtet werden, wenn auf der sicheren Seite liegend angenommen wird, dass die vertikale Radlast im Schubmittelpunkt angreift.

(2) Erfolgt die Radlasteinleitung über Schienen auf einer elastischen Unterlage oder direkt auf den Obergurt des Kranbahnträgers, dann sollte die in Absatz (1) beschriebene Vereinfachung nicht angesetzt werden. In diesen Fällen sollte der Lasteinleitungspunkt für die vertikalen Radlasten in Höhe der Flanschoberkante angenommen werden.

(3) Bei Unterflansch-Laufkatzen und Hängekranen sollte die stabilisierende Wirkung der Radlasteinleitung in den Unterflansch berücksichtigt werden. Aufgrund möglicher Einflüsse von schwingenden Hublasten sollte, ohne genauere Untersuchungen, der Lasteinleitungspunkt der vertikalen Radlast nicht unterhalb der Oberseite des Untergurtes angenommen werden.

6.3.2.3 Nachweisverfahren

(1) Der Biegedrillknicknachweis eines als Einfeldträger gelagerten Kranbahnträgers darf als Nachweis gegen Biegeknicken eines Druckstabes mit einer Querschnittsfläche aus Druckgurt und einem Fünftel des Steges geführt werden. Die nachzuweisende Drucknormalkraft berechnet sich aus dem Biegemoment infolge vertikaler Einwirkungen dividiert durch den Abstand zwischen den Flanschschwerpunkten. Das Biegemoment infolge horizontaler Seitenlasten sollte zusammen mit den Torsionseinwirkungen ebenfalls berücksichtigt werden.

ANMERKUNG   Der Nationale Anhang darf alternative Nachweisverfahren festlegen. Es wird das im Anhang A angegebene Verfahren empfohlen.

6.4 Mehrteilige druckbeanspruchte Bauteile

(1) Siehe EN 1993-1-1, 6.4.

6.5 Beanspruchbarkeit des Steges gegen Radlasten

6.5.1 Allgemeines

(1) Für den Steg eines Kranbahnträgers mit aufgesetztem Brückenlaufkran ist in der Regel ein Nachweis für die Querlasten aus Radlasten zu führen.

(2) Bei diesem Nachweis dürfen die Einwirkungen aus der seitlichen Ausmitte der Radlasten vernachlässigt werden.

(3) Die Beanspruchbarkeit eines Trägersteges für Querlasten, die über AC) Oberflansche (AC) eingeleitet werden, sollte für gewalzte und geschweißte Träger nach EN 1993-1-5, Abschnitt 6 bestimmt werden.

(4) Bei Interaktion zwischen Querlasten und Momenten sowie Normalkräften, siehe EN 1993-1-5, 7.2.

6.5.2 Länge der starren Lasteinleitung

(1) Infolge einer Radlast, die über eine Schiene eingeleitet wird, kann die sich an der Oberkante des Obergurtes ergebende Länge der starren Lasteinleitung s_s, nach EN 1993-1-5, wie folgt bestimmt werden:

$$s_s = l_{eff} - 2\, t_f \tag{6.1}$$

Dabei ist

l_{eff} die wirksame Lastausbreitungslänge an der Unterkante des Obergurtes nach Tabelle 5.1;

t_f die Flanschdicke.

6.6 Plattenbeulen

(1) Bei AC) Profilen (AC) sind in der Regel für das Plattenbeulen die Regelungen der EN 1993-1-5 anzuwenden.

(2) Im Grenzzustand der Tragfähigkeit ist der Beulnachweis in der Regel unter Verwendung eines der folgenden Verfahren zu führen:

— Verfahren der wirksamen Querschnitte zur getrennten Bemessung bei Normalspannungen, Schubspannungen und Querkräften nach den jeweiligen Abschnitten 4, 5 oder 6 in EN 1993-1-5 sowie unter Verwendung der entsprechenden Interaktionsformeln aus der EN 1993-1-5, Abschnitt 7,

— Verfahren der reduzierten Spannungen zur Bemessung als Querschnitte der Klasse 3, unter Berücksichtigung der Grenzspannungen für das Beulen, nach EN 1993-1-5, Abschnitt 10.

(3) In ausgesteiften Beulfeldern darf die Stabilität der Steifen unter Druckbeanspruchung, die zusätzliche Biegemomente aus Lasten senkrecht zur Beulfeldebene erhalten, nach EN 1993-1-1, 6.3.3 nachgewiesen werden.

6.7 Beanspruchbarkeit des Unterflansches bei Radlasteinleitung

(1) Die Beanspruchbarkeit $F_{f,Rd}$ des Unterflansches eines Trägers bei Radlasteinleitung $F_{z,Ed}$ aus einem Hängekran oder einer Unterflansch-Laufkatze sollte wie folgt ermittelt werden, siehe Bild 6.1:

$$F_{f,Rd} = \frac{l_{eff}\, t_f^{\,2}\, f_y / \gamma_{M0}}{4\,m}\left[1 - \left(\frac{\sigma_{f,Ed}}{f_y / \gamma_{M0}}\right)^2\right] \tag{6.2}$$

Dabei ist

l_{eff} die effektive Länge des Flansches, siehe **(3)**;

m der Hebelarm von der Radlast zum Übergang Flansch-Steg, siehe **(2)**;

t_f die Flanschdicke;

$\sigma_{f,Ed}$ die Spannung in der Schwerachse des Flansches infolge Biegebeanspruchung des Trägers.

(2) Der Hebelarm m von der Radlast zum Übergang Flansch-Steg sollte wie folgt bestimmt werden:

– bei einem Walzprofil

$$m = 0{,}5(b - t_w) - 0{,}8r - n \tag{6.3}$$

bei einem geschweißten Profil

$$m = 0{,}5(b - t_w) - 0{,}8\sqrt{2}\,a - n \tag{6.4}$$

Dabei ist

a die Kehlnahtdicke;

b die Flanschbreite;

n der Abstand der Schwerlinie der Last zur äußeren Flanschkante;

r der Walzradius;

t_w die Stegblechdicke.

(3) Die effektive Länge l_{eff} des Flansches sollte in Abhängigkeit von der Position der Radlast nach Tabelle 6.2 bestimmt werden.

Tabelle 6.2 — Effektive Länge l_{eff}

Fall	Position Radlast	l_{eff}
(a)	Rad an einem ungestützten Flanschende	$2(m+n)$
(b)	Rad außerhalb der Trägerendbereiche	$4\sqrt{2}(m+n)$ für $x_w \geq 4\sqrt{2}(m+n)$ $2\sqrt{2}(m+n) + 0{,}5 x_w$ für $x_w < 4\sqrt{2}(m+n)$
(c)	Rad im Abstand $x_e \leq 2\sqrt{2}(m+n)$ von einem Prellbock, am Trägerende	$2(m+n)\left[\dfrac{x_e}{m} + \sqrt{1+\left(\dfrac{x_e}{m}\right)^2}\right]$ aber $\leq \sqrt{2}(m+n) + x_e$ für $x_w \geq 2\sqrt{2}(m+n) + x_e$ $2(m+n)\left[\dfrac{x_e}{m} + \sqrt{1+\left(\dfrac{x_e}{m}\right)^2}\right]$ aber $\leq \sqrt{2}(m+n) + \dfrac{x_w + x_e}{2}$ für $x_w < 2\sqrt{2}(m+n) + x_e$
(d)	Rad im Abstand $x_e \leq 2\sqrt{2}(m+n)$ am gestützten Flanschende, das entweder von unten oder durch eine angeschweißte Stirnplatte gelagert ist, siehe Bild 6.2	$2\sqrt{2}(m+n) + x_e + \dfrac{2(m+n)^2}{x_e}$ für $x_w \geq 2\sqrt{2}(m+n) + x_e + \dfrac{2(m+n)^2}{x_e}$ $\sqrt{2}(m+n) + \dfrac{(x_e + x_w)}{2} + \dfrac{(m+n)^2}{x_e}$ für $x_w < 2\sqrt{2}(m+n) + x_e + \dfrac{2(m+n)^2}{x_e}$

Dabei ist

x_e der Abstand vom Trägerende zur Schwerlinie des Rades;

x_w der Radabstand.

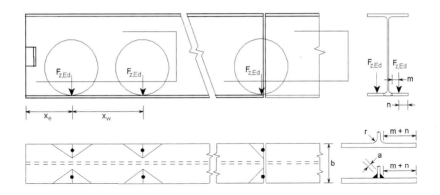

Bild 6.1 — Biegung eines Unterflansches entfernt vom Trägerende und am ungestützten Flanschende

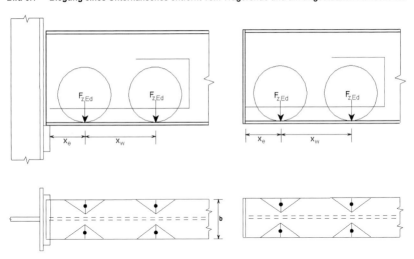

Bild 6.2 — Biegung des Unterflansches am gestützten Flanschende

7 Grenzzustände der Gebrauchstauglichkeit

7.1 Allgemeines

(1) Neben den Nachweisen im Grenzzustand der Tragfähigkeit sollten die folgenden Nachweise im Grenzzustand der Gebrauchstauglichkeit erfüllt sein:

a) Nachweis der Begrenzung von Verformungen und Verschiebungen, siehe **7.3**, dazu gehören:

— die vertikale Verformung des Kranbahnträgers, zur Vermeidung übermäßiger Schwingungen durch den Kran- bzw. Katzbetrieb;

— die vertikale Verformung des Kranbahnträgers, zur Vermeidung einer zu starken Neigung der Kranbahn;

— der Unterschied der vertikalen Verformungen von zusammengehörenden Kranbahnträgern, zur Vermeidung einer zu starken Neigung des Krans;

— die horizontale Verformung von Kranbahnträgern, zur Vermeidung von Schräglauf des Krans;

— die seitliche Verschiebung von Stützen oder unterstützenden Tragkonstruktionen in Höhe der Kranbahnauflagerung, zur Vermeidung übermäßiger Tragwerksschwingungen;

— der Unterschied der horizontalen Verformungen von benachbarten Stützen oder unterstützenden Tragkonstruktionen, zur Vermeidung großer Abweichungen bei der horizontalen Ausrichtung der Kranschienen, die eine erhöhte Schiefstellung und eine mögliche Verdrehung der Kranbrücke verursachen können;

— die seitlichen Bewegungen, die den Abstand zusammengehöriger Kranbahnträger verändern, zur Vermeidung von Beschädigungen an Spurkränzen, Kranschienenbefestigungen oder Kranbahnen;

b) Nachweis der Begrenzung der Plattenschlankheit, um sichtbares Beulen oder übermäßiges Stegblechatmen auszuschließen, siehe **7.4**;

c) Nachweis der Begrenzung der Spannungen, um elastisches Verhalten zu gewährleisten, siehe **7.5**:

— bei direkter Radlasteinleitung in den Kranbahnträger, siehe **2.7**;

— unter Kranprüflasten (nach EN 1991-3, 2.10), siehe **2.8(1)**;

— bei plastischer Bemessung im Nachweis im Grenzzustand der Tragfähigkeit, siehe **5.4.1(2)**.

7.2 Berechnungsmodelle

(1) Spannungen und Verschiebungen im Grenzzustand der Gebrauchstauglichkeit sollten durch eine linear-elastische Berechnung bestimmt werden, siehe EN 1993-1-1.

ANMERKUNG Für Spannungsberechnungen dürfen vereinfachte Berechnungsmodelle verwendet werden, wenn der Einfluss der Vereinfachungen auf der sicheren Seite liegt.

7.3 Begrenzung der Verformungen und Verschiebungen

(1) Grenzwerte für die Verformungen und Verschiebungen dürfen, zusammen mit der Lastfallkombination im Grenzzustand der Gebrauchstauglichkeit, unter der sie nachzuweisen sind, für jedes Projekt im Einzelnen vereinbart werden.

ANMERKUNG   Der Nationale Anhang darf die Begrenzungen für vertikale und horizontale Durchbiegungen festlegen. Die Grenzwerte in Tabelle 7.1 werden für die Nachweise horizontaler Verformungen unter der charakteristischen Lastfallkombination empfohlen. Die Verwendung der Grenzwerte in Tabelle 7.2 wird für die Nachweise vertikaler Durchbiegungen unter der charakteristischen Lastfallkombination ohne Berücksichtigung der Schwingbeiwerte empfohlen.

Tabelle 7.1 — Grenzwerte für horizontale Verformungen

Beschreibung der Verformung (Durchbiegung oder Verschiebung)	Skizze
a) Horizontale Durchbiegung δ_y eines Kranbahnträgers in Höhe der Oberkante Kranschiene: $\delta_y \leq L/600$	
b) Horizontale Verschiebung δ_y eines Tragwerks (oder einer Stütze) in Höhe der Kranauflagerung: $\delta_y \leq h_c/400$ Dabei ist h_c der Abstand zu der Ebene, in der der Kran gelagert ist (auf einer Kranschiene oder auf einem Flansch)	
c) Differenz $\Delta\delta_y$ der horizontalen Verschiebungen benachbarter Tragwerke (oder Stützen), auf denen Träger einer innen liegenden Kranbahn lagern. $\Delta\delta y \leq L/600$	
d) Differenz $\Delta\delta_y$ der horizontalen Verschiebungen benachbarter Stützen (oder Tragkonstruktionen), auf denen Träger einer außen liegenden Kranbahn lagern: – infolge der Lastfallkombination von seitlichen Krankräften und Windlast während des Betriebes: $\Delta\delta y \leq L/600$ – infolge Windlast außer Betrieb: $\Delta\delta y \leq L/400$	
e) Änderung des Abstandes Δ_s der Schwerlinien der Kranschienen, einschließlich der Auswirkungen von Temperaturänderungen: $\Delta_s \leq 10$ mm [siehe Anmerkung]	

Tabelle 7.1 *(fortgesetzt)*

ANMERKUNG Horizontale Verformungen und Abweichungen von Kranbahnträgern werden bei der Berechnung von Kranbahnen gemeinsam berücksichtigt. Die zulässigen Verformungen und Toleranzen sind abhängig von der Detailausbildung und den Abständen der Kranführungsmittel. Unter der Voraussetzung, dass das Spiel *c* zwischen Spurkranz und Kranschiene (oder zwischen anderen Führungsmitteln und dem Kranbahnträger) ausreichend ist, um die erforderlichen Toleranzen aufzunehmen, können nach Vereinbarung zwischen dem Kranhersteller und dem Bauherrn auch größere Verformungsgrenzwerte für die einzelnen Projekte vereinbart werden.	

Tabelle 7.2 — Grenzwerte für vertikale Verformungen

Beschreibung der Verformung (Durchbiegung und Verschiebung)	Skizze
a) Vertikale Durchbiegung δ_z eines Kranbahnträgers: $\delta_z \leq L/600$ und $\delta_z \leq 25$ mm Die vertikale Durchbiegung δ_z sollte als Gesamtdurchbiegung infolge vertikaler Lasten abzüglich möglicher Überhöhungen, analog zu δ_{max} in EN 1990, Bild A1.1 bestimmt werden.	
b) Differenz Δh_c der vertikalen Durchbiegung zweier benachbarter Träger, die eine Kranbahn bilden: $\Delta h_c \leq s/600$	
c) Vertikale Durchbiegung δ_{pay} infolge der Nutzlast eines Kranbahnträgers bei einer Unterflansch-Laufkatze: $\delta_{pay} \leq L/500$	

7.4 Begrenzung des Stegblechatmens

(1) Die Schlankheit von Stegblechen sollte begrenzt werden, um übermäßiges Stegblechatmen, das zu Ermüdungsschäden an oder im Bereich von Steg-Flansch-Anschlüssen führen kann, zu vermeiden.

(2) Übermäßiges Stegblechatmen darf in Stegblechen vernachlässigt werden, in denen unter der häufigen Lastkombination (siehe EN 1990) folgendes Kriterium erfüllt ist:

$$\sqrt{\left(\frac{\sigma_{x,Ed,ser}}{k_\sigma \sigma_E}\right)^2 + \left(\frac{1,1\tau_{Ed,ser}}{k_\tau \sigma_E}\right)^2} \leq 1,1 \qquad (7.1)$$

Dabei ist

    b die kleinere Seitenlänge des Stegbleches;

    k_σ, k_τ linear-elastische Beulwerte nach EN 1993-1-5;

$\sigma_E = 190\,000/(b/t_w)^2$ [N/mm²];

$\sigma_{x,Ed,ser}$ die Normalspannung im Steg;

$\tau_{Ed,ser}$ die Schubspannung im Steg.

(3) Übermäßiges Stegblechatmen kann in Stegblechen ohne Längssteifen vernachlässigt werden, wenn das Verhältnis b/t_w kleiner als 120 ist, wobei t_w die Stegblechdicke ist.

7.5 Elastisches Verhalten

(1) Um elastisches Verhalten sicherzustellen, sollten die Spannungen $\sigma_{Ed,ser}$ und $\tau_{Ed,ser}$ aus der maßgebenden charakteristischen Lastfallkombination oder der Prüflastkombination unter Berücksichtigung des Einflusses von Schubverzerrungen und örtlichen Spannungen (z. B. infolge sekundärer Anschlussmomente bei Fachwerkträgern), wie folgt begrenzt werden:

$$\sigma_{Ed,ser} \leq f_y / \gamma_{M,ser} \tag{7.2a}$$

$$\tau_{Ed,ser} \leq \frac{f_y}{\sqrt{3}\gamma_{M,ser}} \tag{7.2b}$$

$$\sqrt{(\sigma_{x,Ed,ser})^2 + 3(\tau_{Ed,ser})^2} \leq f_y / \gamma_{M,ser} \tag{7.2c}$$

$$\sqrt{(\sigma_{x,Ed,ser})^2 + (\sigma_{y,Ed,ser})^2 - (\sigma_{x,Ed,ser})(\sigma_{y,Ed,ser}) + 3(\tau_{Ed,ser})^2} \leq f_y / \gamma_{M,ser} \tag{7.2d}$$

$$\sqrt{(\sigma_{x,Ed,ser})^2 + (\sigma_{z,Ed,ser})^2 - (\sigma_{x,Ed,ser})(\sigma_{z,Ed,ser}) + 3(\tau_{Ed,ser})^2} \leq f_y / \gamma_{M,ser} \tag{7.2e}$$

Dabei ist

$\sigma_{x,Ed,ser}$ die Normalspannung in Längsrichtung;

$\sigma_{y,Ed,ser}$ die Normalspannung in Querrichtung;

$\sigma_{z,Ed,ser}$ die Normalspannung in vertikaler Richtung;

$\tau_{Ed,ser}$ die zugehörige Schubspannung.

ANMERKUNG Der Zahlenwert für $\gamma_{M,ser}$ darf im Nationalen Anhang festgelegt werden. Der empfohlene Wert ist $\gamma_{M,ser} = 1{,}00$.

(2) Bei Kranbahnträgern mit aufgesetzten Brückenkranen sollten die lokale Normalspannung $\sigma_{oz,Ed,ser}$ im Steg (siehe **5.7.1**) sowie die globalen Spannungen $\sigma_{x,Ed,ser}$ und $\tau_{Ed,ser}$ berücksichtigt werden. Die Biegespannung $\sigma_{T,Ed}$ infolge Exzentrizität der Radlasten (siehe **5.7.3**) kann vernachlässigt werden.

(3) Bei Kranbahnträgern von Einschienen-Unterflansch-Laufkatzen oder Hängekranen sollten die lokalen Spannungen $\sigma_{ox,Ed,ser}$ und $\sigma_{oy,Ed,ser}$ im Unterflansch (siehe **5.8**) zusätzlich zu den globalen Spannungen $\sigma_{x,Ed,ser}$ und $\tau_{Ed,ser}$ berücksichtigt werden.

7.6 Schwingung des Unterflansches

(1) Das mögliche Auftreten wahrnehmbarer seitlicher Schwingungen des Unterflansches eines gelenkig gelagerten Kranbahnträgers infolge Kranbetriebs sollte vermieden werden.

(2) Es kann davon ausgegangen werden, dass dies erfüllt ist, wenn die Schlankheit L/i_z des Unterflansches kleiner als 250 ist. Dabei ist i_z der Trägheitsradius des Unterflansches und L die Länge zwischen den seitlichen Halterungen.

8 Verbindungen und Kranschienen

8.1 Schrauben-, Niet- und Bolzenverbindungen

(1) Siehe EN 1993-1-8, Abschnitt 3.

(2) Wenn in einer Verbindung ein Moment wirkt, sollten die Schnittkräfte in dieser Verbindung linear proportional zum Abstand vom Drehpunkt verteilt werden.

8.2 Schweißverbindungen

(1) Siehe EN 1993-1-8, Abschnitt 4.

(2) Bei Kranbahnen sollten unterbrochene Kehlnähte nicht verwendet werden, wenn sie zu übermäßigen Korrosionserscheinungen führen können.

ANMERKUNG Sie können bei einem entsprechenden Witterungsschutz verwendet werden, z. B. innerhalb eines Kastenprofils.

(3) Bei Kranbahnträgern sollten für Steg-Flansch-Verbindungen, bei denen die Schweißnähte durch lokale Spannungen infolge Radlasten beansprucht werden, unterbrochene Kehlnähte nicht verwendet werden.

(4) Für Krane hoher Beanspruchungsgruppen sollten Steifen oder andere Anbauten nicht an den befahrenen Obergurt eines Kranbahnträgers angeschweißt werden.

ANMERKUNG Der Nationale Anhang darf Beanspruchungsgruppen unter „hoher Ermüdungsbelastung" spezifizieren. Die Beanspruchungsgruppen S7 bis S9 nach EN 1991-3, Anhang B werden empfohlen.

8.3 Horizontalverbindungen

(1) Die Verbindungen zur Übertragung der Seitenlasten vom Oberflansch des Kranbahnträgers zum lastabtragenden Tragwerk sollten die nachfolgend aufgeführten Verformungen ermöglichen:

— die durch Endverdrehung des Kranbahnträgers infolge vertikaler Belastung verursachten Verformungen, siehe Bild 8.1;

— die durch die Endverdrehung des Oberflansches des Kranbahnträgers infolge Seitenlasten verursachten Verschiebungen, siehe Bild 8.2;

— die durch die Auflagersetzungen und vertikalen Stauchungen des Kranbahnträgers und der Auflager einschließlich Verschleiß entstehenden Verformungen.

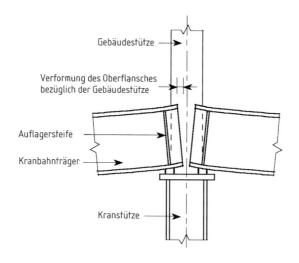

Bild 8.1 — Endverdrehung von Kranbahnträgern

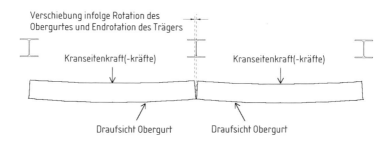

Bild 8.2 — Endverdrehung von Kranbahnträgern infolge Seitenlasten

(2) [AC) Horizontalverbindungen (AC] und Verbindungsmittel sollten derart ausgebildet werden, dass auch unter Berücksichtigung der Lagetoleranzen der Schiene bezüglich der Schwerlinie des Steges eine seitliche und vertikale Ausrichtungskorrektur des Kranbahnträgers möglich ist.

(3) An Auflagern ohne Horizontalverbindungen sind in der Regel die Kranbahnträger und die Verbindungsmittel so auszuführen, dass sie alle vertikalen und horizontalen Radlasten zum Auflager leiten.

8.4 Kranschienen

8.4.1 Schienenmaterial

(1) Der Schienenstahl sollte **3.6.2** entsprechen.

8.4.2 Nutzungsdauer

(1) Im Allgemeinen sollte die Stahlsorte der Schiene so gewählt werden, dass sich für die Schiene eine geeignete Nutzungsdauer L_r ergibt. Ist die Nutzungsdauer der Schiene geringer als die des Kranbahnträgers (siehe **2.1.3.2**), sollte bei der Auswahl der Schienenbefestigung der erforderliche Austausch der Schienen berücksichtigt werden, siehe **8.5**.

8.4.3 Auswahl der Schienen

(1) Bei der Auswahl der Schienen sollte Folgendes berücksichtigt werden:

— das Schienenmaterial;

— die Radlast;

— das Radmaterial;

— der Raddurchmesser;

— die Krannutzung.

(2) Die Kontaktpressung (Hertz'sche Pressung) zwischen den Kranrädern und den Kranschienen sollte auf einen geeigneten Wert begrenzt werden, zur:

— Reduktion der Reibung;

— Vermeidung übermäßiger Abnutzung der Schiene;

— Vermeidung übermäßiger Abnutzung der Räder.

(3) Das Verfahren aus [AC] ISO 16881-1 [AC] sollte angewendet werden.

8.5 Schienenbefestigung

8.5.1 Allgemeines

(1) Kranschienenbefestigungen dürfen in Abhängigkeit von ihrer konstruktiven Durchbildung als starr oder frei beweglich eingestuft werden.

(2) Jede Kranschienenbefestigung sollte in der Regel so bemessen werden, dass sie die maximale Seitenkraft eines Kranrades aufnehmen kann. Ist der Radabstand geringer als der Abstand zwischen den Befestigungen, sollte die Beanspruchbarkeit der Schienenbefestigungen entsprechend erhöht werden.

8.5.2 Starre Befestigungen

(1) Folgende Schienenbefestigungen dürfen als starr angesehen werden:

— Schienen, die an den Kranbahnträger angeschweißt sind;

— Schienen, die mit Passschrauben, vorgespannten Schrauben oder Nieten durch den Flansch der Schiene am Kranbahnträger befestigt sind.

(2) Starr befestigte Kranschienen dürfen als Teil des Querschnitts des Kranbahnträgers angerechnet werden, vorausgesetzt, dass eine entsprechende Abnutzung berücksichtigt wird, siehe **5.6.2(2)** und **5.6.2(3)**.

DIN EN 1993-6:2010-12
EN 1993-6:2007 + AC:2009 (D)

(3) Starre Schienenbefestigungen sind in der Regel so zu bemessen, dass sie die Längskräfte, die zwischen Schiene und Kranbahnträger entstehen, und die Seitenkräfte auf die Schiene infolge Radlasteinleitung aufnehmen können.

(4) Bei starren Schienenbefestigungen ist in der Regel auch ein Ermüdungsnachweis zu führen.

8.5.3 Bewegliche Befestigungen

(1) Alle Kranschienenbefestigungen, die nicht starr sind, sind in der Regel als bewegliche Befestigungen zu klassifizieren.

(2) Bewegliche Befestigungen sind in der Regel so zu bemessen, dass sie die Seitenkräfte auf die Schienen infolge Radlasteinleitung aufnehmen können.

(3) Bei Kranschienen mit beweglichen Befestigungen können geeignete Elastomerunterlagen zwischen der Schiene und dem Träger verwendet werden.

8.6 Schienenverbindungen

(1) Schienen können entweder

— durchgehend über die Stöße der Kranbahnträger verlaufen,

— oder sie werden durch Dehnfugen unterbrochen.

(2) Im Falle von durchgehenden Schienen sollten bei der Berechnung des Kranbahnträgers nachfolgende, aus der Schienenbefestigung und -bettung resultierenden Anforderungen berücksichtigt werden:

— unterschiedliche Temperaturdehnungen und

— Übertragung von Beschleunigungs- und Bremskräften zwischen Schiene und Träger.

(3) Schienenverbindungen sind in der Regel so auszubilden, dass Stoßeinwirkungen minimiert werden. Es sollte wenigstens ein Schrägstoß mit überstehendem Schienenende verwendet werden (siehe Bild 8.3).

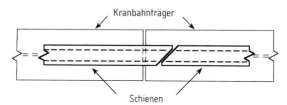

Bild 8.3 — Schrägstoß bei Kranschienen

9 Ermüdungsnachweis

9.1 Anforderungen an den Ermüdungsnachweis

(1) Ein Ermüdungsnachweis sollte nach EN 1993-1-9 für alle ermüdungskritischen Stellen geführt werden.

(2) Bei Kranbahnen ist kein Ermüdungsnachweis erforderlich, sofern die Anzahl der Lastwechsel mit mehr als 50 % der vollen Nutzlast C_0 nicht übersteigt.

ANMERKUNG   Der Nationale Anhang darf den Wert für C_0 festlegen. $C_0 = 10^4$ wird empfohlen.

(3) Ein Ermüdungsnachweis ist grundsätzlich nur für diejenigen Bauteile der Kranbahn erforderlich, die Spannungsänderungen infolge vertikaler Radlasten ausgesetzt sind.

ANMERKUNG   Spannungsänderungen infolge Seitenlasten sind in der Regel vernachlässigbar. In manchen Fällen sind jedoch auch Verbindungen zur Übertragung Seitenlasten einer sehr hohen Ermüdungsbeanspruchung ausgesetzt. Des Weiteren kann eine hohe Ermüdungsbeanspruchung bei bestimmten Kranbahnen auch durch häufig wiederkehrende Beschleunigungs- und Bremskräfte hervorgerufen werden.

(4) Für Bauteile, die durch Wind-induzierte Schwingungen beansprucht werden, siehe EN 1991-1-4.

9.2 Teilsicherheitsbeiwerte für Ermüdung

(1)P Für Ermüdungslasten muss der Teilsicherheitsbeiwert γ_{Ff} verwendet werden.

ANMERKUNG   Der Nationale Anhang darf den Wert für γ_{Ff} festlegen. $\gamma_{Ff} = 1,0$ wird empfohlen.

(2)P Für die Ermüdungsfestigkeit muss der Teilsicherheitsbeiwert γ_{Mf} verwendet werden.

ANMERKUNG   Der Nationale Anhang darf Werte für γ_{Mf} festlegen. Es wird empfohlen, EN 1993-1-9, Tabelle 3.1 anzuwenden.

9.3 Spannungsspektren infolge Ermüdungsbelastung

9.3.1 Allgemeines

(1) Der Ermüdungsnachweis sollte unter Verwendung der Nennspannungen σ_p und τ_p geführt werden, die auf Grundlage einer elastischen Schnittgrößen- und Spannungsermittlung (unter Berücksichtigung globaler und lokaler Effekte) berechnet werden.

(2) Liegen zum Zeitpunkt der Bemessung vollständige Informationen über den Kranbetrieb vor, sollte der Spannungs-Zeit-Verlauf aus dem Kranbetrieb für jedes Konstruktionsdetail nach EN 1993-1-9, Anhang A bestimmt werden.

(3) Liegen zum Zeitpunkt der Bemessung keine vollständigen Informationen über den Kranbetrieb vor oder ist die Anwendung eines vereinfachten Verfahren erforderlich, dann dürfen die Ermüdungslasten infolge Kranbetrieb EN 1991-3, 2.12.1(4) entnommen werden.

(4) Sekundäre Anschlussmomente aus der Steifigkeit der Verbindungen und der Durchlaufwirkung von Gurtstäben in Fachwerkträgern, fachwerkartigen Horizontalträgern und fachwerkartigen Aussteifungssystemen sollten nach **5.9** berücksichtigt werden.

DIN EN 1993-6:2010-12
EN 1993-6:2007 + AC:2009 (D)

9.3.2 Vereinfachte Ansätze

(1) Bei Anwendung der in EN 1991-3, 2.12.1(4) angegebenen vereinfachten Ermüdungslasten kann für die Bemessung das nachfolgende Verfahren zur Ermittlung der Spannungsschwingbreiten angewendet werden.

ANMERKUNG Die in EN 1991-3 angegebenen vereinfachten Ermüdungslasten [AC] $Q_e = \varphi_{fat} \cdot \lambda_i \cdot Q_{max,i}$ [AC] beziehen sich bereits auf 2×10^6 Lastwechsel.

(2) Die maximalen Spannungen $\sigma_{p,max}$ und $\tau_{p,max}$ und die minimalen Spannungen $\sigma_{p,min}$ und $\tau_{p,min}$ infolge der vereinfachten Ermüdungslasten Q_e sollten für das maßgebende Kerbdetail ermittelt werden.

(3) Die schädigungsäquivalenten Spannungsschwingbreiten bezogen auf 2×10^6 Lastwechsel $\Delta\sigma_{E2}$ und $\Delta\tau_{E2}$ können wie folgt bestimmt werden:

$$\Delta\sigma E2 = |\sigma p,max - \sigma p,min| \qquad (9.1)$$

$$\Delta\tau E2 = |\tau p,max - \tau p,min| \qquad (9.2)$$

(4) Ist die Anzahl der Spannungswechsel größer als die Anzahl der Kranspiele (siehe Bild 9.1), so sollte die in EN 1991-3, 2.12.1(4) angegebene vereinfachte Ermüdungslast Last Q_e entsprechend der höheren Anzahl der Spannungswechsel als Gesamtzahl der Kranspiele C nach EN 1991-3, Tabelle 2.11 angesetzt werden.

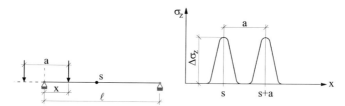

Bild 9.1 — Beispiel von zwei Spannungswechseln infolge eines Kranspiels

9.3.3 Lokale Spannungen infolge Radlasten am Obergurt

(1) Im Steg sollten folgende lokale Spannungen infolge Radlasten am Obergurt berücksichtigt werden:

— Druckspannungen $\sigma_{z,Ed}$ nach **5.7.1**, [AC] ohne dass bei nicht vollständig durchgeschweißten Nähten ein Kontakt zwischen Flansch und Steg angenommen wird [AC],

— Schubspannungen $\tau_{xz,Ed}$ nach **5.7.2**,

— sofern nicht anderweitig festgelegt, Biegespannungen $\sigma_{T,Ed}$ infolge seitlicher Exzentrizität e_y der Vertikallasten $F_{z,Ed}$ nach **5.7.3**.

ANMERKUNG Der Nationale Anhang darf Beanspruchungsgruppen bestimmen, für die die Biegespannungen $\sigma_{T,Ed}$ vernachlässigt werden können. Dies wird für die Beanspruchungsgruppen S_0 bis S_3 empfohlen.

(2) [AC] Bei teilweise durchgeschweißten Nähten und bei Kehlnähten sollte die für die Stegdicke berechnete Druck- und Schubspannung in die Spannung der Schweißnaht umgewandelt werden. Siehe EN 1993-1-9, Tabelle 8.10. [AC]

(3) Bei an den Flansch angeschweißten Schienen sind in der Regel die lokalen Spannungen in den Schweißnähten der Verbindung Schiene-Flansch zu berücksichtigen, [AC) ohne dass ein Kontakt zwischen Flansch und Schiene angenommen wird. (AC]

9.3.4 Lokale Spannungen infolge Hängekrane

(1) Die lokalen Biegespannungen im Unterflansch infolge Radlasten aus Hängekranen (siehe 5.8) sind in der Regel zu berücksichtigen.

9.4 Ermüdungsnachweis

9.4.1 Allgemeines

(1) Siehe EN 1993-1-9, Abschnitt 8.

9.4.2 Beanspruchung aus mehreren Kranen

(1) Wenn ein Bauteil durch zwei oder mehrere Krane belastet wird, sollte die Gesamtschädigung folgenden Nachweis erfüllen:

$$\sum_i D_i + D_{dup} \leq 1 \qquad (9.3)$$

Dabei ist

D_i die Schädigung infolge eines einzelnen unabhängig wirkenden Krans i;

D_{dup} die zusätzliche Schädigung infolge der Kombination von zwei oder mehr Kranen, die zeitweise zusammenwirken.

(2) Die Schädigung D_i infolge eines einzelnen unabhängig wirkenden Krans i sollte mit der Spannungsschwingbreite der Längsspannung oder Schubspannung oder beidem in Abhängigkeit vom Konstruktionsdetail berechnet werden, siehe EN 1993-1-9:

$$D_i = \left[\frac{\gamma_{Ff}\Delta\sigma_{E2,i}}{\Delta\sigma_c / \gamma_{Mf}}\right]^3 + \left[\frac{\gamma_{Ff}\Delta\tau_{E2,i}}{\Delta\tau_c / \gamma_{Mf}}\right]^5 \qquad (9.4)$$

Dabei ist

$\Delta\sigma_{E2,i}$ die schadensäquivalente Längsspannungsschwingbreite eines einzelnen Krans i;

$\Delta\tau_{E2,i}$ die schadensäquivalente Schubspannungsschwingbreite eines einzelnen Krans i.

(3) Die zusätzliche Schädigung D_{dup} infolge zwei oder mehr zeitweise zusammenwirkender Krane sollte in Abhängigkeit vom Konstruktionsdetail mit der Spannungsschwingbreite der Längsspannung oder Schubspannung oder beiden berechnet werden, siehe EN 1993-1-9:

$$D_{dup} = \left[\frac{\gamma_{Ff}\Delta\sigma_{E2,dup}}{\Delta\sigma_c / \gamma_{Mf}}\right]^3 + \left[\frac{\gamma_{Ff}\Delta\tau_{E2,dup}}{\Delta\tau_c / \gamma_{Mf}}\right]^5 \qquad (9.5)$$

Dabei ist

$\Delta\sigma_{E2,\text{dup}}$ die schadensäquivalente Längsspannungsschwingbreite zweier oder mehrerer zusammenwirkender Krane;

$\Delta\tau_{E2,\text{dup}}$ die schadensäquivalente Schubspannungsschwingbreite zweier oder mehrerer zusammenwirkender Krane.

(4) Werden zwei Krane in erheblichem Ausmaß zusammen betrieben (im Parallelbetrieb oder anderweitig), so sollten beide Krane zusammen als ein Kran behandelt werden.

(5) Falls keine genaueren Informationen vorhanden sind, dürfen die schadensäquivalenten Spannungsschwingbreiten $\Delta\sigma_{E2}$ aus zwei oder mehr zeitweise zusammenwirkenden Kranen mit Hilfe des Schadensäquivalenzfaktors λ_{dup} bestimmt werden.

ANMERKUNG Der Nationale Anhang kann Werte für λ_{dup} festlegen. Es wird empfohlen, für λ_{dup} die Werte für λ_i aus EN 1991-3, Tabelle 2.12 für die Beanspruchungsgruppe S_i wie folgt zu verwenden:

— bei 2 Kranen: 2 Beanspruchungsgruppen unter der Beanspruchungsgruppe des Krans mit der niedrigsten Beanspruchungsgruppe.

— bei 3 oder mehr Kranen: 3 Beanspruchungsgruppen unter der Beanspruchungsgruppe des Krans mit der niedrigsten Beanspruchungsgruppe.

9.5 Ermüdungsfestigkeit

(1) Siehe EN 1993-1-9,Tabellen 8.1 und 8.10.

Anhang A
(informativ)

Alternative Nachweisverfahren für Biegedrillknicken

ANMERKUNG Dort, wo es im Nationalen Anhang erlaubt wird, darf das in diesem Anhang A angegebene Verfahren als Alternative zur Bemessung mit dem Verfahren nach **6.3.2.3(1)** verwendet werden.

A.1 Allgemeines

(1) Dieses Verfahren darf für den Nachweis des Biegedrillknickens eines als Einfeldträger gelagerten Kranbahnträgers mit gleich bleibendem Querschnitt verwendet werden, wenn diese Kranbahnträger durch vertikale Einwirkungen und längsgerichtete horizontale Einwirkungen, die bezogen auf den Schubmittelpunkt exzentrisch sind, beansprucht werden.

(2) Die Einwirkungen sollten unter Berücksichtigung eines Wölbbimomentes T_w als vertikale und horizontale Einwirkungen im Schubmittelpunkt angesetzt werden.

A.2 Interaktionsformeln

(1) Träger mit Beanspruchung durch Biegung und Torsion sollten folgenden Nachweis erfüllen:

$$\frac{M_{y,\mathrm{Ed}}}{\chi_{\mathrm{LT}} M_{y,\mathrm{Rk}}/\gamma_{\mathrm{M1}}} + \frac{C_{mz} M_{z,\mathrm{Ed}}}{M_{z,\mathrm{Rk}}/\gamma_{\mathrm{M1}}} + \frac{k_w\, k_{zw}\, k_\alpha\, B_{\mathrm{Ed}}}{B_{\mathrm{Rk}}/\gamma_{\mathrm{M1}}} \leq 1 \qquad (A.1)$$

Dabei ist

C_{mz} der äquivalente Momentenbeiwert für Biegung um die Achse z-z, nach EN 1993-1-1, Table B.3;

$k_w \;=\; 0{,}7 - \dfrac{0{,}2\, B_{\mathrm{Ed}}}{B_{\mathrm{Rk}}/\gamma_{\mathrm{M1}}}$

$k_{zw} \;=\; 1 - \dfrac{M_{z,\mathrm{Ed}}}{M_{z,\mathrm{Rk}}/\gamma_{\mathrm{M1}}}$

$k_\alpha \;=\; \dfrac{1}{1 - M_{y,\mathrm{Ed}}/M_{y,\mathrm{cr}}}$

$M_{y,\mathrm{Ed}}$ und $M_{z,\mathrm{Ed}}$ der Bemessungswert der Maximalmomente bezüglich der Achsen y-y und z-z;

$M_{y,\mathrm{Rk}}$ und $M_{z,\mathrm{Rk}}$ der charakteristische Wert der Momentenbeanspruchbarkeit des Querschnitts bezüglich der Achsen y-y und z-z, nach EN 1993-1-1, Tabelle 6.7;

$M_{y,\mathrm{cr}}$ das ideale Verzweigungsmoment bei Biegedrillknicken um die Achse y-y;

B_{Ed} der Bemessungswert des Wölbbimoments;

B_{Rk} der charakteristische Wert der Beanspruchbarkeit für Wölbkrafttorsion;

χ_{LT} der Abminderungsfaktor für Biegedrillknicken nach EN 1993-1-1, 6.3.2.

(2) Der Abminderungsfaktor χ_{LT} darf für gewalzte oder gleichartige geschweißte Querschnitte mit gleichen Flanschen oder bei ungleichen Flanschen mit dem Wert b für die Breite des Druckflansches nach EN 1993-1-1, 6.3.2.3 ermittelt werden, unter der Voraussetzung, dass gilt:

$I_{z,t}/I_{z,c} \geq 0{,}2$

Dabei ist

$I_{z,c}$ und $I_{z,t}$ das Flächenträgheitsmoment um die Achse z-z für den Druck- bzw. Zugflansch.

Dezember 2010

DIN EN 1993-6/NA

ICS 53.020.20; 91.010.30; 91.080.10

Mit DIN EN 1993-6:2010-12
Ersatz für
DIN 4132:1981-02 und
DIN 4132 Beiblatt 1:1981-02

**Nationaler Anhang –
National festgelegte Parameter –
Eurocode 3: Bemessung und Konstruktion von Stahlbauten –
Teil 6: Kranbahnen**

National Annex –
Nationally determined parameters –
Eurocode 3: Design of steel structures –
Part 6: Crane supporting structures

Annexe Nationale –
Paramètres déterminés au plan national –
Eurocode 3: Calcul des structures en acier –
Partie 6: Chemins de roulement

Gesamtumfang 9 Seiten

Normenausschuss Bauwesen (NABau) im DIN

DIN EN 1993-6/NA:2010-12

Vorwort

Dieses Dokument wurde vom NA 005-08-01 AA „Kranbahnen" erstellt.

Dieses Dokument bildet den Nationalen Anhang zu DIN EN 1993-6:2010-12, *Eurocode 3: Bemessung und Konstruktion von Stahlbauten — Teil 6: Kranbahnen.*

Die Europäische Norm EN 1993-6 räumt die Möglichkeit ein, eine Reihe von sicherheitsrelevanten Parametern national festzulegen. Diese national festzulegenden Parameter (en: *Nationally determined parameters*, NDP) umfassen alternative Nachweisverfahren und Angaben einzelner Werte, sowie die Wahl von Klassen aus gegebenen Klassifizierungssystemen. Die entsprechenden Textstellen sind in der Europäischen Norm durch Hinweise auf die Möglichkeit nationaler Festlegungen gekennzeichnet. Eine Liste dieser Textstellen befindet sich im Unterabschnitt NA 2.1. Darüber hinaus enthält dieser nationale Anhang ergänzende nicht widersprechende Angaben zur Anwendung von DIN EN 1993-6:2010-12 (en: *non-contradictory complementary information*, NCI).

Dieser Nationale Anhang ist Bestandteil von DIN EN 1993-6:2010-12.

DIN EN 1993-6:2010-12 und dieser Nationale Anhang DIN EN 1993-6/NA:2010-12 ersetzen DIN 4132:1981-02, DIN 4132 Beiblatt 1:1981-02 und DIN-Fachbericht 126:2002.

Änderungen

Gegenüber DIN 4132:1981-02 und DIN 4132 Beiblatt 1:1981-02 wurden folgende Änderungen vorgenommen:

a) Festlegungen zur nationalen Anwendung von DIN EN 1993-6:2010-12 aufgenommen.

Frühere Ausgaben

DIN 120-1: 1936-11xxxx
DIN 120-2: 1936-11
DIN 4132: 1980-02, 1981-02
DIN 4132 Beiblatt 1:1981-02

NA 1 Anwendungsbereich

Dieser Nationale Anhang enthält nationale Festlegungen für Regeln für den Entwurf und die Bemessung von Kranbahnträgern, die bei der Anwendung von DIN EN 1993-6:2010-12 in Deutschland zu berücksichtigen sind.

Dieser Nationale Anhang gilt nur in Verbindung mit DIN EN 1993-6:2010-12.

NA 2 Nationale Festlegungen zur Anwendung von DIN EN 1993-6:2010-12

NA 2.1 Allgemeines

DIN EN 1993-6:2010-12 weist an den folgenden Textstellen die Möglichkeit nationaler Festlegungen aus (NDP, en: *Nationally determined parameters*):

— 2.1.3.2(1)P Nutzungsdauer

— 2.8(2)P Teilsicherheitsbeiwert $\gamma_{F,test}$ für Kranprüflasten

— 3.2.3(1) Niedrigste Betriebstemperatur bei Hallenkranbahnen

— 3.2.3(2)P Wahl der Zähigkeit für druckbeanspruchte Bauteile

— 3.2.4(1) Tabelle 3.2 Sollwerte Z_{Ed} für Eigenschaften in Dickenrichtung

— 3.6.2(1) Informationen über geeignete Schienen und Schienenstahl

— 3.6.3(1) Informationen über besondere Verbindungsmittel für Schienen

— 6.1(1) Teilsicherheitsbeiwerte γ_{Mi} für Beanspruchbarkeit im Grenzzustand der Tragfähigkeit

— 6.3.2.3(1) Alternative Bemessungsmethoden für Biegedrillknicken

— 7.3(1) Begrenzungen der Durchbiegungen und Verformungen

— 7.5(1) Teilsicherheitsbeiwerte $\gamma_{M,ser}$ für Beanspruchbarkeit im Grenzzustand der Gebrauchstauglichkeit

— 8.2(4) Beanspruchungsgruppen unter „hoher Ermüdungsbelastung"

— 9.1(2) Begrenzung der Lastwechselzahl C_0 ohne Ermüdungsnachweis

— 9.2(1)P Teilsicherheitsbeiwerte γ_{Ff} für Ermüdungsbelastung

— 9.2(2)P Teilsicherheitsbeiwerte γ_{Mf} für Ermüdungsfestigkeit

— 9.3.3(1) Beanspruchungsgruppen, bei denen Biegung aus Exzentrizität vernachlässigt werden kann

— 9.4.2(5) Schädigungsäquivalente Beiwerte λ_{dup} für Beanspruchung aus mehreren Kranen

Darüber hinaus enthält NA 2.2 ergänzende nicht widersprechende Angaben zur Anwendung von DIN EN 1993-6:2010-12. Diese sind durch ein vorangestelltes „NCI" (en: *non-contradictory complementary information*) gekennzeichnet.

— 1.2 Normative Verweisungen

— 2.3.1 Reduzierte Schwingbeiwerte

— 2.3.1 Zusammenwirken von Kranen

— 2.3.1 Lastansatz in der Bemessungssituation Erdbeben

— 3.1 Stahlsorten bis S700

— 3.2.5 Maßabweichungen

— 5.8 Überlagerung mit lokaler Biegespannung im Untergurt infolge Radlasten

— 7.3 Einteilung der Einwirkungen – Ergänzung für Grenzzustand der Gebrauchstauglichkeit

— 8.5.2 Kranklassen für starre Schienenbefestigungen

— 8.5.3 Dehnfugen

NA 2.2 Nationale Festlegungen

Die nachfolgende Nummerierung entspricht der Nummerierung von DIN EN 1993-6:2010-12 bzw. ergänzt diese.

NCI zu 1.2 Normative Verweisungen

NA DIN 536-1, *Kranschienen; Maße, statische Werte, Stahlsorten für Kranschienen mit Fußflansch Form A*

NA DIN EN 1090-2, *Ausführung von Stahltragwerken und Aluminiumtragwerken — Teil 2: Technische Regeln für die Ausführung von Stahltragwerken*

NA DIN EN 1991-3:2010-12, *Eurocode 1: Einwirkungen auf Tragwerke - Teil 3: Einwirkungen infolge von Kranen und Maschinen*

NA DIN EN 1993-1-1:2010-12, *Eurocode 3: Bemessung und Konstruktion von Stahlbauten — Teil 1-1: Allgemeine Bemessungsregeln und Regeln für den Hochbau*

NA DIN EN 1993-1-8/NA, *Nationaler Anhang — National festgelegte Parameter - Eurocode 3: Bemessung und Konstruktion von Stahlbauten — Teil 1-8: Bemessung von Anschlüssen*

NA DIN EN 1993-6:2010-12, *Eurocode 3: Bemessung und Konstruktion von Stahlbauten — Teil 6: Kranbahnen*

NDP zu 2.1.3.2(1)P Nutzungsdauer

Wenn keine Angaben über die Nutzungsdauer vorliegen, ist diese mit 25 Jahren anzusetzen. Inspektionsintervalle für Kranbahnen sind in Abhängigkeit der Teilsicherheitsbeiwerte für die Ermüdungsfestigkeit nach NDP zu 9.2(2)P zu bestimmen.

ANMERKUNG 1 Unter Inspektion wird hier die Überprüfung der Kranbahnen auf Risse und die gegebenenfalls erforderliche Instandsetzung verstanden.

ANMERKUNG 2 Die Notwendigkeit der Wartung der Kranbahnen und die Bestimmungen anderer Regelwerke, z. B. Unfallverhütungsvorschriften, bleiben von diesen Festlegungen unberührt.

NCI zu 2.3.1 Reduzierte Schwingbeiwerte

Für den Nachweis der Unterstützungs- und Aufhängungskonstruktionen von Kranbahnen, die die Lasten von der Kranbahn bis in die Fundamente weiterleiten, dürfen Schwingbeiwerte $\varphi \geq 1{,}1$ um $\Delta\varphi = 0{,}1$ reduziert werden. Die Bemessung der Gründungen darf ohne Ansatz der Schwingbeiwerte erfolgen.

NCI zu 2.3.1 Zusammenwirken von Kranen

Bei der Berechnung von Spannungen aus dem gleichzeitigen Wirken mehrerer Krane ist für den Kran mit dem größten Wert $F_{z,Ed}$ (einschließlich Schwingbeiwert) mit dessen Schwingbeiwert und für die übrigen mit dem Schwingbeiwert der Hubklasse HC1 nach DIN EN 1991-3 zu rechnen.

NCI zu 2.3.1 Lastansatz in der Bemessungssituation Erdbeben

Nach DIN EN 1991-3:2010-12, A.2.3 ermittelt sich der Kombinationsbeiwert Ψ_2 aus dem Verhältnis von Krangewicht zu Krangewicht plus Hublast des Krans. Das Krangewicht setzt sich in der Regel aus dem Brückengewicht und dem Katzgewicht zusammen.

Für die Ermittlung der Horizontallasten infolge Erdbeben sind lediglich das Krangewicht und gegebenenfalls geführte, mit Ψ_2 multiplizierte Hublasten anzusetzen.

NDP zu 2.8(2)P Teilsicherheitsbeiwert $\gamma_{F,test}$ für Kranprüflasten

Es gilt die Empfehlung.

NCI zu 3.1 Stahlsorten bis S700

Die Erweiterung von DIN EN 1993 auf Stahlsorten bis S700 gilt auch für Kranbahnen.

NDP zu 3.2.3(1) Niedrigste Betriebstemperatur bei Hallenkranbahnen

Die niedrigste Betriebstemperatur für Kranbahnen innerhalb von Gebäuden beträgt -10 °C.

NDP zu 3.2.3(2)P Wahl der Zähigkeit für druckbeanspruchte Bauteile

Es gilt die Empfehlung.

NDP zu 3.2.4(1) Tabelle 3.2, Sollwerte Z_{Ed} für Eigenschaften in Dickenrichtung

Es gilt die Empfehlung.

NCI zu 3.2.5 Maßabweichungen

Maßabweichungen von Kranbahnen werden in DIN EN 1090-2 geregelt.

NDP zu 3.6.2(1) Informationen über geeignete Schienen und Schienenstahl

Solange keine harmonisierten Produktnormen oder europäischen technischen Zulassungen ETAs vorliegen, gilt für Schienen und Schienenstähle DIN 536-1.

NDP zu 3.6.3(1) Informationen über besondere Verbindungsmittel für Schienen

Kranschienenbefestigungen sind nach den Angaben der Hersteller zu montieren.

Bei der Querschnittstragfähigkeit des Kranbahnträgers berücksichtigte Kranschienen müssen mit Verbindungsmitteln angeschlossen werden, für die eine harmonisierte Produktnorm oder ein bauaufsichtlicher Verwendbarkeitsnachweis vorliegt.

Für Injektionsschrauben ist ein bauaufsichtlicher Verwendbarkeitsnachweis erforderlich.

ANMERKUNG   Als bauaufsichtliche Verwendbarkeitsnachweise gelten:

— europäische technische Zulassungen,

— allgemeine bauaufsichtliche Zulassungen,

— die Zustimmung im Einzelfall.

NCI zu 5.8 Überlagerung mit lokaler Biegespannung im Untergurt infolge Radlasten

Bei der Überlagerung der lokalen Biegespannungen im Untergurt infolge Radlasten nach DIN EN 1993-6:2010-12, 5.8(3) mit den Normalspannungen aus der globalen Trägerbeanspruchung dürfen die lokalen Biegespannungen auf 75 % reduziert werden. Das gilt auch für den Ermüdungsnachweis, siehe DIN EN 1993-6:2010-12, 9.3.4.

NDP zu 6.1(1) Teilsicherheitsbeiwerte γ_{Mi} für Beanspruchbarkeit im Grenzzustand der Tragfähigkeit

Es gelten folgende Teilsicherheitsbeiwerte γ_{Mi} für die Beanspruchbarkeit von Kranbahnen:

— $\gamma_{M0} = 1,00$;

— $\gamma_{M1} = 1,10$;

— $\gamma_{M2} = 1,25$, unter Berücksichtigung der Ergänzungen in DIN EN 1993-1-8/NA;

— $\gamma_{M3} = 1,25$;

— $\gamma_{M3,ser} = 1,10$;

— γ_{M4} ist jeweils über den bauaufsichtlichen Verwendbarkeitsnachweis festzulegen;

— $\gamma_{M5} = 1,00$;

— $\gamma_{M6,ser} = 1,00$;

— $\gamma_{M7} = 1,10$.

NDP zu 6.3.2.3(1) Alternative Bemessungsmethoden für Biegedrillknicken
Es wird das in Anhang A angegebene Verfahren empfohlen.

NCI zu 7.3 Einteilung der Einwirkungen – Ergänzung für Grenzzustand der Gebrauchstauglichkeit
Ergänzend zu DIN EN 1991-3:2010-12, Tabelle 2.2 darf die angegebene Tabelle NA.1 verwendet werden.

Tabelle NA.1 —Zuordnung von Lastgruppen und dynamischen Faktoren, die als einzelne charakteristische Einwirkung anzusehen sind

1	2	3	4	5
Belastung	Symbol	Grenzzustand der Gebrauchstauglichkeit		
		Lastgruppen		
		101	102	103
Eigengewicht des Krans	Q_c	1	1	1
Hublast	Q_H	1	1	1
Beschleunigen / Bremsen der Kranbrücke	H_L, H_T	-	-	1
Schräglauf der Kranbrücke	H_S	-	1	-
Wind in Betrieb	F_W^+	-	1	1

NDP zu 7.3(1) Begrenzungen der Durchbiegungen und Verformungen
Die Begrenzungen der vertikalen und horizontalen Durchbiegungen erfolgen nach DIN EN 1993-6:2010-12, Tabelle 7.1 und Tabelle 7.2 mit folgender Änderung:

— Für die Berechnung der Verformungen nach Tabelle 7.1, Zeile b) brauchen nur die Lasten aus Kranbetrieb berücksichtigt zu werden. Die Grenzwerte der Verformungen nach Tabelle 7.1, Zeile b) ergeben sich aus folgender Tabelle NA.2:

Tabelle NA.2 — Grenzwerte für Verformungen

Hubklasse	grenz δ_y
HC 1	h_c / 250
HC 2	h_c / 300
HC 3	h_c / 350
HC 4	h_c / 400

— Für die Berechnung der Verformungen nach Tabelle 7.1, Zeile e) brauchen nur die Lasten aus Kranbetrieb berücksichtigt zu werden.

— In Tabelle 7.2, Zeile a) wird der Grenzwert für vertikale Verformungen auf $\delta_z \leq L/500$ und $\delta_z \leq 25$ mm erweitert.

NDP zu 7.5(1) Teilsicherheitsbeiwerte $\gamma_{M,ser}$ für Beanspruchbarkeit im Grenzzustand der Gebrauchstauglichkeit

Es gilt die Empfehlung.

NCI zu 8.5.2 Kranklassen für starre Schienenbefestigungen

Starre Schienenbefestigungen sind nur bei Kranklassen S0 bis S3 zu empfehlen.

NDP zu 8.2(4) Beanspruchungsgruppen unter „hoher Ermüdungsbelastung"

Es gilt die Empfehlung mit folgender Ausnahme: Für das Anschweißen von Steifen an den befahrenen Obergurt sind die Beanspruchungsklassen S5 bis S9 nach DIN EN 1991-3:2010-06, Anhang B als hohe Ermüdungsbelastung zu spezifizieren.

NCI zu 8.5.3 Dehnfugen

Auch wenn die Kranbahnen Dehnfugen aufweisen, kann in lose verlegten Schienen (Befestigung mit Klemmplatten) auf Dehnfugen verzichtet werden.

NDP zu 9.1(2) Begrenzung der Lastwechselzahl C_0 ohne Ermüdungsnachweis

Es gilt die Empfehlung.

NDP zu 9.2(1)P Teilsicherheitsbeiwerte γ_{Ff} für Ermüdungsbelastung

Es gilt die Empfehlung.

NDP zu 9.2(2)P Teilsicherheitsbeiwerte γ_{Mf} für Ermüdungsfestigkeit

Als Standardfall für Kranbahnen ist von einem Teilsicherheitsbeiwert $\gamma_{Mf} = 1,15$ verbunden mit 3 Inspektionsintervallen auszugehen. Davon abweichende Teilsicherheitsbeiwerte sind an die Mindestanzahl der Inspektionsintervalle gemäß Tabelle NA.3 geknüpft.

Tabelle NA.3 — Erforderliche Anzahl der Inspektionsintervalle

Teilsicherheitsbeiwert γ_{Mf}	Anzahl der Inspektionsintervalle
1,00	4
1,15	3
1,35	2
1,60	1

NDP zu 9.3.3(1) Beanspruchungsgruppen, bei denen Biegung aus Exzentrizität vernachlässigt werden kann

Es gilt die Empfehlung für die Beanspruchungsgruppen S0 bis S2.

NDP zu 9.4.2(5) Schädigungsäquivalente Beiwerte λ_{dup} für Beanspruchung aus mehreren Kranen

Es gilt die Empfehlung.

Für das Fachgebiet Bauleistungen bestehen folgende DIN-Taschenbücher:

TAB		Titel
73	Bauleistungen	4. Estricharbeiten, Gussasphaltarbeiten VOB/STLB-Bau. Normen
74	Bauleistungen	5. Parkettarbeiten, Bodenbelagarbeiten, Holzpflasterarbeiten VOB/STLB-Bau. Normen
75	Bauleistungen	6. Erdarbeiten, Verbauarbeiten, Ramm-, Rüttel- und Pressarbeiten, Einpressarbeiten, Nassbaggerarbeiten, Untertagebauarbeiten VOB/STLB-Bau. Normen
76	Bauleistungen	7. Verkehrswegebauarbeiten Oberbauschichten ohne Bindemittel, Oberbauschichten mit hydraulischen Bindemitteln, Oberbauschichten aus Asphalt – Pflasterdecken, Plattenbeläge und Einfassungen VOB/STLB-Bau. Normen
80	Bauleistungen	11. Zimmer- und Holzbauarbeiten VOB/STLB-Bau. Normen
81	Bauleistungen	12. Landschaftsbauarbeiten VOB/STLB-Bau. Normen
82	Bauleistungen	13. Tischlerarbeiten VOB/STLB-Bau. Normen
85	Bauleistungen	16. Raumlufttechnische Anlagen VOB/STLB-Bau. Normen
88	Bauleistungen	19. Entwässerungskanalarbeiten, Druckrohrleitungsarbeiten im Erdreich, Dränarbeiten, Sicherungsarbeiten an Gewässern, Deichen und Küstendünen VOB/STLB-Bau. Normen
89	Bauleistungen	20. Fliesen- und Plattenarbeiten VOB/STLB-Bau. Normen
91	Bauleistungen	22. Bohrarbeiten, Arbeiten zum Ausbau von Bohrungen, Wasserhaltungsarbeiten VOB/STLB-Bau. Normen
93	Bauleistungen	24. Stahlbauarbeiten VOB/STLB-Bau. Normen
94	Bauleistungen	25. Fassadenarbeiten VOB/STLB-Bau. Normen
97/1	Bauleistungen	28. Maler- und Lackiererarbeiten, Beschichtungen VOB/STLB-Bau. Normen

DIN-Taschenbücher aus dem Fachgebiet „Bauwesen" siehe Seite II

DIN-Taschenbücher sind auch im Abonnement vollständig erhältlich.
Für Auskünfte und Bestellungen wählen Sie bitte im Beuth Verlag Tel.: 030 2601-2260.

Service-Angebote des Beuth Verlags

DIN und Beuth Verlag

Der Beuth Verlag ist eine Tochtergesellschaft von DIN Deutsches Institut für Normung e. V. – gegründet im April 1924 in Berlin.

Neben den Gründungsgesellschaftern DIN und VDI (Verein Deutscher Ingenieure) haben im Laufe der Jahre zahlreiche Institutionen aus Wirtschaft, Wissenschaft und Technik ihre verlegerische Arbeit dem Beuth Verlag übertragen. Seit 1993 sind auch das Österreichische Normungsinstitut (ON) und die Schweizerische Normen-Vereinigung (SNV) Teilhaber der Beuth Verlag GmbH.

Nicht nur im deutschsprachigen Raum nimmt der Beuth Verlag damit als Fachverlag eine führende Rolle ein: Er ist einer der größten Technikverlage Europas. Von den Synergien zwischen DIN und Beuth Verlag profitieren heute 150 000 Kunden weltweit.

Normen und mehr

Die Kernkompetenz des Beuth Verlags liegt in seinem Angebot an Fachinformationen rund um das Thema Normung. In diesem Bereich hat sich in den letzten Jahren ein rasanter Medienwechsel vollzogen – über die Hälfte aller DIN-Normen werden mittlerweile als PDF-Datei genutzt. Auch neu erscheinende DIN-Taschenbücher sind als E-Books beziehbar.

Als moderner Anbieter technischer Fachinformationen stellt der Beuth Verlag seine Produkte nach Möglichkeit medienübergreifend zur Verfügung. Besondere Aufmerksamkeit gilt dabei den Online-Entwicklungen. Im Webshop unter www.beuth.de sind bereits heute mehr als 250 000 Dokumente recherchierbar. Die Hälfte davon ist auch im Download erhältlich und kann vom Anwender innerhalb weniger Minuten am PC eingesehen und eingesetzt werden.

Von der Pflege individuell zusammengestellter Normensammlungen für Unternehmen bis hin zu maßgeschneiderten Recherchedaten bietet der Beuth Verlag ein breites Spektrum an Dienstleistungen an.

So erreichen Sie uns

Beuth Verlag GmbH
Am DIN-Platz
Burggrafenstraße 6
10787 Berlin
Telefon 030 2601-0
Telefax 030 2601-1260
kundenservice@beuth.de
www.beuth.de

Ihre Ansprechpartner in den verschiedenen Bereichen des Beuth Verlags finden Sie auf der Seite „Kontakt" unter www.beuth.de.

Stichwortverzeichnis

Die hinter den Stichwörtern stehenden Nummern sind DIN-Nummern der abgedruckten Normen bzw. Norm-Entwürfe.

Bemessung, Konstruktion, Kranbahn, Stahlbau   DIN EN 1993-6, DIN EN 1993-6/NA

Bemessung, Konstruktion, Landwirtschaft, Silo, Stahlbau   DIN EN 1993-4-1/NA

Bemessung, Konstruktion, Silo, Stahlbau   DIN EN 1993-4-1

Bemessung, Konstruktion, Stahlbau   DIN EN 1993-5, DIN EN 1993-5/NA

Bemessung, Stahlbau, Tragwerk   DIN EN 1993-3-1, DIN EN 1993-3-1/NA, DIN EN 1993-3-2, DIN EN 1993-3-2/NA

Konstruktion, Kranbahn, Stahlbau, Bemessung   DIN EN 1993-6, DIN EN 1993-6/NA

Konstruktion, Landwirtschaft, Silo, Stahlbau, Bemessung   DIN EN 1993-4-1/NA

Konstruktion, Silo, Stahlbau, Bemessung   DIN EN 1993-4-1

Konstruktion, Stahlbau, Bemessung   DIN EN 1993-5, DIN EN 1993-5/NA

Kranbahn, Stahlbau, Bemessung, Konstruktion   DIN EN 1993-6, DIN EN 1993-6/NA

Landwirtschaft, Silo, Stahlbau, Bemessung, Konstruktion   DIN EN 1993-4-1/NA

Silo, Stahlbau, Bemessung, Konstruktion   DIN EN 1993-4-1

Silo, Stahlbau, Bemessung, Konstruktion, Landwirtschaft   DIN EN 1993-4-1/NA

Stahlbau, Bemessung, Konstruktion   DIN EN 1993-5, DIN EN 1993-5/NA

Stahlbau, Bemessung, Konstruktion, Kranbahn   DIN EN 1993-6, DIN EN 1993-6/NA

Stahlbau, Bemessung, Konstruktion, Landwirtschaft, Silo   DIN EN 1993-4-1/NA

Stahlbau, Bemessung, Konstruktion, Silo   DIN EN 1993-4-1

Stahlbau, Tragwerk, Bemessung   DIN EN 1993-3-1, DIN EN 1993-3-1/NA, DIN EN 1993-3-2, DIN EN 1993-3-2/NA